풍미사전 2

THE FLAVOR THESAURUS

more flavors

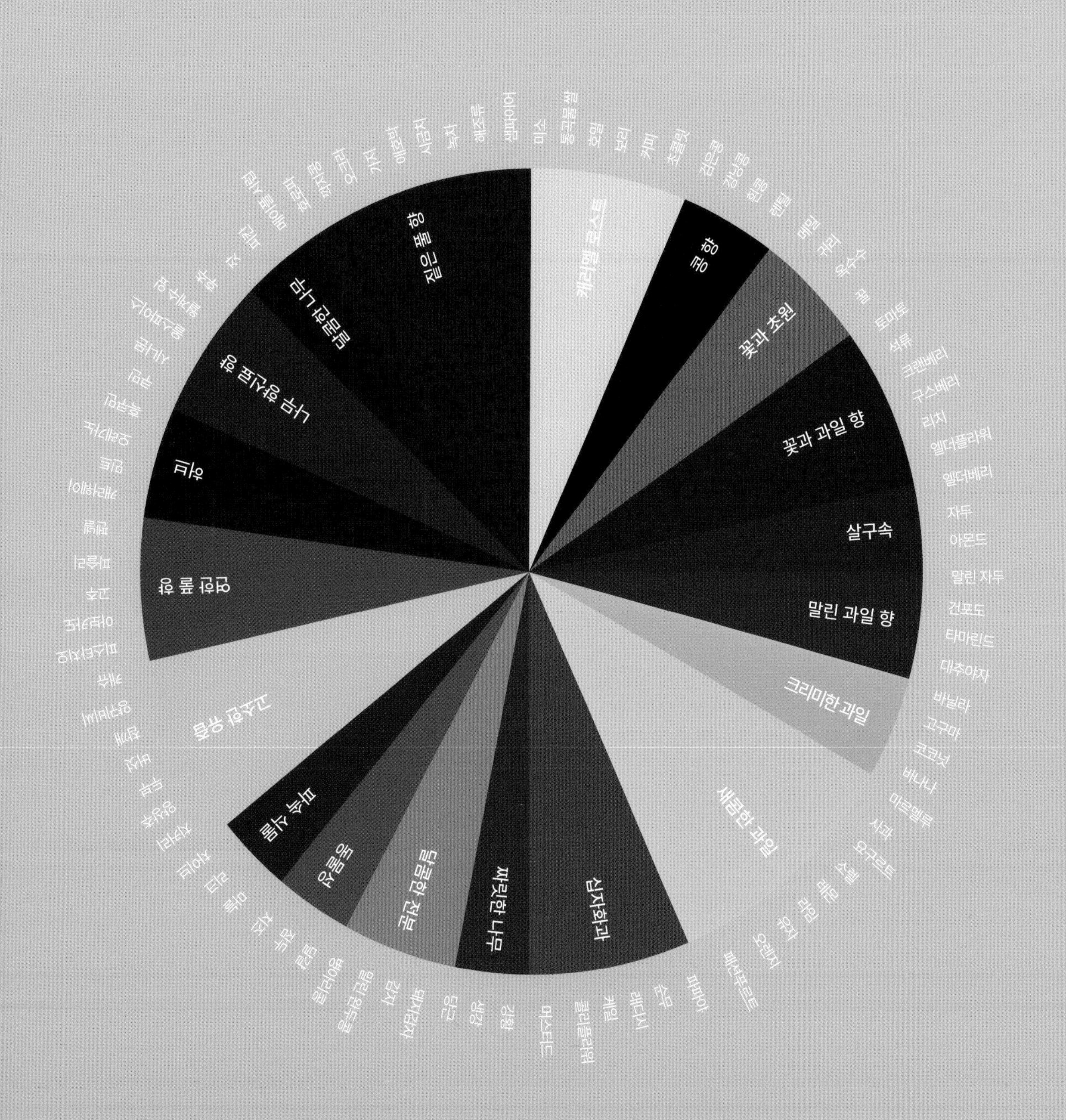

NIKI SEGNIT
니키 세그니트 지음
정연주 옮김

풍미사전 2

더욱 다양한 풍미

THE FLAVOR THESAURUS
more flavors

한스미디어

이 책을 에디와 래프에게 바칩니다.

Contents

차례

Introduction

시작하며

내 첫 번째 책인 『풍미사전』이 출간되고 얼마 지나지 않아 사람들은 나에게 더 많은 풍미를 다루는 다음 책은 언제 낼 예정이냐고 묻기 시작했다.

처음 든 생각은 '안 내면 안 될까요?' 였다. 3년간 어떤 음식이 다른 어떤 음식과 이울리는지에 대한 글을 쓰면서 내 마음은 이미 19세기 잠수함이나 스코틀랜드 컨트리댄스에 대한 책을 쓸 준비를 마친 상태였다. 결국 나는 요리하는 방법과 음식 사이의 기본적인 관계를 다루는 책을 쓰는 쪽을 선택했다. 그 결과 두 번째 책인 『방계 요리Lateral Cooking』가 탄생했다. 하지만 풍미 속편에 대한 대중의 요구는 계속해서 이어졌다. 책 행사나 음식 축제에 가면 『풍미사전』에 본인이 좋아하는 재료가 빠졌다는 사실에 불만을 품은 렌틸 팬과 리크 애호가가 나를 찾아왔다. 애호박을 포함하지 않았다는 이유로 그 지분을 요구하며 곤란하게 만들던 사람도 여럿이었다. 마땅히 대답할 말이 없었다. 애호박도 원래 목록에 있기는 했지만 글로 쓸 엄두가 나지 않았던 탓이다. 첫 번째 책에 넣지 않고 생략한 많은 풍미가 다소 자의적인 결정이라는 인상을 주지 않기가 어려웠다.

어느 정도는 그게 진실일지도 모른다. 2018년 1월의 어느 날 오후, 나는 세금 신고를 마친 것을 축하하기 위해 런던 동부의 편안한 술집pub에 방문했다. 남편이 주문을 하러 가고, 나는 스테인드글라스 창문을 통해 들어온 겨울 햇살이 우리가 자리 잡은 작은 원형 테이블을 식료품점처럼 노란색과 초록색으로 물들이는 모습을 바라보는데 느닷없이 그런 생각이 들었다. 애호박에 대한 글을 써보면 어떨까? 아니면 구스베리에 대해서? 혹은 검은콩과 깍지콩, 오크라, 치커리처럼 첫 번째 책에서 내 정신 건강을 지키기 위해서라는 것 외에 다른 이유도 없이 제외했던 많은 재료 중에서 건강에 좋은 것만 모으면 어떨까? 갑자기 작은 연구 프로젝트들을 감질나게 모아서 탄생할, 부담스럽도록 두꺼운 또 다른 책에 대한 청사진이 그려지기 시작했다. 느닷없이 의욕에 불이 붙었다. 두부에 대해 더 자세히 알아보고 싶다는 생각이 들었다.

원래는 『채식 풍미사전』처럼 비건만 다루는 책을 만들어야겠다고 생각했다. 여러 가지 이유로 『풍미사전』에서 생략한 많은 재료가 식물성이기도 했고, 비건 채식이 점점 주류로 바뀌는 흐름과 더불어 첫 번째 책에서 생략한 특정 재료에 대한 문의만큼 채식에 관한 책을 낼 생각이 있는지 물어보는 독자가 많았기 때문에 동물성 제품을 제외하는 것이 맞는 길인 듯했다. 하지만 이러한 접근 방식은 곧 난관에 부딪혔다. 식물성 재료만 포함하려니 아무리 대체 재료가 기발하고 만족스럽더라도 풍미라는 기본적인 주제에서 자꾸 벗어나게 된다는 비건 요리의 (상당히) 기술적인 문제가 자꾸 치고 올라왔고, 첫 『풍미사전』의 특징이었던 짧고 간결하면서 암시적인 레시피와 맛보기 제안을 작성하기가 거의 불가능했다.

그래서 규칙을 완화시켜 달걀과 치즈, 꿀과 요구르트를 허용하기로 했다. 육류와 생선도 부차적으로나마 언급하기로 했다. 이 책은 완전 비건도 아니고 채식도 아니지만 느슨하고 관대하면서 독단적이지 않게 채식에 비중을 두는 유연주의자, 혹은 세간에서 무엇이라고 부르든 최소한 내가 점점 더 좋아하게 된 식습관을 반영하는 형태가 되어갔다. 나는 런던 중서부 메릴본에 있는 라빈데르 보갈Ravinder Bhogal의 멋진 레스토랑 지코니Jikoni의 메뉴를 내 이상향으로 삼았다. 채식이나 비건 요리가 메뉴판 전체에서 하나씩 들어간다는 일반적인 관습을 거꾸로 뒤집어서, 놀랍도록 창의적인 비건 및 채식 요리를 다양하게 선보이며 육류나 생선 음식은 하나씩 준비하는 그 메뉴판 말이다.

즉 『풍미사전 2』에서는 육류 소비를 줄이고 식물성 재료를 더 많이 먹어야 한다는 일반적인 주장은 다루지 않는다. 식물성 식단의 환경 및 건강상 이점은 나보다 이 분야에 훨씬 정통한 작가들이 자세히 설명해왔다. 다만 사람들이 육류 섭취를 줄이는 데 이 책이 어떠한 도움이 된다면, 대안 식품에 대한 식욕을 자극하는 것이기를 바란다. 2019년 세계자원연구소의 연구에 따르면 감각적인 풍미 묘사어를 사용하는 것이 비건 및 채식 식품에 대한 소비자의 인식에 큰 변화를 가져올 수 있다. 연구진은 육류와 생선 요리를 묘사하는 데 가장 자주 사용되는 표현은 '육즙이 많다', '훈제 향이 난다' 등 식욕을 노골적으로 자극하는 반면 식물성 식품에는 실용적인 표현이 적용된다는 점을 발견했다. 채식과 비건 음식에는 반복적으로 '건강하다', '영양가가 높다', '비육류'라는 설명이 붙는다. 식물성 식품을 더욱 감각적인 용어로 설명하면 이를 받아들이는 비율이 훨씬 높았다. 무엇을 먹을지 선택하는 것은 결코 순전히 이성적인 결정만은 아닌 것이다. 나는 첫 『풍미사전』에서 재료를 다뤘던 방식처럼 매우 주관적으로 식물성 식품 조합에 접근하며, 석류 소스를 곁들인 구운 콜리플라워가 첼로 케밥이나 비프 웰링턴만큼이나 식욕을 자극하게 만드는 것을 목표로 삼았다.

또 다른 장점은 음식물 쓰레기를 줄일 수 있다는 것이다. 첫 『풍미사전』을 쓸 당시 내 의도 중 하나는 냉장고 속 남은 음식을 훌륭하게 활용하는 방법을 제시해서 음식물 쓰레기를 줄이는 데에 도움을 주는 것이었다. 식물성 식품 같은 경우 이러한 노력이 훨씬 절실하다. 과일과 채소는 육류에 비해서 탄소 발자국이 적은 편이지만 훨씬 많은 양이 쓰레기통으로 들어간다. 단순하게 식물을 육류보다 더 쉽게 버려도 되는 음식으로 간주하는 것이다. 포장 주문한 커리에 곁들여 나오는 작은 샐러드 통을 생각해보자(심지어 작은 쓰레기 봉지처럼 싸줄 때도 있다). 감자와 빵, 봉지에 든 샐러드는 엄청난 양이 버려진다. 영국에서는 신선한 농산물을 있는 그대로가 아니라 밀폐용기 등에 포장해서 판매하는 관습이 있는데, 이는 본능에 따라 요리하기보다 레시피에 의존하는 우리의 성향과 맞물려 잉여 재료가 쌓이기에 완벽한 조건을 지닌다. 하지만 많은 증거가 이것이 충분히 해결 가능한 문제임을 보여준다. 2019년 11월에 실시한 가정 내 음식물 쓰레기 관련 연구에 따르면 조사 대상에 포함된 4가지 식료품 중 24퍼센트가 쓰레기통에 버려지는 것으로 나타났다. 흥미롭게도 첫 번째 코로나19 팬데믹 봉쇄 기간 동안 이 수치는 거의 절반으로 떨어졌다. 연구팀은 이에 대해 조사 대상자 중 남은 식료품을 소진하고 유통기한이 한정적인 식료품을 중심으로 식사를 계획하는 사람이 증가했기 때문이라고 설명했다. 또한 처음 접하는 식재료 조합으로 식사를 만드는 사람도 크게 늘었다. 우리가 이미 가진 재료를 이용해서 맛있는 음식을 만들겠다고 결심할수록 버리는 식재료가 줄어들고, 요리사로서 자신감과 창의성이 높아진다고 생각한다. 『풍미사전 2』는 이를 돕고자 한다. 지금 만들려는 레시피에 피칸 한 줌이 필요해서, 피칸 한 봉지를 통째로 구입했다고 가정해보자. 보통 피칸은 빠르게 산패하기 마련이다. 남은 피칸은 어떻게 해야 할까? 이때 이 책이 도움이 된다. 재료를 가나다 순서로 정리한 책 뒤쪽의 조합 색인을 찾아보자. '피칸' 항목 아래에서 사과 등 해당 재료와 어울릴 법한 재료 목록을 찾아볼 수 있다. 가끔은 이런 간단한 목록만 있어도 충분할 때가 있다. 피칸과 사과를 샐러드에 넣으면 어떨까? 더 자세히 알고 싶다면, 각 조합에 기재되어 있는 페이지로 넘어가보자. '피칸과 사과' 항목에 가면 시식 노트와 '위그노 토르테'의 간략한 역사, 피칸 사과 푸딩 레시피를 찾아볼 수 있다. 여기에서 멈출 수도 있지만 계속 넘기면서 '피칸과 시나몬', '피칸과 초콜릿', '피칸과 크랜베리', 그리고 그 다음 풍미 재료인 메이플 시럽과 대여섯 장 이후에 등장하는 호로파까지 읽어나가도 좋다.

본문의 내용은 특정 풍미 조합을 위해서 참고할 수 있는 일련의 맛 관계성을 논하거나 이를 점점 발전시키는 방식으로 구성되어 있다. 다시 말하지만 『풍미사전 2』는 '울타리와 덤불', '고기', '흙냄새' 등을 다루었던 첫 번째 책과 마찬가지로 '캐러멜 로스트', '콩 향', '꽃과 초원' 등 '풍미 계열'에 따라 장을 구분했다. 첫 번째 책을 읽은 독자라면 이 개념에 익숙하겠지만 처음 접하는 독자를 위해 각 계열의 풍미에는 공통적인 특성이 있다는 점을 설명하고자 한다. 순서대로 이어지는 각 계열은 어떤 식으로든 인접한 계열과 연관되어 있기 때문에 종합이 360도 스펙트럼을 이루며, 마지막 장에 풍미 바퀴 형태로 표현되어 있다.

달콤한 나무 풍미를 예로 들어보자. 잣과 피칸, 메이플 시럽 같은 풍미가 여기 포함된다. 메이플 시럽은 그 다음으로 이어지는 짙은 풀 향 계열의 첫 번째 풍미 재료인 호로파와 공통적인 향미 화합물을 지니고 있다. 앞서 말한 것처럼 순환의 고리를 따라 풍미에서 풍미, 한 계열에서 다른 계열이 계속 이어진다. 첫 번째 책을 읽은 많은 독자는 전두엽 피질이 자극되도록 아무 페이지나 펼쳐서 읽는 것이 좋았다고 말하곤 했다. 물론 처음부터 끝까지 읽는 독자도 있다. 어떤 방식으로 활용하든 『풍미사전 2』는 첫 번째 책처럼 영감을 불러일으키도록 설계되었다.

또한 전작과 마찬가지로 '맛'과 '풍미'라는 미묘하게 다른 주제를 다루고 있으므로, 중언부언의 위험을 무릅쓰고 다시 한 번 이를 구분할 필요가 있다. 맛은 혀와 입안에서 감지할 수 있는 다섯 가지 특성인 단맛과 짠맛, 신맛, 쓴맛, 감칠맛으로 제한된다. 반면 풍미는 주로 후각, 즉 후각 수용체를 통해서 감지한다. 코를 막으면 음식이 달콤한지 짭짤한지는 구분할 수 있지만 풍미가 어떠한지는 알 수 없다. 미각은 특정 식품이 어떤 음식인지에 대한 개략적인 스케치를 제공하고 풍미는 세부적인 부분을 채운다.

『풍미사전 2』에서는 새로운 풍미 66개와 기존의 책에 실렸던 풍미 26개를 다루고 있지만 전부 다 새로운 내용이라는 점을 알아두자. (첫 번째 책과 겹친 풍미 재료가 있더라도, 이미 쓴 풍미 조합에 대해서는 다시 다루지 않았다.) 조합을 선택하는 나의 접근 방식은 지난번과 동일하다. 우선 긴 재료 목록을 작성한 다음 한 쌍씩 조합을 고려해가면서 고전적인 조합과 가장 흥미로운 조합을 골라냈다. 『풍미사전』과 마찬가지로 셰프와 음식 및 음료 작가, 역사학자, 풍미 과학자의 집단 지식을 활용하고 내 시식 노트를 추가하며 그간 주목할 만한 풍미 조합을 경험했던 시간과 장소를 떠올렸다. 내 시식 노트가 항상 독자 여러분의 시식 노트와 일치할 수는 없다. 맛에 대한 인식은 주관적일 수밖에 없기 때문이다. 하지만 대체로 정확하든 전체적으로 상이하든, 이 책을 보고 직접 풍미를 실험해봐야겠다고 자극을 받을 만큼 영감을 주거나 도발을 할 수 있게 되기를 바란다.

나는 일종의 대통합된 풍미 이론이 탄생하기를 기대하며 첫 책인 『풍미사전』을 쓰기 시작했다. 그때도, 그리고 이번 책에서도 이를 전혀 이루지는 못했다. 나는 그저 이 책을 통해서 식물성 식품에 대한 새로운 열정, 감각적인 즐거움에 대한 완고한 고집을 내려놓고 지구와 우리 몸에 좋은 식습관을 유지하는 새로운 관용적 마음가짐을 얻게 되었다. 인도 요리가 독창성과 수완의 원천이라는 사실을 새삼스럽게 깨달았고, 왜 굳이 육류를 먹어야 하는지 알 수 없게 만드는 이탈리아와 중국 요리가 얼마나 변질되었는지 상기하게 되었다. (그러다 남편이 로스트 치킨을 만들어주어서 고기를 왜 먹는지 다시 알게 되었다.) 또한 런던의 오토렝기Ottolenghi와 지코니, 더 게이트The Gate와 밀드레드Mildreds, 뉴욕의 슈페리어리티 버거Superiority Burger, 시스트Xyst, 더트 캔디Dirt Candy, 에이비씨브이abcV 등의 채식 중심 레스토랑에서 놀라운 창의력을 접할 수 있었다. 내가 밋밋한 피자 지아르디니에라Giardiniera에서 양송이버섯을 뜯어내던 채식주의자 10대로 살던 시절에는 채소와 곡물이 가볍고 풍성하면서 멋지게 차별화된 일상의 식사가 된 지금처럼 다양하고 화사한 풍미를 꿈꿔보지 못했다. 『풍미사전 2』가 여러분의 주방에도 이러한 정신을 조금이나마 불어넣는 데에 도움이 되기를 바란다.

니키 세그니트

런던, 2022년 11월

창의성이란 어느 정도 아이디어들을 연관시키는 문제입니다. 제라늄 잎을 손가락으로 문질러보면 제라늄 냄새는 물론이고 블랙 트러플의 향이 느껴지는데, 여기서 올리브 오일의 맛이 떠올랐다가 이어서 비버 향이, 그로 인해 다시 자작나무의 훈연 향이 연상됩니다. 자작나무와 제라늄의 연관성은 흥미로운 연결점을 만들어내지요. 가장 먼 연관성이 보통 제일 재미있는 연관성이 되곤 합니다.

장클로드 엘레나,
『향수: 향기의 연금술 Perfume: The Alchemy of Scent**』**

일러두기
본문에 실린 각주는 모두 역주입니다.

CARAMEL ROASTED

캐러멜 로스트

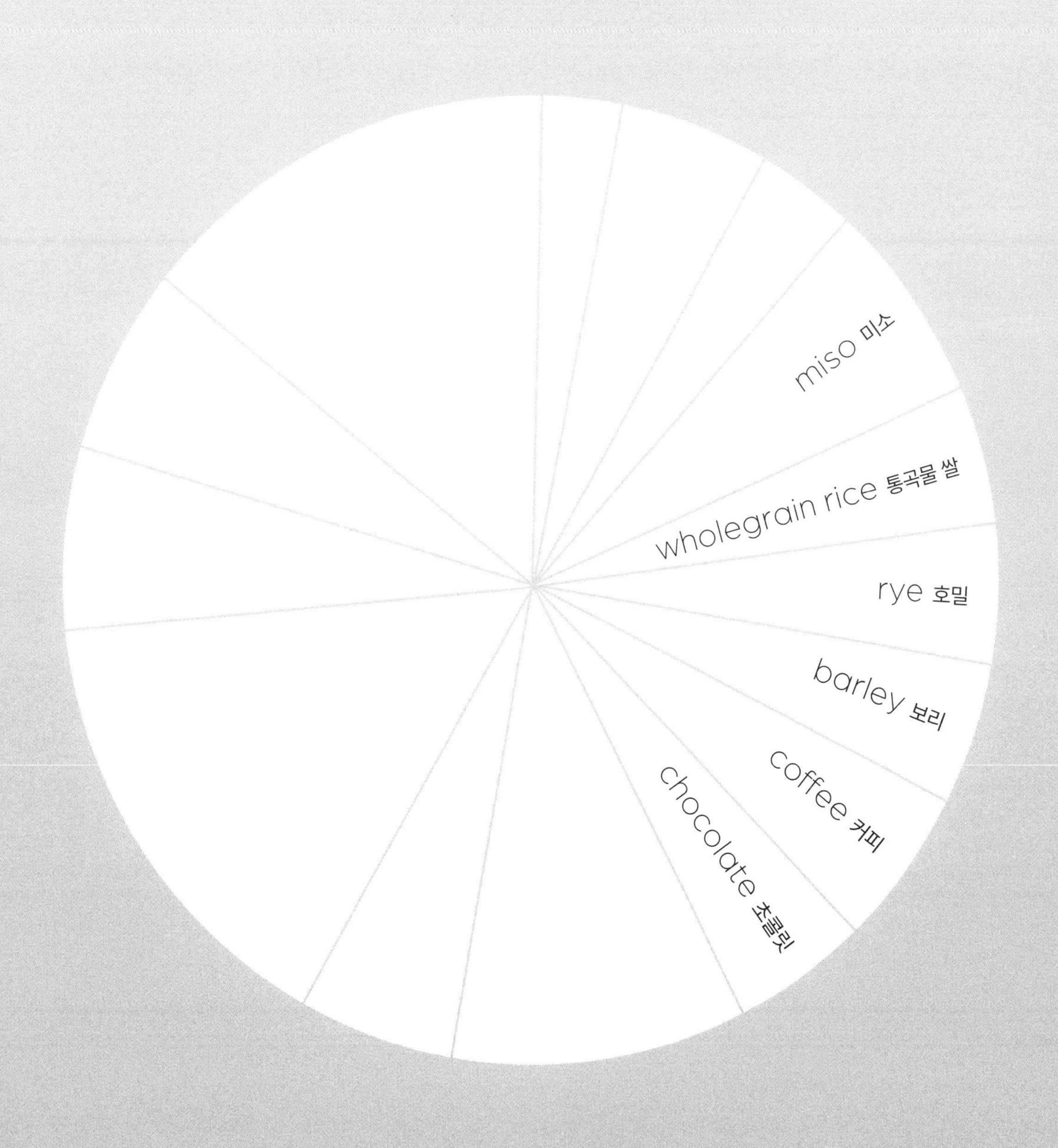

MISO

미소

미소는 대두를 발효시켜 만든 페이스트다. 가장 인기 있는 쌀 미소는 대두와 물, 소금, 누룩이라는 배양균을 접종한 쌀로 만든다. 보리 미소를 만들 때는 쌀누룩 대신 보리누룩을 사용한다. 미소의 종류에 따른 가장 큰 차이점은 무엇보다 외관이다. 밀짚처럼 옅은 색부터 거의 검은색에 가까운 색까지 다양하며 질감도 아주 부드러운 것부터 굵고 거친 것까지 다채롭다. 일반적으로 색이 옅을수록 풍미가 달콤하고 가벼운 편이다. 일부 전문가는 미소는 풍미가 복합적이기 때문에 서양인이 묘사하기 힘들다고 주장한다. 내 생각은 다르다. 애호박의 풍미를 설명하기란 까다롭지만, 미소의 풍미는 실로 풍성해서 묘사하기를 멈추기 어려울 정도다. 헛간 앞마당에서 나는 고소한 향, 브라운 버터, 캐러멜, 이국적인 과일(바나나, 망고, 파인애플), 올리브, 짭짤한 바닷물 풍미, 술과 밤꽃 향까지 느낄 수 있다. 미소는 특히 파속 식물과 뿌리채소, 해조류 등의 소박한 풍미와 잘 어울린다. 페이스트 외에도 가장 흔하게는 인스턴트 수프처럼 동결 건조 형태로도 구입할 수 있으며, 셰프 노부 마쓰히사는 동결 건조한 적미소와 백미소를 혼합해서 생선과 샐러드 등에 곁들이거나 육류를 밑간하고 숙성시킬 때 흔히 사용한다.

미소와 가지: 가지와 미소(391쪽) 참조.

미소와 강황: 강황과 미소(219쪽) 참조.

미소와 고추

된장은 쌀이나 보리는 넣지 않고 대두로만 만든 한국의 조미료로 일본의 핫초미소와 비슷하다. 강한 치즈 냄새가 나면서 깊고 맛있는 풍미가 느껴진다. 붉은 고춧가루와 쌀, 물엿, 메줏가루를 섞어서 만드는 고추장과 함께 섞으면 '싸 먹는 소스'라는 뜻의 쌈장이 된다. 쌈장은 굉장히 활용도가 높다. 만들고 싶다면 된장에 고추장을 원하는 정도의 맵기가 될 때까지 넣고(고추장의 매운맛은 종류마다 다양하다) 참기름과 참깨, 꿀, 마늘, 맛술, 실파와 물을 더해 맛을 내자.

미소와 깍지콩: 깍지콩과 미소(384쪽) 참조.

미소와 꿀

드레싱이나 양념으로 사용하는 네리미소는 미소에 꿀(또는 설탕)과 물(또는 청주)을 섞어서 가볍게 끓인 것이다. 짠맛과 단맛이 극단적으로 가미되어 균형을 이루기 때문에 마치 고통스럽지만 깊은 진정 효과를 주는 요가 자세처럼 미뢰를 자극한다. 기본 네리미소를 만들려면 작은 냄비에 적미소 또는 백미소 5큰술, 꿀 2큰술, 청주 또는 물 2큰술을 넣고 나무 주걱으로 휘저어가며 걸쭉해지도록 2분간 뭉근하게 익힌다. 맛술을 2큰술 정도 넣어도 좋다. 기본 버전을 만든 다음 견과류나 씨앗류, 채소, 해산물 등 인기 있는 부가 재료를 섞어도 좋다. 일본에서 가장 인기가 높은 부재료는 땅콩과 참깨다. 미소 전문가인 윌리엄 셔틀레프와 아오야기 아키코에 따르면, 백미소에 꿀과 물을 부피 기준으로 2:1:1로 섞으면 사이쿄라고 불리는 맛이 부드럽고 달콤한 백미소 종류가 완성된다고 한다. 정통 사이쿄 미소는 교토 지역의 특산품이다. 다른 미소에 비해서 누룩의 비율이 콩보다 높고 염분이 적으며 탄수화물 함량이 상대적으로 높다. 발효 속도가 빠르고 숙성 기간이 짧다. 미소 생산자 보니 정Bonnie Chung은 사이쿄를 처음 맛본 느낌을 "따뜻한 커스터드 풍미의 쿠키 반죽 같다"고 표현했다. 미소에 꿀을 섞을 때는 품질에 신경을 쓰는 것이 좋다. 야생 민들레 꿀을 구할 수 있다면 묘할 정도로 미소와 비슷한 향이 나는 경우가 많으니 꼭 사용하도록 하자. 하지만 라벨을 자세히 읽어봐야 한다. '민들레 꿀'이 민들레 꽃송이와 레몬, 설탕, 물을 섞어서 만든 비건 음료를 뜻하는 경우도 있기 때문이다.

미소와 달걀

미소즈케는 식재료를 미소에 절인 음식으로, 보통 간식 또는 주식의 반찬으로 제공된다. 당근과 무, 단호박, 콜리플라워 등이 인기가 좋다. 육류와 생선으로도 미소즈케를 만들 수 있으며, 내가 가장 좋아하는 버전은 그레이비에 절인 것 같은 맛이 나는 삶은 달걀 미소즈케다. 그에 비하면 옛날 영국식 피시앤드칩스 가게의 절인 달걀은 식초를 뿌린 대머리처럼 보인다. 달걀 4개를 6~7분간 삶은 다음 식혀서 껍질을 벗긴다. 미소 200g에 맛술 50ml, 설탕 1큰술을 넣어서 잘 섞는다. 달걀에 완전히 버무릴 수 있을 만큼 묽은 농도가 되어야 한다. 너무 되직하면 물이나 청주를 추가해서 농도를 조절하자. 지퍼백에 미소 절임액을 넣고 달걀을 넣어 잘 버무린다. 반나절에서 이틀 정도 냉장 보관하며 한번씩 주물러보자. 가족에게는 달걀이 잘 절여지는지 확인하기 위해서라고 말하겠지만, 사실 촉감이 좋아서 만지고 싶어질 것이다.

미소와 당근: 당근과 미소(227쪽) 참조.
미소와 돼지감자: 돼지감자와 미소(231쪽) 참조.
미소와 두부: 두부와 미소(286쪽) 참조.

미소와 리크

미소에 가느다란 일본산 대파를 섞으면 맛있는 페이스트가 된다. 이 페이스트는 해산물 요리에 사용하거나 구운 감자에 곁들여 낸다. 핫초미소는 쌀이나 보리를 섞지 않고 대두와 소금, 누룩만으로 만든다. 아이치현 중부의 도시 오카자키에는 1337년부터 지금까지 동일한 방식으로 대형 삼나무 통에서 2년간 숙성시켜 생산하는 마루야 핫초미소가 있다. 핫초미소는 굵은 밀가루 면을 걸쭉한 짙은 색 국물에 넣고 대파와 날달걀, 튀긴 두부 등을 얹어 만드는 미소 니코미 우동에 사용한다.

미소와 마늘

'미소 냄새가 난다'란 거만한 일본 도시 사람들이 시골 사람에게 던지는 모욕적인 표현이다. 유럽 본토에서 마늘 냄새가 난다고 비하하는 것과 같은 뜻이다. 특정 사회경제적 집단에게 불쾌감을 주는 표현은 모두 피해야 한다. 미소 수입 업체인 클리어스프링은 미소와 궁합이 좋은 재료로 생강과 감귤류, 타히니와 더불어 마늘을 꼽는다. 이 다섯 가지 재료를 전부 섞어서 드레싱을 만들어보자. 대략 120ml를 만들려면 적미소 2작은술에 다진 마늘 2쪽 분량, 간 생강 2작은술, 레몬즙 1큰술, 타히니 약 75ml, 꿀 1작은술을 넣은 다음 소량의 물로 농도를 조절하면서 잘 섞는다. 케일처럼 질긴 잎채소에 아주 잘 어울리는 드레싱이다. 미소와 달걀에서 소개한 미소 절임액에 껍질을 벗긴 마늘을 여러 쪽 섞어 넣어도 좋다.

미소와 말린 완두콩

햄과 완두콩의 비건 버전이지만 맛은 그에 못지않다. 미소 국물에서는 훈제 돼지고기 육수처럼 짭짤한 단맛과 고기향이 느껴진다. 말린 완두콩 미소 국을 만들려면 우선 소금 간을 가볍게 한 물로 아주 단순한 말린 완두콩 수프를 만든다. 1인분당 약 1작은술의 적미소 페이스트를 국물에 잘 풀어 녹인다. 이때 미소를 냄비에 바로 넣으면 잘 풀리지 않을 수 있으니, 국자로 뜨거운 국물을 뜬 다음 거기에 미소를 푼다. 다 풀렸으면 이를 다시 국 냄비에 붓고 천천히 따끈하게 데운다. 미소는 팔팔 끓이면 좋지 않으니 끓지 않도록 주의하자. 말린 완두콩과 보리(238쪽) 또한 참조.

미소와 머스터드: 머스터드와 미소(213쪽) 참조.

미소와 바나나

2014년 《월스트리트저널》은 미소를 디저트에 활용하는 놀라운 방법에 대한 기사를 실었다. 달콤한 백미소의 시향 기록을 읽어보면 누구라도 놀랄 것이다. 버터스카치와 커스터드, 그리고 바나나 같은 열대 과일 풍미가 두드러진다. 미소와 바나나 디저트에 대한 초기의 영문 기록은 올리브스 포 디너Olives for Dinner의 2011년도 블로그 게시물에서 찾아볼 수 있는데, 미소로 맛을 낸 캐슈 크림을 곁들인 중국식 바나나 튀김에 대해 설명한다. 그 이후로 이 원리가 널리 퍼진 듯하다. 라빈데르 보갈이 지코니 레스토랑에서 제공하는 미소 버터스카치와 오벌틴ovaltine[1] 쿨피kulfi[2]를 곁들인 바나나 케이크는 맛보길 잘했다는 기분이 들게 한다.

1 맥아가 들어간 시판 코코아 제품

2 우유나 물소 젖 등 유제품으로 만드는 인도식 전통 빙과류

미소와 바닐라

달콤한 백미소와 커스터드에서 나는 바닐라 맛의 조합은 풍미를 확대시킨 버터스카치와 같아서, 실제로 버터가 들어간 것처럼 느껴진다. 기본적인 바닐라 커스터드 레시피를 따라서, 우유나 우유와 크림을 섞은 것을 500ml 준비해 만들어보자. 커스터드가 주걱 뒷면에 묻어날 정도로 걸쭉해지면 불에서 내린 다음 한 국자를 그릇에 덜어서 달콤한 백미소 2작은술과 바닐라 엑스트랙트 1작은술을 넣고 거품기로 잘 섞는다. 이 혼합물을 다시 커스터드에 넣고 잘 휘저은 다음 체에 내린다. 낮은 온도에서는 맛이 약해지므로 아이스크림으로 만들고 싶다면 미소와 바닐라의 양을 늘리도록 한다.

미소와 보리

보리 미소는 쌀 미소보다 어두운 느낌이다. 더 달콤한 백미 미소의 통밀 버전 대체재라고 생각하면 된다. 보리 미소는 농촌 지역에서, 그리고 겨울에 더 인기가 높다. 마마이트Marmite를 바른 토스트를 한 입 먹고 다크 핫 초콜릿을 한 모금 마신 듯한 맛이 난다. 오븐에 뿌리채소를 구울 때 보리 미소 4큰술에 꿀 1큰술을 섞어서 뿌리채소가 다 구워지기 10분 전쯤 넣고 골고루 버무려보자. 그보다 먼저 넣으면 미소가 타버릴 수 있다.

미소와 생강

미소 국에 신선한 생강을 갈아 넣으면 튀긴 생선에 레몬즙을 뿌리는 것만큼이나 맛이 좋다. 생강은 미소의 진한 맛을 상쇄하면서 그에 포함된 재료의 풍미가 두드러지게 만들기 때문이다. 생강을 매번 갈아서 넣는 것이 번거롭다면 적당량씩 나눠서 미니 푸드 프로세서에 곱게 간 다음 지퍼백에 넣고 납작하게 펴서 A5용지 크기로 만들어보자. 이 상태로 냉동 보관한 다음 적당량씩 떼어내 수프나 커리, 볶음, 차 등에 넣으면 된다. 또한 생강 절임액을 미소와 섞으면 훌륭한 비네그레트가 된다.

미소와 옥수수

스위트콘 품종이 너무 달콤해진 탓에, 치아에서 톡톡 터지는 질감(꼭꼭 씹어야 하긴 하지만)과 옛날다운 맛을 그리워하는 나이 든 미국인에게 예전의 옥수수 맛이란 아련한 추억이 되고 말았다. 하지만 다당류 피토글리코겐과 관련된 복잡한 풍미 프로필을 지닌 재래 품종 중에서 실버 퀸 같은 종은 아직 구할 수 있다. 크림드 콘[3]에 미소를 넣으면 부드럽고 우유 같은 풍미가 잘 어울리기도 하지만 일반 옥수수의 과도한 단맛이 짭짤한 미소 풍미로 상쇄되는 효과가 있다. 또는 미소에 버터나 오일, 마요네즈를 섞어서 통옥수수에 발라보자. 단맛이 드러나기 전에 곡물과 채소, 그리고 발효시킨 톡 쏘는 맛이 먼저 느껴지고 짠맛 덕분에 자칫 들쩍지근한 맛에 가려질 뻔했던 옥수수 풍미가 잘 드러난다. 혹은 미소 라멘을 먹을 때 면발

3 옥수수 퓌레와 옥수수 낟알이 섞인 부드러운 형태의 음식. 크림은 넣기도 하고 넣지 않기도 한다.

위에 선명한 노란색 옥수수 낟알을 듬뿍 얹어 입에 넣어보자. 압도적이지 않아 훨씬 즐거운 풍미가 느껴진다.

미소와 요구르트

발효 전문가인 산도르 카츠Sandor Katz는 "미소 타히니는 채식주의자의 고전 메뉴이지만 미소와 땅콩버터, 미소와 요구르트 조합도 그만큼 맛있다"고 했다. 핵심은 지방이다. 카츠의 설명에 따르면 지방이 미소의 '진하고 짭짤한 풍미'를 전달하는 역할을 한다. 카츠는 지방 재료와 미소를 4:1 비율로 섞고 약간의 신맛으로 균형을 맞추기 위해 김치나 사우어크라우트 절임액을 더한다. 만약에 맛이 마음에 들지 않더라도 여러분의 장내세균은 몇 시간 동안 즐거워할 것이다.

미소와 유자: 유자와 미소(182쪽) 참조.
미소와 차이브: 차이브와 미소(272쪽) 참조.
미소와 참깨: 참깨와 미소(294쪽) 참조.
미소와 초콜릿: 초콜릿과 미소(38쪽) 참조.
미소와 토마토: 토마토와 미소(83쪽) 참조.
미소와 통곡물 쌀: 통곡물 쌀과 미소(20쪽) 참조.
미소와 피칸: 피칸과 미소(368쪽) 참조.

미소와 해조류

일본의 사찰 요리에서는 미소 국을 비롯한 많은 요리의 육수를 일반적으로 흔히 쓰는 가다랑어 포를 제외하고 다시마로만 만든다. 다시마 손질은 이보다 더 간단할 수 없다. 다시마를 바다에서 채취한 다음 해변에서 건조하고 잘게 잘라 포장하면 바로 판매할 수 있다. 홋카이도 북부의 리시리 다시마가 특히 높은 평가를 받는데, 날것 혹은 숙성시킨 것(코라가코이 다시마)을 구입할 수 있다. 후자의 경우에는 다시마를 수년간 숙성시켜서 기본적인 해초 풍미를 약간 잃은 대신 감칠맛이 더해진다. 다시마는 조리하는 동안 65°C를 넘기지 않는 것이 중요하다. 그 이상으로 가열하면 식욕을 돋우는 풍미가 줄어들기 시작한다. 전통적으로 미소 국에 사용하는 또 다른 해조류로는 미역이 있다. 비교적 달콤하고 부드러우면서 살짝 미끈거리는 질감과 씹는 맛을 선사한다.

미소와 후추: 후추와 미소(357쪽) 참조.
미소와 흰콩: 흰콩과 미소(50쪽) 참조.

WHOLEGRAIN RICE

통곡물 쌀

통곡물 쌀이라는 용어는 현미뿐만 아니라 홍미와 흑미에도 적용할 수 있다. 통곡물 쌀이란 쌀알에서 왕겨만 벗겨내고 더 이상 도정하지 않아 쌀겨와 쌀눈이 남아 있는 상태를 뜻하며 건강에 좋다고 알려져 있다. 하지만 쌀눈에는 기름기가 많아서 쉽게 변질되기 때문에 유통기한은 길지 않다. 쌀겨 층은 쫀득한 질감과 묵직하면서 달콤한 풍미, 거칠고 고소한 맛을 더한다. 현미는 부드럽고 연한 백미와는 완전히 다른 존재다. 홍미와 흑미는 과일 향이 나고 가벼운 꽃향기가 느껴진다.

통곡물 쌀과 강낭콩: 강낭콩과 통곡물 쌀(48쪽) 참조.
통곡물 쌀과 강황: 강황과 통곡물 쌀(221쪽) 참조.
통곡물 쌀과 건포도: 건포도와 통곡물 쌀(126쪽) 참조.
통곡물 쌀과 검은콩: 검은콩과 통곡물 쌀(45쪽) 참조.
통곡물 쌀과 녹차: 녹차와 통곡물 쌀(406쪽) 참조.

통곡물 쌀과 달걀

제프리 알포드와 나오미 듀기드는 『쌀의 유혹Seductions of Rice』에서 반조리한 장립종 현미는 익히지 않은 상태와 달리 낟알이 분리되어 있기 때문에 태국식 볶음밥을 만들기에 이상적이라고 말한다. 그리고 마늘과 버섯을 가미한 간단한 레시피를 소개하며 달걀프라이를 얹어 먹을 것을 제안한다. 달걀 볶음밥을 만들 때 반조리한 현미를 사용해보자. 백미로 만든 달걀 볶음밥과 비교할 때 현미 볶음밥의 장점은 포만감을 준다는 것이다. 케저리kedgeree[4]에서도 비슷한 느낌을 받는데, 백미 달걀 볶음밥은 마치 뇌의 포만 중추를 피해 다니는 것 같은 음식이다.

통곡물 쌀과 렌틸

모스 부호 한 그릇을 들이켜는 것 같은 조합이다. 이 부호를 판독해보면 쌀과 녹두를 섞어서 만드는 인도의 전통 음식인 키추리kitchuri가 나올 수도 있고, 렌틸과 쌀로 만드는 아랍의 무자다라mujadarra가 될 수도 있겠다. 무자다라는 짙은 색을 띠도록 캐러멜화한 양파를 듬뿍 넣어서 풍미를 낸 다음 요구르트를 한 덩이 곁들여 낸다. 야스민 칸은 『자이툰: 팔레스타인 주방의 레시피와 이야기』에서 현미와 갈색 렌틸을 사용한 레시피를 소개한다.

4 익힌 쌀에 생선과 커리 가루, 건포도 등을 넣어 만드는 인도식 쌀 요리

통곡물 쌀과 메이플 시럽

줄wild rice의 가장 야생적인'wild' 부분은 가격이다. 지금은 거의 야생이 아니라 재배 생산을 거친다. 그리고 심지어 이건 쌀'rice'도 아니다. 쌀과 연관성도 거의 없다. 줄속Zizania에 속하는 수생 풀 중 하나에서 수확한 곡물이다. 거의 모든 줄은 가을에 기계로 심고 봄이 되면 논에 물을 댄 다음 수위를 기계 공법으로 유지해 재배한다. 8월이 되면 논에서 물을 빼고 콤바인으로 곡물을 수확한다. 진정 야생에서 자라는 줄은 자가 파종된 식물을 카누로 수집한다. 곡물을 건조하고 보존해서 타작한 다음 부분적으로 탈곡해서 섬세한 흙 향기와 연기 냄새가 살짝 나게 한다. 전통적으로 아메리카 원주민은 줄에 메이플 시럽이나 베리류, 곰 지방을 섞어서 맛을 냈다. 진정한 줄은 대부분 미네소타에서 자란다. 북미 이외 지역에서는 진짜 줄을 구하기 힘들지만 재배한 것이라 하더라도 먹어볼 가치가 있다. 나는 줄에서 라즈베리 잼과 비슷한 맛이 느껴진다. 볼프강 퍽Wolfgang Puck 셰프는 파리의 막심에서 연어와 샴페인 소스에 곁들여 낸 진짜 줄을 처음 맛봤다. 퍽 셰프도 줄을 수플레와 팬케이크에 즐겨 사용한다. 많은 양을 먹는 음식이라기보다 뿌리듯이 사용하는 재료라고 생각하는 것이 좋은데, 쫄깃쫄깃한 현미와 홍미, 흑미도 마찬가지다.

통곡물 쌀과 미소

현미 미소는 일반 미소처럼 콩으로 만들지만 기본적으로 사용하는 백미 대신 현미를 넣는다. 윌리엄 셔틀레프와 아오야기 아키코는 『미소 책』에서 현미 미소에서는 "깊고 부드러운 자연의 풍미와 만족스러운 향이 느껴진다"고 썼다. 현미 특유의 고소한 향도 느낄 수 있다. 현미 미소를 만드는 과정에는 세심한 주의가 필요하다. 누룩이 잘 파고들려면 쌀을 약간은 도정해야 하지만 현미에 함유된 여분의 영양소가 달갑지 않은 미생물도 꼬이게 할 수 있으니 이 부분을 반드시 해결해야 한다.

통곡물 쌀과 바닐라

현미 가루에서는 부디 바닐라와 견과류, 향신료를 섞어 달라고 애원하는 듯한 부드럽고 고소한 풍미가 느껴진다. 폴렌타처럼 다소 거친 식감 때문에 호불호가 갈린다. 일반 밀가루를 사용하는 레시피에서 무게의 3분의 1까지는 현미 가루로 대체할 수 있지만, 글루텐이 부족해지기 때문에 쇼트브레드나 쇼트크러스트 페이스트리가 훨씬 잘 부서질 수 있다는 점은 알아두어야 한다. 쌀 생산업체 리소 갈로에 따르면 이탈리아의 '블랙 비너스' 쌀은 익히면 갓 구운 빵 향기가 난다고 한다. 붉은 과실과 따뜻한 향신료의 화려한 풍미에다 부드럽고 쫄깃한 식감까지 갖추고 있는 익힌 곡물은 디저트 접시에 안성맞춤이다. 글루텐 프리 크럼블처럼 사용하기에 좋다.

통곡물 쌀과 버섯: 버섯과 통곡물 쌀(290쪽) 참조.

통곡물 쌀과 병아리콩

웨이벌리 루트에 따르면 피에몬테에는 '산악인의 전통과 일치하는 시골 음식으로, 토마토소스로 맛을 내고 매콤하게 양념한 쌀과 병아리콩 요리'인 리소 에 세시riso e ceci가 있다. 병아리콩과 쌀은 꽤 쓸 만하고 완벽한 반찬감이지만 병아리콩 리소토를 좋아하지 않는다면 심심한 베이지색을 보완하는 루트의 매콤한 토마토소스가 필요할 것이다. 길거리 노점상에서 판매하는 화려한 이집트 요리인 코샤리koshari에도 같은 원리가 적용된다. 병아리콩과 쌀, 쌀국수, 마카로니, 렌틸을 섞어서 만든 베이스에 토마토소스와 칠리 오일, 튀긴 양파를 얹어 밋밋한 맛을 잡는 것이다.

통곡물 쌀과 소렐

내가 사우샘프턴에서 자주 가던 건강식 레스토랑의 단골 메뉴는 현미였다. 파출리와 호로파의 냄새가 났고, 5번 테이블에는 언제나 조용한 남자 한 명이 앉아서 마치 열반에 들기라도 한 듯 먼 곳을 응시하면서 다른 것에는 거의 반응을 보이지 않곤 했다. 현미는 평범한 레스토랑에서는 찾아보기 힘든 식재료다. 그러니 소렐 페스토를 곁들인 현미밥은 주목할 만한 예외적인 메뉴라 할 것이다. 이는 엘에이의 전설적인 카페인 스쿼Sqirl의 시그니처 메뉴였는데, 정확히 누구의 시그니처인지는 경영주와 셰프들 사이에서 논쟁의 여지가 있다고 한다. 익힌 중립종 현미에 딜과 곱게 다진 레몬 절임, 소렐과 케일에 올리브 오일과 레몬즙을 섞어 만든 페스토를 넣어서 직접 만들어보자. 여기에 핫소스를 두르고 페타 치즈와 레몬 비네그레트에 버무린 저민 래디시, 수란을 얹어 낸다.

통곡물 쌀과 시금치: 시금치와 통곡물 쌀(402쪽) 참조.

통곡물 쌀과 아보카도

소파에 발을 올리고 기대앉아 12개들이 아보카도 롤 김밥을 초콜릿 상자 까먹듯이 먹어보자. 우리 치아가 파삭하고 부서지는 김 아래의 양념된 밥을 통과해 부드러운 아보카도 속살에 닿기까지 깨물어보는 것이다. 단순한 단맛이 나는 백미밥과는 맛도 질감도 다른 현미는 김밥에 어울리지 않는다고 주장하는 사람도 있지만 '반도정 쌀'은 일반 현미보다 식감이 훨씬 부드럽고 고소한 맛이 은은하기 때문에 훌륭한 김밥과 롤을 만들기에 더할 나위가 없다. 김 없이도 현미는 아보카도와 진정한 우정을 나누는 사이이기 때문에 검은콩과 적양파, 절인 고추와 함께라면 화려한 덮밥을 만들 수도 있다.

통곡물 쌀과 올스파이스: 올스파이스와 통곡물 쌀(350쪽) 참조.
통곡물 쌀과 월계수 잎: 월계수 잎과 통곡물 쌀(353쪽) 참조.
통곡물 쌀과 잠두: 잠두와 통곡물 쌀(255쪽) 참조.

통곡물 쌀과 참깨

일본의 현미 찹쌀떡은 익힌 단립종 찹쌀을 내리쳐서 반죽으로 만들어 완성한다(일반적인 동그란 찹쌀떡과 혼동하지 않도록 한다). 보통 판 형태로 진공 포장해 판매하며, 얇게 썰어서 구운 다음 찍어 먹을 소스를 곁들여 낸다. 뜨거운 그릴에 떡을 구우면 부풀어 오른다. 가끔 달콤한 현미 품종에 참깨나 쑥을 넣어 맛을 내거나 작은 조각으로 부숴서 참깨나 팥소, 콩가루를 묻혀 과자를 만들기도 한다. 가벼운 간식 크기의 현미 떡은 참깨나 다마리 간장[5]으로 맛을 내기도 한다.

통곡물 쌀과 치즈

홍미는 부탄의 주식으로, 국민 요리인 에마 닷시ema datshi에 곁들인다. 에마는 여기 아주 잔뜩 들어가는 '신선한 고추'라는 뜻이고 닷시는 '야크 치즈'라는 뜻이다. 델리아 스미스는 『여름 컬렉션』 책에서 홍미와 페타 샐러드에 흑후추와 로켓 잎만 약간 뿌려 풍미를 완성했다. 델리아는 오랜 쌀 재배 역사에도 불구하고 1980년대 이후로는 홍미만을 기르는 카마르그 지역에서 생산한 홍미를 사용했다. 다른 통곡물 쌀과 마찬가지로 고소해서 치즈와 타고난 궁합을 자랑한다.

통곡물 쌀과 캐슈

런던으로 이사를 와서 제일 먼저 구입한 책 중 하나는 지금은 없어진 채식 레스토랑 체인인 크랭크스의 두 번째 책 『엔터테이닝 위드 크랭크스Entertaining with Cranks』였다. 이 책을 따라서 해본 요리는 비건인 친구와 그녀의 새 남자친구를 위해 만들었던 현미 캐슈 리소토가 유일했다. 쌀과 견과류 외에는 마가린에 볶은 고추와 양파밖에 들어가지 않는 레시피였다. 그다음으로 친구 커플을 목격한 것은 우리 동네 버거킹 창가에서였다. 그들이 비건 너깃을 먹으러 간 것은 아니었다고만 말해두자. 내 실수는 단순했다. 현미로 리소토를 만드는 것은 현미로 뜨개질을 하는 것만큼이나 힘든 일이다. 하지만 바스마티 현미로는 훌륭한 필라프를 만들 수 있다. 팝콘 맛이 나기 때문에 볶은 캐슈와 아몬드, 캐러멜화한 양파와 따뜻하고 달콤한 향신료를 위한 이상적인 베이스가 되어준다. 바스마티 현미는 바스마티 백미와 달리 향이 쌀겨 안에 갇혀 있기 때문에 특유의 팝콘 향이 나지 않는다고 말하는 사람도 있지만, 사실은 조금 은은할 뿐이다. 영화관 로비에 가득 찬 팝콘 향이 아니라 막 뜯은 팝콘 봉지에서 피어오르는 듯한 풍미가 느껴진다.

통곡물 쌀과 코코넛: 코코넛과 통곡물 쌀(151쪽) 참조.
통곡물 쌀과 파슬리: 파슬리와 통곡물 쌀(320쪽) 참조.

5 밀보다 콩 함량이 높고 농후하며 감칠맛이 강한 간장

통곡물 쌀과 해조류

후리카케는 밥에 뿌리는 조미료로 사용한다. 말린 해조류(미역, 김 또는 톳)가 반드시 들어가며 여기에 말린 무청과 가다랑어 포, 심지어 말린 달걀지단 등 다양한 부재료를 첨가한다. 덴마크의 생물물리학자 올레 G. 모리첸은 유명한 저서 『해조류』에서 "해조류는 밥의 따뜻한 수분과 만났을 때 부드러워지면서 환상적인 향을 발산한다"고 설명한다. 모리첸은 여행할 때 반드시 후리카케를 챙겨갈 정도로 후리카케 마니아다. 다만 세관에서 문제가 생길 수 있는데, 특히 식물성 식품으로 신고하라는 요청을 받기도 한다. "절대 아니에요." 그는 이렇게 지적한다. "해조류는 식물이 아닙니다!" 내 경험상 JFK 공항의 미국 세관은 이러한 분류학적 구분에 대해 변함없는 인내심을 보여준다. 모리첸은 또한 후리카케는 신선한 과일과 함께 먹어볼 가치가 있다고 덧붙인다.

RYE

호밀

특징이 뚜렷하다. 호밀은 새콤달콤하면서 야생적이고 소박한 느낌을 준다. 다만 통곡물 상태거나 펌퍼니켈 호밀이라는 전제가 있어야 한다. 다른 곡물과 마찬가지로 호밀도 백호밀 가루처럼 겨와 눈을 모두 제거해서 더 밋밋하게 만들기도 한다. 겨와 눈을 일부만 제거한 미디엄(반도정) 호밀 가루는 상당히 흥미로운 제빵 재료다. 좀 위협적인 느낌의 페이스트리를 만들 수 있다. 흑호밀은 재처럼 생겼다. 곱고 섬세한 농산물과는 어우러지기 힘들다. 파스트라미나 훈제 해산물, 양배추처럼 거친 재료와 함께 사용하는 것이 좋다. 흑호밀 가루에는 단백질과 효소가 함유되어 있어서 물을 섞으면 일반 밀가루와는 다르게 작용한다. 글루텐 함량이 낮기 때문에 밀도 높은 빵을 만들 수 있으며, 펜토산이라는 복합 당분이 많아서 수분을 많이 필요로 하기 때문에 조심스럽게 다루지 않으면 반죽이 너무 끈적거리기 쉽다. 하지만 호밀을 소량만 사용하면 전혀 문제가 없으며, 밀가루의 5~10%만 호밀로 대체해도 빵의 풍미가 좋아진다.

호밀과 건포도

푸알란 베이커리에서 구입해 맛있는 시기가 이미 지난 호밀빵이 하나 있었다. 그래서 굵게 갈아 황설탕과 함께 섞어서 구운 다음 바닐라 커스터드 베이스에 듬뿍 넣고 아이스크림 기계에 돌렸다. 말린 건포도 한 줌을 숙성된 하바나 클럽 럼에 불려두고, 거의 완성되기 직전에 섞었다. 호밀과 럼, 건포도의 조합이다. 한 숟갈 먹을 때마다 갈색 빵과 말라가산 화이트 와인 아이스크림이 서로 만나 잘 어우러진 맛이 느껴졌다.

호밀과 감자

고소하고 맥아 향이 나는 흑호밀을 꼭꼭 씹으면 구운 감자의 껍질을 먹는 느낌이 든다. 그래서 호밀 크러스트에 으깬 감자를 채운 핀란드식 카렐리안 파이에 대한 글을 처음 읽었을 때 이것은 90분을 들여서 재킷 포테이토[6]를 재창조하는 것이 아닌가 싶었다. 그래도 직접 만들어서 실험해보았다. 맛은 비슷하지만 호밀은 더 달콤하고 으깬 감자는 보송보송하며, 버터를 정말 제대로 넣은 재킷 포테이토보다 훨씬 버터 맛이 진한 느낌이다. 페이스트리는 아주 얇게 원형으로 밀어야 한다. 가운데에 으깬 감자 속을 아몬드 모양으로 놓고 페이스트리 가장자리를 주름잡아 모양을 내되 서로 겹치지는 않도록 한다. 가운데에 검은 올리브를 꽂으면 눈동자처럼 보인다. 까꿍 페이스트리다. (추신: 그렇다고 정말 가운데에 올리브를 꽂지는 말자. 너무 전통에서 벗어난다.) 구운 다음 우유와 버터를 섞은 글레이즈를 골고루 발라서 바삭바삭하지만 건조하지 않은 질감을 낸다. 한때는 감자 속 대신 우유에 익힌 보리를 넣기도 했지만 지금은 익힌 쌀에 그

6 겉은 바삭하고 속은 포슬포슬하게 오븐에 구워서 버터와 치즈, 기타 토핑 등을 얹어 먹는 요리

자리를 내줬다. 어떻게 만들든 달걀 버터를 곁들여 먹는데, 완숙으로 삶은 달걀을 잘게 썰어 버터를 넣고 섞은 것이다. 으깬 감자를 채운 호밀 페이스트리 타르트의 또 다른 예로 라트비아의 스클란드라우시스 sklandrausis가 있는데, 여기에는 으깬 당근도 들어가고 살짝 단맛이 나게 만드는 경우가 많다. 스클란드라우시스의 페이스트리는 우유와 버터를 바르지 않기 때문에 귀리 케이크처럼 살짝 건조한 질감이 특징이다.

호밀과 꿀

호밀은 꿀을 아무리 많이 넣어도 돌로 지은 사료 보관실 특유의 눅눅한 곰팡이 냄새를 풍긴다. 식감 면에서는 황마처럼 섬유질이 거칠다. 호밀은 강변을 산책할 때나 산을 오를 때 정도에나 반갑게 먹을 수 있는 맛이다. 그 자체로 효모와 몰트 풍미를 지닌 메밀 꿀은 버터를 바른 호밀빵과 아주 잘 어울린다. 호밀빵 중에는 꿀을 넣어서 만드는 것도 있지만, 색이 진하고 거친 빵이라면 꿀보다 특징이 뚜렷한 보리 맥아나 당밀이 필요할 수도 있다. 건포도와 레몬, 구운 호밀빵과 꿀을 섞으면 발트해와 슬라브 국가에서 인기 있는 자연 발효 음료 크바스kvas를 만들 수 있다.

호밀과 달걀: 달걀과 호밀(250쪽) 참조.
호밀과 래디시: 래디시와 호밀(201쪽) 참조.
호밀과 마늘: 마늘과 호밀(267쪽) 참조.
호밀과 말린 완두콩: 말린 완두콩과 호밀(239쪽) 참조.
호밀과 머스터드: 머스터드와 호밀(216쪽) 참조.
호밀과 버섯: 버섯과 호밀(290쪽) 참조.

호밀과 사과

댄 레파드는 호밀이 "초콜릿이나 사과와 잘 어울리는" 산미를 지니고 있다고 한다. 이탈리아 사우스 티롤 지역의 제빵사도 이에 동의한다. 프뤼슈테브로트früchtebrot는 호밀과 말린 사과, 시나몬을 넣어서 만든 일종의 과일 케이크다. 씹으면 나뭇잎 바스락거리는 소리가 들리는 듯 늦가을다운 맛이 난다. 반면 길 멜러 셰프의 사과 호밀 사과주 케이크는 초가을과 잘 어울리는 음식으로, 차가운 습기가 차오르기 전에 마지막 피크닉을 즐기기에 안성맞춤이다. 북유럽에서는 호밀 죽을 만들 때 사과 콩포트나 설탕에 절인 링곤베리를 넣기도 한다. 호밀 플레이크로도 죽을 만들 수 있지만 호밀 가루를 사용하는 것이 더 전통적이다.

호밀과 생강: 생강과 호밀(225쪽) 참조.

호밀과 아보카도

아보카도를 올린 토스트는 너무 인기가 많아서 오히려 무시하고 싶어진다. 인스타그램용으로 제격이라는 것 외에는 장점이 없지 않나 하고. 아보카도 토스트의 성공은 사워도우 빵과 비건 식습관이 동시에 트렌드로 등극한 시대의 흐름에 힘입은 바가 크기는 하나, 이유가 그뿐만은 아니다. 아보카도 토스트는 버터를 두껍게 바른 토스트와 질감이 비슷하다. 게다가 아보카도는 호밀의 거칠고 얼얼한 면을 진정시키는 데에 도움이 된다. 모차렐라와 토마토를 넣은 카프레제 샌드위치나 바삭바삭한 호밀 크루통을 뿌린 리틀 젬[7] 샐러드 등 다른 요리에서도 비슷한 효과를 보인다.

호밀과 엘더베리

보드카는 부드러운 과일을 위해 남겨두자. 엘더베리는 바에 기대서 위스키를 주문하는 스타일이다. 엘더베리의 특징적인 풍미 화합물 중 하나는 베타 다마세논인데, 이는 켄터키 버번위스키에서도 강렬한 존재감을 뽐낸다.

호밀과 오렌지

스웨덴의 림파limpa는 오렌지 제스트와 펜넬로 향을 낸 향신료 호밀빵이다. 사향과 마멀레이드 풍미가 나서 크리스마스에 샤퀴테리나 보존 식품과 함께 먹는다. 덴마크의 욀레브뢰드øllebrød는 묵은 호밀빵과 맥주 찌꺼기에 때때로 오렌지 제스트를 첨가해서 만드는 죽이다. 런던에서 구할 수 있는 재료로 만들어봤더니, 라몬스 공연 다음 날 아침의 CBGB 클럽 바닥 같은 맛이 났다. 맥주와 호밀은 오래된 버지니아 담배를 연상시키는 구운 맛, 씁쓸한 신맛을 더해주고 오렌지 제스트는 쓴맛만 강화한다. 욀레브뢰드는 숙련된 장인이 집처럼 편안한 공간에서 만들어야 덜 공격적인 맛이 날 것 같다. 코펜하겐에 자리한 르네 레드제피의 유명 레스토랑 노마에서는 욀레브뢰드에 거품 낸 우유와 부드러운 아이슬란드의 요구르트와 비슷한 스퀴르, 구운 호밀 낟알을 곁들여서 낸다. 이스트 빌리지 분위기보다는 그리니치빌리지의 포크 클럽에 더 어울리는 느낌이다.

호밀과 옥수수

라이앤인준rye 'n' Injun은 호밀과 옥수수를 가리키는 오래된 미국식 이름이다. 『초원의 집』에서 엄마가 라이앤인준을 이용해서 팬케이크를 만들었고, 『월든』의 헨리 데이비드 소로도 라이앤인준을 먹었다. 옥수수의 단맛이 호밀의 신맛을 어느 정도 완화시켜서 풍미 깊은 조합을 선보이지만, 옥수수는 때때로 모두의 입맛에 맞지는 않는 껄끄러운 질감을 더하기도 한다. 호밀과 옥수수의 조합은 효모 발효 반죽으로 빵을 만드는 데에도 쓰인다. 이 반죽은 밀가루 빵처럼 두 배로 부풀어 오르지는 않는다(호밀은 글루텐 함량

7 부드러운 질감이 특징인 로메인 양상추의 일종

이 낮다. 옥수수는 글루텐 프리 재료다). 요령은 반죽의 표면이 갈라지기 시작할 때까지 기다린 다음 기존의 빵보다 더 오래 굽는 것이다. 이 빵의 갈리시아 버전은 판 데 마이즈 센테노pan de maiz centeno다. 밀가루를 뿌린 표면이 깊게 갈라져 있어 마치 거대한 아마레티 비스킷처럼 보인다. 보스턴 브라운 브레드는 호밀과 옥수수, 밀을 같은 비율로 섞어서 만든다. 이스트 대신 베이킹파우더와 베이킹 소다(또는 둘 중 하나)로 발효시키고 당밀과 향신료로 맛을 낸 다음 대형 커피통에 쪄서 익힌다. 틀에서 꺼내 썰면 대형 선지 소시지처럼 보이는데, 특히 보스턴식 베이크드 빈을 곁들이면 아주 비슷한 차림새가 된다.

호밀과 자두

단것을 좋아하지 않는 사람에게는 추천하지 않는다. 설탕과 버터를 마음껏 과시하게 만드는 밀과 달리 호밀은 고급 제과점처럼 까부는 느낌 없이, 빅토리아 시대의 아버지상처럼 디저트에 어두운 분위기를 더한다. 달콤하게 만들 때야 초콜릿이나 생강과 가장 잘 어울리지만 특유의 묵직한 산미가 자두처럼 신맛이 나는 과일과도 잘 어우러진다. 타르트나 갈레트로 만들어보자. 미디엄 호밀 가루(밀기울과 배아를 일부 포함하고 있는 가루)로도 맛있는 페이스트리를 만들 수 있지만 무게의 일부(25~35%)를 밀가루로 대체하면 작업하기가 더 쉽다. 크럼블을 만드는 일반적인 밀가루와 설탕, 버터의 비율인 2:1:1을 그대로 적용해서, 일반 호밀 가루로 크럼블을 만들 수도 있지만 모래처럼 잘 부서지는 크럼블이 되니 주의해야 한다.

호밀과 초콜릿: 초콜릿과 호밀(39쪽) 참조.

호밀과 치즈

로크포르에서는 치즈를 숙성시키는 콤발루 동굴에 호밀빵을 두어서 곰팡이가 피도록 만드는 것이 전통이었다. 한 달이 지나고 빵에 생긴 페니실륨 로퀘포르티 곰팡이 층을 제거해서 가루를 내어 치즈에 가미하는데, 그러면 그 유명한 푸른 정맥 무늬가 생겨난다. 인기 있는 로크포르 브랜드인 파피용Papillon은 아직도 직접 빵을 구워 사용하지만 요즘의 다른 브랜드에서는 실험실에서 배양한 곰팡이를 주입하기도 한다. 로크포르는 한 양치기가 점심을 먹기 위해서 어떤 동굴에 들어간 것에서 유래했다. 그가 호밀빵과 치즈를 먹으려던 순간 지나가는 다른 양치기가 눈에 띄었다. 그는 그녀를 따라갔고, 미생물학 101에 따르면 며칠 동안 격렬한 사랑을 나눈 후 그가 돌아왔을 무렵에는 음식에 곰팡이가 피어 있었다고 한다. 여기서 설화는 대담하게 전환되면서 상한 음식을 먹는 양치기의 모습에 초점을 맞춘다. (양치기는 실연을 당해서 애틋한 마음에 생을 달리하고 싶었던 걸까? 너무 완벽해서 다른 어떤 것도 따라올 수 없었던 사랑이었던 걸까? 아니면 너무 사랑에 푹 빠진 나머지 치즈에 곰팡이가 핀 것을 눈치채지 못했던 걸까? 자세한 내용은 나의 흥미진진한 세계적 베스트셀러 『로크포르의 양치기』에서 알아보자.) 총 900쪽이 넘어가는 서사시를 짧게 요약하자면 양치기는 곰팡이가 핀 간식의 맛이 너무나 마음에 든 나머지 치즈를 대규모로 생산하게 되었고, 이 치즈는 미국 대통령보다 강력한 보호를 받고 있다. 그러니 로크포르 치즈를 호밀빵이나 호밀 크래커와 함께 먹는 것은 재미있는 순환 섭식이라 할 수 있다. 그 외에도 호밀은 모든 거칠고 소박한 치즈와 잘 어울리고, 특히 크림치즈와 탁월한 궁합을 자랑한다.

호밀과 캐러웨이: 캐러웨이와 호밀(328쪽) 참조.

호밀과 크랜베리

루피마이제스 카르토윰스rupjmaizes kartojums를 관용적으로 번역하면 '라트비아식 트라이플'이 된다. 구글 번역에 따르면 '호밀빵 차림'이 되는데, 격식을 갖춘 표현이라 나는 이쪽을 더 선호하기는 한다. 호밀은 정말 진지한 맛이 난다. 이 요리도 라트비아식이 아닌 트라이플 특유의 달콤한 광대 같은 맛과는 거리가 멀다. 루피마이제스 카르토윰스는 호밀 빵가루와 과일 콩포트, 휘핑한 크림을 켜켜이 쌓아서 만든다. 씁쓸한 맛과 산미가 훌륭하게 조화를 이루며, 콩포트에 크랜베리를 넣으면 맛을 보완하면서도 호밀빵의 맛깔스러운 짙은 색 과일 풍미를 절대 압도하지 않는 풍미가 완성된다. 호밀 보드카와 크랜베리는 매우 유명한 칵테일 시 브리즈Sea Breeze(자몽 주스를 첨가한다)의 형제 격으로 조금 덜 유명한 케이프 코드Cape Cod라는 칵테일에서도 짝을 이룬다. 단일 지역에서 생산한 품종으로 제조하는 벨베데레Belvedere처럼 호밀로 만든 보드카에서는 감자 보드카의 마시기 편안한 흙 향기나 일부 옥수수 보드카의 단맛과는 대조적으로 깔끔하고 드라이한 후추 풍미가 느껴진다. 벨베데레의 스모고리 포레스트 라이Smogóry Forest Rye 제품은 백후추와 가염 캐러멜, 신선한 빵 풍미를 지니고 있다. 레이크 바르테젝 싱글 에스테이트 라이 제품의 시음 노트에서는 '은은한 귀리 죽 향기'와 '풋사과'를 찾아볼 수 있다.

호밀과 펜넬

유기농 밀가루 회사인 도브스 팜은 자사의 호밀 가루가 '대륙적인' 풍미를 지니고 있다고 설명한다. 밀 재배에는 불리한 조건인 이탈리아 북부 지역에서는 호밀로 플랫브레드를 만드는데 종종 아니스나 펜넬을 넣어 맛을 낸다. 독일에서는 호밀빵에 펜넬과 아니스, 코리앤더를 섞어 넣는 것이 고전적인 레시피다.

호밀과 해조류: 해조류와 호밀(410쪽) 참조.
호밀과 흑쿠민: 흑쿠민과 호밀(338쪽) 참조.

BARLEY

보리

진하고 흙 향이 강하면서 은은한 단맛을 지닌 보리는 많은 지역에서 밀로 대체되어버린 작물이다. 어느 정도는 밀이 호불호가 덜 갈리면서 비교적 평범한 맛이 나기 때문이기도 하지만 기본적으로 밀의 글루텐 함량이 높은 덕분이다. 글루텐은 마법과 같다. 빵을 가볍게 부풀리고 파스타 반죽은 쫄깃하게 만들면서 케이크는 보슬보슬하게 부스러지도록 만든다. 물론 보리가 밀에 비해 떨어진다는 뜻은 아니다. 총 톤수를 기준으로 치면 보리는 세계에서 10번째로 많이 재배하는 작물이며 맥주와 위스키, 맥아유 제품과 맥아 시럽을 생산하는 맥아를 만드는 데에 사용된다. 맥아로 만들지 않은 보리는 일부만 탈각해서 배아를 남긴 통곡물 상태인 '애벌 찧은 보리pot barley'다. 완전 도정한 통보리는 훨씬 부드럽고 풍미가 약간 단순한 편이며 더 빨리 익는다. 보리는 티베트처럼 밀이 자라지 못하는 곳에서도 재배할 수 있으며, 티베트에서는 뜨거운 모래를 이용하는 독창적인 기술로 보리를 골고루 노릇노릇하게 볶은 다음 빻아서 참파tsampa를 만든다. 참파로는 음료나 죽, 플랫브레드 등을 만든다. 보리의 회복력이 의심스럽다면 일본의 맥주회사 삿포로는 우주에서도 보리를 재배한 적이 있다는 점을 기억하자.

보리와 감자: 감자와 보리(235쪽) 참조.

보리와 건포도

맥아빵malt loaf. 세상에서 가장 어색한 케이크다. 볼품없는 무광택 갈색 크러스트에 콕콕 박힌 건포도가 피부 트러블처럼 반짝인다. 잘 써는 것이 힘들다. 버터를 두껍게 발라도 입천장에 달라붙는다. 단맛은 있지만 핵심 재료인 보리 맥아 시럽의 당황스러운 짭짤한 감칠맛이 이를 가린다. 이 보리 맥아 시럽은 뜨거운 우유에 희석해서 맥아음료를 만들 수 있다. 혀끝에 느껴지는 과일(특히 잘 익은 바나나)과 코코아 풍미가 역시 보리와 관련된 음식인 미소와 마마이트를 떠올리게 한다.

보리와 귀리

혹독한 날씨에도 잘 견디는 아이언맨 같은 점이 비슷해 함께 재배하면 '준설浚渫dredge'이라고 통칭한다. 보리에는 귀리 특유의 달콤하고 포근한 풍미가 부족해서 귀리죽에 보리를 섞으면 거친 맛을 더한다. 밀가루 빵에도 질감과 풍미를 더하는 조합이다. 댄 레파드는 익힌 통보리를 반죽에 넣으면 은은한 견과류 풍미와 '섬세한' 통곡물 질감을 더할 수 있다고 설명한다. 볶은 보리와 귀리, 밀, 호밀, 완두콩을 섞어서 제분하면 에스토니아에서는 카마, 핀란드에서는 토크쿠나talkkuna라고 불리는 가루가 되는데, 버터밀크와 섞어서 음료로 마시거나 죽을 만들어 먹는다. 에스토니아에서는 1970년대 후반 초콜릿이 너무 비싸지자 카마에 커피와 설탕을 섞어서 카마타벨Kamatahvel('카마 바'라는 뜻)이라는 과자 바를 만들기도 했다.

보리와 레몬

1788년에 건포도 젤리 보리수와 화이트 와인 보리수의 대안으로 레몬 보리수 레시피가 등장했다. 통보리를 끓여서 진한 풍미에 만족스러운 무게감을 더한, 불투명하고 전분감이 살아 있는 음료다. 윔블던 테니스와의 오랜 인연은 1834년 보릿가루 제조업체인 로빈슨 앤드 벨빌(현 로빈슨 사의 전신)이 보릿가루에 레몬즙과 설탕을 섞어 레몬 보리수를 만들면서 시작되었다. 이것이 큰 인기를 끌면서 1835년에는 알코올성 가당 음료cordial 형태로 판매하기 시작했다. 곧 라임과 오렌지 맛, 그리고 1942년에는 루바브 맛이 출시되었다. (로빈슨의 윔블던 후원은 2022년에 종료되었다.) 보리수 과자는 보리를 달여서 설탕 시럽을 만든 다음 레몬과 베르가모트, 장미 에센스 또는 오렌지 꽃물을 섞어 만든다. 프랑스에 갈 일이 있다면 모레 쉬르 루앙Moret-sur-Loing의 특산물인 사프란 색에 돌돌 꼬인 모양의 보리 설탕 스틱을 찾아보자.

보리와 말린 완두콩: 말린 완두콩과 보리(238쪽) 참조.
보리와 미소: 미소와 보리(17쪽) 참조.
보리와 바나나: 바나나와 보리(154쪽) 참조.

보리와 버섯

요리에 사용할 때 보리의 고전적인 단짝은 버섯이다. 체코에서는 크리스마스이브에 비육류 식사로 체르니 쿠바cerny kuba('검은 쿠바'라는 뜻)를 즐겨 먹는다. 보리 알갱이에 마늘을 가미하고 짙은 색의 그물버섯을 넣어 요리하기 때문에 '검은색'이라는 이름이 붙었다. 이와 비슷한 음식으로 이탈리아의 보리 리소토인 오르조토orzotto가 있다.

보리와 아몬드

많은 칵테일에 아몬드와 꽃물의 풍미를 더하는 탁한 시럽인 오르자orgeat는 원래 보리와 아몬드를 물에 끓여서 만들었다. 드니 디드로의 『백과전서Encyclopédie』에 따르면 숙련된 약제사가 별달리 좋은 점도 없이 맛을 변질시키기만 한다는 이유로 보리를 뺐다고 한다. 나는 따뜻한 무가당 아몬드유 4큰술에 설탕 4큰술을 넣어서 잘 녹인 다음 오렌지 꽃물을 몇 방울 섞어서 오르자를 만든다. 마이타이나 밀크셰이크에 넣으면 좋다.

보리와 요구르트: 요구르트와 보리(167쪽) 참조.

보리와 잠두

검투사의 식단이다. 페르가몬 검투사의 전담 의사였던 갈렌은 그들에게 삶은 보리와 잠두를 먹였다고 기록했다. ("내 이름은 막시무스 데시무스 메리디우스다. 나는 이번 생에서나 다음 생에서나 삶은 보리를 먹을 것이다.") 갈렌의 기록에 따르면 이 식단 덕분에 검투사가 돼지처럼 탄탄한 살이 꽉 들어차지 않고 물렁살이 되었다고 한다. 갈렌을 해고해야 마땅할 것 같지만, 일부 해설자에 따르면 보리로 찐 살이 상처로부터 보호해줬을 것이라고 한다. 갈렌의 기록은 1993년 에베소 유적지의 한 공동묘지에서 검투사 68명의 해골이 발견되면서 확증되었다. 검투사처럼 몸집을 키우고 싶다면, 훨씬 유명한 쌀과 완두콩 요리인 리시 에 비시risi e bisi와 비슷하지만 흙 향기가 더 진한 보리 잠두 오르조토를 만들어보자. 특히 콩 껍질과 콩깍지 여러 개, 우유, 물, 파슬리 줄기와 셀러리로 만든 국물을 사용하면 흙 향기가 진하게 느껴진다. 국물에 말린 강낭콩 한 줌을 넣어도 좋다. 갈아낸 파르메산 치즈를 곁들여 낸다.

보리와 초콜릿

10억 달러 규모 사업의 주인공이다. 맥아는 주로 보리 등의 발아시킨 곡물을 말려서 구워 만드는데, 맥아 보리를 빻으면 밀가루, 분유와 함께 섞어 맥아유를 만들 수 있다. 옛날 미국식 소다수 가게에서는 훨씬 풍성한 맛이 나도록 맥아유를 첨가한 달콤하고 고소한 음료를 판매했다. 딸기와 바나나, 바닐라 몰트는 아직도 미국식 식당의 단골 메뉴이며, 시카고 약국drugstore에서 판매하던 초콜릿 몰트[8]를 보고 영감을 받은 포레스트 마스 시니어[9]는 초콜릿을 입힌 맥아맛 누가바 형태인 밀키웨이, 마스 바 등을 만들어 이 맛있는 조합을 쉽게 들고 다니며 먹을 수 있게 했다. 내 생각에 이 조합은 실크처럼 달콤한 밀크 초콜릿 껍질이 거의 짭짤한 안도감을 선사하는 맥아 속과 조화를 이루는 초코볼 몰티저스Maltesers에서 절정에 달하는데, 특히 안쪽의 허니콤 과자 부분이 살짝 짭짤하면서 보슬보슬하게 부서져 혀에 가루처럼 달라붙는다. 또한 밀키웨이보다 최소 10년 전에 출시된 오벌틴Ovaltine은 원래 맥아와 우유, 달걀, 코코아를 섞어서 가루로 만든 음료였다.

보리와 치즈

베레 보리는 오크니 제도의 고대 원시품종이다(원시품종이란 현지의 자연 조건에 적응한 재래 품종을 뜻한다). 수확한 보리알을 제분하기 전에 이탄泥炭 불에 건조시켜서 짙은 훈연 향이 배게 만든다. 베레 보릿가루는 버터나 치즈와 함께 먹는 간단한 전통 빵인 배넉bannock을 만드는 데에 쓰인다. 이탈리아에는 아주 기본적인 딱딱한 보리 플랫브레드인 카르페시나가 있는데, 전통적으로 양치기가 만들어서 와인이나 식초에 담가 부드럽게 만든 다음 치즈와 토마토를 곁들여 먹는다.

8 우유와 초콜릿, 맥아유를 섞어서 만든 달콤한 음료
9 아버지와 함께 밀키웨이 등 인기 초콜릿 바를 연이어 출시한 마스 사의 창업자

보리와 커피: 커피와 보리(34쪽) 참조.

보리와 쿠민

에스토니아의 간단한 보리빵 오드라자후 카라스크odrajahu karask를 만들 때 보리의 단맛을 상쇄하기 위해 쿠민을 넣기도 한다. 보릿가루 180g에 통밀가루(강력분) 90g, 베이킹 소다 1/2작은술, 소금 1/2작은술, 설탕 1작은술, 쿠민 가루 1작은술을 잘 섞는다. 잘 푼 달걀 1개 분량과 버터밀크(또는 케피르) 240ml, 오일 1큰술을 넣고 잘 반죽해서 한 덩어리로 뭉친 다음 450g들이 빵틀에 담고 200℃의 오븐에서 30~40분간 굽는다. 참고로 현대 베이킹 서적에서 권장하는 화학 팽창제를 사용한 빵에 비해 보릿가루의 비율이 밀가루보다 높다. 잘 부풀어 오르고 식감이 좋은 빵을 만들고 싶다면 보릿가루와 밀가루를 1:1로 사용할 것을 권장한다. 이스트로 발효시킬 경우에는 1:3으로 배합한다.

보리와 크랜베리

핀란드 북부에는 통보리와 보릿가루, 버터밀크, 베이킹 소다로 만든 빵인 오라리에스카ohrarieska에 크랜베리 잼을 발라 먹는 전통이 있다. 또한 핀란드의 유명한 보드카 브랜드인 핀란디아를 만드는 데에도 보리가 사용되는데, 1994년에 제일 먼저 등장한 가향 제품이 크랜베리였다. 이 보드카가 성공하면서 망고와 라임 등 현지에서 잘 나지 않는 풍미를 가미한 제품이 차례로 출시되었다.

보리와 토마토

연석에서 콘크리트 계단을 따라 조약돌 해변으로 내려오자 비키니 하의 같은 삼각형 바닥 위에 우리 테이블이 있었다. 진짜 레스토랑은 길 건너편에 있었기 때문에 웨이터는 아이들이 주문한 정어리와 내 다코스dakos를 갖다주려고 사륜 오토바이와 말이 끄는 수레를 피해 길을 건너야 했다. 그리스 스페체스 섬의 다코스는 다른 섬에서는 팍시마디아paximadia라고 불리는데, 치아 건강에 상당히 자신감이 있어야 먹을 수 있는 보리 러스크다. 이걸로 파르테논 신전을 지었다면 아직도 멀쩡히 제 모양을 유지하고 있을 것이다. 내 다코스에는 간 토마토와 잘게 부순 페타 치즈 약간, 말린 오레가노가 올라가 있었다. 나는 다코스를 옆에 밀어놓고 아이들을 위해 정어리의 뼈를 바르기 시작했다. 정어리를 먹어치운 아이들은 고무 튜브에 몸을 집어넣고 바다로 달려갔다. 나는 아이들만 뛰어가서 놀아도 괜찮을 거란 사실을 인정하자고 스스로를 다독였다. 그제서야 다코스를 먹을 틈이 났고, 러스크는 이미 토마토즙을 충분히 흡수한 상태였다. 새콤한 토마토 씨앗과 짭짤한 치즈, 그리고 빵의 맥아 풍미가 뚜렷한 단맛을 상쇄시켰다. 아이들이 바다에서 물장구를 치는 동안 나는 다코스를 씹으며 그 자리에 앉아, 불과 몇 해 전까지만 해도 아이들에게 점심 식사로 러스크를 적셔 부드럽게 만들어주곤 했던 기억을 떠올렸다.

보리와 해조류: 해조류와 보리(409쪽) 참조.

COFFEE

커피

커피 원두는 로스팅 과정을 거치면서 196℃에서 한 번, 약 224℃에서 다시 한 번 이렇게 총 두 번 금이 간다. 첫 번째 균열이 일어날 즈음이면 식물성 향이 나는 다소 평범한 생두에서 커피와 비슷한 향이 나기 시작한다. 일부 로스터는 원두의 신선하고 자연스러운 특징을 유지하기 위해서 첫 번째 균열이 일어난 이후 로스팅을 중단한다. 이런 로스팅은 어느 정도의 산미를 선호하는 커피 마니아에게도 잘 맞는다. 원두가 두 번째 균열까지 거치면 점점 어두운 색을 띠면서 달콤해진다. 원두 표면에 기름진 광택이 돌기 시작하고 원두 고유의 풍미가 강렬한 로스팅 풍미와 훈연 향에 자리를 내준다. 카페인 없이, 볶은 커피의 풍미만 흉내 내서 즐기는 방법에는 여러 가지가 있다. 치커리와 커피(278쪽), 커피와 대추야자를 참조하자.

커피와 강황

소호의 올드 콤프턴 스트리트에 자리한 알제리안 커피 가게에서 강황을 가미한 한정판 커피를 판매한 적이 있다. 풀 로스팅한 에티오피아와 인도산 원두를 섞어서 강황과 시나몬, 생강, 흑후추를 가미한 커피였다. 향신료의 조합은 인도의 골든 밀크[10]인 할디 두드haldi doodh를 떠올리게 하지만 (강황과 후추(221쪽) 참조) 이 커피에서는 카페오레에 찍은 스페큘루스 비스킷[11] 같은 맛이 난다. 골든 밀크처럼 강황 커피에도 꿀을 조금 넣어 단맛을 더하면 잘 어울린다.

커피와 검은콩

신선한 콩에서 커피 가루의 맛이 얼마나 강하게 느껴지는지 정말 놀라울 정도다. 나는 볼로티 콩에서 이 맛을 감지하지만 다른 많은 재래 품종에서도 느낄 수 있다. 여기서 힌트를 얻어서 토마토 베이스 스튜에 다크 초콜릿을 한 조각 넣는 것처럼 콩 냄비에 과립 커피를 한두 알만 넣어보자. 너무 많이 넣어서는 안 된다. 식물성 풍미가 과다한 음식에서 느껴질 수 있는 과한 단맛을 상쇄할 정도로만 음울한 로스팅 향이 더해지면 충분하다. 검은콩과 초콜릿(44쪽)에 소개한 브라우니에 과립 커피를 한 큰술 섞어도 좋다.

커피와 대추야자

대추야자 퓌레에 다크 로스트 커피를 조금 넣으면 캐러멜 같은 깊이 있는 맛을 더할 수 있다. 대체 커피는 대추야자 씨앗으로 만든다. 대추야자 씨앗을 씻어서 말려 로스팅한 다음 갈아서 카다멈으로 향을 내 우

10 강황과 우유에 기타 향신료를 섞어 만드는 황금색 음료
11 시나몬이 들어가고 질감이 바삭바삭한 벨기에 과자

리는 것이다. 사우디인은 아주 가볍게 로스팅해서 연한 빵 같은 향이 나는 커피를 마신다. 보통 소량으로 내와서 대추야자를 곁들여 마신다. 민트와 대추야자(329쪽), 대추야자와 자두(135쪽) 또한 참조.

커피와 말린 자두

프랑스 출신의 셰프 자크 페펭은 어머니가 남은 커피에 물을 더 넣고 단맛을 가미한 다음 배를 졸여주었던 것을 기억한다. 배가 완전히 부드러워지면 남은 커피 국물을 졸이고 칼루아를 둘러 풍미를 더한다. 같은 조리법을 이용해서 여러 가지 과일을 조리해본 결과 말린 자두가 단연 맛있었다. 자두의 풍성한 향신료와 견과류, 과일 풍미가 커피를 로스팅하는 과정에서 생성되는 향을 증폭시킨다(아이티와 탄자니아산 커피 원두에서는 핵과 과일의 향이 난다고 한다). 커피를 졸임액으로 활용하는 것이 아주 쉽지는 않다. 설탕을 넣어도 쓴맛이 압도적일 수 있고, 풍미 면에서 커피가 다소 밋밋하게 느껴지기도 한다. 말린 자두를 홍차에 졸일 때처럼 카다멈이나 오렌지 껍질 등의 향미 재료를 첨가해서 맛을 잡아주는 방안을 고려하자.

커피와 메이플 시럽

커피와 메이플 시럽에는 공통적인 향미 분자가 많지만 한 컵에 넣어서 섞으면 시럽의 섬세한 특징을 구분해내기가 어려워진다. 황설탕과 커피를 섞으면 대체로 그러하듯이 이 조합도 커피 퍼지를 연상시킨다. 두 가지 맛을 모두 제대로 즐기려면 '크렘 캐러멜'에서 캐러멜을 대신해, 커피 커스터드푸딩에 메이플 시럽을 붓는 방법이 있다. 2인분 기준으로 따뜻한 우유(전지) 250ml에 과립 커피 1큰술을 골고루 휘저어 잘 녹인다. 넉넉한 크기의 용기에 달걀 2개와 설탕 2큰술을 넣고, 앞서 만든 커피 우유를 부으면서 골고루 잘 섞는다. 이 커스터드를 체에 걸러서 작은 오븐용 그릇(라메킨) 2개에 고르게 나누어 담는다. 로스팅 팬에 그릇을 담고 그 옆에 뜨거운 물을 그릇이 반 정도 잠길 만큼 부은 다음 알루미늄 포일을 느슨하게 덮어서 150℃로 예열한 오븐에 25분간 굽는다. 커스터드가 굳었는지 확인한다. 아직 가운데 부분이 살짝 흔들리는 정도로 굳으면 꺼내서 냉장고에 넣어 완전히 차갑게 식힌다. 내기 전에 그릇 가장자리를 따라 칼로 한 바퀴 둘러서 그릇과 커스터드푸딩을 분리한 다음 작은 접시를 덮어서 뒤집는다. 아직 푸딩이 그릇에 붙어 있는 것 같으면 한 번 힘차게 흔들어서 분리한다. 푸딩 위에 다크 메이플 시럽을 붓는다.

커피와 보리

이탈리아에서는 제2차 세계대전 동안 원두커피가 부족해지면서 카페 도르조caffe d'orzo(보리 커피)가 인기를 끌었다. 진한 보리 맥아인 '커피 맥아'는 보리와 커피의 풍미에 공통점이 있다는 증거가 되는데, 볶은 보리 낟알에서 뚜렷한 커피 향이 나 커피 맥아라는 이름이 붙었기 때문이다. 커피 맥아보다 진한 맥아는 달콤하고 씁쌀한 초콜릿 풍미가 나는 흑맥아다. 커피 맥아와 흑맥아 둘 다 흑맥주에 쓰이는 재료다. 맥아와 초콜릿이 고전적인 조합이라는 점을 감안하면, 맥아와 커피의 조합이 한 번도 두드러진 적 없다는 것이 오히려 이상할 정도다. 한때 일부 미국식 식당에서는 커피시럽과 크림, 맥아유, 달걀과 소다수 약간을 섞어 만든 셰이크를 판매하기도 했다.

커피와 요구르트

호불호가 갈리는 커피 요구르트는 미국에서는 인기가 있고, 영국은 선호하지 않는 편에 가깝다. 커피 전문점에서는 매주 선디sundae 아이스크림 스타일의 차가운 커피 메뉴를 새롭게 선보이지만 저지방 카푸치노, 에스프레소, 라테 요구르트는 인기를 끌지 못한다. 미국의 아이스크림 제조업자인 제니 브리턴은 자신의 가게에서 커피 맛 요구르트 아이스크림을 판매하지 않는 것은 커피의 신맛이 요구르트의 산미와 상충되기 때문이라고 설명한다. 나도 되직한 그리스식 요구르트에 가당 커피 에센스를 섞어서 먹어보기 전까지는 이에 동의했다. 하지만 이 요구르트에서는 리코타와 커피를 섞은 고전적인 이탈리아식 디저트에서 조금 더 신맛이 강조된 맛이 느껴졌다. 헤이즐넛이나 블랙커런트 요구르트를 좋아하는 사람이라면 커피 요구르트도 입맛에 맞을 것이다.

커피와 참깨: 참깨와 커피(296쪽) 참조.
커피와 치커리: 치커리와 커피(278쪽) 참조.
커피와 크랜베리: 크랜베리와 커피(93쪽) 참조.

커피와 펜넬

차가운 커피에 펜넬 시럽이나 우조ouzo를 약간 넣으면 맛이 되살아난다. 아니스의 달콤한 향이 식은 커피의 쓴맛과 신맛을 상쇄할 뿐만 아니라 손실된 풍미를 보완한다. 뜨거운 커피의 풍성한 향미 분자는 식을수록 점점 줄어든다. 전문 커피 시음가는 커피를 실온으로 식힌 다음에 다시 맛을 봐서 뜨거울 때처럼 맛있는지 확인하곤 한다. 내가 가지고 있는 오래된 『론리플래닛 그리스』에 따르면 커피와 우조의 조합을 프라푸조frappouzo라고 부른다. 꼭 음료에 국한된 조합은 아니지만, 차갑게 먹을 때 가장 잘 어울린다. 소르베나 그라니타 혹은 바바에 두르는 시럽, 커피 페이스트리 크림을 짜 넣은 펜넬 슈 등을 떠올려보라.

커피와 피칸

피칸과 호두는 서로 비교가 되지 않기가 더 어렵다. 호두는 껍질의 쌉싸름한 맛이 전체 풍미를 살짝 압도하고 질감은 3D 입체 퍼즐 같다. 커피와 함께 조합하면 그 복합적인 풍미 덕분에 놀라울 정도로 섬세한 케이크와 페이스트리가 완성된다. 피칸은 애초부터 조금 과자에 가까운 맛이 난다. 아이스 라테에서 우유와 시럽이 쓴맛을 완화시키는 것처럼, 피칸 특유의 단맛과 유제품 풍미가 커피의 쓴맛을 부드럽게 만든다. 커피 젤라토에 들어간 당절임 피칸, 피칸 비스킷에 끼운 커피 아이스크림 샌드위치, 버터 피칸 아이스크림에 에스프레소 샷 하나를 부어 만드는 클래식 아포가토 등 아이스크림에 있어서는 단연 피칸이 호두를 압도한다.

CHOCOLATE

초콜릿

초콜릿도 커피와 마찬가지로 씁쓸한 작은 콩에서 비롯된다. 코코아 콩은 발효와 로스팅, 선별, 분쇄, 콘칭 과정을 거쳐야 부드러운 바 초콜릿으로 만들 수 있다. 최근까지 코코아 콩의 주요 세 가지 품종은 크리올로와 포라스테로, 트리니타리오였으며 트리니타리오는 앞의 두 품종을 교배해 만든 것이다. 포라스테로는 변수가 없으면서 크게 흥미롭지도 않은 품종이라는 것이 중론으로, 대중적인 초콜릿을 만드는 데에 사용된다. 옅은 색에 섬세한 풍미의 크리올로는 세계 코코아 생산량의 고작 3%만을 차지하는, 전문가를 위한 품종이다. 다만 크리올로가 대접받는 것은 맛보다 희소성 때문이라고 말하는 사람도 있다. 역시 좋은 품질로 호평받는 트리니타리오는 초콜릿 맛이 강하면서 부수적으로 과일과 당밀, 건포도, 캐러멜, 향신료 풍미가 느껴진다. 2008년에 마스 사에서 근무하는 한 유전학자가 DNA 분석을 통해서 952개의 코코아 표본에서 10개의 유전자 클러스터를 식별하여, 세 가지 주요 품종 간의 교배종을 설명하는 더 세부적인 분류법을 고안해냈다. 다크 초콜릿의 복합적인 풍미 속에서 감지할 수 있는 향으로는 신선한 과일과 말린 과일, 견과류, 포도주, 맥아, 훈연, 버섯, 재스민, 치커리, 흑설탕, 커피, 감귤류, 올스파이스 등이 있다.

초콜릿과 가지

이탈리아 남부 소렌토의 디저트 멜란자네 알 치오콜라토melanzane al cioccolato는 가지와 초콜릿이라는 놀랍도록 맛있는 조합을 선보인다. 한 가지 예로 찐 가지 조각에 리코타 혼합물을 바르고 돌돌 말아서 초콜릿 소스를 뿌려 따뜻하게 내는 방식이 있다. 또 다른 레시피에서는 길게 잘라서 튀긴 가지를 시럽과 빵가루를 섞은 것에 담근 다음 초콜릿 소스와 당절임 감귤류 필, 볶은 잣을 입혀 실온으로 내기도 한다. 초콜릿과 리코타, 말린 과일, 볶은 잣을 충분히 넣었다면 삶은 버켄스탁 신발도 맛있을 거라 말하는 사람도 있지만 그보다는 확실히 가지가 맛있을 것이다. 튀기면 실크처럼 부드러운 질감이 되며, 소금에 살짝 절여 물기를 제거하는 과정에서 은은한 짠맛이 더해지면서 부드러운 풍미가 강화되어 달콤 쌉싸름한 초콜릿과 멋진 대조를 이룬다. 다음의 내 레시피에서는 가지를 튀기기 전에 먼저 밀가루와 달걀물을 입혀서 팬케이크와 비슷한 질감을 구현해, 누텔라를 바른 크레페와 초콜릿 냉장고 케이크[12]를 섞은 듯한 결과물을 만들어낸다. 4인분 기준으로 약 1cm 두께로 둥글게 자른 가지 12조각을 준비한다. 채반에 밭치고 소금을 뿌린 다음 1시간 정도 둔다. 가지를 물에 헹궈서 가볍게 짜고 종이 타월 등으로 두드려 물기를 제거한다. 적당량씩 나눠서 밀가루를 앞뒤로 묻힌 다음 달걀물을 입힌다. 팬에 식용유를 2.5cm 깊이만큼 붓고, 가지를 넣어 노릇노릇하고 부드러워지도록 튀긴다. 가지를 건져서 종이 타월에 얹어 기름기를 제거한다. 냄

12 초콜릿에 비스킷 등의 과자를 섞어서 오븐 없이 냉장고에서 굳혀 만드는 간식

비에 더블 크림 150ml를 넣고 한소끔 끓인 다음 불에서 내린다. 여기에 70% 다크 초콜릿 100g을 잘게 썰어서 넣고 몇 분간 그대로 두어 녹인 다음 휘저어서 매끈하게 잘 섞는다. 한 김 식힌다. 가지 튀김을 서너 조각씩 나눠서 각각 초콜릿 소스를 발라 샌드위치를 만들듯이 겹친다. 가지가 완전히 가려지게끔 나머지 소스를 윗면과 옆면에 발라준다. 당절임 감귤류 필과 볶은 잣, 럼에 불린 건포도를 뿌린다.

초콜릿과 건포도

조안 해리스의 소설 『초콜릿Chocolat』에서 여주인공 비안이 부활절 시즌에 파리의 상점에서 그리스도의 승천을 축하하기보다는 하렘에 더 어울려 보이는 과자를 팔던 것을 기억한다. 먹을 수 있는 사랑의 동전과 포일에 싼 몰드 초콜릿, 끈적끈적한 마롱글라세, 반짝이는 캐러멜과 조그맣고 섬세하고 신기한 솜사탕 등이었다. 그런 사치품을 구입할 여유가 없었던 비안의 어머니는 매년 작은 원뿔형 종이상자를 꾸미고 그 안에 종이꽃과 동전, 색칠한 달걀을 채워 깜짝 선물을 준비했다. 상자 안에는 작게 포장한 초콜릿 건포도가 들어 있어서 비안은 이를 하나씩 천천히 음미하곤 했다. 이 조합은 놀랍게도 비스킷과 케이크에서는 드물게 등장하는 편이다. 어쩌면 한 과자에 초콜릿과 건포도 두 개를 모두 넣는 것이 너무 퇴폐적으로 느껴지기 때문일지도 모른다.

초콜릿과 검은콩: 검은콩과 초콜릿(44쪽) 참조.
초콜릿과 꿀: 꿀과 초콜릿(77쪽) 참조.

초콜릿과 녹차

초콜릿은 녹차와 잘 어울릴까? 이에 대해 일본의 차 회사 마루시치세이차는 서로 다른 비율의 녹차를 함유하고 있는 초콜릿 스틱을 세트로 구성한 제품이라는 형태로 완벽까지는 아니어도 훌륭한 해답을 제시한다. 1.2% 스틱은 거친 사막 같은 색을 띤다. 거기서부터 스틱의 녹차 함량은 8.2%, 13.3%를 거쳐 29.1%까지 점점 증가하면서 짙은 갈색에서 최대한으로 녹색에 가까워진다. 29.1%는 초콜릿의 식감을 잃지 않는 범위 내에서 녹차 함량을 최대로 늘린 것이다. 이 제품 상자 속에는 갈색을 띠고 쓴맛이 적으면서 감칠맛이 감도는 향을 지닌 볶은 찻잎인 호지차 맛 초콜릿 스틱도 샘플로 들어 있다. 파리의 파티시에 사다하루 아오키는 말차 제누아즈와 버터크림, 초콜릿 가나슈를 이용해서 오페라 케이크를 만든다. 녹색과 갈색의 색조가 켜켜이 겹친 가운데 콕콕 박힌 반점이 반짝이는 윗면의 모습이 케이크라기보다 도자기 작품처럼 보이게 한다. 녹차와 바닐라(404쪽) 또한 참조.

초콜릿과 돼지감자

영국의 토미 뱅크스 셰프는 돼지감자 시럽으로 퍼지를 만들어서 밀크 초콜릿으로 코팅한다. 그의 퍼지를 만들려면 먼저 돼지감자를 착즙한 다음 체에 걸러서 짙은 색을 띠는 걸쭉한 시럽이 되도록 졸인다. 그런 다음 포도당과 휘핑크림을 넣어서 112°C가 될 때까지 천천히 끓인다. 버터를 넣고 잘 섞은 후 소금과 식초를 넣어 마저 섞는다.

초콜릿과 말린 자두: 말린 자두와 초콜릿(121쪽) 참조.

초콜릿과 머스터드

머스터드 가루는 초콜릿 비스킷과 브라우니, 케이크의 풍미를 강화해주는 비법으로 유용하다. 비스킷 한 다스를 만드는 데에 반 작은술 정도면 충분하다. 넣은 것과 넣지 않은 것을 나란히 먹어보아 차이가 느껴지는지 비교해보자. 커피의 풍미를 강화하는 데 머스터드를 쓸 수 있다고 자신하는 사람도 있지만, 아주 조금만 넣지 않으면 마시다가 맥북에 마키아토를 훅 뿜어버리게 될지도 모른다.

초콜릿과 미소

미소 브라우니가 처음 등장한 것은 2014년일 것이다(미소와 바나나(16쪽) 참조). 이 레시피에 소량으로 들어가는 달콤한 백미소가 우리의 가염 초콜릿 수용체를 은은하게 자극한다. 적미소도 발효된 톡 쏘는 맛이 뚜렷하게 나기 때문에 그 자체로도 맛있는 것은 물론 초콜릿과도 많은 풍미 조합을 공유하고 있어 정통 브라우니와 비슷한 맛을 낼 수 있다. 가나슈에 미소를 넣으면 미소와 다크 초콜릿이 단맛과 짠맛, 쓴맛이 어우러진 극한의 조합을 보여준다. 나는 미소 가나슈를 다이제스티브 비스킷에 발라서 그 자체의 구운 몰트 풍미와 은은한 짠맛을 즐긴다. 비스킷의 잘 부스러지는 식감도 부드러운 가나슈와 잘 어울린다. 아마 내가 미소 초콜릿 다이제스티브 초콜릿을 만든다면 돈방석에 앉을 수도 있을 것이다.

초콜릿과 보리: 보리와 초콜릿(31쪽) 참조.
초콜릿과 옥수수: 옥수수와 초콜릿(71쪽) 참조.
초콜릿과 올스파이스: 올스파이스와 초콜릿(349쪽) 참조.
초콜릿과 참깨: 참깨와 초콜릿(296쪽) 참조.
초콜릿과 패션프루트: 패션프루트와 초콜릿(189쪽) 참조.

초콜릿과 피스타치오

아주 잘 어울리지만 피스타치오를 아껴서는 안 된다. 저녁 식사 후의 커피 타임에 곁들이는 간식으로는 가볍게 볶은 통피스타치오를 올리고 천일염을 뿌린 얇은 다크 초콜릿 한 조각만한 것이 없다. 피스타치오 아래로 템퍼링한 초콜릿이 반짝이는 게 매우 잘 어울리지만 아예 피스타치오를 빼곡하게 올려서 어떤 초콜릿인지 전혀 보이지 않게 만드는 것도 방법이다. 미각이 고마워할 것이다. 피에르 코프만은 초콜릿을 곱게 갈아 뿌린 접시에 그의 전설적인 피스타치오 수플레를 올리고 피스타치오 아이스크림을 곁들여 낸다.

초콜릿과 피칸: 피칸과 초콜릿(369쪽) 참조.

초콜릿과 호밀

호밀의 풍미 노트 중 하나로 꼽히는 것이 코코아다. 제빵사는 호밀빵에 초콜릿을 약간 넣어서 자연스러운 풍미를 더하기도 한다. 또한 코코아는 빵의 색을 더욱 진하게 만들기도 한다. 밀가루 500g에 체에 친 코코아 파우더를 2큰술 정도 넣는다. 그러면 케이크용 버터크림을 발라야겠다 싶을 정도로 초콜릿 맛이 뚜렷하지는 않게 된다. 만일 초콜릿 풍미가 강하게 느껴지면 전쟁 중에 에스토니아의 주부들은 호밀 빵가루에 갈아낸 초콜릿과 사워크림을 섞어서 디저트를 만들기도 했다는 점을 기억하자. 최근에는 미국의 채드 로버트슨 셰프가 코코아와 호밀을 짝지어서 슈 페이스트리를 만들기도 했다. 댄 레파드의 브라우니에는 코코아와 호밀, 헤이즐넛이 들어간다.

초콜릿과 후추: 후추와 초콜릿(358쪽) 참조.

LEGUMINOUS

콩 향

BLACK BEAN

검은콩

이 장에서는 검은색 콩뿐만 아니라 볼로티와 핀토 콩처럼 익히면 갈색으로 변하는 콩을 모두 다룬다. 또한 원래는 소금에 절인 대두인 중국의 발효 검정콩 두치에 대해서도 다룬다. 검은콩과 갈색 콩은 흰콩이나 빨간 콩에 비해서 흙 향기와 버섯 향기가 더 진한 감칠맛이 특징이다. 가끔 커피나 초콜릿을 연상시키는 로스트 향이 나기도 해서 소고기의 고전적인 단짝으로 실험하기에도 적절하다.

검은콩과 감자

이탈리아 베네토 지역에서 생산되는 라몬 콩은 PDO(원산지 지명 보호)로 보호받고 있다. 볼로티 콩의 일종으로 껍질이 얇아서 특히 귀한 대접을 받는다(볼로티 콩 중에 가장 촉감이 좋다). 감자와 함께 익혀서 으깬 다음 양파와 함께 베이컨 지방에 볶으면 펜돌론pendolon이라는 요리가 된다. 이 콩 해시는 원형으로 다듬어 쐐기 모양으로 썰어 내며, 펜돌론은 나무 쐐기라는 뜻이다. 블랙 칼립소 콩은 콩 미인 대회에서 압도적으로 우승한 콩이다. 음양 기호처럼 검은색과 흰색을 띠고 러셋 감자의 풍미가 난다. 분질 감자처럼 익히는 동안 잘 부스러지는 편이라는 단점이 있기는 하지만, 알이 굵은 콩과 함께 요리해서 해시로 만들기에 좋다.

검은콩과 강황: 강황과 검은콩(218쪽) 참조.

검은콩과 고구마

진한 색의 흙 향기가 퍼지는 콩과 주황색 고구마? 혹은 진한 색의 흙 향기가 퍼지는 감자에 달콤한 주황색 콩? 어느 쪽이 제격일지 토론해볼 만한 문제다.

검은콩과 달걀

검은콩 위에 달걀프라이를 얹는다. 케첩을 뿌린다. 노른자를 쿡 찌르면, 짜잔! 로이 릭턴스타인[13]이 그린 듯한 아침 식사가 완성된다.

검은콩과 라임: 라임과 검은콩(178쪽) 참조.

13 두꺼운 검은 윤곽선과 역동적인 구조가 작품의 특징인 미국의 팝 아티스트

검은콩과 마늘: 마늘과 검은콩(264쪽) 참조.

검은콩과 생강

익숙한 조합으로 느껴지겠지만 조금 더 생각해보자. 근처 테이크아웃 전문 중국 식당에서 판매하는 검은콩 생강 요리는 까만 강낭콩이 아니라 대두를 발효시키는 과정에서 검은색으로 변한 양념을 사용한 것이다. 두치라고 불리며 대부분 생강으로 맛을 내고 오향 가루와 오렌지 껍질을 넣기도 한다. 용기에서 바로 꺼내 맛을 보면 간장으로 만든 너깃 같은 맛이 난다. 간장 사탕이랄까? 소량의 콩을 덜어서 마리네이드나 소스에 사용하는데 이때 생강을 넣어서 화사한 맛을 내는 경우가 많다. 아래의 검은콩과 오렌지 또한 참조.

검은콩과 아보카도: 아보카도와 검은콩(311쪽) 참조.

검은콩과 오렌지

오렌지는 브라질에서 페이조아다feijoada를 먹을 때 곁들이는 사이드 메뉴 행렬에 참여하는 식재료다. 사실 오렌지뿐만 아니라 쌀, 채 썰어 마늘과 함께 익힌 녹색 채소, 고추, 볶은 카사바 가루 등 페이조아다의 사이드 메뉴들을 보면 검은콩과 가장 잘 어울리는 음식이 무엇인지 편리한 가이드를 얻을 수 있다. 이중 몇 가지를 따와서 베트남 레스토랑인 비엣 그릴Viet Grill의 한 메뉴를 다음과 같이 재구성할 수 있다. 개인적으로 콩 스튜의 정석에 들어갈 만하다고 생각한다. 4인분 기준으로 땅콩 오일 1큰술에 곱게 다진 마늘과 생강 20g씩을 넣고 노릇하게 볶는다. 신선한 오렌지 주스 500ml를 붓고 팔각 2개, 라임 잎 3장, 간장 4작은술, 소금 1/4작은술, 황설탕 2작은술을 넣어서 10분간 뭉근하게 익힌다. 400g들이 검은콩 통조림 2개 분량의 물기를 제거하고 냄비에 넣어서 보글보글 끓기 시작하면 불 세기를 낮춰서 20분간 뭉근하게 익힌다. 보송보송하게 푼 재스민 쌀밥을 곁들여서 다진 고수와 송송 썬 홍고추를 뿌려 낸다.

검은콩과 옥수수: 옥수수와 검은콩(67쪽) 참조.

검은콩과 월계수 잎

나무에서 자라나는 고체 육수라고 할 만한 월계수 잎은 콩에 허브와 향신료, 뿌리채소의 풍미를 더한다. 쿠바에서는 피망과 양파, 마늘에 가끔 쿠민과 오레가노를 더하기도 하는 인기 검은콩 요리인 프리홀레스 네그로frijoles negro에 월계수 잎을 넣는다. 쿠바계 미국인인 수필가 엔리케 페르난데스는 검은콩은 '당연히' 소금과 설탕으로 양념을 한다고 말하면서 가끔 맛이 부드럽게 어우러질 때까지 밤새 재우면 '잠든 콩'이라는 뜻인 프리홀레스 도르미도스frijoles dormidos가 된다고 한다. 페르난데스는 여기에 소량의 와인과 올리브 오일, 백식초를 뿌려서 콩을 잠에서 깨운다. 와인 대신 셰리를 써도 좋다. 자유롭게 변형하고 싶다면 기본 월계수 잎 대신 에파조테[14]나 올스파이스 베리, 심지어 아보카도 잎을 한 장 넣어도 좋다. 아보카도와 검은콩(311쪽) 또한 참조.

검은콩과 초콜릿

신선한 볼로티 콩에서는 놀랍도록 커피와 비슷한 풍미가 나기도 한다. 퍼지 커피나 호두 케이크 또는 뉴올리언스에서 인기 있는 치커리와 커피 혼합물과 비슷한 느낌이다(치커리와 커피(278쪽) 참조). 이렇게 되면 내 마음은 자연스럽게 초콜릿으로 향한다. 아일랜드 출신의 셰프 데니스 코터는 진한 토마토소스에 콩과 단호박, 케일을 넣고 초콜릿 약간으로 간을 해서 멕시코의 몰레와 비슷하게 맛을 낸다. 브라우니를 만들 때 검은콩을 사용하면 밀가루와 녹인 초콜릿의 양을 줄일 수 있다. 코코아와 바닐라가 콩의 풍미를 효과적으로 가려준다. 소금에 절이지 않은 검은콩 통조림 300g을 물에 헹궈서 물기를 제거한 다음 믹서기에 넣고 유채씨 오일 6큰술과 바닐라 엑스트랙트 2작은술을 넣어서 콩 껍질이 느껴지지 않을 때까지 곱게 간다. 믹서기의 뚜껑을 열고 설탕 150g, 코코아 파우더 4큰술, 베이킹파우더 1/2작은술, 소금 여러 자밤을 넣은 다음 뚜껑을 닫고 다시 코코아 파우더의 색이 전체를 진한 갈색으로 물들일 때까지 간다. 믹서기의 뚜껑을 열고 중간 크기의 달걀 3개를 깨 넣은 다음 짧은 간격으로 여러 번 갈아서 섞는다. 오일을 바르고 유산지를 깐 20cm 크기의 사각형 틀에 반죽을 붓고 초콜릿 칩을 한두 줌 뿌린 다음 180°C의 오븐에 넣고 적당히 굳어서 가운데는 아직 흔들릴 정도가 될 때까지 25~35분간 굽는다. 꺼내서 틀째로 식힌 다음 사각형으로 썬다.

검은콩과 치즈: 치즈와 검은콩(256쪽) 참조.
검은콩과 커피: 커피와 검은콩(33쪽) 참조.

검은콩과 케일

타코와 타말레에 사용되는 멕시코식 조합인 프리홀레스 이 켈리테Frijoles y quelites는 사순절 음식에 뿌리를 두고 있다. 릭 베일리스의 레시피에서는 검은 강낭콩을 사용한다. 켈리테라는 단어는 여러 가지 종류의 녹색 채소를 지칭하곤 하지만, 베일리스는 어떤 지역에서 채집했는지에 따라 시금치 맛이 나기도, 양배추 맛이 나기도 하며 흔하게 널리 자라는 명아주를 사용한다. 케일과 마늘(204쪽) 또한 참조.

검은콩과 쿠민

샌프란시스코로 떠난 신혼여행 마지막 날, 남편이 "환상적인 곳에서 점심을 먹게 해줄게" 하고 말했다. 확실히 뭔가 꿍꿍이가 있어 보였다. 얼굴 전체에 '하지만'이라는 글자가 쓰여 있는 듯했기 때문이다. "근데 시

14 중남부 멕시코가 원산지인 허브

내에서도 약간 수상한 지역에 있어." "어떻게 수상한데?" 내가 물었다. "마약 문제가 좀 있나 봐." 그가 말했다. 나는 어깨를 으쓱했다. "가이드북은 좀 고리타분하잖아. 가자, 배고파." 우리는 관광객이 붐비는 쇼핑 거리에서 오른쪽으로 꺾어 텐더로인에 들어갔다. 영국인은 가까운 지역 안에서 분위기가 급격하게 전환되는 것에 그다지 익숙하지 않다. 런던이나 리즈에서는 노숙자가 천천히 다가온다. 하지만 샌프란시스코에서는 갑자기 어디선가 우리에게 두 팔을 쭉 뻗은 채로 나타난다. "그래, 이건 좀 수상하긴 하다." 내가 말했다. 남편은 현금 인출기로 향하는 중이었다. '이게 과연 잘하는 짓일까?' 하지만 이 환상적인 장소는 카드를 받지 않을 것처럼 보이기는 했다. (영화였다면 아마 이 장면에서 우리의 멍청함에 관객이 제 머리를 치고 있을 것이다.) 우리는 달러를 한 움큼 쥐고서 어쨌든 도티스 트루 블루 카페의 튼튼한 문 앞에 무사히 도착할 수 있었다. 나는 살사를 곁들인 칠리 체더 콘브레드와 유명한 검은콩 케이크를 주문했다. 겉이 바삭하고 속이 부드러운 케이크에는 훈연 향과 흙 향기를 풍기는 쿠민이 듬뿍 들어갔고 은은하게 매운 맛이 느껴졌다. 이렇게 맛있는 콩 케이크는 처음이었다. 우리는 결제를 하고("당연히 카드 결제도 되죠.") 카페 바깥에서 택시를 불러 잡아탔다. 택시 기사는 텐더로인 주민의 움직임이 슬로모션처럼 보일 정도로 쏜살같이 차를 달렸다. 말년을 맞이한 알 파치노 같은 얼굴에 프랭크 불릿처럼 운전하면서 언덕이 많은 구간에서는 도로를 이탈하기도 하는 와중에 그가 뒷좌석에 앉은 우리를 향해 고개를 돌렸다. "내가 몇 살쯤 된 것 같소?" 그가 말했다. "글쎄요, 한 쉰?" 남편이 대답했다. 그는 홀딱 반한 듯한 표정을 지었다. "아이고, 그렇고 말고요." 그는 다시 도로를 향해 고개를 돌렸다. 공항에 도착하자 그는 요금을 현금으로 달라고 요구했다. 우리는 현금 인출기에서 뽑은 현금을 모두 건네고 터미널을 향해 달려갔다.

검은콩과 토마토: 토마토와 검은콩(80쪽) 참조.

검은콩과 통곡물 쌀

쿠바인은 검은콩과 쌀을 이용해서 모로스 이 크리스티아노스Moros y Cristianos('무어인과 크리스천') 또는 콩그리congrí(결혼)라고 부르는 음식을 만든다. 콩그리는 고기와 비안다스viandas(감자와 플랜테인 등의 전분질 음식)만큼 대접받는 음식은 아니지만, 리처드 윌크와 리비아 바르보사의 책 『쌀과 콩Rice and Beans』에 실린 연구에 따르면 고국을 떠나온 쿠바인이 가장 그리워하는 요리가 바로 쌀과 콩이라고 한다.

검은콩과 후추

마르셀라와 빅토르 하잔은 『식재료Ingredienti』에서 볼로티 콩에 대해 다음과 같이 말한다. "하나만 독보적으로 냈을 때 가장 만족스러우며, 아직 따뜻할 때 냄비에서 퍼 접시에 담은 후 올리브 오일을 반짝이도록 두르고 흑후추를 뿌린 다음 두껍게 썬 부드러운 시골빵을 곁들여서 밤처럼 밀도 높은 육질을 즐긴다."

KIDNEY BEAN

강낭콩

강낭콩은 흰색이 아닌 빨간색 강낭콩을 뜻한다. 나는 강낭콩이 다른 콩보다 단맛이 강하다고 생각했는데, 옥스퍼드 대학교의 실험심리학 교수인 찰스 스펜스는 음식에 빨간색이나 분홍색을 첨가하면 더 달콤하다고 느끼는 경향이 있다는 사실을 발견했다. 어쨌든 강낭콩은 또 다른 유명한 빨간색 콩 종류인 팥과 더불어 전 세계에서 디저트는 물론 짭짤한 요리를 만드는 데에도 사용된다. 붉은 강낭콩은 짙은 색과 밝은 색 품종으로 나뉘는데 둘 다 맛이 비슷하고 껍질이 두껍지만, 미국 남부와 카리브해 지역에서 판매하는 크기가 작은 품종 쪽은 껍질이 부드럽고 질감이 매끄럽다. 말린 강낭콩을 요리할 때는 식중독을 유발하는 독소가 들어 있으므로 처음 10분간 바글바글 끓여서 중화시키는 것이 매우 중요하다.

강낭콩과 고구마: 고구마와 강낭콩(145쪽) 참조.

강낭콩과 고추

칠리(또는 칠리 콘 카르네)는 미국에서 논쟁의 여지가 있는 음식이다. 그 논란 중 하나는 콩을 넣어야 하는가이다. 영국에서는 고추와 강낭콩이 들어가야 칠리라고 부른다. 그 외에는 손에 잡히는 것이라면 무엇이든 들어가도 좋다.

강낭콩과 렌틸: 렌틸과 강낭콩(53쪽) 참조.

강낭콩과 마늘

강낭콩으로도 리프라이드 빈[15]을 만들 수 있지만, 일반적으로 리프라이드 빈을 만들 때 쓰는 핀토 콩에 비해서 단맛이 강하고 풍미는 살짝 약하며 껍질은 두꺼운 편이다. 물론 마늘 향이 콩 속에 스며들면 그 차이는 크게 중요하지 않을 수 있다. 동물성 지방이나 식물성 오일에 양파와 마늘을 볶은 다음 따뜻한 콩을 한 컵씩 넣으면서 으깨가며 볶는다. 멕시코의 요리사는 라드나 초리소 지방을 사용하기도 한다. 비건으로 만들 때는 선드라이 토마토를 재운 오일을 사용하면 풍미와 감칠맛을 더할 수 있다.

15 익혀서 으깬 콩에 기타 재료를 넣고 다시 조리해 만드는 멕시코의 콩 요리

강낭콩과 석류

강낭콩의 풍미는 냉압착 땅콩 오일에 비유할 수 있다. 은은한 과일 향이 나는 석류와 결합하면 땅콩버터와 젤리의 조용한 사촌 격이 된다. 석류는 특히 잼 특유의 풍미가 없기 때문에 딸기나 라즈베리가 들어갈 수 없는 짭짤한 요리와도 잘 어울린다. 아르메니아의 강낭콩 룰라드roulade로 로보프 파시테트lobov pashtet가 있다. 마늘과 다진 호두, 파슬리, 딜 또는 바질을 넣어 되직한 강낭콩 퓌레를 만든다. 유산지에 퓌레를 올리고 직사각형 모양으로 빚은 다음 버터를 바르고 석류씨를 뿌려서 돌돌 말아 차갑게 식힌다. 송송 썰어서 여분의 석류씨를 뿌리고 라바시 빵을 곁들여 낸다. 또한 강낭콩은 이란의 페센잔fesenjan처럼 석류와 호두 소스와도 잘 어울린다. 콜리플라워와 석류(209쪽) 또한 참조.

강낭콩과 오렌지: 오렌지와 강낭콩(184쪽) 참조.

강낭콩과 옥수수

강낭콩은 콩 중에서 가장 군인 같은 콩이다. 깔끔하고 단단하면서 껍질이 두껍고 퇴역 장교의 브로그 신발처럼 황소의 핏빛으로 반짝인다. 반면 옥수수는 평화주의자다. 페이스페인팅을 한 것처럼 노란 얼굴에 플루트 솔로 연주처럼 달콤해서 진지한 강낭콩을 앞에 두고 평화로운 시위를 벌인다. 이 모든 대치 상황의 근저에는 동맹이 존재한다. 아메리카 원주민 이로쿼이족은 콩과 옥수수, 호박을 아울러 '세 자매'라고 부른다. 정원에서 호박은 땅을 덮어 토양을 촉촉하게 유지하면서 잡초를 억제하는 역할을 한다. 옥수수는 콩이 타고 올라갈 수 있는 대를 제공한다. 콩은 토양에 질소를 공급한다. 콩과 땅콩호박, 치즈, 옥수수 토르티야로 케사디야를 만들어서 이 공생 관계를 기념해보자.

강낭콩과 자두: 자두와 강낭콩(109쪽) 참조.
강낭콩과 코코넛: 코코넛과 강낭콩(148쪽) 참조.

강낭콩과 쿠민

잭 먼로Jack Monroe[16]의 시그니처 조합이다. 먼로는 이 두 가지 재료로 수프와 버거를 만들었는데 둘 다 당근의 단맛이 든든하게 뒷받침을 한다. 또는 페이스트리나 조지아식 로비아니 같은 빵 속에 채워 넣어도 좋다. 버터나 달걀이 들어간 빵 반죽을 둥글게 민 다음 양념을 해서 으깬 강낭콩을 가운데 채우고 가장자리 반죽으로 콩을 완전히 덮은 후 밀대로 살짝 납작하게 밀어 오븐에 굽는다. 이때 콩 속은 양파, 소금과 함께 볶거나 콩의 다년생 친구들인 양파와 당근, 월계수 잎, 쿠민 또는 베이컨 등을 넣어서 맛을 내기도 한다. 스바네티 소금(마늘과 호로파(266쪽) 참조)과 고수는 넣어도 좋고, 넣지 않아도 된다.

16 영국의 음식 작가, 저널리스트

강낭콩과 토마토: 토마토와 강낭콩(80쪽) 참조.

강낭콩과 통곡물 쌀

뉴올리언스에서 월요일은 팥과 쌀을 먹는 날이다. 일요일에 먹고 남은 햄 뼈를 활용하기 위한 관습이라는 의견도 있지만 절대 믿지 말자. '빅 이지Big Easy'라는 별명이 있는 도시에 어울리지 않게 너무나 실용적인 발상이다. 내 이론은 요일마다 음식을 지정해서 지금이 일주일 중 언제인지 파악하지 않으면 내내 음악과 술, 다른 음식에만 푹 빠져 있을 수 있기 때문이라는 것이다. 현미로는 팥과 쌀 요리를 만들 수 없지만, 홍미와 강낭콩으로는 아주 맛있게 만들 수 있다. 말린 콩을 사용해야 최고의 풍미를 낼 수 있다. 케이준 요리의 바탕을 이루는 '삼위일체'인 셀러리와 녹색 피망, 양파를 동일하게 사용하고 타임과 월계수 잎, 파슬리, 카이엔 페퍼를 첨가한다. 타바스코를 살짝 뿌리면 매운맛과 식초 풍미와 더불어 특유의 돼지 풍미를 가미할 수 있다. 콩 위에 홍미밥을 소복하게 얹어서 낸다.

강낭콩과 흰콩

토머스 하디의 『성난 군중으로부터 멀리』에 나오는 가브리엘 오크와 트로이 하사 같다. 강낭콩은 붉고 거칠고, 카넬리니 콩이라고 불리는 흰콩은 그에 비해 섬세하다. 세 가지 콩 샐러드에서 이 둘의 조합은 맛보다 색상 대비에 초점을 맞춘 선택이라 할 수 있다. 불쌍한 세 번째 콩. 전체적으로 활기를 불어넣기 위해 노력해야 할 운명을 짊어진다. 병아리콩과 옥수수 낟알, 신선한 깍지콩이 모두 부재료로 물망에 오르곤 하지만 그래도 굳이 이들을 섞어야 할 가치가 있는지 의문이 생긴다. 나에게 '세 가지 콩 샐러드'란 '이용약관'과 같은 느낌의 음식이다. 드레싱이라도 특별하기를 바랄 뿐이다.

WHITE BEAN

흰콩

이 장에서는 까치콩과 카넬리니 콩, 흰강낭콩을 다룬다. 까치콩과 카넬리니는 모두 일반적인 콩 종류인 파세올루스 불가리스Phaseolus vulgaris에 속하는 품종이다. 까치콩은 풍미가 더 뚜렷하고 토마토나 마늘 같은 전통적인 콩의 단짝과 잘 어울린다. 카넬리니는 일종의 가싸 지방처럼 부드러워서, 라드나 돼지고기 지방처럼 쓸 수 있다. 이 장에서 소개한 음식 외에도 카넬리니는 마늘과 파프리카를 많이 넣으면 콩이 채식 초리소 같아져 맛이 좋다. 세이지나 로즈메리와도 아주 잘 어울린다. 흰강낭콩(리마콩, 버터콩)phaseolus lunatus은 감자 같은 독특한 풍미와 버터 같은 금속성의 톡 쏘는 맛이 매력적이다. 적화강낭콩phaseolus coccineus이라는 깍지콩의 한 종류이자 크기가 큰 기간테스 콩gigantes bean은 그 삶은 물에서 가장 두드러지는 진한 풍미가 특징이다.

흰콩과 강낭콩: 강낭콩과 흰콩(48쪽) 참조.
흰콩과 건포도: 건포도와 흰콩(127쪽) 참조.
흰콩과 깍지콩: 깍지콩과 흰콩(386쪽) 참조.
흰콩과 리크: 리크와 흰콩(270쪽) 참조.

흰콩과 마늘

카넬리니 콩과 마늘은 매릴린 먼로와 샤넬 넘버 5의 관계와 같다. 마늘만 입으면 충분하다. 불린 콩 한 냄비에 가로로 반 자른 마늘 한 통이나 껍질을 벗기지 않은 마늘쪽 한 움큼을 넣고 뭉근하게 익힌다. 콩 삶은 물은 따로 남겨두고 콩만 체에 밭쳐서 반찬이나 브루스케타의 토핑으로 사용한다. 국물을 포함해서 냄비에 남은 모든 재료로는 깊은 맛이 나는 수프를 만들 수 있다. 링컨셔 소시지[17] 같은 맛이 나는 콩 요리를 만들고 싶다면 세이지를 넣자.

흰콩과 머스터드

코벤트 가든에 자리했던, 많은 이가 그리워하는 채식 레스토랑 푸드 포 소트Food for Thought에서 흰강낭콩 디조네즈Dijonnaise[18]를 먹은 적이 있다. 정말 맛있었지만 그다음에 방문하자 메뉴에서 사라져 있었다. 가끔 슈퍼마켓에서 흰강낭콩 통조림을 발견하면 한숨을 쉬면서 다시는 먹어볼 수 없었던 콩 디조네즈

17 굵게 다진 돼지고기의 질감과 세이지 향이 특징인 링컨셔 지방의 전통 소시지
18 마요네즈와 디종 머스터드를 넣은 아이올리의 일종

를 그리워하곤 했다. 나는 결국 『푸드 포 소트 요리책』을 중고로 구입했다. 독일에서 도착한 책에는 냉소적인 한마디가 적힌 종잇조각이 동봉되어 있었다. ("주키니를 넣으라고? 싫은데!") 흰강낭콩 레시피를 살펴보자 왜 레스토랑에서 이 메뉴를 빼버렸는지 알 수 있었다. 팬 네 개에 베이킹 그릇 하나가 필요하다고? ("너무 비실용적이야!") 그래도 나는 요리를 시작했다. 완성된 디조네즈는 내가 기억하던 것만큼이나 탁월한 맛이었다. 팬 2개만 사용하면 충분하도록 수정한 2~3인분 기준의 콩 디조네즈 레시피를 소개한다. 중형 냄비에 소금 간을 한 물을 한소끔 끓이고 송이로 자른 콜리플라워 400g을 넣어서 6분간 삶는다. 콜리플라워를 건져 물기를 완전히 제거하고 20cm 크기의 정사각형 로스팅 팬에 담아둔다. 냄비에 남은 물을 버리고 물기를 완전히 제거한 다음 약한 불에 올려서 오일 2큰술을 두른다. 양파 1개를 곱게 다져서 냄비에 넣고 5분간 익힌다. 리크 3대를 깨끗하게 씻어서 송송 썬 다음 양파 냄비에 넣고 5분간 익힌다. 익힌 양파와 리크를 그물국자로 건져내 콜리플라워를 담아둔 팬에 넣는다. 양파 냄비를 계속 약한 불에 올린 채로 버터 15g을 넣어 녹이고 밀가루 4작은술과 수북하게 푼 드라이 머스터드 가루 1작은술, 코리앤더 가루 1작은술, 소금 1/2작은술을 넣는다. 계속 휘저으면서 수 분간 볶는다. 채소 육수 또는 콩 삶은 물 250ml와 드라이 화이트 와인 100ml를 천천히 부으면서 거품기로 잘 휘저어 섞는다. 덩어리지지 않도록 잘 휘저으면서 한소끔 끓인다. 소스가 더 이상 묽지 않을 때까지 가끔 휘저으면서 뭉근하게 익힌다. 걸쭉한 커스터드 소스처럼 보여야 한다. 그레인 머스터드 2작은술과 꿀 1작은술을 넣어서 섞는다. 400g들이 흰강낭콩 통조림 2캔을 까서 내용물의 물기를 제거하고 양파와 콜리플라워 팬에 붓는다. 소스와 크림 2큰술을 넣고 골고루 잘 섞는다. 생딜이나 마른 딜 1작은술을 넣어도 좋다. 빵가루 50g에 간 체더치즈 50g을 잘 섞어서 윗면에 골고루 뿌린 다음 180℃의 오븐에 넣고 노릇해지고 보글보글 끓을 때까지 30분간 굽는다. 녹색 채소 샐러드를 곁들여 낸다.

흰콩과 메밀

아말피 해안에서 자란 셰프 제나로 콘탈도는 콩과 메밀을 넣은 커다란 냄비를 캠핑 스토브 위에 몇 시간씩 올려놓고 "언덕을 뛰어다니며 자연이 선사하는 진미를 최대한 많이 채취하려고 노력했다"고 회상한다. 뛰어다닐 언덕이 없다면 이탈리아 브랜드의 콩 곡물 혼합 제품을 구입하자. 이탈리아 리구리아주 제2의 도시 라스페치아에서 생산한 콩과 곡물을 혼합한 인기 상품은 '혼합물'이라는 뜻의 메치우아mesciuà라고 부른다.

흰콩과 미소

마두르 재프리는 일본에서 맛본 흰강낭콩 당절임이 "마치 엘사 페레티가 디자인한 티파니앤코 주얼리처럼 절묘한 모양을 뽐내기 위해" 접시에 두세 개만 담겨 나왔다고 기억한다. 단맛을 낸 흰콩으로 만든 일본의 떡소('시로앙')는 미소나 호박, 녹차 등으로 맛을 내서 매력적인 화과자를 만드는 데 쓰인다. 달콤하게 만든 콩은 스웨덴에서도 즐겨 먹는다. 캐러멜색 콩에 황설탕과 식초, 사탕무로 만든 짙은 색 시럽을 가미해서 맛을 낸 요리로 브루나 뵈노르bruna bönor가 있다.

흰콩과 버섯

『실버 스푼』에 실린 콩과 포르치니 수프 레시피는 비장의 무기나 마찬가지다. 흰콩이 벨루테와 베샤멜의 중간쯤인 베이스가 되어 아쿠아파바 스타일로 휘저어서 거품 가득한 수프를 만들 수 있게 해준다. 마치 찻잔 위에 포르치니 버섯 가루를 뿌려 내는 고든 램지의 유명한 흰콩 버섯 카푸치노 같다. 로즈 그레이와 루스 로저스는 『리버 카페 요리책 2』에서 카넬리니와 포르치니 수프를 소개한다. 콩 조리 막판에 얇게 저민 버섯 기둥을 넣고 가볍게 끓이되 얇게 저민 버섯 고깔 부분은 수프를 불에서 내린 다음에 넣어서, 익히기보다는 콩의 잔열로 살짝 따뜻해지도록 한다. 그러면 '비정상적으로 맛있는' 수프가 완성된다.

흰콩과 사과

콩과 사과는 독일 요리에서 사이가 참 좋다. 유명한 사과 감자 요리인 힘멜 운트 에르드Himmel und Erde('하늘과 땅')를 콩 버전으로 만들어보자. 요리용 사과를 잘게 썰어서 버터를 넉넉히 넣은 물에 뭉근하게 익힌 다음 삶은 까치콩과 여분의 버터, 레몬즙을 넣어서 잘 섞는다.

흰콩과 소렐: 소렐과 흰콩(172쪽) 참조.
흰콩과 순무: 순무와 흰콩(198쪽) 참조.
흰콩과 시금치: 시금치와 흰콩(402쪽) 참조.

흰콩과 오렌지

델리 가게의 주인이자 작가인 글린 크리스티안은 스페인 브랜드인 나바리코에서 판매하는 기간테스 콩을 특히 최고로 꼽는다. 크림 같은 질감에, 연어나 오렌지 같은 재료와도 잘 어울리는 '진하고 뚜렷한 향신료 풍미'를 지니고 있기 때문이다. 개인적으로 맛을 봤을 때 향신료 풍미는 느낄 수 없었지만 과연 맛이 강렬한 네이블오렌지와 환상적으로 잘 어울렸다. 손톱 모양으로 썬 블랙 올리브와 화사한 녹색 올리브 오일을 넣어 섞으면 2월의 런던에서도 지중해에서 불어오는 북풍이 두 뺨에 느껴질 정도로 스페인 느낌의 샐러드가 완성된다. 검은콩과 오렌지(43쪽) 또한 참조.

흰콩과 오크라: 오크라와 흰콩(390쪽) 참조.

흰콩과 옥수수

수코타시succotash[19]에서 협업하는 사이다. 마크 트웨인의 친구인 수필가 찰스 더들리 워너는 "콩은 우아하고 자신감 넘치며 매력적인 덩굴식물이다"라고 인정하면서도 "콩을 시나 최고의 산문에 등장시킬 수는 없다. 콩에는 품위가 없다"라고 말했다. "콩에 옥수수를 섞으면, 그 높은 톤이 사라진다. 수코타시는 천박하다. 그 안에 콩이 들어 있으니까." 수코타시는 익힌 옥수수 낟알과 껍질을 제거한 콩에 버터와 크림을 넣어 섞은 것이다. 통조림으로도 판매하다 보니 수코타시가 예전 같지 않아졌다고 말하는 사람도 있다. 그렇다면 사지 말고, 이 요리가 고전적인 지위를 유지하고 있는 미국 남부처럼 처음부터 요리하면 된다. 여름이면 신선한 콩과 옥수수에 토마토와 오크라를 섞는다. 겨울이면 말린 콩과 옥수수에 호박을 넣어 익힌다. 브라이언트 테리는 『비건 소울 키친』에서 마늘 콘브레드 크루통을 곁들인 수코타시 수프와 까맣게 익힌 두부에 곁들이는 수코타시 살사라는 두 가지 종류의 변종 수코타시를 선보인다.

흰콩과 치커리: 치커리와 흰콩(279쪽) 참조.

흰콩과 케일

콩과 녹색 채소. 하지만 어떤 채소여야 잘 어울릴까? 케일은 숨이 푹 죽으면서 씁쓸한 맛과 함께 거칠고 진한 풍미를 콩 국물에 가미한다. 그 대가로 국물은 케일을 캐서린 헵번으로 변신시킨다. 처음의 가죽 같은 질긴 식감이 섬세하고 우아하게 바뀐다. 카볼로 네로[20]는 파충류 같은 독특한 질감 덕에 익혔을 때 흐물거리는 정도가 덜하다. 부드럽고 약간 탄력이 있으면서 케일보다 덜 투박하고, 깨끗한 양배추 풍미가 느껴진다.

흰콩과 토마토

영국인의 식품저장실을 충직하게 채우는 베이크드 빈은 토마토소스를 바탕으로 익힌 까치콩 요리다. 수년간 시장을 지배한 하인즈의 베이크드 빈 통조림은 이제 블라인드 맛 테스트에서 다른 브랜드와 슈퍼마켓 자체 브랜드에도 자주 밀려나곤 한다. 이 맛에 익숙하지 않은 해외 독자라면 까치콩(또는 카넬리니 콩) 여러 알에 토마토케첩과 딸기잼 1/2작은술, 식초 약간을 둘러서 잘 섞어 맛을 보면 느낌을 알 수 있다. 토마토와 검은콩(80쪽), 토마토와 꿀(81쪽) 또한 참조.

흰콩과 펜넬: 펜넬과 흰콩(324쪽) 참조.

19 옥수수와 콩으로 만드는 북아메리카의 요리
20 이탈리아, 특히 토스카나 지방에서 많이 나는 짙은 색 케일로 이탈리안 케일이라고도 불린다.

LENTIL

렌틸

붉은 렌틸은 렌틸콩 가족 안에서 아웃사이더다. 말린 완두콩과 비슷한 전분질 감자 맛이 나고 빠르게 익어서 기분 좋게 곤죽이 된다. 차라리 수프로 만드는 것이 좋을 것이다. 그 외의 렌틸 종류는 어느 정도 형태를 유지하는 편이다. 녹색과 갈색 렌틸은 지나치게 흙 향기가 강하다. 퓌 렌틸도 흙 향기가 나지만 미네랄과 후추 풍미가 두드러진다. 검은색에 크기가 아주 작고 땅콩 향이 나는 벨루가 렌틸은 렌틸과 땅콩 모두 콩 종류에 속한다는 사실을 상기시킨다. 다른 콩류와 마찬가지로 모든 렌틸은 맛이 순하고 독특한 풍미가 부족한 편이기 때문에 신맛과 짠맛, 쓴맛을 각각 또는 조합해서 섞어야 생기를 불어넣을 수 있다.

렌틸과 감자

도사dosa라고 불리는 비건 글루텐 프리 팬케이크를 만드는 데에 쓰이는 렌틸 쌀 반죽은 발효시켜서 매력적인 톡 쏘는 맛을 낸다. 인기가 가장 많은 도사 속 재료는 감자 마살라다.

렌틸과 강낭콩

유명한 진한 콩 요리인 달 마카니에 섞으면 심장을 뛰게 만드는 콩들이다. 달은 물론 렌틸이라는 뜻이지만 엄밀하게 말하자면 마카니에 사용되는 검은색 통병아리콩인 우라드 달은 렌틸보다는 녹두에 좀 더 가깝다. 이 콩들을 갈색이 나게 볶은 양파와 마늘, 생강, 토마토 페이스트, 고추, 버터, 크림과 함께 아주 천천히 익힌다. 콩을 고기 같다고 묘사하는 것은 드문 일이 아니나, 달에는 특히 유제품이 들어가서 더더욱 고기 같은 맛이 난다. 달에 정통 훈제 풍미를 더하려면 숯 한 조각을 불에 바로 올려서 집게로 뒤집어가며 가열한 다음 작은 금속 냄비에 담아서 기ghee 1작은술을 둘러보자. 연기가 피어오르겠지만 놀라지 말자. 이 냄비를 달이 담긴 용기에 조심스럽게 넣고 빠르게 용기 뚜껑을 닫아서 약 5분간 그대로 두어 향이 배게 한다. 숯 냄비를 제거하고 달에 고명을 얹어서 낸다.

렌틸과 강황: 강황과 렌틸(219쪽) 참조.
렌틸과 고추: 고추와 렌틸(314쪽) 참조.

렌틸과 당근

길고 가느다란 당근을 구운 다음 퓌 렌틸 또는 벨루가 렌틸과 함께 섞어서 타히니나 아보카도 드레싱을 둘러보자. 울퉁불퉁하고 흙이 묻어 있는 땅속 요정 같은 당근은 어울리지 않는다. 그런 당근은 레드 렌틸과 함께 익혀서 고전적인 수프를 만들 수 있다. 렌틸 당근 수프 레시피는 쉽게 만들 수 있는 버전이 하도 많아서 오히려 까다로운 레시피를 원하는 틈새시장이 있지 않을까 싶을 정도다. 그래서 여기서 선보이기로 했다. 4인분 기준으로 깍둑 썬 양파 1개 분량과 껍질을 제거하고 깍둑 썬 당근 2개 분량을 소량의 버터나 땅콩 오일에 부드러워질 때까지 볶은 다음 다진 마늘 1쪽 분량을 넣어서 살짝 노릇해질 때까지 볶는다. 쿠민 가루 1작은술과 토마토퓌레 2큰술을 넣고 1~2분간 볶은 다음 물에 헹군 레드 렌틸 250g을 넣어서 1분간 잘 볶는다. 뜨거운 물 125ml를 붓고 뭉근하게 한소끔 끓인다. 이제 복잡한 부분이 등장한다. 렌틸이 수분을 모두 흡수해서 냄비 바닥에 달라붙기 시작하면 물을 추가하고 주걱으로 달라붙은 렌틸을 긁어서 떼어낸다. 같은 과정을 반복한다. 마치 치킨 게임을 하는 것 같다. 긁어서 떼어내기 전에 렌틸이 얼마나 바닥에 노릇하게 달라붙도록 만들어야 할까? 이 과정이 수프에 짙은 캐러멜화 풍미를 선사한다는 점을 기억하자. 렌틸의 상태를 수시로 확인해야 한다. 렌틸이 부드러워지면 소금 1/2작은술과 수프에 필요한 만큼의 물을 마저 붓는다. 물을 너무 적게 넣지 않도록 주의하자. 농도는 수프를 곱게 간 다음이나 다시 데울 때에 얼마든지 조절할 수 있다.

렌틸과 라임

딜레탕트들의 달dal이다. 익힌 레드 렌틸에 라임 피클을 넣고 잘 섞는다. 지타스 사의 라임 피클을 적극 추천한다. 껍질이 얇고 새콤한 맛이 두드러지는 카지Kadzi 라임(일명 멕시칸 라임)으로 만들기 때문이다.

렌틸과 마늘: 마늘과 렌틸(265쪽) 참조.

렌틸과 머스터드

아지파azifa는 에티오피아에서 사순절에 먹는 렌틸콩 샐러드다. 익힌 갈색 또는 녹색 렌틸을 식혀서 그대로 혹은 으깬 상태로 머스터드와 양파, 생고추, 가벼운 맛의 오일과 레몬즙 약간을 둘러 섞는다. 여기에 사용하는 머스터드는 갈색 씨앗에 마늘과 오일, 물을 섞어서 보통 매운맛이 부드러워질 때까지 며칠 재웠다가 사용하는 세나피크senafich 종류다.

렌틸과 민트: 민트와 렌틸(330쪽) 참조.

렌틸과 생강

퓌 렌틸 또는 벨루가 렌틸 요리를 색다르게 먹고 싶다면 일본산 분홍색 생강 절임을 곁들이는 것이 정답이다. 렌틸에 필요한 산미와 더불어 호불호가 갈리는 살짝 미끌거리는 식감을 가미할 수 있다.

렌틸과 석류

흙 속의 루비다. 석류 당밀은 갈색 렌틸의 밋밋한 흙 향 풍미에 섀벗처럼 반짝이는 매력을 더한다. 아랍 요리인 럼마니예rummaniyeh는 렌틸에 마늘과 쿠민 가루, 펜넬, 코리앤더를 더해서 만든다. 구운 가지와 석류 당밀, 레몬즙, 타히니를 잘 섞은 다음, 튀긴 양파와 석류씨로 장식한다. 하라크 오스바오harak osbao는 갈색 렌틸과 튀긴 양파, 석류 당밀, 향신료를 섞어서 만드는 레바논식 파스타로 '손가락을 데다'라는 뜻이다. 터키의 속을 채운 가지 요리인 이맘 바일디imam bayildi는 '이맘이 기절했다'는 뜻이다. 잔치와 희극 사이를 오가는 이 두 가지 요리를 함께 차려보자. 올스파이스와 렌틸(347쪽) 또한 참조.

렌틸과 소렐

『허브와 향신료, 향료』를 쓴 톰 스토바트는 이 둘의 조합이 훌륭하다고 설명한다. 엘리자베스 데이비드는 렌틸과 소렐로 최고의 렌틸 수프를 만들 수 있다고 한다. 퓌 렌틸을 맛있는 육수에 넣고 30분 정도 익힌다. 그동안 소렐 적당량을 버터에 수 분간 볶아서, 렌틸이 다 익으면 냄비에 넣고 잘 섞는다. 고운 수프를 원한다면 믹서기 등에 곱게 간다. 휴 펀리 휘팅스톨은 렌틸 쌀 수프를 만들 때 마지막에 소렐 잎을 넣어서 잘 섞는다. 인도 남동부 안드라프라데시주의 달 요리인 공구라 파푸gongura pappu는 소렐과 비슷한 신맛이 나는 공구라 잎으로 맛을 낸다. 공구라는 주로 소렐 또는 레드 소렐로 번역되곤 하지만 사실 이 잎채소는 전혀 다른 식물인 양마Hibiscus cannabinus에서 유래한 것이다.

렌틸과 올스파이스: 올스파이스와 렌틸(347쪽) 참조.
렌틸과 요구르트: 요구르트와 렌틸(166쪽) 참조.

렌틸과 월계수 잎

세계 어디에서나 자동으로 콩 레시피로 이끌어주는 조합이다. 수프나 사이드 메뉴, 샐러드로 모두 내놓을 수 있다. 깍둑 썬 양파와 당근, 셀러리를 월계수 잎과 함께 버터나 오일에 볶은 다음 렌틸과 물을 넣어서 부드러워질 때까지 익힌 후 간을 하자. 다양한 변형 레시피가 있지만 대체로 간단하게 햄이나 베이컨 등을 추가하는 편이다.

렌틸과 자두: 자두와 렌틸(111쪽) 참조.
렌틸과 차이브: 차이브와 렌틸(272쪽) 참조.
렌틸과 치커리: 치커리와 렌틸(276쪽) 참조.

렌틸과 코코넛

코코넛 밀크(또는 크림)와 붉은 렌틸이 만나서 부드럽고 달콤한 죽이 되면 카다멈 향 시럽을 뿌려 먹고 싶은 유혹이 느껴진다. 스리랑카에서는 렌틸에 강황과 깍둑 썬 양파, 고추, 쿠민 가루, 코리앤더를 넣어서 뭉근하게 익혀 파리푸parippu 또는 달이라고 부르는 요리를 만든다. 머스터드와 쿠민씨, 채 썬 양파, 커리 잎으로 타르카tarka[21]를 만들어 곁들여 낸다. 셰프 프리야 위크라마싱헤에 따르면 스리랑카와 인도 남부에서는 거의 매일 이 파리푸를 먹는다고 한다. 벵골 요리에서는 신선한 코코넛을 튀겨서 만든 너깃을 은은한 단맛이 느껴지는 달 요리인 촐라 달 나르켈 디예에 올려 낸다.

렌틸과 콜리플라워: 콜리플라워와 렌틸(208쪽) 참조.
렌틸과 쿠민: 쿠민과 렌틸(340쪽) 참조.
렌틸과 토마토: 토마토와 렌틸(82쪽) 참조.
렌틸과 통곡물 쌀: 통곡물 쌀과 렌틸(19쪽) 참조.
렌틸과 호로파: 호로파와 렌틸(379쪽) 참조.

21 오일이나 기에 향신료를 튀기듯이 익혀서 음식에 양념을 하는 용도로 쓰는 것

FLOWER & MEADOW

꽃과 초원

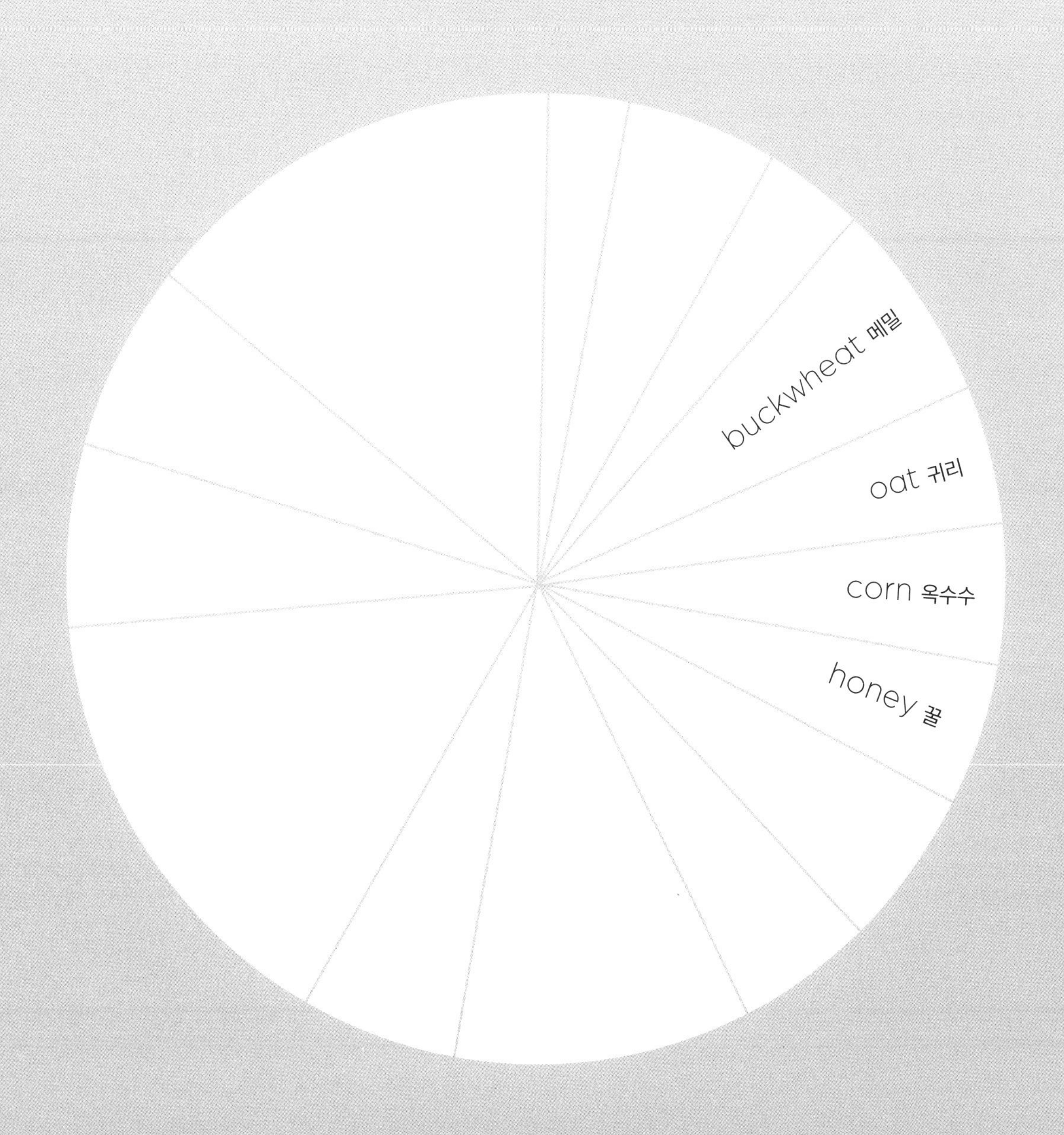

BUCKWHEAT

메밀

『라루스 요리 백과Larousse Gastronomique』에 따르면 프랑스에서 일반 메밀'Fagopyrum esculentum'은 '아름답게 익힌'이라는 뜻의 'beaucuit'으로 번역된다. 메밀을 생으로 먹기에는 적절하지 않으니 딱 맞는 이름이라고 할 수 있다. 삶는다고 해서 특별히 맛있어지지도 않는다. 볶으면 그 먼지투성이의 약 같은 풍미가 과일과 맥아 향이 살짝 감도는 잔디와 녹차 풍미로 바뀐다. 메밀에는 쌉싸름한 풍미도 있다. 차와 증류주, 와인을 모두 만들 수 있는 식재료다. 거칠게 빻은 메밀쌀은 메밀에서 겉겨를 벗겨낸 것으로 스페인 정복자의 투구처럼 생겼으며 껍질을 벗기는 방법에 따라 미색에서 짙은 갈색까지 다양한 색을 띤다. 카샤kasha는 이 메밀 알곡을 볶아서 만든다. 메밀가루는 도정을 얼마나 한 상태로 제분하는가에 따라 옅은 색을 띨 수도, 진한 색을 띨 수도 있다. 제빵이나 파스타 또는 국수, 폴렌타 만들기에 쓰인다. 달단종 메밀'Fagopyrum tartaricum'은 일반 메밀보다 고도가 높은 지역에서 자란다. 중국과 네팔에서는 뒷맛이 씁쓸해서 쓴 메밀이라고 부른다.

메밀과 감자: 감자와 메밀(234쪽) 참조.

메밀과 건포도

페이스트리 셰프 킴 보이스의 설명에 따르면 메밀은 "거의 와인 같은" 풍미를 지니고 있어 가을 과일과 잘 어울린다. 건포도는 가을 과일을 이야기할 때 제일 먼저 떠오르는 과일은 아닐지 몰라도 가을이 제철이며, 와인을 좋아한다. 밀가루의 3분의 1 분량을 메밀가루로 대체해서 메밀과 건포도를 가미한 과일 케이크를 만들어보자.

메밀과 고구마

한국과 일본에서는 메밀가루에 고구마 전분을 섞어서 면을 만든다. 여러 해 동안 노부의 수석 셰프로 근무한 스콧 홀즈워스는 일식 튀김 반죽처럼 얼음물을 이용해서 만든 메밀 반죽에 얇게 저민 고구마를 넣어서 버무린 다음 튀겨서 일본의 혼합 향신료 '시치미 토가라시'와 소금을 뿌려 낸다. 채소 튀김이 되는 모든 채소와 곡물 조합 중에서 고구마와 메밀쌀은 꽤 높은 점수를 받는 편이다. 튀김 4개 기준, 소형 냄비에 메밀쌀 75g을 넣고 중간 불에 올려서 타지 않도록 잘 저어가며 5분 정도 볶는다. (메밀을 볶으면 따뜻한 건초 같은 냄새가 사라지고 진짜 메밀에서 나는 고소한 팝콘 같은 향이 살아나는 것을 느낄 수 있다.) 끓는 물 400ml와 소금 1/2작은술을 넣고 메밀이 부드러워질 때까지 12~15분간 뭉근하게 익힌 다음 식힌다. 그

동안 구워서 식힌 고구마 1개의 속살을 퍼서 볼에 넣고 곱게 다진 적양파 1/2개(소) 분량, 스틸컷 귀리 2큰술, 양파 가루 1작은술, 라삼 가루(84쪽 참조) 1작은술, 소금 1/2작은술을 넣고 잘 섞는다. 메밀이 식으면 고구마 반죽에 넣고 달걀노른자 1개를 더해 잘 섞는다. 혼합물을 같은 크기로 4등분해서 지름 약 10cm 크기의 패티 모양으로 빚는다. 패티 앞뒤로 밀가루(나는 메밀가루를 사용한다)를 얇게 묻힌다. 팬에 소량의 식용유나 올리브 오일을 둘러서 중간 불에 올린 다음, 패티를 넣고 중간에 한 번 뒤집어가며 노릇노릇하고 완전히 익을 때까지 굽는다. 채식 버거라고 생각하면 딱이다.

메밀과 고추: 고추와 메밀(315쪽) 참조.

메밀과 꿀

미국의 자연주의자 존 버로스는 메밀 꿀에 대해서 "특히 겨울날의 아침 식사에서 그 동료인 적갈색 메밀 케이크와 함께 만나면 아주 확실하게 맛이 있을 것"이라고 말했다. 메밀 꿀에서는 맥아와 당밀, 그리고 가끔은 무려 마마이트 같은 풍미가 느껴지기도 한다. 셰프이자 작가인 데이비드 레보위츠는 카샤(거친 메밀쌀을 볶은 것)를 이용해서 맛을 낸 우유로 커스터드 베이스를 만들어 아이스크림을 완성한 다음 메밀 꿀을 약간 둘러서 이 조합을 완성했다. 아이스크림에는 완성되기 직전에 절구에서 찧은 카샤도 여분으로 넣어 섞는다.

메밀과 녹차

제빵사 앨리스 메드리치에 따르면 메밀가루는 "녹색 나무와 참나무, 잔디와 녹차의 살짝 신맛이 돌거나 발효된 식물성 향기"가 특징이다. 메밀과 녹차의 공통점은 두 재료로 만든 일본의 '차 소바'에서 잘 드러난다. 삶은 면이 아직 따뜻할 때 몇 가닥을 맛본 다음 나머지는 차갑게 식혀서 전통 방식대로 간장과 다시로 만든 소스에 찍어서 먹어보자.

메밀과 달걀

밀 팬케이크에 달걀을 곁들이면 갓 깨어난 입맛을 곧바로 다시 잠들게 할 수 있다. 하지만 갈레트 드 사라신galettes de sarrasin은 절대 그렇지 않다. 메밀은 이 크레페와 비슷한 갈레트에 달걀프라이의 갈색 페티코트 같은 프릴 부분이 떠오르게 하는 미네랄 풍미를 선사한다. 그 덕분에 메밀 갈레트와 달걀은 참으로 매력적인 조합이 된다. 시금치나 치즈 등 다른 필링을 얹은 갈레트의 정중앙에 달걀프라이를 올린 다음 사방 가장자리를 접어서 노른자가 창문 가운데에 떠오르는 태양처럼 보이는 정사각형 모양을 완성한다. 달걀은 글루텐 프리 곡물이 서로 응집할 수 있도록 만드는 역할을 하므로 반죽에 넣기도 하지만 전통 레시피에서는 오직 메밀가루와 물만 사용한다. 19세기 영국 요리책에는 '보킹bocking'이라는 이스트를 가미한 메밀 팬케이크 레시피가 실려 있다. 보킹은 디킨스나 트롤럽이 찬사를 보낸 적이 없어서인지 사라지고 말았지만, 고골과 체호프가 찬사를 보낸 메밀 블리니는 무사히 살아남았다.

메밀과 두부: 두부와 메밀(286쪽) 참조.
메밀과 래디시: 래디시와 메밀(200쪽) 참조.

메밀과 레몬

런던 동부 바이올렛 베이커리의 클레어 프탁은 메밀가루가 감귤류 및 바닐라와는 잘 어울리지만 "바나나와 초콜릿 같은 거친 풍미와는 안 맞을 수 있다"고 말한다. 나는 레몬을 조합한다는 생각이 마음에 들었다. 메밀의 쌉쌀한 홉 같은 풍미는 맥주를 떠올리게 하니 레몬과도 잘 어울릴 터다. 여러분의 머릿속에 섄디[22]가 미처 떠오르기도 전에 나는 크레페를 한 더미 만들어냈다. 레몬즙과 백설탕은 각각 신맛과 단맛이라는 극단적인 맛과 중성적인 풍미를 지니고 있어 곡물의 풍미를 향상시키는 데에 이상적이다.

메밀과 버섯

니겔라 로슨은 말린 표고버섯 조림과 메밀 소바라는, 주방 찬장에 언제까지나 보관 가능한 재료로 만들어낼 수 있는 레시피에서 "메밀 알갱이의 거친 질감은 짠맛과 풍미가 꽉 찬 표고버섯에 아주 딱 맞는 옷이 되어준다"고 말한다. 다라 골드스타인은 덜 이국적인 말린 버섯을 사용하지만 그래도 여전히 "메밀의 풍미를 보완하고 강화하는 데에 적합하다"고 한다. 만두나 스트루델, 양배추의 속 재료로 활용해보자.

메밀과 사과

메밀에는 캐러멜과 꿀, 정향이라는 공통적인 향미 성분이 들어 있어서 사과와 완벽한 궁합을 이룬다. 브르타뉴에서는 블레 누아blé noir라고 부르는 메밀로 팬케이크를 만들어서, 현지 사과를 조각조각 잘라 버터와 설탕에 향긋하게 익힌 것을 넣고 돌돌 말아서 먹는다. 헤밍웨이는 그의 단편소설 「심장이 두 개인 큰 강」에서 낚시 여행을 떠나 메밀 팬케이크를 굽는 닉 애덤스라는 인물을 등장시켰다. 반죽이 "용암처럼 퍼지며 기름이 날카롭게 튀었다. 가장자리부터 메밀 케이크가 단단해지기 시작하더니 노릇해지고 이윽고 바삭바삭하게 익었다. 표면은 천천히 거품이 올라오며 구멍이 여기저기 뚫렸다." 닉은 큰 팬케이크 두 개와 작은 팬케이크 하나를 만든 다음 사과 퓌레를 걸쭉하게 졸여서 농축시키고 캐러멜화한 사과 버터를 펴 바른다. 두 개를 먹은 다음 남은 팬케이크를 두 번 접어서 기름종이에 싸서 카키색 셔츠 주머니에 넣는다. 문학에서 나를 이토록 배고프게 하는 이야기는 그리 많지 않다.

메밀과 샘파이어: 샘파이어와 메밀(412쪽) 참조.

22 맥주와 레모네이드를 섞어 만드는 청량한 음료

메밀과 생강: 생강과 메밀(223쪽) 참조.

메밀과 소렐: 소렐과 메밀(171쪽) 참조.

메밀과 아몬드

이탈리아의 트렌티노알토아디제 산악 지역의 특산품인 토르타 디 그라노 사라세노는 메밀가루와 아몬드 가루로 만드는 간단한 샌드위치 케이크다. 글루텐 프리 반죽이 자갈 비탈길처럼 거친 질감을 선사한다. 아몬드 가루가 메밀의 쓴맛을 단맛으로 상쇄하고 먼지 같은 풍미를 부드럽게 다듬지만 그렇다고 예쁜 도일리 위에 얹어서 낼 정도로 섬세해지지는 않는다. 위에 슈거파우더를 뿌리고 가운데에 잼을 발라 푸짐하면서 단순하게 만든다. 등산화를 신고 서모스thermos 사의 텀블러에 담은 블랙커피를 마시며 먹어보자. 잼은 보통 링곤베리나 빌베리 같은 산딸기 종류를 사용한다(안나 델 콘테[23]는 블랙커런트를 선호한다). 독일에서는 토르타 디 그라노 사라세노를 슈바르츠플렌텐토르테Schwarzplententorte라고 부른다.

메밀과 옥수수

폴렌타에서 재회한 시골 사촌이다. 미국에서는 한때 메밀가루와 옥수숫가루에 육수와 자투리 고기를 넣어서 폴렌타를 테린 비스름하게 요리한 듯한 스크래플을 만들었다. 현대 미국의 스크래플 레시피에서는 옥수수만 사용하는 경향이 있는데, 『퀘이커 여성 요리책』(1853)에 따르면 스크래플의 전통 풍미는 메밀로 정의해야 하므로 아쉬운 일이다. 스크래플의 기원인 독일에서는 메밀로만 만들었는데 아마 진한 맛과 색을 내기 위해서 피를 약간 섞었을 것이다. 나는 메밀과 옥수수를 모두 넣고 소시지용으로는 부적합한 자투리 돼지고기를 첨가한 다음 세이지를 더해서 짭짤하게 만들어, 기준을 많이 낮춘다면 전통에 가깝다고 볼 수 있을 스크래플 레시피도 발견한 적이 있다. 걸쭉한 수프보다는 매시트포테이토 같은 질감이 이상적인데, 형태가 유지될 만한 농도가 되면 빵틀에 넣어서 모양을 잡는다. 단단하게 굳으면 틀에서 꺼낸 다음 저며서 튀긴다. 스크래플은 채식 버전으로도 손쉽게 만들 수 있다. 사용하는 육수의 맛이 충분히 진한지 확인하는 것을 잊지 말자. 스크래플에서 담백한 맛은 허용되지 않는다. 조금 더 간단하게 만들고 싶다면 콘브레드에 메밀가루를 조금 섞어보자.

메밀과 참깨: 참깨와 메밀(294쪽) 참조.

메밀과 치즈

스페인의 한 호텔에서 즐거움보다는 직업적인 의무감으로 메밀 죽 한 그릇을 먹고 있었다. 이런 맛이 나는 음식이 또 뭐가 있더라? 고민하던 중에 떠올랐다. 비트. 그야 그렇겠지! 나는 한 순갈을 더 떠먹고 메밀

23 밀라노 출신의 영국 음식 작가

죽을 옆으로 밀어낸 다음 크루아상으로 스스로에게 보상을 내렸다. 이걸 메밀 폴렌타라고 생각했으면 조금 더 맛있게 만들 수 있을 것이다. 옥수수 폴렌타처럼 메밀은 치즈에 열광적으로 반응한다. 이탈리아에서는 폴렌타 타라냐taragna에 발텔리나 카세라 또는 탈레조 치즈를 섞는다. 이들 치즈를 구하기 어렵다면 안나 델 콘테의 제안에 따라 잘 어울리는 질감과 톡 쏘는 맛을 동시에 갖춘 캐어필리Caerphilly나 웬슬리데일Wensleydale, 랭커셔 치즈를 넣어보자. 정 없으면 파르메산 치즈를 넣어도 좋다. 피터 그레이엄은 『클래식 치즈 요리』에서 "메밀의 독특한 풍미는 치즈와 잘 어울린다"고 언급하는데, 다만 여기서 메밀은 폴렌타가 아니라 메밀쌀을 뜻한다. 감자와 메밀(234쪽) 또한 참조.

메밀과 토마토

메밀 칩과 토마토소스는 네팔에서 인기 있는 간식이다. 칸첸바kanchemba는 폴렌타 칩과 비슷한데 익힌 가루로 만든 반죽을 손가락 모양으로 빚어 튀긴다. 토마토소스는 매콤하고 훈연 향이 나서(후추와 토마토(360쪽) 참조) 메밀에서 단맛이 느껴지게 만든다. 메밀 블리니에도 잘 어울린다.

메밀과 해조류

익힌 메밀에서 비린내를 느끼는 사람도 있다. 제빵사이자 요리 강사인 리처드 버티닛은 메밀이 해산물과 특히 잘 어울리며 당연하게도 메밀 블리니는 세계 최고급 식재료인 캐비아와 훈제 연어를 위한 쿠션 역할을 한다고 말한다. 해조류로 만든 비건 '캐비아'를 메밀에 곁들여 맛의 조합을 시험해보자. 또는 제빵사 채드 로버트슨을 따라 메밀과 김이라는 고전적인 일본식 조합을 가미한 플랫브레드를 만들어보자. 혼슈 시마네현의 산간 지역에서는 '와리고 소바'를 주문하면, 3단 옻칠 반합과 작은 소스 그릇이 나온다. 반합의 각 층마다 삶은 소바가 들어 있는데, 그중에는 메밀을 그대로 제분한 짙은 색 소바도 있다. 뚜껑을 열면 김과 채 썬 실파, 무 간 것 등의 고명이 보인다. 맨 위에 있는 소바 통에 소스를 부어서 먹는다. 한 층의 소바를 다 먹고 나면 다음 층을 열고, 첫 번째 층에 남아 있는 소스(해조류 덕분에 풍미가 깊어져 있다)를 붓고 고명을 더 올려 먹는다. 마지막 층도 마찬가지다. 가끔은 소스에 진한 맛을 더하기 위해서 맨 위 칸에 생달걀노른자를 올리기도 한다.

메밀과 흰콩: 흰콩과 메밀(50쪽) 참조.

OAT

귀리

밭에서 갓 수확한 귀리 알갱이에는 압착 귀리의 복잡한 풍미가 부족하다. 보통 통곡물이 그러하듯 거칠고 잔디 향이 난다. 이 귀리의 왕겨를 벗겨내서 부드러운 속살이 드러나게 만든다. 그런 다음 알갱이를 바로 건조시키는 킬닝Kilning 과정을 통해서 부패를 막고 특유의 따뜻한 견과류 풍미를 생성시킨다. 귀리에서는 후추나 종이 향이 나기도 한다. 곰팡내나 백악질, 건초 향이 난다고 표현하기도 한다. 통귀리로 판매하는 경우도 있지만 대부분 분쇄하거나 압착한 상태로 판다. 두세 조각으로 분쇄하면 핀헤드 귀리 혹은 아이리시 오트밀, 굵은 오트밀 등으로 불리는 스틸컷 귀리가 된다. 스코틀랜드 오트밀은 스틸컷 귀리와 비슷하지만 석재로 분쇄한다는 점이 다르다. 귀리를 익혀서 죽을 만들면 킬닝 과정에서 생성된 특유의 풍미가 부드러워지고 노나트리에날nonatrienal 성분 덕에 바닐라와 사과, 버터 향이 난다. 밀가루 같은 질감의 오트밀은 굵은 것과 고운 것으로 나뉜다.

귀리와 구스베리: 구스베리와 귀리(95쪽) 참조.

귀리와 꿀

스코틀랜드의 링 헤더 꿀은 일반 헤더[24](칼루나 불가리스)를 자주 찾는 벌이 만들어낸 것이다. 걸쭉하고 젤리 같은 독특한 '요변성搖變性' 꿀로 벌집에서 꿀만 받아내려면 전문 장비가 필요한 경우가 많다. 훈연과 향신료 향이 도는 풍미 강한 꿀이라 아침 식사로 먹으면 마치 스코틀랜드인이 된 것처럼 전통 킬트 주머니를 찾아 머리카락 장식을 달고 싶어질 것이다. 강렬함, 훈연 향, 향신료 풍미는 스코틀랜드의 또 다른 호박색 넥타인 위스키의 특징이기도 하며 위스키와 귀리, 꿀이 만나면 아톨 브로즈Atholl Brose라는 음료가 된다. 스틸컷 귀리 25g을 물 60ml에 하룻밤 담가둔다. 다음 날 물기를 제거하고 꿀 1작은술을 넣어서 잘 섞는다. 위스키 50ml를 넣고 잘 섞은 다음 잔 2개에 나누어 담아 마신다. 어떤 사람은 잔에 음료를 따르기 전에 귀리를 한 자밤 넣기도 한다. 또는 베일리스와 비슷한 수제 리큐어를 만들고 싶다면 물 대신 크림을 사용하고, 하룻밤 불리는 과정을 냉장고에 넣어서 진행한다. 자그마한 리큐어용 잔을 꺼내기 전에 전통적으로 아톨 브로즈는 속을 파낸 돌이나 오목한 용기에 담아 마셨다는 점을 기억하자. 더비셔에서 호텔을 운영했던 음식 평론가 고故 찰스 캠피언은 손님이 빈속으로 잠자리에 드는 일이 없도록 새해 첫날 새벽 6시에 아톨 브로즈를 대접했다고 회상했다. 그의 아톨 브로즈는 음료보다 죽에 가까웠다. 그는 아톨 브로즈가 굵게 빻은 밀과 럼주를 섞어서 만드는 중세 요리인 프루멘티frumenty와 영국 북동부 지방에서 보

24 다양한 색의 꽃을 피우는 관목 식물로 맛과 질감이 독특한 꿀을 생산한다.

리와 브랜디로 만드는 스튜인 플러핀fluffin과 비슷하다는 점에 주목했기 때문이다.

귀리와 대추야자: 대추야자와 귀리(132쪽) 참조.
귀리와 말린 자두: 말린 자두와 귀리(118쪽) 참조.

귀리와 메이플 시럽

괜찮은 조합이지만 사실 정통 메이플 시럽은 건방진 귀리에 견주기에는 너무 정제된 맛이다. 귀리는 이교도 꿀을 원한다. 또는 황금색 웅덩이를 이루는 기분 좋을 정도로 지루한 골든 시럽을 선호한다. 원래 설탕 제조 공정의 부산물이었던 골든 시럽은 부드러운 토피 풍미에 특유의 감귤류 향이 더해져서 칙칙한 귀리를 환하게 밝혀준다. 가장 유명한 브랜드인 라일스의 골든 시럽은 초록색과 금색으로 화려하게 장식된 금속 통에 담겨 있는데, 통 위에는 벌에 둘러싸여 죽어 있는 사자의 그림과 함께 구약성경 사사기(판관기)에 나오는 구절("강한 자에게서 단것이 나왔느니라")이 적혀 있다. 1883년에 이 제품을 담당한 디자인 에이전시의 홍보 멘트를 들어보고 싶은 모양새가 아닐 수 없다.

귀리와 바닐라: 바닐라와 귀리(140쪽) 참조.
귀리와 보리: 보리와 귀리(29쪽) 참조.

귀리와 사과

자매품이나 마찬가지다. 말이나 위대한 독일 문학가처럼 먹고 싶다면 버처 뮤즐리를 추천한다. 스위스의 영양학자 막시밀리안 버처 브레너가 취리히 요양원을 설립해서 토마스 만과 헤르만 헤세 등 환자들에게 생과일과 채소를 강조한 채식 식단을 제공한 데에서 유래한 이름이다. 압착 귀리 1큰술을 물 3큰술에 섞어서 하룻밤 동안 불린다. 아침에 큰 사과 하나를 껍질과 속심까지 모두 갈아서 갈변하지 않도록 레몬즙을 약간 뿌려 버무린다. 귀리에 크리미한 우유(버처 브레너는 연유를 사용한다) 1큰술과 꿀 1작은술을 섞은 다음 사과를 넣어서 마저 섞고 다진 아몬드나 헤이즐넛 1큰술을 얹는다.

귀리와 생강: 생강과 귀리(222쪽) 참조.

귀리와 시나몬

나는 시나몬을 넣고 죽을 끓였다. 너무 뜨거웠다. 귀리에 우유와 시나몬 스틱을 넣고 익힌 다음 갈아서 식히는, 크림 같은 질감의 콜롬비아 오트밀 음료 아베나avena를 만들었다. 너무 차가웠다. 시간이 지난 후 아무 생각 없이 잔을 집어 들고 한 모금 마셨다. 딱 적당했다! 향신료 풍미가 날 정도로 잘 익은 바나나로 만든 꿈처럼 부드러운 바나나 밀크셰이크 같았다. 소형 냄비를 중간 불에 올린다. 시나몬 스틱 1개와 정향 1

개를 넣고 30초간 그대로 두어서 향미 오일이 풀려나오게 한다. 우유 500ml와 물 150ml, 귀리 4큰술, 수북하게 푼 황설탕 1큰술을 넣고 한소끔 끓인다. 약한 불로 낮추고 가끔 휘저으면서 15분간 뭉근하게 익힌다. 불에서 내려 식힌다. 시나몬 스틱과 정향을 제거하고 곱게 간다. 남아메리카에는 전역에 걸쳐서 연유와 바닐라, 다양한 과일 등 다채로운 아베나 콜롬비아나 변형 레시피가 존재한다. 스코틀랜드의 전통 음료인 블렌쇼blenshaw도 비슷한 방식으로 만들지만 넛멕으로 맛을 내고 갈지 않는 것이 특징이다.

귀리와 요구르트: 요구르트와 귀리(165쪽) 참조.
귀리와 자두: 자두와 귀리(110쪽) 참조.
귀리와 치즈: 치즈와 귀리(256쪽) 참조.
귀리와 캐슈: 캐슈와 귀리(303쪽) 참조.
귀리와 케일: 케일과 귀리(203쪽) 참조.

귀리와 코코넛

아름답고 유용하다. 귀리는 우리에게 탈취제와 스킨케어 제품을 제공한다. 코코넛은 연료와 건축 자재, 천연 선탠로션을 제공한다. 윌리엄 모리스 포장지로 같이 잘 싸놔야 마땅하다. 귀리는 부드러운 풀 향기가 나고, 코코넛은 락톤 성분에서 비롯된 열대의 산들바람이 느껴지는 과일 향을 지니고 있다. 두 재료 모두 구우면 진한 견과류 풍미를 느낄 수 있어서, 더 나은 활용법을 고민할 필요 없이 세계 최고급 비스킷인 안작Anzac에 너무나 잘 어울린다. 글루텐 불내증이 있는 사람이라면 밀가루 대신 비슷한 재료를 사용한 다음 귀리 코코넛 그래놀라 레시피를 따라 해보자. 무염 버터 100g을 중약 불이나 전자레인지로 녹인다. 볼에 압착 귀리 125g과 말린 코코넛 125g, 해바라기씨 125g, 황설탕 50g, 베이킹 소다와 소금을 여러 자밤 넣고 잘 섞는다. 녹인 버터를 넣어서 잘 섞은 다음 기름칠을 한 베이킹 트레이에 얇게 펴서 160℃의 오븐에 넣고 원하는 만큼 노릇해질 때까지 10~15분간 굽는다. 식힌 다음 잘게 부숴서 밀폐용기에 담으면 1개월까지 보관할 수 있다.

귀리와 크랜베리

죽을 만들 때 물과 우유 중 어느 것을 넣는 것이 좋은지에 대한 오래된 논쟁은 잊자. 세 번째 선택지가 있으니까. 노르웨이인은 붉은 베리류로 묽은 시럽을 만들어서 단맛을 낸 다음 압착 귀리를 요리하는 데에 사용한다. 아이슬란드인은 남은 귀리죽에 밀가루와 베이킹파우더, 달걀을 넣고 우유로 농도를 조절해서 일반적인 반죽 정도로 만든 다음 팬케이크를 부친다. 여기에 적당한 북유럽 베리 잼을 곁들여 내는데, 크랜베리가 가장 잘 어울린다. 피칸과 귀리(368쪽) 또한 참조.

귀리와 피칸: 피칸과 귀리(368쪽) 참조.

귀리와 해조류

스코틀랜드에서는 전통적으로 덜스라고 불리는 붉은 해조류에 오트밀을 섞어서 국물을 냈다. 스코틀랜드의 생산업체 마라 시위드는 베리와 견과류, 꿀로 만든 죽에 덜스 플레이크를 뿌려 먹는 조합을 제안한다. 웨일즈에서는 바라 라프우르bara lafwr 또는 레이버브레드laverbread라고 불리는 음식에서 귀리도 소소하게 활약한다. 홍조류의 일종인 돌김laver(Porphyra umbilicalis)을 해안에서 채취하여 깨끗하게 씻은 다음 약 5시간 동안 끓여서 젤라틴 같은 상태로 만든다. 그런 다음 고운 오트밀을 섞어서 패티 모양으로 빚어 튀긴다. 오트밀은 김의 야단스러운 요오드 풍미를 부드럽게 다독이지만 많이 기죽이지는 않아서 여전히 브리스톨 해협을 한 입 베어문 것 같은 맛이 느껴진다. 관련 종인 방사무늬김Porphyra yezoensis은 광범위하게 양식해서 헐크의 공책 같은 종잇장 형태로 말린 해조류 음식인 김을 만드는 데에 쓰인다. 일본 김을 상업적으로 생산할 수 있게 된 것은 영국의 조류학자藻類學者(조류학은 해조류를 연구하는 학문이다) 캐슬린 드루베이커의 발견 덕분으로, 아리아케해를 바라보는 우토의 스미요시 신사에 기념비가 세워져 있다.

CORN

옥수수

옥수수는 품종마다 용도가 다르다. 통조림이나 냉동 옥수수 또는 속대째로 판매하는 통옥수수는 팝콘용 옥수수나 폴렌타 및 가루를 만드는 데에 쓰이는 옥수수와 상당히 다른 품종이다. 옥수수 고유의 풍미도 나르지만, 처리하는 방식이 그 차이를 확실하게 만든다. 팝콘에서는 버터에 버무린 튀긴 바스마티 쌀을 연상시키는 향이 난다. 통조림 옥수수에서는 진한 유황과 게 향이 나서 차우더와 비슷하다. 냉동 옥수수는 달콤하며 도시에 거주하는 사람이 구할 수 있는 것 중 제일 갓 수확한 옥수수에 가까운 맛이 난다. 폴렌타는 말린 옥수수를 제분한 것으로, 물에 익혀서 걸쭉한 죽처럼 만들면 달콤하고 담백하면서 은은한 버섯 향이 느껴진다. 옥수수를 '닉스타말화'하는 멕시코의 관행은 메소아메리카 시대까지 거슬러 올라간다. 옥수수를 건조시킨 후 알칼리성 성분(소석회 또는 재)에 담근 후 껍질을 일부 제거하는 방법이다. 이 과정을 거치면 옥수수의 영양가가 높아질 뿐만 아니라 더욱 복합적인 향을 지닌 다용도 식재료가 된다. 옥수수 재배자와 제분업자가 말하길 갓 수확한 옥수수 알갱이에서는 금세 사라지고 마는 꽃과 꿀, 제비꽃 향이 난다. 닉스타말화한 옥수수는 호미니, 타말레, 마사 하리나 가루로 만든 토르티야 등을 만드는 데 쓰이고, 부드러운 풍미와 단순한 맛과 잘 어울리는 일반 옥수수보다 강렬하며 매콤한 재료와 잘 어우러진다.

옥수수와 강낭콩: 강낭콩과 옥수수(47쪽) 참조.

옥수수와 검은콩

루이 조던의 유명한 점프 블루스 장르 노래 〈콩과 콘브레드〉에서 각 식재료는 서로 야유를 던지다가 정신을 차리고 핫도그와 머스터드처럼 한 팀을 이루기로 합의한다. 기원전 7천 년부터, 콜럼버스가 찾아오기 전의 메소아메리카인은 옥수수를 갈아서 콩과 대조적인 질감을 이루는 빵이나 타말레를 만들며 이 조합에 주목했다. 이러한 독창성은 익혀서 다시 기름에 튀긴 핀토 콩과 토르티야, 엘살바도르에서 채 썬 채소 피클인 크루디토를 곁들여 내는 푸푸사(마사 옥수수 반죽에 으깬 콩을 채워서 둥글게 빚은 다음 얇게 밀어서 튀긴 것) 등 중남미 지역에 엄청나게 다양한 옥수수와 콩 요리라는 유산을 남겼다. 멕시코의 와라치스huaraches('샌들')는 옥수수 마사와 콩으로 만든 케이크를 시가 모양으로 빚어서 납작하게 밀어 만든다. 무엇보다도 코맥 매카시의 『모두 다 예쁜 말들』을 보면 신문지에 싸서 먹는 세계 최고의 요리, 콩과 검은 옥수수 토르티야 등 입맛 당기는 멕시코의 옥수수와 콩 요리를 접할 수 있다. 옥수수를 석회로 처리하는 '닉스타말화'는 이러한 다양한 요리를 만들 수 있게 해주는 것과 더불어 의도치 않게 건강상의 이점도 함께 가져온다. 이 과정을 통해 소화가 되지 않는 니아시틴이 니아신으로 바뀌는데, 니아신이 부족하면 설사에서 치매까지 다양한 질병을 유발할 수 있는 펠라그라가 발생할 수 있다. 북아메리카의 이로쿼이족은 콩과 옥수수, 호박을 '세 자매'라고 부르며 함께 재배한다(강낭콩과 옥수수(47쪽) 참조).

옥수수와 고추

옥수수의 약간 단조로운 단맛은 고추의 매운맛과 깊은 풍미를 감싸는 매력적인 포장지 역할을 한다. 멕시코 요리만 봐도 우유 같은 신선한 옥수수 낟알을 초록색 할라페뇨와 함께 튀기는 모습을 볼 수 있다. 노점상에서는 옥수수를 숯불에 구워서 라임즙과 흙 향기와 건포도 풍미가 나는 안초 칠리를 뿌린다. 옥수수 토르티야와 타코에 곁들이는 온갖 종류의 매콤한 살사도 빠뜨릴 수 없다. 스페인 타파스 바에서는 딱딱하게 구운 옥수수 낟알에 훈제 파프리카 가루를 듬뿍 뿌려서 낸다. 부드러운 빵 사이에 으깬 아보카도나 버터를 두껍게 바르고 이 옥수수를 끼우면 감자칩 샌드위치의 훌륭한 변주가 된다.

옥수수와 꿀

콘플레이크는 존 하비 켈로그가 육체적인 갈망을 억제하는 수단으로 발명했다고들 한다. 단조로운 음식을 먹으면 허리 아래 붙은 불이 사그라들다 꺼질 것이라는 이론이다. 그는 완전히 잘못 생각하고 있었다. 지구 한 바퀴를 두를 법한 서구 사람들의 허리띠는, 인간이란 맛있는 음식을 한 그릇 더 먹기 위해서는 무엇이든지 포기할 수 있다는 방증이다. 침대에서 아내가 시원하게 기지개를 펴며 조금 전까지 남편이 누워 있었던 자리를 차지하고 누워 있는 동안, 남편은 아래층에서 무심하게 냉장고를 열어놓고 그 불빛 아래 시리얼을 다섯 그릇째 비우면서 다마트Damart[25] 카탈로그에서 한 사이즈 더 크고 신축성 있는 캐주얼웨어를 찾는 아침 풍경을 전 세계 곳곳에서 볼 수 있다. 차라리 버터와 꿀을 발라 반짝이는 뜨거운 옥수수 팬케이크 몇 장을 먹는 것이 나을 것이다. 간식이지만 그래도 만족스러운 간식이니까 적당히 먹고 멈출 수 있을 것이다. 옥수수의 단맛을 상쇄하는 기분 좋은 쓴맛이 있는 밤 꿀을 골라보자. 또한 밤 꿀에는 옥수수 토르티야와 포도, 딸기, 그리고 감성적이지는 않지만 모험심이 강한 미식가를 위해 '강아지 발바닥'에 공통적으로 함유되어 있는 특징적인 향미 물질인 아미노아세토페논이라는 케톤이 함유되어 있다.

옥수수와 라임

짭짤한 요리에서는 인기가 있지만 달콤한 요리에서는 덜하다. 확실히 신맛은 옥수수의 단맛을 상쇄시키는데, 옥수수 육종의 추세를 보면 이런 면이 점점 더 필요해질 것이다. 원래의 기본 스위트콘 품종은 'su'('sugary-1'의 줄임말)라고 불리며 당분이 대략 5~10% 정도 함유되어 있는데, 당분이 순식간에 전분으로 변하기 때문에 밭에서 바로 삶아야 한다는 조언이 붙는 옥수수가 이것이다. '당도 강화'라는 'se' 품

25 프랑스의 의류 전문 브랜드

종은 당분이 전분으로 변하는 데에 몇 시간이 아니라 며칠이 걸린다. '슈퍼스위트'의 'sh2' 품종은 당분이 50% 함유되어 있고 최대 열흘간 전분화하지 않을 수 있다. 하지만 외양만으로는 어느 것이 어느 것인지 구분하기 어렵다. 유전자형을 분석해야 하므로 식료품점에서 하염없이 서서 기다리게 되는 수가 있다. 옥수수와 고추 또한 참조.

옥수수와 레몬

옥수수와 팬케이크에는 베리류, 훈제 베이컨, 곱게 간 치즈, 버터, 시럽, 그리고 팬케이크의 최고 단짝인 레몬과 설탕이라는 토핑이 잘 어울린다는 공통점이 있다. 니겔라 로슨의 인기 높은 레몬 폴렌타 케이크가 이 분야의 최종 결과물이라고 할 수 있을 것이다.

옥수수와 리크

셰프 대니얼 패터슨과 조향사 맨디 애프텔이 쓴 『맛의 예술』에 따르면 자연스러운 궁합을 자랑하는 조합이다. 둘 다 단맛이 나지만 리크는 '옥수수의 다소 단면적인 단맛'에 또 다른 차원을 부여한다. 알바니아에서는 콘브레드에 리크와 옥수수를 곁들여 먹는다.

옥수수와 마늘

익힌 스위트콘은 조개류처럼 디메틸설파이드[26]를 많이 방출하기 때문에, 옥수수와 마늘을 함께 사용하는 경우가 많다. 마늘의 풍미도 디메틸설파이드에 압도되기 때문에 두 재료 모두 들어가는 양을 늘려야 한다. 마늘은 통조림 옥수수보다 신선한 옥수수나 냉동 옥수수와 더 잘 어울리는 편이다. 통조림 옥수수는 가공 과정에서 유황 성분이 강해져서 여기에 마늘을 넣으면 향이 너무 묵직해지기 때문에 저렴하고 텁텁한 맛이 난다.

옥수수와 메밀: 메밀과 옥수수(61쪽) 참조.

옥수수와 메이플 시럽

"차가운 인도식 옥수수 곤죽인 호미니를 얇게 썰어서 밀가루를 묻히고 튀겨낸 다음 당밀이나 시럽과 함께 먹는 것은 미국과 이탈리아의 사치다." 토머스 로 니컬스는 『하우 투 쿡』(1872)에서 이렇게 말했다. 니컬스는 밀도 같은 방법으로 조리할 수 있지만 옥수수보다 기름기가 적기 때문에 크림이나 버터를 더 넣어야 한다고 생각했다. 헤이스티 푸딩 또는 인도식 푸딩도 비슷한 요리이지만 재료의 비율이 다르다. 소량의 옥수숫가루를 우유에 익혀서 만들며 크림이나 설탕, 당밀 또는 메이플 시럽, 향신료 또는 말린 과일을

26 살짝 불쾌한 냄새가 나는 황 화합물

넣고 가끔 달걀이 들어가기도 한다. '헤이스티hasty'는 서두른다는 뜻이니 적어도 만드는 시간을 고려하면 푸딩 이름이 잘못 붙었다고 할 수 있다. 일반적으로 두어 시간이 소요되기 때문이다. (영화 〈세 얼간이〉의 대머리 등장인물 이름이 곱슬거린다는 뜻의 '컬리'인 것처럼 아이러니한 별명일지도 모른다.) 굳이 서두르는 부분이 있다면 뜨거운 액체에 옥수숫가루를 붓는 과정 정도일 것이다. 현재 식물 육종가들은 노란색과 보라색 낟알에 메이플 향이 나는 새로운 스위트콘 품종을 연구하고 있다.

옥수수와 미소: 미소와 옥수수(17쪽) 참조.
옥수수와 버섯: 버섯과 옥수수(290쪽) 참조.

옥수수와 시나몬

아톨레Atole는 마사 하리나(화학 처리한 옥수숫가루)에 시나몬과 설탕, 우유를 섞어서 만드는 멕시코의 따뜻한 음료다. 초콜릿을 넣으면 참푸라도champurrado가 되는데 마치 미용실에서 샴푸를 해주는 견습 미용사를 떠올리게 하는 이름이다. 아톨레와 참푸라도는 질감이 살짝 거칠어서, 핫 초콜릿에 비스킷을 담가 먹다가 비스킷 가루 덕에 거칠어진 핫 초콜릿의 마지막 한 모금을 즐기는 사람이라면 누구나 좋아할 것이다. 또한 도미니카의 마자레테majarete는 신선한 옥수수 낟알에 코코넛 밀크와 시나몬, 설탕, 넛멕, 옥수숫가루를 섞어서 만드는 푸딩이다.

옥수수와 아보카도

옥수수에서 수염이 삐져나올 즈음에 향을 맡으면 조리 후에 어떤 맛이 날지 미리 엿볼 수 있다. 껍질에서 뻗어 나오는 살짝 끈적끈적한 실인 옥수수수염이 겉으로 빠져나오는 것은 꽃가루 알갱이를 걸러내기 위해서다. 풀 향기와 따뜻한 여름 공기에 꽃향기가 가미된 냄새가 느껴진다. 아보카도 또한 꽃향기가 가미된 풀 냄새가 난다. 두 풍미의 공통점은 샐러드처럼 가벼운 요리에서 쉽게 발견할 수 있으며, 토마토를 섞어서 은은하지만 날카로운 신맛이 더해지면 더 좋다. 과카몰리나 빌 그레인저의 유명한 옥수수 프리터에 곁들인 아보카도 살사처럼, 마늘과 라임즙의 존재감에 아보카도가 가려지면 이 풍미 조합의 매력이 잘 드러나지 않지만 그 정도는 감수할 수 있다고 본다. 옥수수와 고추 또한 참조.

옥수수와 양상추: 양상추와 옥수수(282쪽) 참조.
옥수수와 엘더플라워: 엘더플라워와 옥수수(103쪽) 참조.
옥수수와 오크라: 오크라와 옥수수(389쪽) 참조.

옥수수와 자두

일본에서는 익힌 옥수수에 버터 대신 짭짤하고 새콤한 매실 장아찌를 문질러 바른다. 처음에는 입맛이 당기는 짠맛이 느껴지다가 옥수수의 단맛이 돋보이게 하는 과일 향 신맛이 치고 올라온다.

옥수수와 잠두

콩은 신대륙과의 연관성이 너무나 강력해서 우리는 일부 콩 품종이 완전히 반대되는 방향으로도 이동했다는 사실을 잊곤 한다. 예를 들어 잠두는 에콰도르에서 매우 인기가 높다. 볼리비아에서는 삶은 옥수수와 깍지째 익힌 잠두에 통감자, 튀긴 치즈 한두 장을 곁들인 플라토 파세뇨plato paceño가 인기 메뉴다. 안데스 지역에서는 잠두를 매우 숭배해서 일본인이 풋콩을 먹는 것처럼 간단하게 삶기만 한 잠두를 한 무더기씩 먹는 것이 일반적이다.

옥수수와 잣: 잣과 옥수수(366쪽) 참조.

옥수수와 초콜릿

흡연 금지령이 내려지자 우리 사무실 여직원들은 대신 떡rice cake을 먹기 시작했다. 책상 위에 발을 올리고 인체공학적인 회전의자에 깊이 눌러 앉아서 "하아아" 소리를 내며 압착 폴리스티렌 포장재처럼 생긴 바삭한 원반 모양 간식을 즐기는 것이다. 심지어 예전에 말보로 라이트로 그랬던 것처럼 주변에 권하기도 했다(그리고 중간책 역할을 했다). 나도 결국 굴복하고 한 입 베어 물었다. 마치 아주 튼튼한 콘돔을 먹는 것 같았다. 몇 년 후, 직장을 그만두고 아이를 낳은 나는 다른 아기 어머니로부터 초콜릿 옥수수 케이크를 받았다. '아이고,' 나는 생각했다. '또 포장재 같은 음식을 받았구나.' 하지만 식감은 아주 좋았다. 압축한 옥수수 반죽의 거친 질감이 아주 부드러운 초콜릿과 잘 어우러졌다. 다만 옥수수와 초콜릿 조합은 먹어도 괜찮지만 포기해도 된다. 다른 곡물을 만난 초콜릿은 그저 잃어버린 사랑인 밀을 그리워할 뿐이다. 옥수수와 시나몬 또한 참조.

옥수수와 치즈: 치즈와 옥수수(260쪽) 참조.

옥수수와 케일

옥수수는 머리를 양 갈래로 땋은 쾌활한 소녀 같은 단맛 덕분에 짭짤한 미소나 새콤한 라임처럼 극단적인 맛과 특히 잘 어울린다. 쓴맛의 경우 옥수수는 옥수수 케이크나 콘브레드, 옥수수 경단 등의 형태로 순무 잎이나 케일과 자주 짝을 이룬다. 케냐의 우갈리는 소금 간을 한 물에 흰 옥수숫가루를 익힌 다음 싱싱한 녹색 채소나 매콤한 스튜를 곁들여서 먹는 음식이다. 인도 북부에서는 사르손 카 사그sarson ka saag

라는 머스터드 잎으로 되직한 퓌레를 만들어서 옥수수 플랫브레드에 곁들여 낸다. 토스카나에서는 케일과 콩을 섞어서 폴렌타 인카테나타('사슬에 묶인 폴렌타')를 만든다.

옥수수와 코코넛

팝콘 조각이 각각 어떤 동물을 닮았는지 알아맞히는 놀이는 내가 아이들과 함께 시작했다가 금방 후회하는 게임 중 하나다. 대용량 스위트앤드솔티 비스킷 봉지를 반쯤 비울 즈음 아이들의 열정이 식을 대로 식어버리기 때문이다. "아, 모르겠어요. 댕기물떼새를 닮았나?" 사실 팝콘의 모양은 맛에 큰 영향을 미친다. 업계 전문 용어로 팝콘의 모양은 크게 세 종류로 나눌 수 있다. 일방형, 양방형, 그리고 다방형이다. 일방형 팝콘은 낟알이 한 방향으로 터진 것이다(닮은 동물 찾기 게임에서는 매우 큰 이점이 있다. 고민할 여지없이 문어처럼 보인다). 양방향 팝콘은 양쪽으로 터진 것이다(나비?). 다방형은 말미잘처럼 온갖 방향으로 한 번에 터진 것이다. 연구에 따르면 지방과 염분을 더 많이 함유하고 있는 일방형 팝콘이 가장 맛있다고 한다. 다방형에는 대부분의 사람들이 팝콘 맛이라고 인식하는 유기 화합물인 향기로운 피라진이 가장 많이 함유되어 있다. 팝콘 향이 나는 또 다른 분자인 2-아세틸-1-피롤린은 익힌 바스마티 쌀과 판단 잎, 그리고 갓 구운 흰 빵에서도 일부 발견된다. 농업 생명공학자들은 일부 쌀 품종에 피롤린을 더해 매력적인 풍미를 더하고, 덜 인기 있는 '풀 향기'를 줄일 수 있도록 설계한다. 반대로 팝콘 산업에 원재료를 공급하는 재배자는 어차피 지방에 잔뜩 버무리게 될 것이라 풍미가 크게 중요하지 않기 때문에 맛은 더 평범하고 수익성이 높은 옥수수 품종을 사용하기 시작했다. 팝콘 제조업자 사이에서는 영양상 이점이 더 많고 맛이 좋다는 이유로 코코넛 오일이 점점 인기를 얻기 시작했으며, 일부에서는 버터보다 더 진정한 버터 맛이 난다는 주장도 나왔다. 그러자 사람들은 포화 지방 섭취를 걱정하기 시작했고, 동맥경화를 막는 다른 재료들처럼 그 매개체의 맛이 그대로 느껴지는 재료인 '공기'를 이용해 튀긴 팝콘으로 눈을 돌렸다. 태국에서는 통옥수수에 갈아낸 생코코넛을 곁들여 내고, 필리핀에서는 어린 옥수수 낟알에 코코넛 밀크와 설탕을 넣고 가끔 찹쌀을 사용해서 걸쭉하게 점도를 조절해 죽을 만든다.

옥수수와 크랜베리: 크랜베리와 옥수수(93쪽) 참조.
옥수수와 토마토: 토마토와 옥수수(83쪽) 참조.
옥수수와 호밀: 호밀과 옥수수(26쪽) 참조.
옥수수와 흰콩: 흰콩과 옥수수(52쪽) 참조.

HONEY

꿀

꿀은 나무와 풀, 흙, 수지, 꽃, 허브, 바위로 이루어진 달콤한 슬라이드 쇼를 선사한다. 산들바람이 부는 초원, 모닥불에서 피어오르는 연기, 스토브 위에 놓인 당밀 토피 냄비. 메이플 시럽은 아름답지만 예측 가능하고 편안하다. 반면 꿀은 변덕스럽다. 나를 감동으로 눈물짓게 한 유일한 식재료가 있다면 바로 꿀, 그중에서도 태즈메이니아산 레더우드 꿀이다. 캐모마일이나 데이지에 저장 생목초 향이 살짝 어우러진 평범하지만 독특한 베이스 노트는 다른 꿀들에도 해당하는 특징이지만, 여기에 유자와 오렌지 꽃 향이 더해지면서 거의 천국 같은 풍미가 느껴졌던 것이다. 꿀에서 발견된 휘발성 물질은 600종이 넘는다. 모든 꿀이 꽃가루에서 나오는 것은 아니라서(꿀과 펜넬 참조) 식물 또는 그 외의 공급원에서 채취할 수 있으며 꽃의 품종, 지리적 원산지, 꿀벌의 신진대사에 의한 식물 화합물의 변화, 가공 및 보관 중의 가열과 취급에 따른 영향, 미생물이나 화학적 오염에 따라 향이 다양하다. 여러 종류의 생꿀을 판매하는 업체를 찾아서 여섯 개 정도를 주문해 맛을 비교해볼 것을 강력하게 추천한다. 이를 염두에 두고 작은 병에 담은 샘플 메뉴를 판매하는 곳도 있다. 좋아하는 빵을 구운 다음 가염 버터를 바르고 원하는 꿀을 올려 시식해보자. 따뜻한 귀리죽도 꿀을 맛볼 때 활용하기 좋은 메뉴이지만, 빵처럼 집무실에 앉아 있는 여왕이 된 것 같은 기분이 들게 하지는 않을 것이다. 캐러멜과 말린 자두, 재스민, 건포도, 바이올렛, 블루베리, 잔디, 나무, 멘톨, 훈연, 이스트, 열대 과일, 아니스씨, 초콜릿, 레몬, 오렌지 껍질, 감초, 코코넛, 가죽, 전나무, 말린 무화과의 향을 찾아보자. C.마리나 마르케세와 킴 플로텀의 『꿀 감별사』를 보면 메밀 꿀에서는 몰티저스와 붉은 다크 체리, 로스팅한 커피를 섞은 향이 난다고 한다. 참으로 매력적인 조합이 아닐 수 없다.

꿀과 귀리: 귀리와 꿀(63쪽) 참조.
꿀과 녹차: 녹차와 꿀(403쪽) 참조.
꿀과 달걀: 달걀과 꿀(246쪽) 참조.

꿀과 대추야자

허니 대추야자Honey dates는 대추야자의 품종이 아니라 씨앗을 심어서 기른 대추야자를 뜻하는 말로, 보통 대추야자는 접목해서 기른다. 대추야자 꿀은 대추야자를 물에 뭉근하게 익혀서 체에 걸러낸 액체다. 대추야자에는 여러 종류의 과일 에스테르가 혼합되어 있으며 일반적으로 시나몬과 허니 아몬드 향이 나는데, 이는 모두 대추야자 꿀에서 두드러지는 특징으로 마치 한 가지 재료만 가지고 기적적으로 만들어 낸 액상 크리스마스 푸딩 같은 느낌을 준다. 고대 로마의 레시피 모음집인 『아피키우스Apicius』는 꿀에 절인 가염 대추야자 레시피를 선보인다. 대추야자의 씨를 빼고 속에 잣이나 다진 헤이즐넛을 채운 다음 굵은 소금에 굴려서 뜨거운 꿀에 잠시 뭉근하게 끓여 만든다.

꿀과 레몬: 레몬과 꿀(174쪽) 참조.
꿀과 마르멜루: 마르멜루와 꿀(156쪽) 참조.

꿀과 머스터드

머스터드씨는 인류가 먹게 된 이후로 거의 대부분 꿀과 식초, 소금을 가미해 갈아서 섭취했다. 이 조합은 네 가지 기본 맛을 전부 갖추고 있지만 그것 때문에 인기가 좋은 것은 아니다. 로마의 요리 설명서인 『아피키우스』에서 언급하는 것처럼 꿀은 방부제 역할도 한다. 현대 이탈리아에서 꿀과 머스터드 조합은 볼리토 미스토라는 삶은 고기 요리와 같이 먹는 것이 일반적이다. 피에몬테 지방의 사오사 다비제saosa d'avije('벌 소스')는 다지거나 간 호두에 꿀과 머스터드를 넣고 육수로 농도를 조절해 만든다. 모스타르다mostarda 또한 국가 전역에서 다양한 레시피로 만드는 양념으로 주로 보석 같은 과일 조각이 걸쭉한 머스터드 시럽(가끔 꿀로 만들기도 한다)에 보존된 형태이며, 한때 지방의 잡화상 창문을 장식했던 셀로판처럼 빛나는 노란색이다. 미국의 허니 머스터드는 팝콘이나 딱딱한 프레츨 같은 간식에 곁들이기에 특히 인기가 높은 양념으로 샐러드드레싱이나 딥, 매리네이드, 차가운 육류 등에도 사용한다.

꿀과 메밀: 메밀과 꿀(59쪽) 참조.
꿀과 미소: 미소와 꿀(14쪽) 참조.

꿀과 민트

라임(일명 린덴 또는 참피나무) 꿀은 민트 향과 멘톨 풍미가 난다. 심지어 색도 초록빛을 띤다. 그 외에 민트나 멘톨 향이 나는 꿀로는 그리스산 야생 타임 꿀과 박하사탕 내지는 민트 토피에 가까운 향의 캐럽 꿀이 있다. 민트 차를 마실 때 넣어보자. 북아프리카인이 좋아할 만큼 단맛을 낼 필요는 없다. 한 잔당 꿀 1/2작은술이면 충분하다. 또는 신선한 베리에 둘러서 민트 설탕처럼 기분 좋게 향기롭고 상쾌한 효과를 내보자. 꿀벌이 민트 작물에서 채취한 꿀에서도 신선한 민트 향이 난다. 이 꿀은 제과 및 치과용 제품의 향을 내기 위해서 산업적으로 민트를 대량 재배하는 곳에서 얻을 수 있는 부산물이다.

꿀과 바나나

바나나는 숙성되면서 과육이 점점 투명해지고 액체가 되면서 황금빛으로 변하고 달콤해진다. 마치 바나나가 꿀로 변하는 것 같은데, 보통 꿀은 그 반대로 변화해서 처음에는 투명하게 시작했다가 호박색을 띠고 점점 탁해지다가 결정화되어 굳어진다. 생꿀은 꿀벌의 꿀 공급원과 꿀의 과당 대 포도당의 비율에 따라 속도가 달라지지만 거의 항상 마지막에는 결정화된다. 아카시아와 니사나무, 유칼립투스와 같은 고과당 꿀은 액상 상태를 더 오래 유지한다. 민들레와 해바라기, 클로버처럼 저과당 꿀은 빨리 굳기 때문에 고체 형태로 구입하는 경우가 많다. 해바라기와 민들레 꿀은 풀을 먹인 소의 젖으로 만든 버터처럼 노랗게 변하기도 한다. 레몬 커드 같은 모양에 맛은 훨씬 좋은 멕시코의 아카후알 해바라기 꿀도 마찬가지다. 클로버 꿀은 노란색과 실용적인 베이지의 중간색이지만 그렇다고 집어들었던 손을 내려놓을 필요는 없다. 은은한 시나몬 향이 도는 꿀이라 바나나브레드나 바나나 아이스크림에 넣어도 좋고, 먹을수록 눈이 점점 뜨이는 바나나 샌드위치를 만들 수도 있다. 바나나와 마찬가지로 꿀의 풍미도 숙성될수록 눈에 띄게 달라지기도 한다. 양자 수학자에서 꿀벌 전문가로 변신한 에바 크레인은 가죽나무 꿀은 처음에는 맛이 좋지 않지만 몇 주가 지나면 뮈스카muscat 와인처럼 아주 맛있어지기 시작한다고 말한다.

꿀과 버섯: 버섯과 꿀(288쪽) 참조.

꿀과 생강

설탕이 훨씬 저렴해지기 전까지는 진저브레드에 단맛을 내기 위해 꿀을 사용했다. 밤 꿀이나 오크나무 꿀처럼 짙은 색 꿀의 깊은 풍미가 향신료와 자연스럽게 잘 어울린다. 『라루스 요리 백과』는 "진저브레드에는 메밀 꿀을 사용해야 한다"고 단언한다. 일부 전문가는 조리 과정을 거치면 꿀의 풍미가 망가지므로 꿀을 넣고 베이킹을 하지 말라고 하고, 그와 완전히 반대되는 이야기를 하는 전문가도 있다. 어쨌든 설탕 대신 꿀을 넣는다면 꿀의 수분 함량과 산도, 갈변되는 정도, 첨가되는 풍미 등을 모두 고려해야 한다(일반적인 '꿀'의 풍미는 베이킹 과정에서 일부 손실되더라도 살아남는다).

꿀과 순무: 순무와 꿀(196쪽) 참조.
꿀과 시나몬: 시나몬과 꿀(344쪽) 참조.

꿀과 아몬드

원조 과자. 꿀과 아몬드 가루를 섞으면 간단한 마지판을 만들 수 있다. 여기에 달걀흰자가 있다면 뜨겁고 끈적끈적한 마지판 하나로 토로네와 누가가 완성된다. 노른자까지 포함한 달걀과 설탕을 더하면 온 세상이 마카롱이 된다. 물론 그렇게 풍부한 맛의 세상은 아니지만 아몬드의 은은한 견과류 풍미에 단맛과 촉촉한 질감이 어우러져서 '섬세한' 맛의 정수를 느낄 수 있다. 토르타 산티아고torta Santiago는 그냥 먹어도 좋고 시나몬과 제스트(오렌지 또는 레몬) 아니면 둘 중 하나만 가미해서 먹어도 좋다. 토르타와 토로네를 합친 것 같은 카스티야 알라주(또는 알라주)는 견과류와 꿀, 과일, 비스킷 등의 부스러기, 감귤류 제스트, 향신료로 만든 끈적끈적한 벽돌 모양 과자다. 모로코에서는 꿀에 아몬드와 아르간 오일을 섞어서 암루라는 달콤한 견과류 버터를 만든다. 꿀과 초콜릿 또한 참조.

꿀과 아보카도: 아보카도와 꿀(311쪽) 참조.
꿀과 양귀비씨: 양귀비씨와 꿀(298쪽) 참조.
꿀과 엘더베리: 엘더베리와 꿀(106쪽) 참조.
꿀과 엘더플라워: 엘더플라워와 꿀(102쪽) 참조.
꿀과 오레가노: 오레가노와 꿀(332쪽) 참조.

꿀과 오렌지

큰 오렌지 1개의 껍질을 벗겨서 팬에 넣고 옅은 색의 액상 꿀 200g과 물 100ml를 넣는다. 가능하면 묽고 옅은 호박색이 아주 매력적인 오렌지 꽃 꿀을 사용하는 것이 좋다. 오렌지 껍질을 넣고 섞기 전에 먼저 꿀의 맛을 보도록 하자. 일반적으로 오렌지 꽃 꿀은 은은한 감귤류 향만 살짝 나지만 개중에는 마멀레이드 같은 풍미가 나서 다른 첨가물을 넣을 필요가 없는 것도 있다. 중약 불에 올려서 5분 동안 뭉근하게 끓인다. 따뜻해진 껍질이 오일을 방출해서 복합적인 향이 감도는 시럽이 된다. 이 오렌지 꿀 영약은 슈, 추로스, 이스트로 발효시킨 꽈배기 도넛같이 단순하게 반죽을 튀겨 만든 음식에 두르면 달콤하고 윤기가 흐르는 간식을 만들 수 있지만 견과류 가루로 만든 케이크에 바르는 등 디저트를 마무리하는 용도로 쓰는 것이 가장 잘 어울린다. 피스타치오나 호두로 케이크를 만들어 오렌지 꿀 시럽을 바르면 끈적한 바클라바의 속살 같은 맛이 날 것이다. 시칠리아에서는 감귤류와 바닐라, 시나몬으로 향을 낸 달콤한 쌀 크로켓에 오렌지 꿀 시럽을 둘러서 먹는다.

꿀과 옥수수: 옥수수와 꿀(68쪽) 참조.

꿀과 요구르트

세상에서 가장 훌륭한 풍미 조합 중 하나이지만 함정이 없는 것은 아니다. 토스트에 꿀을 바르면 맛이 좋지만 요구르트를 추가하면 꿀의 맛을 약간 둔하게 만들 수 있다. 또한 차가운 요구르트에 넣으면 꿀이 살짝 굳어서 질겨질 수 있으므로 더 묽은 꿀을 사용하는 것이 좋다. 수지 향과 감칠맛이 나는 타임 꿀은 양젖 요구르트와 신화적으로 단짝이다. 힌두교 전통에서는 요구르트와 꿀, 기의 조합을 마두파르카 madhuparka('꿀의 혼합물'이라는 뜻의 산스크리트어)라고 부르며 결혼식 전에 예비 신랑이 처가에 방문했을 때, 그리고 결혼식 하객에게 존중의 표시로 선물한다.

꿀과 유자: 유자와 꿀(181쪽) 참조.
꿀과 참깨: 참깨와 꿀(293쪽) 참조.

꿀과 초콜릿

꿀은 아즈텍족이 초콜릿에 사용하던 감미료다. 오늘날 카카오가 원두에서 바가 되는 여정에는 꿀과 견과류 같은 향이 나도록 하는 로스팅을 비롯한 많은 과정이 포함된다. 1908년 스위스의 제과점 주인 테오도어 토블러는 초콜릿과 토로네(이탈리아의 꿀과 아몬드 과자)를 섞어보자는 사촌 에밀 바우만의 제안을 받아들였다. 여기에 이제는 익숙해진 삼각형의 산맥 모양 디자인과 포장을 고안한 다음 본인의 이름과 토로네의 합성어를 만들어서, 대대로 아이들의 치아에 딱 박히도록 만들었다. 바로 토블론이다. 꿀과 크랜베리 또한 참조.

꿀과 치즈

해티 엘리스는 『꿀 한 스푼』이라는 훌륭한 책에서 꿀과 치즈의 조합이 어째서 그렇게 만족스러운 것인지 설명한다. "유제품 지방의 구슬이 달콤한 꿀의 맛을 입안 전체에 부드럽게 퍼트린다." 무게감과 끈적임도 만족스럽기는 마찬가지다. 예를 들어 메이플 시럽은 치즈와 함께 먹기에는 너무 묽다. 더 구체적인 예시를 들어보자면, 결정화된 꿀이나 벌집에 부드러운 연질 치즈를 곁들이면 질감의 대비를 느낄 수 있다. 오트 케이크에 숙성된 체더치즈를 올렸다면 여기에 토피와 커피, 자두 향이 나는 헤더 꿀이 멋진 풍미를 더해준다. 고르곤졸라는 메밀 꿀과의 조합으로 유명해졌고 스틸턴은 참나무 꿀, 페타는 진한 타임 꿀과 궁합을 자랑한다. 페코리노, 파르메산, 그뤼에르 치즈는 밤 꿀과 잘 어울린다. 사실 거의 모든 치즈가 밤 꿀과 잘 어울리는데, 밤 꿀은 가끔 '단지에 담긴 동물원'이라고 불리기도 한다. 나는 그 의미를 정확하게는 몰랐는데, 꿀 소믈리에인 세라 윈덤 루이스와 만나 시음 샘플을 받게 되었다. 향을 맡아보니 마치 후각적인 환각 수준이었다. 말과 마구간, 마구실이 한 번에 콧속으로 들어왔다. 여러분이 맛보는 밤 꿀은 그렇게 향이 강하지 않을지도 모른다. 밤 꿀은 감로(꿀과 펜넬 참조) 또는 꽃 종류나 모둠 꿀이 섞이는 경우가 많아서 다른 어떤 꿀보다 풍미와 강도가 다양하다고 한다. 하지만 어떤 상태이든 진하고 맥아 향이 나면서 살짝 쌉싸름한 맛을 느낄 수 있다.

꿀과 캐슈: 캐슈와 꿀(303쪽) 참조.

꿀과 크랜베리

크랜베리 농부는 크랜베리가 꽃을 피우는 2주일간 벌을 이용해서 덤불을 일구는데, 그 전에 먼저 다른 꽃을 잘라내야 한다. 이는 크랜베리 꽃이 꿀벌이 제일 좋아하는 꽃은 아니라는 뜻이라고 본다. 크랜베리 꿀은 붉은색을 띠고 단맛만큼 크랜베리 열매 같은 신맛도 두드러지며 잼 같은 향이 난다. 크랜베리 열매가 그렇듯, 크랜베리 꿀도 사과와 잘 어울린다. 라즈베리 꿀에서도 과일 향이 살짝 느껴진다. 일부 꿀에서는 사워체리 향이 뚜렷하게 느껴지지만 그렇다고 해서 반드시 해당 꽃 꿀인 것은 아니다. 이 모든 꿀은 초콜릿과 아주 잘 어울린다.

꿀과 타마린드: 타마린드와 꿀(129쪽) 참조.

꿀과 펜넬

펜넬 향은 여러 꿀에서 흔히 나는데, 특히 감로甘露 꿀에서 많이 느껴진다. 감로 꿀은 진딧물이 먹고 배설한 잎과 바늘잎 수액에서 추출한 달콤한 액체(감로라고 한다)를 꿀벌이 채집해 만든다는 점에서 화밀花蜜, 즉 꽃 꿀과는 다르다. 필요의 문제로 탄생하는 꿀이다. 꿀벌은 꿀을 구할 수 없을 때에만 감로 꿀을 채취한다. 감로만으로 만든 꿀은 감로 꿀 혹은 포레스트 허니forest honey라고 하는데, 전나무나 오크나무처럼 특정 수종을 명시하기도 한다. 검은색을 띠고 윤기가 흐르며 병에 든 꿀을 칼로 떠서 들어올리면 마치 액체 감초처럼 매혹적으로 늘어난다. 미네랄 함량이 높아서 짠맛이 나는 경우가 많다. 펜넬의 은은하고 기분 좋은 향보다 더 강한 맛을 원하는 아니스씨 마니아라면 꿀에 아니스씨를 섞어서 천천히 가열해 향을 우려내는 것도 좋다. 엑타벤툰Xtabentún은 발효한 꿀과 아니스로 만든 멕시코산 리큐어인데, 리큐어 이름을 제대로 발음하려면 일단 몇 잔 마셔야 한다.

꿀과 피스타치오

온도를 뜨겁게 해 틀어놓은 수돗물에 작은 찻잔 그릇을 씻는다. 건조시킨다. 가운데에 꿀을 크게 한 숟갈 얹는다. 아름다운 사향과 오렌지 꽃 풍미가 나는 스페인의 야생 라벤더 꿀을 사용하자. 꿀에 피스타치오 오일을 두르고 살짝 구운 피스타치오를 뿌린다. 부드러운 흰 식빵을 길쭉하게 썰어서 녹색과 금색 혼합물에 톡톡 찍어가며, 가끔씩 피스타치오를 떠가며 먹는다.

꿀과 호로파: 호로파와 꿀(379쪽) 참조.
꿀과 호밀: 호밀과 꿀(25쪽) 참조.

FLORAL FRUITY

꽃과 과일 향

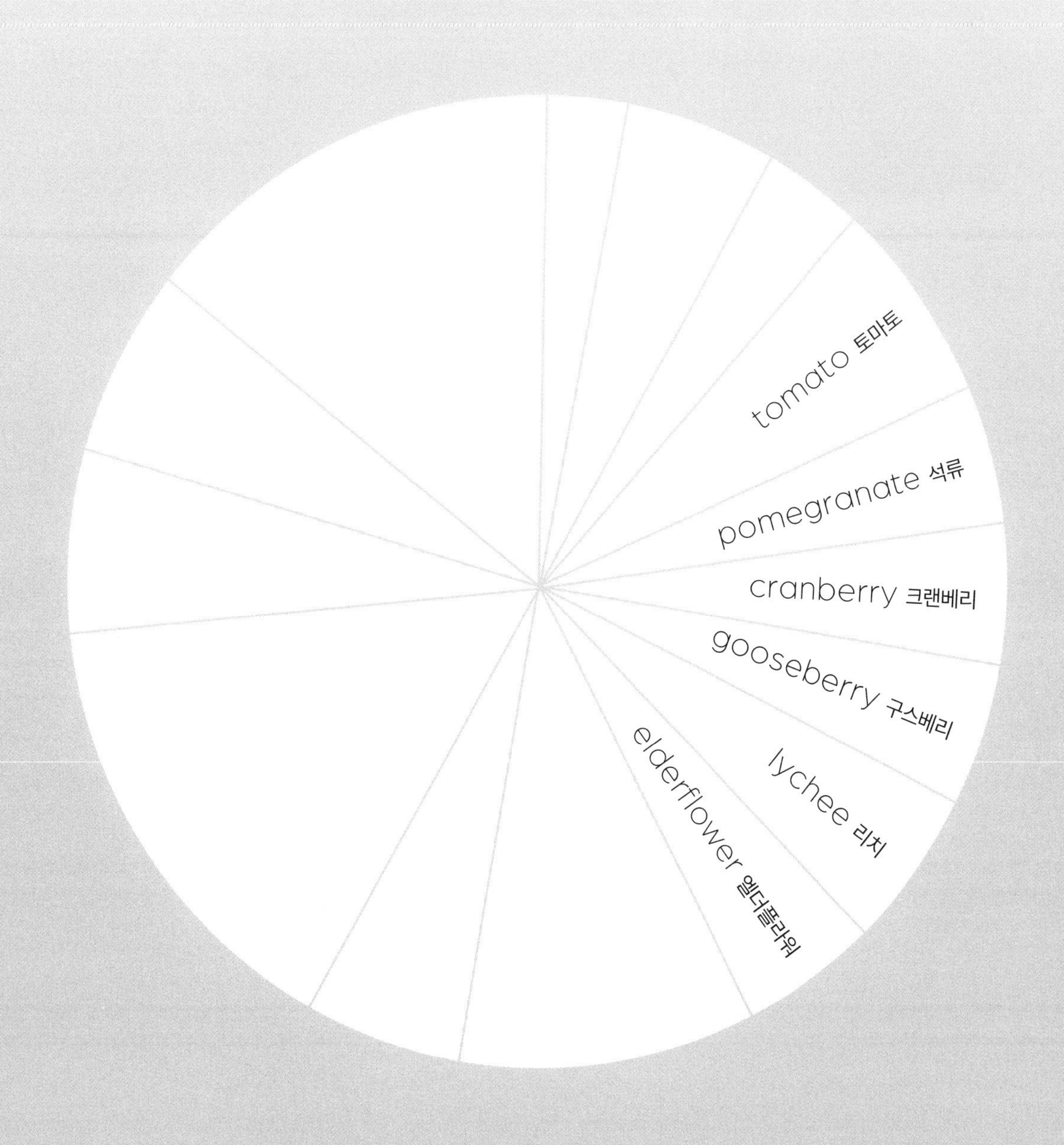

TOMATO

토마토

잘 익은 토마토는 파트너가 전혀 필요없다. 익힐 필요도 없다. 완전히 자립한 음식이다. 단맛과 신맛이 완벽한 균형을 이루고 그 위에 약간의 쓴맛과 은은한 짠맛, 풍성한 감칠맛이 어우러진다. 토마토에는 딸기 푸라논이라는 천상의 솜사탕 향 화합물이 함유되어 있어서 과일 향이 나고, 이 향이 여름철 제라늄으로 가득한 온실에 들어간 것만큼이나 뚜렷하게 나는 제라늄 향과 어우러진다. 딸기와 마찬가지로 덜 익은 생토마토도 발사믹 식초를 이용하면 가짜로 익은 듯한 맛을 느끼게 할 수 있다. 통조림 토마토는 살짝 익혀서 유황의 톡 쏘는 맛이 난다. 날것으로 먹거나 살짝 데우기만 하면 풀 잉글리시 브렉퍼스트의 기름진 숟가락처럼 풍미는 옅고 살짝 쇠 맛이 난다. 하지만 최소 45분 이상 가열하면 가지속 채소(가지, 고추, 감자)와 콩(말린 것과 신선한 것 모두)과 아름답게 어우러지는 깊고 진한 맛을 낸다. 토마토퓌레는 토마토 과육을 천천히 익혀서 졸인 것이다. 살짝 날카로운 거친 맛이 나는데, 수 분간 기름에 볶으면 조금 줄어든다.

토마토와 강낭콩

강낭콩이 비슷한 색의 재료와 잘 어울리는 편이라는 것은 우연의 일치이지만 실제로 그런 것도 같다. 니겔라 로슨은 방울토마토와 적양파, 레드 와인 식초를 넣어서 강낭콩 샐러드를 만들고 레드 렌틸과 빨강 파프리카, 강낭콩, 토마토로 훌륭한 채식 칠리를 완성한다. 디슘[27]은 매콤한 강낭콩 스튜인 라즈마rajma에 토마토퓌레와 신선한 토마토, 그리고 결정적으로 토마토 양파 마살라를 넣는다. 블랙 카다멈이 훈연 향과 은은하게 약초 느낌이 나는 향을 선사한다. 처음 만들었을 때에는 외출 중인 남편 몫을 조금만 남겨뒀다. 남편은 새벽 1시에 나를 깨워서 얼마나 맛있었는지 말해줬다. 대담한 행동이 아닐 수 없다. 강낭콩 스튜에 그 정도로 홀린다는 것이 상상이 되는가? 내 말이 그 말이다. 그 정도로 맛있다.

토마토와 검은콩

파스타 에 파지올리pasta e fagioli는 다양한 방법으로 만들 수 있는데, 만드는 사람이 이탈리아인인지 미국인인지 바로 알 수 있다. 모든 것은 토마토에 달려 있다. 이탈리아인은 플럼 토마토 두어 개나 퓌레 조금처럼 토마토를 아주 약간만 사용하는 경향이 있다. 소스에서 튀어나온 파스타 모양에 따라 완성된 요리의 외양은 달라 보일 수 있지만 요리의 색은 거의 피부색에 가깝다는 점은 공통적이다. 루치안 프로이트[28]도 파스타 에 파지올리는 아주 잘 그렸을 것이다. 미국식 버전인 '파스타 파졸fazool'은 토마토에 열광하는 경

27 영국 런던의 유명한 인도식 레스토랑

28 지그문트 프로이트의 손자이자 영국의 화가로, 다양한 피부색이 두드러지는 초상화와 누드 작품이 대표적이다.

향이 있어서 마크 로스코를 연상시키는 화사한 붉은색이 두드러진다. 나는 두 종류 모두 좋아하지만, 이탈리아와 미국 버전 모두 콩은 주로 볼로티를 사용하는데 토마토를 너무 많이 넣으면 이 콩의 풍미를 압도할 수 있다는 점은 인정한다. 셰 파니스의 첫 셰프 중 하나인 제러마이아 타워는 그 유명한 토마토 살사 가니시를 곁들인 차가운 검은콩 수프에서, 콩을 활용하는 법을 제대로 보여준다.

토마토와 깍지콩

아마 정말로 깍지콩을 좋아하는 사람은 없는 것 같다. 그래서 정원사는 언제나 깍지콩을 주변에 나눠주고 다니는 것이다. 선물 받은 채소를 여기저기 다시 나눠주는 일은 생각보다 횡행하고 있어서 나도 보통은 주변에 넘기지만 이 특별하면서 하찮은 깍지콩은 그럴 수가 없었다. 콩이 주름지기 시작했기 때문이다. 일주일간 고민한 끝에 나는 도기 냄비에 잘게 썬 통조림 플럼 토마토 한 통을 부었다. 깍지콩은 살짝 데칠 필요도 없이 위아래 꼭지만 제거하고 넣었다. 그리고 곱게 다진 양파 조금과 마늘, 소금, 올리브 오일을 넣었다. 가볍게 휘저었다. 레바논이나 그리스 요리사처럼 파프리카나 쿠민, 딜을 추가할 수도 있었지만 그러지 않았다. 뚜껑을 닫고 낮은 온도의 오븐에 넣은 다음 산책을 나갔다. 운하를 따라 튀르키예 슈퍼마켓에 들러, 그곳에서 가장 비싼 양젖 페타 치즈와 작은 페르시안 오이, 매운 올리브 한 통, '시미트simit'라는 참깨를 입힌 커다란 고리 모양 빵, 고랑이 있는 둥근 모양이 꼭 할머니가 쓰시는 작은 쿠션처럼 생겨서 위에는 흑쿠민씨를 흩뿌린 피데 에크멕pide ekmek 플랫브레드 하나를 샀다. 한두 시간이 지나고 돌아왔을 때, 천천히 익힌 토마토에서 흘러나온 잼 공장처럼 걸쭉한 과일 향이 집에 가득했다. 하지만 그 안에는 정체를 알 수 없는 뭔가 감칠맛이 감도는 향이 있었다. 나는 냄비에 넣은 재료를 확인했다. 눈에 띄는 용의자는 없었다. 빵의 포장을 풀고 오이의 껍질을 벗기고 송송 썬 다음 올리브는 그릇에 담았다. 오븐에서 깍지콩 냄비를 꺼내 뚜껑을 열었다. 그러자 이 가까운 거리에서 강력하지만 여전히 식별되지는 않는 미스터리한 향이 느껴졌다. 그것이 무엇이든지 간에 나는 깍지콩을 애호하는 사람이 되었다. 깍지콩은 토마토에 넣어서 천천히 익히면 탁월한 존재로 변신한다. 너무 간단해서 실현 가능할 것 같지 않아 보이지만 일단 한번 시도해보자. 다음 날 점심 식사를 위해 남은 음식을 손질할 때 갑자기 떠오른 사실이 있었다. 호로파, 바로 그와 비슷한 향이었다. 호로파는 콩과 식물이다.

토마토와 꿀

토마토 냄비에 설탕을 약간 넣으면 아주 효과적으로 잘 익은 맛이 난다. 꿀이라면 더욱 좋은데, 토마토를 따지 않고 가지에 달린 채로 조금 더 오래 두었을 때 단맛과 함께 발달하게 될 꽃향기를 더해주기 때문이다. 훈연 향이나 맥아, 허브 향이 나는 꿀이라면 최고다. 그리스 요리 전문가 다이앤 코칠라스의 레시피를 응용한 아래의 훌륭한 토마토 흰강낭콩 요리에는 약간의 단맛 이상을 더했다. 토마토소스에 첨가한 다양한 재료가 단맛과 신맛을 강화하고, 올리브 오일이 씁쓸한 풍미를 가미한다. 토마토가 낼 수 있는 최대한의 음률이 울려 퍼진다. 마치 베토벤의 10번 미완성 교향곡 같다. 8인분 기준으로 말린 흰강낭콩 500g

을 하룻밤 동안 물에 불린다. 불린 콩 위에 새로운 물을 부어서 콩이 잠기게 하고 불에 올려 10분간 바글바글 끓인 다음 불 세기를 낮추고 부드러워지도록 뭉근하게 익힌다. 직화 가능한 캐서롤 냄비에 올리브 오일 2큰술을 두르고 깍둑 썬 양파 2개 분량을 넣어서 살짝 노릇해지도록 볶는다. 콩 삶은 물은 그대로 두고 콩만 건져내서 양파 냄비에 넣고 올리브 오일 3큰술, 다진 토마토 통조림 2캔(400g들이) 분량, 콩 삶은 물 500ml, 꿀 2큰술을 넣는다. 골고루 잘 섞은 다음 딱 맞는 뚜껑을 닫거나 쿠킹 포일로 단단히 감싸서 190°C로 예열한 오븐에서 1시간 동안 익힌다. 상태를 보고 국물이 너무 빨리 졸아들면 콩 삶은 물을 조금 추가한다. 소스가 충분히 걸쭉해지면 다진 딜 1단 분량과 레드 와인 식초 4큰술, 토마토퓌레 2큰술을 넣고 잘 섞어서 소금과 후추로 간을 맞춘다. 다시 오븐에 넣고 30분 더 익힌다. 코칠라스를 따라 콩 요리에 잘게 부순 페타 치즈를 올려서 내도 좋지만 없어도 충분히 진하고 맛있으니 생략해도 괜찮다.

토마토와 대추야자: 대추야자와 토마토(136쪽) 참조.
토마토와 두부: 두부와 토마토(287쪽) 참조.

토마토와 렌틸

이 책을 쓰면서 '최고의 풍미 조합' 목록을 수십 개씩 뒤졌지만 그 어디에도 렌틸과 토마토는 포함되어 있지 않았다. 이 얼마나 비극인지! 마치 '역대 최고의 의인화 자동차 영화 100선'에서 〈허비 - 첫 시동을 걸다〉를 제외하는 것이나 마찬가지다. 붉은 렌틸과 토마토는 소금만 넣으면 될 정도로 아주 진한 풍미를 지닌 수프를 만들어낸다. 양파와 당근, 셀러리를 넣어도 좋지만 렌틸과 토마토 자체로 충분히 개성 있는 맛이 난다. 건강하고 저렴하면서 보기에도 예쁘고 거의 모든 사람이 좋아할 만한 수프다. 넉넉하게 만들어서 남은 것은 단삭dhansak[29]의 베이스로 쓰거나, 타마린드 물로 희석한 다음 향신료를 가미해 라삼(토마토와 타마린드 참조)처럼 만들거나, 타르카를 섞어서 달을 만들거나, 충분히 걸쭉하다면 파스타 소스 등으로도 활용할 수 있다. 붉은 렌틸은 확실히 가정용이다. 더 단단한 사촌격인 퓌 렌틸이 지배하는 고급 레스토랑에서는 거의 찾아볼 수 없다. 퓌 렌틸 가까운 곳에 토마토가 있다면 아마 선드라이 종류일 것이다.

토마토와 말린 완두콩: 말린 완두콩과 토마토(238쪽) 참조.
토마토와 머스터드: 머스터드와 토마토(215쪽) 참조.
토마토와 메밀: 메밀과 토마토(62쪽) 참조.

토마토와 미소

셰프 팀 앤더슨은 미소가 발사믹 식초의 대담함과 진한 맛을 지니고 있다고 말한다. 발사믹처럼 미소의

29 육류와 채소에 렌틸과 고수를 넣어 익히는 인도 요리

뚜렷한 새콤달콤함이 평범한 토마토의 매력을 살리기도 한다. 그리고 현실을 직시하자면, 대체로 토마토는 평범한 맛이 난다. 수북한 적미소 1큰술에 쌀식초 2큰술과 소금 한 자밤을 넣어서 잘 녹인 다음 유채씨 오일 3큰술을 넣어서 잘 휘젓는다. 토마토를 얇게 저며서 드레싱에 버무린 다음 몇 시간 동안 넉넉히 재운다. 토마토 라멘은 일본에서 전용 라멘 가게 체인이 생겨날 정도로 많은 사랑을 받는 퓨전 요리다.

토마토와 보리: 보리와 토마토(32쪽) 참조.
토마토와 샘파이어: 샘파이어와 토마토(412쪽) 참조.
토마토와 석류: 석류와 토마토(88쪽) 참조.
토마토와 애호박: 애호박과 토마토(396쪽) 참조.
토마토와 양상추: 양상추와 토마토(283쪽) 참조.

토마토와 오레가노

코르푸의 한 음식점에 앉아서 10대 소년들이 수북한 양의 그리스식 샐러드를 먹어치우는 모습을 본 기억이 난다. 정말 세련된 문화야, 나는 생각했다. 영국이었으면 피자를 먹고 있었을 것이다. 그러다 생각했다. 아하! 그리스식 샐러드는 기본적으로 피자다. 여기에 빵 한 바구니만 있으면 분해된 마리나라 피자인 것이나 마찬가지다. 전설에 따르면 1889년 이탈리아의 마르게리타 여왕이 나폴리를 방문했을 때 라파엘레 에스포지토라는 평범한 나폴리식 피자 장인이 피자 세 판을 만들었다고 한다. 하나는 라드와 치즈, 바질을 얹은 피자였다(도미노에서 주문을 시도해보자). 다른 하나는 마늘을 넣어달라고 요구한 선원에게서 이름을 따온 것으로 추정되는 마리나라(토마토, 오레가노, 오일, 마늘)였다. 그리고 마르게리타 여왕이 가장 마음에 들어했던 마지막 세 번째 피자가 바로 토마토와 모차렐라, 오일과 바질을 얹은 것이었다.

토마토와 오크라: 오크라와 토마토(390쪽) 참조.

토마토와 옥수수

우리가 주차장에 도착했을 즈음은 이미 날이 어둑해진 후였다. 캘리포니아 솔턴 시티 서쪽의 안자 보레고 사막에 자리한 우리의 호텔은 고요한 안식처라고 들었다. 하지만 이는 매우 절제된 표현이었다. 겉보기에는 종말을 피한 안식처 같았다. 게리 쿠퍼와 클라크 게이블, 베티 그레이블의 사인이 담긴 사진이 걸려 있는 프런트에는 열쇠가 올라간 수건 더미, 손전등, 오늘 오후에 썼거나 80년 전에 썼다고 해도 좋을 유행 타지 않는 미국식 필기체로 쓰인 환영 쪽지가 놓여 있었다. 아침에 식사 공간에 들어가자 신선한 오렌지 주스와 뜨거운 커피, 삶은 달걀 한 그릇이 놓여 있었다. 밖에는 구름 한 점 없는 파란 하늘이 바위투성이의 황량한 산등성이 위로 펼쳐져 있었다. 우리는 숙소 주변을 산책했다. 우리 호텔처럼 새로 페인트칠을 한 집도 있었고 페인트칠이 벗겨져 마치 버려진 듯한 집도 있었다. 테니스 코트 너머, 호텔 활주로의 갈라진 아스팔트에는 잡초가 무성했다. 눈에 보이는 사람은 한 명도 없었다. 마치 영화 〈더 샤이닝〉을 다시 상상해 재현해놓은 사막 같았다. 우리는 수영장 옆에 앉아서 길달리기새roadrunner가 콘크리트 가장자리를 따라 질주하는 모습을 지켜봤다. 가끔씩 스프링클러가 쉭쉭 소리를 내며 작동했고, 우리는 리클라이너에서 몸을 일으켰다. 해질 무렵이 되자 토르티야와 살사 한 그릇이 별장 밖 테이블 위에 놓여 있었다. 대체 누가 가져다 놓은 것일까? 남편은 정말 1920년대 이후에 여기에 온 적이 있었던 걸까? 뭐, 그게 무슨 상관일까? 사막에서 해 질 녘을 즐기는 사람을 위한 톡 쏘는 토마토 살사와 따뜻한 모래 같은 옥수수 칩이 등장했다. 우리는 차갑고 캐러멜처럼 쌉싸름하면서 달콤한 모델로 네그라 맥주를 마시고 곧장 라임 조각을 입에 넣었다. 해가 저물었다. 레스토랑에 불이 켜졌다. 천천히 주차장이 가득 차면서 마치 누군가가 슬롯에 동전을 떨어뜨린 것처럼 금빛 인테리어 너머로 손님들의 실루엣이 보였다. 우리는 시내에서 저녁을 먹으러 차를 몰고 출발했다. 우리가 돌아왔을 때, 호텔은 다시 어둡고 황량했으며 살사 그릇은 깨끗이 치워져 있었다. 사흘 내내 아침에는 우리를 제외하면 길달리기새와 삶은 달걀, 스프링클러 외에는 아무도 보이지 않았다. 그리고 매일 저녁 레스토랑은 다른 차원으로 통하는 포털처럼 활기를 띠었다. 넷째 날 아침, 우리는 감사하다는 글을 남긴 쪽지와 함께 열쇠를 프런트에 두고 나왔다.

토마토와 올스파이스: 올스파이스와 토마토(350쪽) 참조.
토마토와 차이브: 차이브와 토마토(273쪽) 참조.

토마토와 타마린드

불린 타마린드 과육으로 직접 만든 타마린드 퓌레에서는 말린 과일과 포도, 맵싸한 향신료 풍미 등 셰리 식초가 떠오르는 독특한 풍미와 더불어 식초와 잘 어울리는 토마토의 특성이 느껴진다. 체에 거른 타마린드 퓌레를 비네그레트나 상큼한 가스파초 같은 수프에 조금 넣어보자. 익힌 토마토소스나 수프에 타마린드 퓌레를 넣으면 맛을 훨씬 화사하고 깊게 만들어준다. 타마린드와 토마토는 머스터드씨와 쿠민, 흑후추, 고추, 마늘, 아사푀티다로 맛을 낸 맵고 짜고 새콤한 남인도 요리인 라삼rasam의 베이스를 이룬다. 작가 쇼바 나라얀은 라삼을 "공기를 향기롭게 하고 영혼을 진정시키는 편안한 음식으로 채식주의자의 닭고기 수프"라고 표현한다. 사진으로는 묽고 기름져 보인다. 하지만 재료를 생각해보자. 신맛 바탕에 토마토에서 나온 강렬한 감칠맛이 떠다니는 독창적인 조합이다. 6인분 기준으로 탁구공 크기의 타마린드 펄프 한 조각을 뜨거운 물 125ml에 불린다. 그동안 붉은 렌틸 200g을 물 750ml에 부드러워질 때까지 삶는다. 대형 냄비에 식용유 1큰술을 두르고 중간 불에 올려 달군 후 브라운 머스터드씨 1작은술을 넣고 탁탁 터지도록 볶는다. 커리 잎을 구할 수 있다면 10~12장을 머스터드씨와 함께 넣는다. 이제 다진 토마토 4개 분량과 으깬 마늘 4쪽 분량, 소금 1작은술, 강황 가루 1/2작은술, 아사푀티다 1/2작은술, 라삼 가루 수북한 1큰술(인도 슈퍼마켓에서 구입하거나 쿠민씨 3큰술, 코리앤더씨 2큰술, 통흑후추 2큰술, 호로파씨 1/2큰술을 가볍게 볶아서 빻아 직접 만들 수 있다. 라삼 3회 분량이다)을 넣는다. 토마토 향신료 혼합물을 5분간 익히면서 타마린드를 잘 으깨 체에 거른다. 타마린드 물을 팬에 붓고 물 1리터와 익힌 렌틸, 남은 렌틸 삶은 물을 붓는다. 15분간 뭉근하게 익힌 다음 다진 고수를 뿌리고 밥을 곁들여 낸다.

토마토와 패션프루트

패션프루트와 토마토는 서로의 젤리 같은 씨앗 부분이 특히 잘 어울린다. 부드러운 부라타 풀밭 위에 얹어서 이 조합을 감상해보자. 패션프루트와 토마토의 교배종 같은 맛이 난다고들 하는 달걀 모양 과일인 타마릴로의 팬이라면 친숙하게 느껴질 조합이다. 바텐더 살바토레 칼라브레세는 이 두 과일을 이용해서 단맛과 새콤한 맛, 향신료 풍미가 완벽하게 어우러진 무알코올 칵테일 '센세이션'을 만든다. 셰이커에 토마토 주스와 패션프루트 주스, 당근 주스를 2:1:1의 비율로 얼음과 함께 넣는다. 레몬즙 약간과 맑은 꿀, 우스터소스 약간을 넣는다. 셰이킹해서 꿀을 녹인다. 얼음을 채운 하이볼 글라스에 붓고 방울토마토와 바질 잎으로 장식한다.

토마토와 펜넬

피렌체 펜넬의 복합적인 감초 향은 익으면 줄어든다. 맛이 강한 토마토와 짝을 이루면 그 향은 거의 사라지고 만다. 펜넬의 풍미를 유지하고 싶다면 펜넬씨나 파스티스를 살짝 뿌려서 펜넬의 풍미를 강화하는 것이 좋다(펜넬씨가 더 성공적일 것이다).

토마토와 호로파: 호로파와 토마토(381쪽) 참조.
토마토와 후추: 후추와 토마토(360쪽) 참조.

토마토와 흑쿠민

흑쿠민이 오레가노와 타임과 비슷한 것은 오일에 카르바크롤이 상당량 함유되어 있기 때문이다. 실파의 녹색 부분과 비슷한 양파 맛이 나는데 씨앗을 한 번 볶아서 식히면 향이 더 뚜렷해진다. 흑쿠민씨는 가끔 흑양파씨라고 불리기도 하는데 이는 맛보다는 양파 씨앗과 시각적으로 비슷하게 생겼기 때문이다. 실제로 너무 오래되어서 파종할 수 없는 양파 씨앗을 흑쿠민씨에 섞어 넣기도 하는데, 아무 풍미가 없어서 도리어 흑쿠민씨 대용에 효과적이다. 판자넬라나 파투시fattoush 같은 토마토 빵 샐러드에 (진짜) 흑쿠민씨를 조금 뿌려보자.

토마토와 흰콩: 흰콩과 토마토(52쪽) 참조.

POMEGRANATE

석류

원예사는 석류 품종을 달콤한 맛, 새콤달콤한 맛, 새콤한 맛으로 구분한다. 스페인에서 가장 많이 팔리는 품종은 달콤한 몰라 드 엘체이고 미국 품종인 원더풀은 새콤달콤하다. 인도 북부의 히마찰프라데시에서는 야생의 독특하게 새콤한 다루 품종을 이용해서 말린 석류 씨앗, 즉 말린 석류 가종피인 아나르다나anardana를 만든다. 새콤달콤한 영역에 속하는 석류는 수확한 후에는 더 익지 않지만, 보관 중에 살짝 건조되면 더 달콤하게 느껴지기도 한다. 만일 500여 종이 넘는 다양한 석류 품종 중에서 선택할 수 있는 곳에 살고 있다면, 씨앗은 하얗고 껍질은 검은색에 가까운 보라색을 띠는 아스마르Asmar와 풍미로 널리 인정받는 파르피안카Parfianka를 찾아보자. 추운 기후에 사는 요리사라면 슈퍼마켓에서 판매하는 석류 품종과 더불어 다양한 액상 추출물(주스, 농축액 또는 당밀), 아나르다나를 사용해야 할 것이다.

석류와 가지

가지 노점상이면서 석류 가종피가 들어 있는 주머니를 갖고 다니지 않는다면 장사 수완이 없는 것이나 마찬가지다. 이 작은 보석은 가지를 예뻐보이게 하는 것이 아니다. 그게 어떻게 가능하겠는가? 하지만 녹색 파슬리와 잣이 해줄 수 없는 방식으로, 오래된 슬리퍼를 먹고 있다는 기분은 느끼지 않게 해준다. 런던의 튀르키예계 키프로스 식당인 오클라바의 오너 셰프 셀린 키아짐은 석류 당밀이 숯불로 조리한 음식과 얼마나 잘 어울리는지 알려준다. 씁쓸한 훈연 향과 조화를 이루면서 과일 향과 새콤달콤한 맛을 더한다는 것이다. 이란 북부의 요리인 칼 카밥kal kabab은 과일 향과 톡 쏘는 맛이 강해진 바바 가노시라고 할 수 있다. 만들려면 가지 2개를 숯불에 구운 다음 과육만 긁어내서 호두 50g, 마늘 1쪽, 석류 당밀 1큰술, 말린 민트 여러 자밤과 소금을 넣어서 곱게 간다. 스페인계 유대인의 고전 요리인 베렌헤나스 프리타Berenjenas fritas는 소금에 절여서 말린 가지 슬라이스를 올리브 오일에 튀긴 다음 솔로 석류 당밀을 바르고 꿀과 참깨를 뿌려 만든다. 스페인에서는 타파(안주)로 먹지만 뉴올리언스의 갈라투아르Galatoire's 레스토랑에서는 슈거파우더를 뿌린 가지 튀김을 애피타이저로 먹는다.

석류와 감자

글로 적혀 있는 것보다 실제로 먹어보면 훨씬 잘 어울린다. 알루 아나르다나aloo anardana는 익힌 감자에 말린 석류씨(아나르다나)와 고추, 양파, 민트, 고수 잎을 섞어서 만드는 인도 요리다. 펀자브 지방에서도 인기가 많은데 북부에서는 말린 석류씨 대신 신선한 석류씨를 넣고 쿨차라는 플랫브레드에 싸 먹는 비슷한 요리를 만들기도 한다. 씨앗과 가루 형태로 판매하는 아나르다나는 히마찰프라데시에 야생으로 자생하는 신맛이 특히 강한 품종인 다루 석류로 만든다. 암추르amchoor(말린 그린 망고 가루)와 마찬가지로 아나르다나는 모든 종류의 음식에 신맛을 내는 용도로 사용되지만 중성적인 맛은 좀 덜하다. 나는 훈제하지 않은 파프리카 가루나 토마토처럼 감칠맛이 좀 난다고 생각한다. 아나르다나에 익숙해지는 재미있는 방법은 일반 감자칩 봉지에 한두 작은술 넣어서 잘 흔든 다음 먹어보는 것이다.

석류와 강낭콩: 강낭콩과 석류(47쪽) 참조.

석류와 녹차

시판 차나 차가운 음료수에 자주 등장하는 조합이다. 나는 제조업체가 석류의 맛을 잘 모르는 사람을 노리고, 즉 불특정한 방식으로 훨씬 달고 과일 향이 나는 음료를 만들기 위해서 석류를 이용하는 게 아닐까 의심하고 있다. 하지만 실제로 이 조합은 꽤나 잘 어울리는 편으로, 석류의 타닌다운 건조한 느낌이 훨씬 도전적인 차의 타닌을 살짝 숨겨준다. 부드러운 베리 향을 맡으면 기본적으로 과일 주스와 차는 잘 어울리기 때문에 좋은 펀치를 만들 수 있다는 점을 다시 상기하게 되는데, 실제로 '과일 펀치 풍미가 난다'는 평을 듣는 핑크 아이스라는 씨 없는 석류 품종도 있다.

석류와 라임: 라임과 석류(179쪽) 참조.
석류와 렌틸: 렌틸과 석류(55쪽) 참조.

석류와 바닐라

앙드레 지드는 석류의 맛을 '덜 익은 라즈베리'에 비유했다. 그리고 노벨 문학상을 수상했다. 이만하면 바닐라 아이스크림에 석류 당밀을 가늘게 이리저리 뿌려서 파급 효과를 불러일으켜볼 구실이 될 것이다. 바닐라 아이스크림은 여러 브랜드의 당밀을 비교하면서 내 마음에 쏙 드는 제품을 찾아내기에도 좋은데, 아이스크림이 맛의 차이를 드러내주기 때문이다. 또는 냄비에 석류 주스 500ml와 설탕 100g, 레몬즙 1작은술을 넣고 자주 저어가면서 원래 부피의 4분의 1로 줄어들 때까지 뭉근하게 익힌 다음 식혀서 당밀을 직접 만들어볼 수도 있다. 소독한 병에 담으면 몇 개월간 냉장 보관하며 먹을 수 있다. 석류 당밀은 체리와 크랜베리, 당근, 달콤한 비트와 같은 맛이 나기도 하고 캐러멜이나 메이플 시럽 맛이 두드러지는 제품도 있다. 바닐라 향이 날 수도 있지만 그냥 아이스크림에서 나는 맛일 수도 있다.

석류와 병아리콩: 병아리콩과 석류(241쪽) 참조.

석류와 사과

사과 크럼블이나 도싯 사과 케이크[30]는 바닐라 커스터드나 아이스크림과 너무나 완벽하게 어울리기 때문에 여기에 뭔가를 추가했다가는 자칫 망칠 위험이 있다고 주장하고 싶을지도 모른다. 하지만 한 번쯤은 석류 당밀을 지그재그로 뿌려서 먹어보자. 석류 당밀의 날카로운 신맛이 사과의 단맛과 꽃향기를 더욱 돋보이게 만들어서, 마치 장미 향이 강화된 진짜 사과 같은 맛이 느껴진다.

석류와 오렌지: 오렌지와 석류(184쪽) 참조.

석류와 참깨

땅콩버터 젤리 샌드위치의 멋진 변형이랄까? 석류 당밀과 타히니의 조합은 어린이용 샌드위치보다는 전통 크림티를 떠올리게 한다. 진하고 되직해서 흙 향기가 나는 클로티드 크림 같은 타히니가 당밀의 신맛을 잡아서 베리처럼 친근한 풍미를 드러낸다. 허브와 향신료 전문가인 토니 힐은 아나르다나(말린 석류 씨앗)와 참깨를 섞어서 프랄린을 만들어 '달콤하게 한 입 베어물 때마다 기분 좋은 새콤함을 선사'한다. 힐은 또한 홉이 많이 들어간 에일에도 이 조합을 가미해 훌륭한 결과물을 얻어낸다.

석류와 치즈

숙성한 체더치즈 한 조각에 꿀을 발라서 먹듯이(꿀과 치즈(77쪽) 참조) 내가 제일 좋아하는 석류 당밀을 발라서 맛을 봤다. 석류 당밀 자체는 셔벗 레몬과 셔벗 스트로베리 캔디[31]를 입에 넣고 새콤한 속이 드러나기 직전까지 빨아먹었을 때와 같은 맛이 난다. (먹어본 적이 없다면 꼭 한번 먹어보자.) 체더를 만난 당밀은 기적적인 변화를 겪는다. 마치 과일인 척하는 채소가 아니라 이제 진짜 과일이 된 것 같은, 더 순수하고 더 예쁘면서 흙 향과 풋내는 덜해진 루바브와 비슷한 맛이 난다. 석류는 종종 페타 치즈와 짝을 이루기도 하는데, 그다지 흥미롭지는 않지만 맛은 좋다.

석류와 콜리플라워: 콜리플라워와 석류(209쪽) 참조.

석류와 토마토

미래의 고전 요리다. 나는 다진 방울토마토와 석류 종피, 석류 당밀, 레몬즙, 파슬리로 만든 기본 살사를 콜리플라워와 석류(209쪽)에서 소개한 쿠민을 넣고 구운 콜리플라워에 곁들여 낸다. 석류와 토마토의 조합이 너무 마음에 들어서 절반 분량의 토마토 주스를 석류 주스로 대체한 블러디 메리를 시도했을 정

30 향신료와 사과를 넣은 스펀지케이크에 바삭한 토핑이 올라간 영국 남부의 전통 케이크

31 단단한 하드 캔디 속에 새콤한 속이 들어 있는 종류의 캔디

도다. 오리지널보다 토마토와 석류의 맛이 매우 조화롭게 어우러지고 과일 향과 녹색 덩굴 향이 은은하게 느껴지는 이쪽이 훨씬 마음에 든다.

석류와 파슬리: 파슬리와 석류(319쪽) 참조.
석류와 피스타치오: 피스타치오와 석류(309쪽) 참조.

CRANBERRY

크랜베리

전 세계 신선한 크랜베리의 약 98%가 주스나 보존 식품으로 가공된다. 나는 음모론자가 아니지만, 이는 우리를 조종하는 어둠의 세력이 우리로 하여금 크랜베리를 맛있게 만들려면 설탕을 얼마나 많이 넣어야 하는지 알지 못하게 만들기 위해서라고 생각한다. 매사추세츠주 카버의 크랜베리 연구소는 순수한 크랜베리 맛은 '거칠다'고 인정하면서도 '다른 풍미와 잘 어우러진다'고 표현한다. 설탕을 엄청나게 넣어서 익혀도 크랜베리는 마치 두부처럼 뚜렷한 개성을 일절 드러내지 않는다. 마치 아주 소심한 요리용 사과 같아서, 짭짤한 요리에 사용하기에 큰 장점이 될 수 있다. 크랜베리의 부족한 풍미는 질감과 맛으로 보완된다. 익힌 크랜베리는 씹는 맛이 아주 좋고 젤리처럼 느껴지며 새콤하고 씁쓸하며 타닌이 있다. 그리고 색상이 화려하다. 제인 그리그슨은 크랜베리가 음식을 '달아오른 핑크색'으로 만드는 재주가 있다고 생각한다. 세상은 음식 작가를 하나 얻었지만 립스틱 이름 작가는 하나 잃은 듯하다. 헨리 데이비드 소로는 매사추세츠의 늪지대에 들어가 야생 크랜베리를 수확하며 "상쾌하고 기운이 나며 힘이 솟는다"고 묘사했다. 슈퍼마켓에서 파는 크랜베리로는 그리 기운이 북돋아지는 기분이 들지 않는다면 웨이벌리 루트가 재배한 크랜베리와 야생 크랜베리 사이에는 무시해도 될 정도지만 차이가 있다고 주장한 점을 고려해보자.

크랜베리와 귀리: 귀리와 크랜베리(65쪽) 참조.

크랜베리와 꿀: 꿀과 크랜베리(77쪽) 참조.

크랜베리와 리치

케이프 코드는 보드카와 크랜베리 주스를 섞은 칵테일로, 자몽을 뺀 시 브리즈Sea Breeze다. 돌처럼 차갑고 단단한 매력이 있다. 여기에 리치 리큐어를 더해서 스위트 레드 로터스를 만들어보자. 리치가 장미와 살구의 꽃향기와 더불어 크랜베리와 조화를 이루며 보드카의 거친 일면을 달콤하게 마무리한다. 잔인한 바닷가 풍경이 꽃이 만발한 정원이 내려다보이는 오두막집으로 변한다.

크랜베리와 마르멜루: 마르멜루와 크랜베리(159쪽) 참조.

크랜베리와 말린 자두

전혀 놀랍지 않게도 엘라 이턴 켈로그가 저서 『주방의 과학』(1892)에서 추천한 조합이다. 엘라는 시리얼계의 거물이자 영양학자인 남편 존 하비 켈로그 박사가 운영하는 요양원의 음식을 감독했다. 그녀는 크랜베리와 말린 자두를 동량으로 넣어 콩포트를 만들면 설탕을 넣지 않아도 된다고 조언한다. 맛은 꽤 좋지만 아무래도 유익한 섬유질 함량 때문에 켈로그가 더 좋아하는 것 같다는 느낌을 피하기는 어렵다. 나는 콩포트를 되직한 그리스식 요구르트에 섞어서 네슬로드 푸딩Nesselrode pudding의 청교도 버전을 만들었다. 네슬로드 푸딩은 아이스크림과 밤 퓌레에 당절임 시트론과 건포도, 커런트, 럼을 더해서 틀에 넣어 완성하는 화려한 디저트다.

크랜베리와 머스터드: 머스터드와 크랜베리(215쪽) 참조.

크랜베리와 메이플 시럽

아메리카 원주민은 크랜베리에 메이플 시럽이나 설탕을 넣어서 달콤하게 익혀 먹었다. 나는 신선한 크랜베리를 뭉근하게 익힌 다음 마지막에 메이플 시럽을 조금 넣어서 시럽의 귀한 복숭아와 아몬드 풍미가 날아가지 않도록 했다. 그 결과 사워체리 글라세와 아주 비슷한 맛이 완성되었다. 크랜베리의 가장 큰 장점은 살짝 익혔을 때의 식감이다. 구스베리처럼 기분 좋게 젤라틴과 같은 부드러운 질감을 선사한다. 익히지 않은 상태에서는 생감자처럼 아삭아삭하다. 한 입 베어물면 눈을 질끈 감고 설탕 그릇을 찾고 싶어질 것이다. 러시아와 핀란드에서는 생크랜베리에 달걀흰자를 버무린 다음 슈거파우더를 두껍게 입혀서 축제 현장에 어울리는 캔디를 만든다. 문제의 크랜베리는 미국에서 흔히 볼 수 있는 미국넌출월귤Vaccinium macrocarpon이 아니라 유럽에서 흔하게 자라는 넌출월귤Vaccinium oxycoccos일 가능성이 높다. 풍미 과학자 랄프 귄터 베르거는 미국 품종이 더 크고 향은 약하다고 설명한다.

크랜베리와 바닐라: 바닐라와 크랜베리(143쪽) 참조.
크랜베리와 보리: 보리와 크랜베리(32쪽) 참조.
크랜베리와 사과: 사과와 크랜베리(162쪽) 참조.

크랜베리와 생강

매사추세츠주 케임브리지에 자리한 하버드 야드 건너편의 레스토랑 올던앤드할로의 아늑한 분위기 속에서 나는 두 가지 이상의 청량음료를 섞어서 훨씬 높은 가격을 받는 무알코올 칵테일을 주문했다. 보통 무알코올 칵테일을 주문할 만큼 무모해지려면 나는 한 잔 이상의 알코올음료를 마셔야 한다. 하지만 강연을 앞둔 상태였기 때문에 정신을 바짝 차려야 했다. 음료가 도착했다. 과일 주스와 탄산음료가 섞인 멋진 잔이었다. 크랜베리 주스와 진저비어에 라임 약간을 섞어서 으깬 얼음을 넣은 이 음료는 정말 놀라웠다. 크랜베리는 새콤달콤하면서 타닌이 적당히 있어 어른스러운 맛이 났고, 여기에 라임의 산뜻함과 생강의 따뜻하고 자극적인 맛이 더해졌다. 느닷없이 크리스탈 유니콘 위에 과일 향 무지개가 떠 있는 것 같은 기분이 들었다. 평생 술을 마시지 않겠다고 맹세하려던 찰나, 다소 역설적이게도 인생을 바꾸는 결정을 내리려면 치솟은 혈당 수치가 내려오는 것을 기다려야 한다는 것을 깨달았다.

크랜베리와 시나몬: 시나몬과 크랜베리(346쪽) 참조.

크랜베리와 아몬드

크랜베리에는 이미 확인된 휘발성 물질이 최소 70가지 이상 들어 있다. 벤제노이드라고 불리는 향기 화합물이 특히 풍부하게 들어 있는데 이것이 수지와 아몬드, 달콤한 발사믹 풍미를 내는 것으로 추정된다. 유기농 화학자의 말을 믿어보고 싶지만, 나는 크랜베리를 익혔을 때 일반적인 붉은 과실 잼 같은 향을 제외하면 별다른 향을 감지한 적이 없다. 설탕을 넣어도 마찬가지다. 아마 내가 문제일 것이다. 윌리엄 코빗은 『아메리칸 가드너』(1819)에서 이렇게 썼기 때문이다. "이것은 세계 최고의 과일이다. 세상의 모든 타르트는 아메리칸 크랜베리로 만든 타르트와 비교하면 그 장점을 찾아볼 수 없게 된다." 과일의 새콤함이 버터가 들어간 페이스트리의 맛을 최고로 이끌어내고 그 반대도 동일하게 적용된다. 격자무늬 린저토르테에 들어가는 아몬드 페이스트리가 가장 이상적인 조합이라고 생각한다. 밀가루 일부를 아몬드 가루로 대체하면서 페이스트리가 단순한 밀가루 덩어리가 되지 않도록 '풀' 역할을 하는 글루텐이 부족해지기 때문에, 만들기 아주 쉬운 페이스트리는 아니다. 하지만 살짝 구운 견과류 풍미와 부드러운 단맛의 꿈결 같은 쇼트 크러스트 페이스트리가 크랜베리의 잔인하도록 새콤한 부분을 상쇄하는 것을 보면 노력한 보람이 느껴질 것이다.

크랜베리와 오렌지

한 쌍의 크리스마스 엘프와 같다. 크랜베리와 오렌지의 쓴맛과 신맛은 우리가 감당하기 어려울 정도의 기름기와 단맛을 깔끔하게 정리하는 데에 도움을 주는 선물이다. 칠면조나 햄에 곁들이거나 쇼트브레드에 넣고 심지어 보드카에 섞어 칵테일(마드라스)을 만들 때에도 크랜베리와 오렌지는 한겨울의 고전적인 한 쌍이 된다. 내가 크리스마스 점심에 할 일들 목록의 제일 첫 번째는 언제나 '크랜베리 소스 만들기'인데, 10분이면 만들 수 있어 필수적으로 사기를 북돋아주는 덕에 칠면조와 브레드 소스, 피그 블랭킷을 만드는 데에 큰 도움이 된다는 간단한 이유 때문이다. 알루미늄이 아닌 냄비에 크랜베리 450g과 곱게 간 오렌지 제스트 1개 분량, 오렌지즙 100ml, 설탕 75g, 시나몬 스틱(생략 가능)을 넣는다. 한소끔 끓인 다음 크랜베리가 다 톡톡 터져서 잼과 같은 질감이 될 때까지 천천히 보글보글 익힌다. 식힌 다음 맛을 보고 당도를 조절한다. 원한다면 포트와인을 약간 넣어도 좋고, 부드러운 소스를 좋아하면 크랜베리를 좀 으깨면 된다. 이 레시피를 변형하면 '냉장고 마멀레이드'를 만들 수 있는데, 진짜 잼보다 설탕 함량이 낮아서 몇 주밖에 보관하지 못하는 냉장고 잼과 비슷하다. 위와 같이 만들되 제스트는 굵게 갈고 황설탕 125g(또는 옥스퍼드 마멀레이드Oxford-marmalade[32] 풍미를 원한다면 흑설탕 사용)으로 대체한다. 시나몬은 생략한다. 라임을 넉넉하게 짜서 넣으면 호박 스프나 검은콩 수프의 가니시로 쓰기에도 좋다.

크랜베리와 옥수수

건국의 아버지다. 말린 크랜베리는 콘브레드와 옥수수 머핀에 들어가고 머핀과 쿠키에서 건포도와 설타나 대신 흔히 쓰이기도 하지만, 설탕이나 과일 주스로 당도를 높였는데도 불구하고 훨씬 시큼하고 과일 향이 약한 편이다. 옥수수의 단맛이 심히 높다는 점을 고려하면 오히려 이 부분이 이점이 된다. 통옥수수에 라임 주스를 바르는 것이 인기인(일본에서는 매실 장아찌를 바른다. 옥수수와 자두(71쪽) 참조) 것에서 착안해, 믹서기를 이용해 크랜베리 버터를 만들어서 숯불에 구운 옥수수에 발라 먹었다. 버터는 비건 마요네즈로 대체할 수 있다.

크랜베리와 치즈

부엉이 한 마리와 쓰임새 좋은 카트, 쌀 1파운드, 크랜베리 타르트. 은빛 벌의 벌집, 초록색 갈까마귀, 막대사탕 발을 가진 사랑스러운 원숭이, 그리고 끝없는 스틸턴 치즈. 알디 슈퍼마켓으로 향하는 여행길이냐고? 그렇지 않다. 에드워드 리어의 점블리가 바다로 향하는 체를 정박하고 '온통 나무로 뒤덮인 땅'에서 쇼핑을 할 때 산 물건이다. 『점블리The Jumblies』가 출간된 지 67년 후인 1938년에 발행된 코닐리어스 웨이간트의 저서 『필라델피아 사람들Philadelphia Folks('퀘이커 도시 안팎의 방법과 제도')』에서는 리어의 크랜베리 타르트와 블루치즈 조합을 지지한다. "겨울의 크랜베리 타르트와 여름의 딸기 타르트 모두 딱 스틸턴이나 로크포르, 고르곤졸라의 맛이 나는 치즈가 필요하다." 어떤 크랜베리 타르트는 타르트 틀에 간단하게 크림치즈와 크랜베리 소스를 섞어서 채워 만들기도 한다. 그 외에는 달걀을 넣고 구워서 일종의 치즈케이크처럼 만드는 것도 있다.

크랜베리와 커피

『풍미사전』에서 내가 가장 좋아하는 레시피는 커피와 오렌지로 맛을 낸 리큐어, 그리고 블랙커런트 셔벗과 커피 아이스크림을 번갈아 켜켜이 쌓은 디저트로 둘 다 커피와 과일을 조합한 것이다. 하지만 티아 마리아에 크랜베리를 섞어서 '티아 브리즈'를 만들어보라는 광고를 봤을 때는 다시 한 번 내용을 확인할 수밖에 없었다. 달콤한 커피 리큐어와 건강에 좋은 크랜베리를? 마치 위엄 넘치는 귀부인이 잘생긴 개인 트레이너를 데리고 행진하는 것 같다. 그러나 생각보다 훨씬 맛있었다. 커피는 초콜릿처럼 로스팅 과정에서 생겨나는 복합적인 풍미와 깊이를 가지고 있지만 다른 풍미를 완전히 가려버리지는 않는다. 크랜베리의 풍미는 생과일보다는 주스에서 더 잘 느껴지며 비교적 은은하고 조용한 편이니 둘이 비슷하다면 비슷하다고 할 수 있다. 티아 마리아와 조합하면 크랜베리의 새콤한 체리 향이 잘 살아나서, 크리스마스에만 사 먹는 키르슈에 절여서 초콜릿을 입힌 체리 디저트를 떠올리게 한다.

32 원조 마멀레이드보다 더 진하고 내용물이 굵고 거친 것이 특징이다.

크랜베리와 패션프루트

추운 기후의 과일이 정반대인 열대 과일을 만났다. 패션프루트는 크랜베리에 부족한 강렬한 풍미를, 크랜베리는 패션프루트에 부족한 바디감을 채워주는 상호 보완적인 조합이다. 콩포트 2인분 기준으로 크랜베리 250g에 설탕 50g, 물 또는 사과 주스 약간을 넣고 크랜베리가 터질 때까지 익힌다. 식으면 패션프루트 과육 3개 분량을 넣고 잘 섞는다. 되직하게 포만감을 선사하는 크랜베리는 화려한 패션프루트를 위한 훌륭한 망토 역할을 하는데, 원한다면 패션프루트를 체에 걸러서 씨를 제거해도 좋다. 씨째로 넣으면 선명한 붉은색 소스에 노란색 테두리의 검은 눈동자 수백 개가 떠다녀서 할로윈에는 괜찮지만 그 외에는 나를 감시하는 것 같아 불안해지는 콩포트가 된다.

크랜베리와 피칸: 피칸과 크랜베리(370쪽) 참조.

크랜베리와 호밀: 호밀과 크랜베리(28쪽) 참조.

GOOSEBERRY

구스베리

구스베리의 학명은 리베스 그슐리아Ribes grossularia 또는 리베스 우바 크리스파Ribes uvacrispa다. 이탈리아에서는 우바 스피나('뾰족한 포도')라고 부르지만 구스베리의 풍미는 오늘날 판매되는 대부분의 청포도보다 훨씬 흥미롭다. 나는 구스베리가 어떤 과일들 그룹의 고유 명칭이라는 생각을 할 때가 있다. 브램리 사과와 루바브, 블랙커런트, 엘더베리는 모두 설탕과 함께 익히면 살아나는 고유의 풍미를 지니고 있다. 팬에서 무르익는 과일이라니? 얼마 전까지만 해도 영국에서는 2천 종류의 구스베리 품종을 재배했고, 지역 클럽에서는 가장 큰 구스베리를 생산하기 위해 경쟁했다. 풍미로 유명한 재래 품종으로는 마그넷(길쭉한 붉은색 구스베리), 로드 미들턴(둥근 붉은색), 빅토리아(초록색)가 있다. 붉은색과 노란색 구스베리는 단맛이 더 강하다고 여겨지는 경우가 많다. 디저트용 구스베리는 날것으로 먹을 수 있다. 윌리엄 린드는 『채소 왕국의 역사』에서 최고의 노란색 구스베리로 만든 와인은 샴페인으로 착각할 수 있다고 주장한다. 구스베리는 냉동 보관할 수 있다. 하지만 통조림 보관은 어렵다. 제빵사 클레어 프탁은 통조림 구스베리에서는 입냄새 같은 향이 난다고 말한다.

구스베리와 귀리

우리 아버지의 프랭키 이모는 스코틀랜드의 버치리비Buchlyvie 마을에서 작은 농장을 운영하던 청과물 상인이었다. 여름 방학에 이 농장에 방문했을 때, 어른들이 수다를 떠는 동안 나는 구스베리와 레드커런트 덤불에 가보라는 이야기를 들었다. 내가 받은 지시는 간단했다. 알아서 따 먹어라. 식물학자 에드워드 버니어드는 아이들이 먹을 수 있는 것보다 더 많은 양의 구스베리를 재배하는 정원은 없다고 말하기는 했지만, 프랭키는 내가 본인의 수익원을 모조리 먹어치우는 모습을 보자 나를 마구간으로 데려가서, 가시로 잔뜩 상처를 입은 손에 조랑말 고삐를 쥐어 주었다. 나는 마치 글래스고에서 북쪽으로 18마일 떨어진 곳에서 비로소 낙원을 발견한 기분이었다. 구스베리와 귀리의 조합은 스코틀랜드의 고전이라 할 수 있다. 그들만의 레시피가 존재하지는 않지만 어쨌든 함께 자란다. 기름진 생선 필레에 귀리를 입혀서 익힌 다음 구스베리 소스를 곁들여 내보자. 구스베리 크럼블에 귀리를 섞어 넣거나 걸쭉한 콩포트를 만들어서 귀리로 만든 바에 끼워 먹는 것도 좋다. 귀리와 황설탕으로 만든 비스킷에 구스베리 풀을 곁들여 내거나, 라즈베리 대신 구스베리를 사용하고 볶은 귀리, 위스키 및 꿀로 맛을 낸 휘핑크림과 함께 켜켜이 쌓아 크라나칸cranachan[33]을 만들 수도 있다. 구스베리 마니아라면 최고의 조합으로 오버나이트 오트밀을 추천하는데, 생귀리에서 구스베리가 좋아하는 크림 같은 맛이 나고 무엇보다 구스베리의 특성과 맞아떨어지는 쌉싸

33 라즈베리 수확을 기념해 만들어 먹는 스코틀랜드의 디저트. 크림과 스코틀랜드산 귀리, 위스키가 들어간다.

릅한 풀 향을 아직 간직하기 때문이다. 구스베리 콩포트 2~3큰술에 압착 귀리 2큰술, 우유 2큰술, 그리스식 요구르트 4큰술을 넣고 잘 섞어서 냉장고에 하룻밤 동안 보관하면 된다. (콩포트 레시피는 구스베리와 월계수 잎 참조.)

구스베리와 녹차: 녹차와 구스베리(403쪽) 참조.
구스베리와 레몬: 레몬과 구스베리(173쪽) 참조.

구스베리와 리치

나는 비건 도넛 가게의 웹사이트에서 리치 구스베리 도넛을 발견했다. 마침 구스베리가 제철이던 때라, 다음 날 2마일을 걸어서 가게에 방문했더니 매진된 상태였다. 어쩌면 구스베리와 리치, 엘더플라워, 망고 향이 나는 뉴질랜드의 넬슨 소빈 홉으로 만든 페일 에일로 내 슬픔을 달랠 수 있었을지도 모른다. 구스베리와 리치 향은 소비뇽 블랑 와인에서도 흔히 찾아볼 수 있다.

구스베리와 민트: 민트와 구스베리(329쪽) 참조.

구스베리와 바닐라

고전적인 풀fool[34]에 들어가는 한 쌍의 광대와 같은 조합이다. 18세기 영국의 요리 작가 해나 글라스는 구스베리 풀을 위한 커스터드에는 우유를 사용할 것을 권장한다(라즈베리 풀에는 크림을 추천한다). 제인 그리그슨은 구스베리를 너무 많이 익히거나 액체화하거나 체에 거르지 말라고 경고한다. 커스터드의 풍미는 아주 간단하게 다양하게 바꿀 수 있으므로 바닐라 외에도 고전적인 엘더플라워나 플로렌스 화이트가 추천하는 오렌지 꽃물, 또는 조화가 잘 맞는 허브 향 월계수 잎 등의 선택지도 고려해보자.

구스베리와 사과

구스베리의 풍미는 사과와 비슷하고 녹색 과일 향이 나면서 풀 향과 신맛이 두드러져서 허브 향과 사향이 나는 브램리 사과와 닮았다. 셰프 롤리 리는 고등어를 먹을 때 구스베리를 구할 수 없다면 무가당 요리용 사과로 만든 소스를 곁들일 것을 제안한다. 사과는 익힌 구스베리의 훌륭한 식감을 대신할 수는 없지만 그래도 사과에 구스베리를 소량 섞으면 조화로운 맛을 내면서 양을 늘리기에 좋다. 열매가 터진 후에도 겉껍질이 어느 정도 형태를 유지하고, 전체적으로 부드러우면서 동시에 거친 질감을 준다.

34 익혀서 으깬 과일에 크림이나 커스터드 등을 섞어 먹는 디저트

구스베리와 생강

생강은 구스베리에 단맛, 그리고 꽃과 레몬이 섞인 복합적인 맛을 더한다. 다만 너무 많이 넣으면 좋지 않다. 구스베리와 펜넬에서 언급했듯이, 생강은 기름지고 짭짤한 요리에 곁들이는 구스베리 소스에 흔히 들어가는 재료다. 어떤 사람은 끈적끈적한 생강 귀리 케이크인 진저 파킨에는 특히 구스베리와 루바브 등으로 만든 콩포트를 곁들여 내는 것이 요크셔 지방의 전통이라고 주장한다. 요크셔 출신의 셰프 토미 뱅크스는 파킨 부스러기로 구스베리 치즈케이크를 만들어서 구스베리 콩포트와 우유 튀일을 곁들여 낸다.

구스베리와 소렐: 소렐과 구스베리(170쪽) 참조.

구스베리와 엘더베리

엘더베리에 구스베리를 더하면 블랙커런트 비슷하게 된다. 또는 블랙커런트와 두 종류의 구스베리를 섞은 복잡한 교배종인 조스타베리jostaberry가 있다. 엘더베리는 까치밥나무속에 속하는 블랙커런트와 구스베리와 함께 익혀도 지배적인 맛을 낸다. 저널리스트 코비 커머는 얇은 옥수수 케이크 위에 엘더베리 거품과 함께 올린 구스베리 셔벗이 토머스 켈러의 맨해튼 레스토랑 퍼 세Per Se에서 먹은 것 중 최고의 음식이었다고 말한 바 있다.

구스베리와 엘더플라워

완벽하지만 놀랍게도 발견된 지 얼마 되지 않은 조합이다. 음식 역사가 로라 메이슨과 캐서린 브라운에 따르면 제인 그리그슨이 1971년 저서 『좋은 것들Good Things』로 대중화시키기 전까지 구스베리와 엘더플라워의 조합은 거의 알려지지 않았다고 한다. 요즘에는 이튼 메스[35]에서 아이스크림, 타르트, 풀, 젤리, 파블로바, 커드, 진에 이르기까지 대체로 가볍고 여름에 어울리는 달콤한 요리에서 구스베리와 엘더플라워를 조합하는 모습을 볼 수 있다. 톰 케리지는 이러한 트렌드를 거스르고 스튜처럼 익힌 구스베리에 엘더플라워 시럽에 익힌 두툼한 수이트 경단을 곁들여서 단맛을 낸 크림치즈와 함께 낸다. 요탐 오토렝기는 오븐에 말린 구스베리에 엘더플라워 코디얼과 민트, 파슬리, 셀러리를 섞어서 일종의 영국식 컨트리 가든과 같은 살사를 만든다.

구스베리와 요구르트: 요구르트와 구스베리(165쪽) 참조.

구스베리와 월계수 잎

월계수 잎은 구스베리의 홍보대사다. 구스베리가 익을 때 드러나는 허브 향을 더욱 증폭시키는 역할을

35 머랭에 휘핑크림과 과일을 섞어서 만드는 영국의 전통 디저트

한다. 구스베리 월계수 콩포트를 만들려면 우선 구스베리 500g당 신선한 혹은 말린 월계수 잎을 2장씩 준비한다. 구스베리의 꼭지와 꽁지를 제거하고 팬에 넣은 다음 물 약간, 월계수 잎, 설탕 150g을 넣는다. 약한 불에 올려서 설탕을 녹인 다음 불 세기를 약간 높이고 뚜껑을 닫아서 10~15분간 뭉근하게 익힌다. 월계수 잎은 이 콩포트에 한 시간 이상 넣어두지 않도록 한다. 월계수로 맛을 낸 커스터드는 구스베리 풀이나 아이스크림을 만들 때 쓰면 아주 잘 어울린다.

구스베리와 펜넬

1970년대에 엘리자베스 데이비드는 영국인이 여전히 디저트에 구스베리를 사용하지만 구스베리 소스는 그다지 주목받지 못한다는 사실을 알게 되었다. 그녀는 구스베리가 '날카롭게 새콤해서 고등어처럼 진한 맛의 생선과 잘 어울린다'고 생각했기 때문에 이를 안타깝게 여겼다. 구스베리 소스는 만드는 방법도 아주 간단하다. 데이비드는 일라이자 액턴의 조언에 따라 구스베리를 체에 걸러서 약간 단맛을 낸 다음 버터를 약간 첨가했다. 구스베리 절임으로 만든 소스에 펜넬을 넣으면 아주 잘 어울리지만 생구스베리에는 깊은 인상을 주기 어렵다. 이럴 때는 생강을 약간 갈아 넣으면 소스의 풍미를 높일 수 있다.

구스베리와 피칸

"작은 그린 구스베리를 셀러리, 양배추, 견과류와 함께 잘게 썰어서 먹어본 적이 있나요?" 1906년 발간된 「서부의 과일 재배자The Western Fruit Grower」에서 던지는 질문이다. 내가 방금 해봤다. 월도프보다는 트래블로지 샐러드에 가까운 결과물이 나왔다.[36]

36 트래블로지는 저렴한 가격대의 호텔 및 모텔을 운영하는 호텔 체인으로 사과와 셀러리, 호두가 들어가는 월도프 호텔의 월도프 샐러드와 비교한 말장난

LYCHEE

리치

자연이 선사하는 터키시 딜라이트다. 반투명한 젤리 같은 과육을 지닌 스노 핑크색 리치는 설탕처럼 달콤하면서 장미 향을 풍긴다. 용의 피부 같은 껍질에 마로니에 열매처럼 까맣게 반짝이는 씨를 보면 그야말로 예쁘지 않지만 매력적이라는 정의에 딱 어울리는 과일이다. 껍질과 씨를 제거하면 마치 해부한 것 같은 모양이 되는데, 특히 분홍색이나 아이보리색이 아닌 회색 과육 품종은 더욱 심하다. 리치의 풍미는 일단 수확하는 순간부터 떨어지기 때문에 되도록이면 가지에 달려 있는 것을 구입하자. 어떤 것은 아삭하고 탄탄하면서 산미가 나고, 즙이 많으면서 촉촉하고 달콤한 것도 있다. 과일 전문가 조지 와이드먼 그로프는 껍질이 깨졌을 때 과즙이 새어나오지 않는 '건조하고 깔끔한' 리치를 그렇지 않은 리치와 구분해서 훨씬 높게 평가한다. 말린 리치는 대추야자처럼 짙은 색을 띠고 맛도 그와 비슷하다. 동양에서는 리치 향 제품이 인기가 높지만 향료 화학자 존 R.라이트는 나무와 꿀, 캐러멜 향과 더불어 유황 풍미가 느껴지는 정통 리치의 풍미는 재현하기 어렵다고 지적한다. 대부분의 합성 향료는 장미 성분을 과도하게 사용한다. 푸크시아 던롭은 『사천 음식』에서 사천요리의 맛을 21가지 카테고리로 나눠 설명한다. 그 카테고리 중 하나가 '리치' 맛으로 정확히는 리치를 뜻하는 것은 아니고 '단맛보다 신맛이 조금 더 두드러지고 과일이 떠오르는 새콤달콤한 맛'이라는 의미의 '리지 웨이'다.

리치와 구스베리: 구스베리와 리치(96쪽) 참조.

리치와 레몬

리치의 주된 풍미는 장미와 감귤류다. 레몬 제스트의 주된 풍미는 감귤류와 장미다. 분명히 풍미가 겹치는 부분이 있지만 신중하게 사용하면 각 재료가 확실히 구분되면서도 그 조화를 즐길 수 있게 된다. 파인다이닝에서 리치는 셔벗과 칵테일에 가장 자주 등장한다. 이해할 수 있는 일이다. 리치와 가장 잘 어울리는 조합은 두말할 것 없이 영하의 온도로, 차갑게 식히면 다루기 힘든 풍미가 사라지기 때문이다. 통조림 리치는 아이스 메뉴나 혼합 음료에서 생리치 대신 사용할 수 있는 완벽한 대용품이다. 위대한 탐험가이자 요리사인 톰 스토바트는 "신선한 것과 놀라울 정도로 맛이 비슷하다"고 주장한다. (에베레스트에 등반한 스토바트는 의심할 여지없이 통조림 식품에 대한 내성이 평균치보다 높다.) 통조림 리치를 사용하면 신선한 풍미는 떨어지지만, 여기에 레몬 제스트를 뿌리고 레몬즙을 살짝 더하면 그 신선함을 되찾을 수 있다.

리치와 바닐라: 바닐라와 리치(141쪽) 참조.

리치와 엘더플라워: 엘더플라워와 리치(103쪽) 참조.

리치와 오렌지

솜춘은 여름에 먹는 태국의 차가운 디저트다. 으깬 자스민 향 얼음 위에 리치와 귤 과육을 올리고 세빌 또는 비터 오렌지(광귤나무Citrus aurantium)를 뜻하는 '솜사'로 만든 시럽을 붓는다. 그린 망고와 튀긴 샬롯, 채썬 생강, 라임 제스트를 가니시로 올려 입맛을 돋운다.

리치와 유자: 유자와 리치(182쪽) 참조.
리치와 자두: 자두와 리치(111쪽) 참조.

리치와 치즈

리치 껍질을 벗기는 것은 그 자체로 보람찬 경험이다. 그리고 입에 넣는다. 매끈매끈한 큰 사탕처럼 그 풍미가 점진적으로 드러난다. 처음에는 완전한 장미 향, 그리고 뚜렷한 배, 외향적인 배의 향이 느껴진다. 깨물어 먹기 전에 그 외의 풍미도 느껴지는지 한번 살펴보자. 가장 많이 언급되는 과일은 머스캣 포도, 구아버, 수박, 파인애플인데 모두 치즈와 아주 잘 어울린다. 생과일이든 대추야자처럼 변한 말린 것이든 리치를 치즈보드에 올려보는 것도 해볼 만한 시도다.

리치와 코코넛

날씨가 좋지 않은 날이면 마갈루프의 해변 바 냄새가 나는 조합이다. 리치의 압도적인 장미 풍미가 섞인 하와이안 트로픽 태닝 오일의 향에 살구와 체리가 덤으로 조금 느껴진다. 태국 요리로 넘어가면 향은 더 은은하지만 맛은 훨씬 강화된다. 종려당으로 단맛을 낸 가염 코코넛 밀크에 달콤한 리치를 넣는 식이다. 통조림 리치의 시럽에 코코넛 밀크와 연유를 섞어서 만든 리치 맛 사고 펄sago pearl을 넣은 음료도 판매한다. 코코넛 기반의 레드 커리에도 가끔 고기와 생선, 채소 사이에 리치가 섞여 있는 경우가 있어 고추의 매운맛으로부터 달콤한 휴식을 선사한다. 리치에서는 단맛과 어우러지려면 좀 익숙해져야 하는 감칠맛과 풋내가 나는데, 이것이 어색하게 느껴지는 사람이라면 리치가 들어간 커리로 그 맛에 익숙해지는 것도 나쁘지 않은 방법이다. 갓 수확한 리치일수록 풋내가 강한데 이는 셔벗 등에는 도저히 어울리지 않는 삶은 양파 같은 맛이 나는 파이아지Pyazi처럼 일부 품종의 특징이기도 하다.

리치와 크랜베리: 크랜베리와 리치(90쪽) 참조.

리치와 해조류

리치는 채식주의자를 위한 가리비다. 텍사스의 셰프 빈스 멜로디는 그 비슷한 점을 최대한 활용해서 통조림 리치를 다시마에 재운 다음 지져서 캐러멜화한다. 그런 다음 당근과 생강, 강황으로 만든 소스에 고추와 실파, 바질을 곁들여 낸다. 가리비와의 친족 관계는 아주 신선한 리치에서 가끔 마늘향이 느껴진다는 점에서도 분명하게 드러난다.

ELDERFLOWER

엘더플라워

여름의 시작을 알리는 불꽃놀이다. 실제로 날씨가 좋지 않을 때 유용하게 쓸 수 있다. 엘더플라워 전문가 앨리스 존스가 지적한 것처럼 엘더플라워의 풍미는 그 자체로 이미 복합적이고 잘 완성되어 있다. 또한 섬세하면서 쉽게 가려진다. 다른 많은 꽃과 마찬가지로 가열 과정을 견디지 못하기 때문에 주로 꽃송이를 시럽에 담가서 코디얼을 만든다. 수확할 때는 꽃잎이 크림색에서 흰색 사이의 색을 띠고, 초록빛이 도는 노란색 꽃가루가 선명하게 보이는 꽃을 따야 한다. 신선하고 좋은 향이 나는 여러 덤불이나 나무에서 골고루 수확하면 훨씬 복합적인 풍미를 풍기는 코디얼을 만들 수 있다. 코디얼을 만들지 않더라도 다양한 종류의 덤불이나 나무의 꽃송이 향을 맡아보면서 얼마나 다채로운 풍미가 느껴지는지 확인해보자.

엘더플라워와 구스베리: 구스베리와 엘더플라워(97쪽) 참조.

엘더플라워와 꿀

"꿀벌이 꽃잎 사이로 뛰어들 때 어떤 맛을 느낄지 상상해본 적이 있다면 이 음료가 바로 그 맛일 것이다." 엘더플라워 리큐어 생 제르맹의 에이미 스튜어트가 『술 취한 식물학자』에서 한 말이다. 이어서 꿀과 꽃 향기가 난다고도 말했다. 19세기 미국에서는 서부 오클라호마로 이주하려는 정착민에게 '꿀 연못과 튀김 나무fritter tree'를 약속하는 신문 광고가 등장했다. '튀김 나무'란 팬케이크 반죽이나 튀김옷 반죽에 엘더플라워 꽃송이를 담갔다 튀겨서 꿀에 찍어 먹던 관습에서 유래한 딱총나무의 별명이다.

엘더플라워와 레몬

엘더플라워 전문가 앨리스 존스에 따르면 엘더플라워에 감귤류를 첨가하면 승리자가 될 수 있다고 한다. "이 두 가지 풍미는 서로 공유하는 휘발성 물질이 많다." 그녀의 설명이다. "단순히 향기만 도움이 되는 것이 아니다. 감귤류의 산미 또한 엘더플라워의 풍미를 향상시키는 데에 중요한 역할을 하고, 엘더플라워에서 자연적으로 존재하는 많은 유기산은 대체로 감귤류에서도 발견된다." 해리와 메건이 웨딩 케이크에 레몬과 엘더플라워 조합을 선택한 것을 보면 '공유하는 휘발성 물질'은 결혼과 궁합을 보장하는 확실한 근거처럼 들리지 않을지도 모르지만, 실제로 두 재료는 장미와 감귤류 향이 나는 성분을 공유하고 있다. 영국의 셰프 제시 던퍼드 우드는 레몬과 엘더플라워로 포싯posset을 만들고 레스토랑 경영자 제임스 램스던은 레몬 쇼트브레드에 처닝 없이 만든 엘더플라워 아이스크림을 곁들여 낸다. 더블 크림 600ml에 슈거 파우더 100g, 엘더플라워 코디얼 100ml, 레몬즙 1/2개 분량을 넣고 단단하게 뿔이 설 때까지 거품을 낸 후 최소 4시간 이상 냉동하면 제임스의 아이스크림을 만들 수 있다.

엘더플라워와 리치

생각보다 비슷한 조합이다. 나란히 놓고 맛을 비교해보자. 둘 다 1959년에 발견된 장미 오일의 성분으로 흔히 '날카로운' '녹색 꽃 향'으로 묘사되는 로즈 옥시드의 향이 강하다. 녹색 꽃 향이란 갓 딴 장미의 향으로 벨벳 같은 꽃잎의 향과 막 꺾어낸 줄기의 씁쓸한 풀 향이 뒤섞인 향이다. 엘더플라워와 장미는 이제 시판 코디얼에서 인기 좋은 조합이고 장미와 리치는 칵테일에서 자주 합을 맞추니 엘더플라워와 리치는 시기를 한참 놓친 것일지도 모른다.

엘더플라워와 말린 자두: 말린 자두와 엘더플라워(120쪽) 참조.
엘더플라워와 민트: 민트와 엘더플라워(330쪽) 참조.

엘더플라워와 바닐라

엘더플라워는 섬세한 풍미라 바닐라 같은 강자에게 쉽게 압도당한다. 하지만 엘더플라워 튀김이 바닐라 아이스크림과 잘 어울린다는 것은 부인할 수 없는 사실이다. 휘츠터블에 자리한 식당 '스포츠맨Sportsman'에서 셰프 스티븐 해리스는 주방 밖의 나무에서 따온 엘더플라워로 튀김을 만들어 낸다. 해리스는 이 튀김을 속이 더부룩하지 않은 도넛에 비유한다. 여기서는 엘더플라워 포싯을 곁들여 내지만 바닐라 아이스크림밖에 없더라도 걱정은 말자. 다시 한 번 말하지만 마치 커스터드 아이스크림 도넛처럼 확실하게 맛있는 조합이니까.

엘더플라워와 사과: 사과와 엘더플라워(161쪽) 참조.

엘더플라워와 엘더베리

엘더베리의 풍미는 좀 묵직하게 느껴질 수 있다. 여기에 엘더플라워를 추가하면 젊음의 활력이 돌아온다. 모로코에서 오렌지 주스에 오렌지 꽃물로 향을 더하는 것처럼, 관능적인 향도 더해준다. 엘더플라워 샴페인에 엘더플라워 코디얼을 살짝 넣어서 쉬로 로얄Sureau Royale을 만들어보자. 덜 익은 엘더베리(자연 상태에서는 독성이 있다)는 엘더플라워 식초에 담가서 발효시키면 케이퍼처럼 사용할 수 있다. 열매를 발효시키면 조리했을 때와 마찬가지로 해독 효과가 생긴다.

엘더플라워와 옥수수

밀라노의 비스킷인 판 데 메즈pan de mej는 옥수숫가루와 밀가루, 말린 엘더플라워로 만든다. 옥수숫가루 대신 수수 가루를 사용하기도 한다. 19세기의 작가 펠레그리노 아르투시도 옥수숫가루와 버터, 슈거파우더, 엘더플라워, 달걀노른자로 만든 비슷한 레시피를 선보였다.

엘더플라워와 치즈

엘더플라워 코디얼을 염소 치즈와 조합하면, 루아르 밸리 지역의 고전적인 조합인 상세르 와인과 크로탱 드 샤비뇰 염소 치즈의 마리아주를 연상시키는 완벽한 궁합을 선보인다. 치즈의 지방이 엘더플라워의 꽃과 허브 풍미를 잘 잡아서 증폭시키고, 덕분에 음료의 산미가 적정선에서 조절된다. 엘더플라워와 소비뇽 블랑 와인은 종종 '고양이 냄새catty'라고 묘사되는 풍미를 공유하는데, 구스베리와 블랙커런트에서도 이 향이 느껴진다. 엘더플라워가 나무에 달린 채로 숙성되면 자연스러운 감귤류 풍미가 점점 이 고양이 냄새에 자리를 내주게 되는데, 적절한 수준에서는 엘더플라워 특유의 느낌을 주면서 기분 좋은 맛이 되지만 심해지면 거부감이 든다. 엘더플라워를 재배하고 있는 리처드 켈리에 따르면 엘더플라워가 아니라 엘더베리를 목적으로 나무를 재배할 경우 특히 고양이 냄새가 심한 꽃을 얻을 수 있다고 한다. 엘더플라워의 레몬 향은 치즈케이크에 들어가는 연질 치즈와 자연스럽게 잘 어울리고, 마스카르포네와 함께 섞어서 케이크용 아이싱을 만들기에도 좋다. 장인 체더치즈 제조사인 퀵스Quicke's는 말린 엘더플라워를 콕콕 박아서 버터 풍미의 우유 치즈에 은은한 꽃향기로 생울타리를 지나가는 듯한 느낌을 주는 가향 치즈를 생산한다.

엘더플라워와 패션프루트

너무 과할지도? 머리부터 발끝까지 표범 가죽을 둘러쓴 느낌이다(물론 진짜 표범이라면 이해할 수 있다). 하지만 차갑게 식히면 두 풍미의 조합이 충분히 부드러워져서 음료로 마시거나 얼음과 섞어 먹기에 딱 좋아진다. 패션프루트 반쪽으로 실험해보자. 패션프루트를 반으로 자른 다음 티스푼으로 씨를 풀어준다. 엘더플라워 코디얼을 살짝 넣고 얼음 위에 얹어서 샷처럼 바로 마실 수 있도록 하자.

PRUNUS

살구속

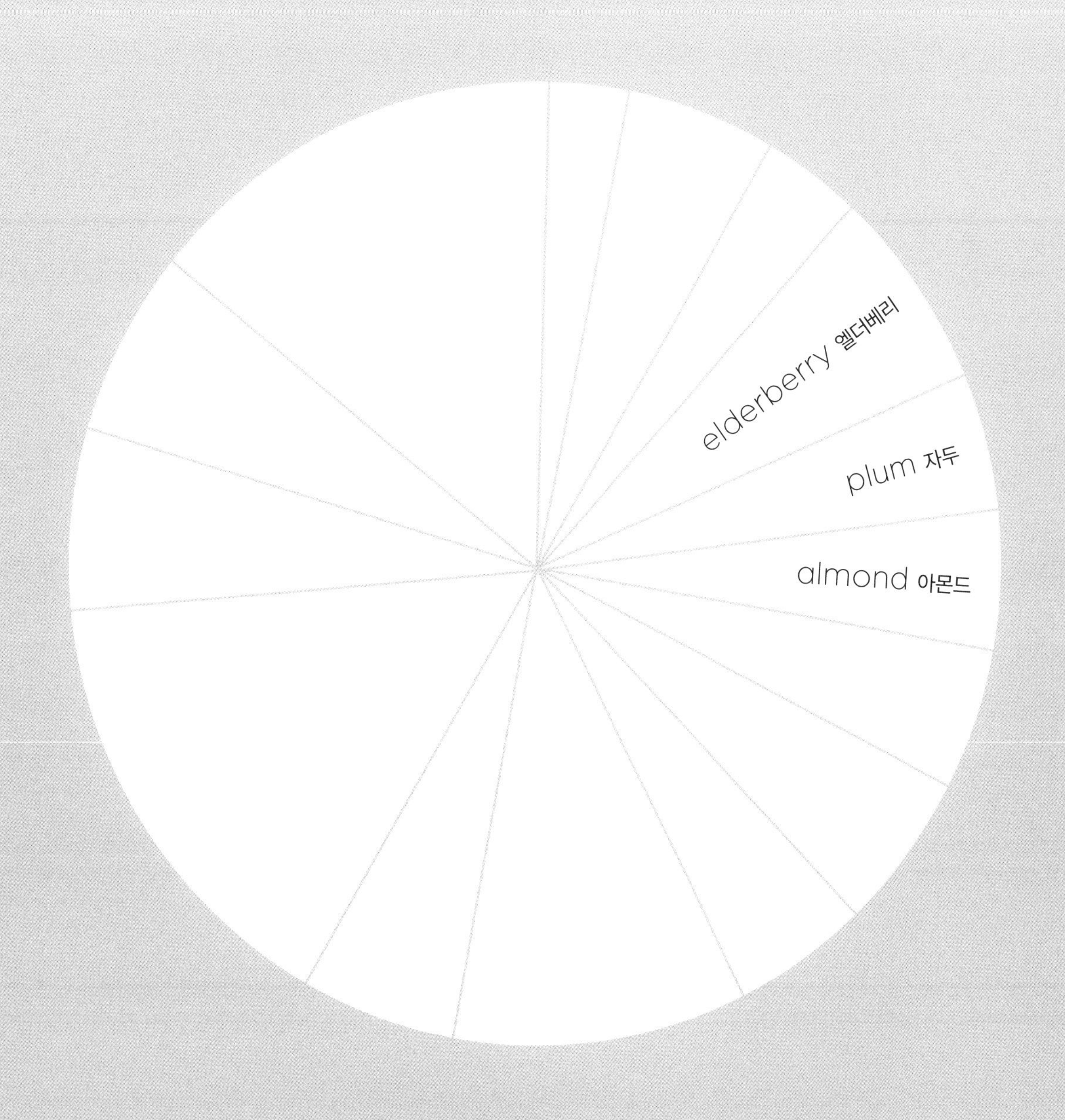

ELDERBERRY

엘더베리

엘더플라워는 반짝이는 검은색 열매를 맺는다. 하지만 날것으로 먹지는 말자. 독성 시안화수소의 전구체인 시안화 글루코사이드가 함유되어 있어 메스꺼움과 복통을 유발할 수 있으며, 과다 섭취할 경우 훨씬 더 심각한 부작용을 일으킬 수도 있다. 미각이 살아 있는 사람이라면 폭식할 가능성은 낮을 것이다. 구연산 함량이 높고 소변 같은 이상한 냄새가 나기 때문이다. 영화 〈몬티 파이튼의 성배〉에서 존 클리스가 성벽 안에서 "네 엄마는 햄스터고 네 아빠한테서는 엘더베리 냄새가 나"라고 모욕한 것은 생각보다 정곡을 찌르는 말이었던 것이다. 하지만 열매를 익히면 불쾌한 냄새는 사라지고 입맛을 돋우는 과일과 주스가 남는다. 루바브와 구스베리, 크랜베리와 마찬가지로 엘더베리도 설탕을 넣어야 매력이 살아난다. 열매가 검은색에 최대한 가까운 보라색을 띨 때 따는데, 손으로 만져보면 살짝 부드럽게 느껴질 즈음이다. 관목에 붙은 작은 가지를 꺾어낸 다음 깨끗하게 씻어서 줄기에서 열매를 훑어낸다. 말린 열매는 요리에 사용할 수 있으며, 파이처럼 일부 요리에서는 훨씬 좋은 식재료로 대접받는다.

엘더베리와 건포도

채집가이자 작가인 존 라이트가 포도 외의 과일로 만드는 '컨트리 와인'을 (난롯가에서 몰래 마시다 보면 응급실에 실려갈 수준의 숙취를 불러일으킬 정도로) 맛있게 빚을 수 있다고 평가한 조합이다. 엘더베리의 산도와 타닌 함량, 색상은 와인용 포도와 비슷하다. 특히 '엘더베리 포트' 레시피가 흔히 엘더베리의 깊은 풍미와 색을 잘 반영하는 술로 널리 알려져 있다. 18세기 프랑스와의 나폴레옹 전쟁 중 영국은 프랑스 외의 나라에서 와인을 수입하기 위해 포르투갈 등으로 눈을 돌렸다. 그 덕분에 포르투갈 도루 지역의 포트와인이 부족해지자, 일부 부도덕한 생산자는 강화 와인에 값싼 엘더베리 주스를 섞기 시작했다. 이 사실을 알게 된 영국인은 수입을 철회했고 이에 포르투갈 정부는 엄청난 경제적 타격을 입어 엘더베리 재배를 금지하기에 이르렀다.

엘더베리와 구스베리: 구스베리와 엘더베리(97쪽) 참조.

엘더베리와 꿀

꽃을 잔뜩 장식한 오월제의 축제용 기둥만큼이나 이교도적 민간신앙이 두드러지는 조합이다. 엘더베리에 정제 설탕을 첨가하는 것은 엘더베리의 정신에 어긋난다. 꿀은 그 자체로 야생의 아름다움을 선사한다. 이 둘의 조합으로 코디얼을 만들어보자. 엘더베리 코디얼을 매일 마시면 감기나 독감의 증상이 가라앉고 빨리 낫는다고 믿는 사람도 있다. 비록 소규모 연구이기는 하지만 이에 관한 고무적인 과학적 근거도 존재한다. 마법에 대한 믿음에 기대보자. 엘더베리와 건포도 또한 참조.

엘더베리와 레몬

엘더베리에 레몬을 더했을 때의 효과는 블루베리에 레몬을 더하는 효과를 떠올리게 한다. 한 번만 짜서 뿌리면 밝기를 40와트에서 100와트까지 높인다. 그리고 엘더베리는 빛을 갈구하는 과일이다. 가마솥 안처럼 어둡기 때문이다. 1850년에 한 익명의 기고가는 《미국 농업 전문지American Agriculturist》에서 엘더베리 파이를 만들 때 식초 한 큰술을 넣으면 "특유의 맛을 중화시키고 기분 좋은 산미가 두드러진다"고 했다. 저자가 언급한 것은 미국의 동부 지역에서 발견되는 캐나다딱총나무Sambucus Canadensis였지만 유럽산 엘더Sambucus nigra에도 동일하게 적용할 수 있다.

엘더베리와 사과

제철 파트너인 엘더베리와 사과는 전통적으로 잼과 젤리에서 짝을 이룬다. 사과는 엘더베리의 강한 풍미를 다독이고, 잼을 만들기에 충분한 수준의 펙틴을 공급한다(엘더베리에도 펙틴이 소량 함유되어 있다). 반면 엘더베리와 야생 능금으로는 재료의 소박한 느낌이 드러나는, 분홍빛이 도는 예쁜 보라색 젤리를 만들 수 있다. 다리나 앨런은 엘더베리와 사과의 비율이 1:1을 넘지 않을 것을 권장하는데, 엘더베리의 맛이 너무 강해질 것을 걱정한 것 같다. 민트와 로즈 제라늄, 시나몬으로 젤리에 풍미를 더해도 좋다고 한다.

엘더베리와 생강: 생강과 엘더베리(223쪽) 참조.

엘더베리와 시나몬

엘더베리의 특징적인 풍미 화합물에는 익힌 사과의 과일 향을 담당하는 다마세논과 꿀과 장미 향을 내는 2-페닐 에탄올이 있다. 두 가지 모두 시나몬이 잘 어울린다. 나는 아주 잘 익은 엘더베리를 레몬 약간과 함께 보드카에 담근 다음 입맛에 따라 당도를 맞춘, 음식 작가이자 채집가인 행크 쇼의 엘더베리 리큐어 레시피에 가느다란 담배 크기의 계피 한 조각을 넣어 마시는 것을 좋아한다.

엘더베리와 아몬드: 아몬드와 엘더베리(115쪽) 참조.
엘더베리와 엘더플라워: 엘더플라워와 엘더베리(103쪽) 참조.

엘더베리와 올스파이스

폰택Pontack 소스[37]에서 마법의 힘을 발휘하는 조합이다. 보존식품 전문가인 팸 코빈은 이를 '가장 흥미롭고 보람찬 주방 연금술'이라고 부른다. 팸의 레시피에서는 엘더베리를 사과 식초에 천천히 익힌 다음 즙을 체에 걸러서 꾹꾹 눌러 짜낸다. 이 즙을 샬롯, 올스파이스, 정향, 메이스, 후추, 신선한 생강과 함께 냄비에 붓고 20분간 익힌 다음 체에 한 번 거르고 다시 냄비에 넣어 한소끔 끓인다. 이제 병에 채워 넣으면 된다. 플로렌스 화이트의『영국의 좋은 것들』에 따르면 손이 많이 가는 작업은 아니지만 7년간 숙성시켜야 한다고 한다. (팸은 수 개월에서 3년 사이를 권장한다.) 폰택 소스는 우스터소스처럼 날카롭게 새콤하고 과일 맛이 나며 전통적으로 야생 육류에 곁들여 먹는다. 팸은 비트나 페타 치즈, 토마토에 곁들여 먹는 것을 추천한다.

엘더베리와 자두

이론적으로 자두는 특유의 비터 아몬드 같은 풍미를 선사해서 엘더베리의 풍미를 향상시키는 완벽한 공모자다. 하지만 실제로는 이런 풍미를 낼 수 있을 정도로 잘 익은 자두를 찾는 경우가 아주 드물기 때문에 계산식이 뒤집어진다. 자두의 부족한 풍미를 보완하기 위해 엘더베리를 사용하는 것이다. 말린 엘더베리로 만든 시럽(엘더베리와 펜넬 참조)은 자두와 말린 자두 사이의 풍미 스펙트럼에 속한다. 장미나 블랙베리, 오렌지 껍질, 약간의 꿀 향이 나기도 하고 히아신스와 클로버를 연상시키는 강한 꽃향기가 느껴진다. 엘더베리의 어두운 색 껍질에는 붉은색과 검은색 안토시아닌이 다량 함유되어 있어서 붉은색과 검은색 과일로 만드는 요구르트나 크림 디저트의 착색제로도 인기가 높다.

엘더베리와 치즈: 치즈와 엘더베리(259쪽) 참조.

엘더베리와 펜넬

말린 엘더플라워에서 느껴지는 은은한 펜넬 비슷한 향은 말린 베리에서 본격적으로 만개한 검은 감초 향으로 변한다. 아니스 향이 나는 리큐어인 삼부카는 일반 엘더 나무Sambucus nigra에서 이름을 따온 것으로 짙은 리큐어에 엘더베리를 첨가해 진한 커런트 풍미를 낸다. 말린 엘더베리와 물, 설탕(또는 꿀)을 익혀 만든 시럽에서는 블랙베리에서 느껴질 법한 살짝 매캐한 향이 느껴져서 가을에 연기가 오르는 모닥불을 피운 오두막집 옆을 지나가는 것 같은 기분이 든다. 달콤하면서 쌉싸름한 조합으로 진하게 졸여서, 구운 가을 채소와 염소 치즈에 곁들이기 좋다.

엘더베리와 호밀: 호밀과 엘더베리(26쪽) 참조.

37 엘더베리를 이용해 새콤하게 만드는 영국 소스로 엘더베리 케첩이라고도 불린다.

PLUM

자두

무지개 같은 과일이다. 빨간색, 주황색, 노란색, 초록색, 파란색, 남색, 그리고 보라색일 수 있기 때문이다. 흰색 자두는 낭만적으로 들리기는 하지만 사실은 껍질에 자연스럽게 가루가 핀 연노랑 자두일 뿐이다. 세상에는 200여 종의 자두가 존재하며, 상업적으로 가장 중요한 자두로는 보통 유럽에서 나는 타원형 자두인 서양 자두Prunus domestica와 중국과 일본의 둥근 점핵粘核성[38] 자두Prunus salicina를 꼽을 수 있다. 잘 익은 자두 과육에서는 사과와 바나나 껍질, 딸기, 복숭아가 은은하게 섞인 듯한 부드러운 과일 향이 느껴지며, 코리앤더씨에서 감지되는 꽃과 감귤류 향의 원인인 리날로올 성분이 함유되어 있다. 자두 과육은 두툼하고 살짝 풀 맛이 나면서 비터 아몬드와 코코넛을 연상시키는 견과류 맛이 느껴지기도 한다. 새콤하고 씁쓸한 껍질과 매우 대조적인 맛을 느낄 수 있다. 자두는 잼과 젤리, 슬리보비츠slivovitz와 미라벨 오드비, 댐슨 진 등 알코올음료를 만드는 데에 다양하게 쓰인다. 이 장에서는 서양 자두의 친척 품종인 그린게이지와 댐슨 자두도 함께 다룬다.

자두와 감자

실바스 곰보크Szilvás gombóc, 츠베치겐크뇌들Zwetschgenknödel, 니들 제 슬리우카미Knedle ze śliwkami는 각각 감자 반죽으로 자두를 감싸 만든 만두를 칭하는 헝가리, 독일, 폴란드식 이름이다. 삶은 다음 시나몬 향이 나는 빵가루에 굴려 골고루 묻힌다. 디저트용 스카치 에그에서 노른자 대신 요리사가 자두의 씨 부분에 각설탕을 넣고 익혀서 만든 과일 시럽이 들어가 있다고 상상해보자. 에곤 로네이는 이 만두를 "부드럽고 편안하면서 퓌레에 가까운 페이스트리에 그 속에 들어 있는 자두의 단맛이 스며든다"라고 표현한다. 일곱 개까지 먹어도 이상할 것이 없다고 그는 회상한다. 열 개를 먹어치우면 누군가가 눈썹을 찌푸릴지도 모른다. 열두 개를 먹으면 1920년대 부다페스트의 음료수 냉각기와 같은 대접을 받는다. 사람들의 입에 오르내릴 것이란 소리다.

자두와 강낭콩

'로비오 트케말리lobio tkemali'는 견과류와 향신료, 신맛이 나는 자두로 만드는 트케말리 소스를 이용한 조지아 요리인데, 여기에서 강낭콩과 새콤한 코카시안 자두의 조합을 볼 수 있다. 애니아 본 브렘젠에 따르면 조지아 외 지역에서는 이 자두를 구하기 어렵기 때문에 뉴욕의 조지아 주민들은 대신 타마린드 페이스트를 사용한다고 한다.

38 씨에 과육이 달라붙어서 잘 떨어지지 않는 종류의 과일

자두와 건포도

중세 시대에 '자두plum'이라는 단어는 건포도를 포함한 다양한 말린 과일을 칭하는 말이었으며 플럼 푸딩(일명 크리스마스 푸딩)에 자두가 들어가지 않는 이유도 이 때문일 수 있다. 또한 리틀 잭 호너가 파이에서 꺼낸 것은 작은 위업이자 불쌍한 잭에게 약간의 실망감을 안겨주는 재료였는데 이것이 사실 건포도였다는 설을 뒷받침한다.[39]

자두와 귀리

댐슨이 다른 자두와 구별되는 점이 있다면 무엇일까? 절박함이다. 누구도 자두를 구하기 위해서 두 시간을 운전해 비밀 장소로 가지는 않는다. 하지만 댐슨은 열정을 불러일으킨다. 바이런 경이나 우리 테리 삼촌처럼 작지만 혈기가 넘친다. 보드카나 진에 재워서 마시는 사람도 있고 잼을 만드는 사람도 있지만 나는 댐슨 크럼블파다. 댐슨을 수확한 다음 잘 담아서 발판사다리와 함께 차(비밀스러운 댐슨 수확처로 남들의 시선을 끄는 일이 없도록 먼 곳에 따로 주차해둔 차) 트렁크에 챙겨 넣고 집으로 향한다. 과일을 익히고 입맛에 따라 생각보다 많이 넣어야 하는 설탕을 첨가한 다음, 식혀서 손을 집어넣고 손가락에 걸리는 씨앗을 제거한다. 집안일이라기보다는 염소 내장으로 운세를 점치는 것과 같은 의식이다. 밀가루와 버터, 말린 귀리, 황설탕, 소금 여러 자밤으로 만든 크럼블 토핑을 올린 다음 오븐에서 댐슨이 잼처럼 되어서 보글거리고 크럼블은 노릇노릇해질 때까지 굽는다. 루바브나 사과 크럼블에는 귀리나 황설탕을 사용하지 않는 편이지만, 댐슨의 강렬한 맛을 살리려면 어느 정도 거친 맛이 필요하다. 또한 귀리는 다음 날 아침 침대에서 남은 것을 먹더라도 아침 식사라고 변명하기 쉽게 만들어준다.

자두와 대추야자: 대추야자와 자두(135쪽) 참조.

자두와 레몬

킹스웨어에서 다트 강과 철로 사이를 가로지르는 산책로를 찾아보자. 울창한 숲 사이의 오르막길을 오르다가 강을 내려다보는 애거사 크리스티의 집인 그린웨이의 정원 속 수국과 양치류 사이로 완만한 내리막길을 따라 내려가다 보면 옷에 갈퀴덩굴이 잔뜩 묻은 후에야 마침내 부교에 도착하게 된다. 페리를 타면 어느새 디티샴의 한 카페 문 앞에 도착한다. 와인 한 병과 통게 한 마리를 주문하면 게살 파먹는 도구와 크래커, 규칙적으로 도금된 작은 통에 담긴 감자튀김이 함께 나온다. 약 한 시간 정도가 흐르면 살을 싹 발라내서 게 껍데기가 마치 장식용 볼로 써도 될 것처럼 깔끔해진다. ("다 드신 거죠?" 웨이트리스가 우리가 마신 피크풀 와인만큼이나 날카롭게 물어올 것이다.) 레몬 타르트 한 조각을 포장 주문한다. 마을에서 분홍빛이 도는 빨간 자두 한 봉지를 사서 강을 따라 들판을 걸어가 다트머스로 향한다. 잔디가 두툼하게 자라

39 잭 호너가 크리스마스 파이에서 플럼을 꺼낸 다음 "난 정말 착한 아이야"라고 말했다는 내용의 마더구스 노래 〈리틀 잭 호너〉를 말하는 것

난 곳을 찾으면 앉아서 디저트를 먹는 것이다. 자두의 달콤한 과즙과 쌉싸름한 껍질을 레몬 타르트의 날카롭게 새콤한 커스터드와 버터 향 페이스트리와 함께 비교해보자. 디티샴 플라우맨 자두의 기원에 대해서는 해적과 난파선이 연루된 다양한 낭만적인 전설이 흘러내려온다. 하지만 이 품종이 보호받는 교구에서 번성하여 잘 익으면 꿀과 포도 향을 짙게 풍기는 과일이 된다는 것만큼은 의심의 여지가 없다. 배 위에 손을 올리고 잔디 위에 누워 윙윙거리는 여름의 소리가 우리의 머릿속을 맴돌게 내버려두자. 몇 시간 후에 아직 졸리고 살짝 목이 마르지만 만족스러운 기분으로 잠에서 깨면 마치 하디가 쓰지 못한 행복한 소설의 한 장면처럼 강둑 너머로 지는 해를 바라볼 수 있다.

자두와 렌틸

조지아의 비트와 자두 조합을 알게 된 것은 올리아 헤르쿨레스의 책 『카우카시스』에서였다. 자두와 어울리는 또 다른 흙 향 조합을 찾다가 퓌 렌틸에 이르렀다. 자두에서는 보통 살짝 포도주 향이 깃든 과일 향이 나는 편이라(자두 과육을 베어 물기 전에 와인 껌을 먹는다고 상상해보자), 많은 짭짤한 요리에 잘 어울린다. 따뜻한 렌틸 샐러드에 넣어도 좋고 퓌 렌틸과 함께 익혀서 두껍게 썬 돼지고기 소시지나 오향 두부 아래 깔아도 좋다. 보통은 토마토를 사용하는 달용 타르카에 넣어보는 것도 좋다.

자두와 리치

플루오트pluot는 자두와 살구, 양철 귀를 가진 사람의 합성어로 매력적인 과일의 이름이다. 미국의 플루오트 품종에는 수많은 맛 경연대회에서 우승했으니 명실상부한 승리자인 '플레이버 수프림'과 향신료를 가미한 과일 펀치 향이 나는 '플레이버 킹' 등이 있다. 자두를 훨씬 뚜렷한 향이 나는 다른 과일과 교배해서 맛을 강화하려는 욕망은 이해할 수 있지만 지금까지는 자두 재배자보다 셰프가 훨씬 훌륭한 결과물을 만들어냈다. 요탐 오토렝기와 사미 타미미는 자두와 구아버를 '환상적인 조합'이라고 부른다. 자두와 리치도 마찬가지인데, 이쪽은 사향과 꽃 향이 강화된다.

자두와 말린 자두

어린 과일과 주름진 늙은 과일의 만남이다. 다락방에 자두 초상화가 있을지도 모른다. 바닐라는 말린 자두 요리에 들어가는 고전적인 재료로 두말할 것 없이 특유의 향신료 풍미를 선사한다. 말린 자두는 자두 콩포트나 크럼블에 조금만 송송 썰어서 넣어도 은은한 아몬드 향과 더불어 맛있게 잘 익은 과일 향을 가미하는 훌륭한 풍미 강화제 역할을 한다.

자두와 메이플 시럽: 메이플 시럽과 자두(373쪽) 참조.

자두와 바닐라

어느 날 저녁, 아이비에서 푸딩용 자두와 그린게이지 파이를 주문했다. 설탕을 뿌린 동그란 페이스트리가 콤팩트 파우더 화장품처럼 깔끔하고 쇼트브레드처럼 창백한 모양새로 바닐라가 콕콕 박힌 작은 은색 커스터드 그릇과 함께 도착했다. 한 입 먹자마자 나는 자선 가게에서 깨끗한 오시 클라크Ossie Clark 드레스를 발견했을 때 빠질 법한 황홀경을 겪었다. 자두와 바닐라의 조합은 고전적으로 둥글고 여성스러운 면을 보여주면서도 확실히 날카로운 면이 있어 마치 원조 오시처럼 결코 유행을 타지 않을 것 같았다. 삶거나 구운 자두에 첨가하는 고전적인 향신료인 바닐라 깍지는 정향 같은 독특한 향을 가미한다. 이 조합을 좋아한다면 블레팅bletting한 서양 모과medlar를 꼭 먹어봐야 한다. '블렛blet'이란 부드럽게 부패한 상태를 의미한다. 만지면 부드럽고 바닐라와 자두 향이 날 때까지, 서양 모과를 수확하지 않고 나무에 달린 채 첫서리를 맞을 때까지 두는 것이다. 양귀비씨와 자두(300쪽), 자두와 말린 자두 또한 참조.

자두와 사과: 사과와 자두(161쪽) 참조.
자두와 시나몬: 시나몬과 자두(345쪽) 참조.

자두와 아몬드

아몬드 리큐어와 잘게 부순 아마레티 비스킷은 자두의 풍미를 완벽하게 증폭시켜준다. 살구와 체리의 씨앗과 마찬가지로 자두의 씨앗에서도 부드러운 비터 아몬드의 향이 나기 때문에, 자두잼 레시피를 보면 향을 내기 위해 자두 씨앗을 몇 개 깨서 넣기도 한다. 독일의 증류주 업체 슐라더러Schladerer에서는 자두와 그릴에 구운 아몬드, 마라스키노 체리 맛이 나는 맑은 증류주인 츠베치겐바서Zwetschgenwasser를 생산한다. 또한 그릴에 구운 아몬드와 라즈베리 잼, 빻은 흑후추의 풍미를 가미한 미라벨 자두 증류주도 만든다.

자두와 양귀비씨: 양귀비씨와 자두(300쪽) 참조.
자두와 엘더베리: 엘더베리와 자두(108쪽) 참조.
자두와 오렌지: 오렌지와 자두(185쪽) 참조.
자두와 옥수수: 옥수수와 자두(71쪽) 참조.
자두와 월계수 잎: 월계수 잎과 자두(352쪽) 참조.

자두와 치즈

길가에 있는 멋진 치즈가게에서 로그 리버 블루를 판매한다는 문구를 보았다. 그곳에 들러 아직 판매 중인지 물어봤다. "있습니다." 카운터 뒤의 남자가 마치 진열대에 있는 어떤 물건도 구입할 능력이 없는 사람이 본드 스트리트의 패션 부티크에 들어섰을 때 받을 수 있는 동정심과 경멸의 시선을 보내지 않으려고 최대한 노력하며 대답했다. "가격대가 아주 높습니다." 가게에 있는 모든 물건이 비싸기로 유명한데 누구도 그런 경고를 들었다는 이야기를 한 적이 없어서 조금 놀랐다. 나는 정신적으로 단단히 무장한 다음 내가 감당할 수 있는 최대한의 크기를 구입했다. 아주 작았다. 나는 이 치즈를 파티에 가져가서 식탁 위에 두었다. 그리고 의자를 가져와서 그리핀처럼 지켜봤다. 복잡한 심정이었다. 사람들이 먹지 않았으면 했다. 그냥 이게 얼마나 비싼 치즈인지 모르는 채로 먹지 않기를 바랐다. 하지만 걱정할 필요가 없었다. 맛을 본 사람들은 모두 한 번 씹자마자 턱의 움직임이 느려지며 마치 우주적으로 하나가 되는 모습을 목격하는 듯한 눈빛을 했다. 미국 오리건주의 센트럴 포인트에 자리한 치즈 제조사 로그 크리머리Rogue Creamery는 이 치즈가 너무 맛있어서 별달리 뭘 곁들일 필요는 없지만 과일 콩포트와 함께 먹어도 좋다고 말한다. 이 치즈는 가을에 구할 수 있으니, 블루치즈와 아주 잘 어울리는 자두가 과일 중에 가장 적합한 짝일 것이다. 이 부분은 마지막 한 조각에 대한 신용카드 결제가 끝나야 확언할 수 있을 듯하다.

자두와 케일

샐러드로 만들기 좋은, 달콤함과 쌉싸름함의 훌륭한 조합이다. 드레싱은 새콤한 종류를 선택하자. 세 번째 재료로 적당한 것은 당연히 짭짤한 치즈겠지만 미소에 절인 달걀을 넣어보는 것도 좋다. 미소와 달걀(15쪽) 또한 참조.

자두와 코코넛

코코넛보다는 자두를 위한 조합에 가까운데, 안타깝지만 그렇게 한쪽으로 치우친 조합도 존재하기 마련이다. 코코넛은 자두에 크림 같은 질감을 더하고 복숭아의 열대 과일 같은 풍미를 담당하는 락톤 성분을 가미해서 복숭아와 비슷한 맛이 느껴지게 한다.

자두와 펜넬

하와이에서는 덜 익은 매실과 감초, 설탕, 소금을 섞어서 가루 형태로 판매한다. 리 힝 무이li hing mui(또는 크랙시드crack seed) 가루라고 하며 과일이나 젤리 과자, 팝콘 등에 뿌려 먹는다. '크랙시드'란 이름은 이 가루가 뿌리칠 수 없는 중독적인 특징이 있다는 의미가 아니라 매실의 씨앗을 두들겨 부숴서 보존 식품을 만드는 생산 방법을 뜻하는 것이므로 안심해도 좋다.

자두와 피스타치오: 피스타치오와 자두(310쪽) 참조.
자두와 해조류: 해조류와 자두(409쪽) 참조.
자두와 호밀: 호밀과 자두(27쪽) 참조.

ALMOND

아몬드

비터 아몬드와 스위트 아몬드는 일란성 쌍둥이가 아니다. 비터 아몬드는 아름다운 장점을 모두 지니고 있다. 디사론노Disaronno 리큐어와 아마레티 비스킷, 달콤한 마지판에 들어가는 아몬드다. 위험하기도 하다. 비터 아몬드에는 시안화물이 함유되어 있어서(복숭아와 살구 씨앗에도 이 물질이 들어 있어서 비슷한 맛이 나고 가끔 대체해서 사용하기도 한다), 아몬드를 빻아 페이스트를 만들기보다 시판 아몬드 추출물을 사용하는 것이 안전하다. 비터 아몬드의 향을 내는 분자는 화학자가 최초로 합성한 향료 중 하나인 벤즈알데하이드다. 시나몬과 월계수 잎, 실비듬주름버섯Agaricus augustus, 사과, 체리에서도 같은 천연 향을 찾아볼 수 있다. 벤즈알데하이드는 종종 합성 체리 향에 사용되는데, 체리 콜라에서 탄산이 가미된 베이크웰 타르트 같은 맛이 느껴지는 것이 그 때문이다. 그에 비해 스위트 아몬드는 맛이 순하다. 날것으로 먹으면 우유 맛에 살짝 잔디 같은 맛이 느껴지기 때문에 풍미 궁합 재료로 잘 쓰인다. 아몬드 가루와 밀가루, 버터, 설탕, 달걀을 섞어서 만든 기본 프랑지판은 과일의 풍미가 돋보이게 하는 완벽한 베이스다. 아몬드를 익히면 지나치게 두드러지지 않으면서 완전히 중성적이지도 않은 따뜻한 견과류 향이 느껴진다.

아몬드와 건포도: 건포도와 아몬드(124쪽) 참조.
아몬드와 깍지콩: 깍지콩과 아몬드(385쪽) 참조.
아몬드와 꿀: 꿀과 아몬드(75쪽) 참조.

아몬드와 리크

어빙 데이비스의 『카탈루냐 요리책』에 따르면 칼솟은 ① '꽃이 핀 아몬드 나무 아래, 야외에서', ② 발츠Valls 지역에서만 먹어야 한다고 한다. 칼솟은 부추보다 작고 리크보다는 크지만 진짜 칼솟 대신 지름이 2.5cm 정도 되는 리크를 이용해서, 바비큐를 할 때 겉은 태우고 속은 촉촉하게 익히면 된다. 겉이 충분히 까맣게 익으면 신문지(가능하면 어제 날짜의 《페리오디코 데 카날루냐》)에 싸서 식힌다. 준비가 되면 까맣게 탄 부분을 벗겨내서 끈적끈적하고 달콤한 속살을 드러낸 다음 미리 만들어둔 아몬드 소스(살빗사다salbitxada 또는 로메스코)를 실온으로 곁들여 찍어 먹는다. 살빗사다나 로메스코와 비슷한 소스를 만들려면 4인분 기준으로 토마토 4개와 반으로 자른 마늘 1개 분량에 올리브 오일을 뿌려서 200℃의 오븐에 20분간 굽는다. 다른 베이킹 트레이에 껍질을 벗긴 아몬드 150g을 펼쳐서 담고 같은 오븐에 넣어서 노릇노릇해질 때까지 약 8분간 굽는다. 전부 꺼내서 식힌다. 블렌더나 푸드 프로세서에 아몬드를 넣고 간다. 토마토와 마늘의 껍질을 제거한 다음 아몬드에 넣고 레드 와인 식초 1큰술과 소금으로 간을 맞춘다. 취향에 따라 굵게 또는 곱게 간다. 돌리는 동안 올리브 오일 125ml를 천천히 부어서 유화시킨 다음 간을 다시 맞춘다. 리크와 함께 먹는다. 먹으면서 여기저기가 엉망으로 어질러지는 것은 이 음식에서 필수 불가결한 부분이다.

아몬드와 마르멜루

불가리아와 마케도니아에서는 마르멜루 살라미를 만든다. 마르멜루 페이스트와 비슷하지만 아몬드와 당절임한 과일이 박혀 있고 소시지 모양으로 빚어서 송송 썰어 먹는다는 점이 다르다. 마르멜루와 비터 아몬드는 돌체토 포도로 만든 와인에서 나는 특징적인 풍미다. 돌체토는 이탈리아어로 '작은 달콤한 것', 즉 '아이고 예뻐'라는 뜻이지만 그 결과물은 디저트 와인이 아니라 드라이한 레드 와인이다. 돌체토는 바르바레스코와 바롤로처럼 더 수익성이 높은 피에몬테의 경쟁자로 인해서 위협을 받고 있는 멸종 위기 품종이다. 돌체토가 없다면 모과와 아몬드 타르트, 특히 마르멜루 페이스트를 한 층 바르고 아몬드 프랑지판을 얹은 달콤한 버터 향 페이스트리를 먹어보자.

아몬드와 말린 자두

자두 생산자 장미셸 델마스에 따르면 말린 자두에서 씨를 제거하면 풍미가 일부 사라진다고 한다. 특히 통조림 말린 자두에 씨가 그대로 있으면 비터 아몬드 풍미가 살아나서 거의 아마레토와 비슷한 맛이 난다. 런던 리츠 호텔에서는 작은 말린 자두 피낭시에(아몬드 가루로 만든 케이크)를 프티 푸르로 낸다.

아몬드와 메밀: 메밀과 아몬드(61쪽) 참조.
아몬드와 보리: 보리와 아몬드(30쪽) 참조.
아몬드와 양귀비씨: 양귀비씨와 아몬드(299쪽) 참조.

아몬드와 엘더베리

체리브랜디 맛 하드 아이스크림과 비슷한 맛이 나는 훌륭한 조합이다. 체리브랜디 맛은 비터 아몬드에 라즈베리와 장미 에센스를 섞어서 만든다. 엘더베리에서는 베리와 장미 향이 나지만 소박한 허브 풍미도 있으므로 엘더베리를 '야생' 체리브랜디 아이스크림이라고 부르는 것이 나을지도 모른다.

아몬드와 자두: 자두와 아몬드(112쪽) 참조.
아몬드와 잣: 잣과 아몬드(365쪽) 참조.

아몬드와 캐슈

『옥스퍼드 음식 안내서Oxford Companion to Food』에서는 캐슈의 풍미를 순한 아몬드와 비슷하다고 설명한다. 전통적으로 프랑지판과 마지판에서 아몬드 대신 갈아낸 캐슈를 사용한 것도 아마 이러한 이유 때문이었을 것이다. 여기서 말하는 것은 생캐슈라는 점을 기억하자. 볶은 캐슈의 풍미는 아몬드와 헷갈릴 수가 없다. 아몬드와 캐슈는 불길한 면을 공유하고 있다. 비터 아몬드는 시안화물 함량으로 널리 알려져 있으며, 캐슈는 옻나뭇과에 속하는 동료인 덩굴옻나무poison ivy, 수막과 마찬가지로 우루시올이라는 독성 오일을 함유하고 있다. 수확한 캐슈는 오일과 접촉하지 않은 채로 견과류만 꺼낼 수 있도록 반드시 쪄서 열어야 한다. 리우데자네이루를 방문한 미국 시인 엘리자베스 비숍은 캐슈 열매를 먹은 후에 심각한 알레르기 반응을 일으켰다. 몸이 너무 안 좋아서 출국하는 배를 탈 수 없었던 그녀는 결국 조경 디자이너인 로타 데 마세두 소아레스와 사랑에 빠져 브라질에 거의 20년을 머무르게 되었다. 존 업다이크의 소설 『달려라, 토끼』의 주인공 해리 앵스트롬('래빗')은 "건식 로스팅한" 캐슈를 선호하는데 "살짝 새콤하게 톡 쏘는 독성의 맛이 마음에 들기" 때문이다. 말년에는 래빗이 선택하는 견과류가 캐슈에서 마카다미아로 바뀐다. 그는 "소금을 뿌린 가벼운 견과류 조각"에 대해서 "몇 개 먹는 걸로는 죽지 않는다"고 말한다. 그리고 쉰다섯에 심장마비로 사망한다.

아몬드와 케일

케일에 대한 내 마음은 첨탑에 대한 존 러스킨의 감정과 같다. 케일의 달콤하며 쌉싸름한 철분 풍미에는 나를 몽상에 빠지게 하는 무언가가 있다. 초콜릿에 비교하는 것은 다소 과할 수 있지만 견과류나 말린 과일, 생강, 오렌지 등 다크 초콜릿과 잘 어울리는 많은 조합이 케일과도 어우러진다. 아몬드를 통째로 혹은 다지거나 잘게 갈아서 진하고 크리미한 드레싱을 만들어보자. 훈제 아몬드나 껍질을 벗기지 않은 가염 아몬드가 특히 케일과 잘 어울린다.

아몬드와 크랜베리: 크랜베리와 아몬드(93쪽) 참조.
아몬드와 펜넬: 펜넬과 아몬드(322쪽) 참조.
아몬드와 피스타치오: 피스타치오와 아몬드(309쪽) 참조.

아몬드와 호로파

헬베Helbeh는 세몰리나와 이스트, 올리브 오일로 만들어서 아몬드로 장식하는 팔레스타인의 케이크다. 불린 호로파씨로 맛을 내는데 가끔은 흑쿠민씨를 넣기도 하며, 꽃물을 섞은 시럽으로 마무리한다. 나는 요탐 오토렝기와 사미 타미미의 요리책인 『예루살렘』에 실린 레시피를 이용해서 흑쿠민씨만 빼고 만들어 본 적이 있다. 따뜻한 피부와 야생 효모, 흐려져 가는 SPF 30 선크림 냄새, 모래언덕 특유의 마른 사향 풀 향기 등 해변에서 뜨거운 오후를 보낸 후 손등에 남아 있는 맛있는 냄새를 떠올리게 하는 맛이었다.

DRIED FRUIT

말린 과일 향

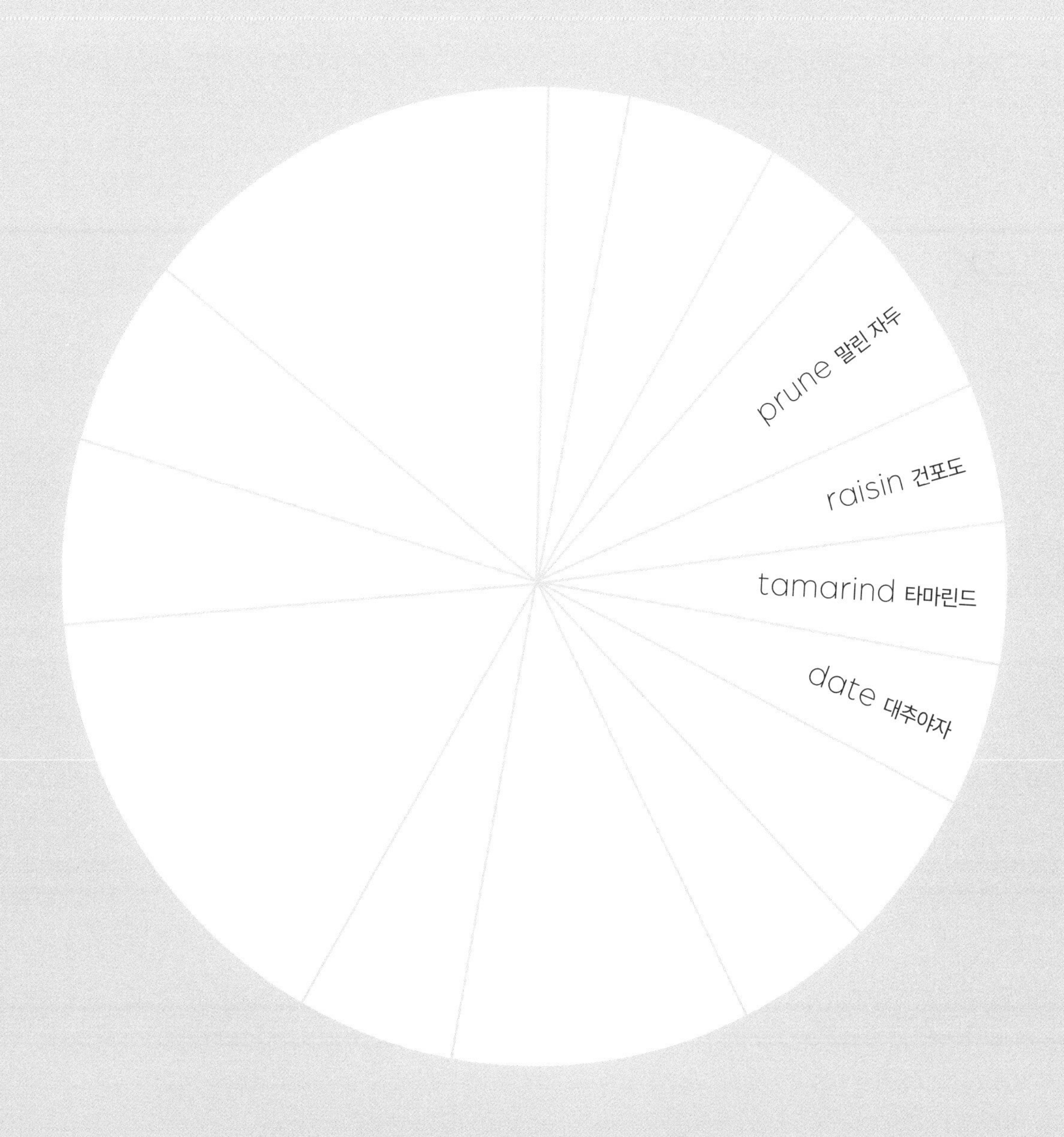

PRUNE

말린 자두

프랑스인은 영국인보다 말린 자두를 더 귀하게 여기는데, 아마 우리는 홍차에 불려 먹지만 그들은 아르마냑에 불려 먹기 때문일 것이다. 혹은 프랑스가 진지하게 엄선한 자두 품종인 엔테를 이용해서 그 유명한 아쟁Agen 자두를 생산하기 때문일 수도 있다. 말린 자두가 맛있어봐야 얼마나 맛있겠는가? 그런 의문이 들 수 있다. 평범한 말린 자두와 아쟁 자두를 비교해서 먹어보면 알게 될 것이다. 껍질이 더 곱고 과육은 더 부드럽고 과즙이 많아서 가끔은 거의 액체에 가깝다. 풍미가 더 진하고 과일 향이 강하며(잘 익은 베리를 떠올리게 한다) 여운이 오래 남는다. 모든 말린 자두는 아주 달콤하고, 생자두의 은은한 풍미에 비하면 말린 자두의 풍미 강도는 상당한 편이다. 강렬한 풍미, 그리고 짭짤한 식재료와도 잘 어울리지만 특히 아몬드 가루를 넣었거나 프랑지판을 사용한 단순한 케이크나 타르트에 넣으면 자두의 대담한 아마레토 향이 은은하게 울려 퍼지며 훌륭한 조화를 보여준다.

말린 자두와 귀리

E.M.포스터는 유난히 음침했던 어느 날의 아침 식사를 떠올리며, 귀리죽과 말린 자두는 각각 포만감과 완하제라는 상반된 역할을 담당하고 있음에도 불구하고 한 덩어리가 되어 있었다고 말한다. 기능적이고 즐거움과 생기라고는 찾아볼 수 없는 귀리죽은 회색빛에 거칠었고, 말린 자두는 쪼글쪼글한 채로 '회색 창문에 눌린 회색 안개'처럼 회색 시럽 속을 떠다니며 활기를 잃어가고 있었다. 그가 자신의 방에 감상할 만한 풍경이 존재하기를 바라지 않던 날이었을지도 모른다. 아침 식사로 먹는 말린 자두에는 단맛을 상쇄하는 산미를 지닌 요구르트가 더 잘 어울린다. 벌떡 일어나서 밖을 나서게 만드는 건강한 조합이다. 그보다는 다시 침대로 향하고 싶은 기분이라면, 더블 크림과 황설탕을 넣은 걸쭉한 아이보리색 귀리죽에 아쟁 자두를 몇 개 얹어 먹으면 그 묵직한 호화로움이 우리를 다시 침대에 눌어붙게 만들 것이다.

말린 자두와 녹차

금주법 시절에는 차에 말린 자두 주스와 중성 주정, 설탕 시럽을 섞어서 가짜 버번을 만들었다. 증류 주정 대신 보드카를 넣어서 한 번 만들어봤는데, 콜라를 잔뜩 섞어야 마실 수 있을 만한 무언가가 나왔다. 그럼에도 불구하고 사실 차는 말린 자두와 잘 어울리는 고전적인 조합이다. 말린 자두를 불려서 콩포트를 만들거나 절임을 만들 때 주로 사용한다. 일반 홍차도 좋지만 어떤 레시피에서는 재스민이 들어간 녹차의 관능적인 향이나 랍상소총(정산소종正山小種) 홍차의 훈연 향을 적용하기도 한다. 얼그레이 차가 선사하는 베르가모트의 감귤류 풍미도 말린 자두와 흥미로운 조합을 선보인다. 캐럴라인과 로빈 위어는 말린 자두와 얼그레이 차로 셔벗을 만들기도 한다.

말린 자두와 대추야자: 대추야자와 말린 자두(133쪽) 참조.
말린 자두와 레몬: 레몬과 말린 자두(174쪽) 참조.

말린 자두와 리크

코카리키 수프[40]에 들어가는 닭고기처럼 의기양양한Cock-a-hoop 모습을 보여주는 조합이다. 고 게리 로즈는 말린 자두와 리크가 아주 오래된 '인기 있는 수프 재료' 조합이라고 말한다. 로즈는 가금류나 돼지고기의 속을 채우는 용도로 사용했지만(먼저 말린 자두를 볶아서 풍미를 강화할 것을 제안한다), 염소 치즈와 함께 타르트를 만들어도 맛있는 조합이다. 하나는 아주 감칠맛이 나고 다른 하나는 강렬한 단맛을 보여주는 두 풍미가 서로를 반대 방향으로 잡아당기는 방식이 마음에 든다. 그저 말린 자두를 너무 많이 넣지만 말자. 코카리키 수프처럼 가끔 작은 덩어리를 만날 수 있는 정도가 가장 이상적이다. 깨끗하게 씻은 리크 2대의 흰색과 옅은 녹색 부분만 송송 썬다. 유채씨 오일을 약간 두르고 중간 불에서 천천히 부드러워지도록 볶다가 거의 익어가면 얇게 썬 말린 자두 3개 분량을 넣는다. 연질 염소 치즈 100g에 우유 250ml와 달걀 3개, 소금 한 자밤을 넣고 골고루 잘 섞는다. 18cm 크기의 쇼트크러스트 타르트 반죽을 초벌 구이 한 다음 바닥에 리크와 말린 자두를 깐다. 염소 치즈 혼합물을 붓고 160℃의 오븐에서 가운데가 아직 살짝 흔들릴 정도로 20~30분간 굽는다. 따뜻하게 낸다.

말린 자두와 마르멜루

퍼거스 핸더슨과 저스틴 피어스 겔라틀리의 『코끝에서 꼬리까지Beyond Nose to Tail』는 마치 툴루즈 거위처럼 말린 자두 레시피로 속이 가득 차 있다. 그중 하나가 설탕과 물에 익힌 마르멜루와 말린 자두 레시피다. 소개 글에 따르면 "말린 자두를 씨째로 사용하는 것이 중요하다"고 하는데, "기분 좋게 부풀어 오를 수 있는 구조감과 말린 자두의 품격을 동시에 유지해준다"는 것이 이유다. 나는 마르멜루에 설탕을 넣고 오븐에 구워보기 전까지는 말린 자두의 품격에 대해 생각해본 적이 없었다. 처음에는 핸더슨과 겔라틀리의 레시피를 따라볼까도 했지만 마르멜루는 워낙 귀하니 단독으로 사용하는 것이 가장 좋겠다는 결정을 내렸다. 그러다 마르멜루가 얼마나 부드러워졌는지 확인하려고 문을 열었는데, 오븐에서 뿜어져 나오는 향이 너무나 분명한 말린 자두 풍미를 띠고 있어서 혹시나 함께 굴러 들어간 말린 자두가 있는 것이 아닌지 어두운 구석을 살펴보고 말았다.

말린 자두와 바닐라: 바닐라와 말린 자두(141쪽) 참조.

40 닭고기와 대파를 넣어 만드는 스코틀랜드의 수프 요리

말린 자두와 버섯

말린 자두를 넣으면 뒤셀이 훨씬 고급스러워진다.

말린 자두와 병아리콩: 병아리콩과 말린 자두(241쪽) 참조.
말린 자두와 사과: 사과와 말린 자두(160쪽) 참조.
말린 자두와 시나몬: 시나몬과 말린 자두(344쪽) 참조.
말린 자두와 아몬드: 아몬드와 말린 자두(115쪽) 참조.

말린 자두와 엘더플라워

A. A. 길의 『울슬리에서의 아침 식사』에는 말린 자두와 엘더플라워 콩포트 레시피가 나온다. 일단 따라 해본 결과 엘더플라워가 껍질이 두꺼우면서 맛이 강한 말린 자두 앞에서는 팔랑팔랑 흔들리는 아주 유순하고 연약한 파트너라는 점을 깨달았다. 하지만 엘더플라워를 이용해서 말린 자두의 과일 향과 비터 아몬드 풍미를 예쁘게 다듬어내는 아이디어는 다시 한번 시도해볼 만하다고 생각했다. 그래서 이번에는 말린 자두를 꼬챙이로 골고루 찌른 다음에 코디얼에 재웠다. 결과는 성공적이었다. 엘더플라워의 풍미가 제대로 살아난 것이다.

말린 자두와 오렌지

오렌지 제스트는 말린 과일 콩포트에 흔하게 들어가는 재료다. 말린 자두와 오렌지로는 기억에 오래 남을 끈적끈적한 로프 케이크도 만들 수 있는데, 끈적끈적한 말린 자두가 콕콕 박힌 다크한 당밀 스펀지케이크에 화사한 오렌지 제스트가 산뜻함을 더한다. 이 말린 자두와 쿠앵트로 디저트를 보면 알 수 있듯이, 말린 자두에는 쌉싸름한 세빌 오렌지가 특히 잘 어울린다(쿠앵트로는 세빌과 스위트오렌지로 향을 낸다).
말린 자두 5~6개의 씨를 제거하고 송송 썬다. 오렌지(대) 1개에서 과육만 잘라내서 각각 2등분한다. 오렌지 과육에 말린 자두와 쿠앵트로 1큰술을 넣어서 잘 섞은 다음 라메킨 2개에 나누어 담는다. 레이디핑거 비스킷 3~4개를 반으로 잘라서 과일 위에 올린다. 크렘 프레시를 잘 풀어서 비스킷 위에 올린다. 라메킨 1개당 약 2큰술 정도가 필요하다. 황설탕을 뿌린 다음 먹기 전까지 냉장고에 차갑게 보관한다. 여기에 잘 부서지는 바삭바삭한 캐러멜 크러스트를 만들고 싶다면 뜨거운 그릴에 넣어서 설탕이 보글거리다가 호박색으로 변할 때까지 구운 후 약 10분간 식혀서 낸다.

말린 자두와 요구르트

출장 중에 동료와 함께 머물던 호텔의 조식 뷔페를 둘러본 적이 있다. 너무나 방대해서 구역이 나뉘어져 있었다. "완전 와우네요." 그녀가 말했다. "놀랍네요." 내가 말했다. 우리는 테이블에 객실 열쇠를 내려놓고 각자의 길을 떠났다. 몇 분 후 나는 '유럽 대륙' 구역에서 채운 접시를 들고 테이블로 돌아왔다. 빵 두 종류와 크래커, 치즈, 햄, 살구잼, 크림치즈, 버터, 그리고 혹시 몰라서 챙긴 미니 누텔라 병을 담은 접시였다. 그리고 다시 '그리스' 구역에 가서 애피타이저로 달걀과 베이컨을 가져왔다. 테이블로 돌아오니 동료가 말린 자두 하나를 달랑 넣은 작은 요구르트 한 그릇을 먹고 있었다. 지금까지 각종 조합에 대해 이야기하면서 요구르트와 말린 자두라면 고전 중의 고전이라는 점은 알고 있었지만, 그래도 나는 우리가 무언의 합의를 했었다고 생각했다. "어때요?" 나는 그녀가 티스푼으로 말린 자두를 자르려고 노력하는 모습을 보면서 배신감을 억누르며 물었다. "완전 와우네요." 그녀가 말했다. "놀랍네요." 내가 말했다.

말린 자두와 월계수 잎

월계수 잎은 한때 라이스 푸딩 같은 달콤한 요리에도 흔하게 쓰였다. 지금은 그런 일이 드물지만 그래도 말린 자두에 한두 장 넣어서 뭉근하게 익혀 콩포트를 만드는 모습은 아직 남아 있다. 말린 자두의 껍질에는 특유의 쓴맛이 있지만 월계수 잎의 떫은맛, 특히 맵싸한 넛멕 풍미가 이를 부드럽게 보완해준다. 말린 자두와 월계수 잎 조합은 흔히 샤퀴테리와 파테, 로스트한 가금류에 곁들여 내는 말린 자두 절임에서 쉽게 찾아볼 수 있다.

말린 자두와 초콜릿

제대로 기능하기 힘든 조합이다. 말린 자두는 브랜디에 불리지 않는 한 초콜릿과 잘 만나지 않는다. 원래 코코아에서 천연 말린 과일의 풍미가 나는 등 서로 비슷한 부분이 많은 것은 사실이다. 문제는 심하게 비슷해서 강도가 너무 세진다는 것이다. 유일한 해결책은 두 가지를 분리하는 것이다. 나이절 슬레이터는 커다란 쟁반에 푸딩 대신 말린 자두와 그에 어울리는 재료인 초콜릿('너무 다크하거나 씁쓸하지 않은 것만'), 마지판, 구운 아몬드 등을 곁들여 담는다. 초콜릿 냉장고 케이크를 좋아하지만 체리 글라세의 팬은 아니라면 그 대신 말린 자두를 4~6등분해서 달콤한 과일 맛과 기분 좋은 질감을 가미해보자.

말린 자두와 치즈: 치즈와 말린 자두(258쪽) 참조.
말린 자두와 커피: 커피와 말린 자두(34쪽) 참조.

말린 자두와 코코넛

브라질의 고전적인 조합이다. 만하르 데 코코Manjar de coco는 코코넛 밀크와 크림, 간 코코넛, 설탕에 옥수수 전분을 가미해서 굳힌 코코넛 블랑망제다. 레드 와인과 시나몬, 정향, 설탕을 넣어 만드는 말린 자두 소스를 곁들여 낸다. 올호 데 소그라Olho de sogra는 말린 자두에 채썬 코코넛과 달걀, 설탕을 섞어서 매커룬처럼 만드는 과자다. 이름은 '시어머니의 눈'이라고 번역할 수 있다. 가끔 코코넛 혼합물에 묻힌 말린 자두가 갈색 눈처럼 보이기도 한다. 어떨 때는 '눈'이 마치 깜짝 놀란 것처럼 동그랗게 보인다. 가끔은 빛나기도 하고 살짝 의심스러운 눈빛을 보내오기도 한다. 어떻게 만들어도 문제가 생길 수 있는 레시피다.

말린 자두와 크랜베리: 크랜베리와 말린 자두(90쪽) 참조.

말린 자두와 펜넬

말린 자두에 펜넬씨의 향을 주입하면 겉은 부츠처럼 광택이 흐르고 적갈색 속에는 끈적끈적한 섬유질이 가득한 부드러운 감초와 비슷한 결과물이 나온다. 펜넬의 아니스 향은 말린 자두의 과일과 당밀 향과 잘 어울린다. 펜넬 구근과 말린 자두를 곱게 다지면 생선 속에 채워 넣는 재료로도 좋고, 양고기 미트볼에 넣어도 된다. 『주니 카페 요리책』에서 주디 로저스는 프리토 미스토fritto misto의 후보 재료로 말린 자두와 펜넬 슬라이스를 꼽는다. 모든 재료를 먼저 버터밀크에 담근 다음 밀가루와 세몰리나를 섞은 볼에 넣어 골고루 묻힌 후 땅콩 오일에 튀긴다. 포르토벨로 버섯 고깔이나 셀러리, 세이지 잎, 레몬 슬라이스 등을 넣어도 좋다.

말린 자두와 피칸

나름 괜찮지만 고전적인 대추야자와 호두의 조합에 비해서 좀 사이가 까다로운 커플이다. 말린 자두는 대추야자보다 풍미가 강하고 피칸은 먼 친척인 호두 특유의 기분 좋은 쓴맛이 부족하다. 다시 말해 마찰이 필요하다는 뜻이다. 대추야자와 호두가 영화 〈필라델피아 스토리〉의 케리 그랜트와 캐서린 헵번이라면 말린 자두와 피칸은 〈상류사회〉의 빙 크로즈비와 그레이스 켈리다.

RAISIN

건포도

이 장에서는 커런트와 술타나에 대해서도 다룬다. 커런트는 씨앗이 생성될 정도로 크게 자라는 일이 거의 없는 적포도를 건조시킨 것이다. 주로 씨 없는 녹색 톰슨 포도로 만드는 술타나는 건조하는 과정부터 건포도와는 다른데, 탄산칼륨과 식물성 오일에 담그는 과정을 통해서 부드럽고 색이 밝아지며 살균이 된다. '건포도'라는 용어는 구체적이지 않다. 건포도는 적포도와 청포도로 모두 만들 수 있지만 톰슨 품종이 캘리포니아와 남아프리카, 호주에서 널리 재배되는 덕에 가장 많이 사용된다. 잘 익은 포도를 햇볕에 또는 오븐이나 건조기로 건조시킨다. 건포도는 일반적으로 술타나보다 단단하고 주름이 많으며 맛이 진하고 보통 신맛이 더 강하다. 럼 레이즌 아이스크림은 머스캣 포도로 만든 건포도로도 유명한 스페인 지역의 이름을 따서 말라가Malaga라고도 부른다. 말라가 건포도는 원산지 지명 보호PDO 지위를 누리는 중이다. 크고 아주 달콤하며 가지에 붙은 채로 판매하는 경우가 많은데 시중에 판매하는 대부분의 건포도보다 부드럽다.

건포도와 당근: 당근과 건포도(226쪽) 참조.

건포도와 레몬

'스포티드 딕Spotted Dick'이라고 불리는 수이트 찜푸딩이 영국에서 인기를 끈 것은 커런트나 술타나 등 말린 과일과 감귤류의 행복한 결합보다는 외설적인 코미디에서 음담패설로 쓰인 덕분이다. 1889년 이후로 런던 시내에 자리한 스위팅스Sweetings의 시그니처 요리로 자리 잡았다.

건포도와 마르멜루: 마르멜루와 건포도(156쪽) 참조.

건포도와 메밀: 메밀과 건포도(58쪽) 참조.

건포도와 바닐라

절제된 럼 레이즌과 같은 조합이다. 바닐라 엑스트랙트는 주로 증류 주정을 베이스로 삼기 때문에 술 맛이 난다. 아무리 그렇다 하더라도 알코올을 전혀 사용하지 않은 바닐라 깍지와 건포도의 조합에서 너무나 주류가게 같은 향이 난다. 바닐라의 주요 향미 분자이자 깍지 전체에서 발견되는 흰색 잔여물의 원인인 바닐린은 증류주 및 와인 숙성 과정의 일부로 나무통 안을 채울 때에도 생성된다. 위스키와 럼에서 바닐라 향을 느끼게 되는 이유 중 하나다. 역사적으로 숙성 전의 럼에 나무통 숙성을 떠올리게 하는 풍미를 더하는 용도로 건포도씨를 넣기도 했다. 즉 건포도와 바닐라의 조합은 알코올 없이도 우리를 충분히 취하게 한다. 바닐라 향이 나는 페이스트리 크림을 넣은 팽 오 레쟁 혹은 베이크드 치즈케이크의 형태로 즐겨보자.

건포도와 병아리콩: 병아리콩과 건포도(240쪽) 참조.
건포도와 보리: 보리와 건포도(29쪽) 참조.

건포도와 사과

익힌 건포도의 냄새는 부분적으로 케톤 베타 다마세논 때문인데, 이는 익힌 사과 냄새를 내는 화합물이다. 건포도와 사과는 서로 조화를 이루면서도 극명하게 달라서, 건포도는 강렬한 단맛을 선사하고 사과는 이와 대조적으로 가볍고 신선한 맛을 낸다. 파이와 타르트, 스트루델에 이 조합이 쓰이는 편이다. 이브의 푸딩Eve's pudding은 한때 빵가루와 수이트로 만든 찜 푸딩이었지만 지금은 구운 사과와 건포도를 켜켜이 넣은 스펀지케이크를 뜻한다. 가을이 되면 스페인 사람들은 출근길에 사과와 건포도를 넣은 작은 엠파나딜라 데 만자나empanadillas de manzana를 먹는다.

건포도와 생강

술타나는 사람 모양의 진저브레드 맨 쿠키의 눈으로 쓸 수 없다. 너무 크기 때문이다. 만화 캐릭터의 과하게 커다란 눈은 아기처럼 연약하고 순진하게 보이도록 하는 역할을 한다. 아마 마음이 아파서 진저브레드 맨 쿠키의 머리를 뜯어먹지 못하게 될 것이다. 커런트는 참수해버려도 괜찮아 보이는 비열한 표정을 선사하는데다, 어차피 비스킷에 쓰기에 가장 적합한 포도 종류다. 비스킷 업계의 컨설턴트인 덩컨 맨리에 따르면 건포도와 술타나의 과육은 베이킹 과정에서 가죽처럼 변하면서 쓴맛을 줄 수 있다고 한다. 커런트 품종 중에서 그리스의 보스티자Vostizza가 1993년에 원산지 지명 보호PDO를 획득하며 높은 평가를 받는다. 보스티자는 말리면 푸른빛이 도는 까만 포도다. 붉은 포도로 만든 커런트는 산미가 더 강하지만, 진저브레드 맨 쿠키나 과일을 넣은 진저스냅 쿠키처럼 당밀의 단맛이 나는 디저트와 오히려 훌륭한 대조를 이룬다.

건포도와 시금치: 시금치와 건포도(398쪽) 참조.
건포도와 시나몬: 시나몬과 건포도(343쪽) 참조.

건포도와 아몬드

〈로징케스 미트 만들렌Rozhinkes mit mandlen('건포도와 아몬드')〉은 유대인의 자장가다. 아시케나지 유대인에게 건포도와 아몬드는 행복하고 풍요로운 결혼 생활을 상징한다. 로마의 유대인 게토에 자리한 파스티

체리아 보치오네에서 판매하는 넓적한 케이크인 피자 에브레이카pizza ebraica는 껍질을 벗기지 않은 아몬드와 건포도, 다양한 색의 당절임 과일이 들어 있어 행복과 풍요로운 결혼은 물론 번영을 상징한다고 추측할 수 있다. 보치오네의 다른 페이스트리처럼 윗부분을 살짝 거뭇하게 구워낸다. 볼로냐 출신의 요리사 티나 프레스티아는 밀가루와 아몬드 가루를 섞고 화이트 와인과 오일을 넣어서 이 디저트를 재현하려고 시도한 적이 있다. 설탕과 소금을 적당히 사용하고 팽창제는 넣지 않았으며 과일과 견과류는 솔직히 퇴폐적이라고 해야 할 만큼 넣었다. (만일 베르사체가 스콘을 만들었다면……) 당절임 과일을 좋아하지 않는다면 크레타의 비스킷인 스타피도타stafidota가 더 잘 맞을 것이다. 라키로 향을 낸 올리브 오일 페이스트리에 술타나와 다진 아몬드, 꿀을 섞은 속을 채워 만든다.

건포도와 애호박: 애호박과 건포도(393쪽) 참조.
건포도와 엘더베리: 엘더베리와 건포도(106쪽) 참조.

건포도와 오렌지

영국 슈퍼마켓의 베이킹 코너에서는 캔디드 필과 말린 포도 종류를 한 봉지에 같이 담아서 판매한다. 이 혼합 과일은 주로 번 같은 강화 빵과 과일 케이크 등에 사용한다. 건포도는 새콤달콤하고 당절임 껍질에서는 집요하게 맴도는 쓴맛이 나는데, 이에 비하면 마멀레이드는 딸기잼처럼 느껴진다. 산업용 당절임 과정에서는 오렌지와 레몬을 반으로 자른 다음 과육을 파내고 껍질을 씁쓸한 속껍질 부분까지 통째로 소금물에 절여서 기공을 열어 설탕을 더 잘 흡수할 수 있게 한다. 소금에 절인 껍질을 헹궈서 점점 당도가 높아지는 설탕 용액에 넣고 당절임이 될 때까지 익힌다. 당절임 껍질은 길게 썬 막대 형태로도 구입할 수 있지만 이쪽은 설탕에 절이기 전에 껍질에서 오일을 많이 추출하는, 조금 다른 조리 방식을 따르는 경우가 많다. 그래서 쓴맛과 풍미가 둘 다 약하다.

건포도와 올스파이스

건포도와 커런트의 차이는 에클스 케이크에서 뚜렷하게 확인할 수 있다. 잘 모르는 사람을 위해 설명하자면 에클스 케이크는 올스파이스와 넛멕으로 향을 낸 커런트를 잔뜩 넣은 퍼프 페이스트리 수류탄이다. 건포도와 술타나는 싫어하지만 이 케이크는 좋아하는 사람은 완벽하게 일관적인 것이다. 커런트는 과일 향이 더 강하고 신맛이 나면서 덜 질기다. 커런트는 알이 작은 적포도를 말린 것으로 포도주 향이 나는데, 에클스 케이크에 넣으면 올스파이스의 나무와 정향 풍미로 마치 나무통에서 숙성시킨 것 같은 진한 매력을 더한다.

건포도와 자두: 자두와 건포도(110쪽) 참조.
건포도와 잣: 잣과 건포도(362쪽) 참조.

건포도와 초콜릿: 초콜릿과 건포도(37쪽) 참조.

건포도와 치즈

선물받은 과일 케이크를 그대로 다시 남에게 선물하려는 그 손을 멈추고, 치즈와 함께 먹어보자. 페나인 산맥의 양쪽 지역 모두에서 고전적인 조합인데, 그럴 만한 맛이다. 진하고 달콤하면서 씁쓸한 포도 풍미의 과일 케이크에는 건포도와 커런트가 가득해 마치 시라즈 와인을 한 조각 잘라낸 것 같아, 치즈의 짭짤한 신맛을 완화시키면서 동시에 그 맛이 돋보이게 한다. 크리미하면서 날카롭게 새콤한 웬슬리데일이나 레몬과 버터, 가끔은 요구르트 풍미가 느껴지는 랭커셔 치즈를 곁들여보자. 인기 제품인 미시즈 커컴 브랜드의 랭커셔 치즈에 따뜻한 에클스 케이크와 화이트 부르고뉴 와인 한잔(또는 차 한잔)을 곁들이면 천국이 따로 없다. 건포도를 마시고 싶다면 말린 포도로 만드는 이탈리아의 레드 와인인 아마로네 디 발폴리첼라를 추천한다. 전통 방식으로는 포도를 짚단에 펼쳐 담아서 약 3개월간 건조시킨다고 한다. 수분이 날아가면서 아몬드와 체리, 무화과, 자두의 풍미가 농축된 달콤한 와인이 만들어진다. 파르메산 치즈 슬라이스와 잘 어울린다. 또는 자두색 리소토를 만들어서 곁들여보자.

건포도와 캐러웨이: 캐러웨이와 건포도(326쪽) 참조.
건포도와 캐슈: 캐슈와 건포도(302쪽) 참조.
건포도와 코코넛: 코코넛과 건포도(149쪽) 참조.

건포도와 콜리플라워

과일과 배추속 채소 조합 중 최고로 손꼽힌다. 콜리플라워 송이에 튀기거나 구운 건포도나 커런트를 적당히 뿌려보자. 둘 다 날것인 채로 샐러드를 만들어도 좋다.

건포도와 통곡물 쌀

커런트는 크기가 아주 작고 건포도나 술타나와 달리 너무 달지 않기 때문에 필라프에 매자나무 열매barberry 대신 사용할 수 있다. 반면 술타나는 라이스 푸딩에 맛을 더하는 고전적인 재료다. 영국 최고의 통조림 라이스 푸딩 브랜드인 앰브로시아가 술타나 맛도 판매하고 있을 정도다. 이 식감에 대한 감상은 호불호가 갈린다. 좋아하는 사람은 젤리 같은 과일 향 단맛이 톡톡 터지는 것을 반긴다. 그 외에는 익힌 술타나를 마주하는 것을 수영장에서 뜨끈한 수역을 마주치는 것처럼 불안하게 느낀다. 호화로운 향신료가 들어가는 우유 푸딩인 인도의 키르kheer에는 건포도나 커런트 대신 술타나를 넣어서 맛을 내는데, 풍미가 부드럽고 산도가 낮은 편이라 푸딩의 포근한 느낌과 잘 어울리기 때문이다.

건포도와 피칸: 피칸과 건포도(367쪽) 참조.
건포도와 호밀: 호밀과 건포도(24쪽) 참조.

건포도와 흰콩

마두르 재프리는 『동양 채식 요리』에서 술타나와 흰콩이 "매우 특이한 조합처럼 보일 수 있지만 아주 맛있다"고 말한다. 그리고 데비의 술타나를 곁들인 흰강낭콩 레시피를 소개한다. 사이드 메뉴로 내기 좋다. 4인분 기준으로 말린 흰강낭콩 180g을 20시간 동안 불린다. 식용유 3큰술을 가열한 다음 아지와인 씨앗(펜넬과 후추(224쪽) 참조) 1작은술을 넣고 볶는다. 중약 불로 낮추고 물기를 제거한 흰강낭콩과 강황가루 1/4작은술, 카이엔 페퍼(입맛에 따라 조절), 술타나 2~4큰술, 설탕 2작은술, 레몬즙 1큰술을 넣는다. 물 250ml를 붓고 한소끔 끓인 다음 뚜껑을 단단히 닫고 45분간 최대한 약하고 부드럽게 끓인다. 10분마다 확인해서 필요하면 물을 더 추가해야 하는데, 음식이 완성될 즈음에는 국물이 거의 모두 증발한 상태여야 한다. 건포도와 흰콩은 발칸반도와 튀르키예에서 인기가 있는 곡물과 콩, 과일로 만든 달콤한 죽인 아슈르ashure(일명 노아의 푸딩)에도 들어간다. 방주가 아라랏 산에서 쉴 때 방주의 창고에 있던 내용물을 이용해서 즉석에서 만들었다는 전설이 전해져 내려오는 푸딩이다. 노아의 방주에는 조합이란 조합은 다 들어가 있었던 것일까?

TAMARIND

타마린드

고향인 열대 지방 외에서는 대부분 타마린드를 덩어리나 페이스트 형태로 판매하는데, 맛있는 과일 향의 신맛이 달콤한 요리에도 짭짤한 요리에도 똑같이 잘 어울린다. 덩어리 같은 경우, 압착한 과육을 물에 담가두었다가 씨앗과 섬유질을 걸러내면 타마린드 물이나 퓌레가 남는다. 포장지에 적힌 '씨 없는'이라는 문구는 대체로 '씨가 거의 없는'이라는 뜻이니 유의하자. 페이스트나 농축액을 사용하면 불리고 씨를 제거하는 과정을 따로 거치지 않아도 되지만 그래도 맛 자체는 떨어진다는 점에 대부분의 사람들이 동의한다. 스위트 타마린드 한 상자를 구입하면 끈적끈적한 과육이 길게 늘어진 적갈색 소시지처럼 들어 있는 바삭바삭하고 울퉁불퉁한 생강색 깍지를 발견할 수 있다. 섬유질을 제거하고 씹어보면 자연이 우리가 꿈에 그리던 사탕을 만들어냈다는 생각이 잠깐 들 수 있는데, 그러다 마치 치아가 부서지는 악몽처럼 입안에서 뭔가 덜그럭거리는 느낌도 든다. 타마린드 과육에 박힌 까만 씨앗은 무게와 크기, 에나멜 같은 매끄러움이 놀라울 정도로 앞니와 비슷하다는 점이 한 상자를 죄다 먹어치우기 힘들게 만드는 유일한 단점이다. 타마린드 풍미의 테킬라와 리큐어, 사탕, 청량음료도 존재한다.

타마린드와 고구마

시중에서 파는 토마토케첩은 너무 단맛이 강해서 고구마튀김과는 잘 어울리지 않는다. 타마린드 소스나 처트니에는 그 균형을 잡는 산미와 사랑스럽고 짙은 과일 풍미가 모두 들어 있다. 아래 타마린드와 고추에 소개한 타마린드 디저트를 변형해서 뻑뻑한 으깬 고구마에 진한 타마린드 퓌레를 섞은 다음 작은 공 모양으로 빚어서 황설탕에 굴려보자.

타마린드와 고추

태국 식료품점에서였다. 타마린드와 고추 단과자라고? 흥미로웠다. 참 뭘 모르는 생각이었다. 나는 휴지가 회오리바람처럼 날아다니는 바람 부는 채플 마켓에서 하나를 입에 넣었다. 달콤하고 바삭바삭한 겉면이 이내 살짝 부드럽고 짭짤하며 약간 씹는담배 같은 느낌으로 바뀌었다. 그리고 익숙한 타마린드의 과일 향 신맛이 등장했다. 나는 내가 아는 맛이라고 생각했다. 그러다 모르는 맛이 등장했다. 고추였다! 세상에. 단과자라기보다는 어떤 중대한 사태에 가까웠다. 너무나 많은 감정이 오갔다. 달콤한 타마린드 과자에 고추가 들어가는 것이 일상인 카리브해나 멕시코에서 더 많은 시간을 보냈더라면 덜 놀랐을지도 모른다. 데이비드 톰슨은 마캄 구안이라는 태국 과자 레시피를 소개하면서 새눈고추가 들어가는 것은 "날카로운 맛을 가미해서 타마린드의 신맛이 과하게 두드러지지 않게 하기 위함"이라고 설명한다. 베트남에서는 마늘과 피시 소스에 타마린드, 고추, 설탕을 넣어서 찍어 먹는 소스를 만든다.

타마린드와 꿀

타마린드는 레몬 대용으로 자주 사용되지만 레몬보다 훨씬 풍미가 풍성하다는 점을 염두에 두어야 한다. 꿀과 타마린드 페이스트에 식초와 오일을 넣고 잘 휘저으면 과일 향이 강화된 비네그레트가 된다. 오일을 생략하면 멕시코에서 과일과 샐러드용 잎채소에 주로 사용하는 묽은 드레싱이 된다. 타마린드와 꿀 조합은 가금류와 육류, 연어에 바르는 용으로도 사용할 수 있으며, 타마린드 페이스트와 꿀을 1:2의 비율로 섞어 쓴다. 마늘과 생강 그리고/또는 팔각을 넣어도 잘 어울리고, 필요하면 물을 첨가해서 농도를 조절할 수 있다.

타마린드와 달걀: 달걀과 타마린드(249쪽) 참조.

타마린드와 대추야자

인도에서 아주 인기 좋은 처트니를 만들어보자. 타마린드 과육과 씨를 제거한 대추야자, 재거리(또는 황설탕) 각 50g씩에 간 생강 1/2작은술, 쿠민 가루 1/4작은술, 코리앤더 가루 1/4작은술, 칠리 파우더와 소금 한 자밤씩이 필요하다. 타마린드 과육을 뜨거운 물 250ml에 20분간 담근 후 씨와 섬유질을 걸러내고 다른 모든 재료와 함께 곱게 간다. 소재가 알루미늄이 아닌 냄비에 옮겨서 원하는 농도가 될 때까지 뭉근하게 익힌다. 사모사나 파코라 같은 튀긴 인도 간식에 곁들여 낸다. 남은 것은 밀폐용기에 담아서 냉장고에 일주일간 보관할 수 있다.

타마린드와 라임

타마린드가 없다면? 호주계 인도네시아 셰프인 라라 리는 삼발을 만들 때 타마린드 페이스트의 대용품으로 라임즙과 황설탕을 동량으로 사용하라고 제안한다. 황설탕이 타마린드의 말린 과일 향을 대신하니 매우 합리적인 선택이라 할 수 있다. 라임즙을 넣은 타마린드 워터를 토닉 워터와 얼음에 섞으면, 해가 지기 시작하는 오후 네 시부터 칵테일을 마셔도 상관없는 사람이라면 '드라이 재뉴어리'[41]에도 마시기 좋은 훌륭한 해질 무렵의 무알코올 칵테일이 되어준다. 1잔 기준으로 라임 1개의 껍질을 흰 부분이 들어가지 않도록 주의하면서 벗겨낸다. 알루미늄이 아닌 소재의 소형 냄비에 라임 껍질과 타마린드 과육 50g, 황설탕 1작은술, 물 100ml를 넣는다. 중약 불에서 한소끔 끓이면서 과육과 껍질을 칵테일 머들러나 숟가락으로 꾹꾹 누른다. 보글보글 끓기 시작하면 불에서 내린 후 20분간 재운다. 체에 내리기 전에 녹지 않은 타마린드 한 조각을 꺼내서 씹어보자. 인도식 라임 피클에 들어 있는 라임 조각처럼 편도선을 탕탕 치

41 영국의 자선단체 알코올체인지UK에서 시작한 캠페인으로 1월 한 달간 술을 마시지 않는 것

는 듯한, 거칠지만 거부할 수 없는 맛이 느껴질 것이다. 이제 타마린드 라임 워터를 체에 거르고 과육과 껍질을 꾹꾹 눌러 최대한 국물을 받아낸다. 으깬 얼음을 채운 유리잔에 붓고 토닉 워터를 부어 원하는 만큼 희석한다. 미리 경고하는데, 아주 갈색을 띠는 음료다. 모스크바 뮬 스타일의 구리 머그잔이 있다면 미적인 이유로 이를 사용하는 것을 추천한다.

타마린드와 민트: 민트와 타마린드(331쪽) 참조.

타마린드와 사과

타마린드라는 단어는 '인도의 대추야자'라는 아랍어에서 유래했지만 그렇다고 대추야자 같은 달콤함을 기대한다면 깜짝 놀라게 될 것이다. 레몬을 빨아 먹은 말린 자두에 더 가까운 맛이기 때문이다. 하지만 타마린드의 말린 과일 향은 사과, 특히 디저트 종류와 잘 어울린다. 멕시코의 토피 사과는 빨간색 다크 캐러멜 대신 타마린드 과육으로 사과를 코팅한다. 이 조합이 어울린다는 사실을 맛으로 증명하는 증거 꼬챙이라고나 할까.

타마린드와 생강: 생강과 타마린드(224쪽) 참조.
타마린드와 오크라: 오크라와 타마린드(389쪽) 참조.

타마린드와 치즈

저녁에 외출을 마치고 작은 집으로 돌아오면 남편이 토스트에 치즈를 얹어주는 것이 우리의 전통이었다. 우리는 소파 뒤의 먼지 쌓인 틈새에 와인병을 보관했기 때문에 소파에서 손에 쉽게 잡히는 와인을 따라 느긋하게 먹곤 했다. 둘 중 한 명이 팔을 뻗어서 잡히는 것은 무엇이든 꺼냈는데, 칠레산 메를로 와인이거나 혹은 그보다 더 고급스러운 와인일 때도 있었다. 운을 시험하는 것이다. 뭐든 잡히는 것을 마시기. 곁들이는 안주가 남편이 치즈를 얹어준 토스트처럼 맛있는 것이라면 뭐든 문제가 되지 않았다. 맛의 비결은 갈아낸 치즈 위에 우스터소스를 뿌려서 그릴 아래 녹을 때 거뭇한 얼룩이 되도록 하는 것이었다. 소스에 들어간 타마린드가 녹은 체더치즈 전체를 과일 향의 날카로운 맛으로 깔끔하게 상쇄하는 덕분에 매슬로우 욕구계층설의 아래 계층 전체를, 어쩌면 상위 계층 일부까지도 충족시킬 수 있을 정도로 만족스러운 결과물이 나온다. 나는 명성과 성취감을 우스터소스로 얼룩진 체더치즈 한 조각과 언제든지 바꿀 수 있다. 그러다 잭 화이트의 〈리틀 룸〉 가사처럼, 우리는 더 큰 방을 얻고 아이를 낳고 와인 보관함을 샀다. 최근에는 매콤한 타마린드 소스에 할루미 튀김을 찍어 먹었는데, 깔끔한 형태였지만 당시의 술 취한 저녁날을 순식간에 되새길 수 있었다.

타마린드와 코코넛: 코코넛과 타마린드(150쪽) 참조.

타마린드와 쿠민: 쿠민과 타마린드(342쪽) 참조.
타마린드와 토마토: 토마토와 타마린드(84쪽) 참조.

타마린드와 파파야

자바가 원조이지만 인도네시아와 말레이시아, 싱가포르 전역에서 먹는 로작Rojak은 과일을 썰어서 새콤달콤하며 매운 소스에 버무린 샐러드로, 간장으로 짠맛을 내고 새우 페이스트로 쿰쿰한 맛을 더한다. 레몬을 두른 진한 해산물 요리와 정반대의 맛이라고 할 수 있다. 로작을 제대로 만들 준비를 다 하고 보니, 타마린드 물에 담근 파파야 덩어리도 있는 그대로 충분히 맛이 좋았다. 필요하다면 파파야와 파인애플, 오이, 자두, 사과로 맛있는 비건 로작을 만들 수 있다. 4인분 기준으로 한 입 크기로 썬 과일이 약 400g 필요하다. 드레싱을 만들려면 타마린드 과육 4큰술을 뜨거운 물 125ml에 약 20분간 불렸다가 체에 걸러서 작은 볼에 담되 최대한 꾹꾹 눌러서 걸쭉한 퓌레를 많이 받아내야 한다. 흑설탕 2큰술과 간장 1작은술, 카이엔 페퍼 약간을 넣고 잘 섞는다. 준비한 과일에 드레싱을 두르고 굵게 다진 볶은 땅콩 그리고/또는 참깨로 장식한다. 드레싱을 색다르게 만들고 싶다면 백미소를 조금 섞어보자.

DATE

대추야자

대추야자에는 약 5천 가지 품종이 있는 것으로 추정된다. 어쩌면 고작 백여 품종밖에 되지 않지만 각각 이름이 50개씩 붙어 있는 것일 수도 있다. 하나의 이름으로 알려진 한 과일이 이웃한 오아시스에서는 완전히 다른 이름으로 불릴 수도 있다. 품종을 일단 제쳐두면 대추야자는 연질과 반연질, 건조의 세 가지로 구분할 수 있고 익은 정도에 따라 미숙과인 발라balah, 반 정도 익은 루타브rhutab, 완전히 익은 타므르tamr의 세 종류로 구분하기도 한다. 단단하고 쫄깃하면서 오래 보관할 수 있는 마른 대추야자는 낙타 대추야자camel dates라고도 불리며 아랍 유목민의 주식으로 지금까지 사랑받고 있다. 영국에서 가장 흔히 구할 수 있는 대추야자는 부드러운 메줄Medjool과 반연질의 데글렛 누르Deglet Nour이지만 그 외에도 다양한 품종이 있다. W.G.글리는 『대추야자의 문화』(1883)에서 씨가 작은 모로코산 녹색 대추야자인 부니Buni와 이집트 북부의 작은 흰색 대추야자, 오디와 비슷한 크기의 헬레야Heleya, 사하라 사막에서 자라는 아주 작은 올리브 모양의 대추야자 메드하넨Medhanen 등을 언급한다. 그 외에 하이에나와 펄 온 더 로Pearl on the Row(줄 위의 진주), 도터 오브 더 로여Daughter of the Lawyer(변호사의 딸), 컨퓨즈드 등의 품종도 기록되어 있다. 만일 여러 품종의 대추야자를 맛보게 된다면 메이플 시럽 풍미 고리(메이플 시럽(371쪽) 참조)를 활용하면 뚜렷하게 두드러지지 않는 풍미를 구분하는 데에 도움이 될 것이다. 질감의 차이도 매우 분명하게 느낄 수 있다. 대추야자는 오돌토돌하거나 질기거나 매끄럽거나 촉촉하거나 부드럽거나 쫄깃하거나 시럽처럼 걸쭉하기도 하고 파슬파슬하기도 하는 등 갈라진 껍질이나 얇은 껍질에서도 다 다른 느낌이 난다.

대추야자와 고구마

여행 작가 에릭 한센은 택시 운전사 압둘 알리로부터 대추야자를 먹는 법을 배웠다. 알리는 씹지 말라고 조언했다. 입안에서 녹아내리도록 하는 것이 요령이었다. 한센은 "얼마 지나지 않아 부드럽게 녹아내리는 연한 과육이 꿀과 고구마, 사탕수수, 캐러멜이 뒤섞인 복합적인 풍미로 입안을 가득 채우기 시작했다. 그러더니 곧 풍성한 태피 향이 가미된 조금 은은하고 살짝 고소한 풍미로 넘어가기 시작했다"라고 회상한다. 런던 동부에 자리한 바이올렛 베이커리의 클레어 프탁은 고구마와 대추야자가 케이크에 따뜻한 단맛을 입힌다는 점에 대해서 "무엇보다 훌륭한 질감과 촉촉함을 선사하는데, 통곡물로 베이킹을 할 때 특히 도움이 된다"고 말한다.

대추야자와 귀리

학교에서의 기억 중 유일하게 행복한 것이 있다면 점심시간에 나온 대추야자 슬라이스였다. 마치 차량 파쇄기를 통과하고 남은 부스러기처럼 보였다. 흘러나온 브레이크 오일처럼 까맣고 끈적끈적한 대추야자는 루바브나 자두처럼 달콤한 귀리 토핑을 상쇄할 만한 신맛이 전혀 없었다. 그냥 달콤했다. 아주 달콤해서 나에게 딱 필요한 맛이었다. 학창 시절은 충분히 시큼했으니까. 공정하게 말하자면 대추야자와 귀리 양쪽의 단맛이 크럼블의 짠맛과 대조를 이루기는 했고, 무엇보다 이들 두 재료의 가장 중요한 특징은 쫀득함이었다. 한 조각을 다 먹으려면 시간이 한참 걸렸기 때문에 운동장에서 게임에 선택받지 못한 채로 '아싸' 취급을 받을 시간을 줄일 수 있었다.

대추야자와 꿀: 꿀과 대추야자(73쪽) 참조.

대추야자와 달걀

중동에서는 달걀에 잘게 썬 대추야자를 넣고 스크램블드에그를 만들거나, 스크램블드에그에 대추야자 시럽을 곁들여 낸다. 서양인의 입맛에는 마치 아침 식사를 주문했더니 다른 사람의 메뉴와 섞여서 나온 것처럼 이상하게 느껴질 수 있다. 이것이 영 당기지 않는다면 이란에서처럼 스크램블드에그에 강황을 약간 섞어보자.

대추야자와 라임: 라임과 대추야자(179쪽) 참조.

대추야자와 말린 자두

조안 크로퍼드와 벳 데이비스[42]다. 서로 불편한 사이이니 둘 중 한 명만 부르는 것이 좋다. 아니면 주름지고 윤기가 흐르는 짙은 색 껍질 덕분에 말린 자두와 비교되는 일이 많은 아즈와 대추야자를 사용해보자. 자두보다 새콤한 맛은 덜하지만 대부분의 대추야자보다 훨씬 맛있고 당밀의 풍미가 환상적이다. 메줄 품종보다 네 배 정도 비싸다. 그래서 머핀이나 그래놀라에 넣어 먹기보다 말린 자두와 커스터드를 사용해서 왕실 버전으로 만든 프티 팟 드 크렘에 곁들이는 것이 좋다.

대추야자와 민트: 민트와 대추야자(329쪽) 참조.

대추야자와 바나나

대추야자의 캐러멜 풍미가 바나나를 만나면 바노피 파이를 대체할 수 있는 건강한 디저트가 탄생한다. 할라위나 잠리 등의 대추야자 품종은 캐러멜 풍미 스펙트럼 중에서도 버터스카치 계열에 속하며 토피처럼 쫀득한 질감이 느껴진다. 얇게 썬 바나나와 함께 켜켜이 쌓은 다음 크림을 약간 부어서 냉장고에 수 시

42 1962년 영화 〈제인의 말로What ever happened to Baby Jane?〉의 주연 배우로, 극 중 대립 관계인 자매지간을 연기했다.

간 정도 두었다가 숟가락으로 퍼서 먹는다. 이 레시피에 단점이 있다면 캐러멜화된 설탕이 바노피 파이에 선사하는 쓴맛이 대추야자에는 부족하다는 것이다. 어떤 요리사는 대추야자 시럽에 럼을 섞어서 이 문제를 해결하기도 한다.

대추야자와 바닐라: 바닐라와 대추야자(141쪽) 참조.
대추야자와 생강: 생강과 대추야자(223쪽) 참조.

대추야자와 순무

샬감 헬루Shalgham helu는 이라크 유대인 간식인 달콤한 순무 조림이다. 이라크의 예술가이자 음식 작가인 린다 당구르에 따르면 길거리 노점상에서 팔아서 방과 후에 간식으로 먹는다고 한다. 클로디아 로덴의 『유대인 음식 책』에 레시피가 실려 있다. 순무 500g의 껍질을 벗기고 적당히 자른 다음 냄비에 대추야자 시럽 2큰술, 소금 여러 자밤과 함께 넣어서 물을 수 센티미터 정도 잠기도록 붓는다. 한소끔 끓으면 뚜껑을 연 채로 부드러워질 때까지 뭉근하게 익힌다. 내가 사용한 영국산 순무는 유황 냄새가 강하고 단맛이 나서 스웨덴 순무 같았는데, 이라크 학생이 좋아할 것 같은 맛은 아니었다. 여기에 양고기와 토마토, 마늘을 더하면 메인 요리로 격상시킬 수 있다. 영국의 셰프 톰 헌트는 분홍색으로 절인 순무 피클에 대추야자와 요구르트를 섞어서 딥을 만들고 고추와 고수로 장식해 낸다.

대추야자와 시나몬: 시나몬과 대추야자(344쪽) 참조.

대추야자와 오렌지

손질한 오렌지와 잘게 썬 대추야자, 오렌지 꽃물 여러 방울, 시나몬 약간을 섞는다. 요리라기보다는 재료를 섞었을 뿐이지만 우리가 만들 수 있는 것 중에 가장 훌륭한 맛이 난다. 오렌지즙이 대추야자 과육에 파고들면서 훨씬 부드럽고 끈적해진다. 달콤하면서 상큼한 감귤류 향 토피가 입안 가득 퍼지면서 꽃과 나무껍질 향이 올라와 풍성함을 더한다. 여름이면 시나몬 대신 민트를 뜯어 넣고 백설탕을 뿌려도 좋다. 고급 대추야자 부티크에서는 대추야자에 당절임한 오렌지 필을 채워서 안 그래도 끈적한 과일에 씁쓸하고 훨씬 끈적한 속을 더한다.

대추야자와 요구르트

대추야자 시럽은 메이플 시럽이나 꿀보다 풍미가 단순하지만 그만큼 강하다. 새콤한 맛이 날 때도 많지만, 그래서 요구르트와 아주 잘 어울린다. 중동에서는 대추야자 시럽과 염소젖 요구르트를 섞은 음료를 마신다. 소호 쿼바디스의 셰프 제레미 리는 대추야자와 요구르트를 짝지어서 '조지아 오키프 그래놀라'를 만든다. 집에서 만들어보려고 했지만 너무 많이 휘저어서 '안젤름 키퍼의 죽'이라고 부르는 것이 나을 분홍빛이 도는 갈색 덩어리가 되고 말았다. 차라리 이 대추야자 요구르트 판나코타를 만드는 것이 안전할 것이다. 뜨거운 더블크림 200ml에 설탕 1큰술과 불려서 꼭 짠 젤라틴 3장을 넣고 잘 섞어서 녹인다. 그리스식 요구르트 200ml와 우유(전지유) 150ml, 대추야자 시럽 2큰술을 넣어서 잘 섞는다. 체에 내려서 컵이나 라메킨 4개에 나누어 담고 냉장고에서 굳을 때까지 약 4시간 정도 식힌다.

대추야자와 자두

바흐리 대추야자는 가을이 제철로, 영국에서 흔하게 구할 수 있는 건조 혹은 반건조 형태가 아닌 신선한 대추야자를 맛볼 수 있는 기회를 제공한다. 이란의 대추야자 공급업체인 코시빈은 신선한 바흐리 대추야자로 과일 샐러드를 만들어볼 것을 제안한다. 특히 가을이 제철인 자두와 사과 조합이 잘 어울리지만 멜론과도 잘 맞는다고 한다. 예상할 수 있듯이 신선한 대추야자는 촉촉하지만 쫀득하기보다는 아삭하고, 이 숙성 단계에서는 너무 떫어 먹기 어려운 경우가 많다. 하지만 바흐리 대추야자는 예외다. 조숙하다 싶을 정도로 달콤하고 노란색에 종종 가지째 팔기 때문에 알아보기도 쉽다. 실온에 보관하면 집에서 점점 더 익어가며 갈색으로 변하고 쪼글쪼글해진다. 이 단계가 되면 작고 시럽 같으면서 갓 내린 커피 같은 향이 살짝 나는 절묘한 풍미를 선사한다.

대추야자와 잣: 잣과 대추야자(363쪽) 참조.

대추야자와 참깨

대추야자는 라마단 기간 중에 금식을 깨는 용도로 먹는 경우가 많으며, 가장 필요할 때 즉각적으로 칼로리를 충전해준다. 대추야자를 타히니에 찍어 먹는 사람도 있다. 대추야자와 타히니를 섞어서 작은 공 모양으로 빚으면 주로 대추야자 타히니 트러플이라고 번역되는 타마르 비 타히니tamar be tahini가 된다.

대추야자와 치즈: 치즈와 대추야자(257쪽) 참조.
대추야자와 캐슈: 캐슈와 대추야자(303쪽) 참조.
대추야자와 커피: 커피와 대추야자(33쪽) 참조.

대추야자와 코코넛

두 야자수가 박수갈채와 함께 조우한다. 나는 어머니가 자주 만들어주던 대추야자 조각이 박힌 작고 윤기 나는 코코넛 케이크를 좋아했다. 아직 채 식기 전이라 굳지 않은 퍼지를 넣고 으깬 코코넛 아이스크림 같은 맛이 나는 상태가 제일 맛있었다. 사고와 대추야자를 코코넛 밀크에 익히고 종려당palm sugar을 넣으면 총 세 번째와 네 번째의 야자수 출신 재료를 첨가한 사고 대추야자 푸딩이 된다. 사고 펄은 타피오카 펄과 비슷하지만 사고 야자수 줄기 안쪽의 속살을 이용해서 만든다(사실 진짜 야자가 아니라 소철과 식물이다). 말레이시아에서는 사고 펄을 판다누스 잎과 함께 조리해서 맛을 낸 다음 식혀서 코코넛 크림과 종려당을 곁들여 낸다.

대추야자와 콜리플라워: 콜리플라워와 대추야자(208쪽) 참조.
대추야자와 타마린드: 타마린드와 대추야자(129쪽) 참조.

대추야자와 토마토

말랑말랑한 붉은색 토마토 모양 플라스틱 병은 베이컨과 튀김 요리 한 접시에 담긴 미지근한 통조림 토마토만큼이나 영국식의 싸구려 튀김 전문점을 상징하는 존재다. 그 사촌 격인 갈색 토마토 모양 플라스틱 병에는 보기보다 낯설지 않은 브라운소스가 들어 있다. 식초와 설탕을 제외하면 브라운소스에 들어가는 주요 재료는 토마토와 대추야자다. 브라운소스를 한 번도 먹어보지 않은 사람을 위해 설명하자면 새콤달콤하면서 향신료와 타마린드 덕분에 톡 쏘는 맛이 난다. 신선한 소스도 쉽게 만들 수 있으며 달걀이 들어간 기름에 튀긴 음식이 나오는 모든 아침 식사에 환상적으로 어울린다. 구운 할루미와 함께 먹으면 훨씬 맛있다. 씨를 제거한 대추야자 100g에 신선한 토마토 75g, 메이플 시럽 1큰술, 셰리 식초 2작은술, 타마린드 페이스트 1작은술, 올스파이스 가루와 소금 여러 자밤을 넣어서 곱게 간다. 아주아주 곱게 갈거나 아예 굵게 씹히는 대로 두어도 좋다. 취향에 따라 선택하면 된다. 하지만 냉장고에 하루 정도 보관하면 훨씬 맛있다는 점은 기억하자. 밀폐용기에 담아 냉장고에서 일주일까지 보관할 수 있다.

대추야자와 피스타치오

두바이 공항에서 깔끔하게 깍둑썰기 한 대추야자와 피스타치오 과자를 한 상자 샀다. 반투명한 분홍색이 아니라 불투명하고 갈색이라는 점만 제외하면 터키시 딜라이트와 비슷했다. 터키시 디스페어[43]라고 할까. 집으로 돌아온 후 여러 날, 그리고 수 주일이 지나도록 좀처럼 누구에게도 이 과자를 선물로 주지 못했다. 진실을 마주할 때가 된 것이다. 나는 이 과자를 나 혼자서 전부 다 먹고 싶었다. 상자를 열고 20분 후, 나는 과자를 절반이나 먹어치웠다. 대추야자와 피스타치오의 관계는 초콜릿과 헤이즐넛의 관계와 같다. 완벽한 맛의 궁합을 자랑한다. 페르시아의 디저트인 랑기낙ranginak에 대해 알게 되었을 무렵에는 이미 충분히 관련 지식을 습득해서 레시피를 적당히 수정할 수 있을 수준에 오른 상태였다. 랑기낙은 곡물 할바 층 사이사이에 견과류를 채운 대추야자를 끼워서 마치 버터 비스킷 반죽처럼 만든 과자다. 데글렛 누르나 메줄처럼 속을 채울 수 있는 길쭉한 형태의 씨를 제거한 대추야자 14개를 준비한다. 아몬드와 피스타치오는 50g씩 준비해서 가볍게 볶은 다음 식힌다. 견과류에 소금을 한 자밤 뿌려서 굵게 간 다음 1~2큰술만 따로 남겨놓고 대추야자 속에 채운다. 소형 직사각형 통(모든 대추야자를 딱 맞게 넣을 수 있는 크기)

43 기쁨이라는 뜻의 딜라이트 대신 절망이라는 뜻의 디스페어를 사용한 말장난

에 랩이나 유산지를 깐다. 할바를 만들려면 먼저 설탕 50g에 끓는 물 75ml를 넣고 잘 저어서 녹여 시럽을 만든다. 프라이팬에 버터 75g을 넣고 중간 불에 올려서 녹인 다음 밀가루 125g을 넣고 휘저으면서 고소한 쿠키 향이 나고 노릇노릇해질 때까지 익힌 후 시럽을 넣어서 잘 섞는다. 틀 바닥에 절반 분량의 할바를 골고루 두르고 속을 채운 대추야자를 그 위에 얹는다. 나머지 할바를 그 위에 대추야자를 완전히 뒤덮을 수 있도록 두른다. 가볍게 누른 다음 유산지를 덮어서 묵직한 누름돌 등을 얹고(나는 파이용 누름돌을 채운 빵틀을 사용했다) 수 시간 동안 단단하게 굳힌다. 남겨둔 견과류를 뿌린 다음 작은 사각형 모양으로 잘라서 낸다. 남은 과자는 밀폐용기에 담아 실온에서 최대 일주일까지 보관할 수 있다.

대추야자와 피칸

사우디 수가이Saudi Sugai 대추야자는 쉽게 구별할 수 있다. 기네스 혹은 아이리시 커피의 미니 파인트 잔처럼 생겼다. 즉 갈색에 윗면은 흰색이다. 크림 부분은 살짝 바삭바삭해서 나머지 쫀득한 부분과 기분 좋은 대조를 이루며 마치 메이플 시럽에 담근 황설탕을 한 숟가락 떠서 입에 넣은 것 같은 느낌이 든다. 수가이 대추야자는 피칸과 특히 잘 어울리는 것으로 알려져 있다. 토스트 향이 나는 스타우트나 커피와 비교되기 때문일지도 모르지만 피칸을 볶거나 캐러멜화해서 곁들일 때 최고의 맛이 나는 조합이라고 본다.

대추야자와 흑쿠민

내가 방 오른편에 앉아서 대추야자 페이스트리를 먹을 수 있기만 했더라도 파티가 훨씬 즐겁게 느껴졌을 터였다. (이라크계 미국인 예술가인 마이클 라코위츠의 요리책『대추야자가 있는 집은 절대 굶지 않는다』의 출간 기념 파티였다.) 나는 소용돌이 모양 과자 두어 개를 주머니에 집어넣고 파티장을 나섰다. 그리고 브릭 레인을 절반쯤 지나쳤을 즈음 핸드폰을 꺼내려고 주머니에 손을 넣었다가 지금은 이름을 알게 된, 비공식적인 이라크의 국민 쿠키인 클레이차kleicha를 발견해서 꺼냈다. 카다멈을 가미한 짙은 색 대추야자 페이스트의 소용돌이 속에서 흑쿠민씨의 풍미가 뚜렷하게 느껴지면서 씁쓸하고 고소한 맛이 대추야자에 반가운 질책을 가하듯이 어우러졌다. 두 번째 쿠키까지 먹어치운 후에 10분간 걸어온 길을 되돌아가서 몇 개 더 집어 와야 하는 것이 아닐까 고민했다. 그때, 고작 열 걸음만 걸어가면 인도 슈퍼마켓이 있다는 사실을 깨달았다. 나는 토트백에서 그날 받은 책을 꺼내 레시피를 훑어본 다음 집에서 한 판을 만들려면 필요한 재료인 대추야자 페이스트와 흑쿠민씨를 구입했다.

CREAMY FRUITY

크리미한 과일

vanilla 바닐라

sweet potato 고구마

coconut 코코넛

banana 바나나

VANILLA

바닐라

향료계의 아나이스 닌[44]이다. 바닐라는 어디에나 들어가지만 그 매혹적이고 복합적인 풍미는 여전히 우리의 발걸음을 멈추게 한다. 바닐라vanilla planifolia 난초의 씨앗 꼬투리로 만드는데 정작 꽃은 바닐라 향이 전혀 나지 않는 것은 물론 별다른 특징도 없다. 열매, 즉 콩을 건조 및 숙성시키고 손질해서 수백 개의 작은 씨앗이 들어 있는 친숙한 향이 나는 꼬투리를 완성한다. 상업용 바닐라 깍지는 주로 마다가스카르와 타히티, 멕시코에서 생산되며 각 지역마다 고유한 특징이 있다. 마다가스카르산 바닐라는 깔끔한 꽃향기가 나서 파티시에와 아이스크림 회사가 선호한다. 타히티산 바닐라는 향신료와 아니스, 체리 향이 나서 과일과 특히 잘 어울린다. 멕시코산 바닐라도 그와 비슷하게 향신료와 흙 향이 나고 진하다. 바닐라 깍지의 특징적인 풍미 화합물은 바닐린으로 알려져 있다. 바닐라 에센스는 그냥 바닐린 용액을 병입한 것이다. 바닐린은 목재 펄프나 석유 화학 전구체에서 합성할 수 있다. 바닐라 엑스트랙트는 진짜 바닐라 깍지로 만들고 바닐린 외에도 수백 가지의 향미 분자가 포함되어 있기 때문에 가격대가 높다.

바닐라와 강황: 강황과 바닐라(220쪽) 참조.
바닐라와 건포도: 건포도와 바닐라(123쪽) 참조.
바닐라와 고구마: 고구마와 바닐라(146쪽) 참조.
바닐라와 구스베리: 구스베리와 바닐라(96쪽) 참조.

바닐라와 귀리

미국의 음식 작가 웨이벌리 루트는 프랑스인이 귀리를 바닐라의 대용품으로 쓰는 것 외에는 그다지 즐겨 먹지 않는다고 말한다. 19세기 후반, 프랑스의 과학자 외젠 세룰라스는 일반 귀리를 가열해서 '아베네인aveneine'이라는 바닐라와 비슷한 물질을 추출하는 방법을 발견했다. 오노레 드 발자크는 소설 『가재 잡는 여인La rabouilleuse』에서 바닐라 대신 태운 귀리를 사용한 '프티 팟 드 크렘'에 대해 "치커리 커피가 모카와 비슷한 정도만큼 바닐라와 비슷한 맛이다"고 표현했다. 귀리에게 바닐라는 고작해야 2순위에 불과한 풍미일 뿐이다. 생강이나 시나몬이 더 잘 어울린다.

바닐라와 녹차: 녹차와 바닐라(404쪽) 참조.

44 프랑스 출신의 미국 일기 작가

바닐라와 대추야자

바닐라의 꽃과 향신료 풍미는 대추야자, 특히 차가운 아이스크림이 메줄과 우유의 풍미를 더욱 풍성하게 만드는 대추야자 셰이크에 잘 어울린다. 스티키 토피 푸딩에서는 당밀과 다크 머스커바도 설탕 때문에 장점이 좀 가려지는 조합이므로 이때는 대추야자는 굵게 썰고 바닐라를 아이스크림이나 커스터드의 형태로 강화해서 내야 한다.

바닐라와 리치

집중하면 리치의 열대 꽃향기에서 약간의 바닐라 향을 감지할 수 있다. 하와이 마노아의 펜두 불랑제리에서는 슈트로이젤을 얹어서 마무리한 신선한 리치와 바닐라 크림 대니시 페이스트리를 판매한다(슈트로이젤은 과일 크럼블의 바삭바삭한 토핑과 비슷하다). 케이크에서 리치는 장미 향을 공유하는 라즈베리와 가장 자주 짝을 이룬다. 여기에 바닐라를 더하면 열대풍 피치 멜바가 된다.

바닐라와 마르멜루: 마르멜루와 바닐라(158쪽) 참조.

바닐라와 말린 자두

여기에 대해서는 할 말이 많다. 학교 급식용 말린 자두와 커스터드의 잔혹한 맛은 여러 세대에 걸쳐 이 둘의 조합뿐만 아니라 말린 자두 자체를 멀리하게 만들었다. 이제는 앞으로 나아갈 때다. 크렘 브륄레를 만들 때 일반적으로 사용하는 커스터드 아래에 깊고 진한 맛의 말린 자두 콩포트를 깔아보자. 모든 것을 용서하게 될 것이다. (설탕을 태우는 과정은 생략하자. 말린 자두가 모든 달고 씁쓸한 맛을 제공한다.) 또는 바닐라 커스터드 베이스에 말린 자두와 아르마냑을 섞어서 곱게 갈아 세상에서 가장 과소평가된 아이스크림 풍미를 발견해보자. 바닐라를 말린 자두 콩포트에 넣어도 아주 잘 어울리지만 이 경우에는 향신료의 풍미가 과일을 압도할 수 있으니 양을 조절해야 한다.

바닐라와 메이플 시럽: 메이플 시럽과 바닐라(372쪽) 참조.
바닐라와 미소: 미소와 바닐라(17쪽) 참조.
바닐라와 석류: 석류와 바닐라(87쪽) 참조.
바닐라와 시금치: 시금치와 바닐라(400쪽) 참조.
바닐라와 양귀비씨: 양귀비씨와 바닐라(298쪽) 참조.
바닐라와 엘더플라워: 엘더플라워와 바닐라(103쪽) 참조.

바닐라와 올스파이스

바닐라 엑스트랙트에 으깬 올스파이스 베리 몇 개를 섞으면 더욱 복합적인 풍미를 느낄 수 있다. 올스파이스는 허브 부케 가르니bouquet garnis에서 파슬리의 역할처럼 전체 조합에 신선하고 일반적인 향신료 풍미를 더한다.

바닐라와 요구르트

바닐라 요구르트에서는 사악한 커스터드와 같은 맛이 난다. 『바닐라 과학과 기술 안내서』에 따르면 요구르트의 산도 때문에 커스터드에 사용하는 것보다 더 많은 양의 바닐라를 넣어야 한다고 한다. 인도네시아산 바닐라의 자극적인 훈연과 나무 향이 "요구르트의 새콤한 맛을 가리고 균형을 잡는 데에 도움이 된다"고도 한다.

바닐라와 자두: 자두와 바닐라(112쪽) 참조.

바닐라와 참깨

벤 웨이퍼Benne wafer는 사우스캐롤라이나주 찰스턴에서 시작되었다. 그 비율만 봐도 유추할 수 있는, 눈이 절로 작아지게 할 정도로 달콤한 맛이 특징인 작은 비스킷이다. 밀가루와 버터의 세 배에 달하는 양의 황설탕이 들어 있기 때문이다. '벤benne'이란 18세기에 노예를 통해서 북아메리카 대륙에 종자가 전파된 참깨를 뜻하는 반투어다. 볶은 참깨와 바닐라의 조합은 쇼트브레드처럼 설탕 함량이 낮은 비스킷에도 잘 어울린다. 타히니가 비스킷에 매력적인 보슬보슬한 질감을 선사한다는 사리트 패커와 이타마르 스룰로비치의 조언을 참고해서 아래의 참깨 바닐라 사블레를 만들었다. 백설탕 60g과 실온의 부드러운 무염 버터 60g, 타히니 60g을 섞어서 크림 같은 상태가 될 때까지 잘 푼다. 밀가루 120g을 천천히 넣으면서 잘 섞고 중간에 바닐라 엑스트랙트 1작은술을 함께 넣는다. 한 덩어리로 뭉친 다음 잘 싸서 냉장고에 넣고 최소 30분간 차갑게 보관한다. 덧가루를 가볍게 뿌린 작업대에 올려서 약 5mm 두께로 민 다음 참깨(약 3큰술)를 골고루 뿌리고 다시 3~4mm 두께가 될 때까지 민다. 6~8cm 크기의 원형 쿠키 커터로 반죽을 찍어낸 다음 유산지를 깐 베이킹 트레이에 얹어서 160℃의 오븐에 넣고 노릇노릇해질 때까지 12~15분간 굽는다.

바닐라와 캐슈

어떤 캐슈에서는 특히 단맛과 버터 풍미가 강하게 느껴진다. 즉 살짝 구우면 갓 구운 스펀지케이크 같은 맛을 낼 수 있다. 여기에 바닐라를 더하면 주전자에 물을 올려 곁들일 차 한잔을 끓이고 싶은 유혹에 빠지게 될 것이다. 이 두 가지가 결합된 산스 리발sans rival이라는 필리핀의 케이크는 캐슈 다쿠아즈(다진 견과류를 넣은 머랭)와 바닐라 향 프렌치 버터크림을 층층이 쌓아서 다진 볶은 무염 캐슈를 얹어 만든다. 마찬가지로 필리핀의 디저트인 실바나스silvanas는 버터크림을 가운데 끼운 냉동 쿠키로 산스 리발의 라이벌이다. 보통 고운 비스킷 가루를 뿌려서 먹는다. 녹지 않는 아이스크림 샌드위치를 떠올려보자.

바닐라와 크랜베리

헨리 메이휴가 쓴 『젊은 벤저민 프랭클린』(1862)에서 미래의 '건국의 아버지'는 생선가게에서 돌아오는 길에 한 미식가와 마주친다. 그 노인은 프랭클린에게 통풍 때문에 식사량을 줄이고 있다고 말했다. 더 이상 점심에 토스트에 캐비아를 얹어 먹거나, 저녁 식사 후에 마라스키노 펀치를 마시지 않고 마데이라를 마시는 양은 하루에 반 파인트로 줄였다. 전날 저녁에는 파르메산 치즈를 뿌린 버미첼리 수프 약간, 빵가루를 입히고 톡 쏘는 소스를 곁들인 양갈비 한 접시, 샴페인 소스에 익힌 강낭콩 약간, 주니퍼를 채우고 주니퍼 소스를 곁들인 개똥지빠귀 한두 마리, 커스터드를 곁들인 크랜베리 타르트 하나만 딱 허용했다고 한다. "커스터드는 크랜베리의 거친 맛을 없애지요. 바닐라를 아주 살짝만 넣어서 향을 내면 그야말로 감미롭다고, 세상에서 가장 감미롭다고 장담할 수 있습니다!" 미국의 유명 셰프 앨리스 워터스는 크랜베리 업사이드다운 케이크를 만들 때 케이크에 바닐라를 넣어서 향을 낸다.

바닐라와 통곡물 쌀: 통곡물 쌀과 바닐라(20쪽) 참조.
바닐라와 파파야: 파파야와 바닐라(193쪽) 참조.

바닐라와 패션프루트

지금은 고인이 된 칵테일 제조 기술자mixologist 더글러스 안크라가 2002년 만들어낸 폰스타 마티니는 순식간에 클래식 칵테일로 자리 잡았다. 바닐라 보드카에 바닐라 설탕 시럽, 패션프루트 퓌레, 패션프루트 리큐어를 섞고 샴페인 샷 하나를 곁들여 내는 칵테일이다. 안크라는 케이크와 페이스트리에서 영감을 받아 이 조합을 만들어냈다고 하는데, 이는 마치 헤비메탈 밴드인 모틀리 크루의 니키 식스가 할머니와 함께 참석했던 여성 연구소 이스터 보닛 대회에서 영감을 받아 〈걸스, 걸스, 걸스〉 노래를 만들었다는 사실을 알게 된 것과 비슷한 느낌을 준다. 안크라의 발명품은 엄밀히 말해 마티니는 아니지만, 이름값을 하는 성인 연예인이라면 그런 지적에는 눈썹을 좀 치켜뜰 것이다. 메이페어에 있는 르 가브로슈에서는 화이트 초콜릿 아이스크림을 곁들인 패션프루트 수플레를 먹을 수 있다. 이건 엄밀히 말해도 수플레다.

바닐라와 피스타치오

포글리 다 테foglie da tè('찻잎')는 랑그드샤의 시칠리아 사촌인 얇은 비스킷으로, 바닐라로 향을 내고 잘게 다진 피스타치오가 들어간다. 그보다 조금 덜 매력적인 레시피로는 크래프트사가 만들어낸 기괴한 '워터게이트 샐러드'가 있는데 피스타치오 맛 푸딩 믹스와 바닐라 마시멜로, 견과류, 파인애플, 그리고 쿨휩Cool

Whip 브랜드의 휘핑크림이 들어간다. 은폐할 만한 가치가 있는 스캔들이다.

바닐라와 피칸: 피칸과 바닐라(369쪽) 참조.

바닐라와 후추

셰프 폴 게일러는 바닐라와 화이트 초콜릿 퍼지에 흑후추를 넣어서 그의 표현에 따르면 "풍미를 해치지 않으면서" 단맛을 줄였다. 이 원칙은 다른 달콤한 디저트에도 적용할 수 있다. 후추와 바닐라씨가 콕콕 박힌 열대 느낌의 무늬는 비스킷이나 아이싱을 마치 백합 꽃잎처럼 보이게 한다.

SWEET POTATO

고구마

영양가 높고 신뢰할 수 있는 작물인 고구마는 자연재해가 발생한 후 가장 먼저 심는 작물이자 톤수 기준으로 세계에서 11번째로 많이 생산되는 농산물이다. 꿀과 은은한 견과류 맛이 섞인 풍미가 가장 큰 특징이다. 밤과 아주 비슷한 맛이 나는 품종도 있다. 아침 식사로 먹으면 어떨까? 하지만 고구마에는 약 7천 가지의 품종이 있으며 다양한 색상은 물론 건조한 전분질에서 젤리 같은 식감까지 질감도 다양하다는 사실을 염두에 두어야 한다. 당도도 다양해서 일반 감자보다 달지 않은 품종도 있다. 일본인은 껍질은 보라색에 속살은 옅은 노란색의 크림 같은 품종을 가장 선호하며 겨울이면 구워서 노점상에서 판매하거나 가을 낙엽을 모아 피운 모닥불에 구워 먹는다.

고구마와 강낭콩

디저트계의 파워 커플이다. 고구마와 강낭콩으로 만드는 도미니카 공화국의 디저트인 하비추엘라스 콘 둘세habichuelas con dulce는 사순절 기간에 인기가 높다. 강낭콩을 물에 천천히 익힌 다음 연유와 가당연유, 코코넛 밀크, 코코넛 채, 고구마, 설탕, 건포도, 바닐라, 시나몬, 소량의 버터를 넣어서 잘 섞어 만든다. 셰프이자 요리 역사가인 마리셀 프레실라는 같은 재료로 아이스크림을 만들 것을 제안한다. 일본 사이타마현의 이모코이는 속살이 상아색인 종류의 익힌 고구마 한 조각과 팥소를 넣은 찜떡이다. 우간다에서는 고구마와 강낭콩을 으깨서 장작불에 익혀 맛있는 훈제 풍미를 더한 무고요mugoyo를 만든다.

고구마와 검은콩: 검은콩과 고구마(42쪽) 참조.

고구마와 녹차

일본 다도에서는 전통적으로 녹차의 쓴맛과 떫은맛을 상쇄하기 위해서 달콤한 화과자를 곁들인다. 진한 말차에는 고구마나 팥소, 참깨, 쌀 등으로 만드는 오모가시라는 습식 화과자를 곁들인다. 묽은 말차에는 쌀가루에 계절별로 풍미를 내는 건식 화과자인 히가시를 곁들인다. 인기 있는 맛으로는 벚꽃이 있다. 일본 다도를 일상적으로 경험해본 사람은 많지 않겠지만, 다음에 고구마를 구울 때 훈제 향이 나는 중국 녹차를 한번 곁들여 보자.

고구마와 대추야자: 대추야자와 고구마(132쪽) 참조.
고구마와 돼지감자: 돼지감자와 고구마(230쪽) 참조.

고구마와 라임

라임은 망고와 고구마의 달콤한 주황색 과육을 사랑한다. 나는 중간 크기의 고구마 1개를 익혀서 속살만 으깨 퓌레로 만든 다음 곱게 간 라임 제스트 1개 분량, 라임즙 1/2개 분량, 요구르트 2큰술과 설탕 1/2작은술을 넣고 잘 섞어 간단한 라임 디저트를 만든다. 라임과 고구마의 조합은 짭짤한 요리에도 잘 어울린다. 고구마 타코를 만들고 싶다면 옥수수 토르티야 위에 구운 고구마 웨지와 깍둑 썬 페타, 채 썬 적양파와 익힌 현미(또는 쌀과 콩) 몇 큰술을 올린다. 크렘 프레시 1~2큰술에 곱게 간 라임 제스트와 라임즙 약간, 생마늘 약간, 소금 한 자밤을 넣고 잘 섞어서 위에 얹은 다음 뜯어낸 고수 잎을 뿌린다.

고구마와 마르멜루

『나의 그리스 식탁』에서 셰프 다이앤 코칠라스는 마르멜루와 고구마, 가지로 만든 레프카단Lefkadan에 대해서 더 밀도 높고 단맛이 강한 라타투이와 비슷하다고 설명한다. 마르멜루는 밤과 잘 어울리는데 밤은 고구마와 풍미가 매우 비슷하다는 설명도 덧붙인다.

고구마와 메밀: 메밀과 고구마(58쪽) 참조.

고구마와 메이플 시럽

고구마의 풍미를 화사하게 살리려면 펜넬과 과일 향이 나는 짙은 색의 메이플 시럽을 더해보자. 훨씬 짙은 색에 약간의 쓴맛을 더하는 당밀을 넣어 만든 고구마 포네pone[45]는 사이드 메뉴 또는 디저트로 내기 좋다. 고구마를 훨씬 달게 만들어 먹는 습관은 설탕에 열광하는 미국에만 국한되는 것이 아니다. 일본에서는 껍질을 벗기지 않은 고구마를 적당히 썰어서 튀긴 다음 간장 등으로 맛을 낸 시럽에 조려서 다이가쿠이모('대학 고구마')[46]를 만든다. 필리핀에서는 캐러멜화한 고구마튀김인 카모테 큐kamote cue와 적당히 썬 고구마를 시럽에 익힌 미나타미스 나 카모테minatamis na kamote를 맛볼 수 있다.

고구마와 바닐라

추수감사절이 되면 어떤 요리사들은 달콤하게 조린 고구마('캔디드 얌candied yam')에 마시멜로를 얹기도 한다. 눈썹을 찌푸리기 쉽지만 그래도 단맛이 고기와 스터핑, 그레이비, 깍지콩 버섯 캐서롤의 끈질긴 짠맛을 상쇄해준다는 점은 부정하기 어렵다. 그리고 칠면조와 딱 어울리는 조합이라고는 할 수 없는 마시멜로의 바닐라 풍미는, 다행히도 달콤하고 탄력 넘치며 숟가락에 돌이킬 수 없을 정도로 들러붙는 끈적끈적한 속살을 숨기고 있는 마시멜로의 거뭇하게 탄 겉면 등 다른 진한 풍미에 가려져 잘 드러나지 않는다.

45 굽거나 튀겨서 만드는 미국 남부 음식으로 옥수수나 고구마 등이 주재료다.
46 우리나라의 고구마 맛탕과 아주 비슷한 음식

아르헨티나에서는 고구마와 바닐라를 오랫동안 천천히 익혀서 국민 디저트인 둘세 데 바타타dulce de batata를 만든다. 여기에는 마르멜루 페이스트나 댐슨 치즈를 먹을 때처럼 치즈와 견과류를 곁들여 먹는다. 고구마는 밤과 비슷한 맛이 나기 때문에 일본에서는 여기에 바닐라를 섞어서 몽블랑과 비슷한 디저트를 만들기도 한다. 특히 파티시에가 선호하는 보라색을 띠는 고구마가 인기가 좋다.

고구마와 사과

고구마는 거의 모든 레시피에서 감자나 사과, 호박 대신 쓸 수 있다. 『고구마』라는 책에서 주장하는 내용이니 약간 의심스러울 수는 있다. 개인적으로 고구마 샬럿charlotte이나 고구마 크럼블은 맛있을 거라고 본다. 고구마와 사과는 도쿄의 고구마 케이크와 페이스트리 전문점인 라포포에서 가장 인기 있는 조합이다.

고구마와 시나몬: 시나몬과 고구마(343쪽) 참조.
고구마와 오레가노: 오레가노와 고구마(332쪽) 참조.
고구마와 참깨: 참깨와 고구마(292쪽) 참조.

고구마와 코코넛

파네예츠panellets는 카탈루냐 지방에서 위령의 날에 먹는 비스킷이다. 아몬드와 설탕, 달걀로 만드는 마지판, 마카롱 계열에 속한다. 집에서 만들 때는 으깬 고구마를 섞는 경우가 많다. 파네예츠는 보통 잣으로 장식하는데 드물게는 코코넛으로 장식하기도 한다. 잣은 고구마 풍미에 압도되는 편이고 코코넛을 넣은 파네예츠는 둥근 노란색 또는 분홍색 감초 사탕Liquorice Allsorts과 맛이 매우 비슷해서 펜넬을 첨가하고 싶을 정도다. 시나몬과 고구마(343쪽) 또한 참조.

고구마와 타마린드: 타마린드와 고구마(128쪽) 참조.

고구마와 펜넬

고구마는 '카우치 포테이토'처럼 밋밋해질 수 있다[47]. 신선한 펜넬은 여기에 활력을 불어넣어 주는 역할을 한다. 둘 다 웨지 모양으로 썰어서 올리브 오일에 버무린 다음 소금을 뿌리고 200℃의 오븐에 45분간 구워보자. 염장 대구와 아주 잘 어울린다.

고구마와 피칸: 피칸과 고구마(368쪽) 참조.
고구마와 호로파: 호로파와 고구마(379쪽) 참조.

47 가만히 앉아 텔레비전만 보는 사람이라는 뜻의 카우치 포테이토에 빗대어 맛이 지루해질 수 있다는 뜻

COCONUT

코코넛

빅 리브스는 코코넛을 '곰의 알'이라고 칭했다. 코코넛은 최소한 날것으로, 혹은 우유나 크림의 형태로 먹으면 모성애를 떠올리게 하는 편안하고 부드럽고 우유 같은 느낌을 준다. 코코넛 밀크는 코코넛 워터와 달리 살짝 과일 향이 나기도 한다. 코코넛 워터는 달콤한 짚의 향이 살짝 감도는 흙 풍미를 지닌다. 증류주 전문가 데이브 브룸은 조니 워커 블랙 라벨과 섞어 마시기 좋은 음료로 추천한다. 비건 채식의 인기가 높아지면서 코코넛 오일이 훨씬 널리 보급되었다. 비정제 코코넛 오일에는 코코넛 맛이 아직 뚜렷하게 남아 있기 때문에 좋든 나쁘든 이를 사용한 모든 음식에서는 피나콜라다 맛이 난다. 반면 정제 코코넛 오일은 중성적인 맛을 낸다.

코코넛과 강낭콩

쌀과 완두콩은 자메이카의 전통적인 일요일 음식이다. 완두콩보다 주로 강낭콩을 코코넛 밀크와 장립종 쌀, 실파, 스카치 보닛 고추, 마늘, 올스파이스, 타임에 익혀 만든다. 마치 몬테고 베이의 석양처럼 분홍빛을 띤다. 스와힐리에서는 강낭콩을 코코넛 밀크에 익혀서 만드는 스튜인 마하라궤 야 나지maharagwe ya nazi를 먹는다. 탄자니아 출신의 셰프 베로니카 잭슨 셰프는 여기에 토마토와 카다멈, 시나몬, 커리 파우더를 약간 넣는다. 고구마와 강낭콩(145쪽) 또한 참조.

코코넛과 강황

강황 향이 나는 코코넛 밀크에서는 부드럽고 크리미한 커리 맛이 난다. 앨리슨 로먼의 유명한 요리인 병아리콩과 강황 코코넛 스튜를 보면, 강황을 뒷받침하는 순한 칠리 파우더 한 자밤만 있으면 강황이 어떤 역할을 할 수 있는지 잘 알 수 있다. 로먼은 일반적으로 인도식 병아리콩 스튜에서 볼 수 있는 것보다 더 많은 양의 강황을 사용하고 지방으로는 올리브 오일을 썼지만 그래도 코르마 같은 맛이 난다. 영국인다운 내 창백한 피부가 주말에 햇볕을 쬐고 변하는 것처럼, 강황은 회색빛이 도는 코코넛 밀크에 변화를 가져온다. 강황의 색은 풍미를 지각하는 데에 확실한 영향을 미친다. 강황이 들어가지 않은 락사를 상상해 보자. 셰프이자 태국 음식 전문가인 데이비드 톰슨은 코코넛 크림과 신선한 강황, 종려당, 블랙 코코넛 슈거, 판단 잎으로 만든 시럽을 가미한 바나나 레시피를 선보인다. 구워서 납작하게 만든 바나나를 시럽에 넣어서 끈적끈적한 코코넛 라이스를 곁들여 내는 것이다.

코코넛과 건포도

영광스러운 퍼지 같은 조합이다. 건포도의 흑설탕 풍미가 크리미한 코코넛에 섞여서 진한 즐거움을 선사한다. 콜롬비아의 쌀 요리인 아로즈 콘 티토테arroz con titoté는 이를 극한으로 끌어올려 선보인다. 코코넛 밀크를 기름과 베이지색 커드로 분리될 때까지 졸이면 티토테가 된다. 이 기름진 졸임액에 건포도를 넣어서 볶은 다음 쌀과 설탕, 소금, 물을 넣고 쌀이 부드럽고 보송보송해질 때까지 익힌다. 남미식 라이스 푸딩처럼 들릴 수도 있지만 사실은 생선과 튀긴 유카, 소고기 스튜에 곁들여 먹는 사이드 메뉴다.

코코넛과 고구마: 고구마와 코코넛(147쪽) 참조.
코코넛과 귀리: 귀리와 코코넛(65쪽) 참조.
코코넛과 녹차: 녹차와 코코넛(406쪽) 참조.
코코넛과 대추야자: 대추야자와 코코넛(135쪽) 참조.
코코넛과 렌틸: 렌틸과 코코넛(56쪽) 참조.
코코넛과 리치: 리치와 코코넛(100쪽) 참조.

코코넛과 말린 완두콩

모든 콩류에는 달콤한 면이 있다. 홍콩에서는 말린 노란색 완두콩을 가당 젤라틴 코코넛에 넣어서 폴카도트 푸딩을 만든다. 완두콩에 코코넛의 풍미나 단맛이 스며들지 않도록 물에 먼저 익혀서 넣는 것이 특징이다. 그래서 코코넛과 균형이 잘 맞는 담백하고 고소한 풍미가 유지된다. 이 두 가지 재료는 인도의 달에서도 흔히 만나지만, 설탕을 넣지 않아도 단맛이 강하기 때문에 마무리로 아주 날카로운 맛이 나는 타르카를 둘러서 내야 한다.

코코넛과 말린 자두: 말린 자두와 코코넛(121쪽) 참조.

코코넛과 머스터드

코코넛은 짜증투성이인 머스터드를 진정시키는 어머니 같은 존재다. 이 조합은 벵골 요리, 특히 생선 소스로 인기가 높다. 케랄라에서는 오크라와 깍지콩을 코코넛과 머스터드로 만든 소스에 익혀 먹는다.

코코넛과 병아리콩: 병아리콩과 코코넛(243쪽) 참조.

코코넛과 양귀비씨

『옥스퍼드 음식 안내서』에 따르면 코코넛과 양귀비씨를 세몰리나와 함께 섞어서 인도식 쿠스쿠스인 할와halwa를 만들 수 있다고 한다. 흰 양귀비씨가 일반적으로 할와를 만드는 데에 사용되는 곡물을 대체한다. 씨앗을 익히고 갈아서 코코넛과 설탕을 섞은 다음 카다멈으로 맛을 내고 캐슈를 군데군데 뿌린다. 인도 마하라슈트라식으로 튀긴 작은 페이스트리(카란지karanji)도 양귀비씨보다 코코넛이 많이 들어가기는 하지만 할와와 매우 비슷하다.

코코넛과 옥수수: 옥수수와 코코넛(72쪽) 참조.
코코넛과 올스파이스: 올스파이스와 코코넛(349쪽) 참조.
코코넛과 자두: 자두와 코코넛(113쪽) 참조.

코코넛과 캐슈

코르마가 충분히 크리미하지 않다고 생각하는 사람에게 어울리는, 인도 고아 지역 요리인 카주 토낙에서 만나는 조합이다. 마치 코르마에 익힌 코르마 같다. 레시피에 따라서 캐슈와 코코넛을 함께 또는 따로 조리해서 베이스를 만든다. 코코넛 안에서는 캐슈의 풍미가 쉽게 사라진다. 요리사 겸 작가 프리야 위크라마싱헤의 레시피를 보면 캐슈를 먼저 베이킹 소다에 담그는데, 그러면 신선한 견과류의 우유 풍미가 살아난다고 한다. 캐슈와 코코넛은 달콤한 속을 채운 이들리idli(인도 남부의 쌀과 렌틸로 만드는 찜케이크)와 브라질의 닭고기 새우 스튜인 신심 데 갈리나xinxim de galinha, 비건 아이스크림을 만드는 데에도 쓰인다.

코코넛과 타마린드

피터 쿡과 더들리 무어[48]다. 코코넛은 털이 많고 달콤하며 적응력이 뛰어난 '더드'(더들리 무어)로 신맛과 쓴맛, 짠맛, 과일 맛 등 어디에 던져 넣어도 잘 어우러진다. 코코넛은 자신의 정체성을 잃지 않으면서도 모든 것을 우아하게 받아들인다. 반면 타마린드의 톡 쏘는 맛은 뾰족하고 화려하면서 예상치 못한 맛으로 지나치면 자칫 너무 거칠어질 수 있다. 인도에서는 타마린드와 코코넛을 이용해서 생선이나 닭고기를 조릴 때 쓰는 크리미하고 새콤달콤한 그레이비를 만드는데, 여기에 가지를 넣어도 잘 어울린다. 2인분 기준으로 타마린드 50g을 뜨거운 물 100ml에 약 20분 정도 담가둔다. 그동안 샬롯 2개를 곱게 다진다. 프라이팬에 식용유 2큰술을 두르고 중간 불에 올린 다음 샬롯을 넣어 부드러워질 때까지 볶은 후, 2cm 크기로 깍둑 썬 가지 2개 분량을 넣는다. 가지가 부드러워지기 시작하면 마늘 2쪽과 생강 1톨(2cm 크기), 풋고추 1개를 모두 곱게 다져서 넣고 1분간 볶은 다음 토마토퓌레 1큰술을 넣어서 1~2분 더 볶는다. 불린 타마린드를 체에 걸러서 최대한 꾹꾹 눌러 퓌레를 많이 짜낸다. 이 퓌레를 팬에 넣고 코코넛 밀크 400ml, 강황 가루 1/2작은술, 중국 오향 가루 1/2작은술을 넣어서 20분간 뭉근하게 익힌다. 이쯤이면 가지가 부드럽게 익으면서 새콤달콤한 맛이 배어든다. 흰쌀밥을 곁들이고 참깨와 채 썰어 볶은 코코넛,

48 지적인 '피트'와 잘 속는 '더드'로 구성된 '피트와 더드'를 연기한 영국의 코미디언 듀오

송송 썬 풋고추를 뿌려 낸다.

코코넛과 통곡물 쌀

코코넛은 '금지된 쌀'을 허용하게 만드는 재료다. 이 둘은 동남아시아의 디저트에서 짝을 이룬다. 흑미는 한때 귀족만 먹을 수 있는 음식으로 여겨졌기 때문에 금지된 쌀이라고 불렸다. 하지만 지금은 누구나 즐길 수 있으며, 주로 코코넛과 섞어서 우유 푸딩이나 죽을 만든다. 흑찹쌀이라고 불리기도 하지만 검은 껍질 부분이 전분이 새어나오는 것을 막기 때문에 익혀도 끈적해지지 않는다. 또한 밥을 지으면 까만색이 아니라 매력적인 보라색을 띤다. 약간의 끈적거림이 필요한 푸딩이나 죽을 만들 때는 흑미에 흰 찹쌀을 섞어서 사용한다. 스리 오웬은 『쌀 책』에서 가족 대대로 내려오는 레시피인 흑미 코코넛 셔벗을 소개하는데, 많은 쌀과 코코넛 요리에 흔히 들어가는 시나몬을 살짝 가미한다. 베트남에서는 흑미에 황설탕과 코코넛 플레이크, 볶아서 다진 가염 땅콩을 곁들여 아침 식사로 먹는다.

코코넛과 파파야

하와이 사람은 파파야와 코코넛을 섞은 수프에 코코넛 리큐어와 탄산수를 넣어서 먹는다. 이건 수프일까, 칵테일일까? 하루 중 언제 먹느냐에 따라 다를 것이다. 또는 반으로 잘라서 구운 파파야의 가운데 빈 곳에 황설탕을 섞은 코코넛 크림을 넣어서 먹어보자. 파파야를 가열하면 풍미까지는 아니더라도 단맛이 강해진다. 채 썬 가당 파파야와 코코넛을 채워서 만드는 더블 크러스트 파이 투르테 드 로드리게스Tourte de Rodrigues는 모리셔스에서 동쪽으로 350마일 떨어진 작은 섬의 특산물이다.

코코넛과 패션프루트: 패션프루트와 코코넛(190쪽) 참조.

코코넛과 피칸

피칸과 코코넛은 앨라배마주 버밍엄에 자리한 셰 퐁퐁Chez Fonfon의 페이스트리 셰프였던 돌레스터 마일스의 시그니처 요리에 등장하는 조합이다. 피칸과 채 썬 달콤한 코코넛이 들어간 마일스의 케이크는 남부 전통 요리를 변형한 것이다. 독일식 초콜릿 케이크를 장식하는 데에도 코코넛과 피칸을 쓰는데, 《댈러스 모닝 뉴스》에 따르면 원조 레시피에서 '베이커스 저먼 스위트 초콜릿Baker's German Sweet Chocolate'이라는 브랜드를 명시하고 있기 때문에 독일식이라고 볼 수 있다고 한다. 기본적으로 설명하자면 피칸과 코코넛 커스터드 필링을 넣은 초콜릿 스펀지 레이어 케이크다. 이 제품 덕분에 미국에서 '독일식 초콜릿 케이크'란 그 자체로 초콜릿과 피칸, 코코넛의 풍미를 의미하게 되었으며 이는 마치 1930년대에 크렘 드 멘테와 크렘 드 카카오를 섞어서 만들어낸 칵테일인 그래스호퍼가 현재 모든 종류의 민트 초콜릿 칵테일을 지칭하게 된 것과 비슷하다.

코코넛과 해조류: 해조류와 코코넛(410쪽) 참조.
코코넛과 호로파: 호로파와 코코넛(387쪽) 참조.
코코넛과 후추: 후추와 코코넛(359쪽) 참조.
코코넛과 흑쿠민: 흑쿠민과 코코넛(337쪽) 참조.

BANANA

바나나

세 가지 같은 하나의 재료다. 껍질이 아직 녹색을 띠고 있을 때는 과육이 아삭하고 살짝 미끈거리는 질감에 아직 맛이랄 것이 별로 없다. 살짝 채소 향이 나는 정도이고 풀처럼 느껴지기도 한다. 엽록소가 분해되고 껍질이 노랗게 변하면 이소아밀 아세테이트라는 에스테르 덕분에 과육에서는 거품 형태의 바나나 과자와 같은 맛이 나기 시작하고 단맛이 상큼한 산미와 균형을 이룬다. 바나나가 계속 익으면 과육에서 과일 샐러드 풍미와 은은한 럼 향이 느껴진다. 껍질이 완전히 갈색으로 변하면 과육에서 꿀, 그리고 특히 정향과 넛멕 등 향신료 향이 나고 전분 질감이 완전히 사라지며 호불호가 갈리는 젤라틴 질감만이 남는다. 너무 익은 바나나는 껍질을 벗겨서 바닐라 빈 꼬투리처럼 커스터드와 푸딩에 사용할 우유와 크림에 향을 내는 용으로 쓸 수 있다. 미국과 영국에서는 전통적으로 캐번디시 바나나가 시장을 지배해왔지만 파인애플, 잭프루트, 바닐라 아이스크림, 레몬 머랭 파이, 그래니 스미스 사과 등의 다양한 풍미를 지닌 더 맛있는 품종도 점점 더 많이 출시되고 있다.

바나나와 꿀: 꿀과 바나나(74쪽) 참조.
바나나와 대추야자: 대추야자와 바나나(133쪽) 참조.

바나나와 메이플 시럽

유제품이 들어가지 않은 바나나 아이스크림이라는 존재는 갈색 바나나에 대한 세간의 인식, 아니 최소한 우리 세그니트 가족의 생각을 바꿔놓았다. 최근까지만 해도 초록색 줄무늬가 남아 있지 않은 바나나에 대해서는 관심이 없었다. 갈색 바나나는 바나나브레드에나 어울리는 무겁고 끈적끈적하면서 두통을 유발하는 전혀 다른 과일이라고 생각했기 때문이다. 그러다 우리에게 비밀이 전해져온 것이다. 2인분 기준으로 너무 잘 익은 바나나 2개에서 표범 무늬 껍질을 벗겨낸다. 과육을 2~3cm 크기로 잘게 부순 다음 단단하게 얼린다. 얼린 바나나에 메이플 시럽, 레몬즙 약간, 그리고 바닐라 엑스트랙트 1작은술(생략 가능하다. 바나나가 익으면서 잃어버린 톡 쏘는 단맛을 되찾아준다)을 넣고 곱게 간 다음 바로 먹는다. 이제 우리는 바나나를 넉넉히 사서 일부러 숙성시킨다. 내가 주방에 있을 때 누가 작업대 위에서 익어가는 점박이 바나나를 건드리면 동화 백설공주 속 마녀가 사과를 건네듯이 말한다. "얼마나 빨간 장밋빛인지 좀 보렴, 얘야."

바나나와 미소: 미소와 바나나(16쪽) 참조.

바나나와 보리

제분해서 베레밀beremeal을 만드는 오크니 보리를 다룬 『베레 책』의 저자 리즈 애슈워스는 바나나와 초콜릿, 호두를 베레밀과 특히 잘 어울리는 식품으로 소개한다. 보리와 치즈(31쪽) 또한 참조.

바나나와 파파야: 파파야와 바나나(193쪽) 참조.

바나나와 패션프루트

나이절 슬레이터는 『리얼 패스트 푸딩』에서 "두껍게 썰어서 패션프루트 씨와 즙을 바른 바나나는 하루를 시작하는 가장 즐거운 두 가지 방법 중 하나다"라고 말했다.

SOUR FRUITY

새콤한 과일

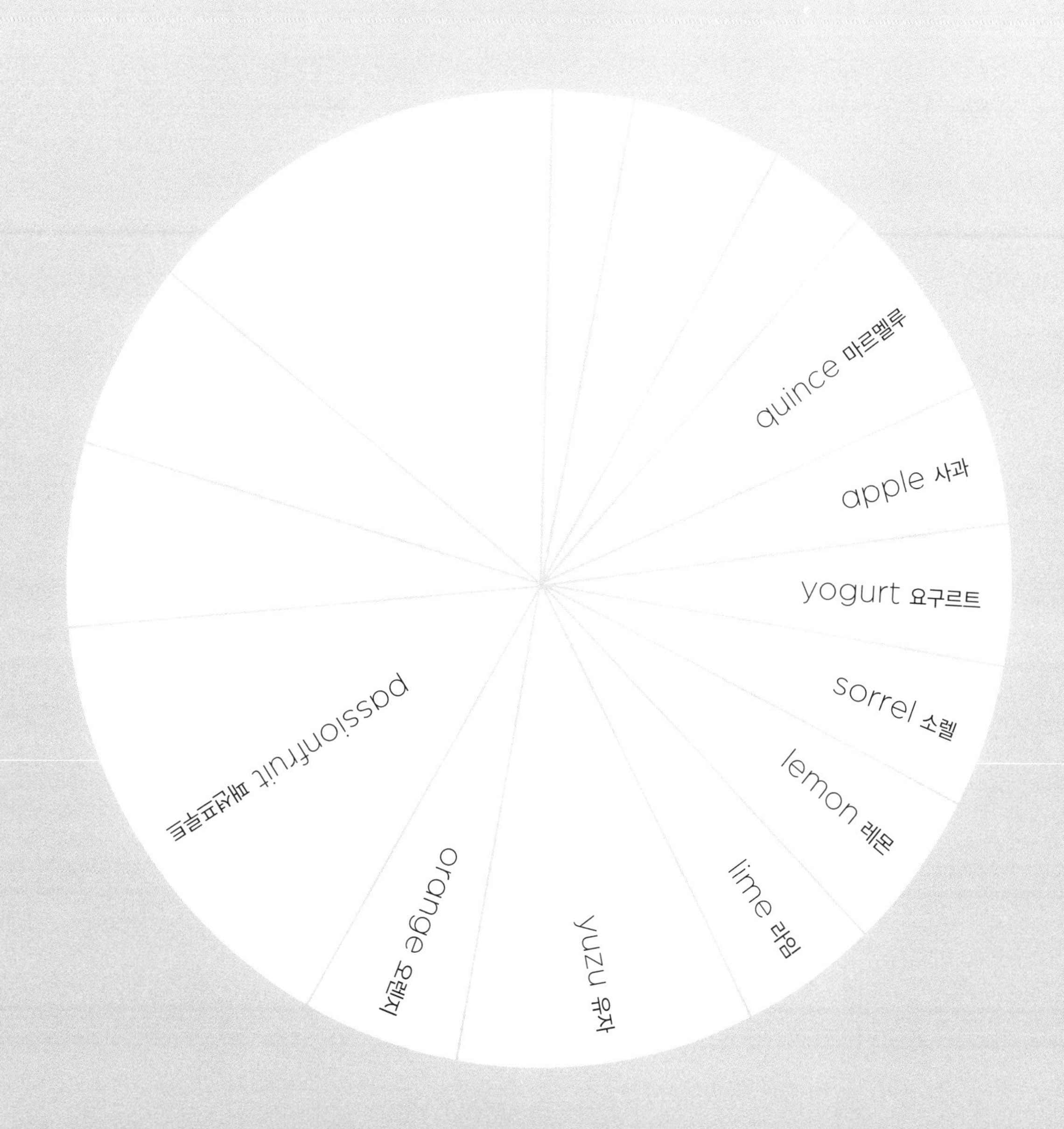

QUINCE
마르멜루

고대의 젤리그[49]다. 신이 아담과 이브에게 먹지 말라고 금지했던 과일은 사과가 아니라 마르멜루였을 가능성이 높다. 솔로몬의 노래에 나오는 석류도, 마르멜루였을 것이다. 트로이의 전쟁의 발단이 된 황금 사과도 그렇다. 마르멜루였을 것이다. 솔직히 말해서 그 향기를 맡을 수만 있다면 트로이를 포위하고 싶을 정도다. 마르멜루는 장미와 배, 사과에 은은한 재스민 향이 어우러진 향을 풍기며 숙성될수록 코냑과 파인애플, 버섯 향이 발달한다. 하지만 꼭 익혀봐야 한다. 대부분의 품종은 너무 단단하고 떫기 때문에 날것으로 먹기 힘들지만 특히 카프스스위트Karp's Sweet나 쿠간스카야Kuganskaya처럼 따뜻한 기후에서 자라는 품종은 손에 들고 바로 먹을 수 있으니 한 입 씹어보는 것도 나쁘지 않다. 일반적으로 마르멜루를 맛있게 먹으려면 설탕을 상당히 넣어야 하기 때문에 그 단맛과 균형을 잡기 위해 신맛이 나는 재료와 짝을 짓는 경우가 많다. 버터밀크와 클로티드 크림, 요구르트처럼 발효한 유제품이 고전적인 단짝이며 새콤달콤한 조합에 짠맛을 더하는 치즈를 섞으면 위에서 언급한 풍미 노트와도 딱 맞아떨어진다. 실험적인 사람이라면 좋아하는 사과나 배 조합에 대신 마르멜루를 넣어보자. 마르멜루 리큐어는 구입하기도 쉽고 만들기도 쉬워서 풍미를 활용하고 보존하기에 좋다.

마르멜루와 건포도

사과와 건포도는 크리스마스 캐럴 〈참 반가운 성도여Oh Come, All Ye Faithful〉 시간에 내놓는 충실한 민스미트[50]의 재료다. 마르멜루는 여기에 천사의 날개를 달아준다. 〈천사 찬송하기를Hark! The Herald Angels Sing〉의 분위기에 더 가깝다고 볼 수 있다. 사과로 만든 민스미트는 베이크 세일[51]을 위해 남겨두고 마르멜루로 크리스마스 파티용 민스미트를 만들어보자. 이 과일과 향신료 풍미계의 맥시멀리스트 조합은 필라프에도 잘 어울린다.

마르멜루와 고구마: 고구마와 마르멜루(146쪽) 참조.

마르멜루와 꿀

15세기 가을과 같은 맛이 느껴진다. 마르멜루는 일반적으로 생으로 먹기에는 너무 단단하고 시큼해서

49 무엇이든 될 수 있는 존재라는 뜻으로 동명의 우디 앨런 영화에서 비롯된 말
50 말린 과일과 향신료, 증류주 등을 섞어서 파이 속 등으로 사용하는 음식
51 자선 모임 등에 빵, 케이크 등의 과자를 가져가 판매하는 것

익혀야만 그 향기로움이 훨씬 두드러진다는 단점이 있다. 고대 그리스의 보존 식품인 멜리멜로melimelo('꿀 사과'라는 뜻)는 잘게 썬 마르멜루를 토기 항아리에 가득 채워 담고 꿀을 잠기도록 부어서 최소 1년간 숙성시켜 만든다. '마멀레이드'라는 단어도 멜리멜로에서 유래한 것으로 추정된다. 마르멜루와 꿀을 조합한 셔벗 레시피를 선보인 엘리자베스 데이비드는 손이 많이 간다는 점은 인정했지만 마르멜루를 좋아하는 사람이라면 그만한 가치가 있을 거라고 말했다. 마르멜루를 통째로 부드러워질 때까지 구운 다음 껍질과 심을 제거하고 송송 썬다. 심과 껍질에 꿀을 가미해서 시럽을 만들고 여기에 송송 썬 마르멜루를 넣어 잘 섞는다. 크림을 넣어서 마저 섞은 다음 냉동한다. 데이비드는 크림 대신 버터밀크나, 크림과 수제 요구르트를 동량으로 섞어서 대체해도 좋다고 설명한다. 한국에서는 모과와 꿀을 섞은 모과차의 인기가 높은데, 여기에 들어가는 모과는 시도니아속인 마르멜루Cydonia oblonga가 아니라 장미과에 속하는 중국계 모과Pseudocydonia sinensis다.

마르멜루와 레몬: 레몬과 마르멜루(174쪽) 참조.

마르멜루와 마늘

알리올리 데 코도니는 카탈루냐 버전으로 만든 마늘 마요네즈로, 마르멜루 퓌레를 넣어 훨씬 이국적이다. 마르멜루 대신, 혹은 이를 보완하는 용도로 사과나 배를 활용할 수 있다. 오븐에서 구운 고기나 그릴에 구운 고기 종류에 곁들여 내는데, 영국인이 돼지고기 구이에 곁들여 내는 사과 소스의 조금 더 진한 버전이다. 마늘 마요네즈는 꽤 실하기 때문에 종종 그대로 두꺼운 토스트에 스프레드처럼 발라 먹기도 한다. 마르멜루 250g을 껍질째 삶거나 오븐에 구워 아주 부드럽게 익힌다. 껍질을 벗기고 심을 제거한 다음 익힌 과육을 으깨서 퓌레로 만든다. 마요네즈 350ml를 넣어서 잘 섞은 다음 으깬 마늘 3~4쪽 분량과 엑스트라 버진 올리브 오일 4큰술을 넣어서 마저 섞는다. 남은 것은 냉장고에 며칠간 보관할 수 있다.

마르멜루와 말린 자두: 말린 자두와 마르멜루(119쪽) 참조.

마르멜루와 머스터드

모스타르다 디 베네치아의 축제 파트너다. 마르멜루에 설탕과 약간의 레몬 제스트와 즙을 넣어서 익힌다. 그런 다음 머스터드 가루를 넣고 시럽 같은 느낌이 될 때까지 졸여서 곱게 간다. 로빈 위어는 베네치아에서 먹은 디저트의 비밀 재료가 머스터드였다는 사실을 알게 된 후 최고의 명저인 『머스터드 책』(로자먼드 맨과 공저)을 집필했다. 맨과 위어는 그와 비슷한 맛을 내기 위해 쿠니스 모스타르다 2~3큰술에 동량의 살짝 차갑게 식힌 마스카르포네를 섞어보라고 제안한다. 문제의 베네치아 레스토랑 라 콜롬바에서는 이를 페이스트리로 만든 부리와 날개가 달린 작은 새 모양으로 담아내 선보인다.

마르멜루와 바닐라

바닐라는 복합적인 나무와 과일, 포도주, 꽃 향을 마르멜루와 공유한다. 덕분에 커스터드와 아이스크림, 프랑지판 등에서 마르멜루의 가장 매력적인 파트너가 되어준다. 이탈리아에서는 코토냐타cotognata라는 마르멜루 페이스트 레시피 중에 바닐라가 들어가는 것이 있다. 음식 및 여행 작가 제임스 차토는 코르푸에서 그가 오직 이 용도로만 사용한다고 주장하는 흔한 식물인 아르바로리자Pelargonium graveolens로 맛을 낸 모과 보존식품에 대해 이야기한 적이 있다. 그는 아르바로리자의 풍미는 바닐라와 안젤리카의 중간 어딘가 정도라고 말한다. 우리가 아는 아르바로리자는 로즈 제라늄으로, 그 에센셜 오일은 바닐라보다 안젤리카에 가깝고 그 두 가지보다는 장미 향이 더 난다. 사과 젤리에서 사과와 함께 쓰이기로 유명하며, 라즈베리의 풍미를 깊게 만드는 데에서 탁월한 활약을 한다.

마르멜루와 사과

왕립원예협회의 《더 가든》 잡지에서는 '마르멜루 향이 나기를 원하지 않는다면' 마르멜루를 우리가 좋아하는 생식용 사과 옆에 두지 말라고 경고한다. 나는 그보다 더 멋진 존재는 상상할 수도 없지만, 브래번이나 재즈처럼 쾌활한 사과 맛에 목마른 사람이라면 마르멜루의 신비스러운 중세 같은 향이 조금 놀랍게 느껴질 수도 있을 것이다. 이는 곧 트러플로 버섯 향을 보완하는 것처럼 비교적 평범하지만 풍성한 향의 사과에 마르멜루의 퀴퀴한 꽃향기를 가미하면 풍미를 강화할 수도 있다는 뜻이다. 치즈 제조사인 팩스턴과 횟필드는 자사가 생산하는 마르멜루 사과 페이스트에 블루치즈를 곁들여 먹을 것을 추천한다.

마르멜루와 시나몬

시나몬은 마르멜루의 가까운 친척인 사과, 배처럼 마르멜루와도 흔히 짝을 맺는다. 특히 마르멜루의 파인애플과 장미 향과 잘 어울리며 보드카나 위스키를 베이스로 리큐어를 만들 때 사용되는 조합이기도 하다. 포르투갈과 브라질에서는 마르멜라다marmelada라고 불리는 마르멜루 페이스트에 시나몬을 넣기도 한다. 정향이나 포트와인으로 마르멜라다에 맛을 내기도 한다. 브라질의 고이아바다goiabada는 기본적으로 구아버로 만든 마르멜라다다. 고이아바다는 녹지 않는 아주 짠 소젖 치즈인 케이주 데 코알류 또는 케이주 미나스와 함께 짝을 이뤄서 '로미오와 줄리엣Romeu e Julieta'이라는 많은 사랑을 받는 요리를 완성한다.

마르멜루와 아몬드: 아몬드와 마르멜루(115쪽) 참조.

마르멜루와 요구르트

아이바 타틀리시ayva tatlisi는 마르멜루와 카이막(소젖 또는 버팔로젖으로 만드는 클로티드 크림)으로 만드는 튀르키예의 전통 디저트다. 크리스마스 장식품처럼 반짝거리고 예쁘다. 반으로 자른 마르멜루를 걸쭉한 정향 향 시럽에 반투명해지고 적분홍색으로 반짝일 때까지 졸인다. 그 위에 카이막을 올리고 선명한 녹색 피스타치오 조각을 뿌려 낸다. 튀르키예의 음식 작가인 센크 쇤메즈소이는 아이바 타틀리시에 경의를 표하기 위해서 이 조합으로 피스타치오 마카롱을 만든다. 덜 정교한 디저트로 먹고 싶다면 새콤하고 걸쭉한 그리스식 요구르트에 조린 마르멜루를 곁들여서 달콤함을 가미해보자. 물론 아이바 타틀리시처럼 치아가 신나게 노래하지는 않을 것이다.

마르멜루와 치즈

우리는 아늑한 타파스 레스토랑이 아니라 바야돌리드와 산티아고 데 콤포스텔라 사이의 A6 고속도로 휴게소에서 점심을 먹게 된 것이 누구의 잘못 때문인지는 더 이상 언급하지 않기로 했다. 대신 이동 중인 손님의 마음을 사로잡고서, 영혼이라고는 찾아볼 수 없는 건물에서 훌륭한 빵과 치즈를 판매하는 카페 주인을 탓하기로 했다. 나는 보카딜로[52]를 사들고 나오는 길에 근처 기념품 가게에서 마르멜루 페이스트인 멤프리요를 구입했는데, 더 이상 언급하지는 않기로 했지만 상처는 남아서 마음을 진정시키려면 낡은 관광객용 상품을 사야 했기 때문이다. 그런데 낡아빠진 느낌이 전혀 아니었다. 이전에 멤브리요를 먹었을 때는 과일 향을 제거한 딱딱한 잼 같았다. 하지만 이 멤브리요의 마르멜루 향은 먼저 파인애플을 연상시키다가 굉장히 딸기 감초에 가까운 느낌으로 변했다. 아주 즙이 많아서 버터와 견과류, 숨길 수 없는 라놀린이 느껴지는 만체고의 거친 표면과 잘 어우러졌다. 마치 농축한 크림티[53]와 같은 맛이 났고, 실제로는 그렇지 않았지만 마치 휴가가 막 시작된 것 같은 기분이 들었다. 카스티야 주유소의 거무튀튀한 잔디밭은 언제까지고 내 마음 속에 자리 잡고 있겠지만 빵과 만체고 치즈, 멤브리요가 함께하는 피크닉은 어느 곳에서든 즐거울 것이다. 하지만 특별히 좋은 잔디밭이라면 리오하 레드 와인 한 병과 발라 먹을 수 있는 반염장 소시지인 소브라사다, 투론 누가 한 조각, 아무 제철 과일과 진한 커피 한 병을 함께 가져가도 좋다.

마르멜루와 크랜베리

마르멜루와 크랜베리, 사과의 조합은 20세기 초반 미국에서 '천국'이라고 불렸다. 특히 예쁜 분홍색 젤리의 형태로 인기를 끌었다. 이 레시피는 『조이 오브 쿠킹』에 실린 적이 있지만 이후 판본에서 삭제되었다. 잃어버린 천국이다.

52 스페인의 바게트 샌드위치
53 홍차에 스콘과 크림, 잼 등을 곁들여 먹는 영국의 메뉴

APPLE

사과

사과는 조리용과 생식용, (그래니 스미스 같은) 다용도로 나눌 수 있다. 조리용 사과에는 말산(사과산)이 많이 함유되어 있어서 신맛이 강하며 조금만 끓여도 퓌레가 된다. 사과에 조금이라도 관심이 있는 사람이라면 수백 가지 품종의 맛을 자세하게 설명한 조앤 모건과 앨리슨 리처드의 『새로운 사과 책』을 찾아볼 것을 추천한다. 사과의 풍미를 보면 파인애플이나 딸기, 포도, 자두, 키위, 배, 마르멜루 같은 다른 과일의 향이 두드러지는 경우가 많다. 특히 아니스와 넛멕, 정향 같은 향신료를 연상시키기도 한다. 꿀과 풍선껌, 견과류 맛도 있을 수 있다. 사과의 과정부果頂部54에서는 특히 꽃향기가 강하게 나는데 주로 장미 향이 나지만 엘더플라워에 가까운 풍미가 느껴지는 것도 있다. 빅토리아 시대와 에드워드 시대에 영국인은 저녁 식사 후 포트와인을 즐기던 유행에 힘입어서 그와 너무나 잘 어울리는 견과류 향 사과를 특히 애호했다. 사과는 수확한 후에는 시간이 지날수록 맛이 크게 달라질 수 있다. 모건은 알링턴 피핀 사과는 11월에는 달면서 쌉싸름한 맛이 강하나 크리스마스가 되면 확실히 파인애플 맛이 발달한다고 말한다.

사과와 건포도: 건포도와 사과(124쪽) 참조.
사과와 고구마: 고구마와 사과(147쪽) 참조.
사과와 구스베리: 구스베리와 사과(96쪽) 참조.
사과와 귀리: 귀리와 사과(64쪽) 참조.
사과와 마르멜루: 마르멜루와 사과(158쪽) 참조.

사과와 말린 자두

맛에 비해 잘 쓰이지 않는 조합이다. 자두는 노총각, 사과는 늘그막에 비로소 찾은 사랑과 같다. 사과가 말린 과일의 강렬함을 진정시키면서 동시에 화사하게 밝혀준다. 가을에 가시나무 덤불에서 블랙베리가 익어갈 즈음이 되면 사과 크럼블과 파이, 디저트에 적당한 비율의 말린 자두를 섞어서 그와 비슷한 깊이와 향기를 더할 수 있다.

사과와 머스터드

다양한 맛의 머스터드로 요리 실험을 하는 한 가지 방법은 머스터드씨(또는 가루)에 수분을 공급하는 액체의 종류를 바꾸는 것이다. 플로렌스 화이트는 저서 『영국의 좋은 것들』(1932)에서 사과 주스와 체리 주

54 암술 화주花柱가 착생하는 주변 부분

스, 버터밀크 등의 선택지를 제안한다.

사과와 메밀: 메밀과 사과(60쪽) 참조.
사과와 메이플 시럽: 메이플 시럽과 사과(372쪽) 참조.
사과와 석류: 석류와 사과(88쪽) 참조.

사과와 소렐

애기괭이밥Oxalis acetosella은 '진짜' 소렐과는 다른 과에 속하는 식물이지만 비슷하게 신선한 산미를 지니고 있다. 민족식물학자 제임스 웡은 그 맛을 풋사과나 브램리 사과와 비슷하다고 하며 사과 소스의 대용품으로 사용하기도 한다. 지금은 소렐 파이의 인기가 떨어졌지만 한때는 일리노이주에서 매우 인기가 높았다. 레드 소렐Rumex acetosella(애기수영) 또는 프렌치 소렐Rumex scutatus(방패꼴 잎 수영)에 레몬주스와 다량의 설탕 및 넛멕을 섞어 더블 크러스트 파이를 만들면 확실히 사과와 비슷한 향이 느껴질 것이다.

사과와 엘더베리: 엘더베리와 사과(107쪽) 참조.

사과와 엘더플라워

꽃의 요정이다. 꽃잎으로 만든 컵에 마셔야 한다. 엘더플라워에는 호트라이엔올이라는 화합물이 함유되어 있어서 과일과 꿀의 풍미를 끌어올리면서 화사하게 해준다. 호트라이엔올은 이국적이면서 살짝 열대적인 향과 달콤한 과일과 나무 풍미를 지닌다. 엘더플라워를 너무 적게 넣으면 사과의 풍미에 가려져 버릴 수 있으므로 사과 주스나 퓌레에 엘더플라워 코디얼을 섞을 때는 확실하게 존재감이 드러날 때까지 계속 넣어야 한다.

사과와 요구르트: 요구르트와 사과(168쪽) 참조.

사과와 자두

비방하는 사람도 있다. 제1차 세계대전 당시 영국 군인은 일일 칼로리 섭취량을 채우는 데에 사과자두 잼이 너무 빈번하게 사용되었기 때문에 완전히 질려버리고 말았다. 그 이전인 1904년 6월 16일에는 레오폴드 블룸이 "런던앤드뉴캐슬(더블린 브로드 스트리트의 한 식료품점)에서 자두와 사과가 담긴 2파운드들이 냄비"를 사느니 블랑망제에 블랙커런트 잼을 곁들여 먹겠다고 중얼거렸다. 세인트존의 페이스트리 셰프 출신으로 런던 버러 오브 잼의 장인 보존음식 전문가가 된 릴리 오브라이언은 사과와 자두, 헤이즐넛으로 만든 민스미트를 판매한다. 자두가 전체적인 맛을 살짝 가볍게 만든다. 또한 오브라이언은 댐슨과 흑후추로 만든 잼, 그린게이지와 펜넬 꽃가루로 만든 잼도 판매한다.

사과와 잣: 잣과 사과(364쪽) 참조.

사과와 캐러웨이

미국의 방송인이자 셰프인 올턴 브라운은 시나몬과 정향, 넛멕과 올스파이스는 호박 파이와 너무 연관성이 높다는 이유로 사과 파이에 그래인 오브 파라다이스라는 향신료를 사용한다. 그리고 스칸디나비아에서 전통적으로 사과에 사용하는 향신료인 캐러웨이를 넣어도 좋다고 제안한다. 이는 한때 영국에서도 인기가 있던 조합이다. "아니다." 『헨리 4세 제2부』에서 섈로 판사는 팔스태프에게 이렇게 말한다. "자네는 정자가 있는 내 과수원을 보게 될 텐데, 우리는 그곳에서 캐러웨이 같은 것들을 곁들여 작년에 내 과수원에서 '그라프'한 피핀pippin을 먹을 것이다." 셰익스피어 시대에는 향신료가 담긴 접시를 돌려서 음식이나 식후주에 넣어 먹도록 하는 일이 많았다. 그라프graff는 접목graft, 즉 식물을 교배한다는 뜻이다. 혼란스럽게도 엄격한 식물학 용어로 피핀(pippin 또는 pypyn)은 접목하지 않고 씨앗으로 기른 사과를 의미하지만 셰익스피어가 여기 쓴 피핀은 당시 흔하게 쓰였던 것처럼 사과의 동의어다. 피핀에는 여러 종류가 있다. 품종학자이자 과일 역사가 조앤 모건 박사는 콕스 오렌지 피핀이 세인트 에드먼드 피핀만큼은 아니지만 배와 비슷한 맛이 난다고 말한다. 립스턴 피핀은 '향기로운' 품종으로 분류되고 알링턴 피핀은 파인애플 맛이 나며, 스터머 피핀은 재래종 과일이나 신맛 사탕에 가까운 편이다. 아무 생식용 사과나 가져다 캐러웨이씨와 함께 먹어보자. 다만 소금 한 그릇과 함께 먹어야 한다고 주장하는 사람이 있는 그래니 스미스는 예외다.

사과와 케일

거실 테이블 위에 엘리자베스 데이비드의 『오믈렛과 와인 한 잔』이 놓여 있다. 제목만으로도 식욕을 자극하기에 충분한 책이다. 이 얼마나 고급스럽고 자신감 넘치는 발상이란 말인가. 자정까지는 고작 5분이 남아 있을 뿐이다. 젠장, 나는 생각한다. 그리고 버터와 달걀을 집어 든다. 약 5분 후, 나는 오믈렛 만들기를 끝냈을 뿐만 아니라 이미 먹어치워 버리고 말았다. 그게 오믈렛의 문제다. 아마 어떤 날의 재채기가 그보다 더 길었을 것이다. 와인은 따볼 엄두도 내지 못했다. 그다음 날, 나는 평소의 간단한 점심 식사로 돌아갔다. 케일과 콕스 오렌지 피핀 사과, 훈제 아몬드로 샐러드를 만들어서 냉장고의 오래된 잼 병에 아직 살아 있던 기본 비네그레트를 버무렸다. 만드는 데에는 오믈렛과 거의 비슷한 시간이 걸리지만 점심시간 내내 먹어야 하는 메뉴다.

사과와 크랜베리

역사적으로 크랜베리는 사과와 마르멜루, 배와 같은 다른 제철 과일과 함께 먹는 경우가 많았다. 이는 매우 이례적인 것이었다. 19세기 영국과 미국의 요리책에는 모둠 과일 레시피보다 단일 과일에 대한 레시피가 훨씬 많이 수록되어 있기 때문이다. 존 카원은 『무엇을 요리하고, 어떻게 먹을 것인가』(1874)에서 크랜베리와 마르멜루, 배 조합에 대해 다음과 같이 말했다. "사과와 마르멜루 또는 사과와 크랜베리를 개선한 조합이라고 생각한다면 환영할 만하다." 우리끼리 하는 말이지만 내 생각에 카원은 그냥 사과를 정말정말 좋아했을 뿐인 것 같다. 사과와 크랜베리의 조합에서 풍미는 대부분 사과가 우세하며, 시판 주스의 포장지를 보면 크랜베리가 지배적일 것 같아도 항상 크랜베리보다 사과가 더 많이 느껴진다. 생크랜베리의 풍미는 아주 부드러운데 공교롭게도 조리한 사과의 향이 가볍게 느껴지며, 설탕을 섞으면 사과 향이 더욱 강해진다.

사과와 타마린드: 타마린드와 사과(130쪽) 참조.
사과와 패션프루트: 패션프루트와 사과(188쪽) 참조.
사과와 피칸: 피칸과 사과(369쪽) 참조.
사과와 호밀: 호밀과 사과(25쪽) 참조.
사과와 후추: 후추와 사과(357쪽) 참조.
사과와 흰콩: 흰콩과 사과(51쪽) 참조.

YOGURT

요구르트

우유를 젖산으로 발효시키면 산성화 및 응고 작용을 하는 박테리아가 생성되어서 요구르트가 만들어진다. 신맛은 천연 요구르트의 대표적인 특징이지만 톡 쏘는 수준에서 시큼한 상태까지 그 정도는 요구르트마다 상당히 다양하며 거칠다, 공기 층이 많아 가볍다, 퍼석하다, 되직하다, 묽다, 크리미하다 등으로 묘사되는 질감과 식감도 다채롭다. 지방의 비율이 요구르트의 농도에 항상 영향을 미치는 것은 아니다. 가장 진한 요구르트 중에서도 지방이 적은 편에 속하는 것이 있다. 종균 배양과 생산 공정 모두 요구르트의 감각적인 품질에 중요한 영향을 미치지만 풍미에 가장 큰 영향을 주는 것은 바로 우유 공급원이다. 소젖으로 만든 요구르트는 풋사과와 레몬, 신선한 버터, 부드러운 헤이즐넛의 향이 나는 깔끔한 풍미를 지닌다. 양젖으로 만든 요구르트는 소젖보다 단순하고 날카로운 맛이다. 산양젖 요구르트는 산양유와 치즈에서 발견되는 특유의 동물성 향을 공유하므로 고소한 맛에 가깝다. 낙타젖은 다른 우유와는 다른 작용을 하기 때문에 묽은 편에 가까운 요구르트가 나온다. 젤라틴이나 전분, 카라기닌 등을 첨가해서 되직하게 만들어야 대부분의 사람들이 요구르트에 기대하는 질감이 된다. 미국에서는 그리스식 요구르트가 유럽에서처럼 보호받는 지위에 있지 않기 때문에 체에 거르기보다 펙틴 등을 첨가해서 걸쭉하게 만들기도 하는데, 그러면 당분은 줄고 단백질 함량은 늘어난 진짜 그리스식 요구르트 같은 효과는 없어진다.

요구르트와 가지: 가지와 요구르트(392쪽) 참조.

요구르트와 고추

요구르트의 차가운 카세인(유단백)은 고추의 캡사이신 때문에 입안에 붙은 불을 꺼준다. 요구르트 덕분에 고추 버터나 오일을 즐길 수 있는 허가를 받았다고 생각해보자. 새하얀 바탕에 화사한 빨간색 기름을 소용돌이 모양으로 휘저어낸 담음새는 이제 고전이 되었다. 그보다 모양새도 덜 돋보이고 그만큼 덜 알려진 인도 남부에서 먹는 음식으로 고추를 요구르트와 소금에 숙성시킨 모르 밀라가이mor milagai가 있다. 모르 밀라가이를 만들려면 우선 신선한 통 풋고추를 심지가 아직 붙어 있는 채로 길게 갈라서 소금 간을 한 요구르트에 넣어 절인다. 매일 고추를 요구르트에서 꺼내 햇볕에 말린 다음 저녁에 다시 요구르트에 집어넣는다. 이 과정을 요구르트 절임액을 거의 완전히 흡수할 때까지 4일 정도 반복한다. 그런 다음 고추를 펼쳐서 햇볕에 수분이 완전히 날아갈 때까지 건조시킨다. 이 햇볕에 말린 고추는 밀폐용기에 담아서 서늘하고 건조한 곳에 보관하다가 노릇하고 바삭하게 튀겨서 밥과 함께 먹는다.

요구르트와 구스베리

델리아 스미스는 되직한 그리스식 요구르트는 과일의 풍미가 두드러지게 만들기 때문에 최고의 풀fool을 만들 수 있다고 설명한다. 나는 여기에 구스베리를 넣으면 그리스식 요구르트의 크리미한 맛을 산미로 보완하기 때문에 두 가지 풍미를 모두 즐길 수 있다고 덧붙일 것이다. 스미스는 환상적인 레시피인 구스베리를 넣은 새콤하고 크리미한 커스터드 타르트 만드는 법을 선보인다. 크렘 프레시와 발사믹 식초로 만든 커스터드가 들어간다. 구스베리와 귀리(95쪽) 또한 참조.

요구르트와 귀리

요구르트는 사과와 견과류, 버터 향이 나서 뮤즐리나 오버나이트 오트밀에서 생귀리의 풍미를 보완하는 역할을 한다(구스베리와 귀리(95쪽) 참조). 반면 익힌 귀리는 따뜻한 비스킷 같은 향이 나서 크림과 더 잘 어울린다.

요구르트와 꿀: 꿀과 요구르트(76쪽) 참조.

요구르트와 달걀

실비르cilbir는 수란을 진한 실온의 요구르트에 얹어 먹는 튀르키예 요리다. 레드 칠리 버터를 붓기 전에 잠시 르네상스 시대 그림 속 부자의 소매처럼 고급스럽게 주름진 요구르트의 자태를 감상해보자. 노른자를 찔러서 샛노란 액체가 냇물처럼 흘러 고이는 모습을 지켜보자. 있는 그대로 맛을 보자. 요구르트의 지방과 산미는 놀라운 풍미 강화제다. 요구르트에 다진 마늘을 약간 넣는 것이 일반적인 관행이라는 점을 기억해두자. 허브는 선택 사항이다. 나는 딜과 세이지 또는 차이브를 선호한다. 튀르키예식 요구르트와 마늘 소스에는 네모난 오믈렛도 곁들여 나온다. 파나규르스키 에그panagyurski egg는 요구르트 위에 코티지치즈가 올라가는 점이 다른 불가리아식 변형 요리다. 또 다른 불가리아의 특산 요리인 바니차banitsa는 필로 페이스트리에 달걀과 요구르트, 코티지치즈를 채운 음식으로 보통 여분의 요구르트를 곁들여 낸다.

요구르트와 당근

우리 남편은 짭짤한 맛 요구르트에 대한 다양한 아이디어를 가지고 〈드래곤스 덴Dragon's Den〉[55]에 출연하고 싶어했지만, 내가 워싱턴 주립대 학생 팀이 2002년 '푸드 이노베이션' 대회에 출품한 작품을 발견하면서 희망을 꺾고 말았다. 학생들이 제안한 맛에는 당근과 고구마가 포함되어 있었다. 맛 테스트에서는 좋은 평가를 받았지만 결국 콘셉트가 반대에 부딪히면서 당분간은 가게에서 만나기 힘들게 되었다. 하지만 인도와 튀르키예에서는 당근과 요구르트의 조합이 전혀 어렵지 않게 혁신으로 인정받을 것이다. 튀르키

55 비즈니스를 주제로 한 영국의 리얼리티 프로그램

예 요구르트 딥 차즈크cacik의 겨울 버전에는 일반적인 오이 대신 당근이 들어간다.

요구르트와 대추야자: 대추야자와 요구르트(134쪽) 참조.

요구르트와 렌틸

요구르트 한 숟갈은 마수르 달masoor dal을 맛있게 먹을 수 있게 해준다. 렌틸은 산미를 갈망한다. 튀르키예식 렌틸 수프에 건조한 요구르트를 넣어도 같은 효과를 얻을 수 있다. 당가르 파차디dangar pachadi는 요구르트와 볶아서 갈아낸 우라드 달urad dal[56]로 만든 인도 남부식 라이타다. 달을 많이 먹는다면 요구르트를 이용하면 손쉽게 다양한 풍미를 즐길 수 있다. 다히 바다dahi vada는 우라드 달 도넛에 요구르트 소스를 곁들인 인도 남부의 간식이다. 요구르트와 렌틸이 서양식 요리에서 얼마나 멀리 벗어날 수 있는지 보려면 누구나 한번쯤 만들어봐야 할 정도로 독창적인 요리다. 흰 우라드 달(말린 검은 병아리콩) 250g을 찬물에 3시간 동안 불린 다음 건져서 펜넬씨 1/2작은술, 쿠민씨 1/2작은술, 갈아낸 생강 1큰술, 칠리 플레이크 1작은술, 잘게 뜯은 커리 잎 10장 분량, 소금 1/2작은술, 물 2~4큰술을 넣고 곱게 갈아 페이스트를 만든다. (향신료를 듬뿍 넣었는데도 달의 풍미가 워낙 지배적이라 갓 잔디를 깎은 어린 시절의 교외 도로변으로 나를 곧장 데려간다. 아이보리색 페이스트에서 이렇게 풀 향이 강할 수 있다는 점이 놀라울 뿐이다.) 반죽을 볼에 담고 손에 물을 묻힌 다음 대략 비슷한 크기로 16등분해 공 모양으로 빚는다. 살짝 납작하게 누른 다음 가운데에 구멍을 뚫어서 작은 도넛 모양으로 만든다. 튀김 기름에 도넛을 한 번에 몇 개씩만 넣고 노릇노릇하게 튀긴 다음 건져서 키친타월에 얹어 기름기를 제거한다. 한 김 식으면 미지근한 물이 담긴 볼에 넣고 위에 작은 접시를 얹어 푹 잠기도록 한 다음 15분간 재운다. 그동안 대형 볼에 요구르트 500ml와 차트 마살라 1/2작은술, 소금 1/4작은술, 설탕 1/4작은술, 카슈미르 칠리 파우더 1작은술을 넣고 잘 섞는다. 도넛을 조심스럽게 짜서 물기를 최대한 제거한 다음 요구르트에 푹 담가서 몇 시간 동안 냉장 보관한다. 다히 바다는 실온으로 되돌려서 석류씨와 다진 고수를 뿌리고 타마린드 처트니와 민트 소스를 곁들여 낸다(타마린드와 대추야자(129쪽), 민트와 타마린드(331쪽) 참조).

요구르트와 마늘

영화 〈아담의 갈빗대〉의 스펜서 트레이시와 캐서린 헵번이다. 서로에 대한 날카로운 말이 도대체 누가 먼저 시작한 것인지 알 수 없을 수 있다. 하지만 10분 정도 기다리면 요구르트는 물러나고 생마늘의 맛이 남는다. 튀르키예에서는 이 조합을 사림사클리sarimsakli 요구르트라고 부르며 양고기 코프테와 속을 채운 요리, 작은 만두의 소스, 그리고 애호박과 당근 같은 채소에 버무리는 용도로 쓴다. 요리에 단맛을 더하는 동시에 단맛의 균형을 맞추는 재주가 있어서 어디에나 널리 쓸 수 있다. 민트 그리고/또는 딜을 넣어서 헤

56 검은 렌틸이라고도 불리는 녹두에 가까운 인도의 콩

이다리haydari라고 불리는 딥을 만들거나, 갈아낸 오이를 넣어서 차즈크cacik를 만들어보자. 또는 파프리카 가루와 생강 가루, 강황, 가람 마살라를 넣으면 탄두리 마리네이드가 된다.

요구르트와 마르멜루: 마르멜루와 요구르트(158쪽) 참조.
요구르트와 말린 자두: 말린 자두와 요구르트(120쪽) 참조.
요구르트와 메이플 시럽: 메이플 시럽과 요구르트(373쪽) 참조.
요구르트와 미소: 미소와 요구르트(18쪽) 참조.

요구르트와 민트

남은 음식을 위한 보정 어플이라고 할 수 있다. 요구르트와 민트를 넣으면 세상에서 제일 질긴 오래된 채소마저도 '좋아요'를 잔뜩 받을 수 있을 것이다. #최고의삶을즐기자 #요구르트채소찢었다. 유일하게 주의해야 할 점은 '과용'이겠지만, 언제든지 마늘이나 실파, 파프리카 가루, 수막, 자타르 등을 섞어서 독특하게 변주할 수 있다. 튀르키예에서는 말린 민트와 요구르트를 섞어서 인기 있는 수프인 야일라 코르바시yayla corbasi를 만든다. 또는 남은 요구르트가 있다면 동량의 물을 섞어서 희석하고 민트(생 또는 말린 것)와 소금 한 자밤을 넣어서 튀르키예의 차가운 요구르트 음료인 아이란ayran을 만들어도 좋다. 잠두와 요구르트(253쪽) 또한 참조.

요구르트와 바닐라: 바닐라와 요구르트(142쪽) 참조.
요구르트와 병아리콩: 병아리콩과 요구르트(242쪽) 참조.

요구르트와 보리

마트루 키슈크matrouh kishk는 양젖 요구르트와 보리로 만든 베두인식 키슈크(말린 요구르트)다. 반쯤 익힌 버터밀크에 쪼개서 찐 곡물을 섞어서 발효시킨 다음 공 모양으로 빚어서 햇볕에 말려 보존한다. 소젖, 염소젖, 양젖 또는 버팔로젖 등 사용한 젖의 종류뿐만 아니라 들어가는 곡물과 향신료에 따라 풍미가 다른 것은 물론 현지의 환경이 야생 속의 발효 과정에 영향을 미치기 때문에 다양한 변형 요리가 존재한다. 그리스에서는 요구르트와 불구르 밀을 섞어 만든 트라하나스trahanas가 인기가 좋다. 키슈크는 예상할 수 있는 대로 신맛이 나지만 마트루 종류는 보리가 들어간 덕분에 단맛도 약간 난다. 보리를 볶으면 단맛이 강해지는데, 볶은 보리 가루를 물에 천천히 익혀서 걸쭉하게 만드는 에티오피아 요리 겐포genfo에서 그 단맛을 느낄 수 있다. 겐포는 화산처럼 수북하게 쌓아서 니터 키베nitter kibbeh(향신료를 넣은 버터)를 마그마처럼 곁들여 낸다. 차가운 요구르트를 곁들일 때도 있다.

요구르트와 사과

발효에 사용되는 락토바실루스 불가리쿠스 박테리아 덕분에 요구르트 자체에서 풋사과 향이 나는 것은 사실이지만 사과 맛 요구르트 제품은 찾아보기 힘들다(사실 사과 향이 강한 것은 요구르트 발효 과정이 너무 높은 온도에서 진행되었을 때 생기는 단점이다). 구워서 식힌 사과를 곱게 갈아서 플레인 요구르트에 섞어 직접 만들어보자. 구우면 사과의 풍미가 강해지고, 그 풍미가 가장 많이 함유되어 있는 껍질도 부드러워진다. 취향에 따라 크렘 프레시와 메이플 시럽을 약간 추가할 수도 있다. 사워크림과 크렘 프레시는 요구르트와 거의 같은 방식으로 만들지만 우유 대신 크림을 사용한다. 사워크림은 일반적으로 요구르트보다 단맛이 나고 버터 향이 조금 더 강하다. 크렘 프레시는 마찬가지로 더 달콤하면서 약간의 견과류 향이 나서 사과와 요구르트의 조합에 깊이를 더한다.

요구르트와 소렐

요구르트의 신맛이 소렐의 산미는 가리고 잎의 풀 향기가 두드러지게 한다. 소금을 약간 넣고 갈면 오이의 약알칼리성 맛 때문에 좀 침울해지는 느낌이 있는 차지키보다 더 상쾌한 느낌을 낼 수 있다. 더 진한 소스를 만들고 싶다면 소렐을 익히면 된다. 곱게 다진 샬롯 1개 분량을 올리브 오일에 부드러워질 때까지 볶은 다음 씻어서 송송 썬 소렐 잎 200g을 넣고 약한 불에 숨이 죽을 때까지 익힌다. 불에서 내린 다음 여분의 물기를 제거하고 그리스식 요구르트 5~6큰술과 함께 곱게 간다. 소금과 후추로 간을 맞춘 다음 구운 채소나 생선에 곁들여 낸다. 소렐은 스파스spas라고 불리는 아르메니아의 요구르트 밀알 수프에 풍미를 내는 용도의 허브로 자주 들어가기도 한다.

요구르트와 시금치: 시금치와 요구르트(401쪽) 참조.
요구르트와 애호박: 애호박과 요구르트(396쪽) 참조.
요구르트와 잠두: 잠두와 요구르트(253쪽) 참조.
요구르트와 차이브: 차이브와 요구르트(272쪽) 참조.

요구르트와 참깨

요구르트는 타히니의 섬세한 버섯 향을 가리기 때문에 전체적으로 연한 견과류 향이 나는 요구르트처럼 느껴지는 조합이 된다. 주로 마늘이 같이 들어가지만 대추야자나 메이플 시럽을 조금 섞으면 달콤하게도 먹을 수 있다. 대추야자와 참깨(135쪽) 또한 참조.

요구르트와 커피: 커피와 요구르트(35쪽) 참조.
요구르트와 쿠민: 쿠민과 요구르트(341쪽) 참조.

요구르트와 피스타치오

시판 요구르트 중에는 견과류 맛이 드물다. 코코넛 맛은 나름 팬이 있다. 영국에서는 헤이즐넛이 오랫동안 요구르트 코너에서 홀로 동떨어진 갈색 양과 같은 역할을 맡았다. 나는 프랑스의 피스타치오 요구르트를 좋아하지만, 주의하자. 모든 '피스타치오 맛' 제품이 피스타치오로 맛을 내는 것은 아니다. 그러니 직접 만드는 것이 가장 안전하다. 그리스식 요구르트에 소량의 슈거파우더, 그리고 피스타치오 오일을 취향껏 넣어서 잘 섞는다. 오일이 과일 향이 나는 견과류의 크림 같은 질감을 붙잡아서 요구르트에 충분히 진하게 배어들 수 있도록 도와준다. 나는 이 조합이 너무 아름다워서 케이크도 만들어냈다. 요구르트의 새콤한 맛은 구운 다음 날이 되어야 드러난다. 무염버터 100g에 설탕 100g(가능하면 황설탕을 사용하면 좋지만 크게 상관은 없다)을 넣고 옅은 색에 보송보송한 상태가 될 때까지 잘 섞는다. 고운 세몰리나 225g, 피스타치오 가루 100g, 베이킹파우더 2작은술, 소금 1자밤, 요구르트 175g을 넣고 잘 섞어서 되직한 반죽을 만든다. 20cm 크기의 정사각형 베이킹 틀에 오일을 바르고 반죽을 부어서 가장자리와 모서리까지 잘 채워지도록 평평하게 편다. 반죽에 선을 세로로 3개, 가로로 3개씩 같은 간격으로 그어서 사각형이 16개 나오는 격자무늬를 만든다. 각 사각형의 가운데 부분마다 피스타치오를 하나씩 올려서 누른다. 160℃의 오븐에서 가운데를 꼬챙이로 찔렀을 때 묻어 나오는 것이 없을 때까지 35~40분간 굽는다. 케이크를 굽는 동안 소형 냄비에 설탕 150g과 뜨거운 물 75ml, 레몬즙 약간을 넣고 한소끔 끓인 후 불 세기를 낮춰서 5분간 뭉근하게 끓여 시럽을 만든다. 케이크가 다 익으면 꺼내서 틀에 담은 채로 앞서 그은 선을 따라 바닥까지 자른다. 조리용 솔로 설탕 시럽을 표면에 골고루 바르고 완전히 식힌다. 이 케이크는 밀폐용기에 담아 최대 4일간 보관할 수 있다.

요구르트와 호로파: 호로파와 요구르트(380쪽) 참조.

SORREL

소렐

소렐이라는 이름을 가진 식물은 여러 가지가 있다. 카리브해에서는 화려한(식용 가능한) 분홍빛 빨강 꽃을 피우는 히비스커스의 다른 이름이지만 여기서 말하는 소렐은 귀 뒤에 꽂으면 훨씬 화려한 맛이 떨어지는 연약한 녹색 잎의 수영Rumex acetosa, 즉 일반 소렐이다. 소렐은 프랑스 요리의 진한 스톡 및 크림소스와 연관성이 높기 때문인지 인기가 다소 떨어졌다. 재배하기 쉽고 약간의 산미가 필요한 콩 요리에서 아주 환영받는 재료인데 안타까운 일이다. 무쇠나 알루미늄 팬에서 소렐을 요리하면 쇠 맛이 날 수 있으니 주의하자. 클수록 신맛이 강해지기 때문에 어린 소렐을 선호하는 사람도 있다. 애기괭이밥Wood sorrel은 괭이밥과지만 비슷하게 날카로운 감귤류 풍미를 지닌다. 하지만 주의해야 한다. 채집가이자 작가인 존 라이트는 루바브 잎처럼 소렐에도 다량 섭취하면 독성이 있는 옥살산이 함유되어 있다고 말한다.

소렐과 감자

모든 종류의 녹색 채소는 감자와 함께 간단한 수프로 만들 수 있지만, 소렐의 산미는 특히나 상큼한 느낌을 준다. 감자의 흙냄새도 깔끔하게 잡아준다. 리투아니아와 폴란드, 헝가리에서는 '그린 보르시치'의 인기가 높다. 감자와 소렐을 소금 간을 한 물에 익힌 후 사워크림을 곁들이면 간단하게 만들 수 있다. 또는 햇감자를 삶아서 채 썬 소렐과 함께 버터에 버무려보자.

소렐과 구스베리

셰프 리처드 코리건은 소렐이 구스베리와 가장 잘 어울리는 야생 조합이라고 말한다. 둘 다 쐐기풀과 엘더플라워처럼 온대 지방에서 나는 짙은 녹색의 산울타리 향을 지니고 있다. 소렐 잎을 씹으면 레몬과 비슷한 새콤한 과일 향을 느낄 수 있다. 채집 전문가인 존 라이트는 포도 껍질 같다고 표현한다.

소렐과 달걀

적은 비용으로 우아함을 느낄 수 있는 조합이다. 소렐은 달걀과 크림 또는 버터와 함께하면 아름답게 반짝인다. 그 점에서는 타라곤과 비슷하지만 아니스 향이 나는 타라곤과 달리 소렐에서는 레몬 향이 난다. 둘 다 달걀과 유제품의 진한 맛을 강화하면서 동시에 깔끔하게 마무리하는 요령이 좋아, 가장 평범한 요리의 품격을 높여준다. 수란을 얹은 소렐 퓌레는 마거릿 코스타가 "진정한 미식의 향연"이라고 부르는 외프 몰레oeufs mollet[58]의 색다른 변형이다. 포타주 제미니는 소렐로 활기를 불어 넣고 달걀노른자로 걸쭉하게 만드는 실크처럼 부드러운 수프다. 또는 조이스 몰리뉴의 유쾌하고 독특한 소렐 달걀 파스타를 만들어보는 것도 좋다. 소렐 잎 100g에서 줄기를 제거한 다음 시금치처럼 데쳐서 꼭 짠 후 곱게 다진다. 소렐에 00 파스타 밀가루 450g, 달걀 3개, 소금 1/2작은술을 넣고, 올리브 오일을 조금씩 넣으며 한 덩어리로 뭉쳐지게 잘 섞는다. 밀어서 원하는 모양의 생 파스타 형태로 썬다. 이 소렐 페투치네는 완두콩과 크림, 파르메산 치즈와 아주 잘 어울린다.

소렐과 레몬: 레몬과 소렐(175쪽) 참조.
소렐과 렌틸: 렌틸과 소렐(55쪽) 참조.

소렐과 리크

소렐은 어딘가 빠진 맛이 있는 것 같은 느낌이 든다. 한 입 먹어보면 살짝 녹색 레몬 맛이 느껴지는데, 항상 여기서 다른 맛으로 발전하기를 기대하지만 헛된 바람으로 끝난다. 리크는 그 빈자리를 고유의 풍미로 채워준다. 소렐 리크 소스 2인분을 만들려면 송송 썬 흰색 리크 1개 분량을 버터 2큰술에 부드러워질 때까지 천천히 볶는다. 드라이 화이트 베르무트 2큰술을 넣고 1분간 익힌 다음 곱게 채 썬 소렐 100g을 넣어서 1분 더 휘저으며 익힌다. 더블 크림 또는 크렘 프레시 100ml를 넣고 중약 불에서 몇 분간 따뜻해질 만큼만 휘저으며 데운다. 이 소렐 소스는 고전적으로 생선이나 달걀에 곁들이지만 버블앤드스퀴크[58]와 함께 먹어볼 것을 추천한다.

소렐과 말린 완두콩: 말린 완두콩과 소렐(238쪽) 참조.

소렐과 메밀

둘 다 루바브와 함께 마디풀과에 속하는 식물이다. 팀 버튼이 영화에 사용하지 않았을까 싶을 정도로 기이한 식물 다발이다. 풍미 측면에서 소렐은 메밀보다 루바브와 공통점이 더 많다. 둘 다 설탕에 절이면 과일처럼 보일 수 있고(사과와 소렐(161쪽) 참조) 타고난 신맛이 기름진 생선과 아주 잘 어울린다. 소렐이 날카롭다면 메밀은 무뚝뚝하다. 웨이벌리 루트는 소렐과 메밀가루, 비트를 섞어서 양배추 잎에 채운 프랑스 리무쟁 지역의 요리를 소개하기도 했다.

소렐과 사과: 사과와 소렐(161쪽) 참조.

57 반숙 달걀이라는 뜻의 프랑스어
58 소고기와 감자, 양배추 등을 잘게 썰어서 볶아 만드는 영국 요리

소렐과 시금치

"시금치는 건강에 좋은 채소라고 믿어서 실제로 약으로 간주하는 사람이 많다. 시금치는 후천적으로 익숙해져야 하는 맛이므로 여러 번 먹을수록 훨씬 맛있게 느껴진다. 소렐을 섞으면 그 독특하게 단순한 맛을 보완할 수 있다." 1860년 에드먼드 솔 딕슨이 쓴 글이다. 셰프 톰 케리지는 근대의 맛이 시금치와 소렐의 교배종과 비슷하다고 생각했다. 두 가지를 섞어서 누디gnudi나 룰라드, 시금치 파이를 만들어보자.

소렐과 애호박

휘츠터블에 자리한 스포츠맨 메뉴 중에는 커리 페이스트리로 만든 애호박 소렐 타르트가 있는데, 애호박 수프를 곁들여서 낸다. 리처드 올니는 어떤 종류이든 채소 수프를 만들 때 완성될 즈음에 소렐을 한 줌 넣으면 가볍고 깔끔한 산미를 더할 수 있다고 추천한다.

소렐과 양상추: 양상추와 소렐(282쪽) 참조.
소렐과 요구르트: 요구르트와 소렐(168쪽) 참조.
소렐과 치즈: 치즈와 소렐(258쪽) 참조.
소렐과 통곡물 쌀: 통곡물 쌀과 소렐(21쪽) 참조.

소렐과 파슬리

감귤류 향이 나는 소렐과 파슬리, 마늘, 부추를 곱게 다져서 잘 섞으면 일종의 핀제르브 그레몰라타가 된다. 진한 스튜나 리소토에 곁들이자.

소렐과 흰콩

엘리자베스 데이비드는 흰강낭콩 소렐 수프를 "감탄스러운 조합"이라고 말하며 이 레몬 향 잎을 적절하게 대체할 수 있는 재료는 없다고 하지만, 물냉이의 후추 풍미를 선호하는 사람이 있을 수도 있다는 점은 인정한다.

LEMON

레몬

레몬 껍질에는 바로 레몬을 연상시키게 하는 모노테르펜 시트랄이 함유되어 있다. 하지만 레몬 머틀 오일의 시트랄 성분 함량이 90%나 되는 것에 반해 레몬에는 3%밖에 함유되어 있지 않아서, 레몬은 가장 레몬다운 식재료는 아닌 것으로 밝혀졌다. (시칠리아에서는 레몬나무의 잎과 잔가지를 이용해서 식용 레몬 오일을 만드는데, 여기에는 시트랄이 약 25% 함유되어 있다.) 레몬의 향에는 일반 감귤류 풍미와 장미, 라벤더, 소나무 향이 섞여 있으며 껍질을 갈면 자그마한 기공으로부터 에센셜 오일로 방출된다. 레몬즙에서는 같은 풍미가 나지 않는다. 구연산이 지배적이고 다른 특성이 드러날 정도로 단맛을 가미해도 여전히 레몬과 좀 비슷한 맛이 날 뿐이다. 그래서 레몬즙만으로는 레몬 셔벗을 만들 수 없다. 레몬 맛이 나게 만들려면 레몬 제스트를 넣어야 한다. 즉 레몬즙은 조리 마지막 즈음에 섞어 넣으면 중성적이면서도 상큼한 향으로 맛의 깊이를 더하기 때문에 음식을 마무리하기에 적합하다. 주방 레인지 옆에는 항상 소금과 함께 레몬 하나를 놓아두는 것이 좋다.

레몬과 강황: 강황과 레몬(218쪽) 참조.
레몬과 건포도: 건포도와 레몬(123쪽) 참조.

레몬과 구스베리

알 수 없는 이유로 나는 구스베리 잼을 칼에 묻힌 다음 토스트에 바르기 전에 입에 넣고 말았다. 집에서는 절대 따라하지 말자. 입에 칼을 넣는 것이 부적절해서가 아니라, 15분 뒤면 그대로 병을 4분의 1이나 비워버리고 만 스스로를 발견할 수 있기 때문이다. 나는 나머지 4분의 3까지 한 번에 먹어버린다면 비위생적이지 않을 거라고 생각했다. 잼병에 숨어 있었던 것은 어린 시절의 추억이었다. 그 잼이 영화관에서 상자에 포장해 판매하던 천상의 쫀득한 과자, 로운트리의 과일 껌Fruit Gum과 같은 맛이 난다는 것을 깨달은 것이다. 나는 한 칼 분량을 더 떠서 먹었다. 그랬다. 확실히 과일 껌, 특히 블랙커런트와 레몬 제품의 맛이 났다. 나는 남은 잼을 이제 차갑게 식어버린 토스트에 발랐다. 구스베리에서는 풋사과와 그저 구연산 이상의 산뜻한 맛이 느껴진다. 여기에 레몬 제스트를 가미하면 레모네이드와 같은 맛이 된다. 구스베리와 레몬 제스트로는 훌륭한 잼과 스칸디나비아식 과일 수프를 만들 수 있다. 구스베리에 레몬 제라늄이나 레몬 버베나를 가미하는 것도 고려해볼 만하다.

레몬과 꿀

정작 가장 열렬한 애호가는 그 맛을 느낄 수 없는 훌륭한 조합이다. 감기에 걸려서 쉴 새 없이 코를 풀면 후각 전구에 염증이 생겨서 향기 분자의 수신을 차단한다. 한 가지 요령이 있다면 저녁 식사를 하기 20분 전에 이부프로펜을 복용하면 일시적으로 후각 전구의 부기를 빼 음식을 즐길 수 있게 된다(다만 공복에 이부프로펜을 복용하는 것은 권장하지 않는다는 점을 기억하자). 꿀은 목을 진정시키고 레몬은 비타민C로 기운을 북돋우면서 꿀의 단맛을 잡아주기 때문에 꿀과 레몬의 조합은 감기 치료제로 인기가 높다. 위스키나 오드비를 섞어서 핫 토디를 만들어보자. 미각이 돌아오면 앤 윌란의 레몬 제스트와 꿀 마들렌 레시피를 시도해보는 것도 좋다. 레몬 꽃 꿀이 훌륭하게 어울리지만 윌란은 더 쉽게 구할 수 있는 밤 꿀을 선호한다.

레몬과 돼지감자: 돼지감자와 레몬(231쪽) 참조.
레몬과 리치: 리치와 레몬(99쪽) 참조.

레몬과 마르멜루

공통점이 거의 없는 조합이지만, 마르멜루에서 레몬 꽃 맛이 난다고 말하는 사람도 있다. 니겔라 로슨은 "복숭아와 후추의 숨결"이 담겨 있다고 표현한 마르멜루 오드비, 일명 코잉coing과 레몬으로 만드는 실라밥 레시피를 공개했다. 니겔라는 마르멜루를 머스캣 와인에 뭉근하게 익히면 "영광스럽고 흠잡을 데 없이 레몬 아이스크림과 어울리는" 맛이 난다고 주장한다. 이 조합에는 실용적인 면도 있다. 마르멜루는 껍질을 벗기면 사과나 배보다 훨씬 빠르게 갈변하는데, 레몬즙이 갈변을 막아준다.

레몬과 말린 완두콩

루바나louvana라고 불리는 키프로스식 노란 완두콩 수프에는 레몬즙이 들어간다. 유명한 '달걀 레몬' 수프인 아브골레모노와 비슷한 맛이 나는데, 덕분에 말린 완두콩에서는 달걀의 유황 냄새가 은은하게 난다는 점을 상기하게 된다. 말린 콩에 산성 성분을 첨가하면 연화 과정을 방해할 수 있으므로 충분히 부드러워지기 전에는 넣지 않는 것이 좋다. 루바나의 경우에는 곱게 가는 단계에 레몬즙을 넣는다.

레몬과 말린 자두

말린 자두에 레몬즙을 넣으면 타마린드와 비슷한 맛이 된다. 레몬 절임은 말린 자두의 단맛에 대항하는 짠맛과 신맛, 쓴맛을 더해서, 완벽하게 요리한 매콤한 채소 스튜를 환상적인 타진tagine으로 완성하는 역할을 한다. 레몬 제스트는 더 부드럽고 향기로운 편이라 말린 자두의 풍부한 아몬드, 베리 풍미와 잘 어울린다. 말린 자두와 레몬 토르테를 만들어보자. 20cm 크기의 원형 케이크 틀에 오일이나 버터를 바르고 아몬드 가루를 얇게 입힌다. 달걀 3개에 설탕 100g을 넣고 연한 색에 보송보송한 상태가 될 때까지 거품을 낸 다음 아몬드 가루 150g, 곱게 간 레몬 제스트 2개 분량, 소금 1자밤을 넣어서 접듯이 섞어 매끈한 반죽을 만든다. 틀에 붓고 부드러운 말린 자두 7개를 반으로 잘라서 반죽 위에 조심스럽게 올린다. 오븐에 넣고 160℃에서 25~30분간 굽는다. 크렘 프레시나 그리스식 요구르트를 곁들여서 실온으로 낸다.

레몬과 메밀: 메밀과 레몬(60쪽) 참조.
레몬과 메이플 시럽: 메이플 시럽과 레몬(371쪽) 참조.
레몬과 병아리콩: 병아리콩과 레몬(241쪽) 참조.
레몬과 보리: 보리와 레몬(30쪽) 참조.
레몬과 샘파이어: 샘파이어와 레몬(411쪽) 참조.

레몬과 소렐

'그린소스'는 오래전 소렐의 동의어로 쓰이던 말이자, 레몬즙이나 식초와 함께 소렐 잎을 갈아서 만들던 전통 소스의 이름이기도 하다. 셰프이자 작가인 길 멜러는 레몬 커드 파블로바를 장식할 때 작은 야생 소렐 잎을 사용하는데, 레몬과 구스베리 향을 더한다고 한다.

레몬과 시금치: 시금치와 레몬(400쪽) 참조.
레몬과 애호박: 애호박과 레몬(393쪽) 참조.

레몬과 양귀비씨

쉴 새 없이 서로의 순위가 뒤바뀌는 조합이다. 스트루델과 하만타셴hamantaschen 페이스트리는 전통적으로 레몬 제스트나 당절임 감귤류 껍질을 섞은 양귀비씨 페이스트를 채워 만든다. 화산의 유사quicksand처럼 생긴 이 페이스트에서는 아마레토 사워와 같은 맛이 난다. 변덕스럽고 타협하지 않는 맛이다. 1970년대 미국에서는 양귀비씨를 감귤류 향 케이크와 비스킷의 보조 재료로 사용하기 시작했다. 1990년대가 되자 레몬과 양귀비씨가 특히 머핀에서 두드러지는 기본 조합으로 자리 잡게 되었다. 이 조합은 새롭게 발견된 베리류에서도 찾아볼 수 있는데, 감귤류의 향기로운 쨍한 맛과 양귀비씨의 전형적인 아몬드 풍미가 조화를 이룬다. (사과와 배, 살구, 크랜베리의 씨에서도 모두 아몬드 같은 맛이 난다.) 화이트 초콜릿과 생파스타, 팬케이크의 풍미 조합으로도 양귀비씨와 레몬을 고려할 수 있다.

레몬과 양상추: 양상추와 레몬(281쪽) 참조.
레몬과 엘더베리: 엘더베리와 레몬(107쪽) 참조.
레몬과 엘더플라워: 엘더플라워와 레몬(102쪽) 참조.

레몬과 오레가노

나는 바비큐에 대한 크고 진지한 책을 구입했다. 수백 가지의 레시피와 거대한 숯불 훈제기에 대한 자세한 조언과 도표가 줄줄이 실려 있었다. 하지만 이 책을 따라 요리를 해본 적은 없다. 오레가노와 레몬, 올리브 오일의 고전적인 그리스식 조합 탓이다. 아주 쉽게 만들 수 있는 마리네이드이자 모든 음식에 햇볕이 잘 드는 야외의 반짝이는 느낌을 가미하기 때문이다. (비가 오는 날에는 생고기와 채소로 케밥 꼬치를 만든 다음 오레가노 레몬 마리네이드와 함께 냄비에 넣고 반으로 자른 알감자와 화이트 와인 한 잔을 부은 후 160℃의 오븐에 천천히 익히면 마치 햇빛 쨍쨍한 날인 척할 수 있다.) 기름진 생선용 마리네이드를 만들 때는 오일보다 레몬의 비율을 높이고 오레가노를 적당히 넣는 것이 좋다. 다이앤 코칠라스 셰프는 대부분의 문화권에서 오레가노를 생선에 쓰기에 너무 강한 허브라고 생각하지만 그리스에서는 오레가노가 해산물에 사용하는 거의 유일한 허브라고 말한다. 시칠리아 사람도 레몬과 오레가노의 조합을 좋아한다. 음식 작가 비키 베니슨은 양파와 안초비, 어린 페코리노 치즈로 만든 구운 칼조네에 뿌려 먹곤 했다고 회상한다.

레몬과 옥수수: 옥수수와 레몬(69쪽) 참조.

레몬과 올스파이스

올스파이스는 셰프 에인즐리 해리엇의 비밀 재료인데, 레몬즙이나 식초의 형태로 산을 살짝 뿌리면 "맛이 제대로 살아난다"고 한다. 레몬과 올스파이스의 조합은 수막, 자타르와 더불어 오토렝기의 유명한 치킨 트레이 베이크tray bake[59]에서도 만나볼 수 있다.

레몬과 유자: 유자와 레몬(182쪽) 참조.
레몬과 자두: 자두와 레몬(110쪽) 참조.

레몬과 잣

레몬 제스트는 잣의 든든한 조력자다. 레몬 특유의 소나무 향이 잣의 기름진 단맛을 깔끔하게 정리한다. 익힌 쌀과 함께 섞어서 풍미를 내 반찬으로 내거나 달콤한 리코타 치즈에 섞어서 즉석 디저트로 만들어 보자. 아마 레몬과 잣 궁합으로 가장 유명한 음식은 `토르타 델라 논나torta della nonna일 것이다. 더블 크러스트 파이 혹은 오픈 타르트로 만드는 디저트로, 레몬 커스터드를 채우고 잣을 올린다. 페이스트리 크림을 사용하는 레시피도 있고 리코타 커스터드를 넣는 레시피도 있다. 기원은 모호하지만 잣을 맛있게 익히면서 첫판부터 태우지 않으려면 최소 50년의 요리 경험이 필요하기 때문에 '할머니의 케이크'라는 뜻의 이름이 붙은 이유를 직관적으로 이해할 수 있다. 이탈리아 요리 작가 발레리아 네키오는 이 요리에 완전

59 오븐에 들어가는 트레이 하나에 모든 재료를 넣어서 굽는 간편한 요리 방법을 뜻하는 말

히 통달한 것처럼 보인다. 발레리아는 잣을 물에 헹군 다음 젖은 채로 타르트 위에 올린다. 뜨거운 오븐에서 45분간 굽고 나면 잣은 마치 석양 속 돌다리처럼 노릇노릇해진다.

레몬과 참깨: 참깨와 레몬(293쪽) 참조.

레몬과 케일: 케일과 레몬(204쪽) 참조.

레몬과 파파야: 파파야와 레몬(193쪽) 참조.

레몬과 패션프루트: 패션프루트와 레몬(188쪽) 참조.

레몬과 펜넬

피콜로플루트 듀엣처럼 깨끗하고 기분 좋은 조합이다. 마르셀라 하잔은 펜넬에 소금을 녹인 레몬즙 약간과 곱게 간 후추, 과일 향이 나는 올리브 오일을 두르면 제일 산뜻한 맛이 난다고 말한다. 펠레그리노 아르투시는 '핀지모니오'라는 안티파스토를 설명하면서 신선한 모듬 채소로도 비슷하게 만들 수 있다고 설명한다. 그리고 하잔은 생으로 먹을 때는 크고 납작한 펜넬보다 둥글고 땅딸막한 펜넬(이탈리아에서는 이런 펜넬을 수놈male으로 칭한다)이 맛있다고 덧붙인다. 그러니 펜넬을 구입할 때는 반드시 성별을 확인하자.

레몬과 피스타치오: 피스타치오와 레몬(308쪽) 참조.

레몬과 해조류

당연히 어울린다. 해산물과 레몬이니까. 스파게티를 삶을 때 말린 꼬시래기를 넣어서 같이 삶아보자. 건져서 버터나 올리브 오일, 레몬 제스트, 레몬즙, 흑후추와 함께 버무려 먹는다.

레몬과 후추

한 쌍의 자동차 배터리 충전용 케이블과 같다. 한번은 애리조나의 한 목장에서 레몬 후추 치킨을 먹은 적이 있다. 그다지 비밀은 아니었는지 요리사는 나에게 닭고기의 양념 재료를 구입할 수 있는 가게를 안내해줬다. 향신료 코너에서 작은 병을 찾다가 여러 줄의 커다란 플라스틱 통으로 구성된 옆 진열대에서 내가 찾던 양념을 발견했다. 레몬 후추는 내가 생각했던 것만큼 특별한 상품이 아니었던 것이다. 라벨에 들어간 성분이 적혀 있었다. 소금과 구연산, 양파, 마늘 가루, 후추, 설탕. 맬컴 글래드웰이 케첩에 대해 말한 것처럼(머스터드와 토마토(215쪽) 참조) 레몬 후추도, 최소한 MSG가 들어간 제품을 구입하면 모든 미각을 만족시킬 수 있다. (토마토케첩에 레몬 후추를 넣지는 말자. 다른 것은 아무것도 먹고 싶지 않게 될 것이다.) 레몬과 후추는 일본이나 한국의 산초에서도 뚜렷한 향으로 느껴지는 조합이다(후추와 미소(357쪽) 참조).

레몬과 흑쿠민: 흑쿠민과 레몬(249쪽) 참조.

LIME

라임

제조 식품 및 음료계에서 라임의 가장 인기 있는 파트너는 레몬이다. 라임은 산도와 풍미 면에서 모두 레몬보다 훨씬 강해서 레몬을 압도한다. 라임 제스트는 상쾌한 소나무와 꽃, 허브/유칼립투스 향이 나서 연유나 고구마, 럼처럼 묵직하고 달콤한 재료와 아주 잘 어울린다. 하지만 제스트에서 항상 강한 풍미를 얻을 수 있는 것은 아니다. 예를 들어 라임으로 초콜릿에 견줄 만한 맛을 내려면 식용 가능한 냉압착 라임 오일을 구입해야 한다. 라임 껍질에서 추출한 라임 오일은 라임 향 디저트나 청량음료와 같은 맛이 난다. 전 세계의 라임 오일은 거의 콜라 맛을 내는 데에 쓰인다. 키 라임은 영국에서 흔하게 판매하는 씨 없는 타히티 라임보다 작다. 씨가 있고 주스 맛이 더 시고 살짝 짭짤하기 때문에, 타히티 라임 주스로는 불가능한 방식으로 멕시코와 남서부 요리에 활기를 불어 넣는다. 라임 애호가라면 라임을 소금물에 삶아서 햇볕에 건조시켜 마치 씨앗 꼬투리처럼 갈색으로 변하고 잘 부서지며 거의 무게가 느껴지지 않도록 만든 블랙 라임 혹은 루미라고 불리는 식재료를 찾아보는 것이 좋다. 중동 식료품점에서 쉽게 구할 수 있다. 사향 냄새가 감도는musky 감귤류 향과 풍미를 자랑한다. 마치 삶아서 달콤하게 조렸다가 나무 서랍 속에서 시들어버린 라임을 보는 것 같다. 석류 당밀이나 타마린드의 여운을 오래 남기는 신맛과 비슷한 느낌의, 구석구석 배어드는 신맛으로 수프와 스튜를 독특하게 만든다. 또한 눈에 띄게 쓴맛이 나기도 하는데, 이것은 작고 독한 아스피린 같은 씨앗 때문이다(대부분의 요리사는 씨앗을 제거하고 사용한다).

라임과 검은콩

남미 이외 지역에서는 콩과 감귤류를 함께 먹는 일이 매우 드물지만 검은콩은 라임의 맵싸한 느낌과 아주 잘 어울린다. 검은콩 살사 4인분을 만들려면 검은콩 통조림 400g의 물기를 따라내고 흐르는 물에 헹군 다음 콩과 같은 크기로 썬 빨강 파프리카 1/2개 분량, 토마토 2개(중) 분량, 실파 2~4대 분량, 파파야(생략 가능) 1/2개 분량, 곱게 다진 생할라페뇨 고추 1개 분량, 다진 고수 1~2큰술, 소금 1/2작은술을 넣어서 잘 섞는다. 돌려 닫는 뚜껑이 있는 병에 라임즙 2큰술과 레드 와인 식초 1큰술, 올리브 오일 4큰술, 으깬 마늘 1쪽 분량, 소금 1/2작은술을 넣어서 잘 흔들어 라임 드레싱을 완성한 다음 콩에 둘러서 잘 버무린다. 라임과 고추는 맛을 보고 취향에 따라 얼마든지 더 넣어도 좋지만, 적당히 매콤한 할라페뇨를 한 개만 넣어도 콩 샐러드의 맛이 최대한으로 황홀해진다.

라임과 고구마: 고구마와 라임(146쪽) 참조.

라임과 녹차

레스토랑 더 팻 덕the Fat Duck에서 헤스턴 블루먼솔 셰프가 선보이는 테이스팅 메뉴의 포문을 여는, 질소로 익힌 무스에 등장하는 풍미다. 블루먼솔의 목표는 다음에 이어질 요리의 맛을 해치지 않으면서 입안을 상쾌하게 만드는 것이다. 녹차의 타닌과 폴리페놀 성분은 이상적인 입안 세정제이고 라임은 자극적인 산미를 선사한다. 액체 질소는 실용성과 연극성을 결합한 요소다. 무스가 입안에서 사라진다. 물론 평범한 요리 도구만 갖춘 요리사라면 라임과 녹차의 풍미를 조합해서 머랭이나 셔벗을 만들어볼 수 있다.

라임과 대추야자

황설탕과 라임은 고전적인 조합이다. 라임은 레몬에 비해서 천연 당분이 절반밖에 들어가 있지 않기 때문에 새콤달콤함이 극에 달한다. 콜롬비아에서는 퍼지 같은 맛이 나는 파넬라panela라는 설탕을 물에 타서 아쿠아파넬라라는 음료를 만든다. 설탕을 녹이는 데에 사용하는 뜨거운 물에는 가끔 라임 제스트를 넣기도 하고, 라임 주스로 단맛과의 균형을 잡는다. 카샤사cachaça(사탕수수 증류주)와 설탕, 라임으로 만든 칵테일인 브라질의 카이피리냐는 라임 제스트와 카샤사의 원당이 풍기는 열대 풍미가 같이 감도는 당밀이 함유된 황색 그래뉴당으로 만드는 것이 가장 맛있다. 날카로운 결정 형태가 음료를 만들 때 라임 껍질에서 에센셜 오일을 더 많이 끌어내기도 한다. 라임과 황설탕은 동남아시아에서 드레싱과 생선용 캐러멜 소스에도 많이 사용된다. 이 모든 사실이 대추야자의 진한 황설탕 풍미가 라임과 자연스러운 궁합을 이룰 것이라고 말해주고 있다. 다음은 키 라임 파이에서 특히 파이에 들어간 연유의 캐러멜 풍미가 라임의 제스트 및 즙과 조화를 이루는 것에서 영감을 받은 에너지볼로, 여기서는 대추야자가 캐러멜 풍미를 공급한다. 씨를 제거한 메줄 대추야자 10개에 아몬드 가루 6큰술, 곱게 간 라임 제스트 1개 분량, 소금 한 자밤, 되직한 페이스트가 될 만큼의 라임즙을 넣어서 곱게 간다. 혼합물을 같은 크기로 12등분해서 공 모양으로 빚은 다음 아몬드 가루나 피스타치오 가루에 굴려서 골고루 입힌다. 두 개만 먹으면 진짜 키 라임 파이를 만들 수 있을 만큼의 기운을 얻을 수 있다.

라임과 렌틸: 렌틸과 라임(54쪽) 참조.

라임과 석류

체크인 후 우리는 라스베이거스 스트립을 따라 걸어가며 룩소르 호텔의 거대한 검은 피라미드, 엑스칼리버의 장난감 마을 포탑, 조그마한 맨해튼을 한 바퀴 도는 롤러코스터를 지나쳤다. 30분 만에 7천 마일, 그리고 45세기를 여행한 셈이다. 당연히 음료가 필요했다. 돌아온 호텔 정원에는 완만하고 구불구불한 길을 따라 느린 물살이 이어지는 유수풀이 있었고, 우리 일행 중 하나는 튜브에 타서 다리와 폭포수 아래를 유유히 떠다녔다. "미국의 놀라운 점이 뭔지 알아?" 나는 석류 라임에이드를 한 모금 마시며 남편에게 말했다. "이 라임이 있다는 거야." 멕시코산 라임은 유럽에서 흔히 볼 수 있는 페르시아 라임보다 훨씬 깔끔한 맛이 난다. 라임은 맛있는 식사에도 달콤한 디저트에도 짭짤한 산미를 더하는 탁월한 풍미 강화제다. 나는 안락의자에 기대 석류의 댐슨 자두와 잘 익은 토마토, 수박 향을 즐기며 흐르는 물을 감상했다.

라임과 애호박

셰프 스티븐 해리스는 갓 딴 애호박을 아주 얇게 저며서 라임즙과 올리브 오일, 소금, 허브 약간을 넣어서 잘 버무린다. 이것을 딱 5분만 재웠다가 먹으라고 한다. 해리스는 애호박의 왕이다. 그리고 애호박에게는 왕이 필요하다. 애호박과 민트(394쪽) 또한 참조.

라임과 오크라

라임을 곁들인 오크라 튀김은 노스캐롤라이나주 애슈빌에 자리한 인도 레스토랑 차이 파니Chai Pani의 시그니처 요리로, 하루에 오크라를 180kg 이상 소비한다고 한다. 오크라는 인도와 미국 최남부 요리에서 흔히 볼 수 있는 재료라 셰프 메헤르완 이라니는 오크라를 자신의 뿌리와 제2의 고향 모두를 기리는 방식으로 활용한다. 이라니가 어렸을 때 어머니가 오크라 튀김을 만들어준 것은 고작해야 몇 번이었지만, 그 추억은 그의 마음속 깊은 곳에 자리 잡고 있다. 오크라 튀김을 만들려면 오크라를 길게 채 썰어서 뜨거운 기름에 튀긴 다음 종이 타월에 올려 기름기를 제거하고 라임즙과 소금을 뿌려서 골고루 버무린다.

라임과 옥수수: 옥수수와 라임(68쪽) 참조.
라임과 타마린드: 타마린드와 라임(129쪽) 참조.
라임과 파파야: 파파야와 라임(192쪽) 참조.

라임과 패션프루트

열대우림 속에서 길을 잃은 것 같다. 발사믹과 과일, 꽃향기가 뒤섞인 정신없는 조합으로, 적당한 수준에서는 상쾌하지만 향이 진해지면 졸음을 유발한다. 유제품 베이스로 적당히 다독이거나(치즈케이크, 커스터드 타르트) 바카디를 섞어서 패션프루트 다이키리를 만들어 아예 두 배로 즐겨보자. 사탕수수즙으로 만든 브라질의 증류주로 날카로운 화이트 럼 같은 맛이 나는 카샤사와 섞으면 훨씬 맛있다.

라임과 후추

약간의 나무 향이 라임의 풍미를 최고로 끌어올린다. 쿠민과 시나몬은 고전적인 단짝이지만 흑후추도 간과할 수 없다. 라임과 흑후추는 캄보디아의 소스인 툭 메릭tuk meric에서 만나는데, 보통 소고기 볶음인 록 락lok lak에 곁들이지만 대부분의 볶음 요리와 함께 먹으면 입맛이 돌게 한다. 라임즙 2큰술당 으깬 흑후추를 약 1작은술 넣고 소금 여러 자밤과 설탕으로 간을 맞춘다. 영국계 이란인 셰프 사브리나 가유르는 냉동 요구르트에 라임과 흑후추를 넣은 조합을 소개하기도 한다.

YUZU

유자

맛이 만다린과도 약간 비슷하고, 자몽과도 조금 비슷하지만 비교하는 것은 무의미하다. 유자 제스트에서는 고유의 향이 나지만 잠깐 머물다 사라지기 때문에, 유자 향 제품에서는 거의 느낄 수 없다. 설탕에 절인 껍질은 맛있지만 건조시켜서 가루를 낸 제스트에서는 유자를 특별하게 만드는 흥미로운 허브와 꽃향기가 나지 않는다. 유자는 세빌 오렌지처럼 신맛이 나고 과즙이 상대적으로 부족하고 속껍질의 비중이 높아서 손으로 까먹기가 어렵다. 대신 레몬처럼 주스나 제스트 또는 둘 다를 활용하는 식으로 많이 쓴다. 일본에서는 동지 무렵에 통유자에 칼집을 내서 향기로운 오일이 방출되도록 한 다음 반으로 잘라서 욕조에 띄워 유자 목욕을 한다.

유자와 고추

일본의 조미료인 '유자 후추[60]'는 포장을 예쁘게 했을 뿐이지 레몬 후추와 비슷한 맛이 날 거라고 생각했다. 하지만 전혀 그렇지 않았다. 우선 가루가 아니라 페이스트 형태이며 훨씬 신선하고 매콤하다. 풋고추나 홍고추 모두로 만들 수 있다. 간장에 섞어서 묽은 소스를 만들면 튀김이나 회, 만두를 찍어 먹기 좋다. 미소 국에 넣거나 파스타에 페스토를 넣는 것처럼 면에 버무리기도 한다. 셰프 팀 앤더슨은 유자 후추에 유자즙과 올리브 오일을 섞어서 올리브를 재우면 마티니에 곁들이기 좋은 독특한 올리브가 된다고 제안한다.

유자와 꿀

한국에서는 유자차라고 불리는 유자와 꿀을 섞은 유자차가 인기다. 궁금해서 마트 진열대의 티백이나 잎차 코너를 서성이고 있다면 다른 코너로 가야 한다. 마멀레이드처럼(그냥 토스트에 발라 먹을 수도 있다) 병에 담겨 있기 때문이다. 꿀과 레몬처럼 뜨거운 물에 섞어서 기침과 감기를 완화하는 데에 사용하며, 사실 말이 나왔으니 말이지만 이것이 유자의 진정한 풍미를 경험할 수 있는 최고의 방법이다. 향기가 강렬한 만다린으로 만든 마멀레이드를 상상해보자. 정 유자차를 직접 만들고 싶다면 유자를 아주 얇게 썰어서 씨를 제거하고 흘러나온 모든 즙과 채 썬 과육을 모아서 동량의 꿀 또는 설탕과 함께 섞는다. 유자의 맛을 살리려면 아주 연한 맛의 꿀을 사용하는 것이 좋다. 오렌지 꽃 꿀은 유자에 어울리는 은은한 감귤류 향이 나니 좋은 선택지다. 밀폐용기에 옮겨 담아서 냉장고에 며칠간 재워두었다가 먹는다. 1개월까지 보관할 수 있다. 끓는 물 1컵당 유자차 2~3큰술을 섞는다. 껍질까지 먹는 것이 일반적이다.

60 유즈코쇼. 옛날 일본에서 고추를 후추와 같은 발음인 '코쇼'로 부른 것에 기인한 유자 고추 양념이다.

유자와 달걀: 달걀과 유자(248쪽) 참조.

유자와 레몬

서양에서는 유자를 더 저렴하고 구하기 쉬운 레몬에 섞어서 사용하는 경우가 많다. 런던 동부에 자리한 릴리 바닐리 베이커리의 릴리 존스는 시판 유자 주스에 레몬즙을 거의 1:3의 비율로 섞어서 유자 레몬 타르트를 만든다. 그 외의 레시피에서는 유자와 레몬을 2:1 정도의 비율로 사용하고 곱게 간 레몬 제스트를 넣거나 레몬과 만다린의 제스트를 섞어서 첨가한다. 갓 짠 즙을 사용할 계획이라면, 유자는 다른 감귤류에 비해서 즙이 많이 나오지 않는다는 점에 유의하자. 마치 들쥐의 젖을 짜는 것 같다. 작은 병에 든 시판 유자 주스를 구입할 수도 있지만, 좋은 제품이 없는 것은 아니나 착즙기라는 선택지를 배제하지는 말자.

유자와 리치

복숭아가 떠오르는 조합이다. 리치는 비록 껍질이 부드럽고 솜털 같지는 않지만, 사실 그와 정확히 반대되는 질감이지만, 잘 익으면 복숭아처럼 향기로운 아름다움을 자랑한다. 품속에는 핵과처럼 핵을 감추고 있기도 하다. 유자에서 복숭아 향이 느껴진다는 점은 리치보다 의외다. 나는 즙과 제스트를 정성을 다해 짜낸 유자를 바로 버리기 아까워서 소량의 물과 설탕에 담가 두었을 때 그 사실을 발견했다. 약 한 시간이 지나자 시럽에서 강렬한 복숭아 향이 났고, 쓴맛은 현저하게 줄어들었다. 나는 이 시럽과 보드카와 리치 리큐어로 칵테일을 만들었다. 유자를 우려낸 시럽을 가열하자 이번에는 마찬가지로 리치 음료에 잘 어울리는 핑크 자몽에 가까운 맛으로 풍미가 급격하게 변화했다.

유자와 미소

일본에서는 미소 국에 유자 껍질을 사용한다. 껍질을 터트리면 기공에서 에센셜 오일이 방출되고, 국물의 열에 의해서 그 풍미가 더욱 강화된다. 한 입 맛보면 미소와 유자가 마치 결혼했지만 따로 사는 부부처럼 서로를 보완하면서도 뚜렷하게 분리되어 있다는 것을 알 수 있다. 유자가 흔하다고 해서 절대 하찮은 대접을 받지는 않는 일본에서는 유자의 속을 깨끗하게 발라낸 다음 유자즙과 미소, 설탕, 쌀가루를 섞어서 유자 속에 다시 채워 '유베시'(화과자의 일종)를 만들어서 사케나 차에 곁들여 낸다. 유베시는 수개월간 건조시키는 셰프도 있고, 찌고 말리기를 반복하는 셰프도 있다. 윌리엄 셔틀레프와 아오야기 아키코는 『미소 책』에서 도쿄의 300년 된 레스토랑 사사노유키에서는 소주라는 강한 증류주에 1년간 보존한 유자 껍질로 유자 미소를 만든다고 언급한다. 그들이 쓴 『두부 책』에는 '유자 보물 항아리' 레시피가 나오는데, 유자를 반으로 갈라서 과육을 파내고 반쪽의 바닥에 유자 미소 1~2작은술을 넣는다. 그 위에 두부를 눌러 담은 후 유자 미소를 조금 더 펴 바르고 나머지 반쪽을 덮어서 찐다. 유자 미소는 일본 슈퍼마켓이나 고급 식료품점에서 쉽게 구할 수 있다. 짭짤한 감귤류의 풍미가 북아프리카의 레몬 절임을 떠올리게 한다.

유자와 버섯

일본에서 송이버섯과 유자는 가을 음식이다. 유자는 다른 자연의 풍미를 강화하는 역할로 이름 높은 재료인데, 그렇게 보완하는 풍미 중에서 가장 귀한 것이 송이버섯이다. 일본 레스토랑 체인인 노부에서는 야생 버섯을 엑스트라 버진 올리브 오일과 사케에 볶은 다음 유자즙과 포도씨 오일, 간장, 마늘로 만든 드레싱에 버무려서 어린잎 채소를 곁들이고 차이브로 장식해 낸다.

유자와 생강: 생강과 유자(224쪽) 참조.

유자와 오렌지

유자는 새콤한 만다린Citrus reticulata var. austera과 의창지(이창 파페다)Citrus ichangensis의 자손으로 추정된다. 고대 열대 아시아 과일이자 서섹스에 자리한 전문 종묘장 시트러스 센터에 따르면 의창지는 "아주 톡 쏘는 맛이 강하고 식용으로 적합하지는 않다"고 한다. 만다린과 친족 관계라는 점은 미각으로 쉽게 감지할 수 있는데, 쉽게 벗길 수 있는 껍질이라는 제단에 희생되기 전의 만다린 풍미를 알고 있다면 더더욱 그러하다. 만다린의 활용도가 상당히 제한적이라는 점을 기억한다면 만다린 대신 유자를 사용할 수 있다는 설명도 그저 비약일 뿐이다. 네이블오렌지 주스에 유자 제스트를 섞어서 옛날 만다린 풍미에 가까운 맛을 내보자.

유자와 참깨: 참깨와 유자(296쪽) 참조.

ORANGE

오렌지

오렌지 주스는 감귤류 주스 중에서도 1950년대의 미국 치어리더 같다. 활기차고 예쁘면서 균형 잡혀 있다. 파인애플과 망고의 맛이 살짝 느껴지지만 심하게 두드러지지는 않는다. 테킬라에 섞으면 아주 만족스러운 맛이 난다. 갓 짜낸 주스에서 가장 맛있고 제일 두드러지는 유황 느낌이, 지나친 낙천주의자 같은 이미지에서 벗어나게 해준다. 오렌지 껍질은 주스를 연상시키는 풍미를 지니고 있는데 이는 과일에서 주스를 짜낼 때 제스트의 에센셜 오일이 일부 분사되기 때문이다. 하지만 자몽 껍질처럼 완전히 이질적이지는 않아도 살짝 눅눅하고 쇠 맛이 나며 사향과 향신료 풍미가 돌아서 기본적으로는 껍질과 특징이 완전히 다르다. 남은 하루가 지루할 것처럼 느껴질 때 입자가 굵은 마멀레이드를 먹으면 최소한 무언가 흥미로운 일 하나는 일어났다고 할 수 있다. 마멀레이드는 전통적으로 1월이 제철인 새콤하며 쌉싸름한 세빌 오렌지로 만든다. 블러드 오렌지도 겨울철 과일이다. 주스를 짜면 오렌지의 신선한 맛을 조금 상쇄시키는 베리 향이 난다. 이 장에서는 귤과 금귤도 함께 다룬다.

오렌지와 강낭콩

오렌지는 강낭콩의 껍질 아래에 파고들어서 화사한 맛을 더한다. 신선한 즙을 이용해서 콩 샐러드용 비네그레트를 만들거나 오렌지 과육을 잘라내서 첨가하자. 돌려 닫는 뚜껑이 있는 병에 달걀노른자 1개와 디종 머스터드 1작은술, 꿀 1작은술, 아주 곱게 간 오렌지 제스트, 사과 식초 1큰술, 올리브 오일 2큰술, 신선한 오렌지 주스 3큰술을 넣는다. 잘 흔들어서 유화시킨다.

오렌지와 건포도: 건포도와 오렌지(125쪽) 참조.
오렌지와 검은콩: 검은콩과 오렌지(43쪽) 참조.
오렌지와 꿀: 꿀과 오렌지(76쪽) 참조.
오렌지와 대추야자: 대추야자와 오렌지(134쪽) 참조.
오렌지와 리치: 리치와 오렌지(100쪽) 참조.
오렌지와 말린 자두: 말린 자두와 오렌지(120쪽) 참조.

오렌지와 석류

석류가 미국에 처음 들어온 것은 스페인에서 플로리다로 향하던 오렌지 수송선에 끼어 온 것이었다는 설이 있다. 그로부터 거의 200년이 지난 후에도 두 과일은 1972년 롤링스톤스의 악명 높은 북미 투어의 시그니처 음료인 테킬라 선라이즈의 형태로 여전히 사랑받고 있다. 그 이유는 쉽게 알 수 있을 것이다. '선라이즈'란 외관만 가리키는 것이 아니다. 차갑고 달콤한 오렌지 주스에 그레나딘 시럽과 눈이 감기게 만드는 테킬라를 가미한 술은 아직 잠자리에 들지 않은 새벽 다섯 시에 맛있게 마실 수 있는 유일한 음료다. 롤링스톤스보다 비틀스를 좋아한다면 데저트니라는 석류 품종을 먹어보자. 갓 익었을 때는 즙에서 감귤류 향이 나는 정도지만 숙성되면서 오렌지 향이 뚜렷하게 느껴진다. 석류에게 침팬지의 제인 구달과 같은 존재인 그레고리 레빈 박사가 육종한 품종이다. 그의 훌륭한 저서의 제목은 무려 『석류의 길』이다.

오렌지와 순무

『잊힌 과일들』에서 크리스토퍼 스톡스는 "견과류와 은은한 비터 아몬드 향이 나는" 최고의 풍미로 명성이 높은 오렌지 젤리라는 순무 품종에 대해 이야기한다. '젤리'라고 불리는 것은 섬유질이 부족해서 익히면 젤라틴처럼 되기 때문이다. 이 품종은 골든 볼이라고도 불리며 종자도 쉽게 구할 수 있다. 순무와 오렌지의 조합은 고전적인 배추속 식물과 오렌지의 조합뿐만 아니라 톰 케리지의 독특한 레시피인 순무 마멀레이드찜을 떠올리게 한다.

오렌지와 양귀비씨: 양귀비씨와 오렌지(300쪽) 참조.
오렌지와 오레가노: 오레가노와 오렌지(333쪽) 참조.
오렌지와 올스파이스: 올스파이스와 오렌지(348쪽) 참조.
오렌지와 월계수 잎: 월계수 잎과 오렌지(352쪽) 참조.
오렌지와 유자: 유자와 오렌지(183쪽) 참조.

오렌지와 자두

레크바르lekvar는 자두를 익혀서 만드는 헝가리의 자두 향신료 버터다. 오렌지나 레몬 제스트 혹은 시나몬과 정향 등을 넣어서 향을 가미한다. 전통적으로 마을 사람이 모여서 불을 피우고 커다란 팬을 빌려 가장자리까지 올라오도록 자두를 가득 채운 후 반 이하로 줄어들 때까지 천천히 익혀 만든다. 새벽 세 시에도 아직 깨어 있는 사람들이 (자두와 관련된) 민요를 부르며 교대로 자두를 휘저어 완전히 졸인 다음 도기 단지에 담아 보관한다. 물론 이제 시는 죽었고, 통조림 레크바르를 구입할 수 있으며, 주성분은 옥수수 시럽이다. 오렌지 향 레크바르는 내가 좋아하는 부림절에 먹는 삼각형 페이스트리인 하만타셴의 속 재료로 쓰인다.

오렌지와 치커리

오렌지는 쓴맛이 나는 재료와 잘 어울린다. 치커리를 오렌지에 조린다고 하면 별로 매력적으로 느껴지지 않겠지만 꼭 한번 시도해보라고 말하고 싶다. 두 재료가 모두 약간의 변화를 거치면서 치커리가 녹색 잎

채소보다 아티초크에 가까운 맛으로 바뀐다. 치커리 3개를 길게 반으로 자른 다음 딱 맞는 뚜껑이 있는 직화 가능한 캐서롤에 버터나 올리브 오일을 약간 두르고 치커리를 넣어서 노릇하게 지진다. 치커리가 살짝 노릇해지면 신선한 오렌지 주스 150ml, 소금 여러 자밤 혹은 간장 약간, 취향에 따라 꿀 1작은술을 넣는다. 한소끔 끓인 다음 뚜껑을 닫고 불 세기를 낮춰서 5분간 익힌다. 뚜껑을 열고 치커리가 살짝 캐러멜화되고 끈적끈적한 소스에 들어간 부드러운 달걀처럼 보일 때까지 국물을 졸인다. 영국에서 활동하는 스페인 셰프 호세 피사로는 이 조합을 조금 더 정교하게 재해석해서 보여준다. 그릴에 구운 치커리에 클레멘타인 비네그레트를 얹고 오레가노와 빵가루를 입혀 튀긴 염소 치즈를 곁들인 것이다. 또는 치커리와 오렌지, 호두로 매일 먹고 싶어지는 겨울 샐러드를 만들어보자.

오렌지와 캐러웨이

캐러웨이를 익히면 은은하게 감귤류 향이 난다. 오렌지와 캐러웨이는 버터가 들어간 페이스트리와 케이크 또는 진한 호밀빵의 맛을 가볍게 만들어준다. 핏케이틀리 배넉Pitcaithly bannock이라는 스코틀랜드의 축제용 쇼트브레드에는 전통적으로 당절임한 오렌지와 레몬 껍질에 캐러웨이 컴핏comfit(캐러웨이 씨앗에 설탕을 입힌 것)과 아몬드를 섞어서 위에 뿌린다.

오렌지와 캐슈

런던의 딤섬 레스토랑 야우아차에서는 상큼한 금귤 맛 셸에 달콤한 구운 캐슈 맛 필링을 채워 마카롱을 만들곤 했다. 보통 새콤한 맛이 안에 들어가는 기존의 샌드위치 비스킷과는 정반대라는 점이 흥미로웠다. 금귤은 넛멕 크기의 오렌지색 감귤류 과일로 껍질째 통째로 먹는 것이 일반적이다. 달콤한 과육을 싹 뽑아내 버린 귤을 먹는 것과 약간 비슷하다. 단맛은 덜하고 쌉싸름하면서 향기로운 껍질이 짜릿한 맛을 선사한다. 그런 이유로 대부분의 금귤은 설탕에 절이거나 마멀레이드 혹은 리큐어로 만들어서 떫은맛을 제거한다.

오렌지와 케일

철분이 들어간 멀티비타민 정제는 이런 맛이어야 마땅하다. 오렌지와 케일에는 약으로 인정할 수 있을 만큼 쓴맛이 가득하다. 케일이 가장 제철일 때 오렌지도 가장 화사하고 과즙이 풍부하다는 점이 그나마 마음에 안정을 준다. 익힌 케일에 오렌지 비네그레트를 뿌려서 먹어보자. 케일과 경쟁할 수 있을 정도로 풍미를 강하게 내려면 오렌지 제스트도 넣어야 한다. 더 좋은 방법은 오렌지 과육을 잘라내서 케일 샐러드에 넣는 것이다. 만다린의 질긴 속껍질은 샐러드에서는 거슬리는 존재가 될 수 있지만, 케일은 원래 잎을 충분히 씹어야 먹을 수 있기 때문에 상대적으로 신경이 덜 쓰인다. 하루에 한 번씩 섭취하면 영양 만점이다.

오렌지와 크랜베리: 크랜베리와 오렌지(92쪽) 참조.

오렌지와 파파야

파파야와 비터 오렌지는 디저트와 애피타이저 혹은 닭고기나 생선에 곁들이는 요리 등으로 다양하게 내는 유카탄 요리 섹xec에서 짝을 이룬다. 세빌 오렌지 주스(또는 라임즙을 넉넉히 넣어서 신맛을 살린 신선한 오렌지 주스)에 꿀을 넣어 맛을 낸 다음 카이엔 페퍼와 소금을 한 자밤씩 넣는다. 잘 익은 파파야와 오렌지, 자몽 과육을 큼직하게 썰어서 그 위에 이 드레싱을 두른다. 멕시코의 전분성 뿌리채소인 히카마도 여기 자주 들어가는 인기 재료지만 무나 래디시로 대체할 수 있다. 곱게 다진 고수를 뿌려서 낸다. 필리핀에서는 귤과 레몬, 라임을 섞은 맛이 나는 칼라만시라는 작은 감귤류 과일을 파파야와 함께 섞어서 과자를 만든다.

오렌지와 패션프루트: 패션프루트와 오렌지(189쪽) 참조.
오렌지와 펜넬: 펜넬과 오렌지(322쪽) 참조.
오렌지와 피스타치오: 피스타치오와 오렌지(309쪽) 참조.

오렌지와 해조류

오렌지는 보랏빛을 띠는 갈색 김인 돌김pyropia을 비롯한 짙은 녹색 채소와 잘 어울린다. 19세기 초의 요리책 작가인 런델 부인은 레이버브레드[61]의 조미료로 세빌 오렌지 주스를 추천했다. 그로부터 한 세기가 지난 후 플로렌스 화이트는 세빌 오렌지가 제철이 아니라면 레몬을 사용하라고 말하기도 했다. 제인 그리그슨은 양고기 목살에 햇감자, 레이버브레드에 오렌지 몇 조각을 곁들이면 훌륭한 식사가 된다고 말했다.

오렌지와 호밀: 호밀과 오렌지(26쪽) 참조.
오렌지와 후추: 후추와 오렌지(358쪽) 참조.
오렌지와 흰콩: 흰콩과 오렌지(51쪽) 참조.

61 원물 김을 씻어서 졸여 페이스트처럼 만든 영국의 식품. 빵과는 전혀 관련이 없다.

PASSIONFRUIT

패션프루트

중독성이 있다. 패션프루트는 고급 코냑과 위스키, 버지니아 담배와 동일한 풍미 분자를 지니고 있다. 보라색과 노란색 변종이 있고 아열대 및 열대 품종이 있는데, 어느 것이 가장 사랑스럽고 제일 향기로운지에 대해서는 의견이 분분하다. 그래봤자 소소한 차이겠지만. 호박색 즙을 머금은 씨앗의 표범 가죽 같은 화려함과 살짝 촉촉하게 느껴지는 향 모두 마치 과일 그릇에 담긴 조앤과 재키 콜린스 자매처럼 뻔뻔하고 섹시하며 산뜻한 매력을 선사한다. 패션프루트를 구입했을 때 껍질이 아직 매끈하다면 주름이 잡힐 때까지 실온에 보관한 다음 냉장고에 넣자. 더 오래 보관하고 싶다면 통째로 혹은 과육만 덜어내서 냉동한다.

패션프루트와 달걀

패션프루트에 꼭 어울리는 황금빛 실크 베개다. 패션프루트와 달걀을 섞어서 커스터드나 커드를 만들면 노른자의 풍미가 패션프루트의 향을 강화하면서 부드럽게 다듬어준다. 커드에서 설탕을 빼면 패션프루트 홀랜다이즈가 된다. '패션프루트 홀랜다이즈'라는 말을 듣고 직사각형 검은 접시에 커다란 장식과 요만한 요리가 담겨 나오는 모습을 떠올렸다면 마음을 조금 더 열어보자. 하와이에서는 단순하게 익힌 흰살 생선이나 조개류에 곁들이기도 하지만 나는 걸쭉하게 만들어서 애호박이나 오크라 튀김과 함께 내는 것을 선호한다. 보통 쓰는 레몬즙 대신 체에 거른 패션프루트 과육을 사용하자. 보라색 패션프루트 1개에서 보통 과육 1~2작은술 정도가 나온다.

패션프루트와 라임: 라임과 패션프루트(180쪽) 참조.

패션프루트와 레몬

패션프루트와 레몬즙의 관계는 마치 망고와 라임즙의 관계와 같다. 완벽한 풍미 증진제다. 직관적으로 와닿지는 않지만, 놀랍게도 패션프루트에 레몬의 신맛이 더해지면 훨씬 맛있다.

패션프루트와 바나나: 바나나와 패션프루트(154쪽) 참조.
패션프루트와 바닐라: 바닐라와 패션프루트(143쪽) 참조.

패션프루트와 사과

미국의 식품 과학자 재스퍼 우드루프는 사과 주스에 패션프루트 주스를 5~10% 정도 섞은 음료로 맛본 후 아주 매력적이라고 평가했다. 나도 우드루프의 의견에 동의하지만 개인적으로는 아주 맛있는 사과 주스라는 점에서 매력적이었다. 제대로 맛을 느끼려면 패션프루트를 훨씬, 정확하게는 25% 섞어야 했다. 이 비율로 만든 음료에서는 약간 사과와 블랙커런트의 맛이 느껴지는데, 이는 4-메르캅토-4-메틸펜탄-2-온(4MMP라고도 부른다)이라는 패션프루트와 블랙커런트, 그리고 울타리 식물인 회양목 이파리가 태양빛을 쬐면 발산하는 오일에서 발견되는 향기 화합물 덕분이다. (회양목에는 독성이 있으니 음료에 넣지는 말자.)

패션프루트와 엘더플라워: 엘더플라워와 패션프루트(104쪽) 참조.

패션프루트와 오렌지

패션프루트는 가격이 너무 비쌀 때가 있다. 그 양을 늘리고 싶다면 오렌지가 최고의 선택지다. 특히 젤리나 커드를 만들 때면 오렌지 특유의 주황색도 도움이 된다. 패션프루트를 조금만 넣어도 큰 효과를 볼 수 있다. 과일 풍미 중 가장 강한 맛인 유황 분자가 최소 오십 개 정도 있기 때문이다. 오렌지 주스에 패션프루트를 10% 정도만 섞어도 그 향을 감지할 수 있다. 오렌지 주스에도 특유의 거친 유황 성분이 함유되어 있어 기분 좋은 쌉싸름한 맛이 은은하게 전해진다.

패션프루트와 초콜릿

패션프루트는 초콜릿과 잘 어울리는 몇 안 되는 열대 과일 중 하나다. 바나나처럼 밀크 초콜릿의 가벼운 풍미와 잘 어울려서 끈적끈적하고 과일 향이 나는 가나슈를 만들 수 있다. 하지만 레몬과 마찬가지로 초콜릿에 넣어서 먹는 것보다는 함께 먹는 것이 더 좋다. 셰프 폴 히스코트는 프로피트롤profiteroles[62]에 패션프루트 페이스트리 크림을 채우고 초콜릿 소스를 부어서 낸다. 쇼콜라티에들의 쇼콜라티에인 발로나는 '패션프루트 강화' 초콜릿을 만든다. 브라질산 카카오 원두를 일반적인 방식으로 발효시켜서 특유의 풍미를 살린 다음 패션프루트 과육을 첨가해서 2차 발효를 거치는 것이다. 그러면 과일 향이 매우 두드러지는 초콜릿인 이타쿠자Itakuja 55%가 탄생한다.

패션프루트와 케일

방울양배추와 크랜베리, 콜리플라워와 건포도, 그리고 패션프루트 비네그레트를 두른 케일 샐러드는 최고로 숭고한 '배추속 식물과 과일' 조합으로 손꼽힌다.

62 작은 슈 페이스트리에 속을 채운 프랑스 요리. 달콤하게도, 짭짤하게도 먹는다.

패션프루트와 코코넛

마치 뜨거운 욕조 속에서 비트겐슈타인과 토론하는 것처럼 강렬하면서 경박하다. 패션프루트는 효능이 좋아서 바로 떠먹는 일종의 엑기스 같다. 산도 또한 강력하다. 달콤한 코코넛 케이크나 비스킷에 아이싱으로 바르거나 속을 채우거나 맛을 내는 용도로 쓰기에 적합하다. 말린 코코넛과 설탕, 달걀흰자를 섞어서 코코넛 매커룬 반죽을 만든 다음 작은 컵에 채우면 속에 패션프루트 커드를 채우기 좋다. 드라마틱한 파블로바를 만들고 싶다면 갈거나 말린 코코넛을 방금 휘핑한 머랭에 넣고 접듯이 섞어서 굽고, 체에 거르지 않은 패션프루트 과육을 듬뿍 올려 마치 눈 덮인 화산에서 용암이 흘러내리듯이 옆으로 자연스럽게 흘러내리도록 만들어보자.

패션프루트와 크랜베리: 크랜베리와 패션프루트(94쪽) 참조.

패션프루트와 토마토: 토마토와 패션프루트(85쪽) 참조.

패션프루트와 파파야

미녀와 야수 조합이다. 패션프루트에서는 아침 내내 외출 준비를 한 것 같은 맛이 나고, 파파야는 헬스장에서 바로 나온 것 같은 맛이 난다. 다행히 패션프루트는 향이 두 사람 몫을 하고 파파야의 밋밋한 단맛에 활기를 불어넣을 수 있을 만큼 상큼하다.

패션프루트와 펜넬: 펜넬과 패션프루트(324쪽) 참조.

CRUCIFEROUS

십자화과

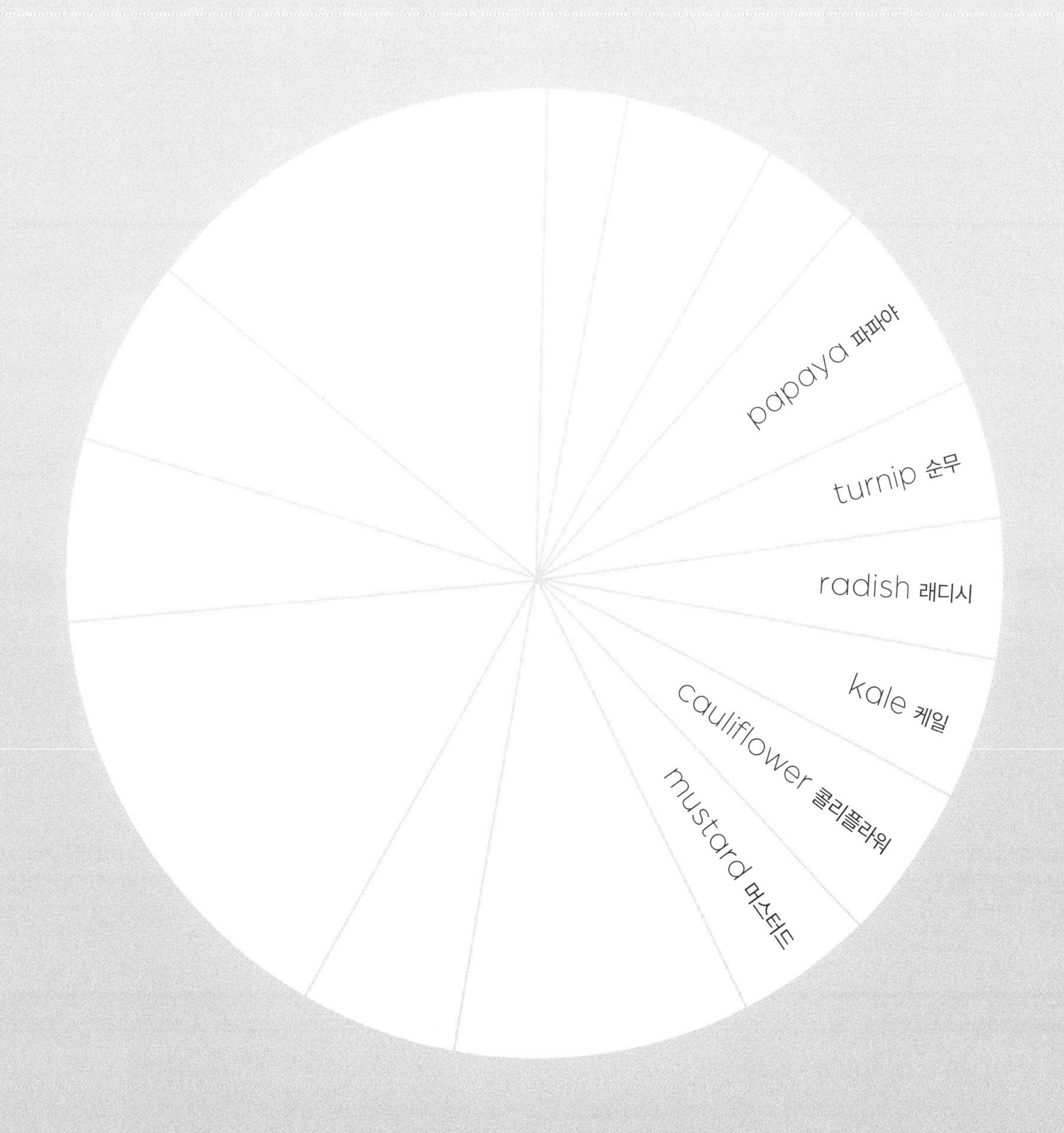

PAPAYA

파파야

루바브가 과일로 오해받는 채소라면 파파야는 그 반대다. 덜 익은 파파야는 열대 국가에서 매우 인기가 높다. 비교적 풍미가 부드러운 편이고 피클이나 솜땀 같은 샐러드에서 타의 추종을 불허하는 식감을 선보인다. 파파야 특유의 십자화과 채소 향은 씨에서 나오는데, 덜 익은 파파야의 씨앗은 흰색이고 갓 갈아낸 홀스래디시의 풍미가 난다. 파파야가 익으면 씨앗이 검은색으로 변하면서 십자화과의 향이 사라지지는 않지만 조금 부드러워진다. 검은 파파야 씨앗의 풍미는 종종 물냉이와 한련화, 케이퍼, 통후추에 비교되기도 하며, 검은 씨앗을 말려서 양념으로 쓸 때도 있다. 모든 파파야는 껍질이 녹색이고 익으면 노란색으로 변하는데, 약 80% 정도가 노란색이 되었을 때 과육의 풍미가 절정에 이른다. 파파야 품종 중에서 과육이 주황색이거나 붉은색이고 전체적인 모양이 길쭉한 파파야가 노란색 과육에 비교적 둥근 모양의 파파야보다 달콤하고 향기로운 편이다. 건강식품 전문점의 필수품인 말린 파파야는 거의 항상 단맛이 첨가되어 있다.

파파야와 고추: 고추와 파파야(316쪽) 참조.

파파야와 라임

불쌍한 파파야. 슈퍼마켓에서 망고 옆에 앉을 팔자인데, 이건 요트에서 크리스티 털링턴[63] 옆에 앉는 것이나 마찬가지다. 솔직히 파파야도 매력적이기는 하지만 망고의 개성과 우아함, 상큼한 산미가 부족하기 때문에 라임을 언급하지 않고서는 파파야에 대해 이야기하는 것을 들어보기가 힘들다. 라임의 새콤한 과즙과 열대 꽃향기는 파파야를 완성시킨다. 슈퍼마켓에서 반드시 같이 팔아야 하는 조합인데, 라임이 마치 포대기에 싸인 아기처럼 파파야에 담긴 채로 그물에 싸여 있다. 하지만 풍미 면에서 라임은 절대 소심한 신입사원이 아니다. 파파야가 자라는 더운 나라에서는 차갑게 식힌 파파야에 라임을 짜서 뿌려 상쾌한 아침 식사로 먹는다. 라임의 맛이 가라앉으면 파파야의 단맛이 석양 속의 녹색 섬광처럼 빠르게 나타났다가 사라진다. 라임이 주인공인 것이다. 때로는 새까만 파파야씨 몇 알을 고명처럼 뿌리기도 한다. 덜 익은 파파야의 안쪽은 억만장자의 침실처럼 완전히 흰색이다. 씨앗조차도 하얀색인데, 심지어 이상하게 무게감이 없을뿐더러 폴리스티렌처럼 구멍이 숭숭 나 있다. 태국식 샐러드인 솜땀은 잘게 채 썬 덜 익은 파파야 과육에 반으로 썬 방울토마토와 깍지콩, 땅콩을 섞어서 라임즙과 피시 소스, 마늘, 고추, 설탕으로 만든 무뚝뚝한 드레싱에 버무린 것이다. 고추와 파파야(316쪽) 또한 참조.

63 매력적인 미국 캘리포니아 출신 모델

파파야와 레몬

명도를 낮춘 망고와 라임 같은 조합이다. 레몬 머틀의 항균 성분은 파파야의 신선도를 오랫동안 유지해 줄 뿐만 아니라 파파야 본연의 풍미도 높여주는 것으로 밝혀졌다.

파파야와 머스터드: 머스터드와 파파야(215쪽) 참조.

파파야와 민트

크리스토퍼 콜럼버스는 파파야를 "'천사의 열매'라고 불리는 나무의 멜론"이라고 묘사했다. 멜론은 흔히 파파야의 비교 대상으로 언급되는데, 이유는 대체로 그저 똑같이 주황색을 띠는 부드러운 과육의 과일이기 때문이다. 그 외에는 둘 사이에 공통점이 거의 없다. 멜론을 처음 먹으면 그다지 특색이 없는 단맛이 지나간 다음 잘 익은 멜론의 에스테르 과일 향이 입안에서 피어오른다. 파파야의 풍미는 그렇지 못해서 종종 무미건조하다고 묘사된다. 그럼에도 불구하고 많은 레시피 책에서 이 둘을 서로 바꿔서 사용하곤 한다. 프로슈토와는 확실히 둘 다 잘 어울리고, 파파야도 멜론처럼 민트와 친화력이 좋으며 수박처럼 민트와 페타와도 잘 어울린다.

파파야와 바나나

레이크디스트릭트의 스트라이딩 에지[64]가 좁다는 이야기는 들었지만 실제로 보니 정말 말도 안 되는 수준이었다. 내가 서 있는 곳에서는 산 능선이 마치 테이프 커터기의 날카로운 톱니 날처럼 구름 조각을 갈라버리는 도구처럼 보였다. 양쪽으로 깎아지른 듯한 절벽이 서 있었다. 가까이 다가갈수록 바람이 거세지면서 짙은 안개가 피어올랐다. 하지만 우리는 계속 나아갔다. 정상에 이르자 안개가 시야를 완전히 가렸고, 우리는 중요한 정상 이정표를 놓치고 내리막길을 끝없이 걷게 되었다. 우리는 조용히 이 상황을 부정하면서 계속 걸었다. 나는 배낭을 뒤져서 유통기한이 16개월밖에 지나지 않은 트레일 믹스 반 팩을 찾아냈다. 헤이즐넛은 좀 시큼했지만 파파나와 바나나는 마치 햇볕에 말린 햇살 조각 같았다. 예전에는 눈치채지 못했는데 신선할 때의 과육과 비슷한 맛이 느껴졌다. "저기를 봐!" 아마 과당에 좀 취한 상태였을 것 같은 내가 소리쳤다. "주차장이야!" "맞아." 남편이 말했다. "하지만 우리 주차장은 아니네." 우리는 바위에 앉아서 남은 파파야와 바나나 조각을 골라내 먹으며 다음 휴가는 좀 다른 스타일로 열대 낙원에서 켄들 지역의 민트 케이크 부스러기를 먹으러 가는 것이 어떻겠느냐는 계획을 세웠다.

파파야와 바닐라

파파야의 풍미는 테르펜알코올 리날로올이 지배적인데, 조향사 스테펜 아크탄더는 "독특한 크리미한 꽃

64 영국 레이크디스트릭트 국립공원의 등반 코스로 가파르고 거친 바위 지형으로 이름난 곳이다.

향기가 나지만 딱히 단맛이 뚜렷하지는 않다"고 설명한다. 이어서 아크탄더는 리날로올은 주로 낮은 농도로 쓰거나 다른 향과 함께 섞었을 때 기분 좋은 느낌을 준다고 말한다. 예를 들어 바닐라의 주요 향기 성분인 바닐린은 리날로올의 크리미함을 강조하고 나무 향을 가린다고 한다. 잘 익은 파파야를 적당한 크기로 썰어서 먹기 직전에 바닐라 아이스크림 4스쿱과 함께 잘 섞는다. 그릇 4개에 나누어 담는다. 브라질의 크렘 드 파파야는 잘 익은 파파야와 바닐라 아이스크림을 갈아서 잘 섞은 다음 카시스를 넣어서 휘저은 것이다.

파파야와 생강

박복한 운명의 연인이다. 파파야는 냉혹한 십자화과cruciferous의 심장을 지닌 열대 과일이다. 생강은 이를 맹목적으로 숭배한다. 파파야의 향은 "가볍고 상쾌한 꽃과 나무 향에 은은한 감귤류 풍미가 감돈다"고 묘사된다. 분자의 조합은 다르지만 생강도 마찬가지다. 생강을 잘 익은 파파야와 함께 조합해서 감귤류 향 그라니타에 넣거나 덜 익은 파파야로 담백하고 매콤한 콜슬로 같은 필리핀의 인기 냉장 피클인 아차라atchara를 만들어보자. 덜 익은 파파야 75g과 당근 25g, 홍고추 1개, 생강 35g을 곱게 채 썬다. 바나나 샬롯 1개를 곱게 송송 썰어서 다른 재료와 함께 잘 섞고 소금을 뿌린다. 30분간 절인 다음 물에 잘 헹궈서 건지고 꼭 짜서 물기를 최대한 제거한다. 냄비에 사탕수수 식초(또는 사과 식초) 250ml와 백설탕 100g, 마늘 2쪽, 소금 1/2작은술을 넣는다. 따뜻하게 데워서 설탕을 완전히 녹인 다음 불에서 내려서 약 20분간 식힌다. 살균한 병에 채소를 꽉 채워 담고 절임액을 잠기도록 부어서 뚜껑을 단단히 닫는다. 식으면 냉장고에 넣어서 며칠 동안 절인 다음 먹는다. 1개월까지 보관할 수 있다.

파파야와 시나몬

둘세 데 마마오dulce de Mamão(베네수엘라에서는 둘세 데 레초사lechosa라고 부른다)는 파파야를 시럽에 졸여 만든 브라질 디저트로, 시나몬이나 정향을 이용해 그 은은한 풍미를 끌어올린다. 베네수엘라의 셰프 스미토 에스테베스는 둘세 데 레초사에 전통적으로 무화과 잎을 향료로 사용한다고 말한다. 마르멜루나 구아버로 만들어 단맛이 강한 보존식품들처럼 둘세 데 레초사도 주로 치즈(케소 블랑코 또는 크림치즈)를 곁들여서 단맛을 상쇄시키곤 한다.

파파야와 아보카도: 아보카도와 파파야(312쪽) 참조.
파파야와 오렌지: 오렌지와 파파야(187쪽) 참조.

파파야와 치즈

냄새가 강력한 조합이다. 파파야에는 머스터드와 케이퍼, 물냉이, 래디시, 양배추 등에 다양하게 비유되는 향료 화합물인 벤질 이소티오시아네이트가 상당히 많이 함유되어 있다. 과일이 익을수록 그 수치가 증가하는데 19세기 후반에 발간된 예술학회지에 실린 시음 노트를 보면 이 부분을 확인할 수 있다. "이 과일은 (중략) 시럽이나 당절임한 형태일 때 순무의 맛이 아주 강하다." 최근에는 호주의 요리사 스테퍼니 알렉산더가 파파야에 대해서 이렇게 쓴 적이 있다. "반쯤 익은 파파야는 담즙의 쓴맛이 느껴지는 역겨운 맛이다." 이처럼 잘 익으면 불쾌감을 주는 특성 때문에 파파야는 태국의 유명한 솜땀(파파야와 라임 참조) 같은 샐러드뿐만 아니라 커리나 향기로운 시럽에 넣어서 익힐 때마저도 파랗게 덜 익은 상태로 먹는 경우가 매우 많다. 만일 십자화과 냄새 때문에 파파야를 과일로 먹기 힘들다면 치즈와 함께 맛보자. 브라질 출신의 셰프 마르첼로 툴리는 올리브 오일과 라임즙에 버무려서 다진 브라질너트를 뿌린 샐러드에 파파야와 염소 치즈를 넣는다. 파파야와 시나몬 또한 참조.

파파야와 코코넛: 코코넛과 파파야(151쪽) 참조.
파파야와 타마린드: 타마린드와 파파야(131쪽) 참조.
파파야와 패션프루트: 패션프루트와 파파야(190쪽) 참조.

TURNIP

순무

순무는 세련되게 만들려고 노력하지 않을 때 가장 맛있다. 스웨덴 순무처럼 조야하지는 않지만, 본질적으로 소박하면서도 비슷하게 섹시한 파트너를 만나면 뿌리채소의 단맛이 강화되면서 특유의 백후추 같은 풍미와 잘 어우러지게 된다. 농장에서 나는 식재료라면 무엇이든 순무와의 궁합을 고려해볼 만하다. 순무의 한계는 맛보다는 식감 때문에 생겨나는데, 수분이 많은 편이기 때문이다. 특히 작고 어릴 때는 날것으로 먹을 수 있으며 래디시와 비슷한 식감이 느껴진다. 이 장에서는 순무 잎도 함께 다룬다.

순무와 감자

순무의 백후추 풍미는 부드러운 흙 향기의 감자를 코니시 패스티Cornish pasty 같은 존재로 만들어준다. 곱게 다진 샬롯과 소량의 크림을 넣으면 감자만 넣었을 때보다 가벼워지지는 않지만 훨씬 맛있는 도피누아가 된다. 순무와 감자는 섞어서 으깬 요리를 만들기는 어렵다. 순무는 부드러워지기까지 시간이 오래 걸리기 때문에 이 둘을 같이 성공적으로 익히려면 순무를 적당한 크기로 써는 것이 관건이다. 따로따로 익히더라도 순무에 물이 많아서 밋밋한 으깬 감자와 순무 맛이 되어버린다. 십자화과의 풍미를 내고 싶다면 차라리 양배추를 넣어서 콜캐넌colcannon[65]으로 만드는 것이 좋다.

순무와 꿀

순무와 양배추는 스웨덴 순무의 부모인데, 이들이 분만실에 등장했다면 다들 참지 못하고 흘긋흘긋 훔쳐보았을 것이다. 세 채소 모두 약간의 단맛 첨가를 좋아한다는 십자화과 채소의 특성을 공유하며, 단맛은 이들의 쓴맛을 상쇄시키는 역할을 한다. 순무는 간단하게 설탕과 버터, 육수를 섞어서 윤기 나게 조리는 경우가 많지만 개인적으로 순무의 벌어진 치아 같은 소박한 매력에는 거친 맛이 있는 꿀이 잘 어울린다고 생각한다. 살짝 짠맛이 도는 밤 꿀이 좋은 선택지가 되어줄 것이다. 나는 가끔 밤도 몇 개 넣곤 한다. 4인분 반찬 기준으로 작은 순무 500g을 잘 씻어서 껍질째 4등분한 다음 로스팅 팬에 넣고 올리브 오일 1큰술과 녹은 버터 2큰술, 꿀 1큰술, 소금 1/2작은술을 넣어 잘 버무린다. 200°C로 예열한 오븐에 넣고 20~25분간 구운 다음 피시 소스 1큰술을 넣어서 잘 섞은 후 10분 더 굽는다. 채식주의자라면 피시 소스 대신 간장을 사용해도 좋다.

65 으깬 감자와 양배추 등을 섞어서 부드럽게 으깨 만드는 아일랜드의 요리

순무와 당근

살감salgam은 자색 당근과 순무의 즙으로 만든 튀르키예의 음료로, 여기에 불구르와 통밀가루를 넣어서 발효시켜 만든다. 특히 당근 주스의 단맛을 기대하고 마신다면 짠맛이 나서 상당히 충격적일 수 있다. 처음 접하는 사람이라면 음식과 함께 마시는 것이 제일 좋다. 튀르키예에서는 당근 절임이나 매콤한 케밥에 곁들여서 내기도 한다. 무사 다으데비렌의 『튀르키예 요리책』에 실린 튀르키예식 당근 순무 수프는 살감을 정교하게 변형한 것이다. 콩가루를 넣어서 걸쭉하게 만든 다음 피클 절임액을 듬뿍 넣고 클로티드 크림과 파슬리, 고수 잎을 올려서 마무리한다.

순무와 대추야자: 대추야자와 순무(134쪽) 참조.

순무와 말린 완두콩

마리 앙투안 카렘은 순무와 신선한 완두콩으로 그 유명한 수프를 만들어냈다. 19세기의 말린 완두콩 수프 레시피에는 양파와 당근, 셀러리로 만든 향미 바탕에 순무를 넣는 경우가 많았다. 파올라 개빈이 기록한 이탈리아 발레다오스타주의 말린 완두콩 수프는 순무와 감자로 맛을 내며 크림도 들어간다. 완두콩은 후추의 풍미에 특히 약하고, 순무는 앰브로즈 히스에 따르면 "전적으로 남성적인 풍미로 후추 향이 나며 매우 뚜렷한 맛"을 지닌다고 한다. 말린 완두콩과 후추(239쪽) 또한 참조.

순무와 병아리콩

샐러드 박스를 주문하면 분홍색 순무 피클을 더 많이 준다는 사실을 안 이후로, 시장 상인에게서 팔라펠랩을 구입한 적이 없다. 그러다 임신했을 때 팔라펠과 샐러드를 모두 포기하고 남편에게 폴리스티렌 박스 가득히 피클만 담아오라고 심부름을 시켰다. 아직도 후무스 바게트에서 마늘 향 수프에 이르기까지 병아리콩이 있는 곳이라면 어디서나 순무 피클이 그리워진다. 반드시 분홍색이어야 한다. 이 색은 비트로 내는데, 붉은 물을 들이는 것은 물론이지만 흙 향기가 나는 단맛도 가미하는 역할을 한다. 순무는 피에몬테의 수프 시스라cisrà에 병아리콩과 함께 들어가는 재료 중 하나이며 17세기 스페인에서는 병아리콩, 마늘과 함께 고기 스튜의 바탕을 구성하는 역할을 했다.

순무와 양상추

순무를 직접 키우면 작은 구근을 버터에 볶은 다음 순무 잎을 넣어서 같이 익힐 수 있다. 또는 수프를 만들어보자. 앨리스 워터스는 가장 좋아하는 수프 조합으로 순무와 순무 잎을 꼽았다. 오페라 가수이자 셰프인 알렉산더 스몰스는 수분이 많은 녹색 잎과 함께 익힌 뿌리채소를 먹는 것을 "먹어도 먹어도 아쉬운 채소 만두 같다"고 회상한다. 직접 재배할 수 없거나 재배하고 싶지 않다면 순무 잎처럼 독특한 매운맛을 지닌 로켓 같은 채소와 달콤한 구근을 함께 익혀서 비슷한 맛을 느껴보자. 물냉이도 좋다.

순무와 오렌지: 오렌지와 순무(185쪽) 참조.
순무와 쿠민: 쿠민과 순무(341쪽) 참조.

순무와 흰콩

'순무 먹는 사람'과 '콩 먹는 사람mangiafagioli'은 각각 영국과 이탈리아에서 시골 사람을 비하하는 용어로 쓰인다. 이 둘은 동맹을 맺어야 마땅하다. 다음은 카넬리니 콩을 요리하는 가장 좋은 방법 중 하나다. 2인분 반찬 기준으로 곱게 다진 샬롯 1개 분량을 버터나 오일에 부드러워질 때까지 볶은 다음 껍질을 벗기고 깍둑 썬 순무(중) 2개 분량을 넣어서 수 분 더 익힌다. 통조림 카넬리니 콩 400g을 물기를 따라낸 다음 냄비에 넣고 물 3큰술과 싱글 크림(생략 가능) 2큰술, 소금 여러 자밤을 넣는다. 국물이 부족하면 물을 보충하면서 15분간 뭉근하게 익힌다. 제대로 속물적인 맛을 내고 싶다면 곱게 다진 마늘 1쪽 분량을 넣어도 좋다.

RADISH

래디시

래디시는 단 한 가지 간단한 요령밖에 부릴 줄 모르지만, 솜씨는 좋다. 매운맛과 차가운 맛을 동시에 지니고 있어 차갑게 세포 단위로 아삭아삭하게 씹히는 가운데 후추 풍미가 맵싸하게 터져 나온다. 양념과 구김칭걸제가 하나로 합쳐졌다고 생각하자. 어린 래디시의 풍미는 겨울철의 신신한 생양배추와 비슷하다. 다른 것보다 유난히 매운맛이 강한 품종도 있지만 대체로 땅에 오래 심어져 있을수록 매워진다. 영국 상점에서 판매하는 대부분의 래디시는 분홍빛이 도는 붉은색에 엄지손가락 크기이지만 정원에서 직접 키우거나 농산물 시장에서 장을 보는 사람이라면 보라색과 검은색, 노란색 래디시도 구할 수 있는데 노랗고 매우면서 아주 맛이 좋은 즐라타, 일본의 무처럼 회백색을 띠는 흰색 래디시, 후추 향이 나는 길쭉한 화이트 아이시클처럼 밝은 흰색을 띠는 래디시 등이 존재한다. 17세기에 발간된 가정용 지침서에 따르면 래디시는 공격하는 뱀을 죽이는 용으로 사용해야 한다고 한다. 개당 무게가 30kg이 넘는 일본의 사쿠라지마 무를 보관하는 중이 아니라면 래디시를 본 뱀이 깔깔대고 웃다 제풀에 죽는 것을 기대하는 것이 아닐까 싶다.

래디시와 고추

한국산 래디시인 무는 깍두기에 고추와 함께 들어간다. 무는 흰색의 큰 체펠린 비행선 모양으로 어깨 부분은 녹색이다. 깍두기는 무를 큼직하게 깍둑 썰고 고추와 생강, 실파와 함께 섞어서 발효시켜 만든다. 깍두기 조각을 한 입 깨물면 달콤하면서 즙이 풍부해 이파리 김치와는 전혀 다른 느낌을 준다. 여기에 들어간 고추는 살짝 단맛이 나는 훈연 향의 한국산 고춧가루로 김치의 선명한 붉은색을 내는 데 쓰인다. 또한 많이 맵지 않은 고춧가루는 한국의 무 샐러드인 무생채에도 들어간다. 8~10인분 기준으로 한국산 무(또는 일부 레시피에서는 한국산 무를 대체할 수 있다고 주장하지만 한쪽에서는 암묵적인 어떤 의미의 한숨을 쉬면서 간신히 인정하는 일본산 무) 500g을 길게 채 썬다. 곱게 송송 썬 실파 1대 분량을 넣고 고춧가루 2작은술과 액젓 2작은술, 설탕 2작은술, 다진 마늘 1쪽 분량과 소금 1/2작은술을 섞어서 만든 소스를 둘러서 잘 버무린다.

래디시와 달걀: 달걀과 래디시(246쪽) 참조.

래디시와 당근

퍼거스 핸더슨이 랑그도크의 세인트 존 와이너리에서 매년 개최하는 와인 축제fête du vin에서 잎이 붙어 있는 상태로 내놓는 조합인데, 아이올리 냄비에 푹 찍어서 먹으면 훨씬 맛있다.

래디시와 두부: 두부와 래디시(285쪽) 참조.
래디시와 머스터드: 머스터드와 래디시(212쪽) 참조.

래디시와 메밀

'접시에 담긴 여름'이라는 설명이 붙은 음식을 한 번만 더 접하게 된다면 맹세컨대 언어와 완전히 의절하고 침묵의 수녀회에 가입할 것이다. 이 요리는 '접시에 담긴 축축한 아침'이라고 표현하는 것이 더 나을 텐데, 그래서 더 매력적이다. 오로시 소바는 차가운 메밀국수를 갈아낸 무를 넣은 국물에 찍어 먹는 인기 있는 일본 요리다. 강판에 간 무는 '진눈깨비'라는 뜻으로 미조레霙라고 불린다. 메밀 소바에서는 비 내리는 날의 흙 향기가 난다. 습한 환경에서 특히 환영받는 조합이다. 단 무를 너무 일찍 강판에 갈지 않도록 주의해야 한다. 그렇지 않으면 폭신한 질감을 잃어버리고 슬러시처럼 변해버릴 수 있다.

래디시와 아보카도: 아보카도와 래디시(312쪽) 참조.

래디시와 양상추

가장자리가 분홍빛으로 물든 얇게 저민 래디시는 샐러드에서 잎채소에 물방울무늬를 입히며 여름 드레스처럼 예쁘게 만들어준다. 십자화과의 매운맛과 상쾌한 잎사귀의 조합은 나파 배추에서도 찾아볼 수 있지만 대부분의 고전 레시피에서는 여기에 커다란 래디시인 무를 조합해서 더욱 돋보이게 한다. 무와 나파 배추는 콜슬로 스타일의 샐러드를 만들거나 미소 국에 동동 띄우거나 볶아 먹는 경우도 있지만 발효시켜서 만드는 배추김치에서 가장 자주 합을 맞춘다.

래디시와 차이브

아마 여러분은 독일 맥주 축제는 탄수화물을 의미한다고 생각할 것이다. 야구 글러브 같은 크기의 빵이나 프레첼에 소시지를 넣고, 맥주 맛집 에셴브로이Eschenbräu에서 맥주를 리터 단위로 마시는 것이다. (아코디언 연주자가 무릎까지 오는 가죽 바지를 입고 나타나면 맥주를 입이 아니라 귓구멍에 들이붓게 될지도 모른다.) 그 대신 래디시를, 특히 새하얀 뮌헨 비어 래디시를 준비해서 가느다란 덩굴손 모양으로 돌려 깎은 다음 차이브를 뿌려보자. 그보다 희귀한 밤베르거 레티히Bamburger Rettich는 깔끔한 모양의 흰색 래디시로 맥주와 '절묘한 조합'을 보여준다. 슬로푸드에서 발간하는 카탈로그 《맛의 방주Ark of Taste》에 따르면 그 어떤 래디시도 감히 범접할 수 없는 맛이라고 한다. 너무 맛있어서 심지어 차이브는 필요 없을 정도다.

래디시와 파슬리

오이와 딜을 편안한 힐링 푸드처럼 보이게 하는 조합이다. 래디시와 파슬리는 차갑고 무심한 미네랄 풍미를 공유하기 때문에 쾌활하고 기름진 케밥에 곁들이기에 안성맞춤인 샐러드를 만들 수 있다. 또는 파슬리 버터를 만들어서 생래디시에 곁들여도 좋은데, 너무 단순해서 입맛에 맞지 않는다면 다진 올리브를 첨가해보자. 미국 셰프 개브리엘 해밀턴은 본인이 선보이는 래디시와 버터, 소금 요리에 대해 반드시 "광택이 있고 서늘하지만 차갑지 않은" (무염) 버터를 사용해야 한다고 규정한다.

래디시와 해조류

선명한 노란색을 띠는 일본의 절인 무인 단무지는 얇게 썬 말린 무를 쌀겨와 김과 함께 단지에 켜켜이 담아서 절여 만든다. 이제는 고인이 된 셰프 쓰지 시즈오는 "오늘날에도 제단 주변에서 향기로운 향냄새가 퍼지듯이 절간 주방에서는 단무지의 날카로운 새콤한 향기가 퍼져나간다"고 했으며, 따뜻한 밥과 단무지는 미국의 빵과 버터만큼이나 일본의 식탁에서 흔하게 볼 수 있는 음식이다. 요즘에는 김밥의 속 재료로 차가운 밥과 함께 나오기도 한다.

래디시와 호밀

프랙스의 한 푸드코트에서
소금에 찍어 먹는 잭스와
지방에 찍어 먹는 잭스가
마주 앉아 간식을 먹던 날이었습니다.
둘 다 아삭바삭한 래디시를 손에 쥐고 있었지요.
두 사람은 자리에 앉았습니다.
입술을 핥았습니다. 소스에 찍을 준비를 했지요.
"잠깐 기다려, 친구." 소금에 찍어 먹는 잭스가 말했습니다. "정신 차려!
래디시를 버터에 찍으면서 식사라고 부른다고?
넌 미쳤어! 제정신이 아니야! 말도 안 되는 소리야!
래디시는 소금에 찍기 위해서 존재하는 거야!"
"내가 미쳤다고?" 지방에 찍어 먹는 잭스가 말했습니다.
"유감스럽지만 선생님, 사실을 제대로 파악하지 못하고 계십니다.
다들 알다시피," 잭스가 씩씩거리며 말했습니다.
"래디시는 버터에 찍어 먹기 위해 존재하는 거야."
이런, 소금에 찍어 먹는 잭스는 이 말이 조금도 마음에 들지 않았습니다.
"차라리 래디시를 네 침에 찍어 먹는 쪽이 나을걸!

아무리 바보라도 염화나트륨 한 접시면
그 매운맛을 다독일 수 있다는 걸 알고 있다고."
"염화나트륨! 세상에, 이 친구야.
이렇게 바보 같으니 세상 살기 힘들겠구나.
이 작은 뿌리의 후추 같은 톡 쏘는 맛은
유제품만으로 희석시킬 수 있다고!"
"마음대로 하시든가." 소금에 찍어 먹는 잭스가 비웃으며 말했습니다.
"하지만 분명히 말하겠어.
네가 래디시를 그따위로 먹는 동안
나는 내 래디시를 먹지 않을 거야. 그냥 빨리 버려버리겠어."
지방에 찍어 먹는 잭스도 말했습니다. "나도 내 래디시를 먹지 않겠어.
여기 앉아서 아무것도 먹지 않고 있는 것 따위 전혀 아무렇지도 않아.
네 그 역겨운 나트륨을 생각만 해도 속이 메스껍구먼."
그렇게 고집불통인 두 잭스는 2년하고도 하루 동안
종일 아무것도 먹지 않고 앉아 있었습니다.
래디시에 곁들일 가장 최고의 단짝은
집에서 만든 호밀빵이라는 말을 들은 적이 있으니,
참으로 안타까운 일이에요.

KALE
케일

차갑고 무정한 양배추다. 어둡고 곱슬곱슬하며 진하고 거부할 수 없는 매력을 지니고 있다. 덕분에 거친 잭ragged jack, 쿨스톡coolstock, 지루한 콜borecole 등 케일의 다양한 별명은 19세기 소설의 음침한 안티 히어로에 어울린다. 케일의 맛은 서리가 내린 이후가 세일 좋으며, 특히 익혔을 때 더욱 두드러진다. 겨울이 깊어갈수록 미네랄 풍미가 아주 짙은 생수처럼 깔끔한 맛이 된다. 계절이 지나가면 살짝 쌉싸름한 맛이 발달하는 것을 느낄 수도 있다. 이 장에서는 주로 곱슬 케일과 블랙 케일(일명 토스카나 케일)을 다룰 텐데, 후자는 현재 영국에서 가장 잘 알려진 이탈리아 이름인 카볼로 네로cavolo nero로 칭하기로 한다.

케일과 감자

다른 재료를 넣지 않아도 수프를 만들 수 있을 정도로 풍미가 풍부하다. 이 포르투갈 버전이 칼도 베르데 caldo verde로, 쿠브 갈레가couve galega('갈리시아 양배추')라고 불리는 케일에 분질 감자를 넣고 가끔 훈제 소시지 등을 소량 섞어서 만든다. 수프를 담기 전에 그릇에 올리브 오일을 넉넉히 두르면 소시지가 더 이상 필요하지 않게 된다. 토스카나라면 카볼로 네로와 감자를 함께 먹게 될 가능성이 높다. 생케일을 정말로 좋아한다면 감자튀김과 베아르네즈 소스 한 그릇에 곁들여서 먹어보자.

케일과 검은콩: 검은콩과 케일(44쪽) 참조.

케일과 고추

고추는 케일의 천연 후추 풍미를 강화한다. 훈제 칠리 파우더는 바삭하게 익힌 케일에 기분 좋은 매콤함을 선사한다. 나는 여기에 바삭하게 익혔을 때 제일 양배추 맛이 덜 나는 카볼로 네로를 사용한다. 잘게 썰어서 접시에 서로 간격을 두고 담은 후 전자레인지에서 3분간 돌린다. 오일 스프레이를 살짝 뿌리고 훈제 파프리카 가루를 뿌린다.

케일과 귀리

다음은 1883년판 《밀링Milling》 잡지에서 발췌한 내용이다. "보스턴 사람에게 잘 삶아서 숟가락으로 으깬 다음 버터를 약간 넣은 카일kail(지금의 케일) 요리는 스코틀랜드 하일랜드 사람의 베이크드 빈과 같은 존재다. 맛을 개선하고 싶다면, 비록 정제한 금에 금칠을 하는 것이나 마찬가지지만, 카일 접시 위에 생오트밀을 뿌리기만 하면 된다. 하일랜드 사람의 평가에 따르면 생오트밀을 약간 뿌리면 대부분의 요리가 더욱 맛있어진다고 한다." 이처럼 케일과 오트밀은 서로 잘 어우러진다. 17세기의 스코틀랜드 농부들은 다른 음식은 아예 먹지 않았을지도 모른다. 아침 식사로는 케일 죽에 귀리 케이크나 배넉[66]을 곁들여 먹는다. 점심에는 으깬 케일chappit kale에 브로즈(죽)를 곁들이거나 오트밀과 케일로 만든 수프를 먹는다. 저녁에는 으깬 케일 남은 것에 귀리 케이크나 배넉을 곁들인다. 짭짤한 죽은 최근 들어서 르네상스를 맞이했으며 아직 드물기는 하지만 그래도 케일과 자주 짝을 이루는 편이다. 버섯과 땅콩호박도 인기 있는 토핑이다. '카일야드Kailyard'는 주방에서 쓰는 재료를 키우는 정원을 뜻하는 스코틀랜드 용어다. '카일야드 스쿨'은 스코틀랜드의 지나치게 감상적인 전원문학을 묘사하는 용어다. 이런 식으로 쓴다. "『링 속의 사랑』을 읽어본 적이 있나요?" "아이고, 아니요. 나한테는 너무 '케일야드'스러워요."

케일과 레몬

곱슬곱슬한 케일에 대한 나의 사랑은 거의 불륜에 가까울 정도다. 그 다루기 힘든 꼬불꼬불한 잎에 비네그레트를 두르고 주무르는 것은 나에게 절대 거북한 일이 될 수 없다. 주방 불을 은은하게 켜고 열대 우림 음악을 튼 다음 레몬즙과 소량의 곱게 간 레몬 제스트로 향기로운 비네그레트를 만든다. 케일이 너무 질겨서 날것으로 먹기 힘들다면 일단 찐 다음 곱게 간 레몬 제스트와 버터를 넣어서 버무리면 거친 풍미가 다소 완화된다. 갯배추는 배추속에 속하지 않지만 조약돌 해변에서 싹튼 곱슬 케일과 아주 비슷하게 생겼다. 민족식물학자 제임스 웡은 갯배추를 5분간 쪄서 홀랜다이즈 소스와 레몬즙 약간을 곁들여 낼 것을 제안하는데, 케일의 맛을 방해하지 않으면서 "섬세하고 크리미한 바다의 풍미"를 잘 보존하기 때문에 이상적인 조합이다. 『농부와 일반 경작자를 위한 마켓 가든 축산』(1887)의 여러 저자는 갯배추란 콜리플라워와 아스파라거스의 덜 섬세한 교배종이라고 생각했다. 누구나 제 취향이 있기 마련이다.

케일과 마늘

케일은 양배추 가족에 속하는 채소 중에서 비교적 부드러운 편이다. 익히면 일부 친척이 드러내는 유황 풍미가 약해지는데 나처럼 이 부분이 아쉽다면 마늘로 보충할 수 있다. 케일의 질감은 아무리 어리고 부드러울 때라 해도 세련되었다고 표현하기는 힘들지만 브라질에서 페이조아다에 흔하게 곁들이는 반찬인 쿠브 아 미네이라couve à mineira는 케일의 식감을 더 편안하게 만드는 방법을 알려준다. 쿠브는 케일처럼 잎이 느슨하게 나는 재래 양배추 품종인 콜라드 그린 종류로 만든다. 잎에서 심지를 제거하고 차곡차곡 쌓아서 시가처럼 돌돌 만 다음 아주 곱게 송송 썰어서 오일, 마늘과 함께 볶는다. 양배추 품종 중에서 가장 거만한 카볼로 네로도 마늘의 살짝 거친 풍미를 함께 즐기는 편이다. 잎에서 심을 제거한 다음 껍질을 벗긴 마늘과 함께 부드러워질 때까지 뭉근하게 데친다. 건져서 엑스트라 버진 올리브 오일 약간과 함께 곱게 갈아 퓌레를 만든 다음 파스타와 파르메산 치즈와 함께 버무린다. 싹을 틔우는 브로콜리 품종인 아스

66 귀리 가루나 보릿가루로 구운 작은 빵

파라거스 케일은 맛이 부드러운 편으로 마늘과 함께 볶으면 풍미가 좋아서 널리 사랑받는다. 케일과 잣, 케일과 치즈 또한 참조.

케일과 민트

케일과 초콜릿은 성질이 비슷하다(아몬드와 케일(116쪽) 참조). 나는 다진 케일에 민트를 섞어서 일반 비네그레트를 넣고 버무리는 것을 좋아한다. 저녁 식사 후에 먹어도 좋을 정도로 어두우면서 활기를 북돋우는 맛이 난다. 땅콩과 채 썬 당근, 홍고추를 넣고 피시 소스를 넉넉히 둘러 메인 요리로 승격시켜 보자.

케일과 사과: 사과와 케일(162쪽) 참조.

케일과 생강

영화 〈그렘린〉에 등장하는, 물에 닿으면 괴물 그렘린이 되는 기즈모와 마찬가지로 케일은 물에 닿지 않도록 보관해야 한다. 스코틀랜드의 작가이자 요리사인 캐서린 브라운은 날것으로 먹거나 생강과 함께 볶아 먹는 것이 좋다고 생각하는데, 이때 생강은 가볍게 볶은 케일의 고소한 맛과 특히 잘 어울린다. 대부분의 녹색 채소 볶음 레시피와 달리 브라운은 오일 대신 버터를 사용한다.

케일과 아몬드: 아몬드와 케일(116쪽) 참조.

케일과 아보카도

케일은 따뜻한 날씨에 따면 살짝 해초 맛이 날 수 있다. 갯배추sea kale를 처음 맛보기 전까지 해초 맛이 날 거라고 믿었던 순간을 떠올리게 한다. 아보카도는 날씨에 구애받지 않는 친구다. 서리가 내린 땅에서 최상의 상태일 때 수확한 생곱슬 케일에 두를 용도로 그린 가디스 드레싱을 만들어보자. 마요네즈 175ml에 사워크림 60ml와 레몬즙 1큰술을 넣어서 잘 섞는다. 중간 크기 아보카도 1개의 과육을 곱게 으깬 다음 마요네즈에 넣고, 전부 곱게 다진 차이브 4큰술, 파슬리 2큰술, 타라곤 1큰술을 마저 넣어서 섞는다. 곱게 으깬 안초비 필레 5~6장 분량을 넣어도 좋다. 맛을 보고 간을 맞춘다. 여름이라면 케일을 잘게 다지고 아보카도를 깍둑 썰어서 초밥 간을 한 밥 위에 올린 다음 간장과 와사비, 생강 절임을 곁들여 낸다.

케일과 오렌지: 오렌지와 케일(186쪽) 참조.
케일과 옥수수: 옥수수와 케일(71쪽) 참조.
케일과 자두: 자두와 케일(113쪽) 참조.

케일과 잣

시저 샐러드의 팬이라면 케일 페스토를 아주 좋아할 것이다. 잎이 무성한 케일에 구운 잣, 여기에 마늘과 치즈를 더해서 페스토를 만들면 로메인 상추와 크루통, 크리미한 드레싱을 모두 갈아낸 듯한 맛이 난다. 2~3회 기준으로 잘게 뜯은 케일 20g, 볶은 잣 20g, 곱게 간 파르메산 치즈 20g을 믹서기에 넣고 마늘 1쪽, 엑스트라 버진 올리브 오일 4큰술을 더해서 굵은 페이스트가 될 때까지 간다.

케일과 참깨: 참깨와 케일(296쪽) 참조.

케일과 치즈

케일 시저 샐러드. 동일한 이름의 샐러드의 공동 발명가인 시저 카디니가 티후아나에서 신선한 케일을 구할 수만 있었다면 로메인 상추는 등장할 틈이 없었을지도 모른다. 케일 잎은 걸쭉한 드레싱과 갈아낸 파르메산 치즈, 크루통의 묵직함을 견딜 수 있도록 설계된 듯하다. 또한 로메인 상추는 짭짤한 마늘과 너무나 잘 어울리는 차가운 냉수 같은 풍미를 아주 살짝만 지니고 있지만 케일에서는 매우 강하게 느껴진다. 브루클린의 셰프인 일린 로젠은 케일과 모차렐라 치즈, 해바라기씨에 오일과 발사믹 식초를 섞어서 넣은 따뜻한 샌드위치로 칭송을 받고 있다. 이탈리아 사람은 빵과 카볼로 네로, 파르메산 치즈로 수프를 만들어 먹는다. 잘게 부수거나 드레싱으로 만든 블루치즈 또한 신선한 케일의 달고 쌉싸름한 금속성 풍미에 아주 잘 어울린다.

케일과 캐슈: 캐슈와 케일(305쪽) 참조.
케일과 패션프루트: 패션프루트와 케일(189쪽) 참조.

케일과 피스타치오

하층민과 왕족의 조합이다. 2007년『미국의 식음료 옥스퍼드 지침서』에는 “케일은 대부분의 미국 요리사가 잘 사용하지 않는 재료다”라는 말이 나온다. 하지만 시대가 변화했다. 그로부터 10여 년 후 매사추세츠주 케임브리지에 자리한 올던앤드할로의 메뉴판을 살펴보던 나는 ‘아주 흔한 케일 샐러드’를 발견했다. 생케일에 리본 모양으로 썬 펜넬, 케일 칩에 피스타치오와 크렘 프레시, 꿀, 레몬으로 만든 드레싱을 두른 샐러드가 도착했다. 현대 케일 품종에서는 쓴맛이 많이 사라졌다는 점을 감안하면 상당히 달콤한 드레싱이었다. 하지만 케일의 바삭바삭한 미네랄 풍미와는 대조적이라 잘 어울렸다.

케일과 피칸

피칸의 버터와 황설탕 향기는 케일과 가장 잘 어울리는 풍미에 속한다. 이 조합은 노라 에프론이 1960년대에 이스트 빌리지에서 샀다고 즐겁게 회상하는 종류의 양배추 스트루델의 속 재료로 들어가는 버터와 송송 썰어 설탕, 백후추에 익힌 흰색 양배추의 어두운 변종과 같다. 케일 샐러드에는 피칸 한 줌이 캐러멜화를 하든 안하든 아주 잘 어울린다. 또는 직접 피칸 비네그레트를 만들어도 좋다. 반쪽짜리 피칸 40g을 180°C로 예열한 오븐에서 5~6분 구운 다음 소금 한 자밤과 디종 머스터드 1작은술, 레드 와인 식초 2큰술, 해바라기씨 오일 4큰술, 올리브 오일 2큰술, 그리고 취향에 따라 메이플 시럽도 약간 넣어서 곱게 간다.

케일과 흰콩: 흰콩과 케일(52쪽) 참조.

CAULIFLOWER

콜리플라워

콜리플라워는 다른 십자화과 식물에 비해서 살짝 크리미한 느낌이 있다. 녹색 브로콜리가 카망베르 치즈가 되고 싶어한다고 생각해보자. 콜리플라워는 아이보리색 송이에서 느껴지는 버터와 버섯 향 덕분에 브로콜리보다 더 진한 맛이 나는 것처럼 느껴지는데, 익혔을 때 그 향이 가장 두드러지지만 날것으로 먹어도 느낄 수 있다. 창백하고 매끄러운 콜리플라워 송이는 노란색이나 베이지색 송이보다 부드럽고 단맛이 나는 편이다. 콜리플라워가 가장 좋아하는 단짝은 매운맛이지만, 특정 향신료에 국한될 필요는 없다. 매콤한 치즈, 매콤한 렌틸, 매콤한 말린 과일, 기타 후추 향이 나는 십자화과 채소 등이 궁합 목록의 최상단에 자리해야 한다.

콜리플라워와 강황: 강황과 콜리플라워(221쪽) 참조.
콜리플라워와 건포도: 건포도와 콜리플라워(126쪽) 참조.

콜리플라워와 대추야자

내가 개인적으로 집착하는 조합이다. 『풍미사전』에서 사라진 지 오래인 카페에서 팔았던 대추야자와 생 콜리플라워, 호두 샐러드에 대해 이야기한 적이 있다. 그 드레싱을 재현하려는 시도가 여전히 제대로 성공하지 못했기 때문에, 그 레시피를 물어보지 않았던 것을 아직까지 후회하고 있다. 반복합니다. 완벽한 드레싱 레시피를 찾으신다면 저에게 알려주세요. 이를 손에 넣기 전까지는, 작게 나눈 생콜리플라워 송이를 다진 대추야자와 다진 호두와 함께 잘 섞는다. 드레싱은 사워크림 1큰술에 마요네즈 1큰술, 메이플 시럽 1작은술, 레몬즙 약간과 소금 1자밤을 섞어서 만든다.

콜리플라워와 렌틸

렌틸은 콜리플라워가 선택한 콩이다. 그에 비해 일반 콩과 완두콩은 질감이 대조적이지 않다. 물론 붉은 렌틸도 비슷하게 부드럽지만 콜리플라워가 사랑하는 담요 같은 걸쭉한 소스로 만들 수 있어서 향신료나 산미를 첨가해 묵직하게 만들기만 하면 된다. 퓌 렌틸과 벨루가 렌틸의 탄탄한 질감은 콜리플라워 송이에 자그마한 견과류처럼 달라붙어서 더욱 강렬한 대조를 이룬다. 마치 체코의 흑백 애니메이션처럼 달콤하면서 음울하다.

콜리플라워와 석류

십자화과 채소는 찌거나 삶아서 먹는다는 생각에서 벗어나면 아주 쉽게 적용할 수 있는 조합이다. 갓 짜낸 석류 주스에 비하면 석류 당밀은 캐러멜 향이 훨씬 강해서 구운 콜리플라워의 살짝 그슬린 풍미와 잘 어울린다. 또한 예상하는 것보다 짭짤한 요리에 어울리는 느낌이 강하며 콜리플라워의 전통적인 단짝인 치즈 같은 산미가 올라온다. 구운 콜리플라워는 가금류나 양고기를 석류와 호두 소스에 익혀서 만드는 이란의 축제 음식인 페센잔fesenjan에서 고기를 대체할 만한 훌륭한 비건 재료가 되어준다. 4인분 기준으로 아주 큰 콜리플라워 1개(또는 중간 크기 2개)를 두툼한 크기의 송이 모양으로 썬다. 식용유와 쿠민, 소금을 둘러서 골고루 버무린 다음 베이킹 트레이에 펼쳐서 담고 200°C로 예열한 오븐에 넣어서 부드럽고 살짝 그슬릴 때까지 25분간 굽는다. 그동안 식용유 1큰술에 깍둑 썬 양파 1개 분량을 부드러워질 때까지 볶은 다음 시나몬 가루 1/2작은술과 사프란 가루 1자밤을 넣어서 1분간 볶는다. 살짝 볶아서 곱게 간 호두 250g과 석류 주스 500ml, 석류 당밀 1큰술, 꿀이나 설탕 1큰술, 소금 1/2작은술을 넣는다. 잘 섞는다. 한소끔 끓인 다음 불 세기를 낮춰서 가끔 휘저어가며 15분간 뭉근하게 졸인다. 구운 콜리플라워를 소스에 넣고 잘 버무려서 뜨겁지 않고 적당히 따뜻할 때 바스마티 쌀밥을 곁들여 낸다.

콜리플라워와 올스파이스

올스파이스의 깨끗하고 상쾌한 향은 마치 건조대에 널어서 말린 면 시트를 다림질하는 기분이 들게 한다. 구운 콜리플라워를 긍정적인 의미로 산뜻하게 씻어내 주는 것은 물론 갓 갈아낸 꽃향기가 가미된 향신료 풍미가 매우 치즈 맛이 강한 콜리플라워 치즈 요리와 아름답게 조화를 이룬다.

콜리플라워와 참깨

콜리플라워가 비건이 되면 타히니에 의지한다. 이 크리미한 소스는 이제 모든 종류의 콜리플라워 요리에 쓰이지만 굽거나 튀긴 콜리플라워라면 더더욱 곱게 간 참깨 특유의 덤덤한 맛과 어우러지면서 식욕을 돋우게 하는 대조적인 풍미를 선사한다. 구식 치즈 소스의 거친 매력이 그립다면 타히니에 레몬즙과 쿠민, 마늘을 섞어보자.

콜리플라워와 호로파

엘리자베스 데이비드는 시판 커리 파우더의 '고약한 냄새'와 '거친 질감'은 호로파 때문이라고 생각했다. 요즘 슈퍼마켓 진열대에는 1960년대에 나름 도회적이었던 엘리자베스가 시식한 마살라보다 훨씬 세련되고 향기로운 제품이 많다. 하지만 내 마음 한구석에는 구식 커리 파우더가 자리를 잡고 있다. 향수병은 차치하고서라도 호로파와 쿠민, 머스터드처럼 흔히 들어가는 외설적인 향신료 덕분에 익힌 콜리플라워나 달걀 같은 다른 버릇 나쁜 재료와도 훌륭하게 잘 어울리기 때문이다.

콜리플라워와 후추: 후추와 콜리플라워(359쪽) 참조.

콜리플라워와 흑쿠민: 흑쿠민과 콜리플라워(337쪽) 참조.

MUSTARD
머스터드

온대 지방의 불꽃이다. 가장 흔한 머스터드씨는 노란색과 갈색 두 종류다. 노란색은 백겨자Sinapis alba에서 나는 것으로 맛이 순한 편이다. 갈색은 갓Brassica juncea에서 나는 것으로 꽤나 매콤하다. 또 다른 매운 품종으로 흑겨자Brassica nigra라는 블랙 머스터드가 있는데 미식가들에게는 최고의 머스터드로 알려져 있으며, 1950년대까지 유명 머스터드 제조업체인 콜먼스Colman's에서 사용했다. 하지만 재배가 쉽지 않고 잘 부서지는 경향이 있어 브라운 머스터드에 그 자리를 빼앗겼는데, 콜먼스의 전 작물 관리자인 존 헤밍웨이는 브라운 머스터드가 블랙 머스터드와 비슷하거나 조금 더 낫다고 평한다. 머스터드씨는 찧겨지고 촉촉하게 젖어야만 고유의 풍미를 드러낸다. 찬물에 불렸을 때 가장 매운 머스터드가 완성되는데, 열과 산도가 매운맛을 내는 화학 반응을 억제시키기 때문이다. 브라운 머스터드씨의 풍미는 매혹적이다. 순간적으로 견과류와 양배추 향에 쇠 맛, 땀 냄새가 났다가 가끔 살짝 탄 맛이 돌기도 한다. 여기에 식초와 소금을 섞으면 그 쌉싸름한 맛이 달콤하거나 기름진 음식에 식욕을 돋우는 역할을 한다. 옐로 머스터드씨를 입안에서 탁 터트리면 매운맛이 올라오기 전에 먼저 달콤한 견과류 풍미를 감지할 수 있다. 이 장에서는 머스터드 오일에 대해서도 다룬다.

머스터드와 강황

강황은 머스터드의 날개 아래 부는 바람이다. '머스터드 옐로'라고 불리는 색조가 여기에서 나왔다. 머스터드에서 강황의 풍미를 얼마나 감지할 수 있는가는 어떤 씨앗으로 만들었는지에 따라 달라진다. 옐로 머스터드씨로 만드는 프렌치 머스터드 같은 야구장 머스터드에서는 강황을 아주 쉽게 감지할 수 있지만 커리를 떠올리게 할 만큼은 아니다. 야구장 머스터드는 핫도그에 곁들이는 저렴하고 발랄한 양념으로만 생각하기 쉽지만 더 가벼운 음식, 은은한 풍미와 조합하면 놀라운 효과를 발휘할 수 있다는 점을 기억하자. 콜먼스의 잉글리시 머스터드는 강황과 밀가루에 옐로와 브라운 머스터드씨를 섞어 넣어서 만드는데, 그 결과물의 톡 쏘는 맛을 보면 강황은 풍미보다는 색상 면에 기여한다는 점을 알 수 있다. 피칼릴리를 만들 때는 두 향신료의 풍미가 균형이 잘 잡힌 상태여야 한다. 강황과 콜리플라워(221쪽) 또한 참조.

머스터드와 고추: 고추와 머스터드(315쪽) 참조.

머스터드와 깍지콩

벵골의 주방에서는 머스터드 오일이 필수 재료인데, 생선 튀김에 사용하는 것으로 유명하다. 그 풍미와 매운맛 덕분에 매운 피클의 맛있고 독특한 베이스가 된다. 인도 카슈미르주에서는 머스터드 오일을 기본적으로 발연점까지 가열한 다음 식혀서 요리에 사용하는데, 머스터드 파우더와 씨처럼 오일도 열로 인해 부드러워지기 때문이다. 식힌 오일을 바게트 한 조각에 발라서 맛보면 따뜻한 견과류 향과 더불어 놀라울 정도로 단맛이 나는 것을 느낄 수 있다. 그러나 일부 국가에서는 머스터드 오일을 요리에 사용하는 것에 대해 논란의 여지를 남겨두고 있는데, 머스터드 오일 중에는 에루크산의 함량이 높은 것이 많아서 심장 질환과 연관될 수 있다고 보기 때문이다. 영국과 미국의 인도 식품 전문점에서 판매하는 대부분의 머스터드 오일은 '외용外用 전용'이라고 표시되어 있지만, 최근에는 에루크산의 함량이 낮은 머스터드 오일도 개발되고 있다. 이를 날것으로 먹어보고 싶다면 와사비와 비슷한 풍미가 나는 만큼 깍지콩에 곁들여보는 것이 좋다. 머스터드 오일 1큰술, 간장 1작은술, 쌀 식초 1/2작은술, 꿀 1/4작은술을 잘 섞어서 따뜻하게 익힌 깍지콩 150g에 어울리는 맛있는 드레싱을 만들어보자.

머스터드와 꿀: 꿀과 머스터드(74쪽) 참조.
머스터드와 달걀: 달걀과 머스터드(247쪽) 참조.

머스터드와 래디시

쉽게 과열되는 조합이다. 차갑게 식힌 래디시를 머스터드 딥에 찍어 먹으면 맵고 차갑고 뜨거운 경험을 할 수 있다. 핫도그에 지그재그로 뿌리는 종류의 아메리칸 옐로 머스터드는 머스터드 풍미를 가리지 않을 정도의 순한 매운맛을 지니고 있기 때문에 딥으로 쓰기에 좋다. 아메리칸 머스터드의 매운맛을 담당하는 글루코시놀레이트인 시날빈은 잉글리시 머스터드나 디종 머스터드처럼 브라운 머스터드씨로 만든 머스터드에 있는 시니그린에 비해서 살짝 매운 정도에 그친다. 시니그린은 콧속에 불이 나고 눈에서 눈물이 흐르게 만드는 주범이다. 이마에까지 자극을 줄 수 있다. 래디시의 매운맛은 품종과 계절에 따라 달라진다. 여름에 자라는 래디시는 겨울 품종보다 맵다. 수확 전에 땅에서 자라던 기간도 영향을 미치는데, 오래 있을수록 매운맛이 나는 이소티오시아네이트류가 생성될 확률이 높아진다. 달걀과 머스터드(247쪽) 또한 참조.

머스터드와 렌틸: 렌틸과 머스터드(54쪽) 참조.

머스터드와 리크

리크는 프랑스의 상징이 되어야 마땅하다. 프랑스 사람은 리크를 사랑하고, 순수한 리크즙에 천천히 부드러워지도록 익히기만 해도 버터와 크림을 넣어서 요리한 것 같은 맛이 나는 부드러운 리크 요리 한 그릇에는 부르주아 요리를 연상시키는 무언가가 있다. 머스터드는 그 진한 맛을 깔끔하게 정리하면서 동시에 강화하는데, 데친 리크에 비네그레트를 두르고 따뜻하게 혹은 실온으로 먹는 고전 요리인 푸아르 비네그레트를 예로 들 수 있다. 이 요리는 주로 다진 삶은 달걀을 뿌렸다는 의미인 오 미모사au mimosa 스타일로 내는데, 보기에는 예쁘지만 내 생각에는 개선할 여지가 있다. 디종 머스터드와 호두 오일로 만든 비네그레트를 두르고 다진 호두와 파슬리를 뿌리는 것이다. 이 오일은 노르망디의 크레앙스Créances에서 재배하며 호두와 헤이즐넛 향으로 유명한, 프랑스에서 가장 인기 있는 리크의 풍미를 연상시킨다. 영국인은 역사적으로 리크에 머스터드로 만든 걸쭉한 화이트소스를 둘러 먹는 것을 더 좋아하며, 가끔 치즈를 넣기도 한다. 이와 비슷한 느낌인 네덜란드의 모스터드소프mosterdsoep는 리크와 베이컨을 넣고 루로 걸쭉하게 만든 수프다.

머스터드와 마늘

유명한 머스터드 브랜드를 만든(1747년) 앙투안 마이유는 조미료계의 위대한 혁신가다. 한련화와 레몬, 트러플, 마늘 맛 머스터드를 개발했으며 트러플과 마늘 맛이 엄청난 인기를 얻었다. 또한 성별에 맞춘 머스터드도 개발했는데, 남성용 머스터드는 여성용보다 매운맛이 강하다. 주방 공간이 협소해서 머스터드 장식장을 마련하기 힘들다면 시판 머스터드로 소량씩 만들어보자. 마늘 1쪽을 으깬 다음 디종 머스터드 4큰술과 곱게 다진 파슬리 1작은술을 넣고 잘 섞는다. 여기에 마요네즈 125ml와 굵은 그레인 머스터드 2큰술을 넣고 마저 섞으면 가게에서 파는 딥이 완성된다.

머스터드와 마르멜루: 마르멜루와 머스터드(157쪽) 참조.
머스터드와 메이플 시럽: 메이플 시럽과 머스터드(372쪽) 참조.

머스터드와 미소

콜먼스의 머스터드 파우더와 마찬가지로 일본의 '가라시' 머스터드는 옐로 머스터드씨 가루와 브라운 머스터드씨 가루를 섞어서 물에 개 아주 톡 쏘는 맛의 페이스트로 만든 것이다. 가라시는 돈가스 접시의 가장자리에 유화 물감처럼 바르거나 미학적인 면에서 애매한 존재인 발효 대두인 낫토와 함께 먹는다. 가라시미소(겨자초된장)는 매운 머스터드와 짭짤한 미소를 섞은 것으로 전통적으로 찌거나 삶은 채소에 곁들여 낸다. 또한 미소와 가라시는 구마모토의 특산물인 '가라시 연근'에서 연근 속에 채우는 노란색 페이스트를 만드는 데에도 쓰인다. 만들기 까다로운 음식이지만 목욕용 스펀지의 빈 구멍에 린스를 채우면서 속을 넣는 법을 연습해볼 수 있다. 연근에 노란색 강황 맛 반죽을 입혀서 튀긴 다음 원반 모양으로 썰면 아이보리색 연근의 외곽선이 노란빛으로 빛나는 것은 물론 가운데 구멍 부분에 채운 페이스트가 마치 노란 꽃무늬처럼 보인다. 1960년대식 미니드레스 패턴처럼 보이는 음식이다.

머스터드와 버섯: 버섯과 머스터드(289쪽) 참조.
머스터드와 사과: 사과와 머스터드(160쪽) 참조.

머스터드와 시나몬: 시나몬과 머스터드(344쪽) 참조.
머스터드와 양상추: 양상추와 머스터드(282쪽) 참조.
머스터드와 오크라: 오크라와 머스터드(388쪽) 참조.
머스터드와 차이브: 차이브와 머스터드(272쪽) 참조.
머스터드와 초콜릿: 초콜릿과 머스터드(38쪽) 참조.

머스터드와 치즈

소고기 갈비와 소시지, 머리고기 편육은 모두 머스터드의 톡 쏘는 십자화과 향의 혜택을 톡톡히 받는다. 갈색 씨앗으로 만든 머스터드는 입안에 달라붙은 지방을 제거해서 상쾌하게 만들어 다음 한 입을 먹을 준비를 도와주기 때문에, 포화지방으로 만든 차갑거나 실온 상태의 페이스트리에 곁들이면 그 효과를 제대로 누릴 수 있다. 한편 치즈 자체의 포화지방 함량은 꽤 높지만 그래도 치즈에 머스터드를 흔하게 곁들이지는 않는다. 아직 시도해보지 않았다면 호밀 크래커에 머스터드를 살짝 바르고 얇게 깎은 에멘탈 치즈를 올리면 훌륭한 첫 시도가 되어줄 것이다. 치즈 생산자 겸 작가 네드 파머는 체더치즈에 굵은 그레인 머스터드를 얹어서 먹는다. 그렇다면 왜 치즈 보드에는 머스터드가 잘 오르지 않을까? 파머는 일부 경질 치즈의 풍미에서 머스터드 향을 감지할 수 있다고 설명하면서 특별히 24개월 숙성한 링컨셔 포처 치즈를 언급한다. 나는 잘 숙성된 카망베르 치즈의 양배추 같은 풍미가 매콤한 브라운 머스터드와 특히 잘 어울린다는 사실을 알아냈다. 디종도 좋지만 매콤한 브라운 머스터드가 더 치즈와 잘 어우러진다. 익힌 치즈 같은 경우 잉글리시 머스터드 파우더와 우스터소스를 섞은 아주 영국적인 조합을 곁들이면, 내 웨일스 친구들에게는 미안하지만 강력한 치즈 토스트rarebit를 만들 수 있다. 머스터드 파우더가 선사하는 것은 그저 매운맛뿐만이 아니다. 기본 화이트소스에 넣으면 갈아낸 그뤼에르나 체더를 넣어서 모네이 소스를 만들기 전부터 이미 치즈 맛이 나는데, 마치 네드 파머의 주장을 역으로 증명하는 듯하다.

머스터드와 치커리: 치커리와 머스터드(277쪽) 참조.
머스터드와 코코넛: 코코넛과 머스터드(149쪽) 참조.

머스터드와 쿠민

뜨거운 기름이나 기에 지글지글 탁탁 볶아보자. 머스터드와 쿠민씨는 가열하면 양배추와 치즈의 살짝 씁쓸한 향이 나는데, 많은 인도 요리의 처음 시작이 이와 같다. 그리고 향신료를 튀겨서 에센셜 오일을 끌어내 튀긴 기름에 배어들게 만든 타르카를 마지막에 음식 전체에 두르는데, 그러면 달처럼 자칫 밋밋해지거나 채소 마살라처럼 너무 들쩍지근해질 수 있는 요리가 매력적으로 변한다. 훨씬 많은 음식에 적용해야 마땅한 훌륭한 기법이다. 예를 들어 향신료 뿌리채소 수프를 이렇게 만들면 처음부터 빻아서 병에 담아 찬장에 보관했을 뿐인 향신료로 만든 수프에 비해 얼마나 생생한 풍미가 느껴지는지 바로 알 수 있다.

머스터드와 크랜베리

미국에서는 크랜베리 머스터드 렐리시relish의 인기가 높다. 어떤 사람은 간단하게 시판 소스를 사서 섞어 만든다. 내가 순수하게 재료만 이용해서 만들어보려고 찾은 레시피에는 설탕이 엄청나게 들어가서 이탈리아의 시럽 같은 노란색 과일 모스타르다를 떠올리게 했다. 조금 덜 잼 같은 버전으로 만들려면 잘 씻은 크랜베리 200g에 설탕을 20g만 넣고 크랜베리가 거의 다 터질 때까지 뭉근하게 익힌다. 조금 으깬 다음 디종 머스터드 3큰술과 취향에 따라 포트와인을 1큰술 넣고 잘 섞는다. 직관적으로 크랜베리의 신맛이 머스터드의 매운맛을 잡아주는 것을 느낄 수 있을 것이다.

머스터드와 토마토

아이리스 머독의 『바다여, 바다여』의 트집쟁이 주인공 찰스 애로비는 음식 준비에 확고한 자신만의 의견을 가지고 있다. 한번은 흥미롭게도 뜨거운 스크램블드에그에 데친 수란으로 애피타이저를 준비하고, 주요리로 코울리coley 생선에 커리 파우더를 가볍게 뿌리고 양파와 함께 익힌 다음 케첩과 머스터드를 약간 곁들여 낸다. "오직 바보만이 토마토케첩을 경멸하지." 그가 말한다. 맬컴 글래드웰이 보기에 케첩은 단맛과 신맛, 감칠맛, 짠맛, 쓴맛이라는 다섯 가지 원초적인 맛을 모두 충족시키기 때문에 세계적인 양념이 될 수 있었다고 한다. 글래드웰의 주장은 쓴맛 부분에서는 조금 버벅거린다. 나는 그가 주장하는 다섯 가지 맛의 충족을 전혀 감지하지 못했다. 하지만 애로비는 케첩과 씁쓸한 머스터드를 결합함으로써 글로벌 소스 브랜드 하인즈가 시작한 일을 마무리한다. 그 둘이 어울린다는 증거는 핫도그다. 케첩과 머스터드는 기술력으로 재생한 튜브형 고기를 싸구려 빵에 끼운 음식을 6차선 도로를 가로질러서 달려갈 만한 음식으로 탈바꿈시킨다. 이 두 가지 양념은 그 자체로도 훌륭해서 버블앤드스퀴크에 곁들일 이보다 더 좋은 향신료란 없을 정도이며, 수제 바비큐 소스를 위한 견고한 바탕을 제공하기도 한다. 어묵과 채식 버거, 간단한 면 요리에 케첩과 머스터드, 그리고 우스터소스를 약간 섞으면 아주 잘 어울리고 패스트푸드처럼 상당히 입맛 당기는 맛을 구현할 수 있다.

머스터드와 파파야

파파야는 "부드러운 멜론과 같아서 풍미가 확 두드러지지는 않지만 진한 맛의 건강한 과일이다. 독특한 모양의 씨앗이 내부의 긴 가리비 모양 구멍에 가득 들어차 있다. 통통 부풀어 오른 머스타드씨 크기에, 물냉이 같은 맛이 난다." 피치 W. 테일러는 1840년의 여행기 『기선: 또는 미국 프리깃 컬럼비아호의 세계 일주 항해』에서 이렇게 말했다. 19세기 말에 유기화학자는 파파야 씨앗에서 이소티오시아네이트를 발견했는데, 현재는 더 구체적으로 벤질 이소티오시아네이트라는 정체가 밝혀졌다. 이 성분은 양배추 잎과 래디시, 한련화를 연상시키는 쿼쿼한 유황 냄새가 나며 와사비와 비슷한 풍미에 혀를 강하게 마비시키는 효과를 지닌다. 파파야는 과일 모스타르다(마르멜루와 머스터드(157쪽) 참조)의 원조다. 최근에는 셰프 장조르주 폰게리히턴이 머스터드 파우더와 디종 머스터드, 쌀 식초를 섞고 익힌 꿀과 잘 익은 파파야를 첨가해서 그릴에 구운 새우에 곁들이는 과일 소스를 만들었다.

머스터드와 호밀

머스터드를 바른 호밀빵은 뉴욕의 맛이다. 여러분의 관심을 끌기 위해 경쟁하는 한 쌍의 잘난 척쟁이들이다. 델리 머스터드는 유명한 아메리칸 머스터드 중에서 더 목소리가 큰 쪽이다. 스파이시 브라운 머스터드라고도 불리는 부드러운 맛으로, 디종보다 더 복합적이고 덜 자극적이라고 한다. 단맛과 기분 좋은 과일 향이 있어서 다른 것 없이 이것만 빵에 발라 먹을 수 있다. 머스터드를 바른 프레첼을 처음 선보인 사람이 누구인지는 모르지만 나와 마음이 통한 것이 틀림없다. (참고로 프레첼과 델리 머스터드는 모두 독일에서 유래했지만 그곳에서는 고전적으로 이 둘이 짝을 이루지는 않는다. 독일에서는 머스터드는 소시지에 바르고 프레첼에는 버터를 듬뿍 발라 먹는다.) 호밀빵과 머스터드로 만든 샌드위치에는 보통 파스트라미 같은 향신료를 가미한 소고기가 들어가지만 달걀 마요네즈와 저민 토마토를 넣으면 훨씬 좋으며, 얇게 저민 훈제 치즈와 셀러리악 레물라드, 딜 피클도 좋다.

머스터드와 흰콩: 흰콩과 머스터드(49쪽) 참조.

ZESTY WOODY

짜릿한 나무

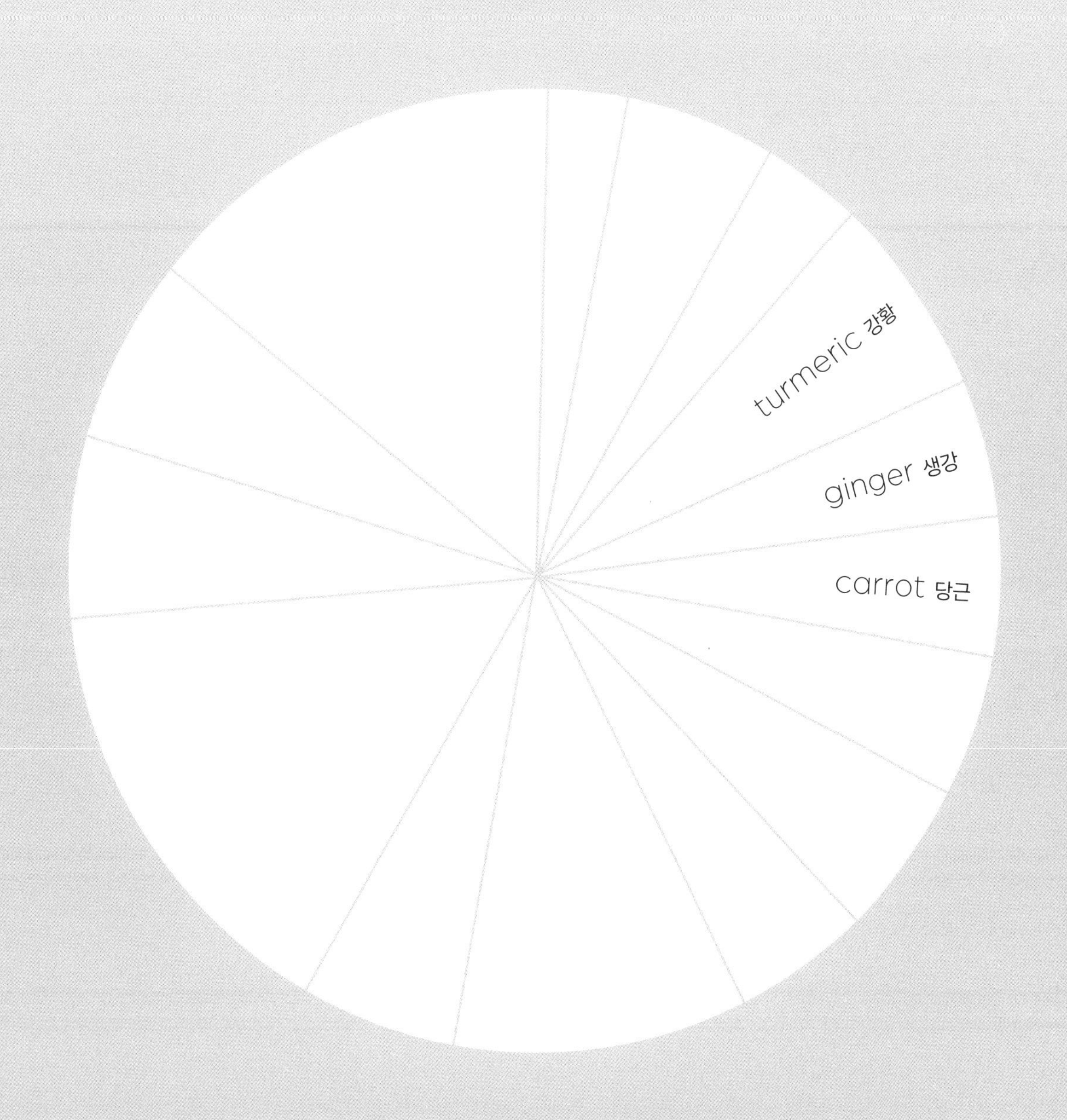

TURMERIC

강황

공격적이면서 수동적인 향신료다. 신선한 주황색 뿌리줄기 혹은 진한 노란색의 가루 향신료를 가리키는 강황은 보기에도 카리스마가 넘치지만 (적어도 평범한 양을 사용하면) 맛은 온화한 편이다. 농축하면 일반적으로 향기로워지는데 생강 약간과 월계수 잎 약간에 당근을 연상시키는 신선한 나무 향이 느껴진다. 이러한 향 덕분에 강황은 짭짤한 요리에 잘 어울리지만, 인기가 많은 인도의 골든 밀크 음료 할디 두드(강황과 후추 참조)는 강황이 달콤한 음식에도 아주 잘 어울린다는 점을 보여준다. 강황의 포용력 넓고 눈에 거슬리지 않는 풍미는 복합적인 혼합 향신료의 훌륭한 바탕이 되어준다. 강황은 그 자체로도 향신료를 처음 접하는 사람이나 어린이에게 권하기 좋은 입문용 향신료인데, 특히 그 쓴맛도 조리하면 부드러워지기 때문이다.

강황과 검은콩

검은콩과 강황을 함께 사용하는 레시피는 최소한 다른 콩류에 비해서는 드문 편이지만, 나는 강황에서 생강과 당근, 월계수 잎의 향이 느껴지는 만큼 흥미로운 조합이라고 생각해서 일단 시도해보기로 했다. 양파, 마늘과 함께 익힌 검은콩에 강황 가루를 적당히 뿌렸다. 맛있었다. 그래서 강황을 넣어서 자메이카식 패티와 비슷한 느낌의 선명한 노란색 페이스트리를 만들고 이 검은콩 혼합물을 속에 채워서 패스티를 만들었다. 검은콩 수프 한 그릇에 강황으로 맛을 낸 크렘 프레시 한 덩어리를 얹어 먹으면 끝내준다. 활용도가 무궁무진한 조합이다.

강황과 깍지콩: 깍지콩과 강황(383쪽) 참조.

강황과 당근

강황의 풍미는 당근을 만나면 사라진다. 마치 풍미가 매직아이 그림이 된 것 같다. 감지하려면 인지 기능을 살짝 풀어야 한다.

강황과 두부: 두부와 강황(284쪽) 참조.

강황과 레몬

인도네시아의 향신료 페이스트인 범부bumbu를 만들기로 결정한 다음 순간, 도마 위에는 신선하고 울퉁불퉁한 강황 열 손가락이 놓여 있었다. "상당히 못생겼군." 중얼거린 나는 껍질을 벗기고 강판에 곱게 가는 힘든 노동을 시작했다. 모든 작업이 끝난 후 내 손을 바라봤다. 마치 강황이 내 무례한 태도에 앙갚음을 한 것 같았다. 30년간 줄기차게 흡연을 해온 사람의 손가락 같았던 것이다. 비누는 별 도움이 되지 않았다. 레몬즙을 아주 많이 사용해야 했다. 탈취 효과가 있는 레몬의 새콤한 맛은 강황 가루의 먼지 같은 맛을 상쇄하는 데에도 도움이 된다. 강황을 밥에 넣어서 풍미와 색을 낼 경우에 레몬 조각을 하나 곁들여 내는 것도 나쁘지 않다.

강황과 렌틸

강황은 달을 요리할 때 유일하게 첨가하는 향신료일 경우가 많다. 강황으로 양념한 달을 향신료를 넣지 않고 조리한 달과 나란히 두고 맛을 보면 강황이 얼마나 다른 향신료를 위한 바탕을 효과적으로 쌓아주는지 알 수 있다. 조리가 거의 끝난 후 달 위에 향신료를 튀겨내서 만드는 타르카 등의 형태로 다른 풍미를 더한다. 다른 렌틸콩 수프에도 강황을 바탕으로 사용할 수 있지만 주의하자. 달과 비슷한 맛이 될 것이다.

강황과 말린 완두콩

노란색 말린 완두콩은 차나 달chana dal(병아리콩)과 비슷하지만, 말린 병아리콩 특유의 강한 유황 향에 톡 쏘는 맛이 없다는 점이 다르다. 강황으로 그 차이점을 메꾸면 말린 완두콩으로도 훌륭한 달을 만들 수 있다. 풀루리phulourie는 가이아나와 트리니다드토바고에서 먹는 길거리 간식이다. 익힌 노란 완두콩을 갈아서 페이스트로 만든 다음 강황과 쿠민, 고추를 넣어서 잘 섞어 튀긴 후 새콤한 처트니와 칠리소스를 곁들여서 먹는다. 트리니다드식 플랜틴 커리에 곁들여서 먹기도 한다. 버마 요리에서 인기가 높은 크래커인 페 초pe kyaw(또는 페 잔 초)는 노란 완두콩이나 말린 병아리콩으로도 만들 수 있다. 페 초는 찹쌀과 멥쌀에 팽창제와 물을 섞은 다음 가볍고 바삭바삭하게 튀겨서 만드는 만큼, 강황을 많이 넣어 노란색을 띠지만 않는다면 일본식 튀김을 연상시킨다. 말린 완두콩을 물에 불려서 조리하기 직전에 반죽에 섞는다. 딱딱하고 밀도 높은 바삭함이 크래커의 섬세한 부드러움과 대조를 이룬다. 페 초는 미얀마의 국민 요리로 인식되는 매콤한 국수 메기 스튜인 모힝가mohinga의 고명 중 하나로도 들어간다. 또는 국물이 진하고 매콤한 국수 요리에 넣거나 찍어 먹는 소스를 곁들여서 그대로 간식으로 먹어도 좋다. 강황과 렌틸 또한 참조.

강황과 머스터드: 머스터드와 강황(211쪽) 참조.

강황과 미소

미소 국에 강황을 넣으면 놀라운 맛이 난다. 짭조름한 미소가 강황의 풍미를 한껏 끌어올린다. 강황은 미소의 맛을 덜 투박하게 만들고, 허브와 채소 풍미로 보통 열두 종류의 재료를 넣고 최소 30분 정도 조리해야 하는 정도의 깊이 있는 맛을 국에 더해준다.

강황과 바닐라

바닐라는 바닐라다. 아이스크림과 케이크, 비스킷과의 연관성이 너무 강해서 낯선 풍미에 첨가하면 덜 낯선 느낌을 낼 수 있다. 강황은 케이크나 비스킷에는 거의 등장하지 않지만, 대표적으로 달콤한 강황 디저트를 꼽아보자면 달걀이 들어가지 않는 레바논의 세몰리나 오일 케이크인 스포프sfouf가 있다. 최근에는 바닐라가 들어간 레시피도 나온다. 나는 강황과 바닐라의 조합에서 라벤더 향이 느껴지는데, 나무와 허브 풍미가 가미된 꽃향기이기 때문이다. 다음 레시피는 스포프보다는 단맛이 약하지만 나름대로 케이크다운 매력을 보여준다. 아몬드 가루 150g에 밀가루 50g, 강황 가루 1작은술, 소금 1자밤을 잘 섞어서 따로 둔다. 모든 재료가 들어갈 만한 큰 볼에 달걀 3개와 설탕 150g, 바닐라 엑스트랙트 1작은술을 넣어서 옅은 색을 띠고 보송보송해질 때까지 거품기로 잘 섞는다. 가루 재료를 넣어서 접듯이 잘 섞은 다음 버터를 아주 꼼꼼하게 바른 20cm 크기의 바닥이 분리되는 케이크 틀에 넣는다. 아몬드 플레이크를 뿌리고 160°C로 예열한 오븐에 25분간 굽는다. 산 지 얼마 되지 않은 강황이 있다면 훨씬 신선한 풍미를 낼 수 있으니 그쪽을 사용하자(강황은 시간이 지날수록 약 냄새와 흙 향기가 강해진다).

강황과 병아리콩

통병아리콩은 풍미를 흡수하지 않기로 악명이 높지만 인도 요리나 타진, 필라프 등에서 강황과 훌륭한 조합을 이룬다. 차나 달chana dal처럼 말려서 쪼갠 병아리콩이 더 나으며 여기에 강황을 넣어서 함께 뭉근하게 익히는 경우가 많다. 코코넛과 강황(148쪽), 병아리콩과 고추(240쪽) 또한 참조.

강황과 생강

강황은 생강과에 속한다. 강황과 생강 모두 우리가 먹는 부분은 근경, 즉 뿌리줄기다. 신선한 생강과 말린 생강가루의 차이점을 따져보면, 신선한 강황은 예를 들어서 톡 쏘는 유칼립투스 향처럼 생동감이 넘치지만 건조시켜 갈아버리면 그런 매력이 사라질 것이라는 점을 이해할 수 있다. 액상 강황 추출물은 약간의 신선한 풍미를 유지하고 있기 때문에 생뿌리줄기를 구할 수 없을 때 찾아볼 만하다. 강황과 시나몬 또한 참조.

강황과 시나몬

라 카마는 강황과 시나몬, 넛멕을 섞어 달콤하고 후추 향이 나는 모로코식 향신료다. 역시 모로코산인 라스 엘 하누트에는 16~17종의 향신료가 들어가는데, 이름은 '가게 최고의 물건'이라는 뜻이다. 저렴한 저장 상품인 라 카마는 매일 먹는 수프와 타진을 만드는 데에 쓰인다. 강황 가루와 생강가루, 흑후추를 3, 시나몬 가루를 2, 갈아낸 넛멕을 약 1/4의 비율로 섞는다. 일부 요리사는 라 카마에 다른 향신료를 몇 가지 더 추가하기도 한다. 쿠베브 후추와 올스파이스가 후보군이다. 후추와 가지(355쪽) 또한 참조.

강황과 커피: 커피와 강황(33쪽) 참조.

강황과 코코넛: 코코넛과 강황(148쪽) 참조.

강황과 콜리플라워

강황과 콜리플라워는 강황과 머스터드로 맛을 낸 걸쭉하고 달콤한 식초에 잘게 썬 채소를 익혀서 만드는 밝은 노란색의 보존식품인 피칼릴리piccalilli에서 조우한다. 콜리플라워 송이가 주인공이다. 피칼릴리의 기원과 어원은 확실하지 않다. 내 가설은 다음과 같다. '피카pica'는 환자가 진흙이나 머리카락처럼 일반적으로 음식으로 간주되지 않는 것을 먹게 되는 질환이다. '릴리lilli'에는 작다는 뜻이 있다. 따라서 피칼릴리는 먹을 수 없는 것을 조금 먹는다는 뜻으로, 내 비영국인 친구들의 의견과 완벽히 일치한다. 대체 누가 이런 음식을 먹는다는 거야? 나는 클로디아 로덴의 『중동 음식』에서 가지와 토마토, 마늘에 피칼릴리를 듬뿍 넣은 살라드 라첼을 발견하기 전까지 나의 피칼릴리에 대한 사랑을 대변하기 위해 땀 흘려 고군분투해야 했다.

강황과 통곡물 쌀

남아프리카 지역의 질리스geelrys는 국민 요리인 보보티bobotie에 곁들여 먹는 노란색 쌀 요리다. 흰색 장립종 쌀을 이용해서 강황으로 색과 풍미를 낸 다음 건포도를 넣어 섞는다. 강황은 비르야니에 색을 내는 용도로 쓰이기도 하고 파에야에 사프란 대신 들어갈 수도 있다. 강황이 현미에 얼마나 활력을 불어넣는지, 그래서 현미에 따라오는 부정적인 이미지를 얼마나 효과적으로 불식시키는지에 주목해보자. 강황은 조금만 넣으면 물을 뿌리채소를 위한 허브와 커리 향 육수로 만들어주기 때문에 수많은 쌀 요리의 훌륭한 베이스가 되어준다. 잠두와 통곡물 쌀(255쪽) 또한 참조.

강황과 호로파: 호로파와 강황(378쪽) 참조.

강황과 후추

강황과 흑후추는 주로 각자의 건강상 이점을 위해 짝을 이루어, 골든 밀크나 강황 라테라고도 불리는 할디 두드라는 음료를 만드는 데에 쓰인다. 뜨거운 우유 1컵에 으깬 검은 후추 2~3알 분량, 강황 가루 1/2작은술, 꿀이나 메이플 시럽, 황설탕 등의 감미료 1큰술을 넣어 잘 섞는다. 여기에 으깬 카다멈이나 생강, 시나몬, 넛멕 가루 등 좋아하는 향신료 조합을 섞어 넣기도 한다. 기를 약간 넣어야 한다고 신신당부하는 사람도 있다. 으깬 향신료는 마시기 전에 체에 걸러낸다. 골든 밀크는 다른 형태로 만들 수도 있다. 향신료를 가미한 유제품이니 훌륭한 아이스크림으로 만들 수 있지만, 그럴 경우에는 통후추를 빼고 먹기 전에 신선한 후추를 갈아서 뿌리는 것이 좋다.

GINGER

생강

줄기인가, 뿌리인가? 생강은 열대의 꽃나무인 징기버 오피시날레Zingiber officinale의 뿌리줄기다. 전 세계 생강은 대부분 인도와 나이지리아, 호주, 중국, 자메이카에서 생산된다. 각 지역마다 생강이 특유의 풍미를 지니고 있어서 특정 용도에 적합한 특징을 보여준다. 매운 자메이카산 생강은 진저비어에, 레몬 향이 나는 호주 생강은 당절임 생강에 쓰이는 식이다. 생강은 신선한 레몬과 꽃, 소나무, 유칼립투스 향과 입안을 따뜻하게 하는 매운맛이 어우러져 있다. 조리해도 크게 변하는 것이 없는데, 가장 크게 사라지는 향은 흙내음이다. 생강은 일반적으로 당밀이나 초콜릿, 마늘, 기름진 생선처럼 화사한 풍미를 빌려야 하는 맛이 강한 재료와 짝을 이룬다. 갈아서 건조시킨 생강은 신선한 생강보다 매운맛이 더 강하고 단맛이 약하며 불쾌한 비누 맛이 날 때가 있다. 절인 생강, 당절임 생강, 시럽에 보존한 생강 등의 형태로 구입할 수 있으며, 알코올성 음료와 비알코올 음료로도 접할 수 있다.

생강과 강황: 강황과 생강(220쪽) 참조.
생강과 건포도: 건포도와 생강(124쪽) 참조.
생강과 검은콩: 검은콩과 생강(43쪽) 참조.
생강과 구스베리: 구스베리와 생강(97쪽) 참조.

생강과 귀리

털이 뒤덮인 귀리와 털이 보송보송한 생강은 둘 다 설탕을 사랑한다. 귀리로 만든 끈적끈적한 생강 케이크인 파킨은 마치 내가 먹을 아침 식사를 먹어치운 무언가처럼 보인다. 진저 플랩잭은 귀리와 생강이 오직 버터 시럽만 이용해서 뭉쳐 있는 음식이다. 뜨거운 당절임 생강이라는 보석을 품고 있는 금방이라도 부서질 듯한 귀리 덩어리다. 털옷을 뒤집어쓴 조용한 화강암 같은 얼굴의 내륙인이 일하는 산기슭 카페에 어울리는 달콤한 디저트다. 볼에 오트밀 150g과 소금 1자밤, 베이킹 소다 1/4작은술, 생강가루 2작은술, 믹스드 스파이스 1작은술을 넣어서 잘 섞는다. 팬에 무염 버터 75g과 골든 시럽 50g, 황설탕 50g을 넣고 중약 불에 올려서 완전히 녹인다. 잘 휘저은 다음 다진 당절임 생강 4큰술과 귀리 혼합물을 넣어 골고루 섞는다. 유산지를 깐 15cm 크기의 정사각형 틀에 부어서 160°C의 오븐에서 20분간 굽는다. (20cm 크기의 정사각형 틀일 경우에는 양을 두 배로 늘린다.) 오븐에서 꺼내 10분 정도 식힌 다음 1인분 크기로 썰어서 덮개를 씌우고 약 24시간 정도 굳힌다. 밀폐용기에 담아 실온에 보관한다.

생강과 꿀: 꿀과 생강(75쪽) 참조.

생강과 대추야자

생강은 가늘고 신경질적이다. 달콤하고 통통한 대추야자에는 여러 달콤한 요리에 생강과 함께 쓰이는 황설탕과 비슷한 풍미가 있다. 생강과 대추야자의 공통점은 털이 많다는 것이다. 대추야자를 한 입 베어물고 섬유질이 부드럽게 부서지는 소리를 들어보자. 수염 같은 카타이피 페이스트리로 만든 치즈케이크에 장식으로 함께 사용해보자.

생강과 두부

두화는 응유凝乳 음식과 비슷하다. 일종의 콩 커스터드로 아주 부드럽게 굳히기 때문에 접시에서 숟가락으로 한 입씩 떠먹을 수 있을 정도다. 광둥성에서는 생강 시럽을 부어 먹는 것이 전통이다. 인도네시아에서는 생강 시럽에 판단 잎을 넣어서 맛을 내기도 한다. 베트남에서는 생강의 매운맛이 두드러지게 만든다. 필리핀에서는 타호라고 부르는데 간단한 흑설탕 시럽을 뿌리고 사고 펄과 함께 컵에 켜켜이 담아서 먹는다.

생강과 렌틸: 렌틸과 생강(54쪽) 참조.

생강과 메밀

중국 북부의 산시성에서는 메밀과 생강을 갈아서 아주 고운 폴렌타와 비슷한 페이스트를 만들어 찐 다음 직사각형 모양으로 썰어서 고추기름과 마늘, 참깨, 여분의 생강 간 것을 곁들여 낸다. 생강은 메밀의 다소 칙칙한 맛을 상쾌하게 하는데, 이 효과는 생생강을 갈아서 올린 일본식 메밀국수에서 그 효과가 더욱 두드러진다. 메밀 꿀은 진저브레드에 즐겨 사용하는 감미료다. 마리 시먼스는 『꿀의 맛』에서 메밀 꿀을 "맥아와 강한 당밀, 매운맛"이 난다고 묘사했다.

생강과 미소: 미소와 생강(17쪽) 참조.

생강과 엘더베리

진저브레드 반죽을 굽기 전에 신선한 엘더베리를 넣는 사람도 있다. 주름진 짙은 껍질에 작은 씨가 있는 엘더베리는 커런트처럼 생겼는데, 주근깨가 있는 진저브레드 맨 쿠키만큼 사랑스러운 것도 없다. 엘더베리와 생강은 약용 시럽이나 사과, 양파, 말린 과일로 만든 처트니에서 더 흔하게 찾아볼 수 있다.

생강과 올스파이스: 올스파이스와 생강(348쪽) 참조.

생강과 유자

스위스의 풍미 및 향료 회사인 피르메니히는 2021년도에 전통을 깨고 '올해의 풍미'로 두 가지를 선정했다. 정서적 힘과 낙관주의를 상징하는 생강과 유자였다. 피르메니히의 조사에 따르면 사람들이 행복과 가장 많이 연관시키는 맛이 감귤류와 생강이라고 한다. 나는 끈적끈적한 생강 케이크를 만들어서 유자즙 글레이즈를 바르고 당절임한 유자 껍질(순수한 유자 풍미가 나기 때문에 강력하게 추천한다)을 올렸다. 첫 한 조각에서는 적당한 편안한 기분이 들었다. 생강의 따뜻한 맛에 유자의 빛나는 꽃과 잎사귀의 향이 어우러졌다. 네 번째 조각을 먹을 즈음부터는 속이 이상해지기 시작했다. 행복은 역시 중용에서 느껴지는 것인 모양이다. 그래도 뜨거운 음료와 차가운 음료 양쪽 모두에서 좋은 궁합을 선보이는 조합이다.

생강과 참깨: 참깨와 생강(294쪽) 참조.
생강과 치커리: 치커리와 생강(377쪽) 참조.

생강과 캐러웨이

19세기의 생동감 넘치는 정기 간행물인 《가정 경제지The Magazine of Domestic Economy》에 따르면 가장 평범한 진저브레드는 "자녀가 많은 대가족이" 밀가루와 당밀, 생강, 캐러웨이씨를 넣어 만드는 것이 가장 "바람직하다." 어른들이 손을 대기도 전에 아이들이 싹 먹어치우는 일이 없도록 만들기 위해 캐러웨이씨를 넣은 것이 아닐까 싶다. 캐러웨이는 보통 기름지거나 훈제 향이 나는 종류의 진한 풍미와 기분 좋게 어우러지는 상반된 맛을 내지만 달콤한 당밀과도 잘 어울린다. 캐러웨이씨에 당절임한 생강, 당절임 오렌지 필을 섞어서 레이스 같은 플로랑틴 느낌의 비스킷을 만들어보자.

생강과 케일: 케일과 생강(205쪽) 참조.
생강과 크랜베리: 크랜베리와 생강(91쪽) 참조.

생강과 타마린드

매콤하고 새콤한 조합이다. 풀리 인지puli inji는 곱게 갈거나 다진 생강과 타마린드 페이스트, 설탕, 머스터드씨, 고추로 만드는 간단한 피클이다. 여기저기 다양하게 쓰기 좋으며 특히 크리미한 코르마 또는 견과류와 파니르, 양고기를 듬뿍 넣은 쌀 요리에 곁들이기 제격이다.

생강과 파파야: 파파야와 생강(194쪽) 참조.

생강과 해조류

초밥 코스에서는 음식과 음식 사이에 미각을 깔끔하게 정리하는 용도로 달콤한 생강 절임을 제공한다. 초밥과 함께 먹는 것은 아니다. 하지만 나는 롤초밥을 주문하면 등 뒤를 살펴서 초밥 마니아가 있는지 확인한 다음 생강 절임 한 조각을 입에 쏙 넣는데, 생강이 진한 해조류의 맛을 깔끔하게 해주기 때문이다. 또한 생강은 위를 진정시키는 효능이 있다는 점이 입증되었기 때문에 직접 채취한 해조류를 먹는 경우에 유용하게 쓸 수 있다. 『익스트림 푸드: 생명이 달려 있을 때 먹어야 할 음식』에서 베어 그릴스는 공복에 해조류를 너무 많이 먹으면 설사를 할 수 있다고 조언한다. 이를 보면, 공복에 직접 채취한 해조류를 먹으면 큰 문제가 생길 수 있다고 해석할 여지가 있다.

생강과 호밀

음료 작가 데이브 브룸은 위스키를 숙성시킬 때 쓰는 나무통의 천연 향신료 풍미가 생강의 풍미와 조화를 이룬다고 설명하며 진저에일을 '위스키의 최고급 믹서'[67]라고 불렀다. 버번의 단골 술친구는 콜라지만 브룸이 보기에는 진저에일이 더 좋은 파트너다. 믹서에 더 까다롭게 구는 호밀 위스키에도 진저에일이 가장 잘 어울리지만, 브룸은 호밀 위스키는 너무 많이 희석하지 말라고 경고한다. "세상에서 가장 무자비한 위스키다. 나는 호밀이 독특하고 미친 듯이 불타고 또 불타오르길 바란다." 당신이 무슨 짓을 하든지 간에 실수로라도 진저비어를 사용하는 일은 없도록 하자. 에일이 훨씬 당도가 낮기 때문이다. 에일의 매운맛이 흔히 생강의 대용품으로 쓰이는 고추로 낸 것이 아닌지 라벨을 확인해서, 생강으로 낸 매운맛을 지닌 에일을 고르도록 하자. 참고로 내가 만드는 특히 강한 맛의 진저브레드에는 생강과 고추를 섞어서 넣어도 좋다. (일부 전통 진저브레드 레시피에는 호밀 가루를 쓰기도 한다.) 신경을 좀 써서 진저브레드를 사람 모양 틀로 자를 생각이라면 생강과 고추 덤벨 한 쌍을 들게 해서 손님들이 진저브레드 속에 무엇이 들어 있는지 알 수 있게 하자. 비스킷 24개 기준으로 미디엄 호밀 가루 250g에 생강가루 2작은술, 믹스드 스파이스 2작은술, 베이킹 소다 1작은술, 소금 1/2작은술, 갈아낸 넛멕 약 1/8작은술, 카이엔 페퍼 여러 자밤을 넣고 잘 섞는다. 다른 볼에 황설탕 150g에 식용유 125ml, 달걀 1개, 당밀 2큰술을 넣고 거품기로 골고루 잘 섞는다. 가루 재료 볼의 가운데를 우묵하게 파고 액상 재료를 부은 다음 잘 섞어서 반죽을 만든다. 호두 크기로 나눠서 공 모양으로 빚은 다음 유산지를 깐 베이킹 트레이에 올리되, 오븐에 넣으면 퍼지니 서로 간격을 충분히 둔다. 180°C의 오븐에서 단단해지고 가장자리가 살짝 어두운 색이 될 때까지 12~15분간 굽는다.

생강과 후추: 후추와 생강(357쪽) 참조.

67 칵테일 등의 음료에 희석해서 알코올 도수를 낮추고 맛과 풍미를 더하는 용도로 쓰이는 것

CARROT

당근

당근은 우리에게 너무나 익숙한 재료인 탓에 무관심을 얻고야 말았다. 땅콩호박이나 고구마와 함께 맛보며 그 위엄을 재발견해보자. 친근한 단맛은 비슷하지만 소나무와 삼나무의 향이 피어나며 약간의 넛멕과 제라늄, 테레빈유 향이 느껴지고, 미나리과에서 흔히 볼 수 있는 신선하고 기발한 풍미가 구현되면서 흥미로운 끝 맛으로 이어진다. 당근은 허브와 향신료, 뿌리채소, 견과류, 콩, 그리고 미소나 두부 같은 아시아의 식재료와도 잘 어울리는 참으로 난잡한 재료 중 하나다. 유기농 당근은 풍미가 아주 뛰어나서 거의 언제나 그 훌쩍 뛰어오르는 금액을 지불할 만한 가치가 있다.

당근과 강황: 강황과 당근(218쪽) 참조.

당근과 건포도

집단주의 카페에 샌들을 신고 앉은 충실한 당원 같은 조합이다. 채 썬 당근과 건포도 샐러드는 거의 풍자적으로 쓰일 정도로 오래된 구식 메뉴지만, (언제나 높은 금액을 지불할 가치가 있는) 유기농 당근과 송이 건포도를 사용한다면 다시 부활시킬 만하다. 송이 건포도는 뜯어서 말린 건포도보다 충분히 달콤하게 익고 마른 다음 수확하므로 더욱 촉촉하고 과일 향이 강하다. 송이 건포도는 최근 들어서 더 경제적으로 적절하게 생산할 수 있게 되었는데, 씨가 없는 청포도 품종으로 흔히 재배하는 톰슨 포도보다 몇 주 더 빨리 익는 셀마 피트가 개발된 덕분이다. 농작물에 피해를 주는 비의 위협이 너무 커지기 전에 익어서 건조시킬 수 있다는 장점이 있다. 말린 씨 없는 적포도인 플레임Flame 건포도 역시 풍미와 당도가 뛰어나다는 평판을 받고 있다.

당근과 두부

만일 정통성을 따진다면 두부의 채소 고명으로 쓰여야 하는 것은 무로, 특히 래디시와 곤봉을 교잡한 것으로 보이는 녹색과 흰색을 띠는 일본 품종이어야 한다. 하지만 영국에서 무보다 더 쉽게 구할 수 있는 당근은 삼나무와 소나무 향이 선사하는 신선한 풍미를 지니고 있어 나무로 장식된 일식집의 실내를 연상시킨다. 집에서 직접 두부를 만든다면 두유를 응고시키기 전에 곱게 다진 당근을 섞어 넣어서 질감과 풍미를 더할 수도 있다. 두부와 당근을 밥에 섞어서 유부(튀긴 두부 주머니)에 채워 넣기도 한다.

당근과 래디시: 래디시와 당근(199쪽) 참조.

당근과 렌틸: 렌틸과 당근(53쪽) 참조.

당근과 미소

음식 작가인 존 벨렘과 얀 벨렘은 달콤한 백미소는 으깬 감자에 넣거나 두부에 섞어서 크림치즈식 딥을 만들거나 수프에 섞어 넣는 등 유제품을 사용할 법한 곳에 사용할 수 있다고 조언한다. 당근 미소 수프를 당근 크림수프로 착각하는 사람은 없겠지만 그래도 미소는 기분 좋은 진한 맛이 느껴지게 하는 효과를 준다.

당근과 순무: 순무와 당근(197쪽) 참조.

당근과 애호박

돌돌 돌려가며 소용돌이 모양으로, 또 가늘고 긴 끈 모양으로 깎으면 예쁜 한 쌍이 된다. 국수 면 대신 사용하거나 두꺼운 끈 모양으로 깎은 다음 S자 모양으로 접어서 바비큐용 꼬치를 만든다(부활절 보닛 모자를 장식하는 용도로 써도 좋다).

당근과 오레가노

『라루스 요리 백과』에서는 당근을 달콤한 마저럼Origanum majorana의 파트너로 소개한다. 신선한 마저럼에서는 신선한 오레가노와 매우 유사한 따뜻한 나무 향과 향신료 풍미가 나지만 풍미는 그보다 약하다. 마저럼 잎은 부드러운 허브처럼 취급하여 요리가 끝날 무렵에 넣어야 한다. 미국의 셰프 제리 트라운펠드는 가리비용 당근 마저럼 소스가 본인이 만든 레시피들 중 가장 호응이 좋다고 말한다. 이 소스는 졸인 당근 주스와 샬롯, 마늘, 베르무트, 버터, 레몬즙을 넣어 만든다. 신선한 마저럼은 가리비를 굽는 동안 소스에 아주 살짝 우러날 수 있도록 아주 잠깐만 넣는다. 여름의 당근 수프에도 같은 조합을 시도할 수 있다. 말린 마저럼은 아주 순한 맛이 날 때가 많다. 내가 마지막으로 샀던 마저럼 병에서는 라즈베리 같은 맛과 향이 나서 구운 당근과 염소 치즈 요리에 사용했다.

당근과 요구르트: 요구르트와 당근(165쪽) 참조.

당근과 월계수 잎

월계수 잎은 깍둑 썬 당근과 양파, 셀러리로 만드는 미르푸아에 약간의 쓴맛과 향신료 느낌을 더한다. 셀러리가 없거나 그 식감을 좋아하지 않는다면 말린 월계수 잎 대신 신선한 월계수 잎을 사용하자. 셀러리의 생동감을 대신할 수 있다.

당근과 잣: 잣과 당근(363쪽) 참조.

당근과 해조류

톳은 마치 포세이돈이 깎아낸 수염처럼 아주 가느다란 까만색 가닥으로 건조시켜 판매한다. 달콤하고 쌉싸름하고 짭짤하며 은은하고 기분 좋은 바다 풍미가 느껴진다. 20분간 물에 담그면 크기가 약 5배로 늘어난다. 당근은 맛과 외관 양쪽에서 대조적인 모습을 보여주는, 자주 등장하는 단짝이다. 짠맛에 대비되는 단맛과 검은색에 대비되는 밝은 주황색을 지니고 있다. 하지만 주의해야 한다. 주황색과 검은색은 종종 위험(도로 표지판, 독 개구리)을 의미하기도 한다. 톳에는 비소가 함유되어 있어서 일부 국가에서는 말린 것 기준으로 일주일에 5g 이상 섭취하지 않을 것을 권장한다. 그 외의 국가에서는 아예 섭취하지 말라고 한다. 일본인은 이 독소를 효율적으로 대사할 수 있는 것 같다. 일본의 슈퍼마켓에서는 흔히 톳의 이파리인 메히지키와 톳의 줄기인 나가히지키의 두 종류를 판매하고 있다. 톳의 대체 재료로는 살짝 단맛이 나는 대황이 거론되지만 색이 옅고 맛이 덜하며 불려도 아주 조금만 팽창한다.

당근과 흑쿠민: 흑쿠민과 당근(336쪽) 참조.

SWEET STARCHY

달콤한 전분

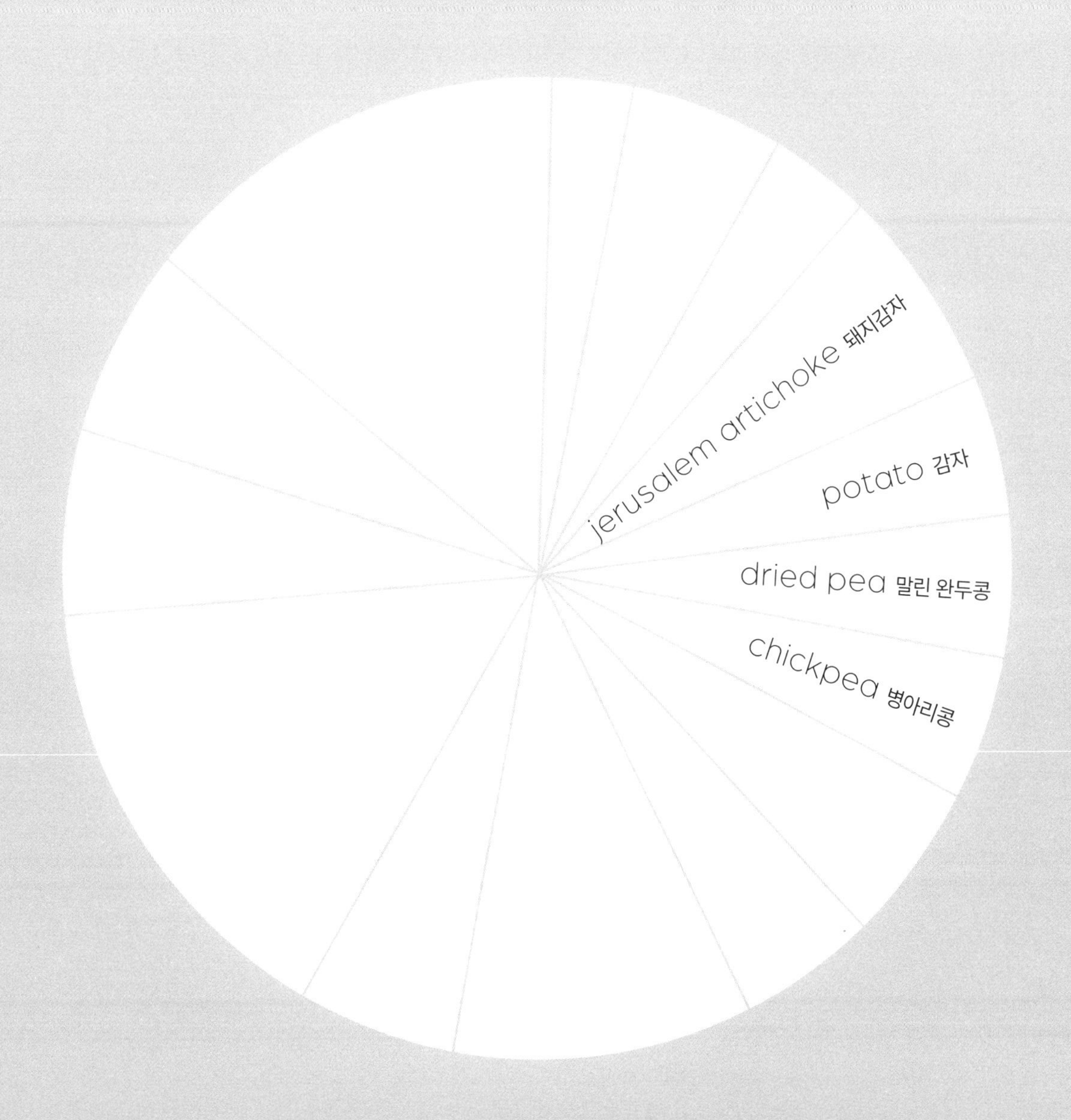

JERUSALEM ARTICHOKE

돼지감자

먹을 수 있는 장난용 방귀 쿠션이다. 대자연이 준비한 농담거리는 돼지감자(영어 이름 '예루살렘 아티초크')에 마치 채소 아티초크의 훨씬 달콤한 버전인 것처럼 멋진 풍미를 부여한 다음 이눌린을 가미해서 덫을 놓은 것이다. 우리는 대부분 이눌린을 소화시킬 수 없기 때문에 분해되기 전에 바로 장으로 내려간다. 그러면 다량의 이산화탄소가 생성되면서 방귀쟁이가 되는 결과를 초래하기로 악명이 높다. 다시 언급하고 싶지는 않지만 이는 이 뿌리를 얼마나 많이 먹는지와 관련되어 있다. 대부분의 사람은 오직 소량만 소화시킬 수 있다. 연구자들은 피험자에게 불편함을 유발하지 않는 선에서 하루에 이눌린을 최대 40g까지 투여할 수 있다는 사실을 발견했다. 돼지감자 100g에는 이눌린이 약 18g 함유되어 있지만 나는 돼지감자 25g 이하부터 시작해서 신체가 어떻게 반응하는지 지켜보는 것이 좋다고 생각한다. 돼지감자의 풍미는 종종 카르둔이나 우엉, 연근, 물밤과 비교된다.

돼지감자와 감자

돼지감자에는 여러 별명이 있는데 대부분 감자와 연관되어 있다. 캐나다 감자, 말 감자, 야생 감자, 당뇨 감자 등이다. 일본어로는 '국화 감자菊芋'라고 번역되는 이름이 붙는다. 독일에서는 '설탕 감자'라는 뜻의 주커카르토펠Zuckerkartoffel이라고 부르고 프랑스에서는 '땅의 사과pommes de terre'라는 감자의 이름에서 따와 '땅의 배poires de terre'라고 부르기도 한다. 돼지감자와 감자는 모두 덩이줄기 식물로 과육에서 달콤한 흙 풍미가 나는 것까지 닮았다. 제2차 세계대전 이후 프랑스와 독일에서 감자가 귀해지자 재배하기 쉬운 돼지감자의 인기가 잠깐 부활했다. 감자와 돼지감자의 차이점은 진한 풍미다. 감자는 기분 좋게 밋밋한 맛을 보여주지만 돼지감자는 오크통에서 숙성한 샤르도네를 연상시키는 독특한 맛이 특징이다. 결론은 감자와 돼지감자를 섞어서 으깨거나 그라탱, 불랑제르boulangère[68], 뢰스티를 만들면 아주 좋다는 것이다.

돼지감자와 고구마

태양왕 루이 14세의 궁정 시종이었던 니콜라 드 보네퐁은 저서 『전원생활의 즐거움Les Delices de la Campagne』에서 돼지감자는 샐러드에 넣으면 덜 딱딱한 아티초크 같은 맛이 난다고 썼다. 튀김으로 만들면 서양 우엉과 비슷한 맛이 나고 삶으면 고구마 같은 맛이 된다. 19세기 후반 뉴욕 델모니코의 셰프 찰스 랜호퍼는 고구마와 아티초크로 수프를 만들면서 돼지감자와 비슷한 맛이라고 주장했다. 즉 이 세 가지 재료는 끊임없이 함께 춤을 추는 존재로, 고구마 수프에 돼지감자를 소량 넣으면 놀라운 효과를 얻을 수 있다.

68 얇게 썬 감자와 양파 등을 오븐에 구워서 만드는 요리

돼지감자와 레몬

레몬은 단맛을 절제시킨다. 프라이팬에 돼지감자, 마늘과 함께 레몬 슬라이스를 넣어서 볶으면 본연의 풍미를 더하면서 동시에 맛의 균형을 잡아준다. 얇게 썬 돼지감자를 레몬즙으로 산성화한 물에 뭉근하게 익히면 이눌린이 중화된다는 주장도 있지만 나는 그러면 풍미가 너무 많이 변한다고 말하고 싶다. 약간의 산acid은 크림색의 돼지감자가 의기소침한 버섯 같은 색으로 변하는 것을 막아주지만, 타르타르 크림으로도 같은 효과를 낼 수 있다. 해럴드 맥기는 돼지감자를 아삭하게 익히고 싶다면 처음에, 부드럽게 익히고 싶다면 조리가 끝나기 5분 전에 산을 첨가하라고 조언한다. 물 1리터당 레몬즙 1큰술 또는 타르타르 크림 1/4작은술을 넣으면 된다.

돼지감자와 리크

레이먼드 블랑은 돼지감자와 리크를 쪄서 섞어 샐러드를 만든다. 블랑이 어렸을 때는 돼지감자를 보통 동물 사료로 치부했기 때문에 가난한 자의 샐러드라는 뜻의 살라드 뒤 포브르salade du pauvre에 들어가곤 했다고 회상한다. 이 조합으로는 비시수아즈와 비슷하지만 훨씬 진한 맛이 나는 훌륭한 수프를 만들 수도 있다. 호주의 요리사 스테퍼니 알렉산더는 돼지감자 수프에 섬세한 풍미를 불어넣고 싶다면 돼지감자의 껍질을 벗기지 말고 쓰라고 조언한다.

돼지감자와 마늘

돼지감자를 마늘과 함께 구우면 둘 다 백합 같은 향이 발달하는데, 마치 난초의 집에 들어와 있는 것 같을 정도로 매혹적이면서 아찔할 정도로 달콤한 향이다. 마늘과 돼지감자 둘 다 소화를 특히 어렵게 만드는 수용성 섬유질인 이눌린을 함유하고 있다(마늘에는 훨씬 적은 양이 들어 있다). 감자를 구울 때와 마찬가지로, 돼지감자도 먼저 삶고 시작하면 좋다. 넉넉한 양의 물에 10분 정도 삶은 다음에 굽는 것이다. 돼지감자의 물기를 완전히 제거한 다음 오일에 버무려서 180°C의 오븐에 넣고 가끔 꺼내 꾹꾹 눌러가면서 총 30분 정도 굽는데, 반쯤 익었을 때 마늘쪽을 껍질째 넣어 같이 익힌다.

돼지감자와 미소

일본에서는 돼지감자를 미소나 술지게미에 절여서 먹는다. 껍질을 벗긴 다음 미소에 푹 파묻어서 냉장고에 최대 3개월까지 보관하며 먹는다. 『쓰케모노』의 저자인 올레 G. 모리첸과 클라브스 스티르베크에 따르면, 그 즈음이 되면 "아름다운 황금빛 갈색"을 띠는 "말도 안 되게 아삭하고 바삭한 피클"이 되어서 간식으로 먹을 수 있으며 갈아서 수란이나 해산물에 올리면 풍미 짙은 고명이 된다고 한다.

돼지감자와 버섯

돼지감자의 풍미를 좋아하지만 소화가 잘 되지 않는 사람이라면 잘 어우러지는 단짝 재료와 함께 소량씩 먹어보는 것이 좋다. 아티초크와 감자가 가장 흔한 후보이지만 버섯도 고려해볼 만하다. 돼지감자 수프에 버섯 국물을 사용하면 버섯의 숲 풍미가 바닥에 깔리면서 돼지감자에 거의 트러플처럼 느껴지는 향을 가미하는 것을 느낄 수 있다. 또는 버섯과 돼지감자를 얇게 썰어서 버터에 같이 볶아도 좋다. 타임이나 딜을 넣어서 마무리한다.

돼지감자와 초콜릿: 초콜릿과 돼지감자(37쪽) 참조.

돼지감자와 치즈

염소 치즈는 돼지감자의 비트 같은 단맛을 잘 살려준다. 랑클럼L'Enclume의 셰프 사이먼 로건은 돼지감자 껍질을 바삭하게 튀겨서 염소 치즈 무스를 곁들여 낸다. 짭짤한 오래된 파르메산 치즈도 흔히 곁들이는 재료다. 돼지감자를 아주 살짝 넣어서 리소토를 만들기도 한다. 파르메산 칩을 만들어서 돼지감자 크림 수프에 곁들여도 좋다.

돼지감자와 치커리

1918년에 발표된 학술 논물에서 영국 태생의 미국 동물학자 T.D.A 코커렐은 미국산 돼지감자는 재배와 보관이 참으로 쉬운데 왜 더 널리 재배되지 않는지 의문을 제기했다. 그러면서 아내가 제안한 요리법인 돼지감자를 익혀서 얇게 썬 다음 꽃상추와 함께 비네그레트에 버무려 먹는 방식을 제시한다.

돼지감자와 파슬리: 파슬리와 돼지감자(318쪽) 참조.

돼지감자와 피칸

둘 다 북아메리카가 원산지다. 해럴드 맥기는 『큐리어스 쿡』에서 돼지감자의 부작용을 줄일 수 있는 다양한 방법을 설명한다. 그가 발견한 바로는 돼지감자를 얇게 썰어서 15분간 삶으면 이눌린 성분이 절반가량 빠져나간다. 구덩이에서 천천히 조리하는 것 또한 해결책이 되어준다. 맥기는 구덩이 조리법과 비슷한 환경을 만들기 위해 93°C의 오븐에 돼지감자를 넣고 과육이 마치 아스픽처럼 반투명한 갈색이 되고 아주 단맛이 강해질 때까지 24시간 동안 익혔다. 그리고 이렇게 구운 돼지감자는 고구마처럼 먹을 수 있으니 크림과 감귤류 제스트를 넣고 섞은 다음 다진 피칸을 뿌려보라고 제안한다. 아니면 생돼지감자와 피칸으로 샐러드를 만들어보자. 날것의 돼지감자에서는 살짝 나무 같은 신선한 향이 나는데, 어떤 사람들은 이를 물밤과 비교하기도 한다.

POTATO

감자

생감자에서는 50가지의 향료 화합물이 발견된다. 향이 강하지는 않다. 감자Solanum tuberosum의 향은 은은하다. 익히면 화합물이 증가하지만 그래도 감자 향은 약한 편이다. 이건 절대 비판이 아니다. 삶아서 껍질을 벗긴 감자에서는 과일과 꽃향기와 더불어 살짝 치즈 향이 나는 구운 풍미가 느껴진다. 감자칩으로 만들면 캐러멜과 향신료 풍미가 강해진다. 껍질을 벗기지 않은 채로 두면 코코아와 맥아, 호밀 풍미가 더해진다. 어떤 감자 품종을 사용하느냐는 풍미보다는 주로 질감과 크기 차이가 관건이 된다. 점질 감자는 형태가 잘 유지되기 때문에 그라탱과 스튜, 감자 샐러드에 추천한다. 분질 감자도 스튜에 넣을 수 있지만 감자가 산산조각나기를 바라지 않는다면 요리 후반부에 넣어야 한다. 일반적으로 분질 감자보다 점질 감자가 풍미가 좋다고 알려져 있다. 부분적으로는 밀도가 다르기 때문이기도 하지만, 점질 감자는 분질 감자의 강한 전분과 흙 향기에 비해서 풍미가 더 복합적으로 느껴져서 녹색 채소나 양상추에 곁들이기 아주 좋다.

감자와 검은콩: 검은콩과 감자(42쪽) 참조.

감자와 깍지콩

감자는 깍지콩의 풍미를 부드럽게 다듬어준다. 페스토를 흠뻑 적셔 먹는 멋진 트로피 파스타 리구리아 trofie pasta Liguria에서 짝을 이루는 조합이다. (파스타와 감자, 깍지콩을 보통 같은 냄비에 삶는데, 그 삶은 물은 수프에 쓰기 좋은 육수가 되어준다.) 마르셀라 하잔은 감자를 굵게 간 깍지콩 퓌레, 달걀, 파르메산 치즈, 마저럼과 함께 으깬 다음 빵가루를 뿌려서 구운 리구리아의 파이 요리를 언급한 적이 있다. 남아프리카의 보어분지boereboontjies('농부의 콩')는 으깬 감자와 깍지콩을 섞어서 만드는 간단한 요리로, 아일랜드의 챔프 champ에서 실파 대신 깍지콩을 넣은 것과 비슷하다. 자급자족의 대가인 존 시모어는 정원사에게 말린 잠두와 감자가 있다면 결코 굶주리지 않을 거라고 주장했다. 그럴지도 모르지만 깍지콩이 훨씬 요리에 활용하기 좋고, 특히 잠두만큼이나 말려서 보관하기에도 좋다. 미국 남부에서는 말린 깍지콩을 '가죽 반바지'라고 부른다. 말린 깍지콩을 다시 불리면 고기 맛 또는 감칠맛이 돈다고 말하는 사람도 있다. (고기 맛이 나는 반바지라, 흠.) 전통적으로 깍지콩을 말릴 때는 실에 꿰어서 벽난로에 매달거나 자루에 넣어 훈제실에 두었다. 깍지콩에서 감칠맛이 나는 이유, 그리고 내가 찾은 모든 레시피에 베이컨과 라드, 햄 등이 들어가는 이유를 여기에서 찾을 수 있다. 잠두와 감자(251쪽) 또한 참조.

감자와 돼지감자: 돼지감자와 감자(230쪽) 참조.
감자와 렌틸: 렌틸과 감자(53쪽) 참조.
감자와 리크: 리크와 감자(268쪽) 참조.

감자와 말린 완두콩

말린 완두콩과 감자는 교집합의 면적이 매우 넓다. 버터와 소금, 후추만 넣어서 익힌 완두콩은 질감이 부드럽다면 으깬 감자처럼 쓸 수 있다. 마찬가지로 소금을 쳐서 오븐에 구운 완두콩은 하바스 프리타스(튀겨서 소금 간을 한 말린 잠두)나 볶은 옥수수의 인기 높은 대체제로, 소금을 친 감자칩과 비슷한 맛이 난다. 말린 완두콩 수프를 만들려고 감자의 껍질을 벗기고 잘게 써는 것은 참으로 불필요한 과정인데, 다른 채소 수프에 비해서 완두콩 수프에는 감자가 선사하는 풍미나 바디감이 필요 없기 때문이다. 하지만 감자튀김을 곁들인 완두콩 튀김이라면 이야기가 다르다. 이 별미는 영국 남부 해안가의 피시앤드칩스 가게에서 흔하게 볼 수 있다. 말린 완두콩을 익혀서 패티 모양으로 빚은 다음 반죽을 입혀서 튀긴다. 그 외에는 거의 모든 튀김 가게에서 축축한 으깬 완두콩 퓌레를 작은 플라스틱 그릇에 담아 낸다.

감자와 메밀

주말 농장의 아침 같은 맛이다. 우크라이나 서부의 특산물인 야보리스키 파이yavorivsky pie는 으깬 감자와 볶은 메밀, 튀긴 양파를 수북하게 쌓아서 빵 반죽으로 싼 푸짐하고 커다란 음식으로 사워크림을 곁들여 낸다. 반죽에 필링을 채운 다음에 밀어서 모양을 잡는 과정이 없다는 점만 빼면 거대한 파라타와 비슷하게 생겼다. 실제로 메밀 반죽에 감자 속을 채운 음식인 파라타는 인도, 그중에서도 특히 북부에서 나바라트리 가을 축제 기간에 먹는다. 피초케리pizzoccheri는 메밀 파스타를 감자, 양배추와 함께 익혀서 대량의 버터와 치즈를 곁들여 내는 음식이다. 이탈리아 북부의 발텔리나 지방이 원산지로 최근 수십 년간 큰 인기를 끌며 다른 이탈리아 지역과 해외에 퍼져 나갔다.

감자와 병아리콩

파넬레 에 카칠리panelle e cazzilli는 병아리콩과 감자를 각각 반죽해서 튀겨 만든 시칠리아의 간식이다. 파넬레는 아주 단순한 병아리콩 반죽을 굳힌 다음 모양을 내서 잘라 튀긴 것이다. 아주 가늘게 만드는 사람도 있고, 상당히 두툼하게 만드는 사람도 있다. 팔레르모의 노점상에서 구입하면 카칠리도 함께 먹을 수 있을 가능성이 있다. 카칠리는 감자 크로켓과 비슷하지만 조금 더 얇다. 이름은 '작은 성기'라는 뜻이니 대뜸 이름부터 외치지 말고 메뉴에 적혀 있는지 확인해보는 것이 좋다. 파넬레 에 카칠리는 주로 롤빵에 끼워서 판매하고, 감자튀김을 곁들이기도 한다. 이처럼 탄수화물만 잔뜩 모아놓을 때에는 숨 돌릴 부분을 만들어놔야 하는데, 시칠리아에서는 항상 레몬을 활용한다. 아르메니아에서는 감자와 병아리콩을 같이 으깨서 일종의 반죽을 만든 다음 양파와 향신료, 타히니로 속을 채워서 토피그topig라는 사순절 만두를 만든다. 또한 감자와 병아리콩 조합은 코시도 마드릴레뇨cocido madrileño라는 고기가 잔뜩 들어가는 스페인 스튜를 만들 때에도 사용된다.

감자와 보리

평소에 마음을 잘 달래주던 음식으로도 더 이상 위로가 되지 않을 때 찾는 음식이다. 에스토니아의 멀기 푸더mulgipuder는 감자와 통보리를 함께 익힌 다음 으깨서, 부드러우면서도 쫄깃하고 버터를 넣은 뜨거운 밤 같은 맛이 난다. 마음 아픈 이별을 하고 난 다음에 한 대접 마련해서 먹어보자. 베이컨 기름(또는 버터)에 양파를 넣고(베이컨은 함께 볶아도 좋고, 넣지 않아도 좋다) 달콤하고 노릇노릇하게 볶은 다음 옅은 색의 감자 보리죽에 얹어서 먹으며 지난 일을 회상하고 눈물지어 보자.

감자와 샘파이어: 샘파이어와 감자(411쪽) 참조.
감자와 석류: 석류와 감자(86쪽) 참조.
감자와 소렐: 소렐과 감자(170쪽) 참조.
감자와 순무: 순무와 감자(196쪽) 참조.

감자와 시금치

코코 샤넬은 집을 나서기 전에 거울을 보고 한 가지를 빼라고 말했다. 인도 레스토랑에서 음식을 주문할 때에도 똑같이 적용할 수 있는 좋은 조언이다. 하지만 주의할 점이 있다. 절대 사그 알루saag aloo를 빼서는 안 된다. 시금치가 가득한 채식 요리를 먹고 배를 움켜쥐면서 후회할 사람은 없을 테니까. 감자를 감싸는 녹색 소스인 사그는 원하는 만큼 담백하게도, 매콤하게도 만들 수 있다.

감자와 양귀비씨: 양귀비씨와 감자(298쪽) 참조.
감자와 양상추: 양상추와 감자(280쪽) 참조.
감자와 오레가노: 오레가노와 감자(332쪽) 참조.
감자와 월계수 잎: 월계수 잎과 감자(351쪽) 참조.
감자와 자두: 자두와 감자(109쪽) 참조.
감자와 잠두: 잠두와 감자(251쪽) 참조.
감자와 차이브: 차이브와 감자(271쪽) 참조.
감자와 캐러웨이: 캐러웨이와 감자(326쪽) 참조
감자와 케일: 케일과 감자(203쪽) 참조.
감자와 해조류: 해조류와 감자(407쪽) 참조.
감자와 호로파: 호로파와 감자(378쪽) 참조.

감자와 호밀: 호밀과 감자(24쪽) 참조.

감자와 후추

영국에서는 감자칩 제조업체에서 흑후추 맛을 만들어야겠다고 생각하기 훨씬 전부터 우스터소스 맛, 새우 칵테일 맛, 훈제 베이컨 맛 감자칩에 이미 익숙해져 있었다. ("우리 고객들이 어떤 맛을 좋아할까요? 흑후추? 소금과 함께요? 글쎄요…….") 이제 흑후추 맛 감자칩도 쉽게 구할 수 있게 되었지만, 굳이 흑후추 맛 감자칩을 사지 말고 소금 간만 된 감자칩에 직접 흑후추를 갈아서 뿌려 먹어보기를 추천한다. 내 후추 그라인더를 술집에 가져가려면 상당한 카리스마가 필요하기는 하지만, 뜻밖의 맛을 느낄 수 있다. 담백한 감자는 향신료가 제 모습을 드러낼 수 있도록 뒤로 물러난다. 참고로 여러 후추 맛을 비교하는 시식회에는 지방을 넣지 않은 평범한 매시트포테이토를 추천한다. 백후추도 감자칩에 잘 어울리지만 더 날카롭게 매운 맛이 난다. 중독성이 강력하니 조심하자. 옥수수 퍼프 과자인 워짓스Wotsits에 텔리체리 후추를 갈아 뿌리면서 카초 에 페페[69]라고 부르는 스스로의 모습을 발견했다면 잠시 숨을 고를 때다.

감자와 흑쿠민

종말 이후 폐허가 된 감자 가공 공장 주변을 비틀거리며 걷다 보면 현금 더미와 함께 훔쳐낸 흑쿠민 한 봉지를 챙겨왔다는 사실에 기뻐하게 될 것이다. 작은 쓰레기통에 불을 피우고 흑쿠민씨와 함께 볶은 감자 요리인 고전 벵골 음식 칼론지 알루kalonji aloo를 만들어보자. 감자를 길쭉길쭉하게 불규칙한 모양으로 자른 다음 양파, 풋고추와 함께 볶아서 흑쿠민씨를 뿌리는 것이다. 파라타나 튀긴 루치luchi 빵을 곁들여서 눈먼 생존자 무리를 경계하며 먹자. 흑쿠민씨를 스페인식 토르티야나 감자 스콘에 넣어도 잘 어울린다.

69 이탈리아어로 치즈와 후추라는 뜻으로, 갈아낸 치즈와 후추로 버무린 파스타 요리

DRIED PEA

말린 완두콩

렌틸보다 달콤하고 풍미가 강한 말린 완두콩은 소금만 넣어도 완벽한 수프를 만들어낼 수 있다. 대부분의 녹색 채소 수프는 감자에 의존해서 무게감과 깊은 풍미를 내는 편이지만, 말린 완두콩에는 이미 전분은 물론 감자의 풍미도 잔뜩 들어 있다. 그런데 노란색 완두콩은 이야기가 다르다. 맛은 비슷하지만 녹색 완두콩의 진한 풍미가 부족하기 때문에 토마토처럼 다른 재료에 기대야 만족스러운 수프가 된다. 피스밀peasemeal은 노란 야생 완두콩을 빻은 가루다. 여기에 뜨거운 물을 부으면 스코틀랜드식 브로즈brose를 만들 수 있다. 음식 작가 캐서린 브라운은 피스밀은 오트밀이나 베레밀보다 맛이 강하기 때문에 새콤한 과일보다 대추야자나 살구와 더 잘 어울린다고 말한다. 피스밀은 오늘날까지도 스코틀랜드 고원의 골스피 밀에서 생산되고 있다.

말린 완두콩과 감자: 감자와 말린 완두콩(234쪽) 참조.
말린 완두콩과 강황: 강황과 말린 완두콩(219쪽) 참조.

말린 완두콩과 고추

매운맛을 잠깐이라도 무시할 수만 있다면 풋고추의 풍미는 완두콩과 공통점이 많다는 점을 알 수 있다. 말린 완두콩에 넣으면 혼종 같은 맛이 된다. 반건조 완두콩이랄까? 모리셔스의 가토 피멘토(고추 튀김)를 만들려면 먼저 노란색 말린 완두콩 250g을 물에 8시간 동안 불린다. 완두콩을 건져서 물에 헹군 다음 갈아서 거친 반죽을 만든다. 아주 곱게 다진 풋고추 최소 1개 분량, 곱게 송송 썬 실파 4대 분량, 다진 고수 2~3큰술, 베이킹파우더 1작은술을 넣고 간을 한다. 잘 섞어서 호두 크기의 공 모양으로 빚은 다음 튀김 기름에 넣어서 중간에 한 번 뒤집어가며 4~5분간 튀긴 후 키친타월에 올려 기름기를 제거한다. 오랫동안 가토 피멘토를 판매해온 나예쉬 뭉그라에 따르면 역사적으로 가토 피멘토는 도넛 모양이었지만 요즘에는 작은 공 모양으로 만드는 것이 간편해서 인기를 끌고 있다고 한다. 또한 아이들이 너무 매워해서 풋고추는 반죽에 들어가는 일이 점점 줄어들고 있다고 한다. 버터를 바른 뜨거운 롤빵에 차 한잔을 곁들이면 아침 식사로 먹기 좋은 음식이다.

말린 완두콩과 레몬: 레몬과 말린 완두콩(174쪽) 참조.

말린 완두콩과 민트

고속도로 휴게소에서 먹는 보온병 도시락만큼이나 영국적인 조합이다. 이 조합의 수명은 조금 미스터리한 부분이 있다. 말린 완두콩으로 인한 소화 장애를 완화시키기 위해서 민트를 첨가하게 된 것일까? 아니면 질척하게 으깬 완두콩을 잔뜩 먹어야 할 때 좀 재미를 가미해보고 싶었던 것일까? 혹은 말린 완두콩의 바순 악기 같이 낮게 울리는 느낌에 대적하는 민트의 산뜻함을 들이댄 것일까? 민트가 말린 완두콩의 풍미를 강화한다고 보기는 어렵다. 압도하는 쪽에 가깝기 때문이다. 민트는 기름진 맛이나 붉은 고기 혹은 다크 초콜릿 등의 짙은 로스트 풍미를 가볍게 만드는 역할을 탁월하게 수행한다. 천천히 익힌 완두콩에 허브를 가미하고 싶다면 파슬리가 더 나을 것이다.

말린 완두콩과 보리

"버터가 없어도 맛있다." 1851년판 《베지테리언 메신저》에 실린 선언이다. 코펜하겐의 노마에서는 익힌 보리에 누룩 종균을 주입해서 '피소peaso'를 만드는데, 일반적인 미소의 재료인 대두 대신 덴마크에서 인기가 좋은 말린 노란 완두콩을 익혀서 미소 생산 기술을 적용한 것이다. 피소의 이상적인 단짝은 구운 마늘 오일이다.

말린 완두콩과 소렐

소렐의 풍미는 새하얀 식탁보와 반짝이는 수저를, 말린 완두콩은 기름기가 묻은 수저와 멜라민 식탁을 떠올리게 한다. 그래도 상관없다. 말린 완두콩은 '식초 식물'이라고도 불리는 소렐의 톡 쏘는 맛을 사랑한다. 소렐은 사순절 기간 동안 먹는 말린 완두콩 수프에 들어가는 여러 봄철 향미 채소 중 하나다. 기본 향신 채소(다진 양파와 당근, 셀러리에 어쩌면 순무 정도)를 넣은 냄비에 줄기를 제거한 소렐 잎을 넣어보자. 곱게 간 다음 수프가 평소보다 조금 우울한 색을 띠더라도 놀라지 말자. 입안에서는 우울한 맛이 전혀 나지 않을 것이다.

말린 완두콩과 순무: 순무와 말린 완두콩(197쪽) 참조.
말린 완두콩과 코코넛: 코코넛과 말린 완두콩(149쪽) 참조.

말린 완두콩과 토마토

토마토는 적어도 수프에서만큼은 녹색 완두콩보다 노란색 말린 완두콩을 선호한다. 말린 완두콩과 토마토 크림수프는 알카트라즈[70]에서 나오던 음식으로, 빅토리아 시대 런던의 황색 짙은 안개[71]만큼이나 샌프

70 샌프란시스코 연안에 있는 동명의 섬에 자리한 연방 교도소
71 당시의 대기는 오염되어서 마치 완두콩 수프와 같은 짙은 황색이었다는 뜻으로 완두콩 수프 안개pea-souper라고 불렸다.

란시스코만의 안개처럼 앞이 보이지 않는 맛이었을 것이다. 교도소가 작아서 수감자를 잘 먹이기가 그리 힘들지 않았던 시절에는 음식이 반 정도는 괜찮았다고 말하는 사람도 있다. 그 이후의 수감자는 끔찍했다고 증언한다. 1954년 크리스마스에는 수감자에게 굴 드레싱과 눈송이 감자(사워크림과 크림치즈를 넣고 으깬 것)를 곁들인 칠면조 구이가 제공되었다. 그리 나쁘지 않았을 것 같지만 마지막 디저트로 호박 파이가 나왔다고 하는데, 그렇다면 나라도 찻숟가락으로 감방 벽을 긁어내 뚫어서 탈출하고 싶었을 것이다.

말린 완두콩과 파슬리: 파슬리와 말린 완두콩(318쪽) 참조.

말린 완두콩과 호밀

호밀빵 한 조각은 말린 완두콩 수프의 이상적인 단짝이다. 또한 호밀빵으로는 눅눅해질 수 없을 정도로 강력하게 바삭바삭한 크루통을 만들 수 있다. 결정을 쉽게 내리지 못하는 사람에게 마치 꿈과 같은 메뉴인 미국 식당의 '수프 앤드 샌드위치'를 좋아한다면 필히 버터를 바른 호밀빵으로 만든 단순한 딜 피클 샌드위치에 말린 완두콩 수프 한 컵으로 직행하는 것이 좋다.

말린 완두콩과 후추

말린 완두콩은 그 자체로 완전한 존재다. 다른 재료 없이 기본양념—소금과 흰색 후추, 버터 한 숟가락(한때는 설탕 한 숟가락도 포함되었다)—만 있어도 수프나 퓌레를 만들 수 있다. 제인 그리그슨은 말린 녹색 완두콩과 녹색 후추를 매우 애호한다. 완두콩을 양파, 당근과 함께 부드러워질 때까지 뭉근하게 익힌 다음 곱게 갈아서 녹색 통후추를 넣어 간을 맞추는 것이다. 영국 북부에서는 여전히 더 강한 맛의 야생 완두콩을 흔히 먹는다. 북동부에서 인기가 좋은 적갈색 칼린 완두콩과 랭커셔 및 그 인근 지역에서 선호하는 '바짝 말린parched' 검은색 완두콩은 모두 식초와 함께 먹는다.

CHICKPEA

병아리콩

병아리콩의 품종인 카불리와 데시는 쉽게 구분할 수 있다. 카불리는 크고 껍질이 얇은 아르마니 베이지색이고 데시는 갈색 또는 검은색으로 벵갈 그램이라고 불리기도 하는데, 노란 말린 완두콩과 외관이 비슷하지만 더 자그마한 크기인 차나 달을 만드는 데에 쓰인다. 데시는 조용한 견과류 풍미가 나는 카불리보다 미네랄의 톡 쏘는 맛이 더 두드러져서 달과 잘 어울리지만, 둘 다 빻아서 가루로 만들면 서로 간의 차이가 거의 사라지고 만다. 데시 가루는 베산 또는 그램 가루라고 불리고 카불리 가루는 보통 병아리콩 가루라는 이름으로 판매한다. 두 종류 모두 새콤하고 매콤한 식재료와 잘 어울리는 렌틸의 특징을 공유한다. 구운 병아리콩은 인도의 인기 간식으로 가염 또는 무가염 제품으로 구입할 수 있다.

병아리콩과 감자: 감자와 병아리콩(234쪽) 참조.
병아리콩과 강황: 강황과 병아리콩(220쪽) 참조.

병아리콩과 건포도

10대 시절, 모든 음식에 건포도나 술타나를 넣는 어머니를 둔 남자친구를 사귄 적이 있었다. 그의 집에 가서 차를 마시고 싶을 때면 미안하지만 건포도를 발견하고 슬쩍 제거하는 과정을 꼭 거쳐야 했다. 커리를 넣은 베이크드 빈에서 발견되는 것은 물론이고, 그 어머니의 대표 요리인 '과일' 코티지 파이에 이르면 거의 악몽 같았다. 어떤 요리도 안전하지 않았다. 이후로 나는 예상치 못한 곳에서 말린 과일을 발견하는 것이 얼마나 싫었는지 잊어버리고 있다가, 봄베이 믹스 한 줌을 먹던 중 건포도를 씹고 말았다. 으악! 하지만 다시 생각해보니 이 경우에는 건포도를 넣을 법했다. 그 건포도는 짙은 갈색에 쫀득해서, 말린 과일을 더 창백하고 부드럽고 과일 향이 진해지게 만드는 이산화황 처리를 하지 않은 것 같았다. 달콤하면서 새콤한 맛이 났고 병아리콩 가루로 만든 끈 모양의 바삭바삭한 과자인 가티야gathiya와 아주 잘 어울렸다. 그 이후에 건포도를 갈아 넣은 팔라펠을 맛본 적이 있는데, 그러다 병아리콩과 말린 자두 조합에 푹 빠지고 말았다.

병아리콩과 고추

우리가 만나기 전, 남편은 한동안 양파 바지bhaji만으로 끼니를 때운 적이 있다. 이보다 더 동맥경화증에 걸리기 쉬운 방법도 없을 것이다. 바지 또는 파코라 반죽은 그램(병아리콩) 가루와 칠리 파우더로 만들고, 강황을 몇 자밤 넣을 때도 있다. 바지 2개(소) 기준으로 병아리콩 가루 100g에 옥수수 전분 1큰술, 파프리카 가루나 마일드 칠리 파우더 1작은술, 강황 가루 1/2작은술, 베이킹 소다 1/4작은술, 소금 1/4작은술을 섞는다. 가운데를 우묵하게 판 다음 물을 적당히(약 75ml) 넣고 잘 섞어 더블 크림 같은 농도의 반죽을 만든다. 너무 되직하면 튀김이 퍽퍽해서 소화가 잘 되지 않을 위험이 있는데, 특히 화이트채플의 습한 아파트에 살면서 윈푸드 다이어트를 하는 중이라면 매우 해롭다. 중간 크기의 양파 2개를 곱게 채 썰어서 반죽에 섞어 넣은 다음 뜨거운 기름에 한 순갈씩 떠 넣어서 노릇노릇하게 완전히 익을 때까지 튀긴다. 반죽에 아주 곱게 다진 신선한 고추를 섞어 넣을 수도 있다.

병아리콩과 달걀: 달걀과 병아리콩(247쪽) 참조.

병아리콩과 레몬

병아리콩은 울퉁불퉁하고 털이 많은 밝은 녹색 꼬투리 안에서 쌍으로 자란다. 신선할 때 꼬투리째 날로 먹을 수 있지만 말려서 먹기에도 좋다. 병아리콩은 최상으로 잘 익었을 때 밋밋한 맛이 나서 신선한 풍미를 거의 감지할 수 없다. 아주 살짝 풀 향이 감도는 정말 부드러운 풍미다. 수 분간 조리한 다음 소량의 레몬즙과 소금으로 양념을 하면 맛이 훨씬 좋아진다. 일부 요리사는 이 신선한 병아리콩으로 신선한 '후무스'를 만들기도 한다.

병아리콩과 말린 자두

살로라드쉬로프 시세라푸르saloradshrov siserapur는 말린 자두를 불려서 씨를 제거하고 잘게 썬 것과 익힌 병아리콩으로 만드는 아르메니아의 수프다. 익힌 병아리콩의 절반 분량은 체에 내리고 나머지 콩과 섞은 다음 적당량의 수분을 첨가해 수프를 만든다. 그다음 말린 자두를 넣고 따뜻하게 데워서, 간을 맞추고 딜과 실파를 뿌려서 낸다. 자두가 병아리콩의 고소한 맛을 두드러지게 해준다. 대추야자나 체리 등 다른 말린 과일로도 만들어봤지만 말린 자두만큼 병아리콩과 어울리는 맛이 나지 않았다. 말린 자두는 토피그라는 아르메니아식 만두의 속 재료로 들어가기도 하며(감자와 병아리콩(234쪽) 참조) 채소와 병아리콩 타진에도 잘 어울린다.

병아리콩과 석류

석류는 병아리콩이 갈망하는 새콤한 맛을 제공하지만 살짝 짭짜름한 과일 향이 있어서 특히 흥미로운 궁합을 선보인다. 말린 석류 가종피인 아나르다나 씨앗은 신맛이 특히 뚜렷한 품종을 이용하는데, 일단 말리고 나면 토마토와 베리의 진한 향이 감도는 농축된 새콤달콤함이 느껴진다. 볶거나 갈아서 차나 마살라chana masala 같은 매콤한 요리의 육수를 만들 수 있다. 아나르다나는 분말 형태로도 구입할 수 있지만 사용하기 전에 맛을 보자. 미리 갈아놓은 제품은 살짝 먼지 맛이 나면서 풍미가 뚜렷하지 않을 수 있다.

병아리콩과 순무: 순무와 병아리콩(197쪽) 참조.

병아리콩과 시금치

가르반조스 콘 에스피나카는 사순절 음식에 뿌리를 둔 타파스 바의 고전 메뉴다. 한 그릇을 다 먹으면 그야말로 40일 밤낮이 지나간 것처럼 느껴지는 음식으로 병아리콩의 맛보다는 질감이 더 중요한데, 토마토나 마늘과 견과류로 페스토처럼 만든 피카다, 염장 대구 등을 넣어서 만들기도 한다. 미시 로티missi roti는 병아리콩 가루와 채 썬 시금치, 통향신료를 넣어서 만든 펀자브의 플랫브레드로 섬유질이 너무 많아 이걸로 옷감을 짤 수 있을 정도다.

병아리콩과 아보카도

병아리콩은 참 호락호락한 식재료다. 풍미가 강한 재료가 쉽게 병아리콩을 압도해버릴 수 있다. 반면 아보카도는 병아리콩과 비슷하게 순한 맛을 지니고 있어서, 한 가지 철칙만 지키면 손쉽게 짝지을 수 있다. 둘 중 한 가지의 질감을 그대로 지키는 것이다. 둘 다 곱게 갈아버리면 밋밋한 음식이 되고 만다. 과카무스[72]만큼은 절대 용납할 수 없다.

병아리콩과 애호박: 애호박과 병아리콩(395쪽) 참조.
병아리콩과 양상추: 양상추와 병아리콩(282쪽) 참조.
병아리콩과 오크라: 오크라와 병아리콩(388쪽) 참조.

병아리콩과 요구르트

마법의 묘약이다. 인도 구자라트의 간식인 카만 도클라가 좋은 예시다. 병아리콩 가루와 요구르트에 팽창제를 약간 넣고 잘 섞는다. 원형 케이크 틀에 넣어서 찐다. 짭짤한 스펀지케이크가 완성된다! 쿠민과 머스터드씨를 튀긴 타르카를 두르고 말린 코코넛과 홍고추, 고수로 장식하면 더더욱 마법 같은 맛이 된다. 그다음으로는 병아리콩 가루에 요구르트와 향신료를 넣고 만든 경단에 요구르트 소스를 곁들여 내는 베산 가테 키 사브지를 만들어보자. 가테 경단을 만들려면 맛좋은 뇨키를 만들 때처럼 작업하면 된다. 그 외에도 특별한 음식으로, 병아리콩 가루와 요구르트로 만드는 향기롭고 살짝 칙칙하며 진한 노란색 소스인 카디kadhi가 있다. 펀자브의 양파 튀김인 카디 파코라를 동동 띄우는 용도로 사용한다(파코라도 병아리콩과 요구르트 반죽으로 만들 수 있다). 이에 비하면 레바논의 아침 식사 메뉴인 파테는 상당히 간단해 보인다. 적당히 뜯어서 구운 피타에 뜨겁게 삶은 병아리콩과 삶은 물을 두르고 요구르트를 얹은 다음 볶은 잣으로 장식해 낸다. 요구르트에 마늘 그리고/또는 타히니를 섞을 때도 있다. 노동자들은 구멍가게 상인에

72 과카몰리와 후무스의 합성어

게 파테 한 그릇을 구입하기 위해 새벽부터 길게 줄을 선다. 눈앞에서 순식간에 사라지는 것이 가히 마법의 요구르트다.

병아리콩과 잠두

토마토와 마늘, 고추, 향신료(쿠민, 하리사, 라스 엘 하누트)를 넣고 파슬리로 장식한 말린 병아리콩과 신선한 잠두 스튜인 알제리식 도바라에서 만나는 조합이다. 병아리콩과 잠두를 섞어서 팔라펠을 만들어 한 입 베어 물면 신록의 푸릇푸릇한 녹색이 드러나는데, 세상에서 가장 건강해 보이는 튀김 요리 선정대회의 강력한 우승 후보다. 두 콩 모두 아주 짭짤한 특징을 지니고 있지만 스타일이 달라서, 하나는 유황 맛이 강하고 다른 하나는 피 맛이 난다. 글루텐 프리이자 탄수화물 함량이 낮고 단백질과 식이섬유의 함량은 높은 가르파바garfava 가루는 말린 잠두와 병아리콩을 섞어서 만든다.

병아리콩과 참깨: 참깨와 병아리콩(294쪽) 참조.
병아리콩과 캐슈: 캐슈와 병아리콩(304쪽) 참조.

병아리콩과 코코넛

병아리콩의 풍미는 고소해서 코코넛과 조화롭게 어우러진다. 사실 어디서부터가 이 맛이고 어디서부터가 저 맛인지 구별하기 어려울 정도지만 병아리콩은 요리 쪽에, 코코넛은 디저트 쪽에 가깝다는 점을 기억하자. 헝가리산 거위 털처럼 포근해서 새콤하거나 씁쓸한 무언가를 첨가하지 않는 이상 잠들 수 있을 정도로 편안한 조합이다. 카다멈으로 맛을 낸 퍼지 같은 바피barfi, 강황과 기타 향신료로 생동감을 가미한 스튜나 혼합 향신료를 만들어도 특유의 나른한 느낌은 사라지지 않는다. 코코넛과 강황(148쪽) 또한 참조.

병아리콩과 쿠민: 쿠민과 병아리콩(340쪽) 참조.
병아리콩과 통곡물 쌀: 통곡물 쌀과 병아리콩(21쪽) 참조.
병아리콩과 파슬리: 파슬리와 병아리콩(319쪽) 참조.
병아리콩과 호로파: 호로파와 병아리콩(380쪽) 참조.
병아리콩과 후추: 후추와 병아리콩(357쪽) 참조.

ANIMALIC

동물성

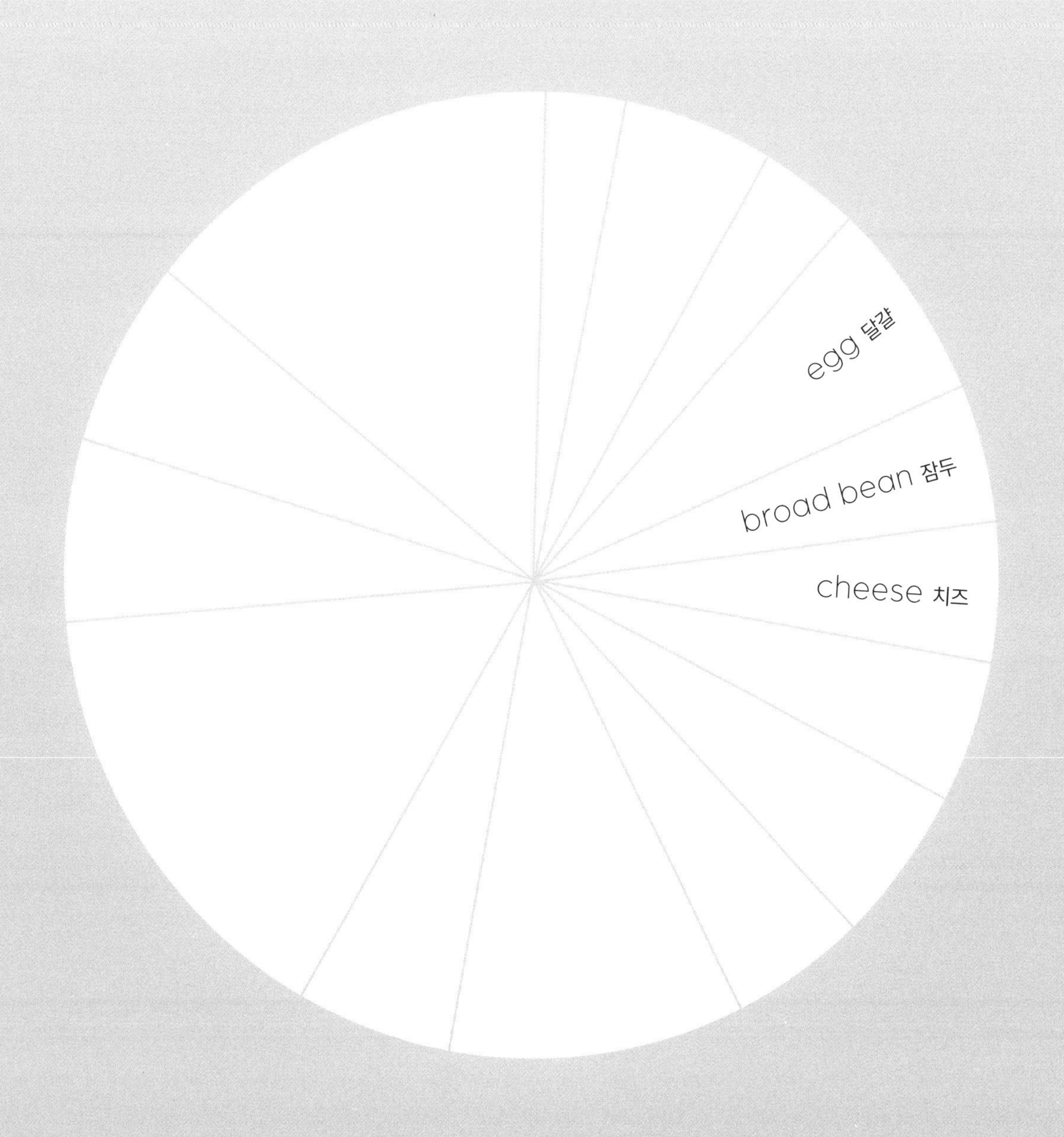

EGG

달걀

기만적일 정도로 순한 달걀의 풍미는 100가지가 넘는 휘발성 물질로 구성되어 있다. 이들 물질을 얼마나 인지할 수 있는가는 달걀을 조리하는 방법에 따라 크게 달라진다. 달걀은 오래 익힐수록 유황 성분의 풍미가 강해진다. 반숙한 달걀과 노른자 주위에 회색 외곽선이 생길 때까지 익힌 달걀의 차이점을 떠올려 보자. 유황 성분은 베이킹에서도 뚜렷하게 드러난다. 스펀지케이크에 바닐라와 기타 향료를 넣는 것과 커스터드 타르트에 넛멕으로 풍미를 내는 것은 둘 다 익힌 달걀의 은은한 향을 누르기 위해서다. 달걀노른자는 너무 많이 익히지 않는 한 고소하고 은은한 버터 맛이 나며 흰자에서는 쇠 맛이 살짝 느껴진다. 달걀의 오래된 정도와 보관 상태가 달걀의 풍미에 영향을 미치며, 달걀을 낳은 닭의 평소 식단도 마찬가지로 영향을 준다.

달걀과 검은콩: 검은콩과 달걀(42쪽) 참조.

달걀과 꿀

'오믈렛'의 어원은 라틴어 오바 멜리타ova melita에서 유래한 것인데, 초기 레시피에는 꿀이 들어갔기 때문이다. 레베카 실Rebecca Seal은 알베르트 아인슈타인이 아침 식사로 꿀에 부친 달걀을 먹었다고 기록한다. 틀림없이 그의 헤어스타일이 그 모양인 이유일 것이다. 꿀과 아몬드(75쪽) 또한 참조.

달걀과 녹차: 녹차와 달걀(404쪽) 참조.
달걀과 대추야자: 대추야자와 달걀(133쪽) 참조.
달걀과 두부: 두부와 달걀(285쪽) 참조.

달걀과 래디시

말레이시아에서는 절인 무를 잘게 썰어서 차이 포 누이chai poh nooi라고 불리는 오믈렛을 만들고 태국에서는 달걀과 숙주, 면(및 기타 재료)을 넣고 볶아서 우리에게 친숙한 팟타이를 만든다. 차이 포는 달콤하게도 짭짤하게도 먹는다. 발자크의 『위로하는 형제애The Brotherhood of Consolation』에서 마담 보티에는 무일푼인 청년 고드프루아에게 카페오레와 신선한 버터, 작은 분홍색 래디시를 곁들인 '김이 오르는 오믈렛smoking omelette'을 아침 식사로 대접한다. 프렌치 브렉퍼스트 래디시는 흰색 페인트를 묻힌 것처럼 생긴 길쭉하고 붉은빛이 감도는 품종이다. 담백하고 매콤하면서 기분 좋게 아삭한 식감으로 활기찬 아침을 시작하기에 좋은 래디시다.

달걀과 리크

셰프 사이먼 홉킨슨은 리크가 트러플 및 캐비아와 친화력을 보인다는 점에 주목한다. 만일 당신의 지갑이 캐비아보다는 달걀에 가깝다면 안심하자. 홉킨슨은 리크로 최고의 키슈를 만들 수 있다고도 생각한다. 피키르디의 플라미슈flamiche는 리크와 달걀, 크렘 프레시에 때때로 베이컨을 섞어서 키슈와 비슷하게 만든 타르트다.

달걀과 머스터드

미국의 셰프 개브리엘 해밀턴의 데빌드 에그를 만드는 비법은 노른자에 디종 머스터드와 마요네즈, 카이엔 페퍼 한 자밤을 섞는 것이다. (시트콤 〈치어스〉의 등장인물 클리프 어머니의 비법 레시피를 개선한 것으로, 원래 그녀는 마요네즈 대신 물을 사용했다.) 영국의 샌드위치 체인점 프레타망제에서는 영국식으로 변주한 에그 앤드 크레스를 판매하는데, 이곳의 베스트셀러 메뉴다. 전통적으로 새싹 채소인 크레스는 큰다닥냉이와 화이트 머스터드Sinapsis alba의 자그마한 녹색 싹을 섞은 것이었다. 요즘 샌드위치에 사용하는 새싹 채소는 대부분 유채씨를 싹틔운 것으로, 비슷한 매운맛을 느끼기 힘들다. 전통적인 새싹 채소를 먹고 싶다면 직접 길러보는 것도 좋다. 크레스에 물을 주고 며칠이 지난 후에 머스터드씨를 키우기 시작하면, 비슷한 시기에 같이 쓸 수 있게끔 자란다.

달걀과 메밀: 메밀과 달걀(59쪽) 참조.
달걀과 메이플 시럽: 메이플 시럽과 달걀(371쪽) 참조.
달걀과 미소: 미소와 달걀(15쪽) 참조.

달걀과 병아리콩

라블라비lablabi는 튀니지의 국민 요리다. 아직 국물이 뜨거운 병아리콩 한 그릇에 달걀 하나를 깨 넣고 그대로 익히는 음식이다. 국물은 일반적으로 쿠민과 마늘, 하리사로 맛을 내고 그릇 바닥에는 보통 빵 한 조각이 깔려 있다. 참치와 케이퍼, 채소 피클, 올리브 등 다양한 재료와 고명을 추가할 수 있다. 런던의 카페 허니앤드코의 이타마르 스룰로비치와 사리트 패커는 천천히 익힌 달걀 요리인 우에보스 하미나도스huevos haminados에 후무스의 재료를 다른 비율로 섞은(특히 타히니 양을 줄인) 따뜻한 변형 요리인 마쇼샤mashawsha를 곁들여 낸다. 쿠민과 병아리콩(340쪽) 또한 참조.

달걀과 샘파이어: 샘파이어와 달걀(411쪽) 참조.

달걀과 소렐: 소렐과 달걀(170쪽) 참조.
달걀과 시금치: 시금치와 달걀(399쪽) 참조.

달걀과 애호박

언제나 불필요한 제삼자가 끼어 있는 부부와 같은 조합이다. 꼭 불필요하다고만 할 수는 없지만. 그 제삼자가 치즈이기를 바란다.

달걀과 양상추: 양상추와 달걀(280쪽) 참조.
달걀과 오크라: 오크라와 달걀(387쪽) 참조.
달걀과 요구르트: 요구르트와 달걀(165쪽) 참조.

달걀과 유자

유자 제스트는 여름에는 차갑게, 겨울에는 따뜻하게 먹는 일본식 짭짤한 커스터드 달걀찜인 차완무시를 장식하는 데에 쓰인다. 바탕이 되는 맛이 아주 은은하여 유자의 꽃향기와 부드러운 타임 같은 풀 향을 쉽게 감지할 수 있다. 유자즙과 달걀의 달콤한 만남은 유자와 레몬(137쪽) 참조.

달걀과 잠두

무사 다으데비렌은 『튀르키예 요리책』에서 달걀과 함께 잠두를 깍지째 익히는, 어머니의 대표 요리에 대해 썼다. 잠두를 얇게 송송 썰어서 양파와 함께 올리브 오일, 마늘, 고추, 신선한 민트에 볶은 후 달걀을 넣는 음식이다. 이 음식에 매우 적절한 이름인 유무르탈리 바클라 카부르마시yumurtali bakla kavurmasi를 제대로 맛보려면 수저 대신 반드시 대충 뜯어낸 플랫브레드로 떠먹어야 하며 가염 요구르트 음료인 아이란으로 입가심을 해야 마땅하다(요구르트와 민트(167쪽) 참조). (꼭 이렇게 먹어보자. 잠두에게 아이란이란 로크포르 치즈에 곁들인 소테른 와인의 존재와 같다.) 같은 주제를 덜 향기롭게 변형한 음식으로는 깍지 대신 콩만 사용하는 프랑스의 페브 아 라 메나제르fèves à la ménagère가 있다. 아 라 메나제르란 '주부 스타일'이라는 뜻으로, 요리하는 사람이 다림질이나 베일리스 한 병에서 너무 오래 떨어져 있지 않아도 되게끔 쉽고 빠르게 만들 수 있는 음식을 의미한다. 이집트의 잠두 스튜인 풀 메다메ful medames(잠두와 마늘(252쪽) 참조)에는 일반적으로 삶은 달걀을 곁들인다. 남은 풀ful은 스크램블드에그와 플랫브레드를 곁들여 이라크식 아침 식사로 먹을 수 있다.

달걀과 잣: 잣과 달걀(362쪽) 참조.
달걀과 차이브: 차이브와 달걀(271쪽) 참조.

달걀과 참깨

사빅sabich이라고 불리는 전설적인 이스라엘 샌드위치는 보통 달걀과 튀긴 가지, 타히니를 따뜻한 피타 빵에 넣어서 만든다. 망고와 호로파를 넣어서 만든 놀랍도록 맛있는 소스인 암바와 매콤한 하리사가 어우러져 부드러운 삼인조를 이룬다. 깍둑 썬 오이와 토마토가 그에 대적하는 신선함을 선사한다. 달걀은 저온에서 천천히 익히는 하미나도 스타일로, 양파 껍질과 커피 가루를 넣어서 달걀 껍데기를 벗겼을 때 겉이 갈색을 띠게 된다.

달걀과 치커리: 치커리와 달걀(276쪽) 참조.

달걀과 캐러웨이

산부인과 병동으로 내 면회를 온 남편이 나가서 샌드위치를 사다 주겠다고 제안했다. 들쭉날쭉하게 구운 재킷 포테이토와 눅눅한 후무스 랩에 완전히 질려버린 나는 냉큼 좋다고 말했다. 그는 달걀 마요네즈 토마토 샌드위치를 들고 돌아왔다. 빵에는 캐러웨이씨가 들어 있었다. 전혀 좋지 않았다. ("방금 출산한 사람도 있는데 제대로 된 샌드위치 하나 사다 주는 것이 그리 어렵니…….") 나는 우리 어머니가 만들어주던 달걀 마요네즈 샌드위치처럼 익숙하고 편안한 음식을 원했다. 평범한 빵에, 달걀 마요네즈 샐러드만 넣은. 하지만 남편이 사다 준 샌드위치를 한 입 베어 물었다. 그 용감하고 이타적인 순간, 나는 최고의 달걀 마요네즈 샌드위치를 발견한 것이다. 일반적인 버전보다 훨씬 진하고 신선한 맛이 나도록 개선된 샌드위치였다. 지금 생각해보면 캐러웨이의 딜 피클 풍미와 토마토의 톡 쏘는 맛, 마요네즈가 서로 어우러지면서 복숭아색의 비밀 소스 비슷한 것이 되기로 공모한 것이 아닌가 싶다. 완벽한 달걀 샌드위치의 마법 같은 점은, 어딘가 약간 햄버거 같은 맛이 난다는 것이었다.

달걀과 타마린드

태국의 '사위 달걀 요리son-in-law eggs'는 반숙한 달걀의 껍질을 벗긴 다음 뜨거운 기름에 담가 겉 부분을 갈색으로 쫀득하게 만들어, 크림 같은 속과 멋진 질감의 대조를 이루게 한다. 그리고 타마린드와 종려당, 피시 소스를 섞은 소스를 곁들이고 홍고추와 고수 잎, 튀긴 샬롯을 뿌려 낸다. 이 요리의 이름은 고환을 뜻하는 태국 속어에서 유래했다는 설이 있다. 삶은 다음 기름에 튀기는 것은 장모님이 내 딸에게 잘 하지 않으면 자네의 '알'을 이렇게 만들겠다고 할 법한 일이다. 사위 달걀 요리는 간식으로 먹거나 밥 및 기타 요리에 곁들여 낼 수 있지만, 나의 예비 사위라면 내가 이것을 부드러운 흰빵에 끼워서 태국식 브라운소스 달걀프라이 샌드위치를 만들어 먹는 것을 좋아한다는 사실을 알게 될 것이다.

달걀과 통곡물 쌀: 통곡물 쌀과 달걀(19쪽) 참조.

달걀과 패션프루트: 패션프루트와 달걀(188쪽) 참조.

달걀과 해조류: 해조류와 달걀(300쪽) 참조.

달걀과 호밀

어쩌면 마요네즈는 호밀빵과 달걀의 궁합을 맞추기 위해서 발명된 것일지도 모른다. 버터는 잘 어울리지 않는다(톡 쏘는 맛이 부족하다). 그리고 머스터드만 바르면 너무 거칠다.

달걀과 후추: 후추와 달걀(356쪽) 참조.

BROAD BEAN

잠두

반은 채소, 반은 포유류인 콩이다. 잠두의 풍미는 애매하게 피 냄새가 돌면서 내장과 비슷하고 살짝 치즈 맛도 나기 때문에, 토머스 해리스의 『양들의 침묵』에서 진한 맛의 붉은 육류와 내장에 주로 곁들이는 와인인 '훌륭한 아마로네'를 희생자의 간에 곁들이는 한니발 렉터라면 당연히 선택할 만한 채소라고 할 수 있다. 영화에서는 '고급 키안티'가 되었지만 요점은 바로 이것이다. 잠두란? 식인종의 반찬이라는 것. 껍질에 미네랄 풍미가 미미하게 남아 있는 신선한 잠두에서는 살점 같은 풍미가 덜 두드러진다. 콩이 커지고 껍질이 두꺼울수록, 아니면 콩을 말리거나 통조림으로 만들면 더 알싸하면서 독특한 풍미가 발달한다. 잘 익은 세척 외피 치즈나 트러플, 취두부처럼 다른 극과 극을 달리는 재료도 마찬가지지만 잘 익은 잠두나 말린 잠두에 가장 잘 어울리는 식재료는 그 야생 육류다운 맛을 뽐내게 만드는 조용한 풍미다. 양고기와 함께 먹는 식재료를 떠올려보자. 녹색의 신선한 잠두는 특히 유제품처럼 짭짤한 음식이나 어린 채소 등과 함께 먹으면 더욱 빛을 발한다.

잠두와 감자

"말린 잠두와 감자만 있으면 배를 곯을 일은 없을 것이다"라고 자급자족의 선구자인 존 시모어는 말했다. 그렇기는 하지만 말린 잠두가 감자의 풍미를 압도하는 경향이 있다는 점을 미루어보면 그 맛을 그리 즐기지는 못할 수 있다. 신선한 콩이라면 다양하게 조리할 수 있을 것이다. 녹색 잠두와 감자로는 훌륭한 해시와 멋진 수프를 만들 수 있으며, 특히 짭짤한 요리 계열에 어울린다. 양파와 기타 봄철 채소와 함께 찜을 만들거나 간단한 샐러드 혹은 완두콩 대신 잠두를 이용해서 알루 마타르aloo matar(감자와 완두콩을 진하고 매콤한 소스에 익힌 것) 등의 향기로운 인도 요리를 만드는 것도 좋다. 좋은 아이디어가 떠오르지 않는다면 언제든지 프리타타로 만들 수 있을 것이다.

잠두와 고추

잠두와 고추는 중국 쓰촨성에서 온 매운 발효 페이스트인 두반장에서 조우한다. 최고급 두반장은 청두시 피두구 지역에서 생산되며 콩, 고추, 밀가루, 물에 이르기까지 가장 기본적인 천연 재료만 사용한다. 매콤한 소고기 두부 요리인 마파두부가 그토록 거부할 수 없는 매력을 뽐내는 것은 대부분 두반장 덕분이다. 그 외에도 많은 밥과 면 요리에 들어간다. 스페인에서는 말린 잠두를 튀겨 만드는 하바스 프리타스가 바의 간식으로 인기가 높다. 잠두의 은은한 금속 향이 평범한 튀긴 풍미에 가려지고, 파프리카 가루를 뿌린 덕분에 감지하기 어려워지기 때문에 평소에 잠두를 싫어하던 사람도 맛있게 먹을 수 있다.

잠두와 달걀: 달걀과 잠두(248쪽) 참조.

잠두와 마늘

풀 메다메는 이름값을 하는 국민 요리다. 모든 이집트인이 사랑한다. 말린 잠두를 익힌 다음 으깬 마늘과 올리브 오일을 섞어 만든다. 토마토나 파슬리, 쿠민 가루, 레몬즙 등을 넣어서 달콤하게나 씁쓸하게, 아릿하게, 새콤하게 등 다양하게 만들 수 있다. 타히니를 넣으면 크리미해진다. 삶은 달걀을 넣으면 훨씬 든든한 음식이 된다. 음식 작가 길리 바산에 따르면 이 요리는 식사 시간에 구애받지 않아서 "길거리와 들판, 원시적인 집과 호화로운 저택, 시골 마을과 고가의 레스토랑에서" 아침에도 점심에도 저녁에도 먹는다고 한다. 콩에서 '고기 맛'이 난다면, 풀 메다메는 소박하고 핏기가 흐르며 육즙이 풍부한 데다 마늘을 가미한 양갈비 요리와 같다. 4인분 기준으로 껍질째 말린 잠두 300g을 차가운 물에 8시간 동안 불린다. 물기를 제거하고 헹군 다음 냄비에 넣고 새 물을 잠두 위로 1~2cm 이상 올라오도록 붓는다. 한소끔 끓인 다음 뭉근하게 끓도록 불 세기를 낮추고 뚜껑을 닫아서 30분 이상 익힌 후 콩이 부드러워졌는지 확인한다. 부드럽지 않다면 10분 간격으로 확인하면서 더 익힌다. 최대 30분 정도가 더 소요될 수 있다. 거의 다 익은 것 같다면 소금 간을 가볍게 한다. 그동안 고명을 준비한다. 달걀 4개를 원하는 정도로 삶은 다음(실온의 달걀을 기준으로 약 7분간 삶으면 내가 좋아하는 벨벳 같은 노른자가 된다) 물에서 꺼내 식힌다. 토마토 4개와 레몬 1개를 웨지 모양으로 썬다. 파슬리 1단(소) 분량에서 잎만 분리해 잘게 썬다. 쿠민씨 1큰술을 중약불에 살짝 노릇해지고 향이 나기 시작할 때까지 천천히 볶는다. 눈 깜짝할 사이에 타버릴 수 있으니 주의해서 지켜봐야 한다. 식힌 다음 빻는다. 달걀의 껍데기를 벗긴 다음 세로로 길게 반으로 썰어서 달걀과 토마토, 레몬, 파슬리, 쿠민, 타히니를 각각 다른 그릇에 담는다. 피타를 굽는다. 뜨거운 콩의 물기를 제거하고 그릇 4개에 나누어 담은 후 으깬 마늘과 올리브 오일을 조금씩 넣는다. 손님에게 내서 마음껏 고명을 얹어 먹도록 하고 피타와 여분의 올리브 오일을 나누어 건넨다.

잠두와 민트: 민트와 잠두(330쪽) 참조.
잠두와 병아리콩: 병아리콩과 잠두(243쪽) 참조.
잠두와 보리: 보리와 잠두(31쪽) 참조.

잠두와 샘파이어

리코타 뇨끼와 함께 버터에 버무려보자. 잠두는 짭짤한 짝을 좋아하고 샘파이어에게는 나누어 줄 염분이 남아돈다. 냄비에 넣으면 해적 깃발에 그려진 두개골과 엑스 자로 엇갈린 넙다리뼈 그림 같아 보이는데, 마치 사람 머리와 너무 비슷하게 생겼다는 이유로 잠두를 거부했던 피타고라스의 주장을 떠올리게 한다. 한편으로 피타고라스가 잠두를 윤회 중인 영혼이라고 생각했다는 가설도 있다. 앞서 말했듯이 잠두에는 사람의 신체와 비슷한 풍미가 있다. 아마 피타고라스도 그 부분에 주목했을 것이다.

잠두와 양상추

해럴드 핀터의 연극 〈배신〉의 줄거리는 시간 역순으로 진행된다는 점을 떠올려보자. 나는 세 번이나 봤지만 아직도 어떻게 시작된 일인지 이해하지 못하고 있다. 극에서 베네치아 라군에 있는 섬인 토르첼로를 언급할 때마다 정신이 산만해지기 때문이다. 수년 전 한 여행 가이드북에서 토르첼로의 한 레스토랑에 대한 글을 읽은 적이 있는데, 모든 채소를 직접 재배하는 한 여성이 운영하는 곳으로 훌륭한 잠두와 양상추, 아티초크를 낸다고 한다. 정원에 놓인 테이블에 앉으면 막 수확한 무언가로 만든 정교한 작은 요리들을 가져온다. 내 침샘을 자극한 요리는 어린 봄철 채소로 만든 찜인 비냐롤라vignarola였다. 현대식 레시피에는 항상 프로슈토나 판체타가 들어가지만 내가 생각하는 이상적인 비냐롤라에서는 햄의 맛이 나지 않는다. 음식 작가 리처드 올니는 프랑스식 비냐롤라에 들어가는 채소에 대한 글을 쓰면서 이 부분을 꼭 집어서 언급했다. "…고기가 끼어들지 않아 서로 관련 없는 소스로 산만해질 일 없는 미각이 [채소의] 순수함과 향기를 느끼며 안도감을 얻는다." 올니의 레시피는 최고로 간단해서, 어린 채소를 고소한 첨가 재료(허브)와 함께 버터에 천천히 익힌 다음 파슬리를 뿌린다. 넣으면 좋은 봄철 식재료 목록을 여럿 제시하지만 양파는 반드시 들어가야 한다고 한다. 6월 초의 영국에서라면 껍질을 벗긴 잠두와 채 썬 양상추, 부드러운 어린 완두콩과 실파가 완벽한 선택지일 것이다. 이런 요리에는 우리만의 이름을 붙여야 마땅하다. '하계aestival'라고 하면 어떨까. 세 번째로 〈배신〉 연극을 본 이후 나는 여행 가이드북의 중고본을 찾아 헤맸다. 알고 보니 그 레스토랑은 토르첼로가 아니라 산테라스모에 있었다. 하지만 내 의견에는 변함이 없다.

잠두와 옥수수: 옥수수와 잠두(71쪽) 참조.
잠두와 올스파이스: 올스파이스와 잠두(349쪽) 참조.

잠두와 요구르트

콩 까는 것은 누구나 좋아한다. 스파에서 잠두 콩 까기 테라피를 제공해야 할 정도다. 하지만 미끈미끈한 삶은 콩을 꼬투리에서 까내는 것은 즐기지 않는 사람이 더 많다. 당신도 그러하다면 스스로에게 휴식도 줄 겸, 식은 잠두에 그리스식 요구르트를 섞은 고전적인 메제mezze를 만들어보자. 꼬투리의 소박한 풍미가 요구르트와 만나 맛있는 치즈 풍미의 톡 쏘는 맛을 느낄 수 있으며, 꼬투리 특유의 쫄깃한 질감도 요긴한 요소다. 어떤 요리사는 여기에 다진 마늘과 딜, 민트 또는 파슬리 등을 넣기도 하지만 이 조합만으로도 충분히 맛있다. 달걀과 잠두(248쪽) 또한 참조.

잠두와 차이브

신선한 잠두의 은은한 치즈 풍미가 차이브와 훌륭한 조화를 이룬다. 샐러드나 봄철 채소찜, 수프 등에 함께 넣어보자. 잠두를 직접 기르는 사람이라면 베네치아식 쌀 요리인 리시 에 비시를 만들 때 완두콩 꼬투리를 사용하는 것과 같은 원리로 수프를 뭉근하게 끓일 때 냄비에 작은 꼬투리 몇 개를 집어넣어 보자. 동물 뼈가 육수에서 기능하는 것처럼 거의 애처로울 정도로 감칠맛이 도는 깊은 풍미를 더해준다. 또한 가정 정원사라면 잠두 품종 중에서 윈저Windsor가 풍미가 좋기로 정평이 나 있다는 점에 주목하는 것이 좋다. 달걀과 잠두(248쪽) 또한 참조.

잠두와 치즈

5월 1일이 되면 모든 로마인은 어린 잠두와 페코리노 치즈, 와인 한 병을 들고 베스파 스쿠터를 타고서 아름다운 곳으로 피크닉을 떠나야 할 의무가 있다. 5월이었지만 1일은 아니었고, 나는 런던에 있었다. 남편은 몇 주간 집을 비운 상태였고 나는 육아와 일을 병행한다는 쉽지만은 않은 생활로 지친 상태였다. 나는 쌍둥이 유모차를 밀고 어린이집까지 1마일 반을 걸어가면서, 로마의 비아 델레 포르나치 길을 따라 따뜻한 바람을 맞으며 달려가는 상상을 했다. 그리고 걸어서 집으로 돌아오는 길에 식료품점에 들러 가장 작은 잠두를 구입했다. 근사한 치즈 가게를 지나 화려한 와인 가게에 들렀지만 카운터 뒤의 남자 직원은 잠두와 가장 잘 어울리는 와인 페어링을 선뜻 알려주지 않았다. 그날 저녁 아이들이 잠든 후 나는 나무 도마 위에 생콩을 수북하게 쌓고 페코리노 로마노 치즈를 한 조각, 밀가루가 뿌려진 껍질이 바삭한 흰빵을 두껍게 썰어서 여러 장 곁들였다. 그리고 집에 있는 것 중에 가장 좋은 올리브 오일과 차가운 화이트 페코리노 와인을 따고 라디오를 끈 다음 고요 속에서 자리에 앉아 세 가지 재료와 오일을 이리저리 섞어서 먹기 시작했다. 빵과 짭짤한 양젖 치즈, 잠두와 치즈, 잠두와 빵, 그리고 세 가지를 모두 한 입에. 로마인이 5월 1일에 먹을 법한 작고 달콤한 잠두는 아니었지만 나는 밖이 어두워져서 창문에 내 모습이 비치기 시작할 때까지 한 알, 한 알을 모두 명상하듯이 온전히 즐겼다.

잠두와 치커리

자석 같은 조합이다. 두 가지 모두 금속성 맛이 나는 특징이 있다. 이탈리아 요리의 고전적인 무쇠 팬 요리인 파베 에 치코리아fave e cicoria는 껍질을 벗긴 말린 잠두에 쌉싸름하고 즙이 풍부한 녹색 채소를 짝지은 음식이다. 그리고 여타의 고전 요리와 마찬가지로 제대로 만드는 방법이 정해져 있다. 콩 퓌레에 익힌 치커리를 곁들이는 것이다. 섣부르게 다른 시도를 하지 말자. 그것이 파베 에 치코리아니까. 이탈리아의 정체성만큼이나 불변의 단일한 음식이다. 다만 수프로도 먹을 수 있다. 그리고 치커리는 콩 옆에 놓을 수도 있고 위에 올릴 수도 있다. 물론 요리사가 이 둘을 한데 섞어서 으깬 녹색 덩어리로 만들지도 모른다. 하지만 한 가지만큼은 타협할 수 없다. 파베 에 치코리아에 토스트를 함께 내는 것이다. 그런 풍습이 있는 지역에 사는 것이 아니라면 용납되지 않는다. 치커리는 근대처럼 완전히 다른 종류의 쌉싸름한 녹색 채소로 대체될 수 있다. 보라색 근대도 상관없다. 어쩌면 녹색이 보라색일지도 모르니까. 잎은 그냥 소금물에 삶는데, 데친 다음 마늘과 함께 기름에 볶기도 한다. 앞서 말했듯이 이건 이탈리아의 고전 요리이니까.

잠두와 쿠민: 쿠민과 잠두(342쪽) 참조.

잠두와 통곡물 쌀

모든 콩마다 좋아하는 쌀 요리가 존재한다. 신선한 잠두에게는 껍질을 벗겨서 익힌 잠두와 쌀, 튀긴 양파, 딜을 넣은 단순한 조합인 페르시아의 바갈리 폴로baghali polo가 있다. 덜 알려진 페르시아 요리로는 말린 잠두와 쌀, 강황을 섞어서 주로 달걀프라이를 위에 얹어 먹는 담폭탁dampokhtak이 있다. 바갈리 폴로와 담폭탁 모두 정통성을 조금 희생할 만한 가치가 있을 정도로 백미보다는 바스마티 현미와 더 잘 어울린다.

잠두와 파슬리: 파슬리와 잠두(319쪽) 참조.

잠두와 펜넬

그리스에서는 얼음을 넣은 우조 한 잔을 마시면서 메꽃처럼 생긴 꼬투리에서 꺼낸 잠두를 간식 삼아 저녁 식사를 시작하는 것이 전통이다. 튀르키예의 지역 음식 문화에 대한 책을 연구하던 셰프 무사 다으데비렌은 이치 바클라 하슬라마시iç bakla haşlamasi('당나귀의 잠두')라는 요리를 발견했는데, 올리브 오일에 다진 펜넬 잎과 양파를 볶다가 갓 까낸 잠두를 넣고 5분 더 볶은 뒤 레몬즙과 소금으로 양념을 한다. 뚜껑을 닫고 10분간 기다리면 완성이다. 신선한 펜넬이 잠두의 눅눅한 풍미를 산뜻하게 만든다. 시칠리아의 야생 펜넬은 말린 잠두를 익혀서 으깬 것에 섞어 넣어 마쿠maccu를 만드는 녹색 채소로 자주 활용되는데, 파베 에 치코리아(잠두와 치커리 참조)의 변형이라는 의견이 있다. 마쿠는 파스타 소스로 쓰기도 하지만 특히 3월 19일 성 요셉 축일이 되면 수프 형태로 먹는 경우가 가장 많다. 수프가 너무 묽지 않다면 접시에 펴 담아서 굳힐 수도 있다. 다음 날에 딱딱해진 마쿠를 얇게 썰어서 올리브 오일에 튀기면 병아리콩 파넬레처럼 된다. 감자와 병아리콩(234쪽) 또한 참조.

CHEESE

치즈

이 장에서는 경질 치즈와 연질 치즈, 세척 외피 치즈, 블루치즈에서 비건 치즈에 이르기까지 모든 종류의 우유로 만든 치즈를 다룬다. 비교적 잘 알려진 종류에 초점을 맞추고 있지만 보편적인 설명을 통해서 더 희귀한 치즈를 실험해보는 출발점으로 활용할 수도 있다. 신선한 연질 치즈에는 날카롭게 새콤한 맛의 과일 및 허브와 잘 어우러지는 톡 쏘는 젖산과 허브 향이 있으며 달콤한 뿌리채소와도 즐거운 대조를 이룬다. 염소 치즈도 비슷한 특징을 보이지만 이쪽은 코리앤더씨와 아니스, 물냉이처럼 맵싸한 재료와도 잘 어우러진다. 치즈는 숙성될수록 더 진하면서 견과류 향이 발달하기 시작하기 때문에 훨씬 묵직하고 과일 향이 짙으면서 감칠맛이 강한 재료와 어울리게 된다. 블루치즈도 더 진한 맛의 과일을 좋아하는 편인데, 포트와인과 비슷한 풍미가 있는 과일일수록 좋다. 다만 채소에 있어서는 블루치즈와 어울리는 고전적인 궁합이 놀라울 정도로 적은데, 익힌 채소일 경우에는 더더욱 그렇다. 세척 외피 치즈는 보통 평범한 빵이나 크래커와 가장 잘 어울리지만 쿠민이나 마늘처럼 그에 필적하는 강한 향신료 풍미를 지닌 재료와도 잘 맞는다.

치즈와 건포도: 건포도와 치즈(126쪽) 참조.

치즈와 검은콩

검은콩과 갈색 콩은 흰콩에는 없는 치즈와의 친화력을 보여준다. 블랙 나이트폴이라고 불리는 희귀한 단색 재래 품종 콩에서는 소나무와 허브 풍미가 난다. 버네사 배링턴은 이 콩을 로즈메리와 함께 익혀서 갈아낸 케소 세코 치즈와 함께 내라고 조언한다. 케소 아녜호라고도 불리는 케소 세코는 염소젖 또는 소젖으로 만드는, 맛이 강한 경질 치즈다. 멕시코 셰프 파티 지니치는 케소 세코를 인근에서 구하기 어렵다면 파르메산이나 페코리노 로마노 치즈로 대체하라고 조언하면서, 멕시코산 치즈는 파르메산보다 톡 쏘는 신맛이 강하다고 덧붙인다. 리프라이드 빈에 치즈를 섞어서 엘살바도르의 푸푸사라는 번의 속을 채우는 데에 쓰기도 한다. 푸푸사는 옥수수 마사로 만드는 납작한 번으로, 그릴에서 노릇노릇하게 구워서 속에 들어간 치즈가 녹아내리도록 한다. 푸푸사에는 크루디토라는 아삭한 콜슬로 같은 사이드 메뉴를 곁들여 먹는다. 이탈리아식 볼로티 콩 수프는 갈아낸 파르메산 치즈를 몇 큰술 함께 내는 것이 일반적이다.

치즈와 귀리

『노스 론즈데일 매거진과 레이크 디스트릭트 선집』(1867)에서 발췌: “켄들 에일 한 잔, 랭커스터 치즈 한 조각, 넉넉한 양의 귀리 케이크는 지금까지 발명된 것들 중 최고의 저녁 식사 대용 식품으로 보편적으로 인정받고 있다." 작가가 귀리 케이크 크래커를 뜻하는 것인지 스태퍼드셔 귀리 케이크(저녁 식사 접시 크기로 만든, 이스트를 넣은 팬케이크의 일종)를 칭하는 것인지는 확실하지 않지만 어느 쪽이든 맞는 말이기는 할 것이다. 치즈 맛 귀리 케이크도 에일과 잘 어울린다. 12~14개 기준으로 볼에 고운 귀리 가루 125g과 곱게 간 파르메산 치즈 4큰술, 소금 1/4작은술을 넣어서 잘 섞은 후 가운데를 우묵하게 판다. 여기에, 버터 2큰술을 뜨거운 물 2큰술에 녹여서 붓고 필요하면 물을 조금 추가하면서 한 덩어리로 뭉쳐지도록 잘 섞는다. 반죽을 랩에 싸서 30분간 휴지한 다음 약 3mm 두께로 밀어서 10cm 크기의 원형 쿠키 커터로 찍어낸다. 유산지를 깐 베이킹 트레이에 담아서 180°C로 예열한 오븐에서 가장자리가 살짝 노릇해질 때까지 20~25분간 굽는다.

치즈와 깍지콩: 깍지콩과 치즈(385쪽) 참조.
치즈와 꿀: 꿀과 치즈(77쪽) 참조.

치즈와 녹차

차 전문가 윌 배틀은 좋은 말차에서는 "엽록소의 단맛으로 부드러워진 견과류의 맛"이 난다고 말한다. 이런 특징 덕분에 가벼운 풍미의 치즈와 잘 어울린다. 신선하고 가벼운 맛의 염소젖 치즈와 함께 센차煎茶를 마셔보자. 녹차는 와인 대신 치즈 플레이트와 함께 마시기에도 좋다. (레드 와인은 사실 치즈와 잘 어울리지 않는다고 주장하는 사람이 있는데, 나는 이렇게 생각한다. 어떤 실수는 해볼 만한 가치가 있다고.)

치즈와 대추야자

첫 코로나 봉쇄 기간 동안 교통 체증이 줄어든 덕분에, 우리는 이사 이후 처음으로 주요 도로와 접해 있는 앞뜰 정원을 사용할 수 있었다. 매우 더운 어느 날 아이들이 막대기와 침대 시트를 이용해 텐트를 만들었다. 정원은 그 순간 칼라하리사막이 되었고, 아이들은 오아시스(얕은 물놀이장) 옆에 캠프를 차렸다. 나는 아이들에게 대추야자와 피타, 깍둑 썬 페타 치즈, 방울토마토와 함께 아직 물건을 슬쩍해올 수 있는 호텔이 있던 시절 호텔 조식을 먹고서 집어온 자그마한 꿀병을 차려다주었다. 우리의 보급품이 허락하는 한 최대한 정통 투아레그족다운 분위기를 낸 것이다. 저녁이 되어 유목민들이 마침 텔레비전 바로 옆에 있던 모닥불 옆에 모여들었을 때 나는 대추야자 씨앗과 곤충들이 모여든 꿀 웅덩이를 깨끗하게 치우고 카바 한 잔을 따라 마시며 빵과 대추야자, 페타, 숙성한 고다, 고르곤졸라 약간으로 나만의 유목민 만찬을 즐겼다. 그리고 새들이 지저귀고 빈 버스가 지나가는 가운데 저녁의 햇볕을 만끽했다.

치즈와 돼지감자: 돼지감자와 치즈(232쪽) 참조.
치즈와 리치: 리치와 치즈(100쪽) 참조.

치즈와 리크

치즈와 양파 조합이 우아하게 새끼손가락을 살짝 들고 있는 듯한 만남이다. 미셸 루 주니어는 리크와 염소 치즈를 켜켜이 쌓아서 꾹 누른 테린을 만든다. 리크 재ash는 루의 레스토랑에서나 볼 수 있을 것 같은 재료지만 사실은 집에서도 쉽게 만들 수 있으며, 육수 냄비에 들어가지 않는다면 버려지고 말 리크의 녹색 잎을 활용하기 좋은 방법이다. 리크의 녹색 부분을 잘 씻어서 말린 다음 뜨거운 바비큐 그릴에 30분 정도 올려서 새까맣게 타고 마를 때까지 굽는다. 식힌 다음 향신료 전용 그라인더로 간다. 재의 씁쓸한 맛을 상쇄시킬 수 있도록 충분히 짠맛이 나는 치즈 요리에 넣어보자. 그리스식 파이인 프라소피타prasopita는 인기 파이 스파나코피타spanakopita를 훨씬 끈적하고 감미롭게 만든 것으로 리크와 양파, 페타 치즈를 섞어서 바삭바삭한 필로 페이스트리 사이에 넣어 굽는다. 웨일즈에서는 캐어필리 치즈에 다져서 부드럽게 익힌 리크와 빵가루, 달걀, 머스터드를 섞어서 글러모건 소시지를 만든다. 원통형으로 빚기도 하고 패티 모양으로 만들 수도 있다. 블루치즈 또한 리크의 훌륭한 단짝으로 특히 리크 비네그레트에 잘게 부숴 뿌리면 잘 어울린다.

치즈와 마르멜루: 마르멜루와 치즈(159쪽) 참조.

치즈와 말린 자두

자두의 타고난 강화 와인 같은 풍미는 당연하게도 치즈와 잘 어울린다. 『라루스 요리 백과』에서는 시간을 때울 만한 무언가를 찾을 때 특히 좋을 법한 레시피를 제안한다. 말린 아쟁 자두의 씨를 제거한 다음 칼로 납작하게 만든다(아주 만족스러운 작업이다). 으깬 로크포르 치즈에 다진 헤이즐넛과 소량의 크렘 프레시, 포트와인 약간을 넣어서 잘 섞은 후 말린 자두에 채워 넣는다. 최대한 꼭꼭 눌러 담는다. 또는 다 집어치우고 스틸턴 치즈와 반짝이는 말린 자두, 견과류, 호두 까는 기구, 포트와인 한 병으로 한 폭의 정물화 같은 식탁을 차려보자.

치즈와 머스터드: 머스터드와 치즈(214쪽) 참조.
치즈와 메밀: 메밀과 치즈(61쪽) 참조.
치즈와 보리: 보리와 치즈(31쪽) 참조.
치즈와 석류: 석류와 치즈(88쪽) 참조.

치즈와 소렐

레몬즙처럼 신맛이 나는, 소렐 잎으로 짜낸 즙은 우유를 응고시켜서 치즈를 만드는 데에 사용할 수 있다. 소렐을 치즈와 짝지을 때에는 크리미한 염소 치즈처럼 가볍고 신선한 것을 선택하는 것이 가장 좋은데, 소렐을 넣고 샌드위치를 만들면 온전한 소렐의 잎이 한 입 베어 물 때마다 식욕을 돋우는 천국 같은 맛을 선사한다. 원한다면 빵 없이 소렐 잎에 치즈를 조금 넣어서 돌돌 말아도 좋다. 또는 퍼프 페이스트리에 코티지치즈와 소렐을 넣어서 턴오버를 만들거나 경질 치즈와 함께 수플레를 만들고 크림치즈와 짝지어서 키슈 같은 타르트를 만들어도 좋다.

치즈와 시금치: 시금치와 치즈(401쪽) 참조.
치즈와 애호박: 애호박과 치즈(396쪽) 참조.
치즈와 양귀비씨: 양귀비씨와 치즈(300쪽) 참조.

치즈와 양상추

조지 엘방거는 『식탁의 즐거움』(1902)에서 "샐러드에 치즈를 함께 내는 것은 샐러드가 당연히 따라붙는 구이 요리에 대한 엄청난 부당함"이라고 토로했다. 말도 안 되는 소리다. 내 프랑스 친구의 아버지는 매일 평범한 샐러드에 카망베르 치즈를 함께 먹었다. 농부였으니 그것만 먹은 것은 아니다. 오히려 바게트 자투리와 앙주 빌라주 반 병으로 마무리되는 네 코스짜리 점심 식사의 대단원을 장식하는 음식이었다. 직접 가꾼 채소밭에서 따온 양상추는 적당히 느슨한 장미 모양으로 잎들이 중앙에 모여 있었다. 상추가 좋아할 만한 상추, 상추의 상추였다. 잎은 앤티크 실크처럼 부드럽고 놀랄 정도로 버터 풍미가 나며 바쁘게 만든 샐러드에서는 잃어버릴 수 있는 기분 좋은 쌉싸름한 맛이 은은하게 느껴졌다. 카망베르나 브리 치즈를 곁들이면 버터 풍미의 쌉싸름한 맛이 어우러지면서 환상의 조합을 보여준다. 엘방거는 샐러드와 치즈 만남의 절정이라 할 수 있는 시저 샐러드가 탄생한 1924년 전에 사망했다. 그 외의 고전 조합으로는 염소젖 치즈를 곁들인 상치아재비Valeriana locusta('양의 양상추Lamb's Lettuce' 또는 마슈Mâche)와 파르메산 치즈를 가미한 로켓이 있다. 블루치즈 드레싱을 두른 아이스버그 양상추는 평이 좋지 않지만 내 의견은 다르다. 양상추lettuce는 라틴어 락투카lactuca와 락티스lactis에서 유래한 것으로 양상추를 짜면 유백색 물질이 나오는 것에서 착안했다. 괴테가 시칠리아에 대한 글에서 이 연관성을 언급했는데, 시칠리아 양상추는 "특히 부드럽고 우유 맛이 난다"고 한다.

치즈와 엘더베리

잼도 만드는 이탈리아 와인 메이커인 토라제타는 염소 치즈에 곁들일 음식으로 입자가 거칠고 살짝 새콤한 그들의 엘더베리 잼을 추천했다. 그래서 나는 설탕을 전통적으로 잼이나 젤리에 들어가는 양보다 훨씬 적게 사용하고 젤라틴을 넣어서 간단한 엘더베리 젤리를 만들었다. 마치 녹은 아스팔트 도로를 병에 담은 것처럼 보였다. 당연히 염소 치즈와도 훌륭하게 어울렸지만, 포트와인과 비슷한 풍미가 나서 블루치즈와는 훨씬 더 잘 어울렸다.

치즈와 엘더플라워: 엘더플라워와 치즈(104쪽) 참조.

치즈와 오레가노

짭짜름한 페타 치즈에 말린 오레가노를 올려 먹으면 나는 곧장 스페체스 섬의 조게리아 해변으로 날아가, 훈훈한 허브 향 바닷바람에 머리칼이 날리고 맑은 물속에서 다리 주변을 돌아다니는 작은 물고기를 보며 소리를 지르는 아이들의 목소리가 들려오는 듯한 환상에 빠진다. 내 주방에서는 그리스산 말린 오레가노를 손으로 쉽게 집어 올릴 수 있도록 입구가 넓은 병에 담아 보관하고 있다. 거칠게 썬 조각을 손으로 문질러서 그 향을 일깨우면, 몇 시간이 지난 후에도 내 피부에 허브 내음이 맴돈다. 신선한 오레가노는 요리에 쓰기에는 풍미가 너무 강해서 에게해의 해변만큼이나 크레오소트를 바른 닭장을 떠올리게 할 정도다. 할루미 치즈에 바르는 마리네이드에 풍미를 더하는 용도로 사용하거나, 생선 또는 닭고기 속에 나중에 꺼내기 좋도록 줄기째로 하나 밀어 넣기에 좋다. 오레가노를 말리면 그 영향력은 부드러워지는 편이지만 그래도 강렬한 매력의 파트너를 기피할 정도로 약하지는 않다. 염분 함량이 높아서 오레가노의 쓴맛을 어느 정도 억제해주기도 하는 페타 치즈와 이상적으로 잘 어우러진다.

치즈와 옥수수

마음먹은 대로 모양을 바꿀 수 있는 조합이다. 체더치즈를 넣은 그리츠. 파르메산 치즈를 넣은 폴렌타. 나초. 콜롬비아의 팬케이크와 비슷한 음식인 아레파arepa와 그 사촌 격인 베네수엘라의 카차파cachapas는 주로 케소 프레스코를 곁들여 낸다. 케사디야에 주로 들어가는 재료 또한 치즈인데, 멕시코시티에서만큼은 치즈를 넣은 케사디야를 먹는 것 자체가 바로 외지인임을 알려주는 역할을 한다. 닭 육수나 채소 국물에 옥수수 낟알 한 컵을 넣어서 마요네즈나 크레마라고 불리는 멕시코식 사워크림 한 덩이, 케소 세코, 고추와 라임을 곁들여 내는 에스키테스esquites는 그보다 논란의 여지가 적은 편이다.

치즈와 자두: 자두와 치즈(112쪽) 참조.
치즈와 잠두: 잠두와 치즈(254쪽) 참조.
치즈와 잣: 잣과 치즈(366쪽) 참조.
치즈와 차이브: 차이브와 치즈(273쪽) 참조.
치즈와 치커리: 치커리와 치즈(278쪽) 참조.

치즈와 캐러웨이

예테보리에서 나는 호텔로 개조한 아름다운 오래된 풍차에서 묵었다. 아침 식사는 작고 바람이 잘 통하지 않는 식당에서 제공되었다. 크리스프브레드crispbread[73]가 참 많았다. 테이블에 부채꼴로 배열된 크리스프브레드, 접시 위에 잔뜩 쌓인 크리스프브레드, 바구니에 담긴 크리스프브레드, 접시와 바구니 사이에

73 주로 호밀 가루를 이용해 얇게 만드는 빵 또는 비스킷

놓은 크리스프브레드, 대들보에 매달린 크리스프브레드, 선반에 식용 소설처럼 꽂아놓은 크리스프브레드. 무늬가 있는 것도 있고 없는 것도 있었지만 모두 찰흙 색이었다. 마치 가마에서 밥을 먹는 것 같았다. 매우 마음에 들었다. 아침 식사가 끝날 무렵이 되자 나는 음식계의 스톡홀름 증후군에 빠지고 말았다. 가장 마음에 든 것은 캐러웨이씨가 박힌 것으로, 베스테르보텐 치즈Västerbottensost와 함께 먹었다. 베스테르보텐 치즈는 짭짤하고 과일 향이 나는 경질 소젖 치즈로, 파르메산과 체더 사이 어딘가의 맛이 나지만 신기한 탄산 풍미가 느껴지게 하는 자그마한 구멍이 잔뜩 나 있다. 탄산이 있는 파르메산 치즈 같았다. 펌퍼니켈 빵의 미국식 버전은 캐러웨이로 맛을 낸다. 음악 평론가이자 바그너 전문가인 헨리 티오필러스 핀크는 1913년도에 쓴 글에서 "펌퍼니켈은 림버거 스타일의 치즈와 함께 먹기에 가장 좋은 음식으로 전 세계 미식가의 사랑을 받고 있다"고 말했다. 유럽에서 판매되는 캐러웨이의 대부분을 재배하는 네덜란드에서는 고다 스타일의 치즈에 바로 캐러웨이를 집어넣는다. 버몬트에서는 고다 치즈에 넣는다. 미국의 음식 작가 게리 앨런에 따르면 캐러웨이는 모차렐라, 그리고 마스카르포네와 고르곤졸라를 켜켜이 쌓아 만드는 연질 치즈인 토르타 가우덴치오의 풍미를 내는 데에 사용되는데, "그 진한 맛이 캐러웨이의 살짝 투박한 긴박감으로 완화되는 경우가 있다"고 한다. 라트비아에서는 하지가 되면 캐러웨이로 풍미를 내는 신선한 치즈인 자니Jāņi를 만드는 것이 전통이다.

치즈와 케일: 케일과 치즈(206쪽) 참조.
치즈와 크랜베리: 크랜베리와 치즈(93쪽) 참조.
치즈와 타마린드: 타마린드와 치즈(130쪽) 참조.
치즈와 통곡물 쌀: 통곡물 쌀과 치즈(22쪽) 참조.
치즈와 파파야: 파파야와 치즈(194쪽) 참조.
치즈와 펜넬: 펜넬과 치즈(323쪽) 참조.

치즈와 피스타치오

시칠리아의 최고급 농산물인 감귤류와 피스타치오, 양젖 리코타 치즈를 콕콕 박아 만드는 전통 디저트인 카사타cassata에서 마주하는 치즈와 견과류다. 셰프 조르조 로카텔리는 인생 마지막 식사를 한다면 무엇을 먹겠느냐는 질문에 디저트로 카사타를 선택했다. 리큐어에 적신 스펀지케이크를 접시에 듬뿍 담고 리코타와 당절임 과일, 초콜릿, 아이싱을 층층이 쌓고 나면 그다음에 뭘 올리려면 임시 발판이라도 설치해야 할 것처럼 묵직해진다. 런던의 로칸다 로카텔리 레스토랑에서는 리코타 무스와 피스타치오 아이스크림을 이용하고 피스타치오와 잘게 썬 당절임 과일을 뿌려서 훨씬 가벼운 음식으로 재탄생시켜 선보인다.

치즈와 피칸

피칸 타시pecan tassies는 페이스트리에 크림치즈를 넣고 피칸을 채워 만드는 작은 파이다. 토머스 켈러의 부숑 베이커리에서는 다진 피칸과 황설탕을 넣은 통밀 바게트를 판매하는데, 이는 바게트에 피칸 파이의 풍미를 불어넣기 위해서가 아니라 통밀가루에 함유된 밀기울의 건조한 질감과 쓴맛을 상쇄하기 위한 방책이다. 이 바게트에 추천하는 샌드위치 속 재료는 블루치즈나 훈제 칠면조다.

치즈와 호로파

말린 호로파 잎을 처음 먹어본 것은 달 위에 뿌려져 있을 때였다(호로파와 렌틸(379쪽) 참조). 셀러리와 타라곤의 달콤하고 퀴퀴한 향이 나는 잎에 흥미가 느껴져서 조금씩 몇 숟갈을 떠 크림치즈에 으깨 넣어보았다. 이제 잎에서는 블래더랙bladderwrack 해초 500g에서 나온 소금에 절인 감초 같은 맛이 났고, 여기에 음용 아스피린을 곁들인 느낌이었다. 호로파는 예측이 불가능하다. 호로파씨는 고다 치즈 및 숙성시킬수록 호두 같은 풍미가 나는 아일랜드산 염소젖 고다 치즈인 킬린Killeen을 비롯한 여러 치즈를 만드는 과정에 사용된다. 호로파와 캐슈(380쪽) 또한 참조.

치즈와 호밀: 호밀과 치즈(27쪽) 참조.
치즈와 후추: 후추와 치즈(359쪽) 참조.
치즈와 흑쿠민: 흑쿠민과 치즈(337쪽) 참조.

ALLIUM

파속 식물

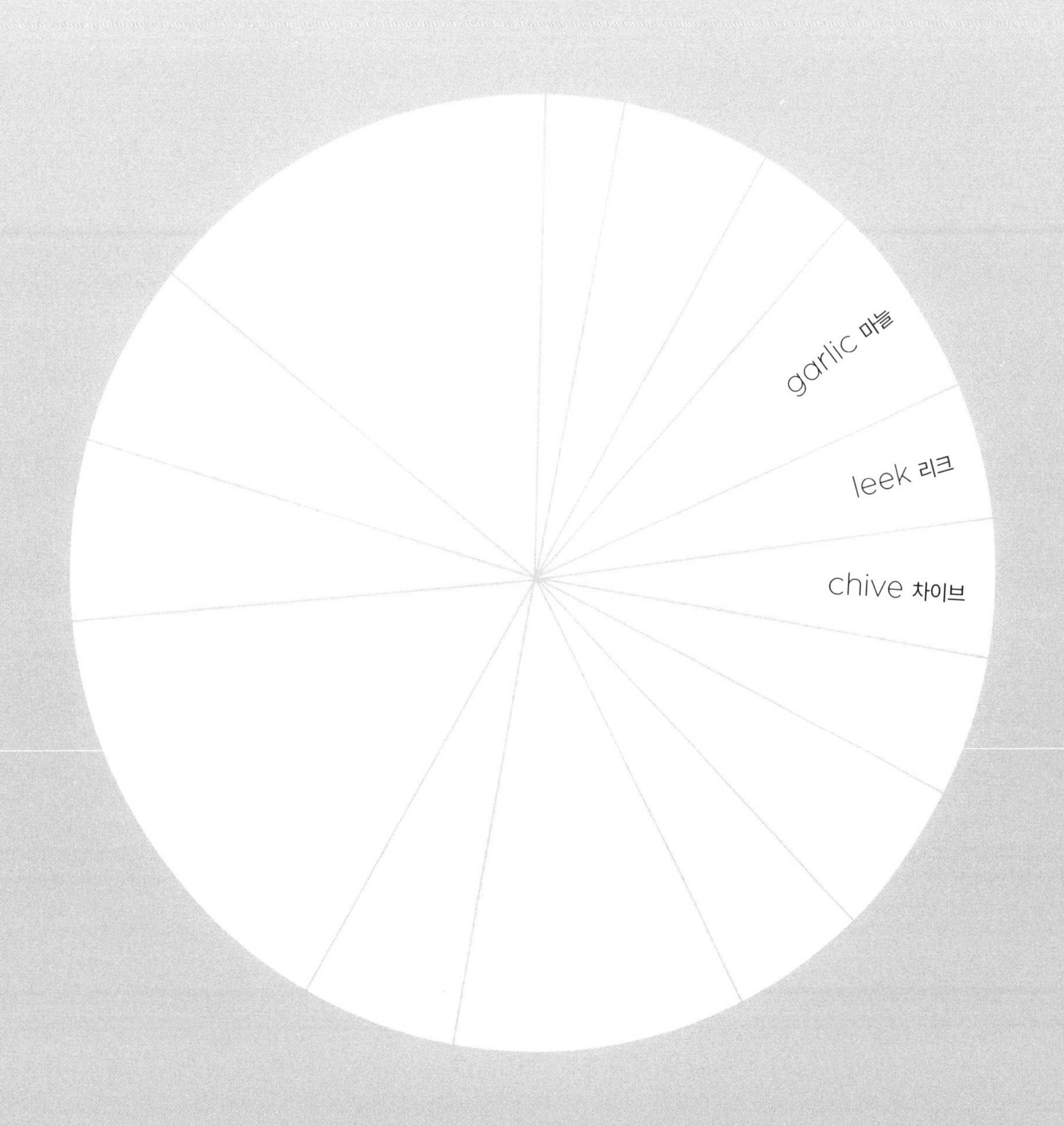

GARLIC

마늘

마늘에는 알리인이라는 황 화합물이 함유되어 있는데 저미거나 으깨면 알리신으로 전환된다. 알리신은 다시 마늘의 독특한 향을 내는 황 화합물로 전환된다. 마늘 한 쪽을 으깨면 으깰수록 알리신이 많이 생성되면서 향이 더 강해진다. 분쇄기는 마늘을 싫어하는 사람을 위한 도구가 아닌 셈이다. 알리신은 열에 의해 파괴되고 그 자리에 단맛이 생성되기 때문에 가열하면 마늘 풍미가 훨씬 부드러워지고 견과류 향을 띠게 된다. 산도 알리신 생성을 억제하므로 마늘 샐러드드레싱을 만들고 싶다면 반드시 마늘을 다진 다음 식초나 레몬즙 및 머스터드와 함께 섞어서 수 분간 풍미를 발달시킨 다음에 샐러드에 넣는 것이 좋다. 마늘을 달콤한 요리에 사용하는 경우도 있지만 그 풍미가 조개와 트러플을 연상시키기 때문에 짭짤한 음식의 풍미를 강화하거나 아주 단순한 스파게티 알리오 에 올리오처럼 음식의 주인공으로 사용하는 것이 가장 좋다. 원래 아시아의 재료인 흑마늘은 마늘 구근을 몇 주일에 걸쳐서 아주 천천히 익혀 마늘쪽이 까맣게 변하면서 당밀과 타마린드, 감초, 발사믹 식초의 향이 나게 만드는 것이다.

마늘과 강낭콩: 강낭콩과 마늘(46쪽) 참조.

마늘과 검은콩

파지올리 알 피아스코는 영화 〈대부〉의 주제곡을 연주하는 아코디언 연주자를 떠올리게 하는 낭만적인 담음새의 요리다. 그렇다고 포기하지 말자. 전통적으로 볼로티 콩과 오일, 마늘을 오래된 와인병(키안티 피아스코)에 넣고 잉걸불에 올려서 오랫동안 뭉근하게 익히는데, 병 아랫부분을 감싸고 있는 라피아야자 섬유 바구니를 제거하지 않으면 레스토랑이 통째로 불타버릴 수도 있다. 요즘에는 딱 맞는 뚜껑이 있는 도기 냄비로 조리하기도 한다. 6~8인분 기준으로 볼로티 콩(또는 비슷한 콩)을 하룻밤 불린 다음 물기를 제거하고 물에 헹군다. 냄비에 콩과 가로로 반 자른 통마늘 1통 분량, 올리브 오일 5큰술, 콩이 완전히 잠길 만큼의 물을 넣는다. 뚜껑을 닫고 낮은 온도의 오븐(120~140°C)에서 2시간 정도 익힌다. 콩을 건져서 충분히 부드러워졌는지 먹어본다. 부드러워졌으면 소금을 넣고 다시 오븐에 넣어서 15분간 더 익힌다. 아직 단단하면 다시 오븐에 넣어서 30분간 더 익혀서 부드러워진 것을 확인한 다음에 소금을 넣는다. 바삭한 빵과 간단한 샐러드를 곁들여 낸다.

마늘과 깍지콩: 깍지콩과 마늘(383쪽) 참조.
마늘과 돼지감자: 돼지감자와 마늘(231쪽) 참조.

마늘과 렌틸

붉은 렌틸은 부드럽게 으깨지듯이 익는다. 물과 렌틸의 표준 비율은 3:1이다. 렌틸은 식는 중에도 계속 수분을 흡수한다는 점을 기억하자. 흔히 렌틸은 심심한 맛이라고 생각하기 쉽지만 마늘 버터를 조금만 넣으면 훌륭한 반찬이 된다. 치즈를 한 광주리씩 넣어야 맛있어지는 옥수수 폴렌타와 비교해보자. 마늘 맛 렌틸콩을 으깨 하루 동안 두면 버블앤드스퀴크나 크로켓의 바탕으로 쓸 수도 있다.

마늘과 마르멜루: 마르멜루와 마늘(157쪽) 참조.
마늘과 머스터드: 머스터드와 마늘(213쪽) 참조.
마늘과 미소: 미소와 마늘(16쪽) 참조.
마늘과 샘파이어: 샘파이어와 마늘(412쪽) 참조.

마늘과 시금치

시금치의 오랜 파트너는 버터와 크림, 그리고 치즈다. 유제품을 먹지 않는 시금치 애호가라면 펠레그리노 아르투시가 19세기 로마에서 인기가 높았다고 설명하는 사순절 시금치 요리에 주목해보자. 잎을 익힌 다음 꾹 짜서 물기를 제거하고 통마늘쪽과 곱게 다진 파슬리, 소금, 후추와 함께 올리브 오일에 볶아 만든다.

마늘과 애호박: 애호박과 마늘(394쪽) 참조.
마늘과 양상추: 양상추와 마늘(281쪽) 참조.
마늘과 오레가노: 오레가노와 마늘(333쪽) 참조.

마늘과 오크라

오크라 피클은 오크라 손질의 입문편이다. 오크라의 맛과 식감을 있는 그대로 즐기기 힘든 사람을 위한 레시피다. 미국의 셰프 버지니아 윌리스는 저서 『오크라』에서 보드카 마티니를 만들 때 오크라 피클을 하나 넣으라고 제안한다. 테킬라 잔 바닥에서 벌레를 발견하는 것보다 최악은 아닐 것이다. 오크라 깍지를 씻어서 물기를 닦아낸 다음 줄기와 심을 완전히 제거한다. 보존용 병에 오크라를 넣고 식초와 마늘쪽, 설탕으로 간단한 피클 절임액을 만들어 붓는다. 냉장고에서 2일간 재운 다음 2주일 안에 먹는다. 마늘 향이 지배적이지만 그래도 아삭한 녹색 오크라의 풍미가 은은하게 느껴질 것이다. 고추를 포함해서 다양한 피클용 향신료를 넣어 실험을 해보자. 오크라의 질감이 마음에 들지 않는다면 깍지의 윗부분을 잘라내지 않도록 주의하자. 오크라 속살의 끈적한 질감이 병 전체에 퍼져서 다른 재료까지 뒤덮어버릴 수 있다. 트리니다드에서는 오크라('오크로ochro'라고 부른다)를 양파, 마늘과 함께 볶아 먹는다.

마늘과 옥수수: 옥수수와 마늘(69쪽) 참조.
마늘과 요구르트: 요구르트와 마늘(166쪽) 참조.

마늘과 월계수 잎

휴 펀리 휘팅스톨은 월계수 잎의 팬이다. 어떤 용도로 쓰든지 말린 것보다 신선한 월계수 잎을 선호하며, 그의 설명에 따르면 고등어 필레를 튀기듯이 구울 때 팬에 마늘과 함께 월계수 잎을 여러 장 넣으면 월계수 잎이 생선 껍질과 접촉하면서 '새로운 풍미'가 탄생한다고 한다. 월계수 잎과 후추(353쪽) 또한 참조.

마늘과 잠두: 잠두와 마늘(252쪽) 참조.
마늘과 잣: 잣과 마늘(363쪽) 참조.

마늘과 차이브

중국 차이브라고도 불리는 부추는 차이브보다 길고 두꺼우면서 맵싸한 맛이 강하다(차이브와 달걀(271쪽) 참조). 이걸로 최고의 마늘빵을 만들 수 있다고 말하는 사람도 있다. 웨이벌리 루트는 일반 차이브의 맛이 마늘과 양파 사이 어딘가의 맛이라는 점에 주목했다. 그는 이 풍미가 너무 뚜렷해서 '사이 어딘가'라는 단어에 큰 의미가 없다고 생각했다. 루트에 따르면 차이브는 양파보다 섬세하고 예리하다. 차이브가 중심을 차지하는 레시피를 찾아본 내 비과학적인 조사 결과도 루트의 분석을 뒷받침하는 듯하다. 차이브는 대체로 마늘이나 실파 등의 다른 파속 채소를 더해서 조화로운 풍미를 갖추도록 만드는 경우가 많다. 앨리스 워터스는 양파와 파슬리, 마요네즈를 브리오슈에 넣은 제임스 비어드의 유명한 양파 샌드위치에서 영감을 받아 실파와 차이브에 마요네즈를 가미해서 포카치아 샌드위치를 만들었는데, 그에 앞서 제임스 비어드는 다진 양파와 슈말츠를 어두운 색 빵과 함께 먹는 고전적인 유대인의 조합에서 영감을 받은 것이다.

마늘과 치커리: 치커리와 마늘(277쪽) 참조.
마늘과 캐슈: 캐슈와 마늘(303쪽) 참조.
마늘과 케일: 케일과 마늘(204쪽) 참조.
마늘과 펜넬: 펜넬과 마늘(321쪽) 참조.

마늘과 호로파

스바네티 소금은 마늘과 청 호로파, 코리앤더씨, 고추, 금잔화 꽃잎으로 맛을 낸 조지아의 소금이다. 청 호로파*Trigonella caerulea*는 일반 호로파*Trigonella foenum-graecum*보다 맛이 조금 은근한 편이다. 작가 겸 조향사 빅토리아 프롤로바에 따르면 "풀과 수지, 우유 향 메이플 시럽 풍미"가 난다. 스바네티 소금은 콩 요리와 오이 토마토 샐러드에 사용한다. 슬로푸드 재단에 따르면 정통 스바네티 소금에는 희귀한 캐러웨이 꽃도 들어간다고 한다.

마늘과 호밀

다크 호밀의 향신료와 타르 같은 풍미는 생마늘이 주는 충격에 비할 바는 못 된다. 리투아니아의 켑타 두오나kepta duona가 대표적인 예다. 이탈리아 빵 그리시니grissini의 날씬한 우아함과 비교하면 발트해의 강렬함을 두르고 있는, 두툼하고 길쭉한 모양의 튀긴 검은 빵이다. 다크 호밀빵을 실로폰 건반 크기로 썬다. 1~2cm 깊이로 부은 올리브 오일에 튀겨서 키친타월에 올려 기름기를 제거한 다음 소금을 뿌리고 반으로 자른 마늘쪽의 단면을 골고루 문지른다. 맥주 한잔과 음탕한 술자리 노래를 곁들이기에 딱 좋은 음식이다.

마늘과 흰콩: 흰콩과 마늘(49쪽) 참조.

LEEK
리크

달콤하고 부드러운 파속 풍미 속에서 뚜렷한 채소 향을 느낄 수 있다. 글로 표현해서는 세련되지 않은 것처럼 보이지만 리크는 감자 수프가 뉴욕의 파인 다이닝 레스토랑 메뉴에서 한 자리를 차지할 수 있게 만들어줄 정도로 신비한 기교를 지니고 있다. 리크에는 열대 지방과 민트 느낌이 가미된 금속 통 같은 풍미를 포함해 뚜렷하게 드러나지 않는 향도 함유되어 있다. 제대로 씻지 않으면 누구의 식탁에도 올라갈 수 없다. 단단하게 겹쳐진 리크 속에서 흙이나 모래를 완전히 씻어내는 것이 필수다. 마늘, 양파와 마찬가지로 리크를 썰면 기본적으로 방어 메커니즘인 화학 반응이 시작되어서 특유의 향이 방출되고, 이 때문에 통째로 익힌 리크는 송송 썰어 익힌 것보다 양파 맛이 덜 난다. 리크의 녹색 부분은 깃flag, 흰색 부분은 자루shank라고 부른다. 보통은 자루 부분을 먹고, 깃은 질기지만 육수에 향신료 용도로 사용할 수 있다. 수프나 파이를 자주 만드는 사람이라면 송송 썰어서 말린 리크를 찬장에 구비해두는 것이 좋다.

리크와 감자

비시수아즈는 감자 샐러드 수프다. 크림과 함께 곱게 갈아서 차갑게 내면 리크에 있는 유황 풍미의 새콤함이 감자의 심심한 짠맛을 기분 좋게 풍성하게 만들어준다. 웨일스 요리인 와이우 이니스 몬Wyau Ynys Môn('앵글시 섬의 달걀 요리')은 감자와 리크에 삶은 달걀을 넣고 치즈 소스를 곁들인 해시 요리로, 빗줄기가 창문을 두드리는 가운데 카라반의 포마이카 테이블에 앉아서 먹는 것이 좋으며 그야말로 왕에게 어울리는 음식이다.

리크와 달걀: 달걀과 리크(247쪽) 참조.
리크와 돼지감자: 돼지감자와 리크(231쪽) 참조.
리크와 말린 자두: 말린 자두와 리크(119쪽) 참조.
리크와 머스터드: 머스터드와 리크(212쪽) 참조.
리크와 미소: 미소와 리크(15쪽) 참조.

리크와 버섯

버섯은 파속 식물과 지방 외에는 달리 필요한 것이 거의 없다. 마늘, 양파와 비교했을 때 리크의 장점은 부피가 크다는 것으로, 크러스트를 지탱해야 하는 다른 재료를 넣지 않아도 버섯과 리크만 가지고 아주 맛있는 파이를 만들 수 있다. 풍미 면에서도 자급자족이 가능하다. 리크가 우유 풍미로 마법을 선사하는 미끈미끈한 수비즈soubise 소스가 흐르는 가운데, 기둥이 긴 파라솔 버섯이 꽂혀 있는 것 같다. 더 게이트 채식 레스토랑에서는 깍둑 썬 야생 버섯과 리크, 마늘, 화이트 와인으로 '에클스 케이크Eccles cake'[74]를 만들어낸다. 진짜 에클스 케이크와 마찬가지로 치즈 한 조각을 곁들여도 잘 어울린다.

리크와 소렐: 소렐과 리크(171쪽) 참조.

리크와 시금치

모든 성공적인 시금치 요리 뒤에는 리크가 있다. 솔직히 전부는 아니지만 상상 이상으로 많은 음식에 리크가 들어간다. 리크가 아니면 닮은꼴인 실파가 들어간다. 리크는 양파와 녹색 잎채소에 살짝 허브 향이 섞인 풍미를 지니고 있어 스파나코피타, 스파나코리조, 필로 파이[75] 등의 소박한 음식에서 시금치의 풍미를 훨씬 깊게 만들어준다. 일명 '페르시아 오믈렛'이라고 불리는 쿠쿠에서는 이 조합에 딜과 고수, 파슬리, 차이브를 섞는다. 타불레와 마찬가지로 쿠쿠를 만들려면 모든 재료를 인조 잔디 같은 모양이 될 때까지 잘게 써는 과정을 거쳐야 하지만 한 입 먹어보면 그럴 만한 가치가 있었다고 깨닫게 될 것이다.

리크와 아몬드: 아몬드와 리크(114쪽) 참조.
리크와 옥수수: 옥수수와 리크(69쪽) 참조.

리크와 차이브

파속 식물의 트레이드마크인 유황 풍미를 공유하지만 서로 층을 이룰 수 있을 정도로 다른 맛을 지닌 채소들이다. 차이브는 양파와 잔디의 부드러운 풍미를 지니고 있으며 리크는 달콤한 양파와 잎, 백합 맛이 더 강하다. 매운맛이 있어서 야외에서 먹기 적합한 조합이다. 흑쿠민씨를 뿌린 빵이나 번의 속을 채우는 용도로 적극 추천한다. 혹은 다음 턴오버 레시피를 따라해 보자. 6개 기준으로 리크(대) 2대를 깨끗하게 씻은 다음 어두운 색의 위쪽 잎은 제거하고 나머지만 1cm 길이로 송송 썬다. 올리브 오일을 약간 두르고 소금을 여러 자밤 뿌려서 중간 불에 올리고 약 15분 정도 익힌다. 체에 밭쳐서 기름과 즙을 걸러낸다. 구울 준비가 되면 리크에 다진 차이브 2큰술을 넣고 잘 섞는다. 퍼프 페이스트리 350g을 펼쳐서 사각형으로 6등분한다. 익힌 리크를 6분의 1씩 올린 다음 페이스트리의 가장자리에 물을 적셔서 대각선 방향으로 반 접어 삼각형 모양을 만든다. 조리용 솔로 윗면에 올리브 오일을 바르고 흑쿠민씨를 뿌린 다음 200°C의 오븐에서 살짝 노릇해질 때까지 20~25분간 굽는다.

74 영국의 에클스라는 지역의 이름을 딴 작고 동그란 파이로 속에 건포도 등을 넣는다.
75 얇고 바삭바삭해서 여러 겹을 깔아 사용하는 것이 특징인 필로 페이스트리로 만드는 파이

리크와 치즈: 치즈와 리크(258쪽) 참조.

리크와 펜넬: 펜넬과 리크(321쪽) 참조.

리크와 흰콩

리크는 흰콩의 풍미에 신기한 영향을 미친다. 세이지와 흰콩처럼 돼지고기를 강하게 연상시키게 만드는 것이다. 그 점이 마음에 든다면 말린 콩을 불려서 냄비에 넣고 요리할 때 리크의 질긴 푸른 부분을 넣어서 콩과 그 국물에 깊은 풍미를 더할 수 있다. 또한 맛있는 으깬 콩 요리를 만들 수 있는 조합이기도 하다. 송송 썬 리크의 흰색 부분을 버터, 화이트 와인 약간과 함께 부드러워질 때까지 천천히 익힌다. 콩을 넣고 따뜻할 때 굵게 으깬다. 349쪽의 채식 해기스나 기름진 생선 요리에 곁들이면 잘 어울린다. 흰콩과 머스터드(49쪽) 또한 참조.

CHIVE

차이브

파속 식물 중에서 가장 수줍음이 많은 채소다. 차이브Allium schoenoprasum의 풍미는 양파와 약간 비슷하지만 그 가느다란 관 모양도 그렇고, 벨벳 같은 오보에 리크 옆에 놓인 플루트와 같은 존재다. 갓 꺾어낸 신선한 차이브는 부드러운 풍미 재료와 가장 잘 어울린다. 차이브를 다른 파속 식물과 함께 사용하면 반짝이는 풍미를 겹겹이 쌓을 수 있다. 익숙해지기만 한다면 차이브와 양파 또는 차이브와 마늘은 성공적인 조합을 보여주며, 차이브와 리크 또는 차이브와 실파를 이용해서 퍼프 페이스트리 턴오버를 만드는 것도 추천한다(리크와 차이브(269쪽) 참조). 그리고 이는 사워크림이 차이브의 단짝이라는 뜻이기도 하다. 사워크림과 차이브를 합하면 마치 태어난 지 얼마 되지 않은 치즈와 양파 같은 맛이 느껴진다. 이 장에서는 보라색 꽃이 피는 일반 차이브와 달리 흰 꽃이 피고 옅은 마늘 풍미에 납작한 잎을 지닌 부추Allium tuberosum에 대해서도 다룬다.

차이브와 감자

차이브는 워밍업의 역할을 한다. 비시수아즈나 으깬 감자에 뿌려서 입맛을 일깨워보자. 또는 감자빵이나 스콘에 섞어서 구우면 식욕을 돋우는 향을 주방에 가득 채울 수 있다. 무엇보다 버터나 사워크림을 가미하면 포테이토 스킨이나 구운 감자 요리에 활력을 불어넣는다. 알리스 아른트는 일부 레스토랑에서 "절묘한 맛을 내는 작은 차이브" 대신 실파를 쓰는 광경을 발견했다. 그녀는 이를 "훌륭한 풍미 담당 조합의 비열한 타락"이라고 표현한다.

차이브와 달걀

스테퍼니 알렉산더는 『요리사의 동반자Cook's Companion』에서 "차이브는 달걀과 함께 사용하기에 가장 훌륭한 허브"라고 말한다. 글린 크리스티안은 특히 스크램블드에그와 훈제 연어에 차이브를 함께 내면서 메뉴판에 이 고명을 언급해놓지 않는 경우에 대해 불만을 토로한다. "나에게 차이브는 산성비와 같다." 그의 주장이다. 일본에서는 더 맛이 강한 부추를 스크램블드에그에 장식이 아니라 채소 재료로 고려할 정도로 잔뜩 넣은 달걀 부추 볶음(니라타마) 등의 요리가 있다. 달걀 부추 죽(니라타마 조스이)는 여기에 쌀을 넣어서 죽으로 만든 것이다. 부추는 차이브보다 풍미가 강하고 구조적으로도 튼튼하다. 더 길고 넓으며(약 5mm) 납작하다. 중국 북동부에서는 스크램블드에그에 차이브를 섞어서 만두 속을 채우는 데에 사용하는데, 여기에 당면이나 표고버섯을 넣기도 한다.

차이브와 두부: 두부와 차이브(287쪽) 참조.
차이브와 래디시: 래디시와 차이브(200쪽) 참조.

차이브와 렌틸

티베트와 네팔에서는 우라드 달(검은색 병아리콩)과 짐부jimbu라는 일종의 차이브를 같이 먹는다. 짐부는 거의 항상 건조시킨 형태로 사용한다. 맛이 부드러운 편이며 향신료를 튀겨서 음식을 내기 직전에 끼얹는 타르카에 들어간다. 또한 차이브의 좁은 이파리는 톳처럼 매력적인 까만색의 십자형 고명으로 쓰이기도 한다. 당근과 해조류(228쪽) 또한 참조.

차이브와 리크: 리크와 차이브(269쪽) 참조.
차이브와 마늘: 마늘과 차이브(266쪽) 참조.

차이브와 머스터드

코미디 그룹 치치와 총Cheech and Chong처럼 함께 구우면 행복한 조합이다. 구운 크래커나 슈 등의 페이스트리에 넣으면 머스터드가 치즈와 같은 향을 내면서 자연스러운 친화력을 발휘해 차이브와 어우러진다.

차이브와 미소

적미소 국에 다진 차이브를 느슨한 모자이크 장식처럼 뿌리고 몇 분간 뒀다가 마시면 마치 셰리를 섞은 양파 그레이비와 같은 맛이 난다.

차이브와 양상추

샐러드 잎채소에 부드러운 파속 풍미를 가미하고 싶다면 그릇에 반으로 자른 마늘 단면을 문지르는 것보다 다진 차이브를 뿌리는 것이 훨씬 신선하고 깔끔한 향을 낼 수 있다.

차이브와 요구르트

스포츠 바의 고전적인 메뉴인 사워크림과 차이브의 변형으로, 실제로 스포츠를 즐기는 사람을 위한 음식이다. 더 담백하고 날카로운 맛으로 젖산의 톡 쏘는 맛과 유황 풍미를 입안에 가득 채우며 간식용 볼에서 존재감을 뚜렷하게 드러낸다. 단조로운 튀김이나 너무 달아서 밋밋한 음식을 구제하는 맛이다. 뿌리채소 수프와 메밀 블리니, 옥수수 팬케이크, 으깬 감자는 모두 차이브와 요구르트로 풍미를 끌어올릴 수 있다. 되직한 요구르트에 차이브를 섞어 넣으면 수란을 위한 베개나 연어를 위한 소스가 될 수 있다. 직접 기르지 않는 사람이라면 말린 차이브도 훌륭한 대안이 되어준다. 1950년대 후반에 G. 아르마니노 앤드 손기업이 차이브의 섬세한 풍미를 보존할 수 있는 동결 건조 기술을 개발했다. 작가 케네스 T. 패럴에 따르면 신선한 차이브와 "거의 구별할 수 없다"고 한다.

차이브와 잠두: 잠두와 차이브(253쪽) 참조.

차이브와 치즈

차이브는 한때 네덜란드의 농부들이 우유에 풍미를 내기 위해서 소에게 먹일 정도로 인기가 높았다고 한다. 중국에서는 차이브 우유를 목이 아플 때 약으로 먹지만, 네덜란드산 차이브 우유는 치즈 제조업체만을 위한 제품인 듯하다. 요즘에는 치즈 생산 및 공급업체에서 미리 송송 다져둔 차이브를 봉지에 담아 판매하면서 고다와 페타, 염소 치즈, 크림치즈에 넣어서 먹을 것을 권장한다. 특히 톡 쏘는 맛이 강한 치즈가 차이브의 찌르는 듯한 맛과 잘 어울린다. 차이브 크림치즈는 단독으로 또는 오이나 연어와 함께 고전적인 티타임 샌드위치를 만드는 데에도 사용한다. 하지만 단맛이 나는 음식과 함께 먹는 것은 피하는 것이 좋다. 차이브 풍미는 생양파나 마늘처럼 입안에 오래 머물지는 않지만 딸기 타르트에 넣으면 맛을 엉망으로 만들어버릴 수 있다.

차이브와 캐슈: 캐슈와 차이브(304쪽) 참조.

차이브와 토마토

토마토는 바질이나 오레가노처럼 묵직하고 향신료 풍미가 강한 허브와 더 자주 합을 맞춘다. 차이브와 토마토는 그보다 가벼운 느낌의 조합으로, 여기에는 화사하게 잘 익은 토마토가 가장 잘 어울린다. 은은한 양파 향이 나는 보라색 차이브 꽃과 송송 썬 차이브 잎을 넣어서 별장의 정원처럼 싱그러운 샐러드를 만들어보자. 차이브는 파속에 속하는 쾌활한 채소다. 결코 우리를 울게 만들지 않는다. 마이클 본드의 동화책 『허브』를 보면 등장하는 모든 인물과 동물들의 이름을 허브에서 따 왔다. '딜'은 산만한 강아지, '세이지'는 졸린 올빼미, 그리고 '차이브'는 딱 어울리게도 장난꾸러기 아이들 한 무리다.

차이브와 파슬리: 파슬리와 차이브(319쪽) 참조.

NUTTY MILKY

고소한 유즙

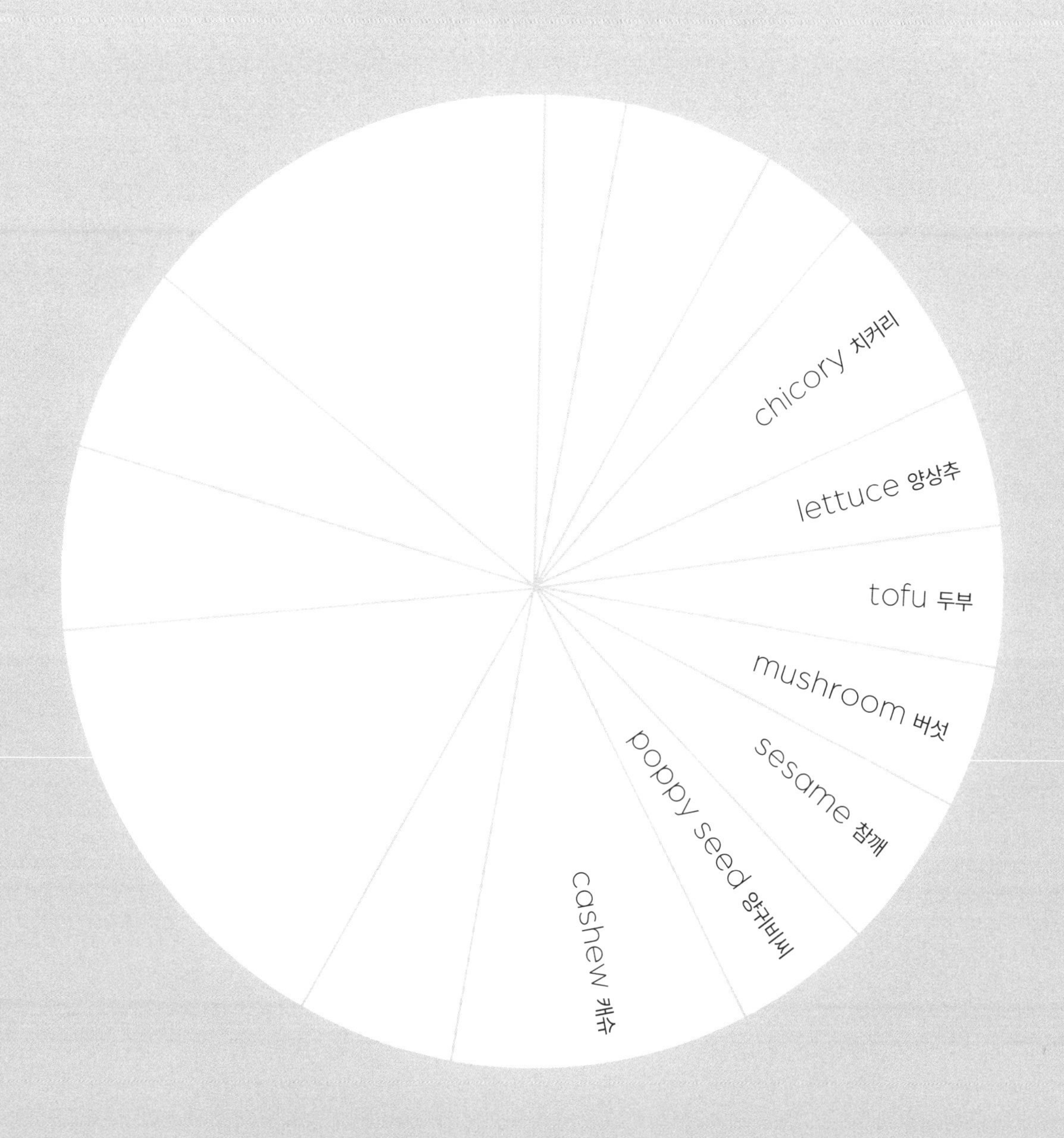

CHICORY

치커리

이 잎채소에 관한 조합이 부족해 보인다면 아마 음식 작가들이 용어를 설명하는 데에 지면을 너무 많이 할애해야 했기 때문일 것이다. 나는 새콤한 노란색이나 붉은색 라디키오처럼 총알같이 잎이 탄탄하고 쓴 맛이 나는 종류를 칭할 때 치커리나 치커리 헤드라는 용어를 사용한다. 곱슬 치커리는 양배추를 터트린 것처럼 생긴 양상추를 뜻한다. 어떤 사람은 꽃상추가 잎이 더 가는 품종이라고 말하고 그냥 똑같다고 말하는 사람도 있지만 맛의 조합에 있어서는 별반 차이가 없다. 푼타렐 또는 치코리아 디 카탈루냐는 잎이 길어서 줄기가 두꺼운 민들레처럼 보인다. 에스카롤은 잎이 더 통통하고 납작하며 이름이 하나뿐이라는 점에서 치커리 가족 중 아웃사이더라 할 수 있다. 날로 먹으면 담백하고 쓴맛이 나는 치커리는 짭짤하고 기름진 재료와 함께할 때 가장 맛있지만 쌀이나 콩으로 만든 달콤하고 심심한 요리에 기분 좋은 상쾌한 맛을 가미해주기도 한다.

치커리와 달걀

달걀은 한 걸음 물러서서 치커리 잎의 반짝이는 아스피린 같은 성분이 그 분열적인 특징을 있는 그대로 드러낼 수 있도록 해준다. 요즘에는 그다지 인기가 없는 치커리 폴로네즈chicory polonaise라는 요리에 함께 쓰이는데, 통째로 또는 반으로 잘라서 익힌 치커리에 잘게 썬 삶은 달걀과 파슬리, 볶은 빵가루를 뿌려서 먹는 음식이다. 진정으로 죽지 않는 고전 요리는 곱슬 치커리에 기름진 크루통과 쫀득한 베이컨 덩어리를 먹이로 줘서 유혹하는 리오네즈 샐러드, 프리제 오 라르동frisée aux lardons이다. 그 위에 수란을 얹으면 흘러내리는 노른자가 새콤한 비네그레트에 스며들면서 부드럽게 만들어준다. 곤도 마리에가 탈장을 일으킬 법한 난장판 같은 음식이다. 그릴에 구운 할루미 치즈로 만든 '라르동'은 채식주의자를 위한 훌륭한 대체재가 되어준다. 치커리 '꽃잎'은 아스파라거스의 맛을 뚜렷하게 개선해주는 토스트 조각 대신 들어가는 저탄수화물 선택지다. 소금을 친 다음 재빨리 발사믹 식초에 담갔다가 노른자를 찍으면 바삭한 사워도우 빵에 대한 갈망을 가라앉힐 수 있다.

치커리와 돼지감자: 돼지감자와 치커리(232쪽) 참조.

치커리와 렌틸

풍미 면에서 렌틸은 마찰이란 것이 없다. 무뚝뚝한 흙 향기를 가릴 만한 날카롭거나 쓴맛, 매운맛이 없다. 치커리는 모든 면이 마찰이다. 따뜻하게 데워도 곱슬곱슬한 치커리, 즉 꽃상추는 쌉싸름한 맛을 유지한다. 따뜻한 렌틸에 섞어 넣으면 담백한 풀 향기를 즐길 수 있다. 치커리를 번철에 구우면 쓴맛의 균형을 잡아주는 단맛이 더해진다. 깍둑 썬 양파와 당근, 셀러리로 만든 미르푸아(또는 베이컨이나 햄을 추가한 미르푸아 오 그라mirepoix au gras)와 함께 익힌 퓌 렌틸에 곁들이면 잠두와 치커리(254쪽)에서 설명한 이탈리아의 고전 요리인 파베 에 치코리아의 우아한 변형이 완성된다. 치커리를 통째로 길게 반 자른 다음 번철에 단면이 아래로 가도록 올려서 가장자리가 짙게 노릇노릇해질 때까지 굽는다. 소금으로 간을 하고 렌틸에 곁들여 낸다.

치커리와 마늘

녹색 치커리는 깔끔한 맛이지만 푼타렐은 그 반대쪽 극한의 맛을 보여준다. 보기에도 걸레 같은 모양이다. 푼타렐은 로마의 청과물 가게에서 얼음물 양동이에 담아 파는 길쭉하고 곧게 뻗은 변종 치커리다. 속이 비어 있는 굵고 새하얀 줄기를 잘라내서 특수 도구인 '탈리아푼타렐'의 철망 사이로 밀어 넣으면, 청소제품 브랜드 바이레다Vileda에서 인형의 집 맞춤 제품을 만들어낸 것 같은 결과물이 나온다. 얼음물 속으로 돌돌 말린 가닥이 후두둑 떨어지며 뗏목을 형성하는 것이다. 로마인은 푼타렐을 무게로 달아서 구입한 다음 이에 대항하는 톡 쏘는 마늘과 안초비 드레싱에 버무려서 깔끔하기로는 거의 수술실에 비교할 수 있을 정도의 요리를 완성한다. 푼타렐 알라 로마나는 이제 세계적인 인기를 끌고 있다. 또는 치커리를 마늘과 함께 볶으면 치커리에서는 쓴맛이 사라지고 마늘에서 쓴맛이 난다.

치커리와 머스터드

퇴직한 두 배우처럼 씁쓸한 조합이다. 리스트레토와 IPA를 마시는 사람, 자몽을 좋아하는 사람, 코코아 함량 85%를 선호하는 무감각한 표정의 엘리트 등에게 어필할 수 있을 것이다. 홀그레인 비네그레트 안에 든 모든 머스터드씨 하나하나가 쌉싸름한 매운맛을 탁탁 터져 나오게 한다. 내가 기억하는 세인트 제임스의 버리 스트리트에 자리한 콰글리노스의 비네그레트는, 포크로 샐러드를 몇 입 먹고 나면 당신이 저 유명한 계단 난간을 타고 올라갈 수 있을 정도로 머스터드가 많이 들어가 있다. 돌려 닫는 뚜껑이 있는 병에 굵은 그레인 머스터드 4큰술과 화이트 와인 식초 2큰술, 소량의 소금과 후추를 넣고 잘 흔들어 섞는다. 오일 4큰술, 이상적으로는 호두 오일 1큰술에 땅콩 오일이나 해바라기씨 오일 3큰술을 섞은 것을 넣고 다시 한 번 흔들어 섞은 다음 크림 200ml을 붓는다. 치커리 4통 분량의 이파리에 부어서 골고루 버무린 다음 송송 썬 차이브를 뿌린다. 크림 대신 귀리 크림을 사용해도 좋다. 말이 나왔으니 말이지만 귀리 밀크나 우유를 넣어 만든 머스터드 향 베샤멜은 구운 치커리의 고전적인 소스로 쓰인다.

치커리와 생강

셰프 올리 다부스는 점박이 치커리 품종인 카스텔프랑코와 진저브레드를 짝지으면서 런던 미식계의 미각을 일깨웠다. 훨씬 아삭하게 만들면서 쓴맛은 부드럽게 완화하기 위해 다부스는 잎을 얼음물과 함께 진공 포장해뒀다가, 접시에 진저브레드 퓌레를 한 줄 짜고 그 위에 레몬을 두른 잎사귀와 진저브레드 가루를 뿌렸다. 카스텔프랑코 잎은 마블링으로 물들인 피렌체 종이처럼 분홍색 점박이 무늬가 가득한 옅은 민트색이다. 치커리와 라디키오로 접시를 장식하고 싶다면 그 한가운데에 카스텔프랑코가 자리해야 마땅하다.

치커리와 오렌지: 오렌지와 치커리(185쪽) 참조.

치커리와 잠두: 잠두와 치커리(254쪽) 참조.

치커리와 치즈

블루치즈와 치커리는 전기가 흐르는 듯한 짜릿한 맛을 선사한다. 치즈는 그 푸른 무늬에서 오는, 그리고 치커리는 그 씁쓸한 즙에서 오는 금속성 맛을 지닌다. 생치커리의 질감은 두껍고 촉촉한 흰색 줄기와 섬세한 잎 가장자리가 대조적일 정도로 다른 아삭함을 선사해서 놀라운 질감을 구현해낸다. 자세히 보면 잎에 마치 목 뒤쪽 머리카락처럼 짧은 솜털이 덮여 있는 것을 확인할 수 있다. 어디에서나 찾아볼 수 있는 로크포르 치커리 호두 샐러드에서처럼 치즈 부스러기가 잘 달라붙게끔 진화한 것일지도 모른다. 로크포르 치즈는 다른 많은 블루치즈보다 맛이 강렬하기 때문에 스틸턴이나 돌체라테[76]처럼 새콤한 드레싱이 필요하지 않다. 라디키오와 고르곤졸라는 샐러드 그릇에서 튀어나와 리소토와 파스타로, 피자와 브루스케타의 토핑으로 변신하기도 한다.

치커리와 커피

우리가 샐러드로 먹으며 치커리라고 부르는 '치콘', 즉 엔다이브는 데이지와 관련된 목본 다년생 식물인 치커리Cichorium intybus에서 얻어낸 것으로 이 치커리에는 볶아서 갈아 커피 대용품(또는 보충제)으로 사용하는 곧은뿌리가 있다. 치콘을 발견한 것은 브뤼셀 식물원의 수석 정원사 프란시스퀴스 브레시에로, 그는 갈아서 커피를 만들 생각으로 이 곧은뿌리를 어두운 지하실에 보관하고 있었다. 나중에 확인해보니 치콘이 자라고 있었다. 한 입 먹어본 프란시스퀴스는 맛이 좋다는 사실을 발견해냈다. 치커리 그라탱을 좋아하는 사람이라면 브뤼셀 당국이 이렇게 세련된 미각을 가진 수석 정원사를 고용하고 있었다는 사실에 감사해야 한다. 『커피의 역사』(1850)에서 윌리엄 로는 치커리만 오롯이 우리면 "날카롭고 달콤한 맥아즙 같고 살짝 감초 풍미와 비슷하며, 다크 셰리와 비슷한 색이 난다"고 표현한다. 로의 의견에 따르면 치커리를 가미하지 않은 커피는 너무 밍밍한 맛이 난다. 치커리를 더하면 훨씬 향기롭고 색과 질감이 뛰어난 커피가 된다. 로의 기록에 따르면 프랑스에서는 일반적으로 커피와 치커리를 7:3의 비율로 혼합했으며, 이는 오늘날의 대표적인 인스턴트커피 브랜드인 리코레Ricoré에서 만드는 것과는 완전히 반대되는 비율이

76 고르곤졸라보다 부드럽고 살짝 단맛이 나는 이탈리아의 블루치즈

다. 제2차 세계대전 당시에 전성기를 누렸던 치커리 커피시럽인 캠프Camp는 치커리와 커피의 비율이 대략 6:1이다. 아일랜드의 셰프 다리나 앨런은 대체로 바닐라 에센스를 피하는 편이지만 커피 에센스는 두 팔 벌려 환영하며, 커피 케이크와 아이싱, 버터크림에 캠프를 사용한다. 뉴올리언스의 카페 뒤 몽드는 설탕을 뿌린 베녜를 곁들인 치커리 커피로 유명하다.

치커리와 피칸: 피칸과 치커리(370쪽) 참조.

치커리와 흰콩

소설 『롤리타』의 험버트 험버트와 롤리타의 어머니 샬럿 헤이즈의 결합처럼 씁쓸함과 밋밋함의 조합을 보여준다. 에스카롤과 카넬리니 콩으로 만든 수프는 이탈리아 남서부 캄파니아의 특산물이다. 모든 종류의 치커리와 마찬가지로 에스카롤의 쓴맛은 조리할수록 줄어들고 대신 부드러운 아몬드 같은 견과류의 향이 더욱 두드러진다.

LETTUCE

양상추

양상추는 맛이 순한 편이며 우리가 베어 물어 잎이 찢어질 때 터져 나오는 풀과 흙 향기가 풍미를 지배한다. 일부 품종에서 두드러지는 쓴맛은 해충을 퇴치하기 위한 식물의 방어력으로, 육종가들이 수년에 걸쳐 잎을 더 맛있게 만들기 위해 이 쓴맛을 다듬어낸 것은 드레싱을 애호하는 입장에서는 참으로 안타까운 일이다. 양상추 잎에 날카로운 맛과 풍미를 가미하려면 마요네즈와 비네그레트를 사용하는 것이 가장 효과적이며 보통 머스터드와 마늘, 레몬의 형태로 등장한다. 양상추는 치즈와 오일 같은 지방을 좋아하는데 이 둘을 결합한 시저 샐러드라는 고전적인 예시가 있으며, 크림이나 콩 육수 또는 육즙에 조리면 맛있는 별식이 된다. 질감에 대해서는 식물학자인 에드워드 버니어드가 확고한 의견을 지니고 있다. "젊음의 힘이 느껴지는 탱탱하고 탄탄한 감탄스러운 양상추. 서리처럼 아삭하고 유리처럼 잘 깨어진다." 그는 영국식 샐러드는 제대로 된 맛을 내는 경우가 드물다고 불평했다. "어째서 마지막 순간마다 그렇게 애석하게 실패해야만 하는지? 해머스미스에서 뎃퍼드까지 강물에 떠내려 온 《더 타임스》 신문처럼 아삭함이라고는 찾아볼 수가 없다." 불쌍한 버니어드가 접시 가득한 숨죽은 잎사귀를 깨작거리는 모습을 상상하면 공감이 되지만, 버터헤드 양상추나 오크리프처럼 아삭하지 않은 품종도 충분히 구해볼 만한 가치가 있다고 생각한다.

양상추와 감자

패티 스미스는 회고록 『저스트 키즈』에서 너무 가난해 로버트 메이플소프를 위해 육수(부용bouillon)에 양상추 잎사귀를 장식 수준으로 넣은 양상추 수프를 만들었던 기억을 이야기한다. 아마 스튜디오에서 긴 하루를 보낸 로버트는 한시라도 빨리 집에 가서 수프를 마시고 싶었을 것이 틀림없다. 스미스의 식사 기록을 보면 플로렌스 화이트가 『영국의 좋은 것들』에서 이야기한 웨스트몰랜드 부인의 수프 레시피가 떠오른다. "이건 어린 양배추를 삶은 물에 불과하다." 영국 귀족이 지나치게 관대한 것이 아니냐는 말은 하지 말자. 그렇지만 화이트는 이 수프에 대해서 맛이 좋고 "닭고기 국물과 매우 흡사한 맛이다"라고 평가했다는 점도 덧붙여야 할 것 같다. 양상추가 상당히 노력한 결과다. 대부분의 잎채소를 많이 넣은 수프는 점도와 영혼을 불어넣기 위해 감자의 도움을 받아야 한다.

양상추와 달걀

우리보다 몇 살 많은 자녀를 둔 친구가 조언을 해준 적이 있다. 아이들이 아직 많이 어릴 때 망설이지 말고 자주 함께 외출하라는 것이었다. 첫째, 그러면 내가 미쳐가는 것을 막을 수 있다. 둘째, 아이들은 유모차나 아이용 의자에 고정되어 있을 것이다. 아이들이 돌아다니기 시작하면 외식이 상당한 도전 과제가 된다. 우리는 침착하기로 유명한 제레미 킹과 크리스 코빈의 레스토랑 제국에 속한 피카딜리의 브라세리 제델에 테이블 하나를 예약했다. 그들이 르 카프리스를 운영하던 시절에는 머리에 도끼를 꽂고 들어가도 자리에 앉히고 연고와 샴페인 한 잔을 내미는 곳이었다. 우리는 유모차를 주차하고 쌍둥이를 각각 아기 의자에 앉혔다. 음료 네 잔을 쏟고 이어서 잔 두 개를 깨고 나니 흠잡을 데 없이 평온한 종업원마저도 턱선 부근에 약간 힘이 들어가는 기색을 보였다. 그래도 나는 내 달걀 마요네즈를 꿋꿋하게 다 먹었다. 이 메뉴를 주문해서 실패한 적이 없다. 반쪽짜리 삶은 달걀 세 개에 부드러운 마요네즈를 곁들이고 채 썬 양상추를 둥글게 감싸듯이 담아 마치 '그는 나를 사랑한다, 사랑하지 않는다' 게임을 위한 데이지 꽃잎처럼 차려내는 음식이다. 아들이 작은 그릇에서 버터를 꺼내 트레이에 온통 펴 바르는 즐거움을 발견한 순간 일곱 번째 잔이 운명을 달리했다. 우리는 디저트를 건너뛰기로 하고 계산서를 요청했다.

양상추와 래디시: 래디시와 양상추(200쪽) 참조.

양상추와 레몬

예디쿨레Yedikule는 튀르키예의 로메인 상추 품종으로 천연 오일이 풍부하게 함유되어 있어 풍미가 뛰어나다. 레몬즙을 넣으면 마치 드레싱을 두른 것처럼 맛있다. 꽃병 스타일의 유리잔에 예디쿨레를 담고, 찍어 먹을 수 있도록 레몬즙 그릇을 곁들여 낸다. 소금과 설탕, 꿀 또는 포도 당밀 등을 곁들여 먹을 수도 있다. 후추 풍미의 로켓은 레몬과 특별한 관계인데, 날것으로 샐러드를 만들기도 하지만 익혀서 스파게티와 파르메산을 섞어 일종의 신선한 카초 에 페페 프레스카를 만들기도 한다.

양상추와 마늘

20세기 중반 미국에서는 집안의 가장이 나무 볼에 녹색 채소 샐러드를 만드는 것이 유행이었다. 맛의 비결은 그릇 바닥에 마늘을 으깬 다음 드레싱에 섞어 넣거나 아예 반으로 자른 마늘쪽을 그릇 바닥에 문지르는 것이다. 어느 쪽이든 그릇은 절대 세척하지 않았다. 웍이나 쿠겔호프 틀처럼 나무 샐러드 볼도 이전에 만든 음식의 정수를 간직하고 있어서 시간이 지날수록 풍부한 풍미를 쌓아 올릴 수 있다고 생각한 것이다. 말도 안 되는 소리다. 샐러드에 축적되는 유일한 풍미는 쓰레기통의 정수뿐이다. 미국 가정에서는 그 향을 미처 눈치채지 못했거나 불평하기에는 가부장적 자아가 너무 강했을 것이다. 정말 나무 볼에 마늘 조각을 문지르고 싶다면 일단 마음을 가라앉히고 깨끗한 볼을 사용하자. 드레싱을 제대로 가미한'well-dressed' 샐러드를 만드는 더 나은 팁이 있다면, 두들겨 으깬 마늘 한쪽을 비네그레트와 함께 돌려 닫는 뚜껑이 있는 병에 담고 냉장고에 보관하는 것이다. 하루 정도가 지나면 마늘과 식초, 머스터드의 풍미가 서로 어우러지면서 플라토닉한 통일감을 느낄 수 있다. 양상추에 드레싱을 물랭루주의 캉캉 댄서보다 옷을 덜 걸쳤다'dressed' 싶을 정도로 조금씩 넣으면서 손으로 골고루 버무린다.

양상추와 머스터드

일기 작가 존 에벌린은 『아세타리아: 살레Sallets에 대한 담론』(1699)에서 머스터드는 "모든 차가운 날것의 샐러드에 반드시 필요한 재료이기 때문에 배제되는 경우는 매우 드물다"고 말한다. 책을 면밀히 분석한 결과, 에벌린의 레시피는 머스터드 1작은술에 식초 1큰술, 오일 3큰술을 넣은 표준 비네그레트를 사용한다고 한다. 머스터드는 풍미를 더하는 것 외에도 드레싱을 걸쭉하게 만드는 역할을 한다. 더욱 고급스러운 걸쭉함을 원한다면 달걀노른자를 하나 넣자.

양상추와 병아리콩

병아리콩에서는 견과류와 완두콩 맛이 나는데, 둘 다 양상추의 대표적인 단짝 재료다. 채 썬 붉은색 로메인 상추나 레드 디어 텅 양상추를 맛있는 육수에 넣고 익힌 병아리콩과 채 썬 적양파와 함께 조리면 가을다운 프티 포아 아라 프랑세즈petits pois à la française[77]를 맛볼 수 있다.

양상추와 샘파이어: 샘파이어와 양상추(412쪽) 참조.

양상추와 소렐

일라이자 액턴은 부드럽고 연한 양상추 잎을 소렐과 동량으로 섞어서 샐러드를 만들 것을 제안하며 드레싱을 너무 새콤하게 만들지 말라고 경고한다. 나는 소렐에 물냉이와 로켓, 어린 시금치를 섞는 것을 좋아한다. 마거릿 코스타는 양상추나 시금치 퓌레에 레몬즙을 넣어서 소렐의 풍미를 재현하는 시도를 해봤다고 말했지만, 나는 별다른 성과를 거두지 못했다.

양상추와 순무: 순무와 양상추(197쪽) 참조.
양상추와 아보카도: 아보카도와 양상추(312쪽) 참조.
양상추와 양귀비씨: 양귀비씨와 양상추(299쪽) 참조.

양상추와 옥수수

내 어린 시절의 절친이었던 멀리사는 함께 자라는 것들은 서로 어울린다고 말하곤 했다. 마지막으로 만났을 때 멀리사는 목에 오각형 별 모양 문신을 하고 바비 인형 몸통에 실바니안 패밀리 인형의 머리를 풀로 붙이는 데에 열중하고 있었다. 이 격언은 교외의 소녀들보다 채소에 더 적용하기 좋은 것으로 보인다. '콘샐러드 양상추'라는 이름은 옥수수 주변에서 자란다고 해서 붙은 것이다. 양의 양상추lamb's lettuce 혹은 마슈mâche라고도 불리며 야생에서도 쉽게 구할 수 있는 잡초다. 고 주디 로저스는 으깬 장미 꽃잎 향과

77 부드러운 프티 포아 완두콩으로 만드는 프랑스 요리

같은 맛이 느껴졌다고 한다. 채집의 대가인 존 라이트는 "꽃이 활짝 피어났을 때처럼 그 풍미가 놀랍도록 향기롭다"고 기록했다. 옥수수에서는 제비꽃과 오렌지꽃 향이 난다는 점을 감안하면, 양상추와 옥수수로 얼마나 멋진 꽃다발을 만들어낼 수 있을까? 멀리사와 내가 어렸을 때는 프랑스 음식이 흔하지 않았다. 나는 우리 어머니의 프랑스 요리책을 마치 잃어버린 유토피아의 기록이라도 되는 것처럼 읽었다. 그 기술력! 농산물! 테루아! 그러다 학교에서 프랑스 랭스 지역으로 여행을 갔더니, 음식을 주문할 때마다 통조림 스위트콘이 엄청나게 나왔다. 정말 많이 나왔다. 세월이 흐르면서 브르타뉴의 간이식당에서 생트로페의 고급 비치 클럽, 몽파르나스의 우아한 브라세리에서까지 수년간 같은 일이 반복되었다. 노란 통조림 옥수수 낟알 반 통을 얹은 샐러드 사태. 딱히 불만이 있는 것은 아니다. 퐁피두센터의 배관만큼이나 대담한 노란색이 선사하는 팝아트적 충격이 있었을 뿐이다.

양상추와 잠두: 잠두와 양상추(253쪽) 참조.
양상추와 차이브: 차이브와 양상추(272쪽) 참조.
양상추와 치즈: 치즈와 양상추(259쪽) 참조.

양상추와 토마토

양상추와 토마토 샌드위치는 1930년대 미국에서 인기가 높았다. 대공황이 지난 이후 작은 식당에 저렴한 선택지로 남아 있었으며 뉴욕에서는 IRT라고 불렸다. 너무 어렵게 고민하지 말자. 탄생의 비화를 알지 못하면 이해하기 힘든 약어다. 'BLT' 샌드위치는 원래 'BMT'였다. 베이컨과 토마토bacon 'mit' tomato의 앞글자를 딴 것으로 독일계 미국인의 기원을 반영한다. BMT는 또한 브루클린 맨해튼 트랜싯 컴퍼니Brooklyn-Manhattan Transit Company의 약자이기도 해서, 도시 교통망의 이름을 따서 샌드위치 이름을 짓는 전통이 여기서 시작되었다. 양상추와 토마토 샌드위치는 아직 할당받은 이름이 없다는 이유만으로 인터보로 래피드 트랜싯 컴퍼니Interborough Rapid Transit Company의 이름을 따서 IRT라고 불리게 되었다. 회사는 망했지만 샌드위치는 살아남았고, 충분히 그럴 만했다. 살아남은 이유는, 단순함의 승리다. 씨앗이 들어간 빵 두 장에 헬먼 마요네즈를 바른다. 토마토를 두껍게 썰어서 소금을 넉넉하게 한 자밤 뿌린다. 로메인 상추나 리틀 젬 양상추를 넣고 꾹 누른다. 신선하고 쌉싸름한 잎사귀가 토마토의 두툼한 질감과 새콤한 젤리 같은 씨앗, 톡 쏘는 마요네즈와 함께 어우러지며 완벽함을 선사한다. 나는 요 근래 보름 동안 매일 점심 식사로 만들어 먹었는데, 실례지만 지금도 당장 가서 하나를 만들어야 할 것 같다.

TOFU

두부

두부는 하나의 거대한 군단과 같다. 목면 두부는 냉장 코너에서 찾을 수 있으며 부드러운 두부에서 살짝 단단한 두부, 단단하거나 아주 단단한 두부 등 다양한 경도로 압착할 수 있다. 연두부는 냄비(주로 판지 상자)에서 응고시켜 만든다.[78] 좋은 연두부는 종류가 다양하기 때문에 여러 곳을 둘러보고 구입해야 한다. 두 종류 모두 부드럽고 깨끗한 맛에 살짝 단맛이 느껴진다. 구체적인 맛은 제조 과정과 사용한 콩에 따라 달라진다. 신선한 우유와 달걀, 분필, 잔디, 콩, 버섯 또는 은은한 곰팡이 냄새가 날 수 있지만 전체적인 두부 풍미는 마치 가장 옅은 색의 파스텔로 표현한 인상주의 풍경화와 비슷하다. 시간도 영향을 미친다. 두부는 숙성될수록 흙냄새와 미네랄 풍미가 강해지다가 결국 신맛이 나기 시작한다. 『쿡스 일러스트레이티드』의 단단한 두부 맛 테스트에 따르면 두부의 품질을 결정하는 관건은 응고제나 압착 시간, 저온 살균 온도보다는 단백질의 함량이다. 적정 단백질 함량은 두부 100g당 8~9g이다. 잘 알려지지 않은 두부 종류 중에는 참깨 페이스트로 만드는 참깨두부(고마도후, 참깨와 미소(294쪽) 참조)처럼 콩이 아닌 재료를 사용하는 제품도 있다. 또한 발효 두부와 훈제 두부, 건조 두부, 튀기거나 냉동한 두부 제품도 구할 수 있으며 서로 다양한 풍미와 질감을 선보인다.

두부와 강황

강황은 스크램블드 두부를 노랗게 물들이는 역할을 하지만(버섯과 두부(288쪽) 참조) 살짝 먼지 향의 생강 풍미를 더하기도 한다. 여기에 유황 향이 나는 블랙 솔트를 여러 자밤 가미하면 달걀보다 더 달걀 맛이 나게 만들 수 있다.

두부와 고추

두부는 고추의 열감을 식히는 냉찜질제 역할을 한다. 이것이 마파두부라는 요리가 부리는 마법이다. 고추와 콩으로 만든 페이스트인 두반장(잠두와 고추(251쪽) 참조)으로 만든 매콤한 소스와 다진 고기는 면이나 밥과 완벽한 궁합을 자랑하지만 특히 깍둑 썬 두부를 섞으면 묘하게 짜릿한 맛이 느껴진다. 푸크시아 던롭은 '털두부'에 대해서 "두터운 흰 털이 덮인 틀 아래 나무판 속에 숨어 있는데, 현지인들이 확신에 차서 늘어놓은 설명에 따르면 이렇게 흰 털이 덮이는 것은 이 특정 지역의 미세기후와 습도 덕분이라고 한다. 털두부는 전체적으로 노릇노릇해질 때까지 팬에 튀긴 다음 절인 고추 딥을 곁들여 먹는 것이 가장

78 '목면 두부'는 비교적 형태가 안정된 두부로 틀에 넣어서 압착시켜 원하는 만큼 수분을 제거해서 만들고, 여기에서 '연두부'로 번역한 '기누고시(명주에 곱게 걸러서 만든) 두부'는 순두부처럼 압착하지 않고 만드는 부드러운 두부다.

일반적이다. 희미한 치즈 같은 식감과 웨일스의 치즈 토스트 맛을 떠올리게 하는 약간의 신맛이 가미된 섬세한 흙 풍미가 느껴진다"고 말한다. 작가이자 발효 전문가 산도르 카츠는 털두부를 직접 만들어보려고 노력했지만 성공하지 못하다가 미국 농무부로부터 액티노뮤코 엘레강스라는 균주를 얻어냈다고 설명한다. 그 최종 결과물은 "치즈와 매우 비슷하며 (…) 시간이 지날수록 점점 더 맛있어진다"고 한다.

두부와 녹차

내가 가장 좋아하는 두부를 맛보는 방법은 실온일 때 깍둑 썰어서 녹차 한 잔을 곁들여 우물우물 씹어 먹는 것이다. 녹차의 열과 타닌 성분이 두부의 부드러운 익힌 곡물의 맛을 부드럽게 감싼다. 이런 이유로 현미 녹차를 떠올리게 하는 조합이다(녹차와 통곡물 쌀(406쪽) 참조). 부드러운 연두부에서는 그 자체로 고유한 녹차 풍미가 느껴진다. 말차와 연두부를 섞고 유제품과 경화제를 약간 첨가해서 커스터드처럼 걸쭉한 디저트를 만들기도 한다.

두부와 달걀

서로의 닮은꼴이다. 연두부는 욕실 타일처럼 하얗고 반짝일 뿐만 아니라 달걀의 부드러운 유황 성분을 지니고 있어서 반숙한 달걀흰자를 떠올리게 한다. 목면 두부는 광택은 거의 없지만 유황 향은 은은하게 남아 있다. 거칠게 다지면 비건 '달걀' 마요네즈 샌드위치에서 달걀의 역할을 할 수 있다. 물론 그 반대 방식으로도 대체 가능하다. 달걀에 다시 국물을 약간 섞어서 부드럽게 찌면 가짜 두부인 달걀두부卵豆腐를 만들 수 있다. 서로를 대체해서 사용하지 않을 때는 두부달걀덮밥 같은 음식에서 서로를 마주하게 되는데, 부드러운 두부를 다시 국물에 따뜻하게 데운 다음 날달걀 두어 개를 넣어서 휘저어 살짝 굳을 때까지 익힌 후 밥에 전부 올린다. 두부달걀덮밥은 단순한 하얀 그릇에 담아서 하얀 숟가락으로 먹지 않으면 실례라고 느껴질 정도로 섬세한 음식이다. 구리하라 하루미의 『일본 요리』에 실린 뜨거운 온천 달걀을 올린 두부 레시피를 보면 달걀을 부드럽게 반숙한 다음 껍질을 벗기고, 두부에 홈을 우묵하게 파서 달걀을 넣는다. 그리고 간장과 맛술, 청주, 말린 가다랑어포로 만든 소스를 함께 낸다. 수직으로 쌓아 올리는 두부 오믈렛의 일종인 인도네시아의 타후 텔루르tahu telur처럼 일종의 요리 유격 코스와 같은 음식이다. 요리 실력을 충분히 쌓았다면 피단두부皮蛋豆腐로 미각에 도전해보자. '말오줌 달걀'이라 불리는 이유가 너무나 명백한 짙은 갈색의 발효 달걀인 피단을 연두부에 올린 중국 음식이다.

두부와 당근: 당근과 두부(226쪽) 참조.

두부와 래디시

두부 튀김(아게다시도후)은 부드러운 두부 한 덩어리를 종이 타월로 두드려 말린 다음 감자 전분을 묻혀서 기름에 튀기고, 강판에 간 무를 고명으로 얹어서 먹는 음식이다. 두부의 겉 부분은 바삭바삭하고, 속은 따뜻하고 살살 녹아내린다. 용암 초콜릿 케이크의 두부 버전 같다. 내가 만들면 항상 튀김옷이 크로켓처럼 두껍지만 일식집 장인의 손을 거치면 달걀 껍데기처럼 바삭바삭하고 섬세해진다. 무는 생기를 불어넣지만 기껏해야 찻숟가락 하나 정도로 인색하게 사용하는 것이 전통이라는 점을 기억하자. 집에서 두부 튀김을 만들어 먹기 위해 무 하나를 구입하면 무가 엄청 남게 된다. 이웃을 협박해서 나눠주거나 적당량씩 나눠서 천천히 먹도록 하자. 무의 아래쪽 부분이 가장 매운맛이 강하니, 다음 날 먹을 두부 튀김이나 메밀국수 위에 올릴 수 있도록 남겨둔다. 가운데 부분은 잘게 썰어서 스튜에 넣어 익힌다. 간장과 맛술에 뭉근하게 익혀서 조림으로 만들어도 좋다(익힌 무는 순무와 비슷한 맛이 난다는 점을 알아두자). 위쪽 끝부분은 단맛이 가장 강해서 피클을 만들 수 있다.

두부와 메밀

라프카디오 헌은 『낯선 일본 엿보기』(1894)에서 "먹을 수 있는 모든 것 중에, 여우는 두부와 메밀을 가장 좋아한다"고 썼다. 그가 여우를 먹지 않았다는 전제하에 그가 모호한 표현을 쓴 것을 용서하고, 튀기지 않은 두부와 유부(주머니 모양의 튀긴 두부) 둘 다에 대한 사랑이 일본 신화에 깊이 뿌리를 내리고 있음을 인정하자. 유부는 유부초밥과 '여우' 소바라고 불리는 메밀국수 레시피에 가장 흔하게 쓰인다. 일본에서는 일반 두부와 메밀을 같이 먹는 경우가 많지 않지만, 더운 날이면 둘 다 각각 특히 간장이나 간 생강, 송송 썬 실파 같은 고명을 사용해서 차갑게 먹기 아주 좋다. 메밀의 거친 질감과 쌉싸름한 맛은 순두부와는 다른 대조적인 풍미를 선사한다.

두부와 미소

새로운 무술을 제안한다. 바로 '두부도'다. 아직 띠를 따지 못했다면 두부 회의론자의 진부한 표현("미끈거리고 스펀지 같으며 맛이랄 것이 없고 전체적으로 밍밍하다")을 아직 벗어나지 못했다는 뜻이다. 두부를 끈적끈적한 양념장에 찍어 먹는 것을 즐기기 시작하면 하늘색 띠를 받을 수 있다. 소스를 매개체로 활용해서 먹는 것이지만 그래도 아직 시작 단계니까. 흰 띠는 두부 그 자체의 질감을 즐기기 시작한 두부도가에게 수여된다. 흰 띠를 받은 두부도가는 미소와 청주, 맛술, 설탕으로 만든 글레이즈를 입혀서 피아노 건반처럼 썬 두부 구이를 즐기기 시작하는데, 달콤하고 끈적끈적해서 그 맛을 쉽게 즐길 수 있지만 하늘색 띠에게는 조금 어려운 질감일 수 있다. 두부도가의 다음 과제는 미소 국에 들어간 두부 조각을 전혀 거슬려 하지 않고 즐거운 음식으로 받아들이는 것이다. 갈색 띠 두부도가는 두부만 생각해도 입에 군침이 도는 것을 느낀다. 이 단계에 이르면 사람들이 두부가 얼마나 심심하고 무의미한 맛인지 떠들어대도 아주 살짝 잘난 척하듯 미소만 지을 수 있는 수준의 경지에 도달하게 된다. 당신도 한때는 그런 상태였다. 곰이 한때 메뚜기였고, 사자는 한때 벼룩이었던 것처럼. 검은 띠 두부도가는 오직 맛있는 두부만 먹는데 작게 썰어서 다시 국물에 뭉근하게 익힌 유두부나 같은 크기로 깍둑 썰어 양념으로 미소 반 숟가락만 곁들이는 식으로 단순하게 즐긴다. 10단 검은 띠라면 더 올라갈 곳이 없을 것 같지만, 있다. 신비로운 11단 검은 띠

두부도가는 두부와 미소를 직접 만들어서 이 둘을 합해 누군가는 '미소두부치즈'라고 부르는 두부 미소 절임을 완성한다. 그래도 좋다. 미소두부치즈를 먹으면 두부도가가 완전히 분해되어서 '하늘의 두부'라고 불리는 상태로 승화될 것이다.

두부와 버섯: 버섯과 두부(288쪽) 참조.
두부와 생강: 생강과 두부(223쪽) 참조.
두부와 시금치: 시금치와 두부(399쪽) 참조.

두부와 차이브

두부의 풍미는 달걀과 우유를 연상시키므로 자연스럽게 차이브와도 잘 어울린다. 자이언트 시베리아 차이브Allium ledebourianum는 일본에서 재배된다. 1895년에 쓰인 대일본농회보大日本農會報에 따르면 더 인기 높은 '일본 파'보다 "냄새가 은은하고" 부드럽다고 한다. 윌리엄 셔틀레프와 아오야기 아키코는 『두부 책』에서 연노랑 미소와 두부, 자이언트 시베리아 차이브, 우유로 만든 "모범적인" 겨울용 미소 국을 소개한다. 자이언트 시베리아 차이브는 은은한 콩 향기가 나는 육수에 담아 내는 찐 연두부의 고명으로도 사용한다.

두부와 참깨

순수한 초심자와 노련한 경험자의 조합이다. 두부에서는 젊음의 냄새가 난다. 깨끗하고 신선하며 살짝 우유 같은 느낌이 있다. "아기 머리와 비슷한 부분이 있다." 브릭 레인에 자리한 클린 빈 토후의 설립자 닐 매클레넌이 한 말이다. 내가 여기에서 언급하고 있는 '참깨'는 볶은 참기름을 뜻하는데, 무엇이든 이야기를 들려줄 것 같은 향이 난다. 이 조합은 놀라운 효과를 발휘할 수 있지만 두부는 참기름처럼 강력한 풍미를 흡수하는 것을 꺼린다는 점에 유의하자. 너무 무거운 향수처럼 느껴질 수도 있다. 깍지콩과 참깨(385쪽) 또한 참조.

두부와 토마토

두부는 감칠맛을 쫓아다니는 추종자다. 생두부와 생토마토를 썰어서 같이 먹어보자. 소금 한 자밤과 엑스트라 버진 올리브 오일을 더하면 충분하다. 두부와 오일의 궁합이 얼마나 좋은지도 참고하면 좋다.

두부와 해조류: 해조류와 두부(408쪽) 참조.

MUSHROOM

버섯

식용 가능한 버섯의 종류는 2천 종이 넘는 것으로 추정된다. 맛의 스펙트럼은 아몬드, 호로파, 살구, 조개, 닭고기, 당근, 양파 등 매우 넓다. 버섯을 익히면 은은한 곰팡이 풍미가 감자에 가깝게 변하고 캐러멜과 구운 풍미가 더해져서 고기를 대체하기에도 만족스럽다. 버섯에는 짠맛과 단맛, 신맛은 없지만 쓴맛은 있을 수 있고 해조류와 마늘, 파르메산, 해산물처럼 페어링을 하기에 아주 좋은 자질인 감칠맛이 풍부하기로 유명하다. 야생 버섯이 재배한 버섯보다 맛이 더 좋다는 것은 꽤 안정적으로 합의가 된 부분이다. 말리면 대체로 새롭고 더욱 복합적인 풍미가 나는 버섯이 많다. 특히 표고버섯은 신선할 때는 맛이 평범한 편이지만 말리면 마법처럼 변한다.

버섯과 깍지콩: 깍지콩과 버섯(384쪽) 참조.

버섯과 꿀

유감스럽지만 '꿀버섯'이라고 불리는 뽕나무버섯Armillaria mellea에서는 딱히 꿀맛이 나지 않는다. 꿀버섯이라고 불리는 것은 버섯의 갓 부분이 꿀색이기 때문이다. 버섯과 꿀이라는 조합이 마음에 든다면, 좋아하는 버섯을 건조해서 분쇄한 다음 그 가루를 꿀에 섞어보라는 균류학자 트래드 코터의 훌륭한 조언을 참고해보자. 코터는 이것을 가리비 관자에 바르거나 차로 만들어 먹으라고 하지만 빵이나 파스타 반죽에 넣어도 좋고, 눅눅함을 제외한 버섯 풍미에 단맛까지 더하고 싶은 그 어떤 음식에 넣어도 무방하다. 또한 코터는 버섯의 풍미는 좋아하지만 식감은 싫어하는 사람에게도 버섯 가루가 좋은 선택지가 될 수 있다고 한다. 생꿀 200ml당 버섯 가루를 약 1큰술 정도 섞으면 된다.

버섯과 돼지감자: 돼지감자와 버섯(232쪽) 참조.

버섯과 두부

『아시아 두부』에서 안드레아 응우옌은 "버섯의 곰팡내 나는 향과 고기 같은 식감, 깊은 풍미가 두부와 잘 어울린다"고 조언한다. 익히지 않은 두부와 버섯은 (풍미와는 반대로) 맛이라는 것이 부족하다는 공통점이 있다. 짜지도 쓰지도, 시큼하지도 달콤하지도 않다. 달걀은 (거의) 이들과 비슷한 중립 영역에 속한다. 인기 높은 일본의 가정식 요리인 두부 볶음(이리도후)은 실제로 '스크램블드 두부'라고 번역한다. 원조 재료인 달걀처럼 두부 볶음도 버섯이나 차이브로 만들 수 있다. 간모도키는 두부에 채소와 (흔히) 버섯 등을 섞어서 만든 튀김이다.

버섯과 리크: 리크와 버섯(268쪽) 참조.
버섯과 말린 자두: 말린 자두와 버섯(120쪽) 참조.

버섯과 머스터드

버섯은 스트로가노프에서 소고기를 대체할 수 있을 정도로 감칠맛이 풍부한 훌륭한 재료다. 하지만 니겔라 로슨은 소고기 육즙이 들어갈 수 없다는 점을 보완하려면 넛멕과 파프리카 가루의 양을 늘려야 한다고 말한다. 런던의 비건 레스토랑 체인인 밀드레드에서는 버섯 스트로가노프에 랍상소총 홍차로 훈연 향을 가미하고 머스터드와 파프리카 가루, 토마토퓌레, 딜, 마늘을 넣는다. 일부 요리사는 부드러운 버섯에 질감의 대조를 선사하여 소고기의 식감을 대체하기 위해 짧고 두툼한 통곡물 리본 파스타, 특히 통통한 메밀 피조케리 등을 첨가하기도 한다.

버섯과 메밀: 메밀과 버섯(60쪽) 참조.

버섯과 메이플 시럽

젖버섯속에는 민맛젖버섯, 홍젖버섯 등이 있으며 모두 맑고 물 같은 즙이 함유되어 있는 것이 특징이다. 젖버섯속의 향은 메이플 시럽(또는 호로파나 태운 설탕, 메이플 시럽과 호로파(375쪽) 또한 참조)을 연상시킨다. 버섯을 건조시키면 메이플 향이 더 강해진다. 브릿 버니어드와 터비스 린치에 따르면 민맛젖버섯과 홍젖버섯은 달콤한 요리에 사용할 수 있다는 점에서 대부분의 버섯과는 다르다. 그러나 물기젖버섯은 독성이 있다는 점에 주의해야 한다. 항상 그렇듯이 야생 버섯은 버섯에 대해 충분히 공부한 다음에, 아니면 버섯을 잘 아는 사람과 함께 채집하러 나가야 한다.

버섯과 보리: 보리와 버섯(30쪽) 참조.

버섯과 시금치

베티 푸셀은 "시금치 버섯 샐러드가 인기 있는 이유는 흰색과 녹색의 대비가 은은한 버섯과 새콤한 이파리의 대조적인 맛만큼이나 두드러지기 때문이다"라고 주장했다. 물론 인스타그램이 세상을 지배하기 전에 나온 말이었다.

버섯과 오레가노

오레가노는 일부 이탈리아 사람에게는 '버섯 허브'라고 불리기도 한다. 덤불이 무성하게 우거지는 다년생 식물인 버섯초Rungia klossii도 그렇게 불리는데, 버섯초 잎에서는 버섯 향이 난다. 이 문제는 그들끼리 해결하도록 놔두자. 안토니오 칼루초는 버섯과 신선한 오레가노로 스트루델을 만들고, 볶은 그물버섯에 말린 오레가노를 뿌려 장식한다.

버섯과 옥수수

옥수수와 버섯의 풍미는 멕시코의 별미로 여겨지는 식용 가능한 곰팡이이자 옥수수 깜부기라고 불리는 위틀라코체huitlacoche에서 서로를 마주한다. 폭우가 내리고 나면 이 곰팡이가 옥수수 알갱이를 감염시켜서 회색으로 변하고 부풀어 올라 껍질 밖으로 터져 나오게 만든다. 포자가 터져 나오면서 곰팡이가 검은색으로 물들기도 하는데, 마치 거친 아포칼립스 영화 속에서 자라난 것처럼 보인다. 먹어볼 용기가 난다면 줄기에서 꺾어낸 끄트머리보다 반대쪽 끝부분에 생긴 위틀라코체가 더 맛있다고 하니 참고하자. 통조림으로도 구입할 수 있다. 버섯과 옥수수는 폴렌타에 얹은 윤기 흐르는 버섯 라구처럼 하늘이 내린 조합이 되기도 한다.

버섯과 유자: 유자와 버섯(183쪽) 참조.
버섯과 잣: 잣과 버섯(363쪽) 참조.

버섯과 통곡물 쌀

사랑의 집회를 열어보자. 일단 현미로 버섯 리소토를 만들지만 않으면 되는데, 전분이 충분히 빠져나오지 않아서 크리미한 질감이 구현되지 않기 때문이다. 아르보리오 백미를 구하기 전까지는 손을 대지 말자. 연구에 따르면 버섯 리소토는 비채식주의자가 비건이나 채식주의자 친구에게 가장 추천하고 싶은 요리로 꼽혔다. 그 대신 친구에게 필라프나 통곡물 쌀과 달걀(12쪽)에서 소개한 태국식 볶음밥처럼 곡물이 알알이 분리되는 쌀 요리로 새로운 경험을 선사해보자.

버섯과 해조류: 해조류와 버섯(408쪽) 참조.

버섯과 호밀

호밀에서 가장 뚜렷하게 느껴지는 풍미는 버섯과 감자, 그리고 잔디다. 이보다 더 흙에 가까운 견실한 풍미가 존재할 수 있을까? 마치 가수 아델을 한 입 베어 무는 것과 같다. 사워도우 발효는 곡물을 변형시켜서 맥아와 바닐라, 버터 풍미를 더한다. 전형적인 땀과 식초 풍미가 따라붙는다는 점만 아니라면 신데렐라처럼 아름다운 변신이라고 말할 수도 있었을 것이다. 어쨌든 버섯은 토스트에 얹은 버섯 파테든지, 샌프란시스코의 아틀리에 크렌에서 선보이는 '숲속의 산책'이라는 요리든지 호밀의 모든 풍미 특징과 편안하게 잘 어우러진다. 숲속의 산책은 태운 솔잎 머랭에 버섯을 올린 환상적인 조합이다. 참고로 호밀 낟알은 집에서 버섯을 재배할 때 가장 인기리에 쓰이는 안정적인 베이스이기도 하다.

버섯과 후추

'후추 풍미'는 버섯의 맛을 표현할 때 흔히 쓰이지만, 좋은 의미가 아닌 경우가 많다. 영어로 후추젖버섯 peppery milkcap이라고 불리는 굴털이젖버섯은 아주 매운 후추 맛이 나는 유액을 뿜어내고, 포자에 작은 사마귀가 나 있다. 아니 정말로, 여러분 먼저 드세요. 일반적으로 버섯 채집 가이드에서는 버섯을 작게 한 입 먹어서 후추 맛이 난다면 뱉으라고 조언한다. 살구버섯은 날것일 때 후추 맛이 나지만 색깔과 모양으로 쉽게 구분할 수 있다. 익히면 의외로 살구와 자두를 연상시키는 색과 모양을 띤다. 예컨대 소스 등에서 버섯과 후추 자체의 조합을 경험하고 싶다면 후추 그라인더를 선택하는 것이 안전할 것이다.

버섯과 흰콩: 흰콩과 버섯(51쪽) 참조.

SESAME

참깨

참깨는 작지만 전 대륙에 걸쳐서 다양한 풍미를 선사한다. 탈곡하고 가열하지 않은 참깨에서는 허브와 감귤류 향이 살짝 가미된 부드럽고 달콤한 나무와 견과류 풍미가 느껴진다. 반면 반대쪽 극단에 있는 껍질째 볶은 참깨는 커피와 견과류, 팝콘, 맥아의 풍성한 로스팅 향을 품고 있다. 익숙한 크림색과 베이지색 깨 외에 흰색이나 검은색 깨 등도 있다. 검은깨는 씁쓸한 맛이 두드러진다. 이 모든 종류로 타히니나 참깨 페이스트를 만들 수 있다. 기름지면서 참깨 크림수프처럼 은은하게 흙 향기가 나는 타히니도 있고, 진하면서 견과류 맛이 나고 거칠면서 달콤해 숟가락으로 떠먹는 프랄린 같은 타히니도 있다. 참기름과 할바 또한 순한 맛에서 진하게 구수한 맛까지 넓은 스펙트럼으로 즐길 수 있다. 땅콩처럼 참깨도 폭넓게 짝지어 사용할 수 있다. 참깨 자체가 어울릴지 걱정하는 것보다 어떤 종류나 브랜드가 가장 이상적인 풍미를 구현할 수 있을지 고민하는 것이 더 낫다.

참깨와 가지

참깨는 포효하는 씨앗이다. 그 작은 씨앗을 볶아서 압착하면 상당히 강인한 기름이 나온다. 그램당 풍미로 따지면 세계에서 가장 가치 있는 식재료임에 틀림없다. 가지는 오일과 씨앗, 타히니 등 그 어떤 형태로도 참깨의 영광을 만끽할 수 있다. 맛이 부드러운 타히니와 익힌 가지의 과육을 함께 먹으면 디저트로도 손색이 없을 정도로 달콤하게 느껴진다. 확실히 가지의 과일다운 면을 드러낸다. 가지의 껍질을 포함시키면 이야기가 또 달라지는데, 특히 껍질을 살짝 태우듯이 구우면 그 훈연 향을 타히니가 보석상의 작은 확대경처럼 강화시킨다. 다크 타히니는 볶은 참기름을 연상시킨다. 고기와 초콜릿 같은 진하고 고소한 향을 선사해서 가지로서는 질감을 제공하는 것 외에 달리 할 일이 없을 정도다.

참깨와 고구마

음식 작가 세라 잼펠은 일본 무라사키 품종 고구마의 속살은 흰색이지만 익히면 샴페인색으로 변한다고 말한다. 이 고구마는 플레이크 소금이나 더욱 맛있게는 볶은 참깨에 소금을 섞은 깨소금 외에는 아무것도 필요하지 않을 정도로 그 자체로 아주 맛이 좋다. 서양인에게 더 익숙한 주황색 고구마보다 건조하고 크리미한 무라사키 고구마는 쉽게 그슬리는 특징이 있고, 잼펠의 표현에 따르면 찔 경우 "밀도가 높고 부드러우면서 숟가락으로 떠먹을 수 있을 정도로 아주 맛있는 치즈케이크 같은 질감"이 된다. 깨소금을 직접 만들려면, 마른 프라이팬에 참깨를 넣고 노릇노릇해질 때까지 볶는다(쉽게 타므로 주의 깊게 지켜봐야 한다). 참깨를 식힌 다음 거친 질감이 되도록 갈아서 양질의 소금과 함께 섞는다. 참깨 2큰술에 소금 여러 자밤을 넣어서 맛을 본 다음 입맛에 따라 간을 조절한다.

참깨와 고추: 고추와 참깨(316쪽) 참조.
참깨와 깍지콩: 깍지콩과 참깨(385쪽) 참조.

참깨와 꿀

나약한 의지력을 인증시키는 맛이다. 참깨 과자Sesame Snaps가 슈퍼마켓 진열대에 제대로 놓여 있는 모습을 실제로 본 적이 없다. 민트 사탕이나 여행용 티슈만큼이나 계산대 옆에 주로 놓아서 집어가게 만드는 종류의 제품이다. 그리스에서 파스텔리pasteli라고 부르는 고대 과자는 꿀을 아주 단단한 공 단계까지 가열한 다음 볶은 참깨를 같은 무게만큼 넣어서 만든다. 레몬 제스트와 오렌지 꽃물 등을 넣기도 한다. 칼라마타에서는 피스타치오를, 안드로스에서는 호두를 넣는다. 중동 전역과 인도, 파키스탄에서도 같은 과자를 찾아볼 수 있다. 중세의 아랍 요리책인 『키타브 알 티비크Kitab-al-tibikh('요리책')』에는 아몬드에 참깨나 양귀비씨를 섞고 사프란과 시나몬으로 맛을 낸 할와 야시바가 나온다. 한국인은 밀가루에 참기름과 소주(맑은 증류주)를 넣고 반죽해서 튀긴 다음 꿀 시럽에 담가서 만드는 달콤한 쿠키인 약과를 먹는다. 참깨와 시나몬, 참깨와 미소 또한 참조.

참깨와 녹차: 녹차와 참깨(405쪽) 참조.
참깨와 달걀: 달걀과 참깨(249쪽) 참조.
참깨와 대추야자: 대추야자와 참깨(135쪽) 참조.
참깨와 두부: 두부와 참깨(287쪽) 참조.

참깨와 레몬

간단하게 조리한 채소와 생선에 가미하는 단순한 소스인 타라토르를 만들어서 케밥에 두르거나 빵을 찍어서 먹어보자. 레몬즙과 마늘이 듬뿍 들어 있는데도 4천여 년 전의 맛이 느껴진다. 길가메시가 먹는 모습을 상상할 수 있을 정도다. 이 소스를 만들 때는 쓴맛과 신맛, 흙냄새, 타닌을 너무 누르지 말아야 한다. 마늘 1~3쪽에 소금을 약간 넣고 으깬다. 레몬즙 2개 분량을 넣어서 잘 섞은 다음 타히니 250g을 넣는다. 조심스럽게 물을 섞으면서 원하는 농도가 될 때까지 잘 섞는다. 순식간에 너무 묽어질 수 있으니 물은 상태를 보면서 천천히 넣어야 한다. 물 대신 요구르트를 넣어서 희석하는 요리사도 있지만 그럴 경우에는 참깨의 풍미가 약해질 수 있으니 주의해야 한다. 향기로운 레몬 제스트와 참깨를 넣어서 비스킷을 만들어도 좋다.

참깨와 메밀

참깨와 메밀이 망고와 라임, 토마토와 바질에 이어 프리미어 리그 최고의 맛 조합으로 꼽히는 이유는 다른 재료가 필요 없기 때문이다. 참기름을 두른 메밀국수는 그냥 딱 이보다 더 좋을 수 없는 음식이다.

참깨와 미소

참깨두부는 참깨 페이스트와 칡가루, 물로 만든다. 두부에 보통 사용하는 콩은 전혀 보이지 않는다. 칡가루는 전분의 일종으로 두부 같은 질감을 내는 용도이며, 풍미를 지배하는 것은 참깨다. 일본 선종 승려가 실천하는 채식 요리에서 중요한 역할을 하는 참깨두부는 간장과 와사비를 곁들여 먹는다. 사찰 이외의 장소에서는 이 참깨두부에 달콤한 된장이나 꿀을 넣어서 디저트로 먹기도 한다. 참깨 페이스트와 미소, 쌀 식초를 3:3:1의 비율로 섞으면 녹색 채소를 위한 다용도 소스가 된다. 필요하면 물을 살짝 섞어서 농도를 조절할 수도 있다.

참깨와 바닐라: 바닐라와 참깨(142쪽) 참조.

참깨와 병아리콩

후무스 레시피의 개수는 세상에 대체 얼마나 많은 후무스 레시피가 존재하는지 궁금해하는 음식 작가의 숫자만큼 많다. 시금치 후무스, 선드라이 토마토 후무스, 베이크드 빈 후무스 등 슈퍼마켓에서 볼 수 있는 장난 같은 변형 레시피는 제쳐두고, 이 유구한 고전 요리의 변형 중에서 가장 눈길을 끄는 버전은 타히니 대신 가벼운 풍미의 참기름을 넣은 『아이비 요리책』의 참깨 병아리콩 후무스다. 만들어보니 맛은 괜찮았지만 미끈거리는 참기름은 타히니가 선사하는 특유의 바디감을 구현하지 못했다. 패스트푸드 체인점인 레온Leon의 공동 창립자 알레그라 매커브디에 따르면 레온에서는 원래 말린 병아리콩으로 후무스를 만들었지만 통조림 병아리콩으로 만든 후무스가 더 맛있다는 사실을 깨달았다고 한다. 나는 정확히 그 반대의 경험을 한 적이 있다. 내가 만들었던 후무스 중 제일 맛있었던 건 사리트 패커와 이타마르 스룰로비치의 훌륭한 책 『허니앤드코: 중동에서 온 음식』에 나오는 레시피다. 다만 이 레시피에서 맛의 비결은 병아리콩의 신선도보다는 병아리콩과 동량으로, 상당히 많이 들어가는 타히니일 가능성이 크다. 대체로 후무스에 실망감을 느꼈다면, 으깬 참깨를 건강에 해로운 수준으로 넣는 것만큼은 타협할 수 없다는 점을 인정하지 못해서 그렇다. 이 조합을 좋아하는 사람이라면 튀르키예 식료품점에서 타히니를 입힌 구운 병아리콩 봉지를 간식으로 판매한다는 사실에 기뻐할 것이다. 핸드백에 넣어 다닐 수 있는 후무스다.

참깨와 생강

볶은 참깨의 풍미는 한밤의 도시처럼 짙고 연기가 자욱하며 고무와 팝콘, 튀긴 음식, 수지의 향이 여운을 남긴다. 그 속에서 신선한 생강은 어둠 속의 네온사인처럼 빛난다. 이 둘을 짝지어서 샐러드드레싱을 만들어보자. 짭짤한 견과류 풍미가 모든 샐러드 재료를 훨씬 신선하고 촉촉하게 만들어준다. 돌려 닫는 뚜껑이 있는 병에 참기름 1큰술과 땅콩 오일 1큰술, 간장 2큰술, 쌀 식초 2큰술, 간 생강 1~2작은술, 으깬 마늘 1쪽 분량, 꿀 1작은술을 넣고 잘 흔들어 섞는다. 참깨와 생강은 저렴한 해바라기씨 오일에 참기름과 생강, 마늘을 섞어서 볶음 요리에 사용하는 '웍 오일wok oil'에서도 다소 극적이지는 않지만 그 조합의 매력을 보여준다.

참깨와 석류: 석류와 참깨(88쪽) 참조.

참깨와 시금치

가장 간단한 일본식 드레싱인 참깨 무침(고마아에)은 참깨와 설탕, 간장으로 만들며 영국에서는 데쳐서 꼭 짠 시금치를 무치는 용도로 가장 잘 알려져 있다. 엄밀히 말하자면 직접 볶아서 갈아낸 참깨를 사용해야 하지만 보통 적당히 볶은 풍미가 나는 일본의 참깨 페이스트를 사용해도 상관없다. 정말로 꾀를 내서 타히니를 쓸 생각이라면 볶은 참기름을 살짝 섞어서 녹색 채소와 실로 잘 어울리는 참깨 무침 특유의 견과류 풍미를 구현해야 한다. 하지만 이런 속임수로는 진짜 참깨 무침의 기분 좋은 거친 질감을 낼 수 없다. 제대로 만들 경우에는 참깨나 검은깨 중 어느 쪽을 사용해도 맛이 좋다.

참깨와 시나몬

팽 오 쇼콜라나 아몬드 크루아상만큼이나 인기가 있어야 마땅한 타히노브 하츠tahinov hatz는 풍성한 맛을 자랑하는 아르메니아 롤빵이다. 시나몬과 황설탕 또는 꿀을 뿌린 타히니는 여기에 들어가는 고급스럽고 달콤한 속 재료다.

참깨와 양귀비씨

'에브리싱 시즈닝'[79]은 참깨와 양귀비씨, 말린 양파, 마늘, 흑후추를 섞은 향기로운 양념으로 베이글 위에 올라간다. 일설에 따르면 베이커리 바닥을 빗자루로 청소하다가 영감을 받아 탄생한 것이라고 한다. 하지만 언제나 모든 것을 가질 수는 없기 마련이다. 그럴 경우에는 검은 양귀비씨와 흰 참깨만으로도 충분히 훌륭한 풍미 조합과 시각적 대비를 구현할 수 있다.

참깨와 오레가노: 오레가노와 참깨(334쪽) 참조.
참깨와 요구르트: 요구르트와 참깨(168쪽) 참조.

79 베이글의 토핑으로 올라가는 재료를 모두 섞어서 '에브리싱'이라고 불리는 혼합 향신료

참깨와 유자

일본 슈퍼마켓에 가면 어디에서나 유자와 참깨 시치미 조미료 코너에서 유자와 참깨 샐러드드레싱병, 심지어 유자 향 참깨 단지까지 찾아볼 수 있다. 검은깨와 유자는 케이크와 페이스트리에도 함께 쓰인다.

참깨와 초콜릿

뉴욕에서 활동하는 레바논 출신의 셰프 필리프 마수드는 얇게 깎아낸 초콜릿과 할바, 버터로 만든 샌드위치가 방과 후 간식으로 최고라고 말한다. 내 신진대사가 그런 음식들을 다 먹어치울 수 있을 정도로 어렸을 때는 초콜릿을 얇게 깎아내는 것이 영국 해협을 헤엄쳐서 건너는 것만큼 어렵게 느껴졌을 것이다. 하지만 찻숟가락에 튜브로 짜낼 수 있는 초콜릿 할바라면 좋은 대안이 되어주었을 듯하다. 바캉스 가방 속에서 완전히 녹았다가 냉장고에서 다시 굳은 밀키웨이 바와 크게 다르지 않았을 것이다. 더 맛있는 초콜릿을 즐기고 싶다면 린트Lindt 브랜드에서 볶은 통깨로 다크 초콜릿 참깨 바를 만든다는 점을 알아두자. 초콜릿이 조용히 녹는 사이에 입안에서 작고 바삭한 껍질이 탄산처럼 토독토독 터진다.

참깨와 캐슈: 캐슈와 참깨(304쪽) 참조.

참깨와 커피

푸르푸릴티올은 로스팅한 커피나 구운 고기 같은 향을 내는 유기 화합물이다. 참깨를 볶을 때 생성되며, 검은깨보다 참깨에서 더 두드러진다. 음식 작가 제프 콜러는 커피에 볶은 참깨를 넣는 모로코의 관습을 기록하는데, 참깨가 커피의 견과류와 고소한 풍미를 강화한다고 한다. 콜러는 물 480ml에 커피 2큰술과 볶은 참깨 1작은술을 넣으라고 제안한다. 또한 시나몬 가루 1/8작은술, 으깬 카다멈 깍지 2개 분량, 생강 가루와 아니스씨, 흑후추를 각각 2자밤씩, 그리고 넛멕 가루 1자밤을 첨가한다. 비율을 바꿔서 과립 커피 약 1/4작은술을 뜨거운 물 1작은술에 녹인 다음 타히니 3큰술과 소금 1자밤을 넣고 잘 섞어보자. 그러면 빵에 발라 먹기 아주 좋은 감칠맛 나는 페이스트가 완성된다. 콜리플라워 샤와르마에 넣으면 어두운 색의 타라토르 소스로 훌륭하다. 커피에 곁들이기 좋은 달콤한 참깨빵과 비스킷은 참깨와 시나몬, 바닐라와 참깨(142쪽)를 참조하자.

참깨와 케일

오기리사로ogiri-saro는 시에라리온의 발효한 참깨 양념이다. 사랑의 노동이 깃들어 있다. 참깨를 불리고 껍질을 제거한 다음 으깨서 삶고 황마 자루에 담아 봉한다. 그리고 두 번째 자루에 넣은 다음 꾹꾹 눌러서 여분의 수분을 제거하고 그대로 실온에 6~7일간 발효시킨 후 훈연하고 자루에서 꺼내 소금과 함께 섞는다. 그런 다음 테니스공 모양으로 빚어서 숨이 죽은 바나나 잎으로 감싸 다시 한 번 훈연한다. 완성된

제품에서는 알싸한 암모니아 냄새가 나며 녹색 채소 수프에 넣는 양념으로 특히 인기가 높은데, 타히니와 마찬가지로 참깨는 진한 맛을 더하는 역할을 한다.

참깨와 콜리플라워: 콜리플라워와 참깨(209쪽) 참조.
참깨와 통곡물 쌀: 통곡물 쌀과 참깨(22쪽) 참조.
참깨와 펜넬: 펜넬과 참깨(322쪽) 참조.
참깨와 피스타치오: 피스타치오와 참깨(310쪽) 참조.
참깨와 해조류: 해조류와 참깨(409쪽) 참조.
참깨와 흑쿠민: 흑쿠민과 참깨(336쪽) 참조.

POPPY SEED

양귀비씨

콤팩트 거울과 짝꿍이다. 양귀비씨는 사격장에 늘어선 핀볼처럼 치아 사이사이에 잘 끼기 때문이다. 이 특징의 장점이 있다면 자주 발생하듯이 점심에 양귀비씨 베이글을 먹고 나서 한참 지난 후에 치아 사이에 끼어 있던 씨앗이 빠져나와서 예상치 못한 풍미가 입안에서 폭발한다는 것인데, 음식 작가 게리 앨런은 이를 "미각을 위로하는 따뜻하고 그리운 맛"이라고 표현한다. 양귀비씨는 기름 함량이 높기 때문에 풍미가 강하지만 금방 산패한다는 단점이 있다. 이 장에서는 검은 양귀비씨와 흰색 양귀비씨를 모두 다룬다. 검은 씨앗의 풍미가 더 강하다. 볶으면 건초와 꿀, 효모의 향과 더불어 달콤한 견과류 풍미를 느낄 수 있다.

양귀비씨와 감자

인도의 요리 교사인 므리둘라 발제카르에 따르면 감자와 흰 양귀비씨를 섞은 벵골식 조합(알루 포스토)은 "걸작"이라고 한다. 감자를 큼직하게 썰어서 튀긴 다음 갈아낸 양귀비씨와 흑쿠민씨, 커리 잎, 풋고추로 만든 걸쭉한 소스에 버무린 요리다. 양귀비씨가 주를 이루는데 만일 빵 위에 뿌려진 검푸른 씨앗에 익숙한 사람이라면 더 연하고 고소한 풍미의 흰색 씨가 얼마나 걸쭉하고 부드러운 소스를 만들어내는지 보고 놀랄 수도 있다. 코코넛이나 캐슈 같은 견과류 소스와 비교하면 씨앗의 당도가 낮아서 눈에 띄게 짭짤한 맛을 내기 때문에 감자와 아주 잘 어울리며, 달콤한 소스에 질린 입맛을 되살리는 데에도 효과적이다.

양귀비씨와 꿀

고대 그리스의 수사학자 아테나이우스는 가스트리스gastris라는 크레타의 간식을 양귀비씨와 견과류, 꿀을 넣고 후추를 듬뿍 넣어서 양념한 다음 일종의 참깨 포장지로 싼 것이라고 설명한다. 후추 대신 마저럼을 넣은 비슷한 반죽을 중세의 케이크와 비스킷 레시피에서도 발견할 수 있다. 폴란드와 우크라이나에서 먹는 푸딩인 쿠티아kutia는 강한 조미료를 모두 배제하고 양귀비씨와 꿀, 호두, 밀알로만 만든다.

양귀비씨와 레몬: 레몬과 양귀비씨(175쪽) 참조.

양귀비씨와 바닐라

마사 마코와 통조림 브랜드(양귀비씨와 오렌지 참조) 중에는 바닐라로 맛을 낸 제품이 있다. 바닐라를 넣으면 우울한 맛이 약간 덜해진다. 양귀비씨 케이크에 바닐라를 넣었다는 기록은 19세기로 거슬러 올라가는데, 바닐라 풍미를 가미해서 간 양귀비씨에 곡물 약간, 세몰리나나 밀가루를 섞은 다음 스펀지케이크나 달콤한 페이스트리 위에 두텁게 한 층 깔고, 슈트로이젤이라고 불리는 버터 크럼블을 올린 독일의 몬쿠헨Mohnkuchen이 대표적이다. 또는 달걀이 들어가지 않는 헝가리의 브레드 푸딩인 마코스 구바Mákos guba를 맛보는 것도 좋다. 효모로 발효시킨, 크루아상처럼 생긴 키플리kifli라는 빵을 사용하는 것이 전통적이지만 바게트로 만들어도 좋다. 빵을 적당한 크기로 뜯은 다음 단맛과 바닐라 향을 가미한 우유를 따뜻하게 데워서 붓고 빵이 부드러워져서 퍼석한 느낌이 없어질 때까지 담가둔다. 여분의 우유는 따라낸다. 기름칠을 한 베이킹 그릇에 절반 분량의 빵을 넣고 갈아낸 양귀비씨와 슈거파우더를 뿌린 다음 나머지 빵을 넣고 다시 양귀비씨와 슈거파우더를 뿌린다. 180°C로 예열한 오븐에 넣고 10~20분간 구워서 속은 촉촉하고 겉은 바삭하게 만들어 먹는다.

양귀비씨와 시나몬

폴란드에서 크리스마스에 먹는 이스트를 넣은 롤케이크인 마코비에츠makowiec는 시나몬 향이 나는 양귀비씨 혼합물을 속에 채우는데, 갈아낸 양귀비씨를 우유나 물, 시나몬, 레몬 제스트, 꿀과 함께 달빛 바다처럼 어둡고 반짝일 때까지 뭉근하게 익혀 만든다. 럼에 불린 건포도를 넣는 요리사도 있다.

양귀비씨와 아몬드

양귀비씨는 부드러운 아몬드 풍미에 훨씬 부드러운 마분지 향이 더해진 향이 난다. 마카롱 부스러기가 라이스페이퍼에 단단하게 붙어 있다고 상상해보면 이해가 쉬울 것이다. 흰색 양귀비씨는 슬레이트처럼 까만 양귀비씨에 비해 씁쓸한 뒷맛이 덜하기 때문에 스위트 아몬드에 가까운 맛이 난다. 제빵사는 수분을 머금었을 때 미끈거리는 정도가 덜한 질감 때문에 흰색 양귀비씨를 선호하는 경우가 많다. 동유럽에서 흔하게 볼 수 있는 통조림 양귀비씨 필링에는 아몬드 엑스트랙트를 넉넉히 넣어서 청흑색 페이스트에 비터 아몬드의 강한 풍미를 첨가한다. 양귀비씨와 아몬드는 종종 오스트리아 또는 바이에른 페이스트리의 속을 채우는 재료로 서로 대체해 쓸 수 있다고 하지만 섞어서 쓰는 것도 고려해볼 만하다.

양귀비씨와 양상추

엑스트라 버진 올리브 오일과 레몬즙으로 만든 드레싱에 볶은 양귀비씨를 넣어서 아삭한 잎채소 샐러드에 둘러 먹어보자. 한 입 먹을 때마다 씨앗의 진한 풍미가 강해지면서 볶은 견과류의 고소한 여운이 남는 것을 느낄 수 있다. 일부 존경스러운 작가들은 요리용 양귀비씨는 아편 양귀비에서 나오는 것이 아니라고 주장하기도 한다. 하지만 이는 틀렸다. 약물 검사를 받아야 하는 사람이라면 너무 많이 섭취하지 않는 것이 좋다. 어느 정도면 '너무 많이'일까? 아무래도 록 밴드 브라이언 존스타운 매서커의 〈아네모네〉[80]를 듣

[80] 몽환적인 분위기의 사이키델릭 록 노래

는 사람이라면 이미 너무 늦었을 수 있다. 샐러드드레싱에 사용하는 정도의 양이라면 괜찮지만 양상추 중에는 아편 양귀비 냄새가 나는 즙이 함유된 품종이 많으며 그에 상응하는 각성 효과가 생긴다는 점에 유의하자. 양상추: "그냥 안 먹는다고 해요."

양귀비씨와 오렌지

그렇게 활기찬 조합은 아니다. 양귀비씨와 레몬은 닉 케이브와 카일리 미노그다. 양귀비씨와 오렌지는 닉 케이브와 피제이 하비다.[81] 나는 폴란드의 '마사 마코와masa makowa' 통조림에 들어 있는 당절임 오렌지를 모두 긁어내서 먹어본 적이 있어서 이를 잘 알고 있다. 마사 마코와는 비터 오렌지가 콕콕 박혀 있고 아몬드 추출물을 품고 있는 검은색 양귀비씨 덩어리다. 케이크와 스트루델 속에 넣고 말아서 거대한 고딕 성의 주방에서 포탑 위로 번개가 치는 동안 먹는다. 양귀비씨 레시피가 여전히 인기가 좋은 지역에서는 요리사들이 아직도 구식 제분기를 이용해 집에서 직접 마사 마코와를 만든다. 푸드 프로세서로 양귀비씨를 갈아보려고 하면 씨앗만 어지럽게 퍼지고 만다. 커피나 향신료 전용 그라인더를 사용하면 간편하게 분쇄할 수 있다. 오렌지와 양귀비씨는 부림절 기간에 나눠 먹는 삼각형 쿠키인 하만타셴의 속 재료이기도 하다. 폴란드의 크리스마스이브 만찬인 비길리아Wigilia에서는 볶은 양귀비씨와 말린 오렌지 껍질, 다진 견과류를 넣고 버무린 달걀 파스타 면에 버터와 슈거파우더를 가미해서 먹는 것이 전통이다.

양귀비씨와 자두

양귀비씨는 씨를 제거한 자두를 다시 온전하게 만든다. 『클래식 독일 베이킹』의 저자인 루이사 바이스에 따르면 양귀비씨에는 "잊을 수 없는 돌과 같은 풍미"가 있다고 한다. 스펀지케이크 반죽에 갈아낸 양귀비씨와 송송 썬 자두를 잔뜩 넣어서 케이크에서 조우하게 만들어보자. 그러면 고전 사과 아몬드 케이크의 살짝 씁쓰름한 붉은 과일 버전이 완성된다. 오스트리아의 푸딩인 게름크뇌델Germknödel은 자두 잼으로 속을 채우고 녹인 버터와 새 모이통에 채워도 될 만큼의 양귀비씨를 곁들여 내는 거대한 찜 경단이다. 녹인 버터가 부담스럽다면 바닐라 커스터드를 곁들여도 좋다. 부담스럽지 않다면 둘 다 같이 내도 상관없다.

양귀비씨와 참깨: 참깨와 양귀비씨(295쪽) 참조.

양귀비씨와 치즈

씨앗이 콕콕 박힌 베이글에 치즈를 살짝 바르면 엿볼 수 있는 조합이다. 조금 더 강렬하게 경험하고 싶다면 양귀비씨를 넣은 크고 푸짐한 치즈케이크인 몬케세쿠헨MohnKäsekuchen을 먹어보자. 속이 깊은 페이스

81 록 밴드 닉 케이브와 팝 가수 카일리 미노그는 닉 밴드의 가장 성공적인 싱글인 〈Where The Wild Roses Grow〉를 함께 출시했다. 영국의 가수 피제이 하비는 한때 닉 케이브와 화제의 연인 사이였으나 현재는 이별한 상태다.

트리 틀에 양귀비씨 페이스트의 불규칙한 검은색 반점이 가득한 아이보리색 치즈가 가득 들어 있다. 기름지고 짭짤하며 새콤한 치즈는 양귀비씨의 풍미를 삼중으로 강화하는 역할을 한다. 크림치즈 아래에 양귀비씨를 한 층 깔아서 만드는 더 깔끔한 모양의 몬케세쿠헨도 있다. 물론 맛있지만 "음메" 하고 외칠 것처럼 생긴 버전에 비하면 맛이 떨어진다. 볶은 양귀비씨는 더 강한 치즈와도 충분히 견줄 수 있을 정도로 풍미가 강해지기 때문에 치즈 비스킷이나 스콘에 장식용으로 쓸 수 있다.

양귀비씨와 캐러웨이: 캐러웨이와 양귀비씨(327쪽) 참조.

양귀비씨와 코코넛: 코코넛과 양귀비씨(149쪽) 참조.

CASHEW

캐슈

캐슈애플은 가짜 열매다. 마치 끝부분에 캐슈가 박힌 작은 고추처럼 생겼다. 독자들에게는 브라질이 원산지인 캐슈보다 동물 내장이 더 익숙했을 무렵인 1839년에 발간된 《내추럴리스트》에 따르면 이 열매는 "산토끼의 신장과 같은 크기와 모양"이라고 한다. 포르투갈인이 캐슈 나무를 아프리카와 인도로 가져간 후 코끼리의 기여도 받아가며 확산되었고, 그러다 인간이 캐슈가 맛있다는 사실을 알아차리고 말았다. 캐슈 나무는 기르는 데에 손이 많이 가지 않고 튼튼하게 잘 자라면서 가뭄에도 잘 견디지만, 캐슈 열매는 껍질에 우루시올이라는 독소가 들어 있어 가공하기가 까다롭다. 하지만 캐슈의 탁월한 풍미를 얻기 위한 대가라고 할 수 있어서 사람들은 오랫동안 캐슈를 시장에 선보여 왔다. 맛의 조합은 대부분 조화로운 분위기로 캐슈와 프라이드치킨의 조합은 고전이라 할 수 있지만, 캐슈와 과일처럼 서로 맛의 대조를 보여주는 조합도 존재한다. 캐슈애플은 즙은 떫고 오이와 딸기, 망고, 달콤한 고추의 맛이 난다. 과육이 상하기 쉽기 때문에 대부분 잼으로 만들거나 인도 고아Goa 지역의 맛이 강한 증류주spirit인 페니feni 같은 음료에 사용한다.

캐슈와 건포도

인도식 우유 푸딩을 장식해주는 조합이다. 하지만 그냥 무심하게 봉지에서 툭 꺼내 차갑고 꾸밈없는 상태로 던져 넣는다고 생각하지 말자. 쌀과 향신료, 견과류, 설탕, 그리고 캐러멜화해 크리미한 우유로 만든 호화로운 디저트에 어울리도록, 진하고 향기로운 풍미를 내뿜을 때까지 기에 튀긴다. 인도식 라이스 푸딩이 '발리우드'다운 화려함을 지니고 있다면 영국식 라이스 푸딩은 통조림에서 꺼내 (운이 좋다면) 차가운 잼이나 한 숟갈 얹는, 켄 로치 감독의 중기 시대 영화 같은 느낌을 준다.

캐슈와 고추

스리랑카의 바와 카페에 가면 흔히 매콤하게 조리한 캐슈를 안주로 먹는다. 의심할 여지없이 맛있지만 캐슈란 사치스러운 음식이라는 나의 고정관념 때문에 풍미 깊은 양념의 맛을 미처 즐기지 못했다. 마치 캐비아에 히코리 나무 훈제 향이 짙은 바비큐 소스를 끼얹은 것 같은 기분이었다. (아니 하지만, 잠깐만…….) 영국에서는 캐슈가 비싸기 때문에 바에서는 저렴한 땅콩을 섞어서 내는 경우가 많다. 따라서 첫 데이트에서 좋은 시험을 해볼 수도 있다. 음료를 주문하되, 견과류를 집어먹는 것은 잠깐 멈추고 지켜보는 것이다. 만일 데이트 상대가 캐슈만 모조리 골라 먹는다면, 이후 몇 주 안에 밖으로 나가느니 같이 이불을 뒤집어쓰고 토요일 밤을 위해 고른 영화나 보자고 강력하게 주장할 사람일 수 있다. 땅콩만 먹어치우는 사람이라면 반대로, 지나치게 유순한 사람일 수 있다. 모든 견과류를 혼자 다 먹어치운다면? 사이코패스다. 그 자리에서 데이트를 끝내도록 하자. 불쌍한 영혼이 어떻게 하면 두 번째 데이트를 이어갈 수 있겠냐고? 간단하다. 옻칠한 중국식 그릇에 견과류를 담아 내놓는 이 허세 가득한 바를 떠나 펍에 가자고 한 다음, 솔트 앤드 비니거 감자칩 한 봉지를 사고 땅콩과 함께 섞어서 건네주는 것이다. 그럴 경우에는 결혼해서 스리랑카로 신혼여행을 가 고추로 양념한 저렴한 캐슈를 혀가 아플 때까지 먹을 수 있다.

캐슈와 귀리

2005년의 글에서 셰프 겸 델리 경영자 글린 크리스티안은 캐슈가 인도 요리에 날것으로 들어가고 중국 식당에서 닭고기와 돼지고기 요리에 넣는 것 외에는 충분히 널리 쓰이지 않고 있다고 했다. 그는 캐슈 타르트, 캐슈 플랑, 캐슈 스콘 등 크림 같은 질감에 옅은 색을 띤 상태로 활용되는 캐슈의 미래를 점치면서 치즈를 위한 캐슈 크래커, 특히 오트밀로 만든 크래커라면 괜찮은 단맛을 낼 수 있을 것이라고 했다. 그의 예측은 정확히 그가 예상한 방식은 아니었지만 나름대로 실현되었다. 캐슈는 우유와 크림 형태는 물론 비건 치즈와 아이스크림, 그래놀라, 간식용 바 등 상상할 수 있는 거의 모든 방식으로 활용된다.

캐슈와 꿀

꿀에 구운 캐슈의 꿀은 마치 첫 슈퍼맨 영화에 등장한 말런 브랜도와 같다. 잠깐 지나가는 장면에서도 최고의 모습을 보여준다. 필리핀의 팜팡가Pampanga주에서는 뜨거운 꿀과 설탕 시럽을 달걀흰자와 함께 휘저은 다음 캐슈를 섞어서 스페인의 아몬드 누가 투론과 비슷한 것을 만든다. 큼직한 판 형태 대신 새끼손가락 크기로 잘라서 식용 라이스페이스로 감싼 이 쫄깃한 덩어리는 불운한 관광객들이 끈적거리는 내용물에서 종이를 떼어내려고 노력하며 큰 웃음을 선사하게 만든다.

캐슈와 대추야자

충분히 즐거운 조합이지만 둘 다 질감을 부드럽게 전환시키는 과정에서 무언가를 잃고 만다. 캐슈 버터는 필연적으로 봉지에 담긴 견과류의 풍미에는 미치지 못한다. 잘해야 밋밋한 정도고 최악의 경우에는 싸구려 종이 타월 맛이 난다. 대추야자 퓌레는 통과일의 매혹적인 사향과 부드러운 쏘는 맛이 부족하다. 견과류와 과일은 에너지 바에서도 자주 볼 수 있는 조합이지만 이왕이면 캐슈 자체의 맛이 난다는 평이 있으며 일명 '빵 대추야자bread date'라고도 불리는 말린 투리Thoory 대추야자를 한번 먹어보자.

캐슈와 마늘

생캐슈와 마늘 가루는 영양 효모와 소금과 함께 갈아서 파르메산을 대체하는 비건 치즈를 만드는 데에 쓰인다. 치즈와 마찬가지로 톡 쏘면서 짭짤하지만 파르메산 치즈가 숙성되면서 생기는 달콤하고 맵싸한 풍미는 부족하다. 올스파이스 가루 여러 자밤을 넣고 넛멕을 갈아서 넣으면 문제를 해결하는 데에 도움이 된다.

캐슈와 바닐라: 바닐라와 캐슈(142쪽) 참조.

캐슈와 병아리콩

언젠가 미쉐린 스타 셰프가 만든, 대부분이 사용하는 타히니 대신 생캐슈 버터를 넣은 '후무스'를 먹어본 적이 있다. 마치 후무스가 커튼 뒤에 숨은 듯한 맛이 났다. 너무 정중하고 참깨 페이스트의 메마른 흙냄새가 전혀 나지 않았다. 캐슈와 병아리콩은 인도의 당과에서 훨씬 효과적인 궁합을 보여준다. 라두laddoo라고 불리는 공 모양 과자는 견과류와 그램(병아리콩) 가루로 만드는 버전도 있다. 주사위 모양의 버피burfi와 할와도 마찬가지다.

캐슈와 아몬드: 아몬드와 캐슈(116쪽) 참조.
캐슈와 애호박: 애호박과 캐슈(396쪽) 참조.
캐슈와 오렌지: 오렌지와 캐슈(186쪽) 참조.
캐슈와 월계수 잎: 월계수 잎과 캐슈(352쪽) 참조.

캐슈와 차이브

비건 크림치즈에서 만나는 조합이다. 생소하지만 정말 맛있다. 식물성 밀크 중에서 캐슈 밀크가 우유와 가장 비슷한 맛이 난다고 생각하는 사람이 많다. 사과 식초를 조금 넣으면 치즈 같은 젖산의 톡 쏘는 맛을 낼 수 있지만 무엇보다 차이브를 넣으면 파속 식물 특유의 톡 쏘는 유황 향이 옅어진 풍미와 질감을 미처 눈치채지 못하게 한다. 차이브로 비건 크림치즈를 만든다면 우선 캐슈 200g을 찬물에 3시간 담가둔다. 건져서 종이 타월로 두드려 물기를 제거한 다음 강력한 믹서기에 사과 식초 약간과 소금 한 자밤, 레몬 약간과 함께 넣어서 곱게 간다. 다진 차이브를 입맛에 따라 섞어 넣고 맛을 봐서 짠맛과 신맛의 균형을 맞춘다. 냉장고에 3일까지 보관할 수 있다.

캐슈와 참깨

닭고기와 캐슈는 내 어린 시절을 대표하는 요리 중 하나다. 여러 해가 지나 마침내 반쯤 마음에 드는 스타일로 요리할 수 있게 되었을 때 놀라운 사실을 발견했다. 닭고기는 필요하지 않았던 것이다. 필수 재료는 볶은 캐슈와 참기름이다. 반박할 수 없는 증거로, 내가 시간이 없을 때 아이들에게 만들어주는 면 요리를 댈 수 있다. 내가 먹으려고 만들었던 볶음 요리에서 볶은 참기름 향을 맡은 딸이 다음 날 '그 특별한 향'이 나는 저녁 식사를 만들어달라고 부탁하면서 탄생한 것이다. 1인분 기준으로 다진 브로콜리와 냉동 완두콩을 작은 냄비에 아이 손으로 한 줌씩 넣는다. 말린 에그 누들 한 뭉치 분량을 넣는다. 끓는 물을 붓고 4분간 뭉근하게 익힌다. 면과 채소를 건져서 물기를 제거한 다음 참기름과 간장을 조금씩 둘러서 버무린다. 볶은 캐슈 한 줌을 넣어서 낸다.

캐슈와 케일

식품 과학자 로라 그리핀이 개발한 캐슈의 풍미 어휘 사전에 따르면 때때로 캐슈에서는 "그린우드 쓴맛"이 느껴진다. 나에게는 생소한 용어지만 그리핀은 "익히지 않은 십자화과 채소"의 맛이라고 설명한다. 비전문 시음가라면 캐슈에서 이 맛을 느끼기 어려울 수 있으며, 구운 캐슈를 십자화과 채소인 생케일에 섞어보면 유사성보다는 대조적인 맛에 큰 충격을 받게 될 것이다. 실로 훌륭한 대조다. 케일은 철분과 엽록소 및 미네랄워터 맛이 나는 반면 구운 캐슈에서는 튀긴 케이크 반죽 같은 맛이 난다.

캐슈와 코코넛: 코코넛과 캐슈(150쪽) 참조.
캐슈와 통곡물 쌀: 통곡물 쌀과 캐슈(22쪽) 참조.
캐슈와 호로파: 호로파와 캐슈(380쪽) 참조.

LIGHT GREEN

연한 풀 향

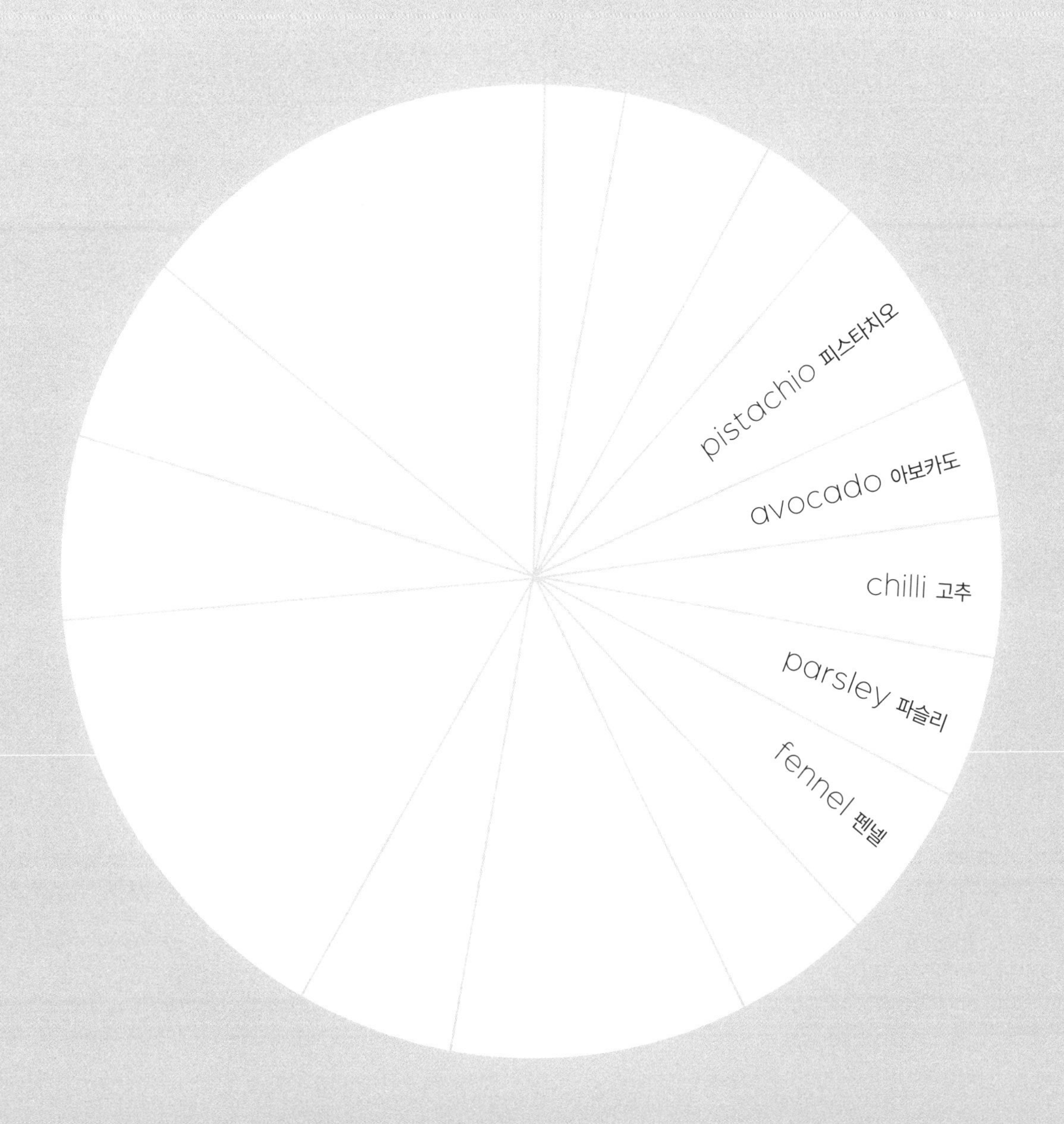

PISTACHIO
피스타치오

피스타치오는 옻나무과 또는 캐슈과에 속한다. 열대 지방이 원산지이지만 건조하고 맑은 날씨가 이어지는 한 서늘한 기후에서도 잘 견딘다. 튀르키예와 시칠리아, 캘리포니아에서 성공적으로 재배하고 있다. 피스타치오 너트는 핵과류의 씨앗이다. 분홍빛을 띠는 황금색의 자그마한 열매 송이 속에 선명한 녹색의 견과류가 들어 있으며, 젖은 나무와 수액의 풍미와 더불어 은은한 향신료와 허브 향이 느껴진다. 맛은 달콤하고 껍질에서 약간의 신맛과 쓴맛이 난다. 소금은 이 풍미를 더 완벽하게 끌어올린다. 피스타치오의 영광스러운 풍미는 친척인 캐슈와는 달리 갈아내는 과정을 거친 후에도 어느 정도 살아남는다. 시중에서도 피스타치오 페이스트와 피스타치오 버터를 쉽게 구할 수 있다. 피스타치오 오일은 눈에 띄는 녹색으로 그 풍미를 생생하게 담아낸다. 비트나 염소 치즈에 자주 사용하고, 라즈베리 리플 아이스크림에 두르면 환상적인 맛을 선사한다.

피스타치오와 꿀: 꿀과 피스타치오(78쪽) 참조.
피스타치오와 대추야자: 대추야자와 피스타치오(136쪽) 참조.

피스타치오와 레몬

누구도 거절할 수 없는 제안이다. 시칠리아식 카놀리cannoli는 당절임한 레몬 필과 다진 피스타치오가 박힌 달콤한 리코타 치즈를 가득 채운다. 해크니 젤라토의 셰프로 시칠리아와 칼라브리아, 바실리카타에서 아이스크림 기술을 연마한 엔리코 파본첼리와 샘 뉴먼은 브리오슈 번에 간절히 채우고 싶어지는 피스타치오와 아몬드, 레몬 젤라토를 선보인다. 디저트 레스토랑인 밀크 바 체인의 창립자인 미국 셰프 크리스티나 토시는 피스타치오 스펀지케이크 사이에 레몬 커드를 바른 디저트를 선보이는데, 나는 이 원리를 우아한 마카롱으로도 확장시킬 수 있다고 본다.

피스타치오와 메이플 시럽

네 가지 A등급 메이플 시럽 중에서 색깔과 향이 두 번째로 연한 '앰버'가 피스타치오의 은은한 과일과 견과류, 버터 풍미와 잘 어울린다. 이탈리아와 미국 퓨전식 판나코타를 만들려면 우선 불려서 꼭 짠 판 젤라틴 3장을 뜨겁지만 팔팔 끓이지는 않은 더블 크림 200ml에 넣어 잘 녹인다. 퓨어 피스타치오 크림 또는 페이스트 3큰술과 앰버 메이플 시럽 2~4큰술을 입맛에 맞게 넣고 소금 1자밤과 차가운 더블 크림 300ml를 넣어 잘 섞는다. 라메킨 틀이나 유리잔 4개에 나누어 담고 냉장고에서 3시간 이상 굳힌다.

피스타치오와 바닐라: 바닐라와 피스타치오(143쪽) 참조.

피스타치오와 석류

맛은 중요하지 않다. 그리스식 요구르트 위에 흩뿌리면 녹색과 분홍색이 마치 수놓은 꽃잎처럼 보인다. 구운 가지를 제외한 모든 것을 아름답게 보이게 하는 조합이다.

피스타치오와 아몬드

피스타치오는 '녹색 아몬드'라고도 불리는데, 둘 다 핵과류 과일이므로 식물학적인 분류일 것이다. 둘 사이에 유사한 점이 있다면 그뿐이다. 그렇다고 해서 제조업체가 주로 녹색 식용색소로 색을 내고 비터 아몬드 에센스로 맛을 내서 값싼 '피스타치오' 아이스크림을 만드는 것을 막을 수는 없다. 피스타치오 풍미라고는 아이용 감기약에서 딸기 맛이 느껴지는 정도로나 찾아볼 수 있는데도 말이다. 하지만 피스타치오보다 맛이 더 순하고 가격이 훨씬 저렴한 스위트 아몬드는 피스타치오 프랑지판을 저렴한 가격으로 만들 수 있는 훌륭한 방법이기는 하다. 피스타치오 프리앙friands[82]이나 피스타치오 피낭시에도 마찬가지다. 깔끔한 피스타치오 맛을 원한다면 피스타치오 가루와 아몬드 가루의 비율을 1:3으로 섞도록 한다.

피스타치오와 오렌지

피스타치오 크림 세계에는 미인대회에서 수상할 만한 대상이 없다. 좀 예쁘게 생긴 것이라고 해봤자 썰물로 드러난 갯벌 흙이 병에 담겨 있는 것처럼 보인다. 크림은 견과류에 지방과 일종의 감미료를 첨가해서 갈아 페이스트로 만든 것이다. 내가 가장 선호하는 제품은 시칠리아의 회사 파리아니에서 만든 것이다. 다른 피스타치오 크림과 달리 바닐라가 들어 있지 않고, 반 작은술만 넣어도 피스타치오 천 개를 넣은 것 같은 맛이 난다. 피스타치오의 가장 핵심만 모은 것처럼 아주 순수하지만 오렌지 꽃물과 만다린 제스트가 선사하는 우아한 향이 피스타치오와 오렌지가 견과류와 과일 중 가장 고상한 조합이라는 점을 되새기게 만든다. 피스타치오 비스코티 반죽에 오렌지 제스트를, 피스타치오 플로랑틴에 당절임 오렌지를, 피스타치오 셔벗에 오렌지 꽃물을 섞어보자.

피스타치오와 올스파이스

미국의 위대한 음식 작가인 웨이벌리 루트는 피스타치오에서 살짝 향신료 풍미가 돈다고 생각했다. 잘 모르겠다면 올스파이스 한 자밤으로 향을 더해보자.

피스타치오와 요구르트: 요구르트와 피스타치오(169쪽) 참조.

82 피낭시에와 비슷한 스타일의 호주식 작은 아몬드 케이크

피스타치오와 자두

빅토리아 프롤로바는 향수 블로그인 부아드자스맹Bois de Jasmin에서 피스타치오의 풍미를 "달콤한 녹색 수액"이라고 표현한다. 생자두에서도 달콤한 풀 맛이 나지만 수액보다는 잔디에 가까운 편이다. 자두는 초가을에 나니까 아직 따뜻한 푸딩을 먹기에는 덥게 느껴진다면 피스타치오 아이스크림에 자두 셔벗을 곁들여보자. 셰프 주디 로저스는 생으로 먹어도 맛있는 자두 품종은 거의 없지만 퓌레로 만들어서 단맛을 내면 본연의 맛이 더 강화된다고 한다. 로저스가 제안하는 셔벗 레시피는 다음과 같다. 익히지 않은 자두 300g을 체에 내려 퓌레를 만든 다음 소금을 치고 단맛과 신맛을 가미한다. 신맛은 체에 거르고 남은 껍질을 조금 건져서 다시 넣으면 된다. 단맛은 설탕을 45~120g 사이로 넣는다. 그래도 뭔가 부족한 맛이 난다면 그라파grappa 술을 1~2작은술 넣으면 "환상적일 수 있다"는 로저스의 조언을 따르자.

피스타치오와 참깨

나에게는 피스타치오 할바를 적당량만 먹을 수 있는 자제력이 없다. 피스타치오가 박힌 베이지색 벽돌을 몇 번 베어 물면 모든 감각이 사라진다. 그래서 근처 튀르키예 슈퍼마켓에서 견과류와 참깨 과자를 다양하게 섞어서 담은 세트를 구입하기 시작했다. 그러다 어느 날 밤, 봉지에서 과자 하나를 집어 들었다. 원통형 웨이퍼의 양쪽 끝에 나신 피스타치오가 묻은 비니 바클라바처럼 생긴 과자였다. 한 입 베어 물고 피스타치오 향이 가라앉자 그 안에 뭐가 채워져 있는지 알 수 있었다. 피스타치오 할바였다.

피스타치오와 초콜릿: 초콜릿과 피스타치오(38쪽) 참조.
피스타치오와 치즈: 치즈와 피스타치오(261쪽) 참조.
피스타치오와 케일: 케일과 피스타치오(206쪽) 참조.

피스타치오와 후추

조르조 로카텔리는 시칠리아에서는 피스타치오를 곱게 으깨서 그릴에 구운 생선 위에 뿌리는 양념으로 쓴다고 한다. 올리브 오일과 레몬즙, 흑후추로 만드는 황새치 카르파초에 특히 잘 어울린다. 또한 피스타치오와 후추는 올리브 오일이나 해바라기씨 오일로 농도를 조절해 만드는 간단한 페스토의 바탕이 된다. 1인분 기준으로 가볍게 볶은 피스타치오 25g과 통흑후추 10개, 소금 여러 자밤을 으깬 다음 오일 1큰술을 넣어서 잘 섞는다. 소금 간을 넉넉히 한 물에 막 삶아낸 오르조나 달걀 탈리아텔레 75g을 여기에 넣고 섞는다. 파르메산 치즈를 넣어도 좋지만 필수는 아니다. 런던 시나몬 클럽의 수석 셰프인 비벡 싱은 흑후추와 카다멈을 여러 자밤 넣어 만든 피스타치오 케이크에 피팔리pippali(필발long pepper) 아이스크림과 온주귤satsuma 처트니를 곁들여 낸다.

AVOCADO

아보카도

잔디 향이 나고 기름지다. 아보카도의 풍미는 흙 향기만 빼면 깍지콩과 비슷하다. 어떤 아보카도에서는 아니스씨나 헤이즐넛이 연상되고, 또 다른 아보카도에서는 훈연 향이 살짝 느껴지기도 한다. 하지만 이 과일의 풍미는 주로 그 질감에 가려지는 편이다. 대부분의 아보카도는 버터처럼 부드러운데, 나뭇조각 같은 짙은 녹색 껍질을 지닌 해스 품종이 가장 대표적인 예다. 굵게 으깨서 스크램블드에그처럼 토스트에 수북하게 올리거나 곱게 갈아서 은은한 채소 향이 풍기는 버터를 만들어보자. 숟가락으로 뜰 수 있을 정도의 질감이 될 때까지 곱게 휘저으면 고추나 흑후추의 매운맛도 완화시킬 수 있는 뻑뻑하고 시원한 크림이 된다.

아보카도와 검은콩

거부할 수 없는 초콜릿과 민트색 아름다움을 보여준다. 아보카도의 녹색이 콩을 훨씬 어두운 색으로 보이게 하는 점이 마음에 든다. 참고로 검은콩의 색을 그대로 유지하려면 먼저 불리는 과정을 거치지 않고 조리해야 한다. 차가운 아보카도는 뜨거운 훈연 향 검은콩 수프의 고명으로 사용하면 미각에 차가운 안도감을 선사해준다. 일부는 으깨서 수프에 섞어 크리미한 질감을 더할 수도 있는데, 아보카도의 잔디 향은 말린 콩이 오래될수록 잃어버리고 마는 신선한 콩의 풍미를 회복시켜준다. 두 재료 모두 아메리카가 원산지다. 멕시코에서는 검은콩에 아보카도 잎을 넣어서 요리하지만 영국에서는 월계수 잎을 사용한다. 두 잎사귀 모두 소나무와 발사믹 향이 나지만 아보카도 잎 쪽이 아니스와 시나몬 등 향신료 풍미가 더 강하게 나는 편이다.

아보카도와 꿀

꿀과 아보카도를 처음 같이 먹어보면 마치 수십 년 전에 살았던 집을 다시 방문한 것처럼 익숙하면서도 낯선 맛이 느껴진다. 아보카도 본연의 풍미를 최대한 보존하려면 오렌지 꽃이나 아카시아처럼 풍미가 가벼운 꿀을 골라야 한다. 꿀을 먹지 않는 사람이라면 슈거파우더를 뿌려보자. 우유에 넣어서 스무디를 만드는 사람도 있다. 헤이즐넛 밀크가 실로 잘 어울린다.

아보카도와 녹차: 녹차와 아보카도(405쪽) 참조.

아보카도와 래디시

차가운 아보카도 과육에 좋은 올리브 오일과 레몬, 소금을 넣어서 잘 휘저으면 버터 대신 아삭아삭하고 매콤한 래디시와 함께 먹을 수 있다. 버터에 비교해 아보카도만의 장점이 있다면 입안에 들러붙어 있지 않는다는 것이다. 일본에서는 소화를 돕기 위해서 무를 기름진 음식과 함께 먹는 경우가 많다. 크리미하고 차가운 아보카도와 아삭하고 매콤한 래디시는 포졸레pozole라고 불리는 수프 같은 멕시코 스튜의 대표적인 고명 중 하나다. 사실 대부분의 포졸레가 샐러드로 가장한 스튜처럼 보이기 때문에 '고명'은 다소 과소평가된 표현이라 할 수 있다.

아보카도와 병아리콩: 병아리콩과 아보카도(242쪽) 참조.

아보카도와 양상추

둘 다 풀과 유제품 맛이 난다. 질감의 대비가 아니었더라면 다소 심심하게 느껴질 정도로 조화롭다. 리틀 젬 양상추 여러 개를 각각 웨지 모양으로 6등분한다. 아보카도를 반으로 잘라서 씨를 제거하고 다시 과육을 길게 송송 썬다. 샐러드를 좋아하지 않는 사람에게 딱 좋은 완벽한 샐러드다. 두툼하고 푸짐하다. 아보카도는 크리미한 질감을 이미 지니고 있기 때문에 크리미한 드레싱보다 비네그레트를 두르는 것이 좋다.

아보카도와 옥수수: 옥수수와 아보카도(70쪽) 참조.
아보카도와 잣: 잣과 아보카도(366쪽) 참조.
아보카도와 케일: 케일과 아보카도(205쪽) 참조.
아보카도와 통곡물 쌀: 통곡물 쌀과 아보카도(21쪽) 참조.

아보카도와 파파야

부드럽고 밀도가 높아서 봉제 인형plushie 같은 스무디를 만들 수 있다. 서로의 절제된 풍미가 아주 잘 어울린다. 짭조름하면서 달콤한 조개류에 곁들이는 것이 일반적이지만 톡 쏘는 블루치즈 드레싱과도 잘 어울린다.

아보카도와 해조류

해조류 덜스의 풍미를 베이컨에 비유하는 것이 유행하고 있다. 살짝 비슷한 면이 있기는 한데, 그것이 정말 사실이었다면 썰물이 될 때마다 해안이 북적거렸을 것이다. 덜스에는 베이컨의 짠맛과 약간의 훈제 향이 있기는 하지만 베이컨을 주문할 때는 그다지 바라지 않았던 강한 바다 풍미가 이 둘을 싹 덮어버린다.

아보카도를 가미하면 딜스와 베이컨의 연관성을 더 강하게 만들 수 있다. 딜스와 저민 아보카도, 토마토, 양상추, 마요네즈로 채식 비치클럽 샌드위치를 만들어보자. 물론 이 조합이 더 일반적으로 등장하는 예시는 아보카도 마키 롤이나 데마키라고 불리는 원뿔형 손말이 초밥일 것이다.

아보카도와 호밀: 호밀과 아보카도(26쪽) 참조.

CHILLI

고추

초록색 피망처럼 신선한 풋고추는 덜 익은 열매이기 때문에 전형적인 풀과 채소 향에 살짝 쓴맛이 어우러져 있다. 깍지콩과 비슷한 풍미를 지니고 있지만 더 깔끔하고 밝은 맛이 느껴진다. 신선한 붉은 고추는 잘 익어서 달콤하다. 말린 고추는 단맛이 더 강해지면서 햇볕에 말린 토마토와 건포도, 말린 자두에서 흔하게 느껴지는 일반적인 말린 과일 풍미를 지닌다. 담배와 녹차, 블랙 올리브 향과 더불어 과일 향과 가죽, 약간의 포도주 향이 느껴진다. 일부는 훈제해서 바비큐 풍미가 돈다는 말도 있다. 칠리소스와 고추 오일, 페이스트, 심지어 고추를 재운 보드카로도 음식에 고추의 매운맛과 풍미를 가미할 수 있다.

고추와 강낭콩: 강낭콩과 고추(46쪽) 참조.

고추와 깍지콩

캐나다 셰프 빌 존스의 설명에 따르면 실로 마법 같은 조합인데, 그는 곱게 다진 고추와 마늘, 샬롯을 포도씨 오일에 볶은 다음 5분간 데쳐서 찬물에 식힌 깍지콩을 넣어 마저 익힌다. 콩 껍질이 터질 때까지 지글지글 볶은 다음 다진 고수를 뿌려서 낸다. 포르투갈의 페이시뉴스 다 오르타peixinhos da horta는 '작은 정원의 물고기'라는 뜻으로 깍지콩에 묽은 반죽을 입혀서 튀긴 다음 레몬 조각을 곁들여 낸다. 일부 음식 역사학자는 페이시뉴스 다 오르타가 일본식 튀김의 원조라고 생각하기도 한다. 깍지콩이 풍성하게 나는 한여름에 그릇에 담아 차가운 맥주, 종이 냅킨을 곁들여 먹는 훌륭한 음식이다. 작은 새끼 물고기와 마찬가지로 마무리 삼아 파프리카 가루나 카이엔 페퍼를 뿌리면 훨씬 맛있어진다.

고추와 두부: 두부와 고추(284쪽) 참조.
고추와 래디시: 래디시와 고추(199쪽) 참조.

고추와 렌틸

몇 년 전 한 친구가 육식을 포기했을 때 나는 붉은 렌틸과 고추, 강낭콩, 토마토를 넣고 쿠민과 코리앤더, 카다멈, 코코아로 맛을 내는 니겔라 로슨의 칠리 고추 요리를 만들어줬다. 내 친구는 너무나 마음에 들어하며 레시피를 물어봤다. 그 후로 내가 채식주의자는 물론 육식주의자에게도 추천하는 단골 메뉴가 되었는데, 출처에 대해서는 양심적으로 밝혀왔다. 내 여동생은 전화해서 "언니의 채식 칠리를 만드는 중이야"라고 말하곤 했다. 그러면 나는 말했다. "오, 잘됐네. 하지만 그건 내 것이 아니야. 니겔라의 레시피야." "응,

아무렴 어때." 얼마 전에는 내가 처음으로 이 칠리 요리를 만들어준 친구가 전화를 걸어와 조금 유명한 자신의 친구에게 그 요리를 만들어줬다고 말했다. 그 약간 유명한 친구가 마음에 들어하면서 놀랍게도 레시피를 물어봤다는 것이다. "오, 잘됐네." 내가 말했다. "내가 준 레시피 중 제일 맛있는 거잖아." 잠시 침묵이 흘렀다. "근데 네가 만든 건 아니잖아." 친구가 말했다. "니겔라의 레시피라고."

고추와 말린 완두콩: 말린 완두콩과 고추(237쪽) 참조.

고추와 머스터드

전통적으로 작은 새끼 물고기나 신장, 버섯을 튀기기 전에 묻히는 용도로 쓰는 악마의 매운 밀가루devilled flour 레시피를 알아보자(물론 밀가루란 원래 악마 같은 존재라고 믿는 사람도 있지만). 밀가루 4큰술에 카이엔 페퍼 여러 자밤과 머스터드 가루 1/2작은술을 넣어서 잘 섞는다. 흑후추를 넣어도 좋고 파프리카 가루를 넣어서 훈제 향을 더하기도 한다.

고추와 메밀

부탄의 붐탕 지역에서는 차가운 메밀(자레jare라고 부른다) 국수에 튀긴 고추와 실파, 그리고 가끔 달걀프라이를 곁들여서 먹는다. 고추와 차이브를 올리기도 한다. 메밀이나 기타 글루텐 프리 곡물로 면을 만들어본 적이 있다면, 밀가루나 달걀을 약간 넣어서 점성을 더하지 않으면 마치 장어와 씨름하는 것 같아진다는 것을 알고 있을 것이다. 부탄에서는 메밀의 강인한 면을 높게 평가해서 가정마다 면을 쉽게 만들 수 있는 나무 도구를 갖추고 있다. 약간 미니 시소처럼 생겼다. 한쪽 끝에 앉아서 체중을 실으면 반죽이 압출기를 통과해 아래에 놓인 그릇으로 떨어지는 방식이다. 웃고 있는 플라스틱 인형의 모낭으로 점토를 밀어 넣은 다음 무딘 가위로 가닥가닥 잘라내는 플레이도 이발소 세트를 신나게 가지고 논 적이 있는 사람이라면 하나쯤 갖고 싶어질 도구다. 또는 작은 종이 벨트를 차고 있는 시판 메밀국수를 고수해도 상관없다. 네팔에서는 메밀과 고추를 섞어서 파파르 코 로티phapar ko roti라는 팬케이크를 만드는데 되직한 반죽에 풋고추와 생강, 마늘, 화자오Sichuan pepper 등을 넣어서 맛을 낸다.

고추와 미소: 미소와 고추(14쪽) 참조.
고추와 병아리콩: 병아리콩과 고추(240쪽) 참조.

고추와 오크라

오크라는 입체파 작가가 어린 애호박을 재해석한 것처럼 생겼다. 추로스의 홈 부분에 설탕이 박혀 있는 것처럼, 오크라의 긴 홈도 양념을 많이 머금기 위해서 고안된 것일 수 있다. 고추와 소금을 섞은 양념이 잘 어울린다. 검은 소금과 카이엔 페퍼, 암추르, 향신료를 섞은 차트 마살라라면 더더욱 좋다. 맵고 새콤하게 양념한 삶은 달걀과 비슷한 맛이 나서 오크라 자체의 독특하고 기분 좋은 풍미와 잘 어우러진다. 마찬가지로 말레이시아의 삼발 벨라칸이라는 페이스트는 조개류가 들어가서 쿰쿰한 짠맛이 나고 고추의 매운맛이 두드러진다. 말레이시아에서는 오크라 볶음에 이 삼발 벨라칸을 넣는다. 나는 여기에서 영감을 받아 오크라 12개를 땅콩 오일 약간에 버무린 다음 아사푀티다를 뿌려서 200°C로 예열한 오븐에 넣고 살짝 노릇해질 때까지 약 10분 정도 구웠다. 그리고 타바스코와 갈색 빵, 버터를 곁들여 먹었다. 오크라가 굴로 위장한 듯한 맛이 났다.

고추와 옥수수: 옥수수와 고추(68쪽) 참조.
고추와 올스파이스: 올스파이스와 고추(347쪽) 참조.
고추와 요구르트: 요구르트와 고추(164쪽) 참조.
고추와 유자: 유자와 고추(181쪽) 참조.
고추와 잠두: 잠두와 고추(251쪽) 참조.

고추와 참깨

시치미 토가라시(일본의 일곱 가지 향신료를 섞은 가루)는 일곱 가지 향신료를 섞은 양념이자, 참깨의 최고 단짝을 확인하는 체크리스트 역할도 한다. 일본의 셰프이자 교육자 히로코 심보가 만든 시치미 토가라시에는 참깨와 양귀비씨, 산초, 말린 오렌지 껍질, 김가루, 헴프 시드, 매운 홍고추가 들어 있다. 시판 시치미 토가라시는 곱게 갈아서 판매하는 편이지만 살짝 굵은 입자가 남아 있는 편이 더 맛있다고 생각하는 사람도 많다. 일본의 국수가게를 가면 대부분 식탁마다 하나씩 놓여 있다. 과일과 꽃, 견과류와 씨앗, 바다와 해변, 간지러움과 휘몰아침의 조합이다.

고추와 캐슈: 캐슈와 고추(302쪽) 참조.
고추와 케일: 케일과 고추(203쪽) 참조.
고추와 타마린드: 타마린드와 고추(128쪽) 참조.

고추와 파파야

키티 트래버스는 본인의 저서 『라 그로타 아이스』에서 셔벗을 만들기 위해 파파야를 손질하는 즐거운 작업을 크고 아름다운 생선 손질에 비유하며 설명한다. 부드러운 파파야의 배를 가르면 "송어 같은 분홍색" 속살이 드러나고, 그 안에는 트래버스가 캐비아에 비유한 반짝이는 검은 씨앗이 들어 있다. 그런 다음 파파야 과육을 풋고추와 설탕 시럽, 라임과 함께 섞는다. 동남아시아에서는 파파야를 고추 소금에 찍어 먹는 것이 일반적이다.

고추와 호로파: 호로파와 고추(379쪽) 참조.

고추와 후추: 후추와 고추(356쪽) 참조.

PARSLEY

파슬리

신선하고 자극적이면서 같은 미나리과인 당근과 살짝 비슷하지만 단맛은 없다. 파슬리는 강력하면서도 평범해, 허브 정원의 앙겔라 메르켈 총리 같다고 할 수 있다. 덕분에 스스로 너무 많은 관심을 끌지 않으면서 다양한 요리에 장식으로 들어갈 수 있다. 입맛을 상쾌하게 해주는 특성 덕분에 기름진 생선 튀김이나 훈제 생선, 개먼 햄처럼 기름지고 염장한 음식의 고전적인 단짝으로 활약한다. 여기에는 약간의 쓴맛도 오히려 도움이 된다. 잎이 납작한 이탈리아 파슬리는 풍미뿐만 아니라 질감 면에 있어서도 곱슬 파슬리보다 뛰어난 것으로 간주되는데, 곱슬 파슬리의 거친 연마제 같은 주름진 잎보다 매끈하고 부드럽기 때문이다. 파슬리를 좋아한다면 다질 때 줄기도 좀 섞어 넣어야 강하고 깨끗한 풍미를 즐길 수 있다.

파슬리와 깍지콩

대조적인 녹색 음영을 보여주는 조합이다. 깍지콩은 민트나 아티초크처럼 흐린 여름날의 숲길 산책 같은 음울한 느낌을 준다. 파슬리는 구름을 갈라놓는다. 익힌 깍지콩에 신선한 파슬리를 더하면 날것으로 먹을 때마다 훨씬 상큼한 향을 더할 수 있다. 제인 그리그슨은 익힌 깍지콩에 양념을 더해서 요리로 완성하는 네 가지 방법을 제안하는데, 그중 세 개에 파슬리가 들어간다. 첫째는 '집 앞의 버터'보다 훨씬 식욕을 돋우는 '뵈르 메트르 도텔Beurre Maître d'Hôtel'[83]로, 버터에 파슬리와 레몬즙, 소금을 넣어 섞은 것이다. 두 번째는 버터와 크림, 레몬즙, 파슬리라는 대충 비슷한 재료를 이용하지만 더 자유로운 형태의 소스로 완성하는 레시피다. 세 번째는 송송 썬 실파와 마늘을 버터에 익힌 다음 다진 파슬리를 뿌린 것이다.

파슬리와 돼지감자

나이절 슬레이터는 "서로를 위해 만들어진 커플이다"라고 말하며 이 둘로 샐러드를 만들거나 돼지감자 수프에 파슬리를 잔뜩 갈아 넣으라고 제안한다.

파슬리와 래디시: 래디시와 파슬리(201쪽) 참조.

파슬리와 말린 완두콩

말린 녹색 완두콩에서는 햄과 달걀, 감자튀김의 맛이 난다. 사순절 기간 동안 그렇게 인기가 좋은 이유가

83 호텔의 버터라는 뜻

있다. 파슬리는 이 모든 음식의 친구이자 말린 완두콩에 딱 어울리는 허브다.

파슬리와 병아리콩

파슬리는 메마른 병아리콩에 단비를 가져다준다. 나는 익혀서 건져낸 병아리콩이 아직 따뜻할 때 다진 파슬리와 마늘, 즉 페르시야드persillade를 넣어서 잘 섞은 다음 먹기 직전에 조금 더 올려서 내는 것을 좋아한다. 콩을 삶은 물은 남겨두었다가 남은 허브 맛 병아리콩과 함께 갈아서 수프를 만든다.

파슬리와 석류

말린 석류씨에 대량의 다진 파슬리와 민트를 넣고 곱게 깍둑 썬 오이와 토마토를 조금씩 섞은 다음 올리브 오일과 적당량의 레몬즙을 둘러 버무려보자. 그러면 석류 씨앗이 으깬 밀알을 훌륭하게 대신해서 타불레의 절친한 사촌 격 음식이 완성된다. 석류와 토마토(88쪽)에서 언급한 살사 레시피를 응용하거나 칼라마타 올리브, 익힌 비트, 호두를 넣으면 더욱 풍성한 샐러드가 된다.

파슬리와 소렐: 소렐과 파슬리(172쪽) 참조.
파슬리와 월계수 잎: 월계수 잎과 파슬리(353쪽) 참조.

파슬리와 잠두

잠두는 크리미한 파슬리 소스에 넣어 먹는 경우가 많다. 마음을 편안하게 하는 음식이 필요한 날씨라면 아주 좋은 선택지다. 따뜻한 날씨에 콩을 돋보이게 하는 것은 살사 베르데다. 레스토랑 경영자 러셀 노먼은 갓 까낸 신선한 콩에 올리브 오일 약간과 파슬리, 마늘, 레몬 제스트로 만든 그레몰라타를 가미하는데, 이 또한 파슬리 소스처럼 보통 기름진 고기에게나 선사하던 대접을 잠두에게 가미하는 또 다른 예시다. 18세기의 요리사이자 철학자 빈첸초 코라도의 책 『델 치보 피타고라스('피타고라스의 음식')』에는 천천히 익힌 콩에 오일과 파슬리, 셀러리, 월계수 잎, 소금을 가미한 브루스케타 요리인 파베 알라 비앙카의 레시피가 실려 있다.

파슬리와 차이브

핀제르브[84] 내의 일반인 커플이다. 타라곤과 처빌을 가미하면 격이 높아진다. 차이브와 파슬리는 아주 곱게 다져도 될 정도로 튼튼하지만 나머지 둘은 너무 손을 많이 대는 것을 싫어한다. 셰프 롤리 리는 섬세한 잎이 멍들거나 풍미가 상하지 않도록 가볍게만 다져야 한다고 조언한다.

84 곱게 다져서 사용하는 모둠 허브를 뜻하는 말로 주로 파슬리와 처빌, 타라곤, 차이브 등이 들어간다.

파슬리와 통곡물 쌀

통곡물 쌀 레시피를 끈질기게 찾다 보니 많은 사람들이 허브를 잔뜩 넣으라고 말하고 있었다. 요점이 무엇인지 알 것 같았다. 통곡물 쌀의 질감은 타불레의 불구르 밀처럼 보조적인 역할에 더 적합하다. 홍미든 현미든 흑미든 모든 통곡물 쌀은 대량의 파슬리를 환영한다. 홍미에 파슬리, 차이브, 타라곤, 딜을 섞으면 구운 호박에 곁들이기 아주 좋은 사이드 메뉴가 된다.

FENNEL

펜넬

"근로자가 펜넬 한 다발을 옆구리에 끼고서, 여기에 빵을 곁들여 점심이나 저녁 식사를 만드는 모습은 흔하게 볼 수 있다." 도시락이 등장하기 전에 알렉상드르 뒤마가 남긴 기록이다. 이어서 뒤마는 나폴리 사람이 펜넬을 너무 많이 먹는다고 불평했다. 이탈리아 펜넬은 특히 장뇌 향이 강한 루마니아 펜넬이나 갈리시아 펜넬에 비해 풍미가 놀라울 정도로 훌륭하다. 구근의 아니스 맛은 요리하면 어느 정도 사라진다. 같은 아니스 향이 나는 재료인 감초처럼 펜넬도 과일과 궁합이 잘 맞는다. 또한 진한 콩 요리나 국물에 깊이를 더해주고, 해산물과의 조합은 고전이다. 이 장에서는 펜넬 구근(플로렌스 펜넬이라고도 불린다)과 펜넬 씨를 모두 다룬다.

펜넬과 고구마: 고구마와 펜넬(147쪽) 참조.
펜넬과 구스베리: 구스베리와 펜넬(98쪽) 참조.
펜넬과 꿀: 꿀과 펜넬(78쪽) 참조.
펜넬과 레몬: 레몬과 펜넬(177쪽) 참조.

펜넬과 리크

타라곤 같은 것을 추가하는 것이 좋다. 혹은 버터나 크림을 더하면 더욱 화려해지면서 아무것도 첨가하지 않아도 채식주의자를 위한 주요리용 고급 소스나 수프를 완성할 수 있다. 조연으로도 훌륭한 역할을 수행한다. 다진 양파와 당근, 셀러리로 만든 미르푸아에 다진 리크와 펜넬을 넣으면 해산물 육수나 스튜에 풍미를 한층 더할 수 있다.

펜넬과 마늘

마늘 구근은 마음이 따뜻한 감언이설 전문가다. 펜넬 구근은 차갑고 냉정하며 자신의 매력을 꽁꽁 숨기고 있다. 같이 요리하면 마늘이 펜넬의 단맛을 가려버려서 거부감을 느끼는 사람도 있다. 하지만 펜넬은 그들의 호불호 따위는 신경 쓰지 않을 것이다.

펜넬과 말린 자두: 말린 자두와 펜넬(122쪽) 참조.
펜넬과 메이플 시럽: 메이플 시럽과 펜넬(374쪽) 참조.

펜넬과 아몬드

야생 펜넬과 아몬드로는 아니스 향이 나는 크리미한 페스토를 만들 수 있다. 야생 펜넬은 줄기가 길고 위에 부드러운 잎이 달린, 신경증에 걸린 딜 같은 모양이다. 반면 플로렌스 펜넬은 구근이 부풀어 오르는 모양으로 재배되는데, 롤란도 베라멘디의 『오센티코: 정통 이탈리아식으로 요리하기』에서는 이를 아몬드와 함께 요리한다. 펜넬을 얇게 썰어서 키안티 와인에 조린 다음 아몬드 가루와 빵가루를 뿌리는 것이다. 베라멘디는 토스카나 와인 상인이 와인 시음을 하게 할 때, '한 와인의 맛을 다른 와인과 구별할 수 없게 만들기 위해서' 시음하는 사이사이에 미각을 정화하는 용도로 플로렌스 펜넬 한 조각을 준다고 한다. 그러면 품질이 떨어지는 와인을 훨씬 높은 가격에 판매할 수 있기 때문이다. 이 때문에 인피노치아레 infinocchiare라는 단어는 누군가를 속인다는 뜻을 가지게 되었다.[85] ("그 인간이 나한테 완전히 펜넬 짓을 했어요.") 반면 피오나 베킷은 펜넬에 대해 "[와인] 페어링에 영향을 줄 수 있는 몇 안 되는 채소로, 거의 항상 더 나은 맛으로 느껴지게 한다. 아니스 향은 많은 와인, 특히 화이트 와인과 뚜렷한 친화력을 보이는 듯하다"라고 말한다.

펜넬과 엘더베리: 엘더베리와 펜넬(108쪽) 참조.

펜넬과 오렌지

1996년판 《구르메》 잡지에서 흥미로운 조합으로 소개된 적이 있다. 펜넬과 과일의 조합이 고대 로마의 기반인 7구릉만큼이나 오래된 이탈리아에서는 눈썹을 치켜뜰지도 모르는 일이다. 전위적으로 느껴지든 전통적으로 느껴지든 애피타이저로 훌륭한 조합으로, 과식 후에 소화불량을 막기 위해 먹으면 더욱 좋다. 소고기 생선 스튜에 펜넬씨와 신선한 오렌지 껍질 몇 조각을 넣으면 니수아즈 느낌을 낼 수 있는데, 콩 요리에도 같은 풍미를 적용할 수 있다. 검은콩과 오렌지(43쪽) 또한 참조.

펜넬과 월계수 잎: 월계수 잎과 펜넬(353쪽) 참조.
펜넬과 자두: 자두와 펜넬(113쪽) 참조.
펜넬과 잠두: 잠두와 펜넬(255쪽) 참조.
펜넬과 잣: 잣과 펜넬(366쪽) 참조.

펜넬과 참깨

우리가 상쾌하다고 생각하는 풍미는 보통 수분기가 많거나 신맛이 나는 재료에서 비롯된다. 펜넬씨는 둘 다 해당되지 않지만 그럼에도 인도에서는 식후에 입안을 산뜻하게 만드는 구강 청정제로 먹는다. 그리고

85 피노치오finocchio가 이탈리아어로 이탈리아 펜넬이라는 뜻이다.

참깨는 상쾌함과는 완전히 반대쪽 스펙트럼에 자리한다. 참깨 페이스트는 때때로 땅콩버터처럼 입안을 빈틈없이 코팅한다. (참깨가 입천장에 달라붙는 것에 대한 공포증으로 타히니부티로포비아라는 말이 있을 법도 하다.) 많은 대조적인 풍미가 그렇듯이 이 둘도 훌륭한 조합을 이룬다. 펜넬과 참깨는 견과류를 넣어도, 넣지 않아도 환상적인 프랄린을 만들 수 있는 조합이다. 스페인의 토르타 데 아세이테tortas de aceite에서 영감을 받은 다음 비스킷을 만들어도 좋다. 볼에 밀가루 100g과 황설탕 2큰술, 볶은 참깨 1큰술, 으깬 펜넬씨 3/4작은술, 베이킹파우더 1/2작은술, 소금 1/4작은술을 넣고 잘 섞는다. 가운데를 우묵하게 판 다음 올리브 오일 3큰술과 물 최대 2큰술(반죽이 부드러워지도록 농도를 조절하는 용도)을 넣고 잘 치대 반죽을 만든다. 비슷한 크기로 12등분하여 공 모양으로 빚는다. 30x30cm 크기의 유산지 위에 반죽을 올리고 머그잔 등으로 납작하게 누른 다음 밀대로 최대한 동그란 모양이 되도록 밀어서 약 2mm 두께로 만든다. 유산지에서 떼어내기 힘든 반죽이므로 유산지를 뒤집어서 비스킷이 아래로 오도록 한 다음 다른 유산지를 깐 베이킹 트레이에 올린다. 이제 위쪽 유산지를 조심스럽게 떼어서 다음 비스킷을 만드는 용도로 사용한다. 비스킷이 큰 편이므로 일반 베이킹 트레이에는 3~4개 정도만 들어갈 수 있어 여러 번에 나누어 작업해야 한다. 비스킷 반죽에 잘 푼 달걀흰자를 바른 다음 데메라라 설탕을 뿌리고 200°C의 온도에서 살짝 노릇노릇해질 때까지 7~9분간 굽는다.

펜넬과 치즈

소금에 절인 감초라는 소문이 있다. 사르데냐에서는 데친 펜넬과 빵가루, 신선한 페코리노를 켜켜이 쌓아서 가끔 양고기 육수를 촉촉하게 가미하기도 하는 요리가 인기가 많다. 그 자체로도 하나의 코스 요리가 되기에 손색이 없는데, 엘리자베스 데이비드의 조언에 따라 채소 코스와 육류 코스를 나눠 풍미를 최대한 음미하고 가장 잘 어울리는 와인을 매치하기 좋게 신경 쓰는 사람이라면 더더욱 공감할 것이다. 펜넬 그라탱의 경우 데이비드는 베수비오 화산의 산비탈에서 재배한 포도로 만든 라크리마 크리스티('그리스도의 눈물')를 추천한다. 고대 로마의 와인에 가장 가까운 맛을 낸다고 말하는 사람도 있다. 존 R. 피셔는 "부드러운 드라이 화이트 와인으로 아몬드와 사과, 꽃 향이 은은하게 난다"고 묘사한다. 반면 제임스 폴코빗은 1830년에 레드와 화이트 와인 모두 화산에서 재배된 와인답게 "놀랍도록 불같은 맛"이 난다고 표현했다. 제인 그리그슨은 치즈 보드에 얇게 썬 생펜넬을 올리면 아주 좋다고 추천하며, 특히 염소 치즈나 파르메산 치즈가 잘 어울린다고 한다. 또한 그리그슨은 펜넬을 간단하게 저녁 식사 후의 과일에 곁들여 먹는 것도 추천한다.

펜넬과 캐러웨이: 캐러웨이와 펜넬(328쪽) 참조.
펜넬과 커피: 커피와 펜넬(35쪽) 참조.
펜넬과 토마토: 토마토와 펜넬(85쪽) 참조.

펜넬과 패션프루트

새롭게 부상한 중산층의 난제에 갇히는 것보다 더 '중산층의 문제'다운 게 있을 수 있을까? 펜넬의 과잉 공급 같은 문제 말이다. 북런던의 부르주아층이라면 『라루스 요리 백과』 2009년판에 실린 펜넬 패션프루트 처트니를 고려해볼 법하다.

펜넬과 호밀: 호밀과 펜넬(28쪽) 참조.

펜넬과 후추

마두르 재프리는 아지와인씨에서 펜넬과 흑후추 맛이 난다는 제자의 말을 떠올린 적이 있다. 나는 훨씬 거칠고 약간 예뻐진 느낌에 풋내가 가미된 타임이 떠오르는데, 아니스도 살짝 느껴지기는 하지만 입안이 너무 욱신거려서 알아채기는 힘들 정도다.

펜넬과 흑쿠민

흑쿠민은 미나리아재비과에 속하는 식물이다. 누군가의 턱 밑에 씨앗 한 톨만 대보면 그가 빵을 좋아하는 사람인지 알아낼 수 있다. 흑쿠민씨는 파라오 시대부터 이집트 빵에 풍미를 더하는 데에 사용되었기 때문이다. 인도의 파라타나 튀긴 루치에도 흑쿠민 씨가 들어간다. 질 노먼에 따르면 이라크에서는 흑쿠민에 펜넬을 섞어서 빵의 풍미를 낸다고 한다. 벵골의 혼합 향신료인 판치 포론panch phoron에서도 펜넬과 흑쿠민의 조합을 찾아볼 수 있다. 흑쿠민과 쿠민(337쪽) 또한 참조.

펜넬과 흰콩

일반 강낭콩의 고소한 맛과 흰강낭콩의 톡 쏘는 맛에 비해 카넬리니 콩은 조금 심심한 맛이 나지만, 돼지고기의 고전적인 단짝 궁합 재료에 생기를 불어넣는 역할은 톡톡히 할 수 있다. 나는 막연하게 카넬리니 콩이 라드와 비슷하다고 생각해서 계속 망설여왔지만, 기름진 이탈리아 소시지를 떠올리게 하는 펜넬과의 조합을 발견한 후로 머뭇거리지 않게 되었다. 이탈리아 소시지 조합이니 마늘과 말린 고추를 약간 넣으면 훨씬 맛있을 것이다. 반찬 4인분 기준으로 팬에 올리브 오일 2큰술을 두르고 다진 양파 1개 분량과 다진 마늘 3쪽 분량을 넣고 뚜껑을 닫은 후 10분간 뭉근하게 익힌다. 뚜껑을 열고 펜넬씨와 고춧가루chilli flake를 1/4작은술씩 넣은 다음 자주 휘저으면서 10분 더 익힌다. 말린 카넬리니 콩 삶은 것 500g과 삶은 물 250ml(또는 통조림 카넬리니 콩 2캔 분량과 묽은 육수 250ml)를 붓고 소금 1/2작은술을 넣어서 수분이 모두 날아갈 때까지 익힌다. 취향에 따라 적당히 으깬다. 오븐에 구운 채소와 사과 소스에 소시지를 곁들이거나 따뜻한 바게트의 속을 갈라서 바른 다음 살사 베르데를 살짝 뿌려 먹는다.

HERBAL

허브

caraway 캐러웨이
mint 민트
oregano 오레가노
nigella seed 흑쿠민

CARAWAY

캐러웨이

캐러웨이씨는 캐러웨이Carum carvi의 열매를 말린 것이다. 산형과에 속하는 이 식물은 파슬리와 셀러리, 고수, 아사푀티다와 관련되어 있다. 캐러웨이에서는 아니스와 비슷한 맛이 난다는 말도 많다. 하지만 이 둘을 서로 혼동할 일은 없다. 캐러웨이 맛 증류주인 퀴멜Kümmel을 파스티스 한 샷과 나란히 마시고도 구분하지 못한다면 이미 취한 것이다. 염장 소고기 샌드위치나 전통 사우어크라우트를 먹어본 적이 있다면 알겠지만, 캐러웨이의 주된 특징은 깔끔한 맛이라 발효하고 숙성시킨 재료와 특히 잘 어울린다. 삶은 달걀이나 톡 쏘는 치즈, 쿠민과 함께 먹는 것도 좋다. 캐러웨이는 씨앗 외에도 뿌리와 어린잎을 식용할 수 있다. 베트남에서는 씨앗을 발아시킨 다음 샐러드로 먹는다.

캐러웨이와 감자

미미 셰러턴은 『독일 요리책』에서 감자를 삶아서 만드는 반찬인 잘츠카르토펠른Salzkartoffeln에 대해 설명한다. 감자의 껍질을 벗기고 4등분해서 소금을 넉넉히 넣은 물에 딱 익을 만큼만 삶은 다음 건진다. 감자를 다시 뜨거운 팬에 넣어서 약한 불에 물기를 날리고 팬을 거칠게 흔들어 섞은 후, 버터와 캐러웨이씨(또는 브라운 버터와 빵가루)를 넣고 버무려 마무리한다.

캐러웨이와 건포도

『미국의 옥스퍼드 식음료 대백과』에 따르면 과일 케이크를 제외한 진한 케이크의 인기는 1730년대부터 시작되었으며, 특히 소량의 커런트 그리고/또는 캐러웨이씨로 만든 파운드케이크가 각광받았다고 한다. 밀가루와 버터, 설탕, 달걀 각각 200g씩에 캐러웨이씨 1큰술과 건포도 50g을 넣어서 만든다. 과일이 잔뜩 들어간 케이크에 캐러웨이씨를 적당히 넣어도 좋다. 어쩐 일인지 캐러웨이와 건포도는 미국에서 아일랜드 소다빵soda bread의 대표적인 풍미로 자리 잡았는데, 더블린이나 킬케니의 베이커리에서는 눈썹을 찌푸릴지도 모르는 일이다.

캐러웨이와 달걀: 달걀과 캐러웨이(249쪽) 참조.
캐러웨이와 사과: 사과와 캐러웨이(162쪽) 참조.
캐러웨이와 생강: 생강과 캐러웨이(224쪽) 참조.

캐러웨이와 시나몬

메글리meghli는 새 생명의 탄생을 축하하기 위해 만드는 레바논의 디저트다. 쌀가루와 설탕에 캐러웨이씨와 시나몬, 아니스씨, 생강 그리고/또는 카다멈을 넣어서 맛을 낸다. 메글리의 본래 의미('끓인다')에 충실하게 오랫동안 끓인 다음 불린 잣과 아몬드, 코코넛, 호두나 피스타치오 등으로 장식한다. 메글리는 밀키트처럼 판매할 정도로 인기가 높다. 영국 이스트 미들랜드 지방의 캐턴cattern 케이크는 11월 25일인 성 캐서린의 날을 기념하기 위해 만든다('캐턴'은 '캐서린'의 변형어다). 캐턴 케이크는 번과 비스킷의 형태로 만들며 캐러웨이씨가 들어가고 시나몬과 커런트를 넣기도 한다.

캐러웨이와 양귀비씨

레오폴드와 몰리 블룸이 호스헤드에서 서로의 팔을 베고 나란히 누워 있다. "그녀는 내 입에 따뜻하게 씹은 씨앗 케이크를 부드럽게 넣어주었다." 알겠는데, 어떤 씨앗 케이크일까? 이 용어는 다양한 종류의 간식을 포괄한다. 씨앗이 들어간 달콤한 비스킷일까? 캐러웨이가 콕콕 박히고 위에는 양귀비씨를 뿌린, 버터와 유제품을 넣고 이스트로 부풀린 케이크일까? 혹은 '캐러웨이와 건포도'에서 이야기한 말린 과일과 향신료를 넣은 스펀지케이크일까? 무엇이 가장 미리 씹어서 넘겨주기 좋을까? 어쩌면 퍼거스 헨더슨이 매일 오전 11시에 마데이라 한 잔과 함께 먹는다는, 씨앗을 조금만 뿌린 케이크 한 조각일지도 모른다.

캐러웨이와 오렌지: 오렌지와 캐러웨이(186쪽) 참조.

캐러웨이와 올스파이스

영화 〈해롤드와 모드〉 조합이다. 예상치 못한 러브 스토리다. 피멘토 드램 리큐어는 럼과 자메이카 올스파이스로 만든다. 『사보이 칵테일 책』에서는 킹스턴 칵테일에도 사용한다. 오렌지 주스와 퀴멜, 럼을 1:1:2로 사용하고 피멘토 드램을 약간 섞어 만든다. 대담한 조합이다. 달콤한 감귤류와 향신료 풍미에 북유럽 특유의 산미가 약간 섞여서 카리브해에서 보내는 크리스마스 같은 느낌을 준다. 피멘토 드램은 20세기 초반, 그리고 20세기 중반의 티키 바[86]에서 인기가 높았지만 그 이후로 사라져서 몇 년 전까지만 해도 잘 보이지 않았다. 지금은 새로운 브랜드가 여럿 생겼는데, 무미건조하게 있는 그대로 '올스파이스 드램'이라고 부르기도 한다. 그럼에도 불구하고 여전히 구하기 쉽지 않기 때문에, 원한다면 언제든지 굵게 으깬 캐러웨이씨와 올스파이스 열매를 도수 높은 럼에 담가서 몇 주 동안 재운 다음 입맛에 따라 설탕 시럽을 섞어서 대충 비슷하게 캐러웨이 올스파이스 술 같은 것을 만들어볼 수 있다. 럼 대신 두 향신료의 향이 모두 나는 호밀 위스키를 사용하는 것도 좋다. 캐러웨이와 올스파이스는 사우어크라우트에도 종종 같이 들어간다.

86 주로 야자수와 꽃, 천 등 이국적인 열대 분위기 인테리어와 럼 기반 칵테일 등으로 열대지방의 느낌을 주는 바. 1930년대 미국에서 인기를 끌었다.

캐러웨이와 치즈: 치즈와 캐러웨이(260쪽) 참조.

캐러웨이와 쿠민

쿠민에는 퀴퀴한 곰팡이 냄새가 있지만, 캐러웨이는 신선하고 상쾌한 풍미가 난다. 원예학자 알리스 파울러는 노르웨이 피오르드의 해안선을 따라 채취한 캐러웨이씨에 대해서 "비누와 깨끗한 풍미가 너무나 강렬하게 두드러지기 때문에 과하다 싶을 정도"라고 설명한다. 그 외에도 소다브레드와 훈제 연어, 파슬리와 마늘, 딜과 버섯이 대표적인 깨끗함과 지저분함이 어우러지는 조합으로 손꼽힌다.

캐러웨이와 펜넬

독일에서는 펜넬과 캐러웨이, 코리앤더, 아니스의 조합을 '빵 향신료'라는 뜻인 브로트게뷔르츠Brotgewürz라고 부른다. 표준 비율은 따로 없으며 지역마다 다양한 조합이 존재한다. 스탠리 긴즈버그는 저서 『호밀 제빵사』에서 캐러웨이와 펜넬, 아니스, 코리앤더를 5:3:3:1의 비율로 사용하라고 권장한다. 이를 중간 불에서 2~3분간 볶은 다음 곱게 갈아 '농부의 빵'이라는 뜻의 바우어른브로트Bauernbrot를 만든다. 스칸디나비아의 증류주 아쿠아비트에는 캐러웨이를 사용하는데, 진에 들어가는 주니퍼처럼 다른 향미 재료를 지배한다. 가재 파티에서 수로 마시지만 붉은 숭어와 그슬리게 구운 펜넬 슬라이스, 데운 가지 등 그릴에 구운 재료와 잘 어울리며 음료 공급업체인 노르딕 드링크에 따르면, 피자와도 잘 맞는다고 한다.

캐러웨이와 호밀

델리 브레드[87]에서 캐러웨이의 풍미만 분리하는 것은 영국의 배우 존 클리스에게서 대표작인 배질 폴티 캐릭터만 분리해내는 것만큼이나 어려운 일이다. 미국인 친구에게 캐러웨이가 들어간 생강 비스킷을 선물한 적이 있다. "호밀빵에 파스트라미를 올려서 먹고 싶어지네요." 그가 말했다. 델리 브레드와 펌퍼니켈은 둘 다 특히 훈제 고기와 생선, 피클, 머스터드 등 강한 풍미 재료와 잘 어울리며 전자는 호밀 가루와 밀가루로, 후자는 여기에 통밀가루를 첨가해 만든다. 필립 로스의 『새버스의 극장Sabbath's Theater』에서 불명예를 안은 늙은 주인공 미키 새버스는 '리틀 스칼릿을 두껍게 바른 씨앗 펌퍼니켈 빵의 딱딱한 귀퉁이'를 먹으며 어퍼 웨스트사이드에 자리한 친구들의 호화로운 아파트를 기웃거린다. 리틀 스칼릿은 로스가 좋아하던 음식으로, 그에게 영국에서 유일하게 좋았던 기억으로 남아 있는 대상이다. 에식스의 팁트리에 자리한 윌킨앤드선스가 생산하는 리틀 스칼릿은 작은 야생 딸기가 통째로 잔뜩 들어간 잼이다. 미키처럼 관습을 거스르는 사람이나 펌퍼니켈에 얹어서 먹을 것이다. 제임스 본드라면 통밀 토스트에 올렸을 터다. 나는 클로티드 크림을 두껍게 바른, 혹은 취향에 따라 아예 뒤덮도록 얹어버린 기본 스콘이 가장 잘 어울린다고 생각한다. 치즈와 캐러웨이(260쪽) 또한 참조.

87 이탈리아 델리카트슨에서 주로 판매하는 기본 빵으로 캐러웨이로 향을 낼 때가 많다.

MINT

민트

스피어민트와 페퍼민트는 요리 목적으로 가장 많이 사용되는 민트다. 스피어민트Mentha spicata는 상쾌하고 달콤하며 깔끔하지만 어두운 맛이 살짝 깔려 있어 미각을 흥미롭게 자극한다. 모로코 민트Mentha spicata var. crispa 'Moroccan'는 중동에서 차에 널리 사용하는 품종이다. 페퍼민드는 이름에서도 알 수 있듯이 따뜻한 매운맛이 특징이다. 말린 민트는 오레가노를 연상시키는 나무 향, 월계수 잎과 연관되기 쉬운 유칼립투스 향을 지닌다. 또한 말린 페퍼민트에서는 라벤더와 잔디 향이 난다. 민트 작물에는 레몬 민트, 애플민트, 바질민트, 스트로베리 민트 등 다양한 풍미 변형 품종이 존재한다. 작가 마크 디아코노는 가장 풍미가 좋은 것은 초콜릿 민트이며 복숭아를 데칠 때 반드시 넣어야 한다고 주장한다. 하지만 바나나 민트는 신경 쓰지 않아도 된다고 덧붙인다.

민트와 구스베리

고전적인 구스베리 소스는 과일을 먼저 익혀야 하지만, 데본과 도싯의 경계에 자리한 리버 코티지에서는 생구스베리를 민트와 함께 섞어서 그릴 또는 바비큐에 구운 기름진 생선에 곁들여 낸다. 생구스베리 150g을 송송 썰어서 사과 식초 1큰술과 설탕 1큰술을 넣고 잘 버무려 1시간 정도 재운 후 채 썬 민트 1큰술을 섞고 간을 맞춘다. 코펜하겐에 있는 레스토랑 노마에서는 구스베리를 젖산 발효한 다음 민트와 함께 섞어서 상큼한 살사 베르데를 만든다.

민트와 꿀: 꿀과 민트(74쪽) 참조.
민트와 녹차: 녹차와 민트(404쪽) 참조.

민트와 대추야자

앤서니 버기스에 따르면 영국에서는 차를 마시는 것이 숨을 쉬는 것만큼이나 생활 속에서 필수적인 요소이다. 모로코에서는 그보다 더 중요하게 여긴다. 마라케시에 사는 친구네를 방문하면 숨을 쉴 때마다 민트 차를 대접받을 수 있다. 민트 차는 작은 페이스트리나 대추야자 몇 개를 곁들여서 허브와 과일이 서로의 향기를 놀려대게 하며 마시는 것이 관례다. 민트는 대추야자date와 데이트date를 할 때 가장 사랑스러운 모습을 보여준다. 쿠스쿠스에 이 조합을 섞으면 민트의 시원한 쌉싸름함이 뜨겁고 달콤한 대추야자를 부드럽게 해준다. 매자나무 열매로 신맛을 더하고 고추를 살짝 가미하고 나면, 더 이상 필요한 것이 거의 없다. 그릴에 갓 구워낸 짭짤한 할루미 정도나 곁들이면 된다. 사우디의 대추야자 브랜드 바틸Bateel은 진한 토피 향이 나는 그들의 콜라스 대추야자에 곁들일 음료로 민트 차보다 커피를 추천한다. 대조적이기보다는 조화로운 조합이다.

민트와 렌틸

민트는 다크 초콜릿과 잠두, 시금치, 블랙 푸딩처럼 미네랄 풍미가 뚜렷한 음식과 잘 어울린다. 퓌 렌틸은 미네랄이 풍부한 화산 토양에서 자라기 때문에 특히 미네랄 풍미가 풍부해 호평을 받는다.

민트와 말린 완두콩: 말린 완두콩과 민트(238쪽) 참조.

민트와 애호박: 애호박과 민트(394쪽) 참조.

민트와 엘더플라워

시골스럽지만 촌스럽지는 않다. 민트는 쐐기풀 같은 향을 풍기면서 울타리 그늘에 단단히 자리 잡고 다른 수많은 엘더플라워의 단짝을 햇볕이 잘 드는 초원 쪽으로 이끌며 엘더플라워와의 궁합을 지킨다. 엘더플라워는 여러 질병의 치료제로 인정받지만 민트를 섞으면 실내에서 너무 오랜 시간을 지낸 사람에게 강장제 역할을 한다.

민트와 요구르트: 요구르트와 민트(167쪽) 참조.

민트와 잠두

음식 작가 파올라 개빈은 나폴리의 특산물인 잠두에 민트와 비네그레트를 넣고 버무린 요리를 소개한다(말린 잠두와 양갈비를 비교하는 설명을 되새겨보자. 잠두와 마늘(252쪽) 참조). 말린 잠두는 노점상이 납지에 싸서 판매하는 비길라bigilla라는 몰타식 딥을 만드는 데에도 쓰인다. 익힌 콩에 마늘과 허브(보통은 민트지만 파슬리일 때도 있다)를 넣어서 으깨는 것이다.

민트와 잣

튀니지에서는 민트 차에 잣을 몇 개 넣는다. 가끔은 잣을 살짝 볶아서, 달콤한 허브 향 차에 약간의 기름기를 더하기도 한다. 날것으로 넣더라도 뜨거운 물에 살짝 부드러워지면서 은은하게 익으면 풍미가 살아난다. 잣을 음료의 고명으로 사용하는 것은 꽤 멀리 퍼져 있는 관습이다. 한국에서는 수정과라고 불리는 계피 생강차에 잣을 띄워 마시는 것을 볼 수 있다. 잣과 건포도(362쪽) 또한 참조.

민트와 케일: 케일과 민트(205쪽) 참조.

민트와 타마린드

차트chaat를 위한 만남이다. 차트는 그 인기만큼이나 다양한 종류가 존재하는데, 바삭한 과자와 샐러드를 섞은 다음 생동감 넘치는 소스를 지그재그로 뿌리는 스타일이 가장 흔하다. 쿠민과 아사푀티다, 생강, 고추로 맛을 내는 타마린드 소스는 갈색에 살짝 지저분한 맛이 나서 바삭바삭한 과자 종류의 약간 저질인 느낌을 공유한다. 민트에 풋고추와 고수 잎, 레몬즙을 넣고 곱게 갈아서 그린 소스를 만들면 신선한 샐러드와 잎채소 가니시에 섞기 좋다. 내가 제일 처음 만들었던 차트는 벨 푸리Bhel puri였다. 어린 시절 에어픽스에서 나온 록히드 스타파이터 전투기를 조립해봤던 사람이라면 누구나 좋아할 만한 박스 밀키트였다. 에어픽스 박스에 그려져 있지만 구성품은 아닌 구름과 지상 승무원처럼 별도로 준비해야 하는 재료인 토마토와 익힌 감자를 잘게 썬 다음, 벨(튀긴 쌀)과 푸리(작은 크래커), 세브(바삭한 병아리콩 당면) 봉지를 뜯어서 전부 잘 섞는다. 먹을 준비가 되면 소스를 뿌려서 낸다. 쿠민과 타마린드(342쪽) 또한 참조.

민트와 파파야: 파파야와 민트(193쪽) 참조.

OREGANO

오레가노

'산의 광휘'라는 뜻의 그리스어 오리가논origanon에서 유래했다. 식물학자였다면 '분류학자의 악몽'이라고 불렸을 가능성이 높다. 우리가 오레가노라고 부르는 식물은 총 17개속의 61개 품종 중 하나일 수 있다. 타임이나 마저럼, 자타르, 세이버리, 꽃박하 등 비슷한 맛이 나는 허브들이 비둘기 떼 같은 명명법 사이사이에 고양이들을 추가로 풀어 놓는다. 예를 들어 쿠바 오레가노는 멕시코 민트라고도 불린다. 스페인 타임이라 불리기도 한다. 달리 명시하지 않는 한 이 장에서 설명하는 오레가노는 향신료 선반에 이미 있을 확률이 높은 그리스산 또는 튀르키예산 오레가노Oregano vulgare subsp. hirtum이다. 오레가노와 타임의 향에는 주요 화합물이 공통적으로 들어가 있지만 오레가노에는 티몰보다 카르바크롤이 더 많이 함유되어 있기 때문에 타임에서는 정원 같은 맛이, 오레가노에서는 크레오소트를 바른 헛간에 서 있는 것 같은 맛이 난다. 특히 신선한 오레가노 잎은 타임보다 향이 강한데, 말려도 상당히 강력한 향이 나서 올리브나 셀러리, 양고기처럼 풍미 강한 재료와도 잘 어울린다. 오레가노 꽃 또한 특히 시칠리아에서 광범위하게 사용된다. 알바니아에서는 오레가노를 이용해서 라키 리고니raki rigoni라는 브랜디를 만든다.

오레가노와 감자

오레가노와 감자를 함께 섞어보면 오레가노가 얼마나 완고한 허브인지 알 수 있다. 육수에 같이 넣어서 조리거나 오일과 함께 굽고 감자 샐러드 위에 말린 오레가노를 뿌리는 등 어떤 시도를 해보든 오레가노에서는 오레가노 향이 난다. 허브로서는 드문 일인데, 부드러운 허브처럼 다뤄야 하는 섬세한 마저럼과 오레가노를 쉽게 구분할 수 있게 해주는 특징이기도 하다.

오레가노와 고구마

되직하고 훈연과 허브 향이 나는 조합이다. 밀도 높은 고구마가 오레가노의 마리화나와 파촐리를 연상시키는 진하고 파릇파릇한 특성을 돋보이게 한다. 침실 창밖으로 뻗은 평평한 지붕 위에 앉아서 핑크 플로이드의 〈새벽 문 앞의 파이퍼The Piper at the Gates of Dawn〉를 들으며 먹기 좋은 음식이다.

오레가노와 꿀

꿀벌은 오레가노와 마저럼, 타임을 좋아한다. 오레가노 꿀의 향에서는 반짝이는 레몬 풍미를 느낄 수 있으며, 그 풍미에서 예상 가능한 꽃과 허브 향뿐만 아니라 오렌지와 밀랍 향도 살짝 느껴진다. 오레가노는 때때로 꿀에 향을 주입하는 용도로도 쓰이는데, 꿀색 설탕물이나 다름없는 싸구려 슈퍼마켓 꿀을 구입했을 때 기억해두면 좋다. 오레가노를 넣으면 개성이 더해진다. 이 과정을 거친 다음에는 전문가에게서 괜찮은 생꿀을 구입하도록 하자(영감을 얻고 싶다면 꿀(73~78쪽) 참조). 제대로 된 저녁 식사를 만들기에는 너무 피곤하거나 남편이 마지막으로 요리를 담당한 것이 2주일 전이라는 점을 상기시키고 싶을 때면 페타 치즈 한 덩어리에 오레가노 꿀을 뿌리고 말린 오레가노 약간과 올리브 오일을 뿌린 후 쿠킹 포일에 싸서 200°C로 예열한 오븐에 넣고 15분간 굽는다. 이때 빵도 같이 넣어서 굽는다. 참깨를 뿌린 빵인 쿨루리아koulouria가 가장 이상적이지만 이런 날의 저녁이라면 이상적인 식사는 좀 미뤄도 된다.

오레가노와 당근: 당근과 오레가노(227쪽) 참조.

오레가노와 레몬: 레몬과 오레가노(176쪽) 참조.

오레가노와 마늘

그리스에서 오레가노는 감자칩에 가미하는 표준 향신료다. 봉지 뒷면의 영양성분표를 읽어보면(휴가 때는 할 일이 없으니까!) 마늘과 셀러리, 파슬리, 양파도 들어가는 것을 확인할 수 있다. 봉지를 열면 패스트푸드계의 지니가 등장한다. 오레가노는 모든 간편식품 업체에서 인기가 좋은데, 모든 음식에서 피자 맛이 나도록 해줄 뿐만 아니라 염분과 지방 함량 감소가 법으로 의무화되면서 풍미를 증폭시키는 쉬운 방법이 되어주기 때문이다.

오레가노와 버섯: 버섯과 오레가노(290쪽) 참조.

오레가노와 시나몬: 시나몬과 오레가노(345쪽) 참조.

오레가노와 애호박

『주방의 과학과 잘 먹는 법의 예술』(1891)의 저자 펠레그리노 아르투시는 애호박과 오레가노로 이루어진 평범한 요리 한 접시면 반찬 또는 그 자체로 충분히 메인 요리가 될 수 있다고 생각했다. 참고: 내 메인 요리로는 애호박과 오레가노를 내지 마시오. 감사합니다. 사이드 메뉴 4인분 기준으로 애호박 500g을 2~3mm 두께로 송송 썬 다음 올리브 오일 4큰술에 볶는다. 노릇해지기 시작하면 소금과 후추로 간을 한다. 갈색으로 변할 때까지 계속 볶은 다음 말린 오레가노를 뿌리고 그물국자로 건져 낸다.

오레가노와 오렌지

아주 깨끗하고 남성적인 매력이 넘쳐서 샤워 젤이 되어야 마땅할 조합이다. 푸드 라이터 헬렌 베스트쇼의 '간편한 풍미들Fuss Free Flavours' 블로그에 올라온 '아몬드 올리브 오일 케이크'처럼, 오렌지는 오레가노에게 드물게 찾아오는 달콤한 외출의 기회를 선사한다. 나이츠브리지에 자리한 이탈리아 레스토랑 자페라노에서는 오레가노를 오렌지에 활기를 불어넣을 정도로만 아주 살짝 뿌린 만다린 셔벗을 제공한다.

오레가노와 참깨

자타르는 정확하게 정의하기 어려울 수 있다. 이 용어는 오레가노속의 허브인 시리아 오레가노Origanum syriacum를 뜻한다. 또는 타임이나 칼라민트, 세이버리, 심지어 덩키 히솝을 뜻할 수도 있는데 이 경우에는 문제가 더욱 복잡한 것이 덩키 히솝Thymbra spicata은 진짜 히솝Hyssopus officinalis이 아니다. 당연히 아닐 것이다. 자타르는 말린 오레가노와 참깨에 수막을 섞어서 만드는 혼합 향신료이기도 한데, 오레가노 대신 타임이나 마저럼을 사용할 수도 있다. 좋다. 자타르는 사실 사막 펭귄의 한 품종이다. 아니면 비 내리는 날 술집 재떨이에서 나는 냄새다. 여러분이 생각하는 자타르가 오레가노가 들어간 혼합 향신료라면 허브 성분이 민트와 약용, 건초, 곰팡이, 씁쓸한 향을 낼 수 있다는 점을 기억하자. 기름진 볶은 참깨는 이 모든 냄새를 부드럽게 다독이는 역할을 하고, 새콤하면서 과일 향이 나는 수막이 활기를 불어넣는다. 피자처럼 생긴 플랫브레드인 마나키시manakish는 라브네(체에 물기를 거른 요구르트)를 바르고 자타르를 뿌린 다음 구워서 낸다. 나는 플랫브레드가 다 떨어졌거나 만들 의욕이 없을 때면 쫀득한 흰색 샌드위치빵을 구워서 타히니를 약간 바른 다음 자타르와 소금을 뿌린다. 나중에 속이 부대낄 일이 없는 돼지 껍데기pork crackling를 먹는 것 같은 기분이 든다. 오레가노는 수막과 다소 수상한 관계인데, 수막의 잎이 한때 오레가노의 위화제僞和劑[88]로 광범위하게 사용된 적이 있기 때문이다. 오레가노는 세계에서 가장 많이 팔리는 허브라고 하니 그러고 싶은 유혹도 이해할 수 있다. 현재 미국에 수입되는 모든 오레가노는 헤이즐넛이나 머틀, 올리브 잎 같은 위화제가 들어가는지 꼼꼼하게 검사를 받는다. 내 생각에는 사기꾼들이 좋은 기회를 하나 놓친 듯싶다. 전부 맛있는 조합처럼 들리기 때문이다. 섞은 다음 자타르 같은 이름을 붙이고 프리미엄을 붙여서 팔았어야 했다.

오레가노와 치즈: 치즈와 오레가노(260쪽) 참조.

오레가노와 쿠민

전형적인 멕시코의 조합이다. 멕시코 오레가노Lippia graveolens는 민트과에 속하는 지중해 오레가노Oreganum vulgare와 달리 버베나과에 속한다. 맛은 비슷하지만 멕시코 오레가노는 지중해 오레가노보다 잎이 크고 색이 짙어서 오일 함유량이 두 배나 높으며 덕분에 맛도 더 강하다. 카시아 계피와 시나몬을 비교하면 알 수 있듯이, 맛이 강하면 미묘한 특징은 희생된다. 멕시코 오레가노는 오레가노의 매운맛을 내는 터페노이드에 쿠민의 향이 가미되어 있다. 육류를 연상시키는 느낌이 더 강하고 쓴맛은 덜하다. 멕시코든 아니든 일단 오레가노라면 쿠민과 함께 검은콩과 갈색 콩 또는 옥수수에 풍미를 내는 용도로 사용할 수 있다. 간단한 양파 절임에 넣을 수도 있다. 적양파(대) 1개를 곱게 채 썬 다음 소금 약 1큰술을 뿌린다. 가볍게 절여서 물에 헹군 다음 종이 타월로 물기를 제거하고 밀폐용기에 담아 말린 멕시코 오레가노 1작은

88 양을 늘리기 위해 사용되는 재료

술, 쿠민씨 1작은술, 월계수 잎 1장, 저민 마늘 1쪽 분량, 검은 통후추 1/2작은술을 넣는다. 레드 와인 식초를 양파가 잠길 만큼 부은 다음 뚜껑을 닫고 냉장고에 한나절 동안 두어 풍미가 배도록 한다. 이 양파 절임은 2주일 정도 보관할 수 있다. 유카탄에서는 이 에스카베체를 생선에 곁들여 먹는다.

오레가노와 토마토: 토마토와 오레가노(83쪽) 참조.

NIGELLA SEED

흑쿠민

흑쿠민씨에는 오해의 소지가 있는 이름이 많이 붙어 있다. 검은 쿠민, 블랙 캐러웨이, 검은깨, 흑양파 씨앗 등이다. 까맣기만 하면 온갖 씨앗의 이름이 전부 붙는 셈이다. 영문명인 '니겔라nigella' 또한 '작은 검은색'이라는 뜻이다. 단지에 담아두면 흑쿠민씨는 바닥 광택제와 우유처럼 희미하게 초등학교를 연상시키는 가벼운 풍미를 풍긴다. 가열하면 오레가노와 타임 풍미가 나지만 맵고 날카로운 느낌은 없다. 오레가노처럼 쓴맛이 나지만 미묘하게 구분할 수 있는 느낌인데, 다크 몰트 맥주나 스타우트와 비슷하다. 주유소 앞마당에서 느껴지는 장엄하고 자극적인 벤진 냄새처럼 자동차 연료와 가까운 향으로 변할 수도 있다. 훈연향이라고 부르는 사람도 있지만 나는 볶으면 특히 참깨처럼 사향이 두드러진다고 생각한다. 포도 같은 과일이나 사탕 풍미를 느끼는 사람도 있다. 원예사 K.V. 피터는 흑쿠민을 갈면 딸기 풍미가 난다고 말한다.

흑쿠민과 감자: 감자와 흑쿠민(236쪽) 참조.

흑쿠민과 당근

흑쿠민씨는 오랫동안 피클용 혼합 향신료에서 한자리를 차지했다. 하지만 당근 조각과 함께 흑쿠민만 온전하게 맛을 보자. 흑쿠민 풍미를 새롭게 발견할 수 있는 가장 사랑스러운 방법이다. 중간 크기 당근 2개의 껍질을 벗기고 가늘고 길게 썬다. 고운 천일염 1작은술을 뿌리고 20분 정도 재웠다가 물에 헹궈서 종이 타월로 물기를 제거한다. 뚜껑이 있는 작은 유리 또는 플라스틱 용기에 넣고 사과 식초 4큰술, 물 1큰술, 설탕 2작은술, 가볍게 볶은 흑쿠민씨 1작은술을 넣는다. 뚜껑을 닫고 냉장고에서 최소 4시간 정도 차갑게 재운 다음 먹는다. 2주일 정도 보관할 수 있다.

흑쿠민과 대추야자: 대추야자와 흑쿠민(137쪽) 참조.

흑쿠민과 레몬

흑쿠민씨의 풍미에는 감귤류 느낌이 있는데, 이는 시멘이 다량 함유되어 있기 때문이다. 시멘은 쿠민과 넛멕에서도 발견되는 향기 화합물이다. 모로코에서는 소금에 절인 레몬에 흑쿠민씨를 넣기도 한다.

흑쿠민과 참깨

섞어서 인도의 난이나 이란의 바바리 같은 빵에 뿌린다. 또는 각각 따로 사용한다. 이스라엘의 제빵사인 우리 셰프트는 그의 어머니가 두껍게 땋은 모양의 흰 참깨를 뿌린 빵 위에 흑쿠민씨로 장식한 가느다랗게 땋은 모양의 빵을 올린 형태의 찰라challah[89]를 만들었던 기억을 회상한다. 어머니가 '블랙타이 찰라'라고 불렀다고 한다. 팔레스타인 요리에서는 흑쿠민씨와 참깨를 섞어서 키자qizha라는 페이스트를 만든 다음 꿀이나 대추야자 시럽 등을 섞어서 스프레드를 만든다. 강한 맛이다. 마음에 들지 않는다면 약장에 보관하자. 흑쿠민과 참깨를 섞은 것은 전갈에 쏘였을 때 약으로 쓰인다고 한다.

흑쿠민과 치즈

텔 바니르는 흑쿠민으로 풍미를 더한 아르메니아의 스트링 치즈다. 땋은 모양을 길게 뜯어서 입에 넣으면 천천히 녹는데, 모차렐라 치즈와 할루미를 섞은 듯한 맛이 느껴진다. 모차렐라의 우유 맛에 할루미의 짭짤하고 강렬한 풍미가 서로 어우러진다. 흑쿠민씨가 오븐에서 갓 구워낸 빵 껍질의 향을 강렬하게 풍겨서 마치 손가락에 돌돌 감을 수 있는 치즈 얹은 토스트 같은 느낌이다.

흑쿠민과 코코넛

흑쿠민씨를 볶으면 견과류 향이 살아나서 달콤한 음식에 더 잘 어울리게 된다. 페시와리 난Peshwari naan[90]에 올려 먹으면 흑쿠민씨의 풍미가 속에 들어간 코코넛과 건포도에 스며들어서 은은한 훈연 향을 가미한다. 나는 아직도 우리 동네의 마크스앤드스펜서 상점에서 토피와 흑쿠민, 코코넛 맛 팝콘이 너무 순식간에 품절되어 버린 것만 생각하면 이상하게 흐느끼게 된다. 코코넛 마카롱에 흑쿠민씨를 소량 뿌리면 그 마법을 재현하는 데에 어느 정도 도움이 되지만, 흰 바탕에 까만 씨앗이 흩뿌려져 있는 것을 발견하면 피에로의 눈물을 보는 것 같아 다시 울게 된다.

흑쿠민과 콜리플라워

흑쿠민씨는 옅고 담백한 가벼운 맛을 선호한다. 빵이 대표적인 예이지만 브리 같은 가벼운 맛의 치즈, 코코넛, 콜리플라워 등도 최고의 궁합에 속한다. 나는 가끔 인도식 스튜나 달에 곁들이기 위해서 흑쿠민씨를 넣은 콜리플라워 라이스를 만들곤 한다. 풍미 면에서 말하자면 알루 고비와 난 사이 어딘가에 속하는 결과물이 된다.

흑쿠민과 쿠민

온라인 상점 '스파이스 하우스'는 흑쿠민씨의 풍미를 "쿠민과 타임 사이 어딘가"라고 설명한다. 꽤 단호하게 들린다. 향기로운 벵갈의 혼합 향신료인 판치 포론에는 쿠민과 호로파, 펜넬, 머스터드씨가 들어가 있

89 달걀과 설탕 등을 넣은 반죽을 땋은 모양으로 성형해 굽는 유대인의 빵
90 펀자브의 페샤와르 지방에서 만드는, 달콤한 속을 채운 납작한 발효 플랫브레드

는데 여기서 흑쿠민은 사그라지는 제비꽃 향을 담당한다. 하지만 향이 느껴진다는 점은 부정할 수 없다. 가수 찰리 와츠처럼 배경에 머무르지만 행복한 존재다. 인도식 플랫브레드와 달에 같이 넣어보자. 호로파와 흑쿠민(382쪽) 또한 참조.

흑쿠민과 토마토: 토마토와 흑쿠민(85쪽) 참조.
흑쿠민과 펜넬: 펜넬과 흑쿠민(324쪽) 참조.
흑쿠민과 호로파: 호로파와 흑쿠민(382쪽) 참조.

흑쿠민과 호밀

흑쿠민을 차르누슈카charnushka라고 부르는 러시아와 폴란드에서 인기 있는 조합이다. 제빵사라면 호밀빵에는 캐러웨이만큼이나 차르누슈카가 필수 불가결한 재료라고 주장할 것이다.

흑쿠민과 후추

조향사 스테펜 아크탄더는 흑쿠민씨의 풍미가 쿠베브 후추와 약간 비슷하다고 말한다. 나는 그 둘의 유사성은 거의 발견하지 못했다. 쿠베브와 달리 흑쿠민씨는 목구멍 뒤쪽을 자극하지 않는 향신료 중 하나다. 오히려 양귀비씨나 참깨처럼 빵에 뿌리는 향신료와 비슷하게 부드러운 느낌이 있다. 후추의 나무 향과 흑쿠민씨의 볶은 풍미와 허브 향이라는 대조적인 조합은, 티타임 시 달콤한 마살라 차이에 곁들여 내는 바삭한 인도의 크래커에서 훌륭한 맛을 보여준다.

SPICY WOODY

나무 향신료 향

cumin 쿠민

cinnamon 시나몬

allspice 올스파이스

bay leaf 월계수 잎

peppercorn 후추

CUMIN

쿠민

쿠민Cuminum cyminum의 독특한 풍미는 알데하이드에 기인하는데, 병에서 꺼내자마자 씨를 하나 씹어보면 바로 알 수 있을 정도로 강하고 거친 향이 나는 쿠민 알데하이드, 쿠민의 과일 향과 풍미를 담당하는 페릴 알데하이드 등이 있다. 그 외의 중요한 특징으로는 당근 같은 수지 향과 감귤류 풍미를 꼽을 수 있다. 나에게 쿠민 가루는 중고 가구점의 냄새다. 오일이나 기에 지글지글 끓이면 쿠민의 향이 조금은 부드러워지지만 거의 사라지지는 않는다. 식물의 지치지 않는 단맛을 거부하기 때문에 채식주의자와 비건 주방의 주류를 이루는 향신료이기도 하다. 쿠민은 짭짤한 요리다운 특성이 아주 강하다. 중동의 라스 엘 하누트와 듀카, 바하랏, 인도의 가람 마살라와 그 사촌 격인 페르시아의 아드비에advieh 등 많은 고전 혼합 향신료에서는 쿠민이 주도적인 역할을 담당한다.

쿠민과 강낭콩: 강낭콩과 쿠민(47쪽) 참조.
쿠민과 검은콩: 검은콩과 쿠민(44쪽) 참조.

쿠민과 렌틸

한때 채식주의를 대표하는 맛이었다. 쿠민은 갈색 렌틸의 흙 향기를 배가시키며 잘못 먹으면 마분지 같은 맛이 나게 한다. 내가 자주 가던 채식 식당에서는 다른 종류의 렌틸을 사용하지 않았기에, 갈색 렌틸을 특정해서 언급하는 것이다. 붉은 렌틸은 너무 시시하고 검은 렌틸은 너무 고급스럽다. 쿠민 속 구연산이 갈색 덩어리에 맞서 최선을 다했지만, 마치 편집증 안드로이드 마빈이 기운을 내도록 만들려 애쓰는 트릴리언을 보는 것 같다.[91] 절망적인 대의명분이랄까. 정말로 필요한 것은 감귤류를 첨가하는 것이다. 스페인계 유대인들이 먹는 렌틸 수프에는 레몬이 들어가지만 요구르트와 석류, 말린 살구나 블랙 라임 또한 날카로운 과일 향 활력을 불어넣는 데에 도움이 된다.

쿠민과 머스터드: 머스터드와 쿠민(214쪽) 참조.

쿠민과 병아리콩

말린 병아리콩을 삶으면서 40분 정도 지난 후에 부드러워진 맛을 보면 그 풍미가 삶은 달걀과 얼마나 흡

91 마빈과 트릴리언은 『은하수를 여행하는 히치하이커를 위한 안내서』의 등장인물로, 안드로이드 마빈의 우울증은 누구도 치유해줄 수 없는 상태다.

사한지에 놀라게 될 것이다. 이 신호를 제대로 캐치해야 한다. 고전적으로 달걀과 짝을 이루는 풍미는 병아리콩과 함께 먹어볼 가치가 충분하다. 예를 들어 소카(357쪽)라고 불리는 병아리콩 팬케이크나 후무스에 쿠민을 약간 뿌리는 것도 좋다. 초레chole나 차나 마살라chana masala처럼 향긋한 인도 병아리콩 요리에는 더더욱 자유롭게 쿠민을 넣을 수 있다. 달걀과 병아리콩(247쪽) 또한 참조.

쿠민과 보리: 보리와 쿠민(32쪽) 참조.

쿠민과 순무

순무는 펀자브에서 중요한 화두다. '샬감 키 사브지'와 '샬감 마살라'를 검색하면 쿠민과 코리앤더, 강황, 생강으로 양념한 소스에 순무 덩어리가 들어가 있는 수많은 레시피를 찾을 수 있다. 영국의 순무는 익히면 성긴 질감이 되기 때문에 큼직한 순무 덩어리가 들어가야 하는 레시피에는 쓰기 어렵다. 샬감 카 바타Shalgam ka bharta는 조금 나은 편인데, 으깬 다음 볶아서 여분의 수분을 날려버리기 때문이다. 반찬 4인분 기준으로 찐 순무 500g을 으깬 다음 프라이팬에 기 2큰술을 두르고 쿠민씨 1작은술을 넣는다. 쿠민이 탁탁 터지기 시작하면 아사푀티다를 1자밤 넣는다. 곱게 다진 마늘과 생강을 10g씩 넣고 날것의 냄새가 나지 않을 때까지 볶다가 으깬 순무와 물기를 따라낸 통조림 광저기black eyed bean 400g, 깍둑 썬 토마토 2개 분량을 넣는다. 자주 휘저으면서 약 15분간 볶는다. 다진 고수를 뿌려서 낸다.

쿠민과 오레가노: 오레가노와 쿠민(334쪽) 참조.

쿠민과 오크라

구운 오크라는 쿠민과 강한 친화력을 지니는 약간의 유황 풍미를 선보인다(삶은 달걀이나 구운 콜리플라워처럼 다른 유황 풍미 재료와 쿠민이 얼마나 잘 어울리는지 생각해보자). 2~3인분 기준으로 통오크라 깍지 250g에 올리브 오일과 쿠민 가루, 소금을 넣고 골고루 버무린 다음 베이킹 트레이에 담고 200°C의 오븐에서 적당히 부드러워질 때까지 10분 정도 굽는다. 스크램블드에그나 스크램블드 두부를 곁들여 낸다.

쿠민과 요구르트

세척 외피 크림치즈 같은 맛이 나는 조합이다. 쿠민은 부드러운 동물성 냄새와 땀 냄새를 선사하고 요구르트는 젖산의 새콤한 맛을 담당한다. 되직한 요구르트로 감귤류 향이 나는 맛있는 소스나 딥을 만들어보자. 얼음과 함께 갈아서 소금 한 자밤을 넣으면 '지라(쿠민) 라씨'가 된다. 망고 라씨보다는 아호 블랑코나 가스파초와 비슷한 맛으로 짭짤한 감칠맛이 강렬하면서 동시에 상쾌하다. 1잔 기준으로 요구르트 200ml와 갓 갈아낸 쿠민 1작은술을 사용한다. 먼저 쿠민 1/4작은술만 덜어서 넣고 곱게 갈아서 잔에 부은 다음 남겨둔 쿠민을 뿌려서 낸다. 또는 설탕을 첨가해서 쿠민의 색다른 단맛을 즐겨보는 것도 좋다.

쿠민과 잠두

말린 잠두를 익힌 것, 즉 풀ful은 중동 식료품 전문점에서 통조림으로 판매한다(직접 만들 수도 있다. 잠두와 마늘(252쪽) 참조). 캘리포니아 가든 브랜드에서 여러 종류를 판매하고 있는데, 나는 항상 찬장에 여러 개씩 구비해둔다. 이집트의 풀은 쿠민으로 맛을 내고, 레바논의 풀에는 병아리콩이 일부 들어간다. 타히니나 토마토가 들어간 것도 있으며 껍질을 제거한 풀, 으깬 풀 등이 존재한다. 콩을 데우는 시간 동안 달걀을 삶고 피타를 굽고 토마토와 파슬리를 잘게 다지면 10분 만에 풀 메다메가 완성된다.

쿠민과 캐러웨이: 캐러웨이와 쿠민(328쪽) 참조.

쿠민과 타마린드

시판 타마린드 소스는 타마린드보다 쿠민 맛이 더 강할 때가 있다. 병에 담긴 우울한 어둠이다. 단맛이 나는 음식은 물론이고 짭짤한 음식에도 맛을 충분히 검증하기 전까지는 사용하지 않는 것이 좋다. 타마린드 페이스트는 직접 만드는 것이 좋고(타마린드 (128쪽) 참조), 쿠민씨도 직접 갈아서 쓰는 것이 좋다. 단순화의 극치를 보여주며 반드시 그럴 만한 가치가 있을 때에만 손이 많이 가는 일을 추천하는 룩미니 아이어는 십에서 식섭 살아 만는 구민 가루는 "상상할 수 있겠지만 일반 쿠민 가루와는 거리가 아주 멀다"고 말한다. 《인도 익스프레스》에서 룩미니의 이 글을 읽은 이후로 나는 시판 쿠민 가루를 구입한 적이 없다.

쿠민과 호로파: 호로파와 쿠민(381쪽) 참조.
쿠민과 후추: 후추와 쿠민(360쪽) 참조.
쿠민과 흑쿠민: 흑쿠민과 쿠민(337쪽) 참조.

CINNAMON

시나몬

시나몬의 독특한 향은 유기 화합물인 시남알데하이드에 기인한다. 육계라고 불리는 진짜 시나몬은 실론 계피나무Cinnamomum verum의 속껍질에서 채취한다. 시남알데하이드의 향 외에도 상록수 나무껍질의 매우 신선하고 날렵한 향이 섬세한 정향과 꽃, 건초 풍미를 품고 있다. 반면 계피라고 불리는 친척 카시아(중국 시나몬)cinnamomum cassia는 시남알데하이드의 함량이 높고 다른 독특한 향 분자가 적기 때문에 훨씬 단순한 풍미를 보여준다. 따라서 시나몬의 미묘한 맛이 잘 드러나지 않을 수 있는 복합적인 구조의 음식(콜라 등)에 쓰이기에 좋다. 시나몬은 곡물과 잘 어울리기로 유명하지만 내가 보기에는 녹색 채소나 여름철 요리에는 잘 쓰이지 않는 편이다.

시나몬과 강황: 강황과 시나몬(220쪽) 참조.

시나몬과 건포도

스틱과 열매의 만남이다. 핫 크로스 번과 첼시 번, 라드로 만든 케이크 등 온갖 종류의 끈적끈적한 페이스트리에 함께 들어간다. 건포도 시나몬 베이글(일명 '크리스마스 베이글')은 고리 형태의 민스파이나 마찬가지다. 리스 대신 문에 걸어두어도 될 정도다. 표준 베이글 맛 중에서 가장 케이크에 가깝다. 브랜디 버터를 발라서 먹어보자. 또는 건포도 시나몬 쿠스쿠스가 얼마나 모든 종류의 육류와 채소, 치즈, 생선에 잘 어울리는지 확인해보자. 같은 맥락에서 타르타르와 콜슬로를 곁들인 버뮤다의 유명한 생선 튀김 샌드위치도 시나몬 건포도 강화 빵 토스트로 만든다.

시나몬과 고구마

고구마는 상당히 달다. 또는 다들 그렇다고 생각한다. '캔디드 얌'은 메인 코스가 끝날 때까지 기다렸다가 디저트를 먹는 것이 싫은 사람을 위한 추수감사절 요리다. 큼직하게 썬 고구마를 버터와 황설탕, 시나몬에 익혀서 만든다. 시나몬이 단맛을 끌어올리고 마시멜로를 토핑으로 올려서 달콤함을 한껏 강화한다. 도미니카에서는 흰색 고구마를 코코넛 밀크와 연유, 시나몬, 바닐라와 함께 걸쭉한 커스터드 같은 상태가 될 때까지 조리한다. 그런 다음 냉장고에 넣어서 식히면 훨씬 걸쭉해진다. 둘세 데 바타타라고 불리는 요리인데, 같은 이름의 아르헨티나 과자와 헷갈리면 안 된다. 고구마와 바닐라(146쪽) 또한 참조.

시나몬과 귀리: 귀리와 시나몬(64쪽) 참조.

시나몬과 깍지콩: 깍지콩과 시나몬(384쪽) 참조.

시나몬과 꿀

꿀은 조금 진지한 편이다. 시나몬은 그런 꿀을 유혹해서 생물 수업을 빼먹고 놀러 나가게 만든다. 꿀 시럽에 시나몬을 넣어서 로코마데스loukoumades(자그마한 그리스식 도넛)나 가을 과일 튀김 위에 두르면 거부할 수 없이 매력적인 축제 현장이나 기념 행사장의 향을 느낄 수 있다. 고대 웨일스의 발효 꿀 음료인 메세글린metheglin은 가까운 친척인 미드mead와 달리 시나몬으로 향을 내는 경우가 많다. 채집가 겸 작가 존 라이트는 메세글린은 향신료, 허브, 꽃, 그리고 이상한 맛이라는 네 가지 항목으로 분류할 수 있다고 설명한다.

시나몬과 대추야자

대추야자가 가장 좋아하는 향료 자리를 놓고 시나몬과 카다멈이 경쟁을 벌인다. 대추야자 페이스트에 시나몬을 섞으면 마그레브 지역의 끈적끈적한 세몰리나 케이크, 마크루드makroudh의 속을 채우는 용도로 쓸 수 있다. 알제리에는 브라지bradj라는 이름의 비슷한 페이스트리가 있는데, 여기에는 페이스트에 흑쿠민씨가 들어가기도 한다. 장미수나 오렌지 꽃물을 넣으면 기분 좋게 쌉싸름한 맛을 더할 수 있다. 검은색에 가까운 강렬한 풍미의 아즈와 등 일부 대추야자 품종에서는 원래 천연 시나몬 향이 난다. 작가 겸 식물학자 데이비드 카프는 바리 대추야자가 '칼랄khalal' 단계일 때, 즉 아직 완전히 익히 않았을 때 시나몬과 코코넛, 사탕수수를 섞은 것 같은 풍미가 난다고 표현한다.

시나몬과 마르멜루: 마르멜루와 시나몬(158쪽) 참조.

시나몬과 말린 자두

말린 자두에 시나몬을 넣는 것은 이미 진행 중이던 일을 마무리하는 것과 같다. 말린 자두에는 이미 독특한 베이킹용 향신료 풍미가 존재하기 때문이다. 영국의 음식 작가 앰브로즈 히스는 익힌 밤과 말린 자두에 약간의 설탕과 시나몬, 레몬즙, 셰리를 섞은 다음 뜨겁게 낸다. 파리에 자리한 라 메종 뒤 쇼콜라의 페이스트리 셰프 겸 쇼콜라티에 질 마샬은 말린 자두를 얼그레이 차와 바닐라에 조려서, 시나몬 사블레 비스킷에 곁들여 낸다.

시나몬과 머스터드

16세기까지 거슬러 올라가는 튜크스베리 머스터드는 머스터드와 홀스래디시를 섞어서 공 모양으로 빚은 것이다. 필요한 만큼 떼어내서 물과 사과 식초, 우유나 원하는 액체를 섞어서 쓰는데, 튜더 왕조 시대의 간편식이라고 할 수 있다. 여기에 가끔 시나몬이 들어가기도 했다. 오늘날에도 시나몬은 올스파이스, 생강과 함께 (원래) 독일식인 매콤한 브라운 머스터드에 들어가는 향신료 중 하나다. 머스터드씨와 식초의 강렬한 풍미에 가려져서 개별 향신료의 풍미가 잘 느껴지지 않을 수 있지만, 그래도 향과 은은한 단맛을 가미하는 역할을 한다.

시나몬과 메이플 시럽: 메이플 시럽과 시나몬(372쪽) 참조.
시나몬과 애호박: 애호박과 시나몬(395쪽) 참조.
시나몬과 양귀비씨: 양귀비씨와 시나몬(299쪽) 참조.
시나몬과 엘더베리: 엘더베리와 시나몬(107쪽) 참조.

시나몬과 오레가노

서로 다른 종류의 나무 풍미를 지니고 있다. 오레가노는 한여름의 따뜻한 솔잎 향을, 시나몬은 가을의 꿀을 머금은 적갈색 나무껍질의 향을 내뿜는다. 이 두 가지 향이 어우러지면 신선하고 달콤해지면서 콘브레드와 잘 어울린다.

시나몬과 옥수수: 옥수수와 시나몬(70쪽) 참조.

시나몬과 올스파이스

'올all' 스파이스는 조금 과장된 표현이다. 올스파이스라는 이름은 시나몬과 정향, 넛멕 이 세 가지 향신료 향이 난다는 뜻으로 붙은 것이다. 따라서 올스파이스가 없다면 이 세 가지 향신료를 동량으로 섞어서 충분히 대체할 수 있다. 세 가지 중에서 올스파이스는 시나몬과 가장 공통된 분자가 많지만 맛은 정향과 제일 비슷하다. 자메이카에는 시나몬과 아니스, 넛멕, 말린 오렌지 껍질을 갈거나 빻아 3:2:2:2:1의 비율로 섞어서 만드는 향신료 믹스가 있는데, 일반적으로 베이킹에 쓰인다.

시나몬과 월계수 잎: 월계수 잎과 시나몬(351쪽) 참조.

시나몬과 자두

매리언 버로스의 시나몬 향 자두 토르테 레시피는 1983년부터 1989년까지 매년 9월이면 《뉴욕 타임스》에 실렸다. 반으로 자른 자두를 올리고 시나몬을 뿌린 달콤한 파운드케이크다. 나는 이 케이크를 만들어서 오븐에 넣고 타이머를 설정한 다음 친구와 함께 정원에 나가 음료를 마셨다. 약 1시간 20분 후 남편이 나에게 한참 전에 타이머가 울렸는데 혹시 일부러 맞춘 것이냐고 물어왔다. 오븐에서 꺼낸 케이크는 마치 데이비드 린치 감독의 〈멀홀랜드 드라이브〉 영화에 나오는 식당 뒤쪽의 풍경 같았다. 자두는 이 상황에서 최대한 거리를 두고 싶다는 듯이 반죽 속으로 깊이 가라앉아 있었다. 나는 한 조각을 썰어서 먹어보았다. 나쁘지 않았다. 물론 퍼석했고 타버린 설탕이 끈적끈적한 검은 반점을 여기저기 남겨서 매캐했지만 닦아내는 데에는 아무 문제가 없었다. 이틀 뒤에는 온 가족이 파운드케이크 하나를 전부 먹어치웠다. 그제야 이 레시피가 그렇게나 인기가 많았던 이유를 알게 되었다. 이렇게 망한 상태에서도 그만큼 맛있다면……. 나는 남편을 오븐 타이머 지킴이 자리에서 해고한 다음 다시 파운드케이크를 만들었다. 완벽했다. 그리고 우리는 처음 구운 케이크가 더 마음에 든다는 사실을 깨달았다.

시나몬과 잣: 잣과 시나몬(365쪽) 참조.
시나몬과 참깨: 참깨와 시나몬(295쪽) 참조.
시나몬과 캐러웨이: 캐러웨이와 시나몬(327쪽) 참조.

시나몬과 크랜베리

크랜베리 소스에 들어간 시나몬은 마치 크리스마스 캐럴에 들어간 썰매 종소리처럼 배경 속에 숨어 있다. 크랜베리를 가장한 일반적인 베리 향과 함께 축제 시장을 겨냥한 값싼 향초와 룸 스프레이에 들어가서, 우리에게 실망감을 주곤 하지만 기분 좋은 조합이다.

시나몬과 파파야: 파파야와 시나몬(194쪽) 참조.
시나몬과 피칸: 피칸과 시나몬(369쪽) 참조.
시나몬과 후추: 후추와 시나몬(358쪽) 참조.

ALLSPICE

올스파이스

상록수인 올스파이스나무Pimenta dioica의 열매는 덜 익었을 때 따서 적갈색으로 변할 때까지 일주일 정도 햇볕에 말린다. 에센셜 오일의 함량이 가장 높은 최고의 열매는 자메이카산으로, 피멘토라고 불린다. 영어 이름인 올스파이스는 인기 높은 향신료를 조합한 듯한 풍미가 느껴진다는 뜻을 담았다. 과학 분석에 따르면 올스파이스는 실제로 비슷한 향신료와 공통적인 향미 성분을 함유하고 있지만 그 특성은 고유해서 기름진 맛을 깔끔하게 만들고 감귤류 제스트와 아주 잘 어울리는 단단한 상쾌함이 느껴진다. 올스파이스의 맛은 육류를 떠올리게도 하는데, 풍미만큼이나 보존성 덕분에 많은 소시지 혼합물의 재료로 들어가기 때문이다. 독일과 이탈리아에서는 올스파이스를 샤퀴테리에 흔하게 사용한다. 스칸디나비아 사람은 청어를 절일 때 쓴다.

올스파이스와 건포도: 건포도와 올스파이스(125쪽) 참조.

올스파이스와 고추

저크 양념의 슬라이 앤드 로비[92]다. 본 스태퍼드 그레이는 《스미스소니언》 잡지에 기고한 글에서 저크는 17세기 자메이카의 산악 내륙 지방으로 탈출한 노예인 마룬족이 사용하던 요리법에서 유래했다고 설명한다. 마룬족은 올스파이스와 자그마한 붉은색 '새 고추bird peppers'를 섞어서 고기에 문질러 바른 다음 초호초草胡椒의 잎으로 감싸서 불에 구워 먹었다. 세월이 지나면서 저크 양념은 갈수록 복잡해져 현재는 보통 스카치 보닛 고추와 올스파이스에 실파, 생강, 마늘, 시나몬, 타임 등을 섞어서 만든다. 여기에 식초와 오렌지 주스, 라임 주스, 설탕, 그리고 가끔 간장 등을 섞어서 페이스트를 만든다. 올스파이스는 멕시코에서도 자라며 그곳에서도 광범위하게 쓰인다. 올스파이스의 잎과 열매는 고추와 함께 섞어서 칠포존틀chilpozontle이라는 닭고기 스튜를 만드는 데에 쓰이고 가끔은 초콜릿에 넣기도 한다.

올스파이스와 레몬: 레몬과 올스파이스(176쪽) 참조.

올스파이스와 렌틸

올스파이스는 팀 플레이어다. 열 몇 가지의 다른 재료가 첨가되지 않으면 거의 모습을 드러내지 않는다. 석류 당밀과 쿠민, 파슬리, 고수 잎으로 만드는 시리아의 렌틸 파스타 요리 하라크 오스바오harak osbao에

92 자메이카의 레게 뮤직 프로듀서

서 올스파이스를 찾아볼 수 있다. 서양의 요리책에 주로 '쌀과 렌틸 요리' 등으로 등장하는 또 다른 중동의 콩과 곡물 요리로 무자다라Mujadara가 있다(통곡물 쌀과 렌틸(19쪽) 참조). 이 경우에는 올스파이스에 시나몬과 넛멕, 쿠민을 섞어서 사용한다. 달에 올스파이스를 넣는 것은 드문 일이지만 셰프 모니샤 바라드와즈는 올스파이스가 가끔은 "북인도 커리와 비르야니에 천국의 향기를 선사하는 비밀스럽고 마법 같은 재료"가 되어준다고 말한다.

올스파이스와 바닐라: 바닐라와 올스파이스(142쪽) 참조.

올스파이스와 생강

둘 다 자메이카산이 가장 품질이 좋다. 올스파이스는 매콤한 진저브레드와 케이크에 톡 쏘는 맛을 더한다. 럼과 생강에 올스파이스 리큐어인 피멘토 드램(캐러웨이와 올스파이스(327쪽) 참조)을 더하면 다크 앤드 스토미 칵테일을 훨씬 어둡고 폭풍우가 휘몰아치는 맛으로 만들 수 있다. 럼의 테이스팅 노트는 올스파이스를 돋보이게 하는 요리나 음료를 만들고 싶을 때 훌륭한 영감의 원천이 되어준다. 예를 들어 에퀴아노 럼은 토피와 라즈베리, 블러드 오렌지에 히비스커스 차를 살짝 곁들인 향을 지니고 있다.

올스파이스와 시금치: 시금치와 올스파이스(401쪽) 참조.
올스파이스와 시나몬: 시나몬과 올스파이스(345쪽) 참조.
올스파이스와 엘더베리: 엘더베리와 올스파이스(108쪽) 참조.

올스파이스와 오렌지

올스파이스 탄젤로는 1917년 캘리포니아에서 만들어낸 품종이다. 탄젤로는 만다린과 포멜로 또는 자몽의 교잡종이다. 캘리포니아 출신 셰프 데이비드 킨치에 따르면 상당히 설득력 넘치는 올스파이스 맛이 느껴지며, 감귤류와 달콤한 향신료라는 축제 같은 조합을 고려한다면 '크리스마스 탄젤로'라는 이름을 붙이는 쪽이 더 잘 팔렸을 것이라고 한다. 킨치는 얇게 저민 아삭한 래디시와 순무를 헤이즐넛 오일과 레몬즙에 버무리고 소금과 후추, 로켓 퓌레, 짭짤한 그래놀라와 소량의 우유 커드로 양념해 낸다.

올스파이스와 월계수 잎

올스파이스나무의 잎은 유럽 월계수Laurus nobilis와 향과 풍미가 비슷하지만 약간 더 순한 편으로, 거의 비슷한 스타일로 요리에 쓰인다. 올스파이스의 가까운 친척인 베이럼 나무pimenta racemosa는 헤어 토닉과 애프터셰이브 로션으로 유명한 월계수 럼을 만드는 데에 쓰인다. 금주법이 시행되는 동안 사람들이 이 월계수 럼을 마시면서 판매량이 급증했다. 누굴 탓할 수 있으랴? 듣기에도 맛있을 것 같다. 올스파이스 열매는 그 어떤 식물보다도 월계수 잎과 공통되는 분자가 많기 때문에 수프나 베샤멜소스, 콩 냄비 요리 등을 만들 때 월계수 잎 한 장 대신 올스파이스 베리를 으깨서 한두 개 정도 넣으면 훌륭하게 대체할 수 있다.

올스파이스와 잠두

펄리시티 클로크는 “해기스의 주된 풍미는 내장으로, 동물성 재료 없이는 재현하기 힘든 맛이다”라고 말한다. 하지만 글래스고에 자리한 유비쿼터스 칩은 이를 훌륭하게 구현했다. 지난번에 맛을 봤을 때 이들의 채식 해기스는 비록 육류의 맛은 부족했지만 뭔가 진정한 풍미의 종을 울리는 맛이 있었다. “올스파이스 때문일지도요?” 종업원이 말했다. 나는 이 책의 잠두 장을 위해 자료를 조사하면서 비로소 채식 해기스를 직접 만들어 보기로 했다. 껍질째 말린 잠두에는 은은한 피 맛이 나기 때문에 클로크의 완벽한 채식 해기스를 다음과 같이 변형하는 데 쓸 수 있다. 4인분 기준으로 말린 녹색 완두콩 50g을 물에 불린 다음 부드러워질 때까지 삶는다. 물기를 제거하고 따로 보관한다. 통보리 50g을 알 덴테로 삶는다. 껍질째 말린 잠두 75g을 부드러워질 때까지 삶은 다음(또는 넉넉하게 삶아서 다음 날에 풀 메다메를 만들어도 좋다. 잠두와 마늘(252쪽) 참조) 콩 삶은 물을 350ml 정도 따로 보관하고 잠두를 건져 물기를 제거한다. 대형 냄비에 곱게 깍둑 썬 양파(대) 1개 분량을 버터와 함께 부드러워질 때까지 볶은 다음 곱게 깍둑 썬 당근(대) 1개 분량을 넣는다. 건져낸 완두콩과 볶은 스틸컷 귀리 100g을 넣는다. 익은 잠두(또는 넉넉하게 삶았다면 150g만)를 굵게 으깬 다음 올스파이스 가루 1과 1/2작은술, 카이엔 페퍼 1자밤, 넛멕 한 번 간 분량, 말린 세이지 1/2작은술, 백후추 1/2작은술, 소금 1/2작은술을 넣는다. 마마이트 2작은술과 흑당밀 1큰술을 남겨둔 잠두 삶은 물에 넣어서 잘 녹인 다음 냄비에 붓고 가끔 저어가며 수분이 거의 날아갈 때까지 뭉근하게 익힌다. 그동안 오븐을 180°C로 예열하고 18cm 크기의 정사각형 베이킹 그릇에 버터를 넉넉히 바른다. 해기스 냄비에 통보리를 넣어서 잘 섞은 다음 베이킹 그릇에 넣고 덮개를 씌워서 30분간 익힌다. 뚜껑을 열어서 30분 더 익힌다. 으깬 순무와 감자 요리를 곁들여 낸다.

올스파이스와 초콜릿

초콜릿에 넣는 향료로서의 올스파이스는 든든한 바닐라의 멋진 대체재로, 초콜릿에 활기를 불어넣을 수 있다. 이 방식으로 코코아를 만들면 다 마시기 전까지 깜박 졸 일이 없다. 와일드한 느낌이라 코코아 닙스와의 조합도 인기가 많다.

올스파이스와 캐러웨이: 캐러웨이와 올스파이스(327쪽) 참조.

올스파이스와 코코넛

케네스 T. 패럴은 올스파이스가 카다멈을 대체하기 위해서 유럽에 수입되기 시작했다고 주장한다. 두 향신료의 맛은 전혀 비슷하지 않기 때문에 이상하게 느껴질 수 있다. 하지만 갈아낸 코코넛에 올스파이스와 약간의 넛멕, 바닐라, 커피를 가미하는 피에르 에르메의 간단한 비스킷 레시피에서 볼 수 있듯이, 카다멈은 올스파이스처럼 코코넛과 잘 어울린다는 특징이 있다.

올스파이스와 콜리플라워: 콜리플라워와 올스파이스(209쪽) 참조.

올스파이스와 토마토

토마토소스와 수프에 올스파이스를 넣어서 올스파이스의 단맛을 최대한 활용해보자. 시나몬처럼 토마토의 새콤한 맛을 잡아주는 역할을 하지만, 본인에게는 시선이 훨씬 덜 집중되는 방식을 택한다. 올스파이스는 대부분의 케첩에 들어가는 재료로, 그 풍미에 익숙해지면 쉽게 감지해낼 수 있다. 허니앤드코는 튀르키예식 매운 고추 페이스트인 아치 비버 살카시aci biber salcasi 대신, 토마토퓌레와 올스파이스, 파프리카, 고추로 만든 훨씬 단순한 양념을 사용할 것을 제안한다.

올스파이스와 통곡물 쌀

알리스 아른트에 따르면 튀르키예에서는 밥을 양념할 때 올스파이스를 폭넓게 사용한다. 쌀과 올스파이스를 섞은 것을 포도 잎이나 속을 채울 수 있는 채소에 넣기도 한다. 말린 민트와 딜, 쿠민, 코리앤더, 후추 등을 미리 섞은 혼합 제품을 구입할 수도 있다. 올스파이스는 신대륙에서 시작되었지만 이제는 튀르키예 요리에 완전히 통합되어서 현지에서는 '돌마dolma 향신료'라는 새로운 이름을 획득했을 정도다('돌마'는 대략 프랑스의 '파르시'와 비슷한 뜻으로, 속을 채운 음식을 칭하는 단어다).

올스파이스와 피스타치오: 피스타치오와 올스파이스(309쪽) 참조.

올스파이스와 후추

후추 분쇄기에 올스파이스와 흑후추를 섞어서 넣어보자. 실수로 탄생한 레시피처럼 들릴 텐데, 솔직히 실수였긴 했지만 행복한 실수였고, 분쇄기를 따로 하나 살 만한 가치가 있다. 올스파이스의 카네이션 같은 향기가 후추에 꽃향기를 더해서 비싼 후추만 사용했을 때보다 더 흥미로운 향이 난다. 대부분의 향신료 판매자가 최고라고 인정할 뿐만 아니라 크기가 자그마해서 분쇄기에 딱 맞을 자메이카산 올스파이스를 구해보자. 레몬즙과 신선한 후추 향 올리브 오일에 섞으면 느낌표 세 개가 붙은 비네그레트가 완성된다.

BAY LEAF

월계수 잎

유럽 월계수의 잎인 '월계수 잎'은 자라나는 곳이라면 어디에서나 요리에 광범위하게 사용된다. 허브와 향신료의 따뜻하고 은은한 풍미를 요리에 더한다. 월계수 잎은 거의 자동적으로 짭짤한 요리에 사용되지만 바닐라가 심하게 보편화되기 전까지는 커스터드와 우유 푸딩에도 인기리에 쓰였다. 지금도 액과일 잼이나 말린 과일 콩포트에는 자주 들어간다. 미국에서는 약용 및 유칼립투스 같은 풍미가 너무 강한 탓에 관심이 조금 떨어지는 캘리포니아산 월계수 잎과 구분하기 위해서 월계수Laurus nobilis를 튀르키예 월계수Turkish bay이라고 부른다. 서인도 월계수West Indian bay는 베이럼 나무pimenta racemosa의 잎이다(올스파이스와 월계수 잎(348쪽) 참조).

월계수 잎과 감자

감자를 삶을 때 월계수 잎을 한두 장 넣으면 으깬 감자, 구운 감자, 버터에 버무린 햇감자 같은 감자 요리의 풍미가 좋아진다고 주장하는 요리사들이 있다. 감자가 충분히 식은 후에 아주 집중해서 맛을 보면 그 풍미를 감지할 수 있다. 삶은 감자를 샐러드에 쓰기 위해 하루 이틀 정도 냉장고에 넣어두고 나면 그 풍미가 훨씬 뚜렷하게 느껴진다. 어떤 요리사는 해슬백 감자[93]를 만들면서 칼집 사이사이에 월계수 잎을 한두 장 넣기도 한다.

월계수 잎과 검은콩: 검은콩과 월계수 잎(43쪽) 참조.
월계수 잎과 구스베리: 구스베리와 월계수 잎(97쪽) 참조.
월계수 잎과 당근: 당근과 월계수 잎(227쪽) 참조.
월계수 잎과 렌틸: 렌틸과 월계수 잎(55쪽) 참조.
월계수 잎과 마늘: 마늘과 월계수 잎(266쪽) 참조.
월계수 잎과 말린 자두: 말린 자두와 월계수 잎(121쪽) 참조.

월계수 잎과 시나몬

풍미가 담긴 잎과 막대다. 무화과에 풍미를 더하는 용도로 사용할 수 있다. 타말라Cinnamomum tamala는 인도 월계수Indian bay, 테즈팟tejpat으로 불리는 잎이 나는 상록수다. 모양과 색깔이 유럽 월계수 잎과 비슷하지만 잎 끝으로 이어지는 잎맥이 하나가 아니라 세 개다. 시나몬과 정향 풍미가 진하다. 나무가 어디서 자

93 감자가 완전히 잘리지 않도록 깊은 칼집을 촘촘히 넣어 굽는 요리. 아코디언 감자라고도 부른다.

랐느냐에 따라 둘 중에 어느 한 향이 더 강하기도 하지만, 그래도 테즈팟 한 봉지를 열면 일단은 핫 크로스 번의 향이 난다. 타말라는 우리에게 계피를 선사하는 품종 중 하나로 시나몬 대신 흔하게 쓰이며(특히 미국에서 애용한다) 시남알데하이드 성분이 80%에 달해서 '진짜 시나몬'인 실론 계피나무보다 높기 때문에 훨씬 거칠고 강한 풍미를 선보인다. 테즈팟 잎은 달과 커리에 잘 어울리며 이탈리아의 토마토 기반 소스에 달콤하고 맵싸한 바질 같은 향을 더할 수도 있다.

월계수 잎과 오렌지

휴 펀리 휘팅스톨처럼 말린 것보다 신선한 월계수 잎을 선호했던 페이션스 그레이는 마멀레이드병에 월계수 잎을 넣는 것을 좋아했다. 나쁜 생각은 아니다. 아침 식사에 가미된 쓴맛과 복잡한 풍미는 남은 하루가 달콤하고 단순해질 일만 남았다는 것을 의미하니까.

월계수 잎과 올스파이스: 올스파이스와 월계수 잎(348쪽) 참조.

월계수 잎과 자두

체리 월계수cherry laurel는 19세기 요리책에 등장하는 식재료다. 맛있을 것 같은 이름이지만 체리 월계수에는 독성이 있으므로 정원 경계를 표시하는 용도로 사용하는 것이 가장 좋다. 이는 프랑스의 요리책 번역가가 '월계수Laurus nobilis'와 '월계귀룽나무Prunus laurocerasus'(체리 월계수)를 혼동해서 발생한 실수다. 월계수 잎에서 고소한 비터 아몬드 풍미가 느껴진다면 위경련이 일어나게 될 것이다. 식용 월계수 잎은 넛멕에 더 가까운 맛이 난다. 이 따뜻한 향신료 풍미 덕분에 월계수 잎은 자두 잼이나 복숭아 절임을 담은 병에도 넣기 좋으며 자두 콩포트를 만들면 베르무트 같은 진한 풍미를 선사한다.

월계수 잎과 캐슈

캐슈로 비건 '크림치즈'를 만들어 작은 라메킨에 담았더니 조금 밋밋해 보여서 월계수 잎을 올린 적이 있다. 맛을 보니 치즈보다는 파테를 연상시키는 풍미가 났는데, 이는 전적으로 월계수 잎 덕분이었다. 비건 파테를 만들려면 캐슈 125g을 월계수 잎 두어 장과 함께 두어 시간 정도 물에 담가둔다. 곱게 다진 샬롯 2개와 곱게 다진 마늘 2쪽 분량을 올리브 오일 1큰술과 함께 부드러워지도록 볶은 다음 포트와인 2큰술을 부어서 홀랜다이즈 소스에 넣을 법한 향기로운 졸임액이 될 때까지, 즉 처음보다 부피가 반 정도 줄어들 때까지 졸인다. 식으면 블렌더로 옮겨 담고 물기를 제거한 캐슈(월계수 잎은 제거한다)와 소금, 검은 후추를 넣는다. 곱게 갈아서 작은 라메킨에 담고 월계수 잎 1장을 위에 올린다. 덮개를 씌우고 냉장고에서 하루 정도 차갑게 식힌 다음 크래커나 토스트를 곁들여 낸다.

월계수 잎과 통곡물 쌀

월계수 잎은 스튜와 라구에 자동적으로 들어가는 향미 재료이기 때문에 정작 그 맛이 어떤지 정확히 알지 못한다는 사실을 깨달으면 충격을 받을 수 있다. 여기, 델리를 운영하는 글린 크리스티안이 제안하는 월계수 잎의 맛을 확인하는 좋은 방법이 있다. 밥을 지을 때 오직 월계수 잎만 넣어보는 것이다. 쌀 200g당 신선한 잎 2~4장이면 충분하다. 월계수 잎에서는 레몬과 바닐라 향이 흔하게 감지되지만, 크리스티안의 밥 실험을 따라 해보니 그 향을 느낄 수가 없었다. 대신 감기 환자에게 익숙할 시판 감기약 '빅스Vicks' 그리고 레드 베르무트, 앙고스투라 비터스와 콜라에 들어가는 장뇌 향이 느껴졌다. 월계수 잎의 인기가 그토록 높은 이유가 바로 이것일지도 모르겠다. 월계수 잎을 넣고 지은 밥은 껍질을 제거하고 잘게 썬 오렌지 과육과 펜넬, 호두를 넣은 겨울 쌀 샐러드의 완벽한 베이스가 된다. 하지만 모든 신의 피조물이 월계수 잎을 좋아하는 것은 아니다. 해충을 막기 위해 찬장에 보관하는 쌀에 월계수 잎을 한두 장 넣어두는 것은 꽤 흔한 일이다. 곡물과 밀가루에도 효과가 있다.

월계수 잎과 파슬리

신선한 파슬리와 말린 월계수 잎, 타임 줄기 하나 혹은 세 개는 프랑스 스튜와 찜에 들어가는 전형적인 부케 가르니 재료다. 엘리자베스 데이비드는『영국 주방의 향신료와 소금, 향료』에서 로즈메리는 피하라고 경고한다. 풍미가 너무 강하기 때문이다. 나는 이 경고를 도무지 잊어버릴 수가 없는데, 내가 가지고 있는 이 책의 표지에는 월계수 잎과 파슬리, 그리고 음, 로즈메리로 만든 다발이 클로즈업된 사진이 실려 있기 때문이다. 어쨌든 엘리자베스 데이비드의 조언은 타당한 것 같지만 예를 들어 콩 요리 냄비에 소량의 로즈메리나 세이지, 오렌지 껍질 한 조각, 시나몬 스틱 하나 정도는 넣으면 활력을 불어넣어 주기도 한다.

월계수 잎과 펜넬

펜넬 잎과 월계수 잎, 레몬 제스트는 해산물용 부케 가르니다. 이 향은 우리를 잠시나마 해질녘에 프랑스 망통Menton의 테라스에서 허브 아페리티프를 마시던 순간으로 데려다 준다. 그러다 정신을 차려보면 생선과 함께 주방에 서 있는 것이다. 생선이 없다면 이 향기로운 부케 가르니를 머리 장식품으로 쓸 수도 있다. 또한 말린 과일 콩포트나 퓌 렌틸 요리에 향을 더할 수도 있다. 정원에서 펜넬과 월계수 나무를 다듬을 때면 잘라낸 부분을 남겨두었다가 다음에 바비큐를 할 때 향기로운 훈연 재료로 쓸 수 있다.

월계수 잎과 후추

사람들을 행복하게 하는 조합이다. 두 향신료 모두 음식에 향기와 신선함을 더해주지만 그 자체로 시선을 집중시키는 일은 드물다. 월계수 잎과 후추를 육수 냄비에 넣으면 은은한 깊이와 쌉싸름한 맛을 더할 수 있다. 반면 필리핀의 아도보adobo에서는 식초와 간장, 마늘에 약간의 설탕이 들어가는 국물에 동동 띄우는 주요 허브와 향신료이기 때문에 없어서는 안 되는 필수 재료라고 할 수 있다. 일반적으로 단백질 재료로는 닭고기와 돼지고기가 들어가는데, 이들의 지방 또한 필수 재료다. 담백한 아도보는 피클 절임액과 비슷한 맛이 되기 때문이다.

PEPPERCORN

후추

세상에서 가장 인기 있는 향신료다. 모든 훌륭한 리더가 그렇듯이 흑후추는 다른 이의 능력을 최대치로 끌어내지만 그 자체로 인정받는 경우는 드물다. 흑후추, 백후추, 녹색 후추는 꽃이 피는 상록 덩굴식물 후추Piper nigrum에서 난다. 검은 후추와 녹색 후추의 원료인 덜 익은 열매는 주로 감귤류 느낌이 가미된 소나무 풍미가 강하고, 녹색 후추의 경우에는 여기에 허브 향이 추가된다. 하지만 매운맛에 집중하다 보면 이 모든 것을 놓치기 쉽다. 후추는 신선한 풍미와 매운맛이 조화를 이루어서 다재다능한 조미료로 쓰이지만 카초 에 페페에서 확실하게 확인할 수 있듯이 후추가 마지막에 버릇처럼 뿌리는 양념 이상의 역할을 하는 요리도 있다. 향은 일단 분쇄하고 나면 너무나 순식간에 사라지기 때문에, 이미 갈아져 있는 후추 제품을 구입하면 풍미는 거의 감지할 수 없고 그저 굉장히 매운 먼지를 먹는 것이나 다름없다. 분쇄하는 크기를 조절할 수 있는 쓸 만한 후추갈이를 구입하자. 기구를 갖춘 후에 다음 풍미 목록 중에서 느껴지는 것이 있는지 감지해보자. 과일, 삼나무, 감초, 장뇌, 꽃, 쓴맛, 석탄산 비누, 시나몬, 넛멕, 담배, 민트, 약용, 갓 깎아낸 잔디, 판지, 소나무, 체리, 감귤류, 랍상소총 홍차, 멘톨, 흙, 크리스마스트리 등이다. 백후추는 흑후추와 같은 열매를 사용하지만 잘 익힌 다음 껍질을 제거한 후 건조시킨다. 분홍 후추는 아예 후추 열매가 아니라 전혀 다른 세 가지 품종 중 하나의 열매를 건조시킨 것이다. 개인적으로 분홍 후추에서는 헤어스프레이 맛이 느껴진다. 이 장에서는 필발, 그레인 오브 파라다이스, 산초, 화자오, 쿠베브, 티무르 후추를 모두 다룬다.

후추와 가지

크리스틴 맥패든은 자신의 저서 『후추』에서 케랄라주의 와야나드 흑후추는 닭고기나 생선의 맛은 압도해버릴 수 있지만 파스타나 가지와는 잘 어울린다고 설명한다. 또한 가지는 새까맣게 타버린 올챙이처럼 작은 꼬리가 달린 까만색 인도네시아 쿠베브 후추와 잘 어울린다고 한다. 쿠베브에서는 넛멕이나 메이스의 향이 강하게 난다고 말하는 사람도 많지만 나는 페퍼민트 풍미가 가장 강하게 느껴진다. 폴라 울퍼트에 따르면 모로코 탕헤르에서는 쿠베브를 라 카마 혼합 향신료에 넣는다고 한다. 라 카마는 아주 간단하게 만들 수도 있고(강황과 시나몬(220쪽) 참조) 다음처럼 타진에 어울리도록 조금 더 정교하게 만들 수도 있다. 강황 가루와 생강, 흑후추를 각각 3, 시나몬 가루와 쿠베브를 각각 2, 넛멕 가루를 1의 비율로 섞는 것이다.

후추와 감자: 감자와 후추(236쪽) 참조.

후추와 강황: 강황과 후추(221쪽) 참조.
후추와 검은콩: 검은콩과 후추(45쪽) 참조.

후추와 고추

친구일까, 라이벌일까? 아시아에서는 고추 재배가 훨씬 쉽기 때문에 후추 대신 매운맛의 기본 공급원으로 자리 잡았다. 후추의 매운맛은 피페린이라는 알칼로이드에서 나온다. 순수한 형태의 피페린은 재료의 매운맛을 측정하는 스코빌 열 단위Scoville Heat Units에서 10만 SHU를 기록한다. 고추의 매운맛을 담당하는 알칼로이드인 순수한 캡사이신은 1,600만 SHU에 달한다. 후추와 고추의 매운맛은 상대적인 강도 외에도 지속 기간에서 차이가 발생한다. 후추의 매운맛은 즉시 감지할 수 있지만 일시적이다. 고추의 매운맛은 느껴지기까지 시간이 걸리지만 오래 남는다. 이 조합은 서인도제도의 저크 향신료나 케이준 블랙 향신료 같은 혼합 향신료에 주로 함께 들어간다. 꽤 오래전 첼시의 한 고급 케이준 레스토랑에서 데이트를 했을 때, 나는 세련된 분위기를 보고 너무 매운 음식은 없을 것이라고 생각해 케이준 블랙 참치 요리를 주문했다. 내 생각이 틀렸다. 열심히 먹었지만 점점 매운맛이 강해져서 말을 하기 위해 입을 벌리기가 힘들었고, 통증이 더 심해질까 봐 와인을 마실 수도 없었다. 일주일이 지난 후 나는 데이트 상대와 나 둘 다 아는 친구에게 왜 그 상대가 나에게 더 이상 연락을 하지 않는지 물어봤다. 친구가 말해주길 내가 너무 조용해서 그의 이상형이 아니었다고 한다.

후추와 달걀

나는 백후추를 평범한 소고기 스튜와 베이크드 빈을 얹은 토스트, 스크램블드에그처럼 어린 시절에 먹었던 가장 소박한 영국 요리와 분리해서 생각하기가 너무나 어렵다(흑후추는 달걀프라이에 뿌린다. 스크램블드에그와 백후추는 타협 불가능이다). 내가 백후추를 훨씬 이국적인 맛으로 느낀 것은 20대에 풀럼에 있는 블루 엘리펀트에서 팟타이를 먹었을 때였다. 백후추의 풍미는 주로 '농장 향기'로 표현되며 단점으로 지적될 때도 있지만 내가 백후추를 좋아하는 이유가 바로 그 소박한 느낌, 더 정확하게 말하자면 양배추 같은 향이다. 약간의 유황 느낌이 있어서 익힌 달걀노른자와 조화로운 궁합을 자랑한다. 인도 남부의 와야나드와 사라왁에서 생산되는 후추가 가장 고품질로 인정받는다. 또한 백후추는 흑후추보다 더 즉각적인 매운맛을 선사하여 팟타이 같은 요리에서 고추와 유황 냄새가 나는 피시 소스 사이를 중재하는 역할을 한다.

후추와 라임: 라임과 후추(180쪽) 참조.
후추와 레몬: 레몬과 후추(177쪽) 참조.
후추와 말린 완두콩: 말린 완두콩과 후추(239쪽) 참조.
후추와 메이플 시럽: 메이플 시럽과 후추(375쪽) 참조.

후추와 미소

산초는 감귤류 가족의 일원이다. 미소 국, 특히 적미소로 만든 국물 맛을 내는 데에 사용되며 모노테르펜인 게라니올과 시트로넬랄, 디펜텐에서 유래한 레몬과 레몬그라스 향이 강하다. 필발도 이와 비슷한 감귤류 향이 나는데 여기에 시나몬과 아니스 향이 첨가된다. 파리에 본사를 둔 일본 델리카트슨 니시키도리는 필발로 향을 낸 백미소를 판매한다. 훈제 연어와 고기 타르타르, 신선한 딸기에 곁들여 먹는 것을 추천한다. 일반 흑후추를 굵게 갈아서 미소 국에 넣어 그 풍미를 가까이에서 느껴보는 것도 좋다.

후추와 바닐라: 바닐라와 후추(144쪽) 참조.
후추와 버섯: 버섯과 후추(291쪽) 참조.

후추와 병아리콩

병아리콩에는 후추를 두어 번 갈아 넣기만 하면 충분하다. 병아리콩 가루와 올리브 오일, 물로 만드는 단순한 팬케이크인 소카socca는 소금과 넉넉한 양의 흑후추로 맛을 낸다. 니스의 명물로 구시가지의 가판대에서 판매하며 마치 그 위로 보이는 벨 에포크 양식의 건물 외관에서 핫플레이트로 바로 떨어뜨린 것처럼 생겼다. 지저분한 커스터드 노란색에다 표면에는 발코니의 철제 레이스 장식 같은 검은색 에칭 무늬가 들어가 있다. 소카를 엇비슷하게 만들어보고 싶다면 체에 내린 병아리콩 가루 200g에 뜨거운 물 350ml, 올리브 오일 3큰술, 소금 2작은술을 넣고 곱게 잘 섞는다. 반죽을 실온에 두어 시간 두었다가 크레페처럼 팬에 올리브 오일을 두르고 부친다. 굵게 간 검은 후추를 넉넉히 뿌려서 마무리한다.

후추와 사과

보존식품 전문가인 팸 코빈은 사과 치즈에 으깬 흑후추를 넣어서 매운맛과 식감, 그리고 풍미를 더한다. 과일 치즈는 혀가 마비될 정도로 달콤해질 수 있기 때문에 후추의 나무 풍미가 매우 환영받는데, 바탕에 향을 깔면서 사과가 달콤한 멜로디를 마음껏 노래할 수 있도록 도와준다. 색은 살짝 적갈색이 돌지만 맛은 훨씬 흥미진진하다.

후추와 생강

후추는 카이엔 페퍼가 그 자리를 차지하기 전까지 진저브레드를 훨씬 매콤하게 만드는 데에 쓰였다. 동량으로 비교하면 카이엔 페퍼가 훨씬 맵지만 통후추는 으깨면 훨씬 맵게 만들 수 있다는 점을 기억하자. 으깬 흑후추를 넣으면 진저브레드와 비스킷에 생강과 잘 어울리는 나무와 은은한 과일 향의 매운맛을 더할 수 있다. 인도에서는 생강과 후추로 마살라 차이에 불타는 맛을 더하는데, 북부 지역으로 갈수록 기온이 낮아지면서 생강과 후추가 들어가는 양이 늘어난다. 생강과 백후추에 넛멕과 정향을 더하면 프랑스의 혼합 향신료인 콰트르 에피스가 된다. 전통적으로 육류, 특히 돼지고기에 사용하는 향신료지만 배추속 채소나 흰콩에도 잘 어울린다.

후추와 시나몬

깨무는bite 후추와 컹컹 짖는bark[94] 시나몬의 만남이다. 셰프 폴 게일러는 시나몬과 녹색 후추로 맛을 낸 버터를 제안한다. 피플리pipli라고도 불리는 필발은 꽃차례 모양을 한 향기로운 후추의 친척으로 사람에 따라 시나몬 또는 말린 생강의 맛이 난다. 나는 두 가지 맛이 모두 느껴진다. 처음 맛을 봤을 때는 내 미각 수용기가 레브쿠헨을 떠올렸다. 두 번째는 생강과 시나몬, 카다멈을 아주 비싼 애프터셰이브처럼 진하고 나무 향이 나는 무언가에 뿌린 것 같은 풍미가 느껴졌다. 정말 매력적이었다. 특히 필발과 시나몬, 쿠민, 흑후추, 정향, 넛멕, 검은 카다멈을 섞어서 만드는 에티오피아의 혼합 향신료인 메켈레샤mekelesha 또는 왓 키멤wot kimem은 정말 향기롭다. 필발에는 필발Piper longum과 대필발Piper retrofractum의 두 가지 종류가 있다. 버러 마켓[95]의 스파이스 마운틴에서는 파인애플에는 대필발을 사용할 것을 권한다. 그 외에 배를 조릴 때 넣으면, 필발의 시나몬과 생강 향이 잘 어우러진다. 또는 월계수 잎처럼 간단하게 수프에 꽃차례 하나를 넣어도 좋다. 필발은 일반 후추 분쇄기로 갈기 어려우므로, 필발이나 기타 큼직한 향신료용으로 쓸 수 있는 특별한 분쇄기를 구입하는 것이 좋다. 또는 그냥 절구를 사용하자.

후추와 오렌지

브라질산 흑후추에서는 오렌지 껍질의 향을 느낄 수 있다. 신선한 오렌지 주스 60ml에 으깬 검은 후추 1/2작은술, 소금과 설탕을 적당히 여러 자밤 넣어서 잘 섞어 간단한 묘약을 만들어보자. 후추와 라임으로 만든 캄보디아의 디핑 소스인 툭 메릭tuk meric과 비슷하지만 오렌지는 라임의 공격적인 풍미나 신맛 없이 식욕을 돋우는 은은한 과일 향을 선사한다. 다른 재료의 맛을 해치지 않으면서 볶음 요리의 맛을 돋우기에 제격이다.

후추와 올스파이스: 올스파이스와 후추(350쪽) 참조.
후추와 월계수 잎: 월계수 잎과 후추(353쪽) 참조.

후추와 초콜릿

향신료 판매업자 슈워츠에 따르면 흑후추는 초콜릿의 진한 풍미를 강조한다. 그에 상응하듯이 생카카오는 통후추의 일반적인 풍미 노트이기도 하다. 이탈리아의 과일케이크 겸 턱 운동 도구인 판포르테Panforte

94 매콤한 맛과 깨문다는 뜻을 동시에 지닌 bite와 나무껍질과 짖는다는 뜻을 동시에 지닌 bark 단어를 이용한 말장난
95 런던 서더크구에 자리한 가장 오래되고 큰 식료품 시장

는 견과류와 과일, 향신료를 초콜릿과 꿀로 뭉친 덩어리다. 많은 판포르테 레시피에 백후추나 흑후추가 들어간다. 미식 식재료 공급업체인 수 셰프Sous Chef는 마다가스카르의 희귀한, 꼬리 달린 야생 후추인 보아트시페리페리voatsiperifery를 판매하는데, 초콜릿 케이크에 잘 어울린다고 한다.

후추와 치즈

카초 에 페페. 소박한 공화국에서 제국으로 나아간 조합이다. 한때 파스타에만 국한되던 로마식 치즈와 후추 소스는 이제 감자와 옥수수, 샌드위치, 비스킷에도 적용되고 있다. 물론 치즈가 이들 음식에 들어간 것이 새로운 일은 아니다. 참신함은 특히 주역을 차지한 후추에 있다. 후추를 갈기보다는 으깨서 우리의 턱이 후추 분쇄기 역할을 하게 하여 순간적으로 터져 나오는 풍미가 훨씬 잘 느껴지고, 치즈의 지방과 염분도 후추의 풍미를 반기게 해준다. 좋은 흑후추가 있다면 카초 에 페페를 만들어보자. 케랄라산 텔리체리 후추는 삼나무와 체리 풍미가 나는 화사한 향으로 이탈리아의 살라미 생산업체에서 특히 인기가 높다. 카초 에 페페에 어울리는 다른 후추와 치즈 조합을 추천하자면 단순한 부르생 치즈와 굵은 흑후추가 있다. 염소 치즈와 녹색 후추도 좋다.

후추와 코코넛

태국 요리를 보면 종종 음식 위에 신선한 녹색 후추가 동동 떠 있다. 그 무뚝뚝한 덜 익은 풍미는 스테이크에 곁들이는 고전 소스에 들어가는 크림처럼 코코넛 밀크를 넣어 부드럽게 만들 수 있다. 그래인 오브 파라다이스Aframomum melegueta는 카다멈과 더 가까운 재료이지만 식품점이나 요리책을 보면 후추 코너에 들어가 있는데, 후추가 지금처럼 널리 보급되기 전까지는 후추처럼 사용했기 때문이다. 일부 향신료 상인은 그래인 오브 파라다이스에서 코코넛 풍미를 느끼기도 하지만 카다멈과 가까운 느낌이 더 뚜렷하다(그래인 오브 파라다이스와 카다멈은 모두 생강과에 속한다). 조 바르트는 저서 『후추』에서 그래인 오브 파라다이스에 대해 "가볍고 깨끗한 향"과 "약간의 코코넛과 카다멈, 톡 쏘는 풍미"를 느낄 수 있다고 표현한다.

후추와 콜리플라워

채식주의자라면 오징어나 새우 솔트앤드페퍼 튀김의 유혹에 넘어가 콜리플라워에 깊이 의지하게 된다. 단맛과 유황이라는 동일한 조합 덕분에 해산물을 대신할 수 있고 튀김의 기름기와 흑후추의 쌉싸름한 맛이 완벽하게 상쇄되기 때문에 더없이 만족스러운 음식이 되어준다. 튀기면 콜리플라워의 줄기는 부드럽고 유연해지고 송이는 활짝 열려서 오징어의 촉수처럼 쫄깃쫄깃해진다. 레스토랑 체인인 부사바 이타이Busaba Eathai에서는 오징어 튀김에 신선한 녹색 후추를 올려서 상쾌하게 입맛을 돋우는 것은 물론 수지와 허브 향 및 톡톡 터지는 식감까지 더한다.

후추와 쿠민

중고 가구다운 풍미 조합이다. 흑후추는 소나무 향이 나고 쿠민은 곰팡내가 난다. 흑후추의 상쾌함과 나무 향은 남성용 애프터셰이브에 들어가는 인기 성분이다. 쿠민은 향기 제품에 많이 들어가는 편은 아니지만 친밀한 동물적인 향을 내기 위해서 가끔 쓰이기도 한다(호로파와 쿠민(381쪽) 참조). 후추의 신선함과 쿠민의 퀴퀴한 향이 대비를 이루기 때문에 이 둘만으로도 요리 전체에 풍미를 불어넣기에 충분하다. 인도 남부 요리인 벤 퐁갈ven pongal에서 쌀과 녹두 달에 섞어 넣는 타르카로 쓰는 것만 봐도 그렇다. 밀라구 사담milagu sadam도 비슷한 요리로 달을 생략하고 흑후추를 많이 넣는다.

후추와 토마토

블러디 메리에는 다른 고명이 필요하지 않다. 셀러리 스틱에 눈을 찔리지 않도록 피하는 것만으로도 충분히 힘들기 때문에 잔 테두리에 으깬 흑후추로 지저분한 동그라미를 그리지 않아도 된다고 생각한다. 보통 블러디 메리를 주문할 즈음의 나는 이미 힘든 길을 가겠다고 마음먹을 정도로 호기롭게 취한 상태다. 후추는 음식 작가 에드워드 베어가 추천하는 것처럼 피자 반죽에 섞어 넣거나 라삼의 맛을 내는 데에 쓰는 것이 낫다(토마토와 타마린드(84쪽) 참조). 네팔에서는 화자오와 약간 비슷하게 혀를 마비시키는 감각과 자몽 같은 감귤류 향을 지닌 티무르 후추로 향을 내는 훈연 향의 토마토 살사의 인기가 높다. 마치 무실당 파핑캔디 같은 느낌을 주는 향신료다. 거뭇하게 구운 방울토마토에 다진 마늘과 풋고추, 소금 한 자밤과 티무르 후추 또는 화자오를 입맛에 따라 넣어서 잘 섞는다. 다진 고수를 뿌려서 낸다.

후추와 펜넬: 펜넬과 후추(224쪽) 참조.
후추와 피스타치오: 피스타치오와 후추(310쪽) 참조.
후추와 흑쿠민: 흑쿠민과 후추(338쪽) 참조.

SWEET WOODY

달콤한 나무

pine nut 잣

pecan 피칸

maple syrup 메이플 시럽

PINE NUT

잣

약 30종의 소나무속이 식용 잣(실제로는 씨앗이다)을 생산한다. 가장 많이 재배되는 것은 아시아에서 자라고 서늘한 기후를 선호하며 크리스마스트리처럼 덤불이 우거진 한국 잣나무다. 잣은 아메리카 원주민 전통 식단의 필수 품목이고 울퉁불퉁한 우산 형태의 나무로 자라나는 북아프리카와 지중해에서도 많이 난다. 이탈리아 사람은 자국에서 세계 최고의 피뇰리pinoli(잣)를 재배하고 있다고 주장한다. 나는 이를 테스트하기 위해 슈퍼마켓에서 파는 이탈리아산 잣과 전문 델리에서 판매하는 이탈리아산 잣을 하나씩 구입하고, 대부분의 슈퍼마켓에서 판매하는 중국산 잣도 한 봉지 사서 함께 시식해보았다. 나란히 두고 보니 잣은 마치 자연사 박물관에 있어야 할 것 같은 모양새였다. 두 종류의 이탈리아산 잣은 모두 발톱처럼 길고 가늘었다. 중국산 잣은 치아처럼 훨씬 통통하고 삼각형이었다. 날것으로 먹어보자 중국 잣은 더 달콤하고 수지 향이 뚜렷하게 느껴졌으며 밀랍 같은 질감 덕분에 가향 초를 깨무는 듯한 느낌이 살짝 들었다. 이탈리아 품종은 둘 다 버터 맛이 났고 델리에서 산 잣에서는 마치 산불의 기억처럼 뒷맛에서 살짝 훈연 향이 났다. 그 은은한 향은 일단 잣을 볶고 나면 일반적인 구운 향에게 자리를 내준다. 테스트 결과는? 세상에, 잣은 정말 맛있다. 잣 오일 또한 널리 시판되고 있으며 이를 생산한 후 남은 플레이크는 그래놀라에 들어가거나 갈아서 제빵용 식품을 만드는 데에 쓰인다. 참고로 잣을 섭취한 후 1~3일 후부터 입안에 금속성 맛이 느껴지기 시작해서 최대 2주일간 지속되는 잣 증후군을 느끼는 사람도 상당수 존재한다.

잣과 건포도

서로의 차이를 멋지게 뽐내는 조합이다. 이보다 더 이탈리아적일 수 있을까? 시칠리아 사람은 파솔리 에 피뇰리('건포도와 잣')를 카포나타와 치커리 샐러드, 정어리 파스타, 콜리플라워와 빵가루 파스타, 염장 대구나 황새치 요리 등에 사용한다. 나는 이것이 양념의 두 번째 단계라고 생각한다. 소금과 후추로 맛을 낸 다음에 구운 풍미와 과일 향으로 넘어가는 것이다. 파솔리 에 피뇰리는 포도나무 잎에 채워서 익힌 쌀 요리에 들어가기도 한다. 내가 생각하기에 고전적인 프랑스 브라운소스인 '소스 에스파뇰'의 가장 흥미로운 변형인 소스 로메인sauce romaine에서, 핵심이 되는 재료가 건포도와 잣이다. 중동식 음료로 대추야자와 캐롭, 장미, 포도 시럽을 섞어서 얼음에 채워 내는 잘랍jallab 위에 건포도와 잣을 띄우기도 한다.

잣과 달걀

견과류를 넣은 스크램블드에그? 그건 십대 아이들의 실험적인 주방에서 탄생한 혐오스러운 음식이다. 물론 그것이 고소한 맛을 강조하기 위해 볶은 잣이라면 이야기가 달라진다. 생잣은 달콤하고 수지 향이 도는 신선한 매력이 있다. 익히면 단맛은 남지만 달걀의 오랜 친구인 베이컨, 버섯과 비슷한 풍미가 발달한다. 잣을 프라이팬에 볶아본 사람이라면 알겠지만, 잣 산업의 수익성은 처음 잣을 볶기 시작해서 다섯 번 정도까지는 먹을 수 없을 정도로 새까맣게 태워버리게 된다는 점에 달려 있다. 대신 잣을 160°C로 예열한 오븐에 넣으면 천천히 전체적으로 노릇해지면서 최상의 풍미를 얻을 수 있다. 넣고 나서 5분이 지나면 그때부터 매의 눈으로 지켜보자.

잣과 당근

둘 다 마치 1970년대 주방에 서서 심호흡을 하고 있는 것처럼 소나무 향이 난다.

잣과 대추야자

한국에는 잣과 대추를 넣어서 만든 약식이라는 전통 과자가 있다. 대추는 햇볕에 말린 토피 사과[96]와 같은 맛이 난다. 그 외에도 잣가루와 백미로 만들어 통잣으로 장식하는 부드러운 잣죽 등 한국 요리에서는 잣이 중요한 역할을 한다. 대추로 장식하는 것도 좋지만 아름다운 상아색 죽의 모양새를 망칠 위험이 있다. 잣과 건포도 또한 참조.

잣과 레몬: 레몬과 잣(176쪽) 참조.

잣과 마늘

튀르키예에서는 잣을 갈아서 타라토르에 타히니 대신 넣기도 한다. 잣에 마늘과 레몬즙을 넣어서 녹색 채소를 먹지 않는 사람을 위한 페스토를 만들기도 한다. 물론 잣은 너무 비싸기 때문에 대신 볶은 빵가루를 쓸 때도 있다. 잣 타라토르는 생선이나 구운 채소의 소스로 쓴다. 또는 수프에 넣어서 살짝 휘젓거나 비건 파에야의 가니시로 올린다.

잣과 메이플 시럽: 메이플 시럽과 잣(373쪽) 참조.
잣과 민트: 민트와 잣(330쪽) 참조.

잣과 버섯

일본의 송이버섯pine mushroom은 따자마자 바로 먹으면 소나무와 과일 향이 느껴지는 육류 같은 육질이 특징적이다. 유럽에서는 같은 이름('pine mushroom')을 맛젖버섯의 별칭으로 쓰는데, 맛젖버섯의 학명('Lactarius deliciosus')이 진정 고무적이다. 맛있다는 뜻이기 때문이다. 소나무 버섯이라는 이름은 침엽

96 신선한 사과의 겉면에 캐러멜이나 토피 등의 끈끈한 소스를 입혀 만드는 간식의 일종

수림에서 자라기 때문에 붙은 것이다. 맛젖버섯은 호주에서도 나는데, 수입산 소나무에 묻어와서 정착한 것으로 추정된다. 시드니 출신의 셰프 닐 페리는 맛과 질감 면에서 맛젖버섯을 최고의 호주 야생 버섯으로 꼽는다. 버터와 마늘, 타임과 함께 요리한 다음 볶은 잣을 듬뿍 올려 먹어보자.

잣과 사과

남편이 낮잠을 자는 동안 나는 베네치아 석호에 있는 외딴 섬 부라노('산마르코'를 영국의 웨스트엔드라고 치면 여기는 '크로이던'이라고 할 수 있겠다)의 펜션 테라스에 앉아 베네치아에서의 일요일 밤을 제대로 계획하기 시작했다. 그리고 늦은 오후에 산마르코에서 소형 증기선 바포레토를 타고 건너가 칸나레조에서 저녁 식사를 하기 전에 긴 산책을 하기로 결정했다. 그러면 집으로 돌아가는 마지막 배를 타기 전에 항구에 있는 바에서 식후주를 마시기에도 좋을 터였다. 산마르코 광장에서 우리는 대체로 북쪽 방향으로 걸어갔다. 나는 화가 티치아노의 하늘색과 같은 중국산 실크 신발 한 켤레를 구입하기 위해 잠시 멈춰 섰다. 그때 옆집 델리에서 판매하는 케이크가 내 눈길을 끌었다. 운하에서 며칠을 보낸 것 같이 생긴 과일 케이크 조각에 핀자pinza라는 이름이 붙어 있었다. 나는 두 조각을 구입했다. 그저 그런 해산물 파스타와 멜론과 꿀맛이 나는 소아베soave 한 병으로 저녁 식사를 마친 후 우리는 항구로 향했다. 탁한 바닷물이 연신 부딪히는 고대 나무 말뚝 여러 개가 눈에 들어왔다. 그리고 바는 없었다. "여기 항구잖아." 내가 말했다. "어떻게 항구에 바가 없을 수 있어?" 남편은 어깨를 으쓱했다. "일요일이잖아." "아니," 내가 말했다. "바가 아예 없다고." 정말 없었다. 문을 닫은 곳도 없었다. 항구 지역은 미안한 기색도 없이, 조롱이라도 하듯이 그저 일반적인 거주 지역 같았다. "좀 뒤쪽에 있는 거 아닐까?" 남편이 제안했다. 그래서 우리는 더 이상 항구에서 어슬렁거리지 않고 네온사인이나 브랜드명이 적힌 파라솔을 찾기 위해 일부러 뒷골목으로 향했다. 쥐 한 마리도 없었다. 우리는 패배감에 휩싸여 발걸음을 돌렸다. 그때 어떤 소리가 들렸다. "쉿." 밖에서 술을 마시고 있는 사람들이 웅얼거리는 소리였다. 우리는 만화 속의 탐정처럼 그 소리를 따라갔다. 교회 뒤의 작은 광장에서 우리가 찾던 바로 그런 장소, 아니 어쩌면 더 멋질지도 모르는 곳을 발견했다. 유럽 문명의 기둥이라 할 수 있는 소박한 '비공식적 바'로, 마치 누군가의 뒷마당처럼 보이는 판석 보도에 테이블 여러 개가 아무렇게나 놓여 있었다. 우리는 비닐로 된 커튼을 밀고 들어가서 주인에게 아직 장사를 하는 중이냐고 물었다. 그는 마치 휴일을 맞이한 총독처럼 보였다. 집에서 쉬는 총독처럼. "아니요." 그가 환하게 웃었다. "하지만 한 잔 드셔도 됩니다." 그냥 누군가의 뒷마당'처럼 보이는' 장소가 아니었다. 정말로 누군가의 뒷마당이었던 것이다. 그의 집이었다. 우리는 총독의 친구로 가득 찬 테이블에 자리를 잡았다. 모두들 우리의 실수에 매우 즐거워했다. 테이블에 놓인 병을 확인하기 전까지는 그렇게 생각했다. 독한 마리화나 싹이 들어간 보드카가 두 병 있었다. 세 번째 병에는 마법의 버섯을 재워서 녹색을 띠는 정체를 알 수 없는 술이 들어 있었다. 모두 완전히 취해 있는 상태였던 것이다. 남편과 나는 마리화나 보드카 한 샷을 얌전히 홀짝였다. 곧 시간은 옥수수 전분을 가득 채운 풍선처럼 만지는 대로 모양이 변하는 3차원적인 물질로 변화하기 시작했다. "몇 시 배를 타시나요?" 누군가가 물어온 순간 우리는 거의 곧장 뛰쳐나갔다. 값싼 새 티치아노 슬리퍼가 발가락을 너무 꽉 죄었던 나머지 나는 신발을 벗고 맨발로 바다가 어디에 있는지도 감지하지 못한 채, 빨간 코트를 입고 작은 칼을 휘두르는 광인에게 쫓기듯이 뒷골목을 달리며 잘못하면 벤치에서 밤을 보내야 한다는 생각에 사로잡혔다. 아니면 총독의 집으로 돌아가서 버섯 술을 마시기 시작하거나. 솔직히 내 기억은 부두에서 이미 출발한 소형 증기선 위로 뛰어내린 것밖에 남아 있지 않다. 아래 갑판에서 카드 게임을 하던 승무원 몇몇을 제외하면 승객은 우리뿐이었다. 한숨 돌리고 나니 배가 고파왔다. 순수한 행복감으로 가슴이 쿵쿵 뛰던 나는 핸드백에 축축한 케이크가 들어 있다는 사실을 떠올렸다. 알고 보니 케이크가 축축한 것은 가운데에 박혀 있는 얇게 썬 사과 덕분이었다. 그 외에는 잣과 건포도, 펜넬씨가 박혀 있었다. 우리는 케이크를 열심히 먹어치운 다음 종이 봉지에 떨어진 건포도를 털어내 입에 넣었다. 천국이 따로 없었다. 다시 티치아노 신발을 신은 나는 난간에 발을 걸치고 밤공기에 발목을 식혔다. 다음 날 알게 된 바로는 핀자는 전통적으로 모닥불이 오래된 것을 태우고 새로운 것을 맞이하게 해주는 주현절에 레드 와인과 함께 먹는 음식이었다. 행운을 가져다준다고 여긴다. 핀자가 없었다면 그날 밤에 우리에게 어떤 일이 일어났을까?

잣과 시금치: 시금치와 잣(401쪽) 참조.

잣과 시나몬

지난 밤 저녁 식사에 먹고 남은 볶은 잣을 손에 들었다. 시나몬 맛이 너무 강해서 다른 음식에 오염된 것이 아닌지 확인해야 했기 때문이다. 사실 몇몇 잣의 일반적인 풍미인 시나몬 덕분에 비스킷과 케이크, 빵의 훌륭한 바탕 재료가 된다. 잣과 시나몬은 모두 멕시코가 원산지다. 다이애나 케네디가 『멕시코의 현지 요리사들』에서 소개한 레시피 중 하나가 잣 크림인데, 시나몬 페이스트리 크림에 곱게 간 잣을 넣고 브랜디나 럼을 살짝 섞어 만든다. 버터를 바른 그릇에 절반 분량의 페이스트리 크림을 담고 레이디핑거 비스킷을 덮은 다음 브랜디나 럼을 더 뿌린다. 나머지 페이스트리 크림을 바르고 위에 통잣을 뿌려 장식한 다음 실온으로 식혀서 낸다.

잣과 아몬드

가격이 잣에 비해 4분의 1인 아몬드는 잣이 주연인 곳에서 조연 역할을 하는 경우가 많다. 피뇰리pignoli라는 이탈리아 쿠키는 간단하게 아몬드 가루에 설탕, 달걀흰자를 섞어서 모양을 내고 겉에 잣을 입혀서 굽는 과자다. 아몬드 가루 100g에 설탕 100g을 넣고 가볍게 푼 달걀흰자를 딱 모양이 잡힐 만큼만 넣어서 잘 섞은 후 냉장고에 넣고 최소 30분 이상 차갑게 식혀 덜 끈적거리도록 한다. 접시에 잣 100g을 담는다. 쿠키 반죽을 대략 같은 크기로 10등분한 다음 공 모양으로 빚어서 잣 접시에 하나씩 올린 다음 꾹 눌러 납작해지면서 잣이 달라붙도록 한다. 반죽을 기름을 넉넉히 바른 베이킹 트레이에 서로 충분히 간격을 두고 올린 다음 160°C로 예열한 오븐에 넣고 노릇노릇하고 단단해질 때까지 약 15분간 굽는다. 이와 비슷하게는 프랑지판을 채운 타르트에 통잣을 뿌릴 수도 있지만, 그럴 경우에는 레몬과 잣(176쪽)에서 언급한 것처럼 잣을 물에 적셔서 올려야 한다.

잣과 아보카도

잣을 딱 적당하게 볶으면 눈에 띄게 베이컨 같은 맛을 느낄 수 있다. 그렇다면, 잣을 샌드위치에 넣을 아보카도에 섞지 않거나 아보카도 토스트에 뿌려 먹지 않는다면 부당한 일일 것이다.

잣과 옥수수

"나바호족은 기름이 풍부한 에둘리스 잣 알갱이를 으깨서 땅콩버터처럼 기름지고 맛있는 버터('아틀릭atlhic')를 만들어, 뜨거운 옥수수 케이크에 바른다." 로널드 M. 래너가 『피뇽 소나무: 자연과 문화의 역사』에서 한 말이다. 전설적인 채집가 유엘 기번스(1968년 《뉴요커》 잡지에 존 맥피가 게재한 기번스 프로필을 읽어보기를 강력하게 추천한다)에 따르면 피뇽 너트라고도 불리는 에둘리스 잣은 세상에서 가장 맛있는 야생 식품에 속한다. 수많은 식용 잣 중 에둘리스는 지방이 66%, 단백질이 14%로 매우 기름기가 많은 잣에 속하는데, 지방이 48%이고 단백질이 34%인 이탈리아 잣인 우산소나무Pinus pinea와 비교해보면 확실히 알 수 있다. 중국 북부에서는 잣을 신선한 옥수수 낟알과 함께 볶아 먹는 것이 일반적이다.

잣과 치즈

비건 파르메산 치즈 중에는 잣으로 만든 것이 있고 캐슈로 만든 것이 있다. 잣의 자연스러운 향신료 풍미가 치즈와 더 비슷한 느낌을 준다. 비건이 아니라면 다음의 튀일을 만들어서 그 풍미의 차이를 비교해보자. 파르메산 치즈 120g을 갈아서 유산지를 깐 베이킹 트레이에 수북하게 1큰술씩 얹는다. 그 위에 잣을 6개씩 올리고 180°C의 오븐에서 레이스 모양이 되고 노릇노릇해질 때까지 5~7분 정도 굽는다.

잣과 케일: 케일과 잣(206쪽) 참조.

잣과 펜넬

코카 데 피뇽coca de pinyon은 설탕과 잣, 아니스 향 리큐어를 넣은 카탈루냐의 플랫브레드다. 기본 빵 반죽에 올리브 오일을 약간 넣어서 만든다. 반죽이 부풀어 오르면 아주 납작하게 밀어서 칼집을 넣은 다음 설탕과 잣, 아니스 향 리큐어인 아니세트anisette를 뿌린다. 콜먼 앤드루스는 바르셀로나에서 외곽으로 30마일 떨어진 엘 플라 델 페네데스의 베이커리에서 먹은 코카 데 피뇽에 대해서, 아침이나 늦은 아침으로 따뜻하게 혹은 실온으로, 카바나 달콤한 와인 한잔을 곁들여서 먹어야 마땅하다고 언급한다. 일부 버전에서는 아니세트를 생략하고 설탕과 잣만 뿌리기도 한다.

PECAN

피칸

북미에 서식하는 14종의 히코리 너트 중에서 일반적으로 피칸이 제일 맛이 좋고 껍질을 벗기기 쉬운 것으로 알려져 있다. 대부분의 피칸은 미국과 멕시코에서 재배된다. 피칸 과수원은 나무를 약 23미터 간격으로 재배해야 하기 때문에 공간이 많이 필요하다. 물론 미국에는 여유 공간이 많으니 한때는 피칸 나무를 너무 많이 심어서 잉여 수확물을 학교에 나눠주기도 했다. 아폴로 16호에 탄 우주비행사가 피칸이 든 배낭을 건드리지도 않고 그대로 가져온 것은 미국 문화에 피칸이 널리 퍼져 있다는 하나의 방증이기도 하다. 미국 전역이 피칸에 질렸다는 뜻이다. 하지만 기본적으로 미국과 캐나다에서는 피칸이 달콤한 버터 풍미로 사랑받는다. 피칸을 주로 피칸 파이와 달콤한 페이스트리에 연관시켜 고급 견과류로 여긴 유럽에서는 그다지 인기를 끌지 못했다. 역사적으로 일부 아메리카 원주민은 중세 유럽에서 아몬드로 그랬던 것처럼 피칸으로 피칸 밀크를 만들어 마시거나 스튜와 빵에 맛과 질감을 강화하는 용도로 썼다.

피칸과 건포도

미국은 전 세계 피칸의 80%를 재배하며 건포도는 세계에서 둘째가는 생산국이다. 20세기 중반에 이르러 미국은 세계 피칸 생산량을 지배하기 위해서 노력했고, 그 결과 과잉 생산이 발생했다. 학교에서는 아이들에게 피칸을 먹일 방법을 찾아야 했고, 정부는 가정 경제학자를 고용해서 레시피를 개발하게 했다. 주목할 만한 성공 사례 중 하나는 제2차 세계대전 당시 군인에게 보낸 구호품에 피칸 캐러멜 롤을 동반한 것이었다. 건포도 피칸 캐러멜 롤은 2010년 열린 미국 최고의 건포도 빵 콘테스트에서 앤절라 도드가 대상을 수상한 메뉴이기도 했다. 이 풍미 조합이 전혀 새로운 것이 아니라는 점을 지적한다고 해서 도드의 업적을 폄하하는 것은 아니다. 19세기에는 피칸과 건포도를 넛멕, 위스키와 함께 버터 스펀지케이크에 넣었다. 더블 크러스트 오스굿 파이는 피칸과 건포도를 채우고 식초를 살짝 가미해서 활기를 불어넣은 것이다. 피칸은 히코리의 한 품종이다. 우리가 히코리 너트라고 부르는 견과류는 피칸과는 다르지만, 1911년에 출간된 아프리카계 미국인이 낸 최초의 요리책인 『루푸스 에스테스의 먹기 좋은 음식』에 나오는 버터 스펀지케이크에 건포도와 함께 들어가기도 한다. 히코리 너트를 맛볼 수 있을 만큼 운이 좋은 사람이 아니라면, 위스콘신에서 자연에 관한 글을 쓰는 작가인 존 모토빌로프가 "곰보버섯을 양송이버섯의 풍미가 강렬한 버전이라고 볼 수 있다면 히코리 너트는 풍미가 강력한 피칸이라고 할 수 있다"고 말했다는 점을 기억하자. 히코리 너트는 피칸을 응축시켜서 달콤한 훈연 향을 끼얹은 풍미가 난다.

피칸과 고구마

토머스 제퍼슨은 미식가였다. 필라델피아의 시티 태번에서는 그의 고구마와 피칸 스콘 레시피를 적용해 만들어낸 고구마 스콘을 매일 굽는다. 향신료와 크리미한 질감이 가미된 진하고 고소하고 과일 향이 나는 스콘이다. 다음은 시티 태번의 레시피를 응용한 내 레시피다. 버터 100g에 밀가루 250g을 넣고 고운 빵가루 같은 상태가 될 때까지 손가락으로 문질러 잘 섞는다. 황설탕 100g, 베이킹파우더 1큰술, 생강가루와 올스파이스 가루, 시나몬 가루 각각 1/2작은술씩을 넣고 잘 섞어서 가운데를 우묵하게 판다. 차가운 상태의 으깬 고구마 250g, 더블 크림 125ml, 다진 피칸 4큰술을 넣고 딱 섞일 만큼만 골고루 휘젓는다. 반죽을 3cm 두께로 밀어서 지름 5cm 크기의 원형 틀로 찍어낸 다음 기름칠을 가볍게 한 베이킹 트레이에 2cm 간격을 두고 올린다. 180°C의 오븐에 넣고 노릇노릇하게 부풀어 오를 때까지 25~30분간 굽는다.

피칸과 구스베리: 구스베리와 피칸(98쪽) 참조.

피칸과 귀리

『세일의 장인 베이커리 요리책』에 따르면 "피칸은 귀리와 특히 훌륭한 궁합을 선보인다"고 한다. 1986년 머나드 헤이다네크와 로버트 맥고린이 감각 분석을 실시한 결과, 익힌 오트밀에서 '견과류와 피칸' 향이 나는 것으로 밝혀졌다. 다음은 게일의 귀리 피칸 크랜베리 쿠키 레시피를 약간 수정한 것이다. 볼에 밀가루 75g, 베이킹파우더 1/2작은술, 소금 1/4작은술, 가볍게 볶아서 굵게 다진 피칸 50g, 말려서 굵게 다진 크랜베리 40g, 오트밀 100g을 넣고 잘 섞는다. 다른 볼에 무염 버터 75g, 황설탕 50g, 백설탕 75g을 넣어서 보송보송해질 때까지 골고루 잘 섞는다. 달걀노른자 1개와 바닐라 엑스트랙트 1/2작은술을 넣어서 섞는다. 버터 볼에 가루 재료를 넣어서 잘 섞은 다음 냉장고에 1시간 정도 넣어서 차갑게 식힌다. 반죽을 16등분해서 공 모양으로 빚은 다음 유산지를 깔고 오일을 바른 베이킹 트레이에 서로 간격을 충분히 두고 얹는다. 손바닥으로 가볍게 눌러서 납작하게 만든다. 그런 후에도 서로 몇 센티미터 정도는 떨어져 있어야 한다. 180°C의 오븐에서 노릇노릇해질 때까지 약 12분간 굽는다.

피칸과 대추야자: 대추야자와 피칸(137쪽) 참조.
피칸과 돼지감자: 돼지감자와 피칸(232쪽) 참조.
피칸과 말린 자두: 말린 자두와 피칸(122쪽) 참조.
피칸과 메이플 시럽: 메이플 시럽과 피칸(374쪽) 참조.

피칸과 미소

버터 향은 피칸의 가장 일반적인 풍미로, 씹다 보면 후반부에 확 드러난다. 하지만 어떤 피칸은 따뜻하고 살짝 단맛이 나는 두유와 같은 식물성 유제품에 더 가깝기 때문에 미소와 자연스럽게 잘 어울린다. 달콤한 백미소와 피칸의 조합은 케이크와 같고, 적미소와 피칸은 핵과일을 연상시킨다. 미소 생산자인 보니 정은 적미소와 피칸에 메이플 시럽과 쌀 식초를 더해서, 다시 또는 채수에 익힌 녹색 채소 및 우동 면에 넣기 좋은 양념을 만든다.

피칸과 바닐라

아몬드와 시나몬으로 만든 스페인 비스킷의 이름을 따 폴보로네polvorones라고도 불리는 멕시코식 웨딩 쿠키, 버터 피칸 아이스크림 등 피칸과 바닐라는 매우 인기 넘치는 모습으로 조우한다. 현지의 견과류와 향신료에 맞게 변형한 형태의 폴보로네는 아메리카 전역에서 인기를 얻었다. 여기서 힌트를 얻어, 토르타 산티아고 같은 다른 스페인식 케이크나 비스킷에 아몬드와 시나몬 대신 피칸과 바닐라를 넣어볼 수 있을 것이다. 아이스크림에도 잘 어울리는 황설탕을 사용해도 좋다.

피칸과 사과

신맛이 강한 사과와 함께 먹어보기 전에는 피칸을 제대로 파악할 수 없다. 마치 사과가 커다란 녹색 활을 피칸의 버터 풍미를 향해 겨누고 있는 것 같다. 아주 풍성해질 수 있는 조합이다. 1940년대 사우스캐롤라이나주 찰스턴의 위그노 태번에서 요리를 했던 에벌린 앤더슨 플로랑스는 본인이 만들어낸 피칸 사과 푸딩을 위그노 토르테라고 불렀다. 케이크 같은 질감의 피칸이 잔뜩 들어간 오자크 푸딩에서 영감을 받았다고 한다. 작가 겸 음식 역사가 존 에저턴은 S.R. 덜 부인의 저서 『남부 요리』(1928)에서 위그노와 오자크보다 앞서 기록된 푸딩을 찾아냈다. 달걀 2개에 설탕 200g, 밀가루 1큰술, 베이킹파우더 1과 1/2작은술, 소금 1/8작은술, 바닐라 엑스트랙트 1작은술, 다진 피칸 1/2컵, 껍질을 벗기고 잘게 썬 새콤한 사과 1컵을 넣고 잘 섞는다. 버터를 바른 30 x 20cm 크기의 베이킹 그릇에 붓고 180°C에서 30분간 굽는다.

피칸과 시나몬

평행 우주 중에서 각국 국기마다 서로 다른 고유의 향기를 내뿜는 직사각형 천들의 세계가 있다면, 그중에서도 아마 성조기의 냄새였을 조합이다. 피칸의 메이플 시럽처럼 달콤한 구운 향기와 카시아 시나몬의 콜라 같은 향이 서로 어우러진다. 이 조합은 커피 케이크나 돌돌 말아 만드는 번 등에 주로 들어가지만 피칸을 잘게 썰어서 메이플 시럽과 시나몬과 함께 잘 섞은 다음 사과 속에 채워 넣고 구워도 좋다.

피칸과 초콜릿

헤이즐넛이 들어가는 곳이라면 당연히 피칸도 들어갈 수 있을 것이라는 생각에 초콜릿 피칸 스프레드를 만든 적이 있다. 쓰레기였다. 누텔라에 피칸 버전이 없는 데에는 그럴 만한 이유가 있다. 견과류가 초콜릿

난간 너머로 고개를 내밀 수 있으려면 볶아야 한다. 이것이 헤이즐넛에는 효과가 좋아서 다크 초콜릿에서도 그 달콤한 나무 향을 쉽게 느낄 수 있다. 반면 피칸은 가열하면 익히지 않은 바닐라 케이크 믹스의 향이 나는데 초콜릿에 쉽게 가려져버린다. 그리고 견과류를 볶으면 가루기가 있는 암모니아 향도 살짝 날 때가 있다. 피칸은 씹힐 정도의 크기로 다져서 초콜릿과 섞는 것이 더 잘 어울린다. 그렇지만 피칸과 환상적인 조합을 이루는 것은 특히 버터 향 캐러멜과 바닐라 같은 피칸 고유의 풍미가 들어가 있는 식재료다. 초콜릿도 피칸보다 더 어울리는 짝이 따로 있는 것은 마찬가지다.

피칸과 치즈: 치즈와 피칸(261쪽) 참조.

피칸과 치커리

바게트 한 조각을 팔뚝 길이만큼 자른다. 손에 상처가 나지 않도록 주의하자. 바게트를 같은 두께로 길게 반으로 가른 다음 아래쪽 절반에 구입한 피칸 버터를 펴 바르고 소금으로 간을 한다. 곱슬곱슬한 치커리나 꽃상추 잎에 강렬하게 새콤한 비네그레트를 두르고 손으로 골고루 문질러 섞는다. 한 덩어리가 된 치커리를 바게트의 아래쪽 절반 위에 올리고 위쪽 절반 바게트의 안쪽에 비네그레트를 더 뿌린다. 짐을 너무 많이 넣은 여행 가방을 닫으려고 할 때처럼 꾹꾹 누른 다음 먹는다.

피칸과 커피: 커피와 피칸(35쪽) 참조.
피칸과 케일: 케일과 피칸(206쪽) 참조.
피칸과 코코넛: 코코넛과 피칸(151쪽) 참조.

피칸과 크랜베리

크랜베리는 아주 순하게 새콤한 사과 같은 맛이 난다. 피칸과 완벽한 궁합을 자랑한다. 파이와 비스킷, 줄 wild rice 스터핑에서 조화롭게 어우러진다. 하지만 그 모든 음식은 잊어버리자. 크랜베리는 설탕이 필요하고, 피칸은 설탕을 사랑한다. 이 둘을 퍼지로 만들어보자.

MAPLE SYRUP

메이플 시럽

총 124종의 모든 단풍나무가 식용 가능한 수액을 생산하지만 수백만 달러 규모의 산업을 구축할 수 있을 만큼 맑고 달콤한 것은 설탕단풍나무Acer saccharum의 수액이다. 설탕단풍나무는 섬세한 영혼을 지니고 있어서 수액이 흐르려면 반드시 차가운 밤과 맑은 낮('실당 기후')이 적질하게 조화를 이루어야 하기 때문에 봄철에 일주일에서 두어 달 정도까지만 채취할 수 있다. 수액 채취 시기가 지나가면 시럽의 성분과 풍미가 달라진다. 그러다 마침내 나무에서 싹이 트면 풍미가 사라진다. 대부분의 대형 브랜드에서는 소규모 생산자로부터 원재료를 구입해서 혼합하여 기본 메이플 시럽을 생산하는데, 마치 네고시앙négociant 샴페인 하우스가 생산자에게서 구입한 포도를 섞어서 시그니처 스타일을 만들어내는 것과 같다. 메이플 시럽의 등급은 한때 비잔틴식처럼 복잡했다. 오늘날에는 미국과 캐나다에서 모두 아주 간결해진 등급 시스템을 적용하고 있다. 골든(섬세한 맛), 앰버(진한 맛), 다크(강한 맛), 베리 다크(강렬한 맛)로 구분된다. 색이 더 진한 시럽의 인기가 점점 높아지는 중이다. 진정한 애호가라면 캐나다 농업 및 농식품부에서 2004년 제작한 메이플 시럽 풍미 바퀴 이미지에 따라 본인의 컬렉션을 분류해보는 것도 좋다.

메이플 시럽과 고구마: 고구마와 메이플 시럽(146쪽) 참조.
메이플 시럽과 귀리: 귀리와 메이플 시럽(64쪽) 참조.

메이플 시럽과 달걀

버몬트의 카페나 식당 중에서 달걀이나 베이컨, 프렌치토스트, 팬케이크, 소시지, 비스킷(예: 스콘)에 메이플 시럽을 뿌리지 않는 곳은 없다. 심지어 메이플 시럽에 넣어서 만든 수란이 지역 특선 요리인 곳도 있다. 파리에 자리한 알랭 파사드의 미쉐린 3스타 레스토랑 아르페주L'Arpège의 시그니처 요리는 반숙 노른자에 차이브를 뿌리고 향신료와 셰리 식초를 넣어서 거품 낸 크림을 올린 '핫콜드 에그'다. 이 요리를 마무리하는 고명이 약간의 메이플 시럽과 플뢰르 드 셀이다.

메이플 시럽과 레몬

메이플 시럽에 레몬을 넣으면 골든 시럽과 비슷한 맛이 나는데, 물론 조금 더 맛있는 골든 시럽이기는 하지만 그걸 위해서 네 배나 비싼 가격을 지불할 가치는 없다.

메이플 시럽과 머스터드

메이플 머스터드 드레싱을 만들려면 디종 머스터드 3큰술, 메이플 시럽 3큰술, 올리브 또는 호두 오일 3큰술, 사과주 식초 1큰술을 잘 섞는다. 곡물과 사과에 아주 잘 어울리는데, 특히 사과와 호두, 셀러리를 넣은 케일 샐러드와 환상의 궁합을 이룬다.

메이플 시럽과 바나나: 바나나와 메이플 시럽(153쪽) 참조.

메이플 시럽과 바닐라

메이플 시럽의 맛은 기후와 토양, 대지의 위치적 조건과 특정 나무의 상태에 따라 달라진다. 그럼에도 불구하고 모든 단풍나무 재배 지역에서 일관되게 나타나는 것은 만물 시기에 채취한 시럽의 바닐라 향이다. 우리가 메이플 시럽의 풍미라고 생각하는 맛은 계절이 무르익을수록 점점 더 강해지는 경향이 있다. 제철의 초반이든 후반이든 바닐라는 메이플 시럽에서 매우 두드러지는 요소이기 때문에 이 두 가지 재료를 섞으면 어디서 이 맛이 끝나고 어디서 저 맛이 시작되는지 구분하기 어려울 수 있다. 양질의 바닐라 아이스크림 위에 시럽을 부으면 어느 정도 구분할 수 있다. 잘게 부순 플레이크 소금을 한 자밤 뿌리면 그 차이가 더욱 강조된다.

메이플 시럽과 버섯: 버섯과 메이플 시럽(289쪽) 참조.

메이플 시럽과 사과

시인 로버트 프로스트는 1920년에 버몬트로 이주해서 1963년에 사망할 때까지 그곳에서 살았다. 그의 시 「설탕 과수원에서의 저녁」에서 화자는 눈 덮인 과수원에 머물면서 뚜껑 달린 양동이를 매단 단풍나무와 은은한 달빛이 비치는 나뭇가지를 관찰한다. 프로스트는 스노 애플 또는 파뮤즈Fameuse라고 불리는 붉은 껍질에 하얀 과육, 딸기 맛이 난다는 평이 있는 품종을 포함해 다양한 종류의 사과를 재배했다. 영국에서 쉽게 구할 수 있는 사과 중 제일 스노 애플과 비슷한 것은 우스터 페어메인일 것이다. 하지만 메이플 시럽은 짝을 이룰 사과의 종류를 까다롭게 고르지 않는 편이다. 그저 풍미가 강하고 양이 충분하기만 하면 된다. 메이플 시럽을 지그재그로 뿌린 보송보송한 사과 콩포트를 거부하기는 힘들 테니까.

메이플 시럽과 시나몬

겨울철의 필수품이다. 플란넬 셔츠와 모피 안감 부츠만큼이나 든든하다. 캐나다에서 먹는 그랑페르 오 시롭grands-pères au sirop은 정원에 앉아 뺨에 감각을 잃었을 때 꼭 필요한 푸딩이다. 메이플 시럽에 데친 스콘 반죽은 퍽퍽해지기 쉽지만 반죽에 시나몬을 첨가하면 문제가 상당 부분 개선된다. 시럽의 섬세한 향을 시나몬이 시끄럽게 살짝 잡아먹을 수 있지만 그 쌉싸름한 매력이 할아버지grands-père도 편안한 의자에서 일어나게 해준다. '백수 푸딩'이라는 뜻의 푸딩 쇼뫼르pouding chômeur는 단순한 메이플 시럽 소스를 스펀지 믹스에 둘러서 만든다. 오븐에 넣으면 스펀지가 떠오르고 소스가 가라앉아서 맛있고 끈적끈적한 푸딩이 완성된다. 시나몬이 들어가서 고전적인 맛이라고 할 수는 없지만, 그랑페르 오 시롭처럼 시나몬 덕분에 기분 좋게 가벼운 맛이 된다. 전통적으로 색이 짙은 계열의 메이플 시럽은 둘러서 먹기보다는 요리나 베이킹에 많이 쓰였다. 옅은 색의 메이플 시럽보다 향신료 풍미가 강한 편이며 시나몬과 정향, 아니스 풍미가 난다. 더 진한 시럽을 원한다고? '가공 등급' 메이플 시럽은 가정에서 사용하기에는 너무 강하기 때문에 상업용 식품 생산 재료로 쓰인다. 메이플 시럽에 푹 빠지게 되더라도 나를 탓하지는 말자.

메이플 시럽과 옥수수: 옥수수와 메이플 시럽(69쪽) 참조.

메이플 시럽과 요구르트

차가운 힐링 푸드다. 걸쭉한 요구르트의 새콤한 풋사과와 크렘 프레시 풍미가 메이플 시럽과 타고난 궁합을 선보인다. 타르트 타탱을 떠올리게 하는 조합이기도 하다. 요구르트가 되직한 편이라면 작은 숟가락으로 가운데를 우묵하게 파고 시럽을 붓는다. 반짝이는 시럽을 순수하게 새하얀 요구르트에 부으면 마치 '가죽 앞치마'를 두른 것처럼 보이는데, 가죽 앞치마는 단풍나무 재배 지역에서 소프트볼 단계(115~116℃)로 가열한 메이플 시럽을 눈에 파인 홈에 부어 만드는 달콤한 아이스크림 같은 간식을 뜻하는 이름이다. 이 쫄깃한 가죽 앞치마 디저트에 피클 하나와 무가당 도넛을 곁들여 먹을 때도 있다. 그보다 더 오래된 전통은 도넛을 뜨거운 메이플 시럽에 찍어서 먹고 피클을 한 입 베어 무는 것이다. 재미있을 것 같지만 아침 식사부터 할 일은 아닌 듯하다.

메이플 시럽과 자두

메이플 시럽 맛의 과일 샐러드가 있다. 말린 자두와 건포도 같은 말린 과일이 제일 눈에 띄지만 자몽과 망고, 복숭아가 들어간 것도 찾아볼 수 있다. 자두는 그 어떤 과일보다도 메이플의 애정 표시에 제대로 반응한다. 자두를 반으로 잘라서 씨를 제거하고(그렇지 않으면 씨의 아몬드 풍미가 메이플 향을 압도할 수 있다) 반절짜리 자두를 다시 3등분한 후 소량의 시럽에 뭉근하게 익힌다. 자두 500g당 메이플 시럽 3큰술과 물 2큰술을 넣는다. 한소끔 끓으면 자두를 넣고 뚜껑을 닫아서 15분간 익힌다. 곁들일 메이플 크림을 만들려면 더블 크림 250ml에 메이플 시럽 2큰술과 소금 1자밤을 넣어서 거품을 낸다.

메이플 시럽과 잣

미국의 자연주의 작가 존 버로스는 1886년에 쓴 글에서 메이플 시럽이 "다른 어떤 단것과도 비교할 수 없는 야생의 섬세한 맛을 가지고 있다. 갓 잘라낸 단풍나무에서 나는 냄새, 나무에 피어난 꽃에서 나는 맛이 그 안에 담겨 있다. 그야말로 나무의 정수가 증류된 것이라 할 수 있다"고 말했다. 메이플 시럽에는 침엽수 특유의 향을 내는 향미 화합물인 테르펜이 풍부하게 함유되어 있다. 잣은 크리스마스트리 향이 강렬하다. 나는 크리스마스 마켓에서 흔히 볼 수 있는 온포도주 글뤼바인과 엄청 긴 소시지의 조합보다 메이플 시럽과 잣을 더 선호한다. 다음의 축제용 케이크를 한번 만들어보자. 메이플 시럽을 하드 크랙 단계(149~154°C)까지 끓인 다음 볶은 잣과 소금 한 자밤을 넣고 잘 저은 후, 오일을 바른 베이킹 트레이에 부어서 굳히면 간단한 프랄린을 만들 수 있다. (훨씬 저렴한) 땅콩 설탕 프랄린보다 더 맛있을까? 그렇지는 않다. 하지만 더 맛있을 것처럼 들린다.

메이플 시럽과 커피: 커피와 메이플 시럽(34쪽) 참조.
메이플 시럽과 크랜베리: 크랜베리와 메이플 시럽(91쪽) 참조.
메이플 시럽과 통곡물 쌀: 통곡물 쌀과 메이플 시럽(20쪽) 참조.

메이플 시럽과 펜넬

메이플 시럽의 풍미는 그 무엇과도 비교할 수 없다. 어느 정도는. 펜넬 정도면 약간 비교할 수 있을지도 모른다. 펜넬 씨앗은 메이플 락톤이라고 불리는 유기 화합물인 시클로텐 덕분에 메이플 시럽과 살짝 비슷한 향이 난다. 메이플 시럽 외에도 시클로텐의 시향 노트에는 커피와 토스트, 감초 등이 있다. 또한 펜넬씨는 시럽의 단맛을 상쇄하는 신선한 녹색 풍미를 지니고 있다. 레몬 제스트와 레몬즙을 골든 시럽에 넣으면 구연산의 자극으로 맛을 화사하게 만들어주는 효과와 비견할 만하다. 초벌 구이한 18cm 크기의 타르트 틀(일반 쇼트크러스트가 제일 좋다)에 빵가루 100g을 뿌려서 타르트 오 수크레를 만든다. 메이플 시럽 400ml를 붓고 으깬 펜넬씨 한두 자밤을 뿌린 다음 160°C에서 30분간 굽는다.

메이플 시럽과 피스타치오: 피스타치오와 메이플 시럽(308쪽) 참조.

메이플 시럽과 피칸

피칸의 맛은 메이플 설탕을 달콤한 버터에 넣어서 부드럽게 푼 다음 히코리 나무 숟가락으로 떠서 먹는 것 같다. 피칸과 메이플 시럽의 연관 관계는 깊다. 숲과 모닥불, 연기, 마시멜로, 장작, 커피 등 북미 특유의 풍미가 느껴지기 때문이다. 메이플 시럽은 단풍나무 수액을 끓여서 만든다. 일반적으로 수액 40갤런에서 시럽 1갤런이 나오는데, 1%에서 5%까지 다양한 수액의 당도에 따라 그 양이 달라진다. 일반적인 당도는 2~3% 정도다. 수액은 당도가 66%에 도달할 때까지 끓여서 수분을 날린다. 육수 한 냄비를 졸이는 모습을 본 적이 있는 사람이라면 단풍나무 수액도 같은 방식으로 끓이기 때문에 마치 새프디 형제의 영화를 보는 것처럼 매우 지루한 과정이라는 점을 이해할 것이다. 그런 이유로 메이플 설탕은 아주 비싸다. 영국 슈퍼마켓에서 판매하는 일반 황설탕 가격의 20배에 달한다. 하지만 너무 맛있어서 눈알을 제자리에 고정시켜놔야 빙빙 돌아가는 것을 막을 수 있을 정도다. 예를 들자면 막 쇼트브레드 계열에 한 자리를 차지하게 된 미국식 쿠키인 피칸 샌디 등에 현명하게 사용하도록 하자. 일반적으로 쇼트브레드는 버터를 주인공으로 만들기 위해 설탕 양을 줄여서 맛이 담백하다. 샌디는 견과류가 콕콕 박혀 있고 여분의 설탕에 담가서 묻히기 때문에 더 달콤하다. 메이플 설탕 50g에 설탕 50g, 무염 버터 150g을 넣고 옅은 색을 띠고 보송보송한 상태가 될 때까지 곱게 푼다. 바닐라 엑스트랙트 1작은술을 넣고 잘 섞은 다음 밀가루 225g과 베이킹파우더 1작은술, 다진 피칸 75g, 소금 1/2작은술을 천천히 넣으면서 딱 섞일 만큼만 휘젓는다. 반죽을 같은 크기로 10등분해서 공 모양으로 빚은 다음 메이플 설탕에 굴려서 골고루 묻히고 유산지를 깐 베이킹 트레이에 서로 간격을 두고 올린다. 160°C의 오븐에 넣고 가장자리가 노릇해질 때까지 20분간 구워서 꺼낸 다음 조심스럽게 철망에 옮겨서 식힌다.

메이플 시럽과 호로파

메이플 시럽 향료는 호로파씨로 만드는데, 두 재료가 공유하는 강력한 락톤 덕분이다. 일반적으로 흔히 불리는 소톨론이라는 이름이 낯설게 느껴진다면 3-하이드록시-4,5-디메틸-2(5H)-퓨라논으로 알고 있을 수도 있다. 소톨론은 러비지와 셀러리, 호두, 맥아, 숙성시킨 럼주에서도 발견된다. 2009년 맨해튼의 거의 모든 인구가 도시를 뒤덮은 신비한 메이플 시럽 향 공기 때문에 엄청나게 팬케이크를 먹고 싶어하면서 잠에서 깨는 사건이 발생했다. 그 원인은 호로파를 가공하는 뉴저지의 한 공장 때문이었던 것으로 밝혀졌다. 또한 『미뢰와 분자』의 저자 프랑수아 샤르티에는 메이플 시럽과 소톨론에서 영감을 받아서 만든 메뉴로 전체 식사 코스를 하나 짜낸 적이 있다.

메이플 시럽과 후추

메이플 시럽 디저트에 후추를 약간 뿌려보자. 소나무의 신선한 향이 시럽 고유의 나무 향과 잘 어우러지며, 후추의 확 터져 나오는 매운맛이 메이플 시럽의 은은하게 차가운 느낌에 반기를 들듯이 부딪힌다.

DARK GREEN

짙은 풀 향

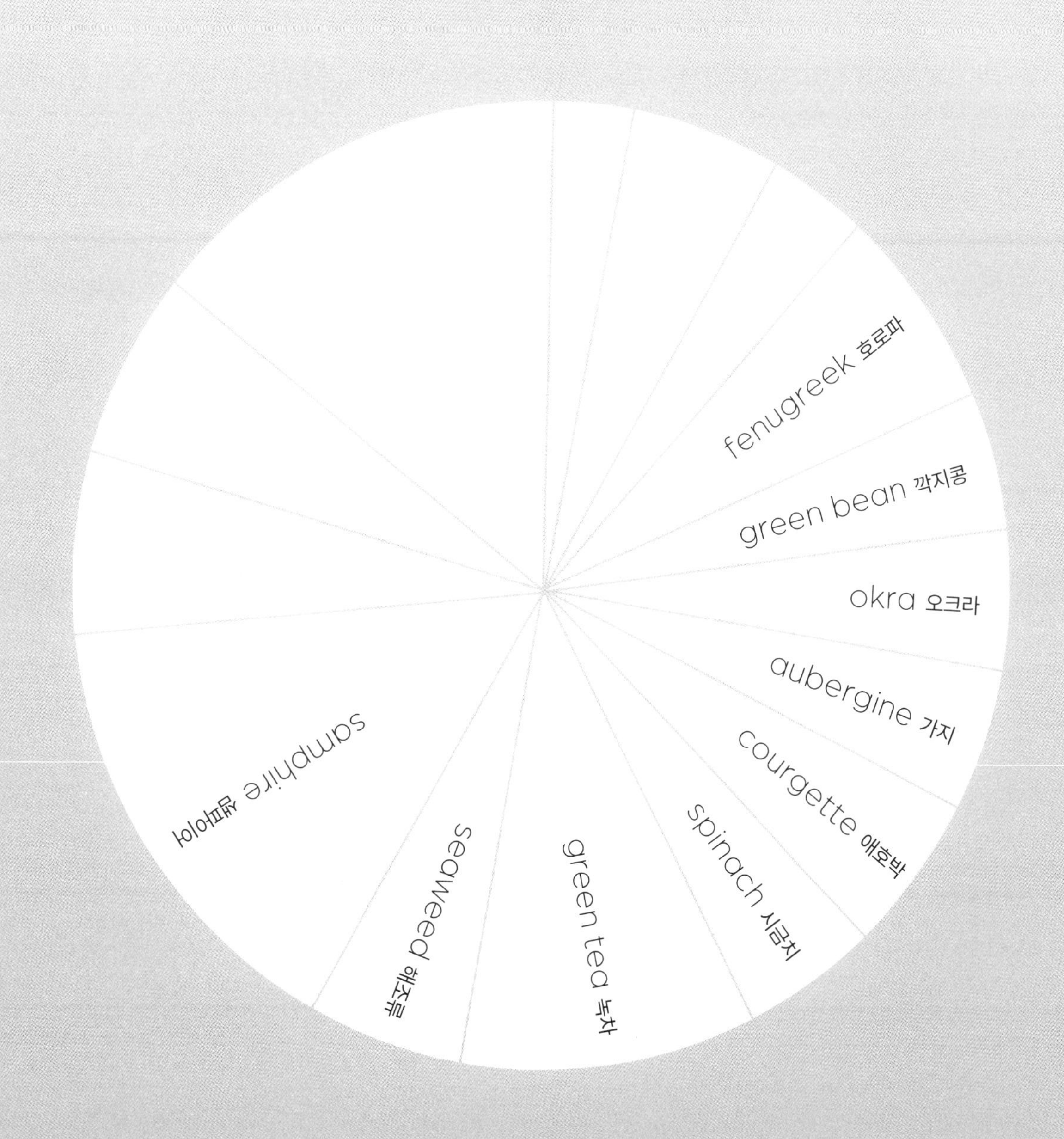

FENUGREEK

호로파

호로파씨는 내성적인 외향성 식물이다. 조금만 넣으면 메이플 시럽의 달콤한 향이 느껴진다. 양을 확 늘리면 인도 레스토랑의 환풍기 옆에 서 있는 것 같은 느낌이 든다. 병째로 퍼먹는다면 씨는 다이아몬드처럼 딱딱하고 아스피린 같은 맛이 날 것이다. 물로 살짝 부드럽게 만들면 그 풍미가 드러나는데, 처음에는 호두 같았다가 점점 셀러리처럼 변한다. 호로파씨는 싹을 틔울 수도 있지만 풍미가 강해서 5mm 이상 키우는 경우는 드물다. 씨앗처럼 이 싹에서도 쓴맛이 두드러진다. 신선한 호로파 잎은 인도 식품 전문점 근처에 살지 않는 이상 구하기 어려울 수 있지만 구하기만 한다면 남은 것은 얼마든지 냉동할 수 있으며, 냉동 호로파도 꽤 쉽게 구할 수 있다는 점을 기억하자. 말린 호로파 잎은 쓴맛이 남아 있지만 사향 풍미가 강하다. 빵을 좋아하는 사람이라면 밀가루 1kg으로 만든 반죽 기준으로 말린 메티methi(호로파) 잎을 10g 넣으면 향을 살릴 수 있다.

호로파와 감자

인도의 요리사 친탄 판디아는 호로파 잎이 심심한 재료에 깊이를 더한다고 말한다. 또한 처음에는 잎에서 쓴맛이 나지만 익히면 시간이 지날수록 단맛이 느껴진다고 설명한다. 호로파와 감자는 고전적으로 메티 알루에서 짝을 이루지만(호로파와 캐슈 참조), 물냉이 수프를 끓일 때처럼 둘을 익혀서 수프를 만들어도 좋다. 또는 최고급으로 널리 알려져 있는 파키스탄산 말린 호로파 잎을 구해서 녹인 버터에 넣고 섞은 다음, 삶아서 따뜻한 라 래트La Ratte 감자[97]를 넣고 버무려 생선 요리에 곁들여 내보자.

호로파와 강황

잊을 수 없는 조합이다. 강황은 거의 모든 얼룩을 99.9% 제거해준다고 주장하는 세제 광고에서 0.1%를 담당하고 있다. 호로파는 이 조합에서 후각에 얼룩을 남기는 역할을 맡는다. 공기 중과 피부에도 그 향이 남아 있기로 악명이 높다. 호로파씨를 먹으면 다음 날에도, 심지어 그보다 더 오랜 기간 동안 스스로도 그 냄새를 계속 맡을 수 있을 정도다. 조향사도 사용하는 경우가 있기는 하지만 아주 소량만 넣는다. 강황과 호로파는 옛날식 영국 커리 파우더에서 각각 색과 풍미를 담당하기도 한다.

97 보통 익힌 후에도 속살이 황금빛을 띠고 버터 맛이 나는 감자 품종

호로파와 고구마

셰프 애나 핸슨은 서양 요리에 호로파는 이례적인 재료이기 때문에 적정량만 넣어야 한다고 경고한다. 애나는 호로파의 '흥미로운 사향' 풍미를 고구마와 짝지어볼 것을 권한다. 2~3인분 기준으로 고구마(대) 2~3개를 웨지 모양으로 썰어서 올리브 오일 2큰술과 소금, 후추, 호로파 가루 3/4작은술과 함께 버무린다. (호로파는 향이 너무 강해서 1/4작은술짜리 계량스푼으로 계량하는 것이 좋다.) 180°C로 예열한 오븐에 넣어 부드러워지고 노릇노릇해질 때까지 굽는다.

호로파와 고추

펜넬과 셀러리는 호로파의 풍미 노트로 자주 인용되는 향이다. 그러면 호로파도 미나리과일 것이라고 생각하기 쉬운데, 사실은 콩과에 속한다. 그리고 다른 사촌과 마찬가지로 호로파는 달걀흰자처럼 거품을 낼 수 있는 전분질 액체인 아쿠아파바를 만드는 데에 쓰일 수 있어 비건 채식 대용품으로 활용된다. 호로파 아쿠아파바는 예멘 유대인이 쓰는 양념인 힐베hilbeh의 기본 재료다. 호로파씨를 불린 다음 물과 레몬즙, 고추와 함께 곱게 간다. 마늘이나 고수 잎, 쿠민, 토마토 등을 넣는 레시피도 있다. 힐베는 수프의 고명으로 쓰기도 하고 빵을 찍어 먹기도 한다. 에티오피아에서는 호로파씨에 여러 종류의 고추를 포함한 다양한 향신료를 넣고 갈아서 베르베레라는 혼합 향신료를 만든다. 인도에서는 신선한 호로파 잎에 고추와 마늘, 타마린드, 재거리를 섞어서 처트니를 만든다.

호로파와 꿀

아비시abish는 호로파의 에티오피아 이름이자 호로파로 만드는 거품이 이는 음료의 명칭이다. 호로파씨를 갈아서 물에 가볍게 뿌려 반나절 정도 둔 후 불린 물은 따라내고, 바닥에 가라앉은 수화된 호로파에 새 물과 꿀을 넣어서 입맛에 따라 레몬즙을 적당량 섞어 먹는다.

호로파와 렌틸

호로파씨는 인도의 팬케이크와 간식인 이들리, 도사, 도클라 등에 쓰이는 렌틸과 쌀 반죽에서 두 가지 역할을 한다. 풍미를 가미하고, 발효를 촉진해서 완성된 음식에 입맛을 당기게 하는 산미를 부여한다. 나는 가끔 익힌 붉은 렌틸에서 은은한 호로파 풍미를 감지할 때가 있는데, 둘 다 콩과에 속하기 때문일 것이다. 말린 호로파 잎은 뜨거운 달에 뿌려서 먹으면 매콤한 사향 풍미를 느낄 수 있는데, 약간의 쓴맛을 감수할 수 있다면 고수 잎 대신 사용해볼 만하다. 모로코의 렌틸 닭고기 요리인 르피사rfissa는 불린 호로파씨를 잔뜩 넣어서 만든다. 적당한 크기로 뜯은 빵과 함께 먹는다. 이곳에서는 호로파가 수유를 돕는다고 믿기 때문에 산모를 위해 만들어주는 것이 전통이다.

호로파와 마늘: 마늘과 호로파(266쪽) 참조.

호로파와 메이플 시럽: 메이플 시럽과 호로파(375쪽) 참조.

호로파와 병아리콩

짜릿한 구자라티 피클에서 음모를 꾀하는 사이이다. 어떤 재료가 스릴을 선사하는지는 맞춰볼 필요도 없다. 병아리콩이 멋지게 두드러진다. 심지어 익히지도 않은 채로 그냥 통째로 호로파씨와 함께 담가두면 어딘가 으스스하게도, 채소다운 아삭한 식감이 살짝 남는 정도로 부드러워진다. 이 피클에서 유일하게 부드러운 부분이 그 병아리콩의 식감이다. 다른 모든 면에서는 호로파와 마늘, 아사푀티다, 고추로 채워진 폭약과 같다. 과일이나 설탕이 들어간 피클의 면전에서 폭소를 터트리는 피클이다. 조금 더 부드러운 형태로는 호로파로 만든 걸쭉하고 향기로운 메티 소스에 익힌 병아리콩 요리나(호로파와 캐슈 참조) 그램(병아리콩) 가루로 만들어서 신선한 호로파 또는 말린 호로파를 넣어 향을 낸 인도의 다양한 플랫브레드(미시 로티missi roti, 메티 테플라methi thepla 또는 메티 푸리)에서 이 조합을 찾아볼 수 있다.

호로파와 시금치

앨런 네이비드슨에 따르면 아프가니스탄에서는 시금치의 맛을 내는 데에 호로파씨를 사용한다. 메티 알루나 메티 파니르(호로파와 캐슈 참조)가 먹고 싶지만 신선한 호로파 잎을 구하기 힘들다면, 시금치를 대량으로 넣고 말린 호로파 잎으로 풍미를 내보자. 꽤 그럴듯한 결과물이 나온다.

호로파와 아몬드: 아몬드와 호로파(116쪽) 참조.

호로파와 요구르트

텔아비브에서 자란 셰프 에이나트 애드모니는 아버지가 유대교 회당에 다녀올 때면 집에 튀긴 호로파빵을 가져와 그 향기가 집 안을 가득 채웠던 기억을 회상한다. 폭신폭신하고 녹색 반점이 박힌 이 플랫브레드는 그냥 먹어도 좋지만 무언가를 곁들이고 싶다면, 애드모니는 요구르트를 추천한다.

호로파와 치즈: 치즈와 호로파(262쪽) 참조.

호로파와 캐슈

호로파 잎을 대량으로 먹어보기 전까지는 진정한 맛을 알기 어렵다. 인도에서는 사그 알루에 시금치를 넣는 것처럼 신선한 호로파 잎을 엄청나게 넣어 메티methi라는 호화로운 소스를 만든다. 먼저 잎을 소량의 소금을 푼 물에 담가서 쓴맛을 줄인 다음 기름기 있는 재료와 함께 섞는 것이다. 이때 크림에 섞는 것도 좋지만 호로파의 풍미가 살짝 무뎌진다는 단점이 있다. 캐슈를 쓰는 것이 덜 부담스러울 것이다. 향기로운 페이스트를 만들기 위해서 다른 향신료를 넣기도 하지만 나는 되도록 호로파의 풍미가 그대로 빛나게 하는 쪽을 선호한다. 호로파와 캐슈는 닭고기와 타라곤, 크림이라는 고전적인 조합을 떠올리게 하는데, 비슷하게 기름지고 아니스 향이 살짝 느껴진다. 주로 감자(메티 알루)나 파니르(메티 파니르), 닭고기(메티 무르그)를 익히는 데에 쓰이는 소스다. 메티를 좋아하게 되었다면 육류와 강낭콩, 말린 라임으로 만든 스튜인 이란의 고르메 사브지ghormeh sabzi처럼 호로파의 잎이 듬뿍 들어가는 음식도 마음에 들 것이다.

호로파와 코코넛

인도의 요리책 작가 말리카 바수에 따르면 말린 호로파 잎은 많은 커리에서 단맛과 균형을 맞추는 "기적 같은 작용"을 한다고 한다. 직접 시도해보고 싶다면 코코넛이 바탕이 되는 커리가 가장 달콤하다는 점을 기억하자.

호로파와 콜리플라워: 콜리플라워와 호로파(209쪽) 참조.

호로파와 쿠민

스포츠 느낌이 강렬한 향신료 조합이다. 호로파는 땀 냄새가 나는 경향이 있다. 그리고 쿠민에서 낡은 운동용 양말 냄새가 난다는 것은 누구나 아는 사실이다. 그렇지만 이 모든 사실도 톰 포드가 초고가의 향수 산탈 블러시에 이 두 재료를 넣는 것은 막을 수 없었다. 적당한 가격에 이 향을 즐기고 싶다면 말린 호로파 잎과 쿠민씨로 맛을 낸 오일 바탕의 페이스트리로 만드는 짭짤한 인도식 비스킷인 메티 마트리를 먹어보자. 맛이 마음에 들지 않는다면 언제든지 귀 뒤에 문지르면 된다.

호로파와 토마토

셰프 벤 티시는 저서 『무어리시Moorish』에서 호로파는 "토마토와 타고난 친화력을 보여주며, 섞어서 천천히 시간을 들여 익히면 굉장히 신선한 맛이 나는 소스가 된다"고 말했다. 티시는 불린 호로파씨를 넣고 애호박 토마토 찜을 만들어 미가스migas[98]와 양젖 커드를 곁들여서 낸다. (씨와 껍질을 제거한) 토마토퓌레passata와 양파, 병아리콩으로 만드는 간단한 스튜에 말린 호로파 잎 1큰술을 가미하면 아무도 감지하기 어려운 방식으로 맛을 끌어올려준다. 호로파와 토마토는 인도의 이들리idli(쌀 렌틸 케이크)에 곁들여서 찍어 먹는 토마토소스에도 자주 짝을 이루어 들어간다.

98 스페인이나 포르투갈 등지에서 먹는 묵은 빵에 마늘과 파프리카 가루 등을 가미해 만드는 요리

호로파와 흑쿠민

벵골의 혼합 향신료인 판치 포론은 호로파에 흑쿠민, 쿠민, 펜넬, 야생 셀러리 또는 머스터드씨를 넣어 풍미와 질감을 모두 살린다. 모든 재료를 동량으로 섞은 것도 있고, 호로파의 강력한 쓴맛 때문에 호로파 대 그 외 모든 재료를 1:2의 비율로 섞은 것도 있다. 판치 포론은 빵가루와 함께 볶아서 구운 콜리플라워나 수프에 뿌려 먹기도 한다. 기를 듬뿍 두르고 판치 포론을 볶아서, 으깬 감자에 섞으면 아주 맛있게 먹을 수 있다.

GREEN BEAN

깍지콩

익힌 후에도 날것의 맛이 느껴진다. 깍지콩, 줄기콩은 미성숙한 씨앗 꼬투리로, 딱 그러한 맛이 난다. 아직 준비 중인 맛이다. 잔디와 아몬드 밀크로 만든 칵테일에 알칼리성이 살짝 도는 느낌이다. 이 풍미의 원인인 메톡시피라진 성분은 열을 견딜 수 있기 때문에 깍지콩을 5~10분씩 끓여도 풍미가 남아 있다. 깍지콩에 비하면 줄기콩은 더 추운 기후를 선호하며 콩 냄새가 나고 흙 향기가 살짝 강하다. 줄기콩을 재배하는 노련한 이들은 보통 줄기콩이 완전히 커져서 굵어지기 전에 수확하기 때문에 품종 간의 차이점은 구분할 수 없다고 인정한다. 다른 품종과 비교해서 특정 품종을 선택하는 데에는 종종 꽃의 매력이 결정적인 요소로 작용한다. 실제로 일부 국가에서는 채소가 꽃 덕분에 인기를 얻기도 한다. 켄 알발라는 콩과 식물은 요리책에 등장하기 전부터 원예 책에 붙박이처럼 자주 등장했다고 말한다. 깍지콩을 먹기가 조금 부담스럽다면 익히는 시간을 늘리거나 오크라의 고전적인 풍미 조합과 짝지어보는 것을 추천한다(오크라(387쪽) 참조).

깍지콩과 감자: 감자와 깍지콩(233쪽) 참조.

깍지콩과 강황

줄기콩과 강황은 각각 남아메리카와 남아시아가 원산지이지만 이 조합은 젖은 잔디와 따뜻한 흙, 뜨거운 정원 헛간이 내뿜는 씁쓸한 엔진 오일 냄새 등 영국 시골 정원의 향을 풍긴다. 내 생각에는 '과過하니'라고 불러야 할 것 같은 고전적인 정원사의 처트니를 만들어보자. 줄기콩과 양파, 강황, 황설탕, 머스터드, 맥아 식초가 들어간다. 단지에 넣으면 식초 냄새가 강하게 나겠지만 정원사 특유의 인내심을 발휘해보자. 곧 달콤해진다. 몇 주 안에 화창한 주말 아침에 화분 창고로 여행이라도 다녀온 것처럼 가정적인 맛이 느껴질 것이다. 작가 야스민 칸의 쿠쿠kuku는 프리타타의 일종으로 깍지콩과 갈색으로 볶은 양파, 마늘, 강황을 섞어서 부드러운 맛의 조합을 선보인다.

깍지콩과 고추: 고추와 깍지콩(314쪽) 참조.

깍지콩과 마늘

음식 작가 존 손John Thorne은 깍지콩에 대해서 "수천 가지 용도로 쓰이는 채소는 아니다"라고 말한다. 그는 샐러드라는 딱 한 가지 레시피만 제시하는데 그 내용 또한 매우 구체적이다. 갓 수확한 어린 깍지콩을

6~8분간 삶은 다음 건져서 윤기가 흐를 만큼만 올리브 오일을 두르고 버무린 다음 레몬즙과 소금, 갈아낸 흑후추를 뿌린다. 깍지콩이 아직 따뜻할 때 식탁으로 가져와서 "가장 맛있는 빵과 가장 달콤한 버터"와 함께 먹어야 한다. 마늘을 살짝 더 넣어도 좋다. 나는 깍지콩을 마늘과 함께 넉넉한 양의 올리브 오일에 30분간 천천히 익힌 다음 뚜껑을 연 채로 10분 더 둔 후 건져서 내는 것도 좋아한다. 남은 오일은 다진 파슬리를 듬뿍 넣어서 간단한 소스로 쓸 수 있고 살사 베르데의 바탕으로 사용하기에도 좋다. 토마토와 깍지콩(81쪽) 또한 참조.

깍지콩과 머스터드: 머스터드와 깍지콩(211쪽) 참조.

깍지콩과 미소

깍지콩은 소금을 많이 넣고 익히면 성격이 달라진다. 〈아메리카 테스트 키친〉 TV쇼에서 물 2리터에 소금 2큰술을 넣고 실험을 진행한 적이 있다. 그 결과 깍지콩은 화사한 녹색을 유지하면서 "고기 풍미가 나고 소금 간이 잘 된 상태에, 강렬한 깍지콩의 맛을 선보였다"고 한다. 미소 또한 그와 비슷하게 짭짤한 육류의 맛을 낸다. 2~4인분 기준으로 깍지콩 250g을 알 덴테로 익힌 다음 찬물에 담가 헹군다. 부드러운 버터 2큰술에 적미소 2작은술을 넣어 잘 섞는다. 프라이팬에 식용유 2작은술을 두르고 중강 불에 올려서 깍지콩을 넣고 몇 분간 따뜻하게 데운다. 곱게 다진 샬롯 2큰술과 으깬 마늘 1쪽 분량을 넣어서 1분 더 익힌다. 청주 4큰술을 넣고 반으로 줄어들 때까지 졸인다. 물 4큰술을 넣고 다시 반으로 줄어들 때까지 졸인 다음 미소 버터를 넣고 천천히 따뜻하게 녹여서 깍지콩에 골고루 버무린다.

깍지콩과 버섯

마치 결혼한 사람들처럼 깍지콩과 버섯은 함께 보내는 시간이 많아질수록 서로 닮아간다. 익히면 깍지콩은 버섯의 풍미와 감자 같은 특징을 띠고, 버섯에서는 감자 향이 발달한다. 미국에서 추수감사절에 전통적으로 먹는 음식인 깍지콩 캐서롤은 1950년대 중반까지 거슬러 올라가는데, 캠벨 수프 회사의 테스트 키친에서 근무하던 셰프가 냉동 깍지콩에 통조림 버섯 수프와 우유, 양념, 간장, 시판 양파 튀김을 넣어서 구운 것에서 비롯되었다. 민속학자 루시 M. 롱은 "미식가의 식탁에서는 경멸의 대상이 되겠지만, 이 요리는 모든 사람이 쉽게 만들 수 있고 엘리트 문화가 아닌 국민 문화에서 유래했다는 점에서 계급을 뛰어넘는 음식이다"라고 말했다. 또한 신분에 더 민감한 사람이라면 시판 양파 튀김 대신 수제 화이트소스와 신선한 깍지콩, 버섯, 아몬드를 활용하면 좋다고 언급했다.

깍지콩과 시나몬

제이컵 케네디가 호두와 시나몬 타라토르tarator에서 제일 먼저 접했다고 썼던 멋진 조합이다. 여러분도 그와 비슷하게 매료될 것이다. 2인분 기준으로 깍지콩 200g을 소금물에 딱 부드러워질 정도로만 데친 다음 더블 크림 3큰술, 시나몬 가루 1/2작은술, 마늘 1쪽과 함께 곱게 간다. 파스타 150g을 삶는다(제멜리, 카바텔리, 푸실리, 트로피 등 꼬여 있는 형태가 제일 잘 어울린다). 여분의 깍지콩 100g을 파스타 모양과 거의 같은 크기로 썬 다음, 파스타를 약 4분 정도 더 삶아야 할 시점에 끓는 파스타 물 냄비에 넣는다. 파스타와 깍지콩을 건지고 이들을 삶은 물은 조금 남겨둔 다음 나머지는 따라 버린다. 빈 팬에 파스타와 깍지콩, 곱게 간 콩 혼합물을 붓는다. 잘 저어서 데워가며 필요하면 파스타 삶은 물을 조금 섞어 농도를 조절한다. 엑스트라 버진 올리브 오일과 곱게 간 파르메산 치즈, 다진 호두를 곁들여 낸다. 이 소스는 기적이다. 콩 냄새나 시나몬 풍미가 어느 것 하나 너무 강하지 않지만 제대로 느껴지기는 하면서도 마치 새로운 식재료를 발견한 것처럼 하나로 잘 어우러진다.

깍지콩과 아몬드

깍지콩은 영어로 '그린 빈'이라고 불리지만 가끔 노란색 깍지콩도 만나볼 수 있다. 미국에서는 노란색 깍지콩을 '왁스 빈'이라고 부르는데, 입맛이 딱 떨어지게 만드는 이름으로는 '스트링 빈'을 근소한 차이로 누르고 1위를 차지할 것이다. 프랑스에서는 '아리코트 뵈르haricots beurre'라고 불리며 녹색 깍지콩보다 채즙이 많다는 인식이 있다. 어떤 색깔이든 아몬드를 가미하면 콩의 맛이 훨씬 돋보인다. 깍지콩을 익히는 동안 버터에 아몬드 플레이크를 노릇노릇하게 볶은 다음 건져서 물기를 제거한 깍지콩에 아몬드를 넣고 버무린다. 만족스러운 비건 버전을 만들고 싶다면 아몬드와 오일, 마늘을 빻아서 페이스트에 넣어 스페인식 피카다 소스를 완성해보자. 바스크 지방에서는 깍지콩과 아몬드로 수프를 만들기도 한다. 이때 아몬드는 주로 수프를 걸쭉하게 만들어주는 감자나 쌀 같은 역할을 수행한다. 여기에는 초록색 깍지콩과 달리 풋내가 나지 않는 노란색 깍지콩을 사용하는 것이 제일 좋은데, 갈면 풋내가 강화되기 때문이다.

깍지콩과 참깨

풋내기와 노련한 전문가다. 서로 정반대라서 끌리는 조합이다. 깍지콩은 다 익기 전에 따낸 것이다. 그 특유의 향은 포식자를 쫓아내기 위한 무기다. 반면 참깨는 먹힐 준비가 되면 씨앗 깍지에서 터져 나오며 무르익었음을 세상에 알린다. 참깨와 미소, 쌀 식초, 두부로 만드는 일본의 드레싱 '시라아에'는 깍지콩과 함께 내는 경우가 많다. 셰프 낸시 싱글턴 하치수는 이를 "씁쓸한 녹색 채소를 위한 완벽한 포일"이라고 설명한다. 간단한 애피타이저로 즐겨도 좋다. 깍지콩을 몇 분간 데친 다음 건져서 물기를 제거하고 키친타월로 닦아낸 후, 그릴 팬에 올려서 줄무늬가 생기고 깊은 풍미가 밸 때까지 굽는다. 접시에 담고 타히니를 지그재그로 뿌려 낸다.

깍지콩과 치즈

깍지콩은 가장 하얗고 가벼운 여름철 치즈와 짝을 이루면 더욱 빛을 발한다. 부라타와 깍지콩에 헤이즐넛을 더해서 샐러드를 만들거나 리코타 뇨끼에 아삭아삭한 샬롯과 양귀비씨를 넣어 버무려보자.

깍지콩과 토마토: 토마토와 깍지콩(81쪽) 참조.
깍지콩과 파슬리: 파슬리와 깍지콩(318쪽) 참조.

깍지콩과 흰콩

우리는 결혼식장으로 가는 길에 미로 같은 운하로 유명한 푸아투의 습지 지대인 브니스 베르트Venise Verte 표지판을 지나쳤다. 울창하고 인구가 드문 이곳은 마치 자연이 매립한 베네치아 같았다. 우리는 초콜릿을 입힌 안젤리카가 담긴 기념품 상자를 포함한 소풍 간식을 구입하고, 거스름돈과 함께 간략한 지도를 건네준 남자에게서 조정용 보트를 빌렸다. 그는 X 표시가 된 작은 섬으로 가서 배를 거기 묶어두라고 제안했다. 적어도 내 생각에는 그렇게 말한 것 같았다. 내 프랑스어는 어눌한데다 그의 콧수염은 너무 더부룩해서 머플러 역할을 했기 때문에, 어쩌면 방금 제초제를 뿌렸으니 X라고 표시한 작은 섬에는 가지 말라고 말한 것일지도 모른다. 어쨌든 우리는 지도를 옆으로 밀어두고 코를 믿으면서 무릎 사이에 쇼핑백을 끼고 나무가 터널처럼 우거진 곳으로 들어갔다. 20분쯤 후에 우리는 수로를 따라서만 닿을 수 있는 바에 도착했고, 식전주를 마시기 위해 부두에 정박했다. 어린이용 모험 소설 『스왈로 탐험대와 아마존 해적』의 인물이 된 듯한 기분에 빠진 남편이 미로 속으로 더 깊게 들어가겠다고 고집하지만 않았다면 오후 내내 바에 머무를 수도 있었을 것이다. 30분 후 우리는 섬을 발견했다. 소풍의 하이라이드는 현지의 흰 모세트 콩과 송송 썬 깍지콩, 삶은 햇감자, 반짝이는 호두 비네그레트로 만든 샐러드 한 통이었다. 흰강낭콩처럼 부드럽고 섬세한 껍질을 지닌 말린 까치콩인 모제트 콩은 비네그레트와 잘 어울리는 고소한 맛이 났고, 깍지콩의 단맛을 잘 다독였다. 우리는 프레푸préfou라고 불리는 마늘빵, 잘라낸 손가락 같은 맛이 나고 이에 한 번 끼면 절대 빠지지 않을 것 같은 돼지 지방이 잔뜩 있는 소시송과 함께 샐러드를 먹었다. 루아르 화이트 와인에서는 마르멜루처럼 날카롭고 기분 좋은 곰팡내가 났다. 푸딩이 부족해서 안젤리카 초콜릿을 먹어치우며 안젤리카 리큐어를 마셨다. 갑자기 보트 대여 장소의 마감 시간이 가까워졌다는 사실을 깨달았는데, 지도가 아까보다 훨씬 복잡해 보였다. 깍지콩 때문인지, 녹색 리큐어 때문인지, 남편이 노를 젓는 동안 지나가던 울렁이는 녹색 풍경 때문인지 나는 얼굴이 초록색으로 새파랗게 질리는 듯한 기분이 들기 시작했다(아마 배를 빌려준 사람이 정말 숲에 제초제를 뿌렸던 것일지도 모른다). 나는 이때 먹은 샐러드를 재현하는 데에는 계속 실패했는데 아마 좋은 모제트 콩을 구하지 못해서인 것 같다. 그렇지만 한번은 깍지콩과 까치콩, 병아리콩, 아티초크에 아이올리를 둘러서 만드는 따뜻한 샐러드인 아이그루아즈 툴롱네이즈aigroissade Toulonnaise를 만들어내는 데에 성공했으며, 이 정도면 아주 마음에 드는 대용품이라 할 수 있을 것 같았다.

OKRA
오크라

오크라는 아욱과에 속하는 식용 가능한 씨앗 꼬투리다. 채소 슬랩스틱코미디 분야의 선구자이기도 하다. 오크라를 따는 사람을 때리고 간지럽히기 때문이다. 직립형으로 자라는데, 때로는 말도 안 되는 속도로(어디나 비유하면 좋을지 떠올리기도 전에) 쑥쑥 큰다. 꽃을 감상하려고 허리를 굽힐 때 꽃송이에서 물이 찍 튀어나오지 않는 것이 신기할 정도다. 요리 역사가 제시카 B. 해리스는 오크라에 대해 "진액을 좋아하는 경향"이 있다고 묘사하기도 했다. 오크라는 질감이 워낙 독특해서 그 맛에 대한 기록은 많지 않다. 오크라에 대한 글을 쓰면서 오크라의 질감을 언급하지 않는 것은 샘파이어를 다루면서 짠맛을 논하지 않는 것과 같다. 생오크라에서는 알칼리성 풀맛이 난다. 깍지콩을 먹는 것과 아주 비슷한데, 코감기에 걸린 깍지콩이라고 할 수 있을 것이다. 많은 이가 그러하듯이 애호박과 마찬가지로 오크라도 겉질에 살짝 열을 가해야 그 매력이 드러난다.

오크라와 가지

미국의 정원사 잭 스타우브는 오크라를 비난하는 사람들에 맞서 오크라를 옹호하는 데에 앞장섰다. 그는 오크라의 맛을 "가지와 아스파라거스 사이 그 어딘가"라고 설명한다. 가지와의 유사성은 오크라를 뭉근하게 익혀서 스튜를 만들 때 가장 두드러진다. 둘 다 감자나 버섯을 연상시키는 부드럽고 고소한 맛이 난다. 질감도 비슷하다. 좋아하는 사람들은 푹 조린 가지가 부드럽고 살살 녹는다고 표현한다(싫어하는 사람들은 미끈거리고 끈적거린다고 말한다). 오크라와 가지를 함께 뭉근하게 익히면, 특히 가능하면 토마토 바탕의 소스에 향신료를 가미하면 풍성하고 맛있는 식사를 즐길 수 있다. 구운 오크라만 먹으면 은은한 유황 풍미가 나는 아스파라거스 같은 맛이 난다. 꼬투리째로 구울 때는 아스파라거스를 로스팅 틀에 담아서 익힐 때와 비슷한 시간이 걸리는데, 200°C에서 약 15분 정도 익힌다.

오크라와 고추: 고추와 오크라(315쪽) 참조.

오크라와 달걀

오크라와 날달걀은 모두 미끈미끈한 음식을 뜻하는 일본어 의성어인 '네바네바'한 질감을 보여준다. 네바네바 덮밥은 낫토(주로 발효한 대두로 그릇에서 들어올리면 반짝이는 긴 가닥이 이어진다)와 참마(끈적한 해조류 및 버섯만큼이나 미끌미끌한 질감이다) 등 끈적이는 재료를 다양하게 얹은 덮밥을 뜻한다. 일본어에는 음식의 질감을 묘사하는 단어가 절대 부족할 일이 없다. 2008년 《텍스처 스터디 저널》에 실린 연구에서는 음식 74종을 묘사하는 일본어 단어 400개를 제시했는데, 영어권 패널이 제안한 단어는 고작 77개에 불과했다. 일본어 단어는 400개 중 280개가 의성어였지만 영어 의성어는 '바삭바삭crackle', '아작아작crunch', '쉬익(음료 속 거품 이는 소리)fizz'을 포함해 5개밖에 되지 않았다.

오크라와 라임: 라임과 오크라(180쪽) 참조.
오크라와 마늘: 마늘과 오크라(265쪽) 참조.

오크라와 머스터드

작가 싯다르타 미터는 캘커타에 살던 어린 시절에 오크라를 좋아하게 되었다고 회상한다. 인도에서는 오크라를 흔히 '숙녀의 손가락'이라고 칭한다. 미터는 오크라를 숯불에 익히면 "부드럽고 섬세하며 향기로운, 그 이름이 의미하는 모든 것이 된다"고 썼다. 그가 내 손가락을 보지 못한 탓이다. 그래도 싯다르타의 할머니의 레시피는 맛있을 것 같은데, 송송 썬 오크라를 머스터드 오일에 재우고 쿠민과 강황 또는 고추로 맛을 내는 것이다. 나는 오크라 꼬투리를 통째로 머스터드 오일에 버무려서 바비큐에 굽는 쪽을 선호한다. 『통오크라』의 저자 크리스 스미스는 날것으로 먹으면 품종 간 풍미의 차이를 더 잘 느낄 수 있다고 본다. 대부분의 오크라에서는 깍지콩과 비슷한 맛이 나지만, 스미스는 로켓을 연상시키는 고소하고 매콤한 풍미가 있는 레드 버건디 품종을 좋아한다. 굵은 그레인 머스터드 비네그레트에 버무려서 샐러드를 만들어 날것으로 먹어보자. 오크라의 씨와 그레인 머스터드가 재미있는 질감의 조화를 보여준다. 브라질에서는 마치 니수아즈에 깍지콩을 넣듯이 오크라 꼬투리를 데쳐서 샐러드에 사용한다.

오크라와 병아리콩

'옥스퍼드 식품 및 요리 심포지엄'에서 발표한 논문에서 병아리콩 가루로 속을 채운 오크라 요리에 대한 부분을 읽은 적이 있다. 맙소사, 나는 생각했다. 버섯에 속을 채우고 있기에는 인생이 너무 짧다면, 그럼에도 여성이 손가락을 움직여서 무언가에 속을 채워야 할 필요가 있다면 크기가 거대한 거북이 등껍데기 정도는 되어야 할 것이다. 하지만 그날은 화요일 오후였고 아이들은 학교에 있었으며 나는 할 일이 너무 없어서 키친타월에 그려진 물방울무늬에 전부 색을 칠하기라도 할 참이었다. 이제는 양념한 병아리콩 가루를 플라스틱 못집rawlplug 크기의 구멍에 밀어 넣어야 할 시간이었다. 그런데 이게 제일 쉬운 부분이었다. 우선 오크라 안쪽의 심지와 씨앗을 긁어내야 했던 것이다. 어떤 느낌일지 이해하려면 학교에서 쓰는 풀을 손에 바른 채로 무심코 작은 폴리스티렌 공이 들어 있는 상자의 문을 열었다고 생각해보자. 움직이면 움직일수록 끈적해진다. 첫 시도에서는 오크라 12개를 준비했다. 하지만 세 개쯤 손질했을 때 더 이상은 못하겠다고 결정하고 말았다. 그러나 막상 요리해서 먹어보니 계속 손질할 걸 그랬다고 생각하게 되었다. 거뭇하게 그을린 쫄깃한 겉면이 향신료가 가미된, 기분 좋게 까끌거리는 속을 품은 도톰한 틀이 되어준 것이다. 향신료를 넣어서 단맛을 내고 고추로 생동감을 불어넣은 병아리콩 가루는 짭짤한 콩의 풍미를 해치지 않았다. 속을 채운 오크라 꼬투리는 대담하면서 식욕을 돋우는 풍미를 지니고 있었다. 나는 더 먹어야만 했다. 내가 참고했던 레시피를 다시 찾아보자 심지나 씨를 제거하라는 말은 일절 없었다. 오크라 12개 분량 기준으로 병아리콩 가루 4큰술, 코리앤더 가루와 쿠민 가루, 칠리 파우더, 암추르(말린 그린 망고 가루)를 각각 1/2작은술씩 넣고 잘 섞는다. 오크라 꼬투리의 양쪽 끄트머리를 잘라낸 다음 세로로 길게 칼집을 하나 넣는다. 찻숟가락으로 오크라 속에 병아리콩 가루 혼합물을 넣고 벌어진 부분을 손으로 꼭 집어 붙인 다음 팬에 식용유 2큰술을 두르고 오크라를 겹치지 않게 넣는다. 살짝 노릇해지고 완전히 익을 때까지 조심스럽게 굴려가며 익힌다. 요구르트와 오이로 만든 라이타를 곁들여 낸다. 그리고 병아리콩 가루로 쿠르쿠리 빈디kurkuri bhindi(오크라 튀김)도 만들었다. 맛은 속을 채운 오크라와 비슷하지만 예상대로 튀긴 것이 더 바삭하고 채즙이 풍부했다. 오크라 깍지 200g의 윗동을 잘라낸 다음 길게 반(너무 클 경우에는 4등분)으로 썰어서 으깬 마늘 1쪽 분량과 쿠민 가루 1자밤, 소금 1자밤을 넣고 골고루 버무린다. 수 분간 그대로 둔 다음 병아리콩 가루 2큰술과 쌀가루 또는 옥수수 전분 1큰술을 섞어서 뿌려 다시 버무린다. 튀김용 기름에 적당량씩 넣어서 바삭바삭하고 노릇노릇하게 튀긴다. 건져서 키친타월에 얹어 기름기를 제거한 다음 소금과 암추르를 뿌린다.

오크라와 옥수수

오크라를 얇고 둥글게 송송 썰어서 옥수숫가루에 버무려 튀기는 조리법은 미국 남부에서 인기가 높다. 옥수수는 풍미보다 질감을 선사하는 역할을 한다. 남부 주에서는 오크라와 옥수수, 토마토를 결합한 수코타시라는 요리도 인기가 높다. 날치에 곁들인 쿠쿠cou-cou(옥수숫가루 곤죽과 얇게 썬 오크라)는 바베이도스의 국민 요리다. 뉴올리언스의 요리사 브리트니 코넬리는 맷돌 제분한 굵은 옥수숫가루를 익힌 다음 크림과 버터를 넣고 마저 잘 섞은 후, 송송 썰어서 구운 오크라와 염소 치즈, 그리고 양파와 마늘, 생강, 카이엔 페퍼를 넣어서 익힌 생옥수수 낟알을 잘 섞어 곁들여 내는 식으로 이 조합에 현대적인 감각을 더했다.

오크라와 쿠민: 쿠민과 오크라(341쪽) 참조.

오크라와 타마린드

인도 남부에서는 오크라와 타마린드를 이용해서 빈디 훌리bhindi huli('톡 쏘는 맛의 오크라')를 만들기도 하고, 오크라와 타마린드에 채 썬 코코넛을 넣고 맛을 낸 소스로 벤다카이 쿠잠부vendakkai kuzhambu를 만들기도 한다. 인도 남동부의 안드라프라데시주에서 유래한 풀루수pulusu는 타마린드수水로 만든 채소 스튜다. 주로 오크라를 넣는다. 젤라틴이 좀 덜 느껴지는 오크라를 선호한다면 타마린드의 산미가 그 특징을 억제한다는 점을 느낄 수 있다. 모든 사람이 끈적한 맛을 없애고 싶어하는 것은 아니다. 일부 서아프리카 국가에서는 오크라 수프에 알칼리성 베이킹 소다를 첨가해서 끈적끈적한 점액성 질감을 촉진시킨다. 숟가락에서 흘러내리는 끈적끈적한 가닥에서 이 수프의 이름이 유래했는데, 바로 끌어당긴다는 뜻의 드로 수프draw soup다.

오크라와 토마토

음식 조합 세계에서 '명예의 전당'에 오르는 조합이다. 토마토와 함께 천천히 익힌 오크라를 먹어보기 전까지는 오크라를 싫어한다고 진정으로 말할 수 없다. 토마토가 제공하는 신맛과 감칠맛은 오크라가 자아낸 짙은 채소 풍미를 상쇄시킨다. 더욱 놀라운 것은 메인 코스로도 손색이 없을 정도로 벨벳처럼 고급스럽게 부드러운 질감이다. 토마토 바탕에 코리앤더 가루와 쿠민, 생강, 강황, 가람 마살라를 듬뿍 넣어서 빈디 마살라를 만들거나, 아니면 그냥 단순하게 만들어보자. 요리 역사가 마이클 W. 트위티는 오크라는 "토마토, 양파, 옥수수와 너무나 잘 어우러져 함께 춤을 추기에, 이 네 가지 재료가 같이 어울릴 만한 매콤한 고추의 열기와 넘치는 증기를 찾아 헤매면서 아프리카 대서양 세계의 모든 주방을 장악하지 못하고 있었던 이전의 시간을 기억하는 사람은 아무도 없다"고 썼다.

오크라와 흰콩

비건 검보gumbo를 만들 경우 흰강낭콩과 오크라의 조합을 추천한다. 두 재료 모두 검보에 필수적인 감칠맛 흐르는 짭짤함을 선사하지만 동시에 콩은 건조한 편이고 오크라는 촉촉해서 대조적인 질감을 보여준다. 고구마는 기분 좋은 단맛을 준다. 검보의 수프 바탕이 되는 다크 루는 오일과 밀가루를 아주 오래 볶아서, 육수에 구운 뼈와 어울릴 정도로 진한 볶은 향이 나도록 만든다. 나는 한 번에 잔뜩 만들어서 냉동 보관해두고 각종 비건 수프와 스튜를 만들 때에 사용한다. 작가 겸 요리사 조이 아조뇨는 동부콩에 송송 썬 오크라를 넣어서 튀기는 가나식 아카라akara 레시피를 소개한다. 물기를 제거한 통조림 동부콩 400g에 송송 썬 오크라 100g, 달걀 1개, 카이엔 페퍼 1큰술, 곱게 다진 적양파 1개 분량, 곱게 다진 홍고추 1개 분량, 곱게 다진 스카치 보닛 고추 1/2개 분량, 소금 1/2작은술을 넣고 물을 넣어가면서 골고루 잘 섞어 뚝뚝 떨어질 만한 농도로 맞춘다. 뜨겁게 가열한 튀김용 오일에 반죽을 떠서 조심스럽게 넣고 노릇노릇하고 완전히 익을 때까지 튀긴 다음 키친타월에 얹어 기름기를 제거한다. 오크라를 넣는 것을 절대 잊지 말자. 오크라는 넣지 않고 동부콩만 튀기는 레시피도 있지만 앙드레 시몽에 따르면 그 결과물은 "클레오파트라 없는 안토니우스와 클레오파트라" 같다고 한다.

AUBERGINE
가지

살짝 익힌 가지에서는 부드러운 풋사과와 같은 맛이 나지만 달갑지 않은 쓴맛이 있어서, 왜 가지를 절이는 것이 좋은 생각으로 여겨졌는지 알 것 같아진다. 얇게 썰거나 깍둑 썬 가지를 채반에 올리고 소금을 뿌려서 약 30분간 두어, 물기를 제거하면서 과육에서 수분과 쓴맛 성분을 추출해내는 것이다. 물론 예전에는 이래야 맛있다는 것이 맞는 말이었지만 현대 품종은 쓴맛이 제거되어 있는 경우가 많다. 물론 귀찮지만 않다면 지금도 가지를 먼저 살짝 절여서 아주 맛있게 밑간을 할 수 있다. 잘 익힌 가지 과육에서는 크리미한 질감과 부드러운 머스크 향을 느낄 수 있다. 버섯 향이 나지만 짭짤한 요리에만 사용해야 할 정도는 아니다. 가지를 저며서 튀기면 주로 달콤한 시럽을 뿌리거나 설탕을 뿌리는 경우가 많은데, 너무 맛있으므로 반찬인가 디저트인가에 대한 논쟁은 무시하고 두 번째 접시를 사수할 수 있도록 팔꿈치를 날카롭게 휘두르는 데에 집중하는 것이 좋다.

가지와 미소

가지는 미소의 짠맛을 흡수해서 부드럽게 만들고 본인은 부드럽고 짭짤한 스펀지가 된다. 두부 구이의 변형인 가지 구이(두부와 미소(286쪽) 참조)는 일본의 고전적인 조합이다. 애피타이저나 반찬 2~4인분 기준으로 가지 2개를 길게 반으로 자른다. 단면에 칼집을 넣어 격자무늬를 만든 다음 껍질 쪽을 살짝 잘라내서 가지 반쪽을 베이킹 트레이에 평평하게 올리기 좋게 만든다. 칼집을 넣은 면에 조리용 솔로 중성 오일을 바른 다음 200°C의 오븐에서 부드러워지고 살짝 거뭇해질 때까지 약 30분간 굽는다. 작은 팬을 약한 불에 올리고 적미소 2큰술과 맛술, 설탕, 정종을 1큰술씩 넣고 휘저어 설탕과 미소를 완전히 녹인다. 가지의 칼집을 넣은 부분에 미소 혼합물을 바른 다음 뜨거운 그릴에 몇 분 동안 넣어서 혼합물이 보글보글 끓으면서 군데군데 짙은 갈색의 반점이 생기도록 굽는다. 단맛을 가미한 미소는 쉽게 타기 때문에 가만히 내버려두면 안 된다는 점을 기억하자. '손가락을 핥게 되는 미소'라는 뜻의 나메미소는 발효 채소를 넣은 미소다. 다양한 레시피가 있지만 가장 흔하게 사용되는 것은 가지와 생강이다. 뜨거운 밥이나 죽, 튀긴 두부나 일반 두부, 구운 감자에 얹어서 먹는다.

가지와 석류: 석류와 가지(86쪽) 참조.

가지와 애호박

프랑스 셰프 알렉시 고티에에 따르면 이상하지만 완벽한 조합이다. 이상하다는 말은 두 채소 모두 수분이 많아 어울리지 않아야 마땅하다는 뜻이다. 하지만 놀랍게도 어울린다. 나는 애호박의 껍질이 맛도 좋고 씹었을 때 식감이 만족스러우며, 가지는 실크처럼 부드러운 과육을 지니고 있기 때문이라고 생각한다. 이 둘을 섞으면 좋은 의미로 프랑켄슈타인 같은 채소가 된다. 고티에는 이 채소에 붉은 피망과 사프란, 크림을 가미하여 수프를 만든다.

가지와 오크라: 오크라와 가지(387쪽) 참조.

가지와 요구르트

가지는 양을 꿈꾼다. 가지가 제일 좋아하는 고기는 양고기, 그들이 선택한 요구르트도 양젖 요구르트다. 전부 지방 때문이다. 양젖 요구르트의 지방 함량은 최고 7%에 달할 정도로 높은데, 가지는 이 지방을 흡수하기 위해 태어난다. 까맣게 구워서 퓌레로 만든 다음 체에 내린 가지에 크리미한 양젖 요구르트, 마늘 약간, 레몬즙을 섞으면 메제[99]용 스프레드에서 벗어나 독자적인 식탁을 하나 차지할 정도의 미식이 된다. 카슈케 바제만kashke badjeman은 가지와 말린 요구르트를 섞은 페르시아식 요리로, 통조림으로 판매할 정도로 인기가 좋다.

가지와 참깨: 참깨와 가지(292쪽) 참조.
가지와 초콜릿: 초콜릿과 가지(36쪽) 참조.
가지와 후추: 후추와 가지(355쪽) 참조.

99 지중해와 중동에서 주로 먹는 식사 방식으로 작은 접시에 담긴 음식을 여럿 차려서 먹는다.

COURGETTE

애호박

섬세할까 혹은 연약할까? 페포호박Cucurbita pepo 열매의 맛은 말하자면 겸손한 편이라고 할 수 있다. 애호박의 속살에서는 호박과 채소에 기대하는 것처럼 빗물과 같은 맛이 난다. 껍질, 특히 까맣게 그을리도록 구우면 그 껍질이 특유의 씁쓸함으로 과육의 시 및 밋밋한 단맛을 상쇄시킨다. 길이가 15~18cm 정도인 작은 애호박이 풍미가 더 뛰어난 경향이 있다. 애호박이 자라면 씨앗과 세포막이 함께 자라기 때문에 아름다움과는 거리가 먼 나무 같은 섬유질이 생겨난다. 모양이 작고 둥근 것도 있고, 지각이 있는 씨앗 행성에서 날아온 작은 비행접시처럼 생긴 패티팬patty pan 호박 같은 애호박도 있다. 둘 다 껍질과 과육의 비율이 높아서인지 맛이 좋다. 노란색 주키니와 초록색 주키니의 맛은 거의 비슷하지만, 길게 올록볼록한 줄무늬가 들어가 있는 형태의 주키니가 더 맛있다고 주장하는 사람이 많다.

애호박과 가지: 가지와 애호박(391쪽) 참조.

애호박과 건포도

아이의 도시락에서 작은 건포도 상자를 꺼내 따로 보관해두자. 애호박이 제철일 때를 위해 가지고 있으면 좋다. 레드 와인 식초를 부어서 건포도를 불린 다음 아그로돌체(애호박과 시나몬 참조), 팬에 튀긴 애호박과 양파, 쌀과 불구르 또는 프리케freekeh로 만든 필라프에 넣어보자. 애호박 속을 채우는 용도로 써도 좋지만 나와 성격이 비슷한 사람이라면 애호박 과육을 파내는 것이 부담스러울 수 있다. 껍질이 잘 뚫리기도 하고, 껍질은 잘 지키더라도 파낸 공간이 너무 작기 때문이다. 굳이 고르자면 속이 넓은 둥근 '수류탄' 모양의 애호박이 더 나은 선택일 것이며, 이쪽은 맛이 별로일 경우 발로 차 없애버리기에도 용이하다. 힘차게 날린다면 이웃집 정원까지 10야드 정도는 무리 없이 던져버릴 수 있을 것 같다.

애호박과 달걀: 달걀과 애호박(248쪽) 참조.
애호박과 당근: 당근과 애호박(227쪽) 참조.
애호박과 라임: 라임과 애호박(180쪽) 참조.

애호박과 레몬

껍질 벗긴 애호박을 레몬, 설탕과 함께 요리하면 사과 같은 맛이 난다는 글을 읽은 적이 있다. 그래서 시도해봤다. 전혀 그렇지 않았다. 사과를 그냥 새콤달콤한 존재 그 이상으로 만드는 복합적이고 그림 같은 풍미, 즉 장미와 딸기, 매니큐어 같은 서양 배 사탕의 사랑스러운 향이 온데간데없기 때문이다. 다만 시나몬을 약간 섞고 크럼블 토핑을 올리면 어느 정도 감안할 수 있다. 그러나 의문은 남는다. 사과 알레르기가 있는 사람이 아니라면 이 짓을 해야 할 이유가 있나? 레몬과 설탕을 넣으면 애호박의 풍미와 질감이 허니듀 멜론에 더 가까워지는데, 애호박이 많이 커져서 씨가 느껴질수록 호박 속살이 거칠게 다가오면서 더더욱 비슷해진다. 이탈리아에서는 애호박을 삶거나 올리브 오일과 애호박에서 나오는 즙으로 애호박을 천천히 익히거나 하는 애호박 요리에 흔히 레몬즙을 더하는 편이다. 애호박이 익으면서 생겨날 수 있는 버섯 풍미를 다독이는 데에 도움을 주기 때문이다. 애호박 꽃은 흔히 쌀이나 연질 치즈, 레몬 제스트를 섞어서 속을 채워 요리하기도 한다. 레몬 제스트의 화사한 풍미는 특히 이 꽃을 튀김으로 만들었을 때 만족감을 준다. 꽃의 속을 채우기 전에 그 살짝 퀴퀴한 소나무 향을 들이마셔 보자.

애호박과 마늘

마르셀라 하잔은 애호박도 중독될 수 있다는 사실을 인정한다. 그렇다면 내가 참으로 참여하고 싶은 12단계 애호박 중독 재활 프로그램을 열 수도 있을 것이다. ("애호박을 앞에 두면 무력해진다는 것, 애호박이 당신의 삶을 속수무책으로 만들었다는 사실을 인정하세요.") 마르셀라는 남편에게 애호박을 먹일 때마다, 이젤 앞에 서 있는 모네를 향해 한 여성이 "클로드, 백합 연못을 또 그리는 건 그만둬요!" 하고 소리치던 예전 《뉴요커》에 실린 만화가 떠오른다고 말한다. 마르셀라의 『정통 이탈리아 요리의 정수』에는 삶은 애호박 샐러드, 애호박 반죽 튀김, 유명한 애호박 마늘 튀김까지 남편을 미치게 할 수 있을 정도로 많은 애호박 레시피가 실려 있다. 애호박을 길쭉한 막대 모양으로 썰어서 소금 간을 하고 채반에 밭쳐 30분 정도 물기를 제거한 다음 키친타월로 두드려 물기를 제거한다. 적당량씩 나눠서 밀가루를 묻히고, 5cm 깊이로 부어서 가열한 식용유 속에 넣는다. 예쁘게 노릇노릇해질 정도로 튀긴 다음 접시에 옮겨 담고 와인 식초(레드 아니면 화이트)를 뿌린다. 그릇에 으깬 마늘을 넣고 흑후추를 조금 갈아 넣어 골고루 버무린다. 실온으로 낸다. 우크라이나에서는 늦여름이 되면 넘쳐나는 애호박으로 애호박 캐비아인 이크라ikra를 만든다. 강판에 갈거나 곱게 깍둑 썬 애호박과 마늘, 양파, 당근, 토마토를 그냥 혹은 마요네즈와 함께 섞어서 익혀 페이스트로 만든 후 두껍게 썬 빵에 발라 먹는다. 이 페이스트는 종종 단지에 담아서 겨울 내내 보관하기도 한다. 애호박이 갑자기 먹고 싶어질 때마다 마르셀라의 메타돈[100]처럼 입에 넣어보자.

애호박과 민트

비 온 뒤의 여름 정원 같은 조합이다. 이 둘을 합치면 짙은 녹색의 흙 향기와 은은한 땀 냄새가 난다. 휘츠터블에 자리한 스포츠맨의 셰프인 스티븐 해리스는 자신의 정원에서 수확한 애호박에서 민트 향을 느낀다. 운이 좋으면 시중에서 판매하는 애호박에서도 같은 향을 느낄 수 있지만 그렇지 않더라도 쉽게 더할

100 헤로인 중독을 치료하는 데에 쓰이는 약물

수 있다. 애호박 민트 파스타 4인분을 만들려면 애호박 800g을 둥글게 송송 썰어서 올리브 오일 2큰술에 골고루 버무린다. 얕은 로스팅 팬에 겹치지 않도록 담고 220°C의 오븐에서 10분간 굽는다. 뒤집어서 소금을 뿌리고 껍질을 벗긴 통마늘 8쪽을 넣은 후 애호박이 노릇노릇해질 때까지 10분 더 굽는다. 파스타(파르팔레 또는 푸실리가 잘 어울린다) 350g을 넉넉한 양의 소금물에 삶아서 애호박 그릇에 넣고, 애호박을 구우면서 흘러나온 오일과 마늘과 함께 골고루 버무린다. 여기에 다진 민트 3큰술, 발사믹 식초 1작은술, 레몬 제스트 적당량, 갈아낸 파르메산 치즈 적당량을 넣는다. 나폴리에서는 이와 동일한 재료에서 파스타는 제외하고, 올리브 오일 대신 버터를 넉넉히 넣고 스토브에서 조리해 달콤한 맛을 강화한다.

애호박과 병아리콩

애니메이션 영화 〈바람이 불 때〉의 짐과 힐다 블록스 부부만큼이나 짜릿한 조합이다. 물론 모두가 그렇게 생각하지는 않는다. 프랑스의 음식 평론가 제임스 드 코케는 애호박이 풍미 면에서 한 단계 발전되어야 할 필요가 있다는 주장에 대해 논한다. 문제는 맛의 강도에 대한 과대평가다. 만일 강렬한 맛이 좋은 음식을 논하는 유일한 기준이라면 모든 요리 중 최고는 청어 절임이 될 것이라고 그는 생각한다. (아마 많은 스칸디나비아 사람에게 청어 절임은 세계 최고의 요리겠지만. 사방이 지뢰밭이다. 나는 괜히 여기 발을 들일 생각이 없다.) 애호박의 맛이 조금 심심하게 느껴질 때 집어들 재료가 병아리콩은 아니라는 것 정도는 언급해도 안전할 것이다. 하지만 병아리콩 가루 반죽으로 만든 애호박 튀김에서는 환상적인 조합을 자랑하는데, 애호박이 살짝 건조되면서 조금 탈 정도로 노릇해지기 때문이다. 병아리콩과 고추(240쪽)에 나오는 바지 반죽 레시피를 활용하자. 고추는 선택 사항이다. 애호박을 굵게 갈아서 소금으로 간을 한 다음 10분간 재워서 꼭 짜 물기를 최대한 제거한 후 반죽에 넣어야 한다.

애호박과 소렐: 소렐과 애호박(172쪽) 참조.

애호박과 시나몬

애호박을 케이크에 넣는 건 참도록 하자. 하지정맥류가 있는 핏줄처럼 보이는데다 맛도 특이하다. 애호박을 달콤하게 먹는 더 맛있는 방법은 이탈리아식 소스 아그로돌체('새콤달콤한'이라는 뜻)다. 4인분 기준으로 애호박 500g을 송송 썰어서 올리브 오일을 두른 팬에 넣고, 껍질이 갈색을 띠기 시작하고 속이 부드러워질 때까지 볶는다. 소금과 시나몬 가루 여러 자밤과 레드 와인 식초 2큰술, 설탕 1큰술을 넣고 잘 섞는다. 1분가량 볶은 다음 생선 그릴 구이에 곁들여서 낸다. 애호박의 밋밋한 맛에 이보다 더 나은 해결책이 존재할 수 있을까? 소스가 신맛과 단맛, 짠맛을 더한다. 애호박을 살짝 거뭇해지도록 구우면 쓴맛이 가미되고 시나몬이 따뜻하면서 달고 쌉싸름한 삼나무 풍미를 가볍게 더한다. 나는 이 조합을 너무나 사랑해서 애호박 시나몬 머핀을 한 판 굽기도 했다. 기대했던 것보다는 맛있었지만 신이시여, 보기에 너무나 흉측했다. 애호박과 레몬 또한 참조.

애호박과 오레가노: 오레가노와 애호박(333쪽) 참조.

애호박과 요구르트

애호박 튀김이나 팬케이크를 위한 가장 간단한 소스는 되직하고 차가운 그리스식 요구르트 한 그릇이다. 애호박이 아주 많다면 차지키를 만들 때 오이를 가는 것처럼 요구르트에 살짝 갈아서 넣자. 튀김으로 만든 짚 같은 애호박과 잘 어울리는 실크 같은 애호박 가닥의 매력을 느낄 수 있지만, 멜론 같은 느낌은 전혀 없다. 나는 가끔 요구르트에 차트 마살라를 여러 자밤 넣고 갈아낸 애호박을 더해 라이타를 만들기도 한다.

애호박과 치즈

'남은 애호박으로 할 수 있는 요리'를 검색하는 것은 그만두고 치즈가게로 가자. 중동 음식인 쿠사 비 게브나kousa bi gebna는 애호박 그라탱이나 크러스트 없는 키슈와 비슷한 계열로, 동글동글한 녹색 애호박 껍질이 노란 치즈 및 달걀과 대비되어 매력적인 바틱 무늬[101]를 연상시킨다. 그리스식 파이인 콜로키토피타kolokithopita는 시금치 대신 애호박으로 만든 스파나코피타와 비슷한데, 바삭바삭한 필로 페이스트리에 대량의 페타 치즈와 애호박을 겹겹이 넣어 만든다. 영국인 셰프 에이프릴 블룸필드는 로마에서 차를 한잔 마시기 위해 가게에 들어갔을 때 종업원이 모차렐라와 애호박 스튜를 올린 잉글리시 머핀을 가져다주었다고 회상한다. 아주 마음에 들었다고 한다. 로마네스코 애호박이었는데 "고랑이 있고 반점이 박혀 있으며 흙 향기가 났다. 굳이 표현하자면 살짝 거름 같은 느낌"이 있었다고 한다. 엘리자베스 데이비드는 애호박에 그뤼에르를 더하면 최고의 수플레를 만들 수 있다고 주장한다.

애호박과 캐슈

애호박과 치즈? 좋습니다. 어떤 치즈라도요? 그럼요.. 캐슈 치즈는요? 얼마나 더 대답해야 만족하실까요? 당연히 좋습니다.

애호박과 토마토

제인 그리그슨은 영국에서 애호박이 소비되는 것은 엘리자베스 데이비드의 '창조물'이라고 말한다. 그 이전에도 애호박에 대한 언급은 있었지만 그리그슨에 따르면 엘리자베스야말로 "이탤릭체로 쓰는 애호박을 없애고 우리 언어로 완전히 귀화시킨 최초의 인물"이다. 데이비드의 첫 작품인 『지중해 음식 책』(1950)에서는 '애호박과 토마토Courgettes aux Tomates'라는 단 한 분류에서만 애호박을 소개하지만 표현만큼은 조심스럽게 "아주 어린 골수"와 같다고 주석을 달아두었다. 이 요리를 만들려면 먼저 애호박과 토마

101 물들이고 싶지 않은 부분에 밀랍을 발라서 염색하는 기법으로 만들어낸 무늬

토를 저며서, 버터와 함께 약한 불에 올려 10분간 천천히 익힌다. 나는 베이킹 그릇에 올리브 오일을 두르고 곱게 다진 마늘 약간을 뿌린 다음 토마토와 애호박을 서로 겹쳐서 올려 넣는 쪽을 선호한다. 오일을 조금 더 두른 다음, 200°C로 예열한 오븐에서 채소가 완전히 익을 때까지 약 1시간 정도 가열한다. 모양도 꾸밈없이 예쁘고 토마토의 톡 쏘는 신맛과 깊이 있는 감칠맛이 애호박의 풍미를 끌어올린다. 퍼프 페이스트리를 깔고 그 위에 애호박과 토마토를 켜켜이 깔아 올릴 수도 있지만 그럴 경우에는 페이스트리가 축축해지는 것을 감안해야 한다. 데이비드의 애호박 사랑은 라타투이까지 이어지지는 않아서, 단순하게 그저 토마토와 양파, 가지, 피망으로만 구성된 레시피를 선보인다.

SPINACH
시금치

프랑스의 레스토랑 평론가 그리모 드 라 레니에르는 “시금치는 모든 종류의 각인을 받을 수 있는 존재다. 주방의 순수 천연 왁스와 같다”라고 말했다. 시금치가 무미건조한 빈 캔버스라는 표현에 어떤 의미가 함축되어 있는지 알아내려면 정밀 조사가 필요하다. 가볍게 익힌 시금치 잎에서는 민트와 우롱차, 담배, 왁스, 래디시나 제비꽃 맛이 날 수 있다. (애호박 맛과는 거리가 멀다.) 가장 성공적인 조합은 개먼[102]이나 블루치즈, 미소 버터처럼 짭짤하고 기름진 음식이다. 깍지콩과 오크라처럼 시금치도 오래 익히면 고기 느낌이 나면서 훈연과 페놀 맛이 느껴지기 시작한다.

시금치와 감자: 감자와 시금치(237쪽) 참조.

시금치와 건포도

“빌라 아메리카를 찾으러 가자.” 아침 식사를 하며 내가 말했다. 우리는 앙티브의 구시가지에 머무르고 있었고, 빌라는 곶의 모퉁이를 돌면 바로 그 앞에 자리하고 있었다. 프랑스 리비에라를 잃어버린 세대의 유럽 전초기지로 만들어낸 부유한 외국인 제럴드와 사라 머피가 소유하고 있는 빌라 아메리카는 어느 정도는 F. 스콧 피츠제럴드의 소설 『밤은 부드러워라』에 나오는 딕과 니콜 다이버의 영감이 된 곳이기도 하다. 제럴드는 매일 아침 스콧과 젤다, 어니스트 헤밍웨이, 콜 포터 외 기타 1920년대 비주류의 아이콘이 찾아와서 소풍을 즐기고 칵테일을 마시며 일광욕을 할 수 있도록 인근 해변을 정리하고 갈퀴질을 하곤 했는데, 머피 가문은 이들 활동을 대중화시킨 공로를 인정받고 있다. 나는 빌라의 정확한 위치를 찾아볼 생각은 하지도 않았는데 왜냐하면 ① 90년 전에 찍은 흐릿한 사진을 가지고 있었고 ② 길 건너 작은 해변에 있을 거라고 확신했기 때문이다. 해안 가까이 가면 찾을 수 있을 터였다. 물론 억만장자가 정착한 반도에서 해안 가까이 다가간다는 것은 까다로운 일이다. 12피트 높이의 벽과 보안 카메라가 빽빽하게 늘어선 철제 대문이 지키고 있는 광활한 건물을 피해 가도록 수시로 해안으로부터 우회하게 하는 포장된 산책로를 따라 걷는 것은 그다지 매력적이지 않은 경험이다. 해변에서 갈퀴질을 하거나 즉석에서 칵테일이라도 만들려고 하다가는 곧 목이 없고 귀에 돌돌 고인 와이어 이어폰을 꽂은 남자와 마주치게 될 것이다. 하지만 우리는 결국 조약돌 해안가로 이어지는 길을 찾아냈다. 그 반대쪽에는 빌라가 없었다. 우리는 자갈 위에 앉았고 나는 아직 차가운 현지의 로제 와인 반 병과, 아침에 크루아상을 사러 나갔을 때 같이 사 온 투르트 오 블레트 두 조각을 넣어서 그 기름기로 반투명해진 종이 봉지를 꺼냈다. ‘35도의 더위에 과일 하

102 소금에 절인 돼지고기 햄

나 없이 불쾌할 뻔한 산책길에 당신을 끌고 와서 미안하다'는 말을 전하기에는 설탕을 뿌린 시금치 파이 한 조각만 한 것이 없다. 실제로 시금치에 건포도와 설탕, 사과를 넣어서 만든 감미로운 과일 필링이 상당히 맛있었다. 짙은 녹색의 빽빽한 잎사귀로 감싼 바삭바삭하고 달콤한 페이스트리는 마치 헬리콥터 비행장과 모션 센서 카메라가 생겨나기 전의 앙티브 곶이 보내는 먹을 수 있는 엽서 같았다. 우리는 청록색 바다에서 수영을 했고, 마을로 돌아가는 길에 플라주 드 라 가루프 해변을 지났지만 그곳이 우리가 찾아다니던 바로 그 해변이라는 것도, 빌라 아메리카에서 아주 조금만 걸으면 되지만 지금은 12피트 높이의 벽 뒤에 숨겨져 있다는 사실도 전혀 알지 못했다. 시금치와 잣 또한 참조.

시금치와 달걀

에그 플로랑틴은 고전 요리다. 다시 말하자. 고전이었다. 익혀서 잘게 썬 따뜻한 시금치에 수란을 올리고 모네이 소스를 뿌린 음식이다. 원기 왕성한 아침 식사의 원조라고 하겠다. 수표를 지불한 다음 중개인과 이야기를 나누고 흥행할 만한 뮤지컬의 대본을 쓴 다음 점심시간 전에 블루밍데일 백화점에 가서 무언가 터무니없는 물건을 사는 것이 에티켓이었다. 요즘의 에그 플로랑틴은 에그 베네딕트의 허약한 채식주의자 버전이다. 머핀 위에는 시금치를 올리고 홀랜다이즈 소스가 모네이 소스를 밀어낸다. 여기서 우리는 어떤 교훈을 얻을 수 있을까? 그닥 배울 점은 없는데 시금치와 달걀, 밀가루, 유제품은 더 나은 맛을 낼 수 있다는 점을 알아두자. 시금치 수플레가 그 예다. 탱발timbale[103]이나 룰라드를 꼽아볼 수도 있다. 노른자가 흐르는 달걀을 올린 숲속 같은 포레스트 그린 피자, 단순한 누디(뇨끼와 비슷한 리코타 경단), 시금치와 리코타, 달걀로 만드는 리구리아식 '부활절 파이'로 복합적인 매력의 토르타 파스콸리나도 빼놓을 수 없다. 물론 생시금치 파스타에는 유제품이 들어가지 않지만 곱게 간 파르메산 치즈라는 형태로 다시 첨가된다. 참고로 달걀프라이와 시금치를 함께 내는 것은 피하는 것이 가장 좋은데, 달걀의 가벼운 쇠 맛이 철분이 많은 시금치와 섞이면 달갑지 않은 합금이 되기 때문이다.

시금치와 두부

푸크시아 던롭은 발효한 두부인 도우후루豆腐乳에 대해 "단순한 시금치 볶음을 신성한 요리로 탈바꿈시키는 맛있는 중국의 양념"이라고 설명한다. 맛이 강하고 짭짤하며 치즈 풍미, 특히 강한 로크포르 치즈와 같은 향이 난다고 묘사한다. 그리고 치즈처럼 녹아서 시금치의 즙과 어우러져 훌륭한 소스가 된다. 중국에서는 거의 공심채로 만들지만 일반 시금치를 사용해도 좋다. 던롭은 이 발효 두부를 안초비 페이스트처럼 토스트에 살짝 발라 먹는 본인의 습관도 함께 공유한다.

103 가금류나 생선살을 갈아서 달걀흰자 등을 넣어 부드럽게 만든 다음 파이 껍질이나 틀에 넣어 익히는 음식

시금치와 레몬

DIY로 만든 소렐 같은 조합이다. 일기 작가 존 에벌린은『아세타리아: 살레에 대한 담론』(1699)에서 샐러드에 생시금치를 넣는 것에 대해서 "넣지 않을수록 (…) 좋다"고 말한다. 에벌린이 보기에 시금치는 삶아서 본연의 수분만이 남아 있도록 펄프로 만든 후 버터와 레몬즙을 넣어서 섞는 것이 나았다. 이러한 조리 방법은 아직까지도 인기가 높은데, 리버 카페에서는 버터 대신 올리브 오일을 사용한다. 이탈리아의 델리카트슨에서는 익힌 시금치 잎을 공 모양으로 만들어서 시금치 줄기로 단단하게 묶은 것을 판매하는데, 이 관행은 16세기 초반까지 거슬러 올라가는 것으로 당시 셰프 바르톨로메오 스카피가 기록으로 남긴 바 있다. 이 시금치는 올리브 오일과 레몬즙을 가미해서 차갑게 먹는다.

시금치와 리크: 리크와 시금치(269쪽) 참조
시금치와 마늘: 마늘과 시금치(265쪽) 참조.

시금치와 바닐라

제인 그리그슨은 시금치와 바닐라 페이스트리 크림을 섞어서 속을 채운 달콤한 페이스트리 타르트 레시피를 소개한 적이 있다. 크리스마스이브의 자정 미사 전에 가족끼리 나누는 식사인 르 그로 수페에서 마지막 코스인 13가지 디저트[104]의 일부로 내곤 한다고 설명한다. 13가지라고 해도 견과류 한 접시나 과일 한 조각처럼 아주 소박한 음식도 섞여 있기 때문에 생각보다 과한 양은 아니다. 나는 시금치 바닐라 타르트를 만들어본 적이 있는데, 해줄 말은 이것뿐이다. 나머지 12가지 디저트를 먼저 먹자. 나 외에도 신뢰할 수 있는 사람 중에 이 조합을 싫어하는 이가 많다. 작가 겸 역사가 로빈 위어는 애그니스 마셜의 인기 높은 책『북 오브 아이스』(1885)에 나오는 65가지의 아이스크림 레시피를 모두 만들어봤는데, 그가 싫어한 맛 두 가지가 딱 시금치와 바닐라였다. 위어의 아들은 나쁘지 않다고 말했지만 한 숟갈도 다 먹지 못했다. 이스파나클리 켁Ispanakli kek은 시금치와 바닐라로 만드는 튀르키예식 스펀지케이크다. 확실히 시금치 맛은 느껴지지 않지만, 그게 이상하게 느껴진다. 스코틀랜드의 글렌 이글스 협곡만큼이나 선명한 초록색이기 때문이다.

시금치와 버섯: 버섯과 시금치(289쪽) 참조.
시금치와 병아리콩: 병아리콩과 시금치(242쪽) 참조.
시금치와 소렐: 소렐과 시금치(172쪽) 참조.

104 프랑스에서 크리스마스를 축하하기 위해 먹는 전통적인 디저트 의식으로 13종류를 내는 것이 특징이다.

시금치와 올스파이스

바질 같은 느낌을 완성하는 조합이다. 올스파이스의 지배적인 향은 정향인데, 바질도 마찬가지다. 또한 올스파이스에서는 넛멕의 풍미도 느껴지는데, 넛멕은 시금치의 고전적인 조합으로 살짝 논란의 여지는 있지만 익힌 시금치 잎의 흙냄새 같은 여운을 없애준다고 한다. 갓 갈아낸 올스파이스를 넉넉히 뿌리면 비슷한 효과를 주면서 넛멕보다 더 산뜻한 느낌이 난다.

시금치와 요구르트

클로디아 로덴에 따르면 놀라운 친화력을 가진 조합이다. 『유대인 음식 책』에는 그녀가 소개하는 라바네야labaneya라는 수프 레시피가 실려 있다. 양파와 마늘, 채 썬 시금치를 볶은 다음 실파와 쌀, 육수나 물을 부은 후 쌀이 부드러워질 때까지 익힌다. 마늘 요구르트를 털어 넣고, 먹기 전에 조심스럽게 수프를 다시 데운다. 로덴은 페르시아에 이와 비슷하면서 딜로 맛을 내는 프샬 두에pshal dueh라는 수프가 있다고 설명한다. 인도에서는 시금치와 요구르트가 라이타에서 짝을 이루는데, 더 흔하게 먹는 오이 라이타에 비해서 훨씬 부드럽다. 또한 본인의 고추에 대한 내성을 과대평가했을 경우 불타는 식도를 식히는 데에 더 효과적이라는 주장도 있다. 기 1큰술에 잘 씻은 시금치 잎 2줌을 넣고, 숨이 죽고 수분이 모두 증발할 때까지 익힌다. 볼에 옮겨 담고 식히는 사이에 마른 프라이팬에 브라운 머스터드씨와 쿠민씨를 1/4작은술씩 넣고 탁탁 터지기 시작할 때까지 볶는다. 식힌 시금치를 잘게 썰어서 요구르트 300ml, 볶은 씨앗과 함께 섞어서 소금으로 간을 맞춘다. 냉장고에서 4일간 보관할 수 있다. 이란에서도 비슷한 요리를 만드는데, 익혀서 식힌 시금치에 레몬즙과 곱게 다진 생양파, 요구르트를 넣고 말린 민트를 살짝 가미한다. 시금치와 요구르트 조합에는 훌륭한 변형 요리가 워낙 많아서, 왜 아무도 짭짤한 버전의 요구르트 제품을 시리즈로 내놓지 않는지 의아해질 정도다(요구르트와 당근(165쪽) 참조).

시금치와 잣

눈을 감고 볶은 잣을 꼭꼭 씹으면 (구운 아스파라거스 이삭이 그렇듯이) 맑은 베이컨 풍미가 느껴질 때가 있다. 시금치에 잣을 곁들이는 것이 매력적인 이유 중 하나다. 중동식 작은 페이스트리인 파타이어fatayer에 넣거나 플랫브레드 위에 올리는 식으로 활용하는 조합이다. 시금치와 건포도 또한 참조.

시금치와 참깨: 참깨와 시금치(295쪽) 참조.

시금치와 치즈

줄리아 차일드는 『프랑스 요리의 기술』에서 에피나르 앙 수프리스épinards en surprise 레시피를 "재미있는 담음새"라고 설명한다. '서프라이즈'라는 단어가 들어간 요리는 비상벨을 울리는 경우가 많다. 그 서프라이즈가 열에 아홉은 통조림 과일이기 때문이다. 물론 차일드의 레시피는 그렇지 않다. 줄리아 차일드의 깜짝 놀라게 만드는 요리에 들어가는 시금치는 크림이나 육수에 조린 다음 곱게 간 스위스 치즈를 섞어서 커다란 크레이프에 펴 바른다. 나는 차일드가 크레이프를 뚝딱 만들어서 짜잔! 하고 선보이며 손님들의 이마에 크림을 확 튀겨 놀래키는 장면을 상상하곤 한다. 나는 시금치 팬케이크에 베샤멜소스를 담요처럼 둘러서 이탈리아식 크레스펠레crespelle처럼 내는 쪽을 선호한다. 그리스식 시금치 파이인 스파나코피타는 이런 부드럽고 잔잔한 음식에 비하면 눈에 확 들어오도록 강렬한데, 시금치에 진하고 짭조름한 맛의 페타 치즈를 듬뿍 넣고 바삭바삭하게 부서지는 필로 페이스트리 사이에 켜켜이 싸서 만들기 때문이다. 인도식 팔락 파니르는 익숙한 시금치와 치즈의 비율을 뒤집은 요리다. 부드러우면서 단단한 파니르가 주를 이루고, 향신료를 가미한 시금치는 완전히 숨이 죽어서 부드럽고 풍미 가득한 소스가 된다.

시금치와 통곡물 쌀

투르타 베르데turta verde는 이탈리아 피에몬테 지방의 쌀과 시금치 요리로, 다진 시금치와 양파, 익힌 쌀, 대량의 달걀, 넛멕, 파르메산을 넣어 만든다. 케이크 틀에 넣어서 구운 다음 웨지 모양으로 썰어 낸다. 마르셀라 하잔의 레시피에서는 장립종 백미를 사용하지만 현미나 리소토용 쌀을 넣어도 무방하다. 스토브에서 요리하는 그리스식 스파나코리조도 비슷한 재료를 사용하지만 이 경우에는 페타가 되는 치즈는 생략 가능한 토핑이 된다. 바닥이 둥근 팬에 만든 다음 뒤집어 빼내 깔끔한 반구형 모양으로 내기도 한다. 그렇지 않을 때는 편안하게 필라프 스타일로 담아 선보인다. 시금치에는 보통 마늘과 리크, 딜을 넣어서 맛을 강화하고 오랫동안 익히면 시금치가 더 진하고 고기 같은 풍미를 내기 시작하지만, 그 변화는 시금치를 아주아주 많이 넣어야 느낄 수 있는 정도다. 그리고 시금치를 넣었을 때 룰렛 테이블의 칩 더미보다 더 빠르게 부피가 줄어든다는 것은 누구나 알고 있는 사실이다. 쌀 250g을 기준으로 신선한 시금치는 최소 1kg 이상 넣어야 한다.

시금치와 호로파: 호로파와 시금치(380쪽) 참조.

시금치와 흰콩

미르푸아를 부드러워질 때까지 조리한 다음 콩 통조림을 따서 넣고 초리소를 송송 썰고 녹색 채소를 더한다.

GREEN TEA

녹차

녹차 잎은 쓴맛과 떫은맛, 풍미라는 세 가지 주요 특징에 따라 평가한다. 앞의 두 가지는 카페인과 카테킨이 좌우하며 재배하는 시기 중 초반에 수확한 잎에서는 덜 뚜렷하게 드러난다. 풍미는 찻잎의 품종과 지리적 원산지, 그리고 잎을 찌거나 덖는 등의 다양한 과정을 거치면서 생성되는 분자에 따라 달라진다. 말차는 아주 고운 가루로 분쇄한 일본의 녹차다. 기본적으로 의식용과 프리미엄, 요리 및 일반용의 세 가지 기본 등급으로 분류된다. 의식용은 이름에서도 알 수 있듯이 뜨거운 물로 조심스럽게 우려서 음미하며 마신다. 프리미엄은 음용이나 조리용으로 쓰이며 요리용은 쓴맛이 더 강해서 오로지 요리용으로만 쓰인다. 이 장에서는 말차 외에도 건파우더, 교쿠로, 센차, 현미 녹차, 호지차 등의 다양한 녹차 종류를 다룬다.

녹차와 고구마: 고구마와 녹차(145쪽) 참조.

녹차와 구스베리

『모던 팬트리 쿡북』에서 셰프 애나 핸슨은 구스베리와 바닐라 콩포트를 곁들인 녹차 스콘 레시피를 소개한다. "녹차의 감칠맛과 잔디 향이 스콘과 특히 잘 어울린다"고 한다. 녹차 스콘 12~14개 기준으로 밀가루 500g에 말차 2와 1/2작은술을 섞으면 일반 스콘을 완전히 탈바꿈시킬 수 있다. 단, 새콤한 구스베리 요리와 함께 녹차를 마시면 과일의 신맛 때문에 녹차의 떫은맛이 불쾌하게 느껴질 수 있으므로 피하는 것이 좋다.

녹차와 꿀

2012년 그레이트 브리티시 베이크 오프의 우승자인 존 화이트는 녹차에 대해서 이렇게 말했다. "살짝 철분이 느껴지는 풀 향이 도는데 달콤하게 만들면 마치 아주 강한 차에 담근 진한 차 비스킷을 떠올리게 한다." 좋은 지적이지만 다다미방에서 먹으려고 했다가는 화난 게이샤가 당장 쫓아낼지도 모른다. 녹차에 단맛을 더하는 재료로는 꿀이 가장 좋으며, 찻잎이 꿀의 천연 향을 풍성하게 만들어준다. 차의 향을 방해하지 않는 가벼운 풍미의 아카시아 꿀을 사용하자. 물 대신 우유로 만든 말차 라테도 주로 꿀로 단맛을 낸다. 하지만 풍미가 그 선명한 색을 미처 따라가지 못하는 경우를 흔히 발견한다. 다행히 런던이 본사인 레어 티 컴퍼니는 우유에 '압도되지' 않을 정도로 견고한 향을 지닌 라테용 말차를 판매한다.

녹차와 달걀

녹차 애호가는 녹차를 훈연 향과 과일 향, 풀 향으로 구분한다. 중국산 녹차는 주로 훈연 향이 많으며 인도나 스리랑카는 과일 향, 일본은 풀 향이 두드러진다. 나는 풀 향 녹차에서 시금치 맛이 많이 느껴지기 때문에 달걀과 자연스럽게 잘 어울린다고 생각한다. 일본에서는 일본식 튀김에 말차 소금을 자주 곁들이는데, 말차 약 1/2작은술에 곱게 으깬 플레이크 소금 2큰술을 섞으면 특히 메추리알 등 삶은 알류와 잘 어울린다.

녹차와 두부: 두부와 녹차(285쪽) 참조.
녹차와 라임: 라임과 녹차(179쪽) 참조.
녹차와 말린 자두: 말린 자두와 녹차(118쪽) 참조.
녹차와 메밀: 메밀과 녹차(59쪽) 참조.

녹차와 민트

기가 막히는 조합이다. 영국의 한 차 상인이 발트해 연안에서 팔지 못한 중국산 건파우더 차를 모로코에 기져기 판매에 성공했다. 모로코 현지인은 여기에 신선한 스피어민트를 섞고 단맛을 가미했다. 건파우더 차의 이름은 그 생김새에서 비롯한 것으로 본다. 풍미를 보존하고 잘게 써는 과정에서 산화되는 것을 방지하기 위해 찻잎을 통째로 알갱이 모양으로 돌돌 마는데, 그 모양이 꼭 유산탄과 같다. 뜨거운 물에 넣으면 돌돌 풀려나오면서 다른 녹차보다 더 진하고 풍부한 훈연 풍미를 자아내며, 여기에 민트를 넣으면 기분 좋게 가벼운 느낌이 가미된다. 일부 건파우더 차는 훈연 향이 아주 강해서 여기에 민트를 섞으면 친척 아주머니가 피우는 멘톨 담배 같은 맛이 날 수 있으니 주의해야 한다. 더 부드러운 맛의 녹차에 민트를 섞으면 로코마데스처럼 작은 도넛에 어울리는 훌륭한 시럽을 만들 수 있고, 스파클링 로제 펀치에 어울리는 바탕이 되어주기도 한다.

녹차와 바닐라

많은 가족이 그렇듯이 초콜릿에도 세련되고 냉정한 식구(다크)와 다정하지만 허튼 짓을 하지 않는 평등주의자(밀크), 파티에 초대하고 싶지 않은 쓸데없이 목소리만 큰 군식구 등이 존재한다. '다들 알겠지만 진짜 초콜릿은 아닌' 화이트 초콜릿은 자주 존재 자체로 최악의 적으로 인식되기도 한다. '브리트니 스피어스 판타지' 향수를 너무 진하게 뿌린 사촌처럼 무기력하고 창백하며 감상적이고 바닐라에 푹 젖어 있다. 하지만 반드시 그래야만 하는 것은 아니다. 화이트 초콜릿에 말차를 짝지으면 이세이 미야케의 연두색 옷을 입고 나온 사촌과 비슷한 느낌이 된다. 내가 이 조합을 처음 접한 것은 일본의 한정판 킷캣에서였는데, 먹자마자 나만의 한정판 녹차 다도를 체험하는 기분이었다. 한 모금 마시고, 한 입 깨물고, 천천히 씹고, 점점 커지는 놀라움에 눈을 크게 뜨고, 쓰레기통 뚜껑을 열고, 뱉고, 차로 입 안을 헹구는 것이다. 하지만 이 조합에는 뭔가 특별한 것이 틀림없이 있었는데 킷캣 사태 이후로 뜨거운 음료와 티라미수, 연어용 소스와 쇼콜라티에에서 구입한 값비싼 트러플 한 박스 등에서 이 둘의 만남을 목격했기 때문이다. 여기서는 녹차 풍미를 강하게 느끼기 힘들었기 때문에 나는 서로 다른 등급의 화이트 초콜릿과 아주 고운 말차를 이용해서 직접 트러플을 만들어보았다. 바닐라를 듬뿍 넣은 고급 화이트 초콜릿으로 만든 트러플에서는 바닐라 맛만이 느껴졌는데, 그래서 커밋 개구리 인형 같은 그 색이 더욱 조화롭지 않게 느껴졌다. 덜 독단적인 화이트 초콜릿을 넣은 트러플은 녹차가 그 들쩍지근한 단맛을 기분 좋은 씁쓸한 맛으로 상쇄하며 허브와 잎사귀의 풍미를 가미해 마치 이국적인 꽃향기가 나는 바닐라가 나뭇잎에 싸여 있는 것 같았다. 그럼에도 불구하고 쇼콜라티에가 녹차를 조심스럽게 다루는 이유를 알 수 있었다. 너무 많이 넣으면 시금치 잎과 바닷가의 감칠맛이 올라와서 진하고 달콤한 디저트보다는 메밀국수의 장국을 연상시키는 맛이 되기 십상이다.

녹차와 석류: 석류와 녹차(87쪽) 참조.

녹차와 아보카도

아보카도와 만나면 녹차의 부드러운 바다 향이 캘리포니아 롤 애호가의 마음을 사로잡는다. 아보카도 토스트에는 커피보다 녹차를 곁들이면 훨씬 좋지만, 녹차를 만드는 과정을 잘 따라야 한다. 녹차의 풍미가 잘 살아나게 하려면 물 온도를 적절히 맞추는 것이 매우 중요하다. 90°C가 넘으면 기본적으로 탁한 뜨거운 물을 마시는 것이나 마찬가지다. 녹차 본연의 단맛을 극대화하는 데에 가장 이상적인 온도는 80°C로 알려져 있지만 어떤 차는 50°C에서 풍미를 드러낸다. 2~3분 정도 우려낸 후 첫 모금을 마셔보자.

녹차와 참깨

교쿠로는 일본 녹차의 일종으로 수확 전에 맏물 잎을 약 20일 정도 그늘에 가려지게 해서 만든다. 이는 카테킨이라고 불리는 항산화 플라보노이드의 형성을 억제해서 진한 맛이 강하고 떫은맛은 덜한 차를 만들어내는 효과가 있다. 교쿠로는 우리가 구할 수 있는 최고급 녹차로 신선한 잔디에 감칠맛과 단맛이 가미된 감미로운 향을 느낄 수 있으며 50g당 100파운드가량에 판매된다. 『세계 차 백과사전』의 윌 배틀에 따르면 블라인드 테이스팅에서 항상 1위를 차지한다고 한다. 교쿠로 애호가는 다 우려낸 찻잎도 버리지 못해서 일부는 아예 먹기도 한다. 풍미는 종종 김에 비유되기도 하는 만큼 해조류 대신 참기름과 간장, 쌀식초에 무쳐서 샐러드를 만들 수도 있다. 고구마와 녹차(145쪽) 또한 참조.

녹차와 초콜릿: 초콜릿과 녹차(37쪽) 참조.
녹차와 치즈: 치즈와 녹차(257쪽) 참조.

녹차와 코코넛

코코넛은 금욕적인 녹차와 짝을 이루기에는 너무 경박해 보일 수 있지만, 코코넛 고유의 열대 단맛과 잘 어울리는 망고와 파인애플, 리치 향이 살짝 느껴지는 녹차도 존재한다.

녹차와 통곡물 쌀

최고급 왕실용 교쿠로 현미 녹차는 녹차와 볶은 현미를 섞어서 만들기 때문에 찻잎은 가라앉고 수면에 현미가 동동 떠오른다. 현미로 만든 쪽이 단맛과 진한 풍미가 강하기 때문에 백미를 넣은 녹차는 탐내는 사람이 적다. 현미 녹차는 초밥이나 회에 곁들여 마시기 좋다. 훌륭한 국물이 되어주기도 해서, 밥에 다시 국물이나 녹차를 부어 먹는 오차즈케라는 간단한 식사를 만들 수도 있다. 구로사와 아키라 감독이 일본 영화를 “밥에 부은 녹차처럼 맛이 심심하다”고 표현한 적이 있지만 오차즈케에는 피클이나 버섯, 연어, 전용 혼합 향신료(후리카케) 등을 곁들여서 맛을 돋울 수 있다.

SEAWEED

해조류

우리는 생각보다 해조류를 많이 먹는다. 카라기난('작은 바위'라는 뜻의 아일랜드어 카라긴의 변형어)은 식품 제조업체에서 아이스크림과 밀크셰이크, 요구르트의 증점제로 사용하며 보통 바람을 덜 맞을 것 같은 E407이라는 명칭으로 기재되어 있다. 김밥과 초밥용 김은 쉽게 볼 수 있지만 일본의 많은 국과 국수 요리에 들어가는 다시 국물의 맛을 풍성하게 만드는 다시마는 미각에 아주 정통한 사람 외에는 쉽게 눈치채기 힘들다. 이 장에서는 덜스와 미역, 톳, 꼬시래기를 같이 다룬다. 해조류를 먹어보면 제일 먼저 바다 풍미가 두드러지지만 건초와 감초, 마마이트, 담배, 우롱차, 제라늄, 후추, 훈연, 다마리 간장, 육포, 안초비, 심지어 베이컨이나 트러플의 향이 느껴질 수도 있다. 해초를 기타 식재료와 조합할 때는 주요 선택지가 두 가지 있다. 감자처럼 심심한 식재료에 소량 사용해서 간을 맞추거나, 감귤류나 생강처럼 깊은 바다의 퀴퀴한 맛을 산뜻하게 만들어줄 수 있는 재료와 함께 음식의 주재료로 사용하는 것이다.

해조류와 감자

1860년에 해조류 선집의 예술에 대한 글을 쓴 루이자 레인 클라크는 덜스는 비교적 두꺼워서 다른 품종에 비해 잘 들러붙지 않는다고 지적한다. 또한 가난한 아일랜드 가정에서는 덜스가 감자에 뿌려 먹는 유일한 양념이라고 한다. 이 요리는 '딜리스크 챔프dillisk champ'라고 불리는데 '딜리스크'는 덜스의 아일랜드 이름이다. 작가 겸 채집가 존 라이트는 덜스와 감자의 조합을 뢰스티로 만들어볼 것을 제안한다. 이와 비슷하게 싱가포르의 맥도날드 매장에서는 김 맛 감자튀김을 주문할 수 있다. 유명한 알감자 품종인 저지 로열 감자는 전통적으로 현지의 해조류를 비료로 쓴 덕분에 맛이 그만큼 좋다는 말이 있지만 모든 저지 로열 품종을 이런 식으로 재배하는 것은 아니다.

해조류와 귀리: 귀리와 해조류(66쪽) 참조.

해조류와 달걀

달걀 초밥이 플라스틱 돔을 쓰고 스쳐 지나갔다. 훨씬 세상 경험이 많은 친구가 나에게 생애 첫 초밥을 사주는 중이었다. "저건 대체 무슨 생선이야?" 나는 마치 해치백 자동차에 매트리스를 묶은 것처럼 밥 덩어리에 띠로 고정시켜 놓은 노란 사각형 스펀지를 가리키며 물었다. 그리고 집어 들어서 한 입 베어 물었다. 달걀이 놀랍도록 달콤하고 기분 좋게 폭신한 질감을 선사했다. 김으로 만든 띠는 짭조름함과 쫀득함의 대조를 선사했다. 밥은 식초로 살짝 간이 되어 있었다. 달걀 초밥은 균형감과 은은함의 승리라는 사실을 알게 되었다. 일본의 짭짤한 커스터드 찜 푸딩(차완무시)은 달걀에 가벼운 해조류 국물을 섞어서 제철 재료를 다양하게 첨가해 만든다. 웨일스에서는 아침 식사로 달걀에 레이버브레드를 곁들이기도 한다. 포크로 입안에 쑤셔 넣는다는 점을 제외하면 초밥과 별다를 것 없는 메뉴다.

해조류와 당근: 당근과 해조류(228쪽) 참조.

해조류와 두부

고전적인 미소 국에 푹 잠겨 들거나 헤엄치기를 즐기는 조합이다. 미역은 유사流沙 속에서 미끄럽게 헤엄친다. 두부는 수면 위에 동동 떠오른다. 미소 페이스트를 희석하는 다시 국물은 해조류로 풍미를 낸다. 전통적으로 다시를 튀긴 두부가 반쯤 잠기도록 부어서 먹기도 한다. 간모도키는 두부에 주로 미역과 당근 등의 채소를 넣어서 공 모양으로 빚어 튀긴 음식이다. 찍어 먹는 소스를 곁들여서 낸다. 하지만 이 모든 음식은 해조류로 간을 한 두부에 김을 붙이고 장어의 살과 비슷한 모양으로 다듬은 가짜 장어 양념구이(우나기 모도키)에 비하면 특징이랄 것이 없는 편이다. 이렇게 빚은 가짜 장어는 튀긴 다음 양념을 입혀 먹는다. 허레이쇼[105], 하늘과 대지에는 당신의 철학에서 꿈꾼 것보다 더 많은 것들이 존재한다.

해조류와 래디시: 래디시와 해조류(201쪽) 참조.
해조류와 레몬: 레몬과 해조류(177쪽) 참조.
해조류와 리치: 리치와 해조류(101쪽) 참조.
해조류와 메밀: 메밀과 해조류(62쪽) 참조.
해조류와 미소: 미소와 해조류(18쪽) 참조.

해조류와 버섯

다시마와 표고버섯으로 만든 감칠맛이 풍부한 국물에 몸을 맡겨보자. 이것이 바로 비건 다시 국물이다. 생각보다 직관적이지 않은 조합인데, 명백한 조화나 대조를 보이는 부분이 없기 때문이다. 1908년 일본의 화학자 이케다 기쿠나에는 다시마가 풍부한 글루탐산나트륨(MSG) 공급원이라는 사실을 발견했다. 1960년 또 다른 화학 연구자 구니나카 아키라는 말린 표고버섯에서 구아닐레이트라는 감칠맛 화합물인 뉴클레오티드를 발견했다. MSG와 구아닐레이트는 서로의 효과를 제곱하여 감칠맛을 강화하는 역할을 한다. 다시마는 해변에서 쉽게 채취할 수 있으며 날이 따뜻한 여름철에 가장 맛있는데, 날씨가 좋다고 빨랫줄에 걸어 말리면 이웃에게 엄청나게 비닐 느낌이 나는 옷을 입고 클럽에 가는 사람이라는 이미지를 줄 수 있다.

105 셰익스피어 비극 『햄릿』의 등장인물. 햄릿이 죽기 전에 참극의 진상을 세상에 알릴 것을 부탁한다.

해조류와 보리

스코틀랜드 클라크매넌셔의 윌리엄스 브라더스 브루잉 컴퍼니는 흑마 형상이지만 몸의 형태를 제 마음대로 바꿀 수 있으며 호수와 탁한 웅덩이에 출몰한다는 상상의 동물, 켈피의 이름을 딴 해조류 풍미의 다크 맥주를 선보인다. 참고로 켈피는 맥주처럼 사람의 간을 먹어치운다고 한다. 맥주 자체는 한때 스코틀랜드 해안 양조장에서 생산했던 맥주에서 보리의 비료로 사용했던 해조류 풍미가 살짝 느껴졌던 것에서 착안한 것이다. 이에 윌리엄스 브라더스는 맥아와 뜨거운 물을 혼합할 때 다시마를 첨가해, 초콜릿과 커피 향이 돌고 짭짤한 해조류 풍미가 은은하게 남는 에일을 만들었다. 추천하는 음식 조합은 해산물이다.

해조류와 샘파이어

북런던의 피시앤드칩스 전문점인 서턴 앤드 선스Sutton and Sons는 해조류와 샘파이어로 절인 바나나 꽃으로 만든 비건 '생선' 튀김을 선보인다. 바나나 꽃을 쓰는 것은 질감이 대구처럼 결대로 찢어지고 바다의 풍미를 잘 흡수하기 때문이다. 그야말로 피시 앤드 칩스다. 해조류는 종류에 따라서 그 풍미가 생선에 가깝기도 하고, 조개류와 비슷하게 느껴지기도 한다. 김의 풍미를 부드럽게 볶은 가리비 관자나 팬에 볶은 어린 오징어와 비슷하다고 말하는 사람도 있다. 말린 덜스의 풍미는 흔히 안초비와 비교한다. 존 라이트에 따르면 익힌 덜스는 '요오드와 해안가가 겹쳐진' 케일과 비슷한 맛이 난다고 한다.

해조류와 생강: 생강과 해조류(225쪽) 참조.
해조류와 아보카도: 아보카도와 해조류(312쪽) 참조.
해조류와 오렌지: 오렌지와 해조류(187쪽) 참조.

해조류와 자두

스코틀랜드의 해조류 생산업체 마라Mara는 덜스에 토마토와 체리, 딸기, 루바브 같은 붉은색 음식을 곁들일 것을 추천하면서 살면서 먹어본 것 중에 가장 맛있는 과일 콩포트를 만들 수 있다고 말한다. 단맛을 좋아하는 사람이라면 아일랜드 밸리캐슬에 자리한 얼드 램마스 페어에서 전통 간식인 허니컴 '옐로맨'[106]과 덜스를 함께 먹어보기를 추천하는데, 단맛과 짠맛의 손에 땀을 쥐게 하는 조화를 맛볼 수 있다.

해조류와 참깨

한국에서는 김에 참깨를 뿌려서 맛을 내 간식으로 먹는다. 김을 구워서 먹기도 하는데, 말린 프라이팬에 구울 수 있으며 적당한 크기로 찢어 참기름과 간장, 설탕, 마늘, 실파로 만든 소스에 버무려 먹을 때도 있

106 설탕과 베이킹 소다 등을 이용해서 캐러멜에 거품을 일으켜 만드는 벌집 모양의 과자로 우리나라의 달고나와 비슷한 원리다.

다. 밥 위에 얹어서 낸다. 일본에서는 밥 위에 뿌려 먹는 조미료(후리카케)를 어디에서나 구할 수 있다. 후리카케는 다양한 혼합물을 모두 포괄하는 용어지만 대체로 잘게 썬 김과 참깨가 들어간다. 참깨는 일본 슈퍼마켓에서 물만 넣으면 먹을 수 있는 '해조류' 샐러드에도 들어간다. 미국의 일본 레스토랑에서는 '추카 해조류Chukka seaweed'가 인기다. 밝은 녹색 가닥 모양의 해조류에 참기름과 참깨, 고추를 약간 넣어서 양념한 음식이다. 이 해조류의 정체가 무엇인지에 대해서는 논쟁의 여지가 있다. 당면을 녹색으로 물들인 것이라고 주장하는 사람도 있다. 세상에는 꼭 항상 진품만 존재하는 것은 아닐지도 모른다.

해조류와 코코넛

두 해변의 이야기다. 해조류는 모어캄의 촉촉한 아침 산책과 같고, 코코넛은 안티구아의 해먹에서 즐기는 오후와 같다. 마치 느닷없이 방해받은 백일몽의 시간처럼 서로가 서로를 습격하는 조합이다. 사실 이 조합은 일종의 짭조름한 그래놀라로 맛있게 즐길 수 있다. 한 번쯤 열대의 환상에 차갑고 딱딱한 현실을 끼얹는 것도 나쁘지 않을 것이다. 해바라기씨 100g에 말린 코코넛 50g, 메이플 시럽 2큰술, 간장 3작은술, 참기름 4큰술을 넣고 잘 섞는다. 베이킹 트레이에 잘 펴서 담고 170°C로 예열한 오븐에서 가끔 휘저어가며 노릇노릇해질 때까지 15분간 굽는다. 김가루를 여러 자밤 넣고 잘 섞어서 5분 더 굽는다. 식힌 다음 잘게 부숴서 밀폐용기에 담아 최대 1개월까지 보관할 수 있다. 달이나 익힌 녹색 채소, 두부나 생선을 곁들인 밥과 함께 먹는다.

해조류와 통곡물 쌀: 통곡물 쌀과 해조류(23쪽) 참조.

해조류와 호밀

호밀은 거칠고 짠 것을 좋아한다. 북유럽 국가에서는 호밀에 해산물을 곁들여서 청어 절임이나 훈제 연어와 같은 극단적인 바다 풍미에 대항할 수 있는 달콤하고 진한 맛의 조화를 구현한다. 굴에 얇게 저민 호밀빵을 곁들여서 내는 경우가 많은데 굴 맛이 난다고 말하는 사람이 많은 페퍼 덜스Osmundea pinnatifida도 같은 방식으로 먹어볼 수 있을 것이다. 생선과 오이를 섞은 맛에 가깝다고 생각하는 사람도 있지만 그런 맛이 나는 굴도 존재한다. 페퍼 덜스는 날것으로 먹는데, 해조류 치고는 드문 일이다.

SAMPHIRE

샘파이어

산호와 선인장의 교배종이라 할 수 있다. 퉁퉁마디(함초, 살리코니아 유로파에아Salicornia europaea)는 줄기에 마디가 많고 즙이 살짝 씁쓸한, 짭짤한 맛의 다육식물이다. 짠물 습지와 갯벌에서 잘 자란다. 고명이나 양념으로 사용하거나 충분한 양을 채취할 수 있다면 반찬으로 만들 수 있다. 짭조름한 맛이 해산물과 달걀, 빵의 단맛을 가지고 논다. 양고기와 종종 짝을 이루기도 한다. 샘파이어는 여름에 가장 맛이 좋으며 해가 지날수록 쓴맛이 살짝 감돌기도 한다. 이 장에서는 일 년 내내 채취할 수 있고 더 이상 『리어왕』의 에드거가 "샘파이어를 채집하는 자를 매달아라, 무서운 거래!"라고 말했던 셰익스피어 시대처럼 채집하기가 어렵지 않은 록 샘파이어Crithmum maritimum에 대해서도 다룬다.

샘파이어와 감자

감자에 샘파이어의 짭짤한 아삭아삭함이 더해지면 마치 해체한 감자칩 같은 느낌을 준다. 따뜻한 감자 샐러드에 데친 샘파이어를 섞거나 버터를 가미한 구운 감자 차우더에 고명으로 올려보자. 샘파이어와 마늘 또한 참조.

샘파이어와 달걀

스코틀랜드의 해안 산책길에서 달걀 마요네즈 샌드위치를 맛있게 먹었던 휴 편리 휘팅스톨은 도시락에 직접 채취한 샘파이어를 넣어보라고 권한다. 토르티야나 버터 스크램블드에그 아침 식사에 샘파이어를 곁들이면 훌륭한 반찬이 된다. (구)찰스 왕세자와 다이애나 비는 결혼식날 아침 식사로 양고기 무스를 채운 닭가슴살에 브리오슈 빵가루를 입히고 크리미한 민트 소스를 두른 주요리에 퉁퉁마디를 곁들여 먹었다고 한다. 어쩌면 샘파이어는 '폐하'처럼 들리게 발음하는 것이 바람직할지도 모른다. 즉 '삼푸르'다. 영광입니다, 폐하.

샘파이어와 레몬

레몬즙으로 짠맛이 억제되기 때문에 아주 집중해서 먹으면 샘파이어의 은은한 풀 향기를 느낄 수 있다. 샘파이어는 한때 '가난한 자들의 아스파라거스'라고 불렸는데, 오늘날까지도 해안가나 짠물 습지 인근에 사는 사람은 무료로 채취할 수 있다. 필요한 만큼만 따고 다른 식물은 짓밟지 않도록 주의하자. 샘파이어는 레몬 홀랜다이즈 소스나 뵈르 블랑 소스를 곁들인 흰살 생선 요리의 사이드 메뉴나 애피타이저로 내기 좋다. 아스파라거스처럼 샘파이어를 손가락으로 한 가닥씩 뜯어서 먹는 것을 즐기는 사람도 있다. 요령은 줄기를 관통하는 끈을 물고 당겨서 제거하여 과육 부분만 남기는 것이다.

샘파이어와 마늘

풋내기 해조류 같은 맛이 난다. 샘파이어는 진짜 해조류가 아니라 시금치, 비트와 함께 비름과에 속하는 염생鹽生 식물이다(염생 식물은 높은 염분을 좋아하는 식물이다). 튀르키예에는 올리브 오일에 샘파이어를 넣고 마늘, 레몬즙과 함께 익히는 데니즈 보륄체시deniz börülcesi('바다의 콩')라는 음식이 있는데, 메제로 내거나 간단하게 토스트에 수북하게 올려 먹는다. 마늘 샘파이어 요리는 감자 뇨끼에 넣거나 조개류를 섞어도 맛이 좋다.

샘파이어와 메밀

19세기 후반 브르타뉴 브레스트의 한 옥내 시장 장부에는 '피클이나 샐러드용' 샘파이어를 메밀 케이크와 크럼핏과 함께 판매했다는 이야기가 기록되어 있다. 이 둘을 함께 먹었을 것 같지는 않지만, 이렇게 우연히 병치되는 데에는 이유가 있을 것이다. 훈제 생선과 캐비아처럼 아주 짭짤한 재료가 흙 향이 나는 블리니에 그렇게 자주 올라가는 것을 생각해보면, 샘파이어를 올린 메밀 팬케이크는 아주 맛있을 것 같은 느낌이다. 사워크림과 딜을 곁들여도 좋을 것 같다. 찐 샘파이어는 메밀국수에 같이 섞어 먹을 수 있으며 샘파이어보다 잎이 많고 짠맛에 후추 향 로켓 풍미가 살짝 깃들어 있는 일본의 '땅에서 나는 해조류'인 수송나물도 마찬가지다.

샘파이어와 양상추

샘파이어와 리틀 젬 양상추, 치커리를 섞으면 달콤하며 짭짤하고 새콤하며 쌉싸름한 시선을 집중시키는 녹색 채소 샐러드가 완성된다. 완벽주의자라면 드레싱에 감칠맛을 더해 다섯 가지 미각을 만족시켜야 마땅할 것이다.

샘파이어와 잠두: 잠두와 샘파이어(252쪽) 참조

샘파이어와 토마토

성수기가 지난 마요르카의 해변에 앉아서, 한 노부부가 세상에서 가장 로맨틱한 채집 데이트를 즐기는 것을 본 적이 있다. 알고 보니 록 샘파이어Crithmum maritimum를 채취하는 중이었다. 유럽에서는 이 식물을 '바다 펜넬'이라고 번역한다. 카탈루냐에서는 토마토와 마늘, 올리브 오일을 올린 유명한 카탈루냐의 토스트인 파 암 토마켓pa amb tomàquet에 함께 내기도 한다. 메리 스튜어트 보이드는 1911년에 출간된 발레아레스제도 여행기 『행운의 섬』에서 "우리 모두에게 낯설었던 절인 식물"이 레스토랑 식탁에 "거대한 검은

소시지와 피라미드처럼 쌓인 롤빵, 레드 와인이 담긴 디켄터와 탄산수 사이펀"과 함께 놓여 있었다고 썼다. 그런 다음 오믈렛이 나왔고 바삭한 것과 그렇지 않은 것으로 구성된 두 생선 코스가 이어졌으며 마지막으로 "아주 달콤한 만다린 오렌지가 잔뜩" 나왔다고 한다. 톰 스토바트는 록 샘파이어의 맛을 셀러리에 등유를 섞은 것 같다고 말했으며 채집가 겸 작가 존 라이트는 그와 비슷하게 "당근에 휘발유를 섞은 것 같은" 풍미를 감지했다. 『식용 야생 식물과 허브』의 저자 패멀라 마이클은 "날것일 때 이상한 니스 냄새가 나는 식물이라 샐러드에 넣기에는 너무 강하고, 심지어 익혀도 처음 한 입을 먹으면 미각에 충격을 선사하는데, 이와 비슷한 것을 먹어본 적이 전혀 없어서 마치 아이에게 완전히 처음 접하는 어떤 맛을 소개하는 것과 비슷하기 때문이다"라고 말했다. 라이트에 따르면 반일 휘발유를 마시고 싶은 생각이 전혀 없다면 봄철에 딴 록 샘파이어의 맛이 훨씬 연하다고 한다. 또는 '피클잡초pickleweed' 또는 '피클잔디picklegrass'라는 구어 별명 덕분에 자주 피클로 만들어 먹는 퉁퉁마디를 즐겨보자. 가난한 자들의 솔트 앤드 비니거 감자칩이나 마찬가지다.

샘파이어와 해조류: 해조류와 샘파이어(409쪽) 참조.

Bibliography

참고문헌

도서

Acevedo, Daniel and Wasserman, Sarah. *Mildreds: The Vegetarian Cookbook*. Michael Beazley, 2015.

Adjonyoh, Zoe. *Zoe's Ghana Kitchen*. Mitchell Beazley, 2017.

Admony, Einat. *Balaboosta: Bold Mediterranean Recipes to Feed The People You Love*. Artisan, 2013.

Useful Plants of Japan. Agricultural Society of Japan, 1895.

Alexander, Stephanie. *The Cook's Companion*. Viking, 1996.

Alford, Jeffrey and Duguid, Naomi. *Seductions of Rice*. Workman Publishing, 1998.

Allen, Gary. *The Herbalist in the Kitchen*. University of Illinois Press, 2007.

Anderson, Tim. *Nanban: Japanese Soul Food*. Square Peg, 2015.

Anderson, Tim. *Tokyo Stories: A Japanese Cookbook*. Hardie Grant, 2019.

Andrews, Colman. *Catalan Cuisine*. Harvard Common Press, 1999.

Arctander, Steffen. *Perfume and Flavour Chemicals Volume 2*. Lulu.com, 2019.

Arndt, Alice. *Seasoning Savvy*. Haworth Herbal Press, 1999.

Artusi, Pellegrino, translated by Kyle M. Phillips Jr. *The Art of Eating Well* (1891). Random House, 1996.

Ashton, Richard with Baer, Barbara and Silverstein, David. *The Incredible Pomegranate: Plant and Fruit*. Third Millennium, 2006.

Ashworth, Liz, illustrated by Tait, Ruth. *The Book of Bere: Orkney's Ancient Grain*. Birlinn Ltd., 2017.

Babyak, Jolene. *Eyewitness on Alcatraz*. Ariel Vamp Press, 1990.

Bharadwaj, Monisha. *The Indian Kitchen*. Kyle Books, 2012.

Baljekar, Mridula. *Secrets from an Indian Kitchen*. Pavilion, 2003.

Balzac, Honoré de. *La Rabouilleuse*. George Barrie & Son, 1897.

Balzac, Honoré de. *The Brotherhood of Consolation*. Roberts Bros, 1893.

Banks, Tommy. *Roots*. Seven Dials, 2018.

Bareham, Lindsey. *In Praise of the Potato*. Michael Joseph, 1989.

Barrington, Vanessa and Sando, Steve. *Heirloom Beans: Recipes from Rancho Gordo*. Chronicle Books, 2010.

Barth, Joe. *Pepper: A Guide to the World's Favourite Spice*. Rowman & Littlefield, 2019.

Basan, Ghillie. *The Middle Eastern Kitchen*. Kyle Books, 2005.

Basu, Mallika. *Masala: Indian Cooking for Modern Living*. Bloomsbury, 2018.

Battle, Will. *The World Tea Encyclopaedia*. Matador, 2017.

Behr, Edward. *The Artful Eater*. Atlantic Monthly Press, 1991.

Belleme, John and Jan. *The Miso Book: The Art of Cooking with Miso*. Square One, 2004.

Beramendi, Rolando. *Autentico: Cooking Italian, the Authentic Way*. St. Martin's Press, 2017.

Bertinet, Richard. *Crust: From Sourdough, Spelt and Rye Bread to Ciabatta, Bagels and Brioche*. Octopus, 2019.

Blanc, Raymond. *Kitchen Secrets*. Bloomsbury, 2011.

Bond, Michael. *Parsley the Lion*. Harper Collins, 2020.

Bonnefons, Nicolas de. *Les Delices de la Campagne*. 1654.

Boyce, Kim. *Good to the Grain: Baking with Whole Grain Flours*. Abrams, 2010.

Boyd, Alexandra, ed. *Favourite Food from Ambrose Heath*. Faber & Faber, 1979.

Boyd, Mary Stuart. *The Fortunate Isles: Life and Travel in Majorca, Minorca and Iviza*. Methuen, 1911.

Bremzen, Anya von and Welchman, John. *Please to the Table: The Russian Cookbook*. Workman Publishing, 1990.

Broom, Dave. *Whisky: The Manual*. Mitchell Beazley, 2014.

Brown, Catherine. *Classic Scots Cookery*. Angel's Share, 2006.

Bunyard, Britt and Lynch, Tavis. *The Beginner's Guide to Mushrooms: Everything You Need to Know, from Foraging to Cultivating*. Quarry Books, 2020.

Burroughs, John. *Locusts and Wild Honey*. Houghton Mifflin, 1879.

Burroughs, John. *Signs and Seasons*. Houghton Mifflin, 1886.

Calabrese, Salvatore. *Complete Home Bartenders Guide*. Sterling, 2002.

Campion, Charles. *Fifty Recipes to Stake Your Life On*. Timewell, 2004.

Chartier, François, translated by Reiss, Levi. *Tastebuds and Molecules*. McClelland & Stewart, 2009.

Chatto, James S. and Martin, W. L. *A Kitchen in Corfu*. New Amsterdam, 1988.

Child, Julia; Beck, Simone; and Bertholle, Louisette. *Mastering the Art of French Cooking*. Knopf, 1961.

Christensen, L. Peter. *Raisin Production Manual*. UCANR Publications, 2000.

Christian, Glynn. *Real Flavours*. Grub Street, 2005.

Chung, Bonnie. *Miso Tasty: The Cookbook*. Pavilion, 2016.

Clarke, Louisa Lane. *The Common Seaweeds of British Coast and Channel Isles*. Warne, 1865.

Clarke, Oz. *Grapes and Wines*. Time Warner, 2003.

Cobbett, James Paul. *Journal of a Tour in Italy*. 1829.

Cobbett, William. *The American Gardener*. Orange Judd & Co., 1819.

Contaldo, Gennaro. *Gennaro's Italian Home Cooking*. Headline, 2014.

Corbin, Pam. *Pam the Jam: The Book of Preserves*. Bloomsbury, 2019.

Costa, Margaret. *Four Seasons Cookery Book*. Grub Street, 2008.

Cotter, Trad. *Organic Mushroom Farming and Mycoremediation*. Chelsea Green, 2014.

Cowan, John. *What to Eat and How to Cook It*. J. S. Ogilvie, 1870.

Craddock, Harry. *The Savoy Cocktail Book*. Constable, 1930.

Crane, Eva. *Honey: A Comprehensive Survey*. Heinemann, 1975.

Dabbous, Ollie. *Dabbous: The Cookbook*. Bloomsbury, 2014.

Dagdeviren, Musa. *The Turkish Cookbook*. Phaidon, 2019.

David, Elizabeth. *An Omelette and a Glass of Wine*. Penguin Books, 1986.

David, Elizabeth. *French Provincial Cooking*. Michael Joseph, 1960.

David, Elizabeth. *Spices, Salt and Aromatics in the English Kitchen*. Penguin Books, 1970.

Davidson, Alan. *The Oxford Companion to Food*. OUP, 1999.

Davidson, Alan and Jane. *Dumas on Food*. Folio Society, 1978.

Davis, Irving. *A Catalan Cookery Book*. Prospect Books. 2002.

Diacono, Mark. *Herb: A Cook's Companion*. Quadrille, 2021.

Dixon, Edmund Saul. *The Kitchen Garden*. Routledge, 1855.

Dowson, Valentine Hugh Wilfred and Aten, Albert. *Dates: Handling, Processing and Packing*. FAOUN, 1962.

Dull, S. R. *Southern Cooking*. Ruralist Press, 1928.

Dunlop, Fuchsia. *Every Grain of Rice*. Bloomsbury, 2012.

Dunlop, Fuchsia. *The Food of Sichuan*. Bloomsbury, 2019.

Eagleson, Janet and Hasner, Rosemary. *The Maple Syrup Book*. Boston Mills, 2006.

Ecott, Tim. *Vanilla: Travels in Search of the Ice Cream Orchid*. Grove Press, 2005.

Ellis, Hattie. *Spoonfuls of Honey*. Pavilion, 2014.

Ellwanger, George Herman. *The Pleasures of the Table*. Singing Tree Press, 1902.

Estes, Rufus. *Good Things to Eat*. 1911.

Evelyn, John. *Acetaria: A Discourse of Sallets*. B Tooke, 1699.

Nutritious seeds for a sustainable future. FAO, 2016.

Farrell, Kenneth T. *Spices, Condiments and Seasonings*. AVI, 1985.

Faulkner Wells, Dean, ed. *The New Great American Writers Cookbook*. University Press of Mississippi, 2003.

Fernandez, Enrique. *Cortadito: Wanderings Through Cuba's Cuisine*. Books & Books Press, 2018.

Fidanza, Caroline; Dunn, Anna; Collerton, Rebecca; and Schula, Elizabeth. *Saltie: A Cookbook*. Chronicle Books, 2012.

Field, Carol. *The Italian Baker*. Harper Collins, 1991.

Finck, Henry T. *Food and Flavor: A Gastronomic Guide to Health and Good Living*. The Century Company, 1913.

Fischer, John R. *The Evaluation of Wine: A Comprehensive Guide to the Art of Wine Tasting*. Writers Club Press, 2001.

Frost, Robert. *New Hampshire*. Henry Holt, 1923.

Fussell, Betty. *The Story of Corn*. Knopf, 1992.

Fussell, Betty. *Masters of American Cooking*. Times Books, 1983.

Garrett, Guy and Norman, Kit. *The Food for Thought Cookbook*. Thorsons, 1987.

Gavin, Paola. *Italian Vegetarian Cooking*. Little, Brown, 1991.

Ghayour, Sabrina. *Simply*. Mitchell Beazley, 2020.

Gautier, Alexis. *Vegetronic*. Random House, 2013.

Gayler, Paul. *Flavours*. Kyle Books, 2005.

Gill, A. A. *The Ivy: The Restaurant and Its Recipes*. Hodder & Stoughton, 1999.

Gill, A. A. *Breakfast at The Wolseley*. Quadrille, 2008.

Ginsberg, Stanley. *The Rye Baker*. W. W. Norton & Company, 2016.

Glasse, Hannah. *The Complete Confectioner*. J Cook, 1760.

Klee, Waldemar Gotriek. *The Culture of the Date*. 1883.

Gray, Patience. *Honey from a Weed*. Harper & Row, 1986.

Gray, Rose and Rogers, Ruth. *River Cafe Cook Book Two*. Ebury, 1997.

Grigson, Jane. *Good Things*. Michael Joseph, 1971.

Grigson, Jane. *Jane Grigson's Fruit Book*. Michael Joseph, 1982.

Grigson, Jane. *Jane Grigson's Vegetable Book*. Michael Joseph, 1978.

Groff, George Weidman. *The Lychee and Lungan*. Orange Judd Company, 1921.

Grylls, Bear. *Extreme Food: What To Eat When Your Life Depends On It*. Bantam, 2014.

Hallauer, Arnel R. *Speciality Corns*. CRC, 2000.

Hamilton, Gabrielle. *Prune*. Random House, 2014.

Hansen, Anna. *The Modern Pantry*. Ebury, 2011.

Harris, Jessica B. *Beyond Gumbo: Creole Fusion Food from the Atlantic Rim*. Simon & Schuster, 2003.

Harris, Joanne. *Chocolat*. Doubleday, 1999.

Harris, Thomas. *The Silence of the Lambs*. St Martin's Press. 1988.

Hashimoto, Reiko. *Japan: The World Vegetarian*. Bloomsbury Absolute, 2020.

Havkin-Frenkel, Daphna and Belanger, Faith C., eds. *Handbook of Vanilla Science and Technology*. Wiley, 2010.

Hazan, Marcella. *Marcella Cucina*. Harper Collins, 1997.

Hazan, Marcella and Hazan, Victor. *Ingredienti*. Scribner, 2016.

Hearn, Lafcadio. *Glimpses of Unfamiliar Japan*. Houghton Mifflin, 1894.

Hemingway, Ernest. *In Our Time*. Three Mountains Press, 1924.

Henderson, Fergus and Gellatly, Justin Piers. *Beyond Nose to Tail*. Bloomsbury, 2007.

Hill, Tony. *The Spice Lover's Guide to Herbs and Spices*. Harvest, 2005.

Hughes, Glyn. *Lost Foods of England*. 2017.

Iyer, Rukmini. *India Express*. Square Peg, 2022.

Jaffrey, Madhur. *Eastern Vegetarian Cooking*. Johnathan Cape, 1993.

Jones, Bill. *The Deerholme Vegetable Cookbook*. Touchwood, 2015.

Joyce, James. *Ulysses*. Shakespeare & Co., 1922.

Kahn, Yasmin. *Zaitoun: Recipes and Stories from the Palestinian Kitchen*. Bloomsbury, 2018.

Katz, Sandor. *The Art of Fermentation*. Chelsea Green, 2012.

Kays, Stanley J. and Nottingham, Stephen F. *Biology & Chemistry of the Jerusalem Artichoke*. CRC, 2008.

Kellogg, Ella Eaton. *Science in the Kitchen*. Modern Medicine, 1892.

Kennedy, Diana. *Recipes from the Regional Cooks of Mexico*. Harper Collins, 1978.

Kerridge, Tom. *Tom Kerridge's Proper Pub Food*. Absolute, 2013.

Kinch, David and Muhlke, Christine. *Manresa: An Edible Reflection*. Ten Speed Press, 2013.

Kochilas, Diane. *My Greek Table*. St Martin's Press, 2018.

Koehler, Jeff. *Morocco: A Culinary Journey*. Chronicle Books, 2012.

Kurihara, Harumi. *Harumi's Japanese Cooking*. Conran Octopus, 2004.

Kenedy, Jacob. *The Geometry of Pasta*. Boxtree, 2010.

Lanner, Ronald M. and Harriette. *The Piñon Pine: A Natural and Cultural History*. University of Nevada Press, 1981.

Law, William. *The History of Coffee*. W & G Law, 1850.

Lawson, Nigella. *Feast: Food that Celebrates Life*. Chatto & Windus, 2004.

Lawson, Nigella. *How to Eat*. Chatto & Windus, 1998.

Lea, Elizabeth E. *A Quaker Woman's Cookbook*. University of Pennsylvania Press, 1982.

Lee, Lara. *Coconut and Sambal*. Bloomsbury, 2020.

Leigh, Rowley. *A Long and Messy Business*. Unbound, 2018.

Lepard, Dan. *Short and Sweet*. Fourth Estate, 2011.

Lepard, Dan. *The Handmade Loaf*. Mitchell Beazley, 2004.

Levi, Dr Gregory. *Pomegranate Roads: A Soviet Botanist's Exile from Eden*. Floreant Press, 2006.

Levy, Roy and Mejia, Gail. *Gail's Artisan Bakery Cookbook*. Ebury, 2014.

Liddell, Caroline and Weir, Robin. *Ices*. Grub Street, 1995.

Locatelli, Giorgio. *Made in Sicily: Recipes and Stories*. Harper Collins, 2011.

Lockhart, G. W. *The Scots and their Oats*. Birlinn Ltd, 1997.

Lowe, Jason. *The Silver Spoon*. Phaidon, 2005.

Man, Rosamund and Weir, Robin. *The Mustard Book*. Grub Street, 2010.

Manley, Duncan, ed. *Manley's Technology of Biscuits, Crackers and Cookies*. Woodhead, 2011.

Marina Marchese, C. and Flottam, Kim. *Honey Connoisseur: Selecting, Tasting, and Pairing Honey, With a Guide to More Than 30 Varietals*. Running Press, 2013.

Marshall, Agnes. *The Book of Ices*. Grub Street, 2018 (originally published 1885).

Mayhew, Henry. *Young Benjamin Franklin*. Harper & Bros, 1862.

McCarthy, Cormac. *All the Pretty Horses*. Alfred A Knopf, 1992.

McCausland-Gallo, Patricia. *Secrets of Colombian Cooking*. Hippocrene, 2009.

McEvedy, Allegra. *Leon Ingredients and Recipes*. Conran Octopus, 2008.

McFadden, Christine. *Pepper: The Spice That Changed the World*. Absolute, 2008.

McGee, Harold. *Nose Dive*. John Murray, 2020.

McGee, Harold. *The Curious Cook*. John Wiley & Sons, 1992.

McWilliams, James. *The Pecan: A History of America's Native Nut*. Univ. of Texas Press, 2013.

Medrich, Alice. *Flavor Flours*. Artisan, 2014.

Meller, Gill. *Gather*. Quadrille, 2016.

Michael, Pamela. *Edible Wild Plants and Herbs*. Grub Street, 2007.

Monroe, Jack. *A Girl Called Jack*. Penguin, 2014.

Montagné, Prosper. *Larousse Gastronomique*. Hamlyn, 2001.

Morgan, Joan and Richards, Alison. *The New Book of Apples*. Ebury, 2002.

Motoviloff, John. *Wild Rice Goose and Other Dishes of the Midwest*. Univ. Wisconsin Press, 2014.

Mouritsen, Ole G. *Seaweeds: Edible, Available, Sustainable*. Univ. of Chicago, 2013.

Mouritsen, Ole G. and Styrbæk, Klavs. *Tsukemono*. Springer, 2021.

Murdoch, Iris. *The Sea, The Sea*. Chatto & Windus, 1978.

Narayan, Shoba. *Monsoon Diary*. Villard Books, 2003.

Nasrallah, Nawal. *Dates: A Global History*. Reaktion Books, 2011.

Nguyen, Andrea. *Asian Tofu*. Ten Speed Press, 2012.

Nichols, Thomas L., MD. *How to Cook*. Longmans, Green & Co, 1872.

Norman, Jill. *Herbs and Spices: The Cooks Reference*. DK, 2015.

Norman, Russell. *Venice: Four Seasons of Home Cooking*. Penguin, 2018.

Ottolenghi, Yotam and Tamimi, Sami. *Jerusalem*. Ebury, 2012.

Owen, Sri. *The Rice Book*. Doubleday, 2003.

Paterson, Daniel and Aftel, Mandy. *The Art of Flavor*. Riverhead, 2017.

Perry, Neil. *The Food I Love*. Atria Books, 2011.

Peter, K. V., ed. *Handbook of Herbs and Spices Vol 3*. Woodhead, 2006.

Presilla, Maricel. *Gran Cocina Latina*. W. W. Norton & Company, 2012.

Ptak, Clare. *The Violet Bakery Cookbook*. Random House, 2015.

Rakowitz, Michael. *A House With a Date Palm Will Never Starve*. Art/Books, 2019.

Redzepi, René and Zilber, David. *The Noma Guide to Fermentation*. Artisan, 2018.

ReshIi, Marryam H. *The Flavor of Spice*. Hachette India, 2017.

Rhind, Dr William. *The History of the Vegetable Kingdom*. Blackie & Son, 1863.

Rhodes, Gary. *New British Classics*. BBC, 2001.

Riley, Gillian. *The Oxford Companion to Italian Food*. OUP, 2007.

Roden, Claudia. *The Book of Jewish Food*. Viking, 2007.

Roden, Claudia. *A Book of Middle Eastern Food*. Penguin, 1985.

Rodgers, Judi. *The Zuni Café Cookbook*. W. W. Norton & Company, 2003.

Root, Waverley. *Food*. Simon and Schuster, 1981.

Rosengarten, Frederic Jr. *The Book of Edible Nuts*. Walker & Co, 1984.

Roth, Philip. *Sabbath's Theater*. Houghton Mifflin, 1995.

Saran, Parmeshwar Lal; Solanki, Ishwar Singh; and Choudhary, Ravish. *Papaya: Biology, Cultivation, Production and Uses*. CRC, 2021.

Seymour, John. *The New Self Sufficient Gardener*. DK, 2008.

Scheft, Uri. *Breaking Breads: A New World of Israeli Baking*. Artisan, 2016.

Simmons, Marie. *A Taste of Honey*. Andrews McMeel, 2013.

Skilling, Thomas. *The Science and Practice of Agriculture*. James McGlashan, 1846.

Sheraton, Mimi. *The German Cookbook*. Random House, 1965.

Shimbo, Hiroko. *The Japanese Kitchen*. Harvard Common Press, 2000.

Shurtleff, William and Aoyagi, Akiko. *The Book of Miso*. Autumn Press, 1976.

Shurtleff, Willian and Aoyagi, Akiko. *The Book of Tofu*. Ten Speed Press, 1998.

Simon, André. *André L Simon's Guide to Good Food and Wines*. Collins, 1956.

Simon, André and Golding, Louis. *We Shall Eat and Drink Again*.

Singh, Vivek. *Cinnamon Kitchen: The Cookbook*. Absolute Press, 2012.

Singleton Hachisu, Nancy. *Japanese Farm Foods*. Andrews McMeel, 2012.

Slater, Nigel. *Real Fast Puddings*. Penguin, 1994.

Smalls, Alexander and Chambers, Veronica. *Meals, Music and Muses: Recipes from my African-American Kitchen*. Flatiron Books, 2020.

Smith, Andrew F., ed. *The Oxford Companion to American Food and Drink OUP* 2007

Smith, Chris. *The Whole Okra: A Stem to Seed Celebration*. Chelsea Green, 2019.

Smith, Patti. *Just Kids*. Bloomsbury, 2011.

Srulovich, Itamar and Packer, Sarit. *Honey & Co: The Cookbook*. Little, Brown, 2015.

Staib, Walter. *The City Tavern Cookbook*. Running Press, 2009.

Staub, Jack. *75 Exciting Plants for Your Garden*. Gibbs Smith, 2005.

Steinkraus, K., ed. *Handbook of Indigenous Fermented Foods 2nd Ed*. Marcel Dekker Inc., 1996.

Stella, Alain and Burgess, Anthony. *The Tea Book*. Flammarion, 1992.

Sterling, Richard, Reeves, Kate and Dacakis, Georgia. *Lonely Planet World Food Greece*. Lonely Planet, 2002.

Stewart, Amy. *The Drunken Botanist*. Timber Press, 2013.

Stobart, Tom. *Herbs, Spices and Flavourings*. Grub Street, 2017.

Stocks, Christopher. *Forgotten Fruits*. Windmill, 2009.

Tan, Terry. *Naturally Speaking: Chinese Recipes and Home Remedies*. Times Editions, 2007.

Taylor, Rev. Fitch W. *The Flag Ship*. D. Appleton & Co., 1840.

Terry, Bryant. *Vegan Soul Kitchen*. Da Capo, 2009.

Thakrar, Shamil; Thakrar, Kavi; and Nasir, Naved. *Dishoom: from Bombay with Love*. Bloomsbury, 2019.

Thompson, David. *Thai Food*. Pavillion, 2002.

Thorne, John. *Simple Cooking*. North Point Press, 1996.

Tish, Ben. *Moorish*. Bloomsbury Absolute, 2019.
Tosi, Christina. *Momofuku Milk Bar*. Bloomsbury Absolute, 2012.
Traunfeld, Jerry. *The Herbfarm Cookbook*. Scribner, 2000.
Travers, Kitty. *La Grotta Ices*. Square Peg, 2018.
Trutter, Marion. *Culinaria Russia*. H. F. Ullmann, 2008.
Tsuji, Shizuo and Hata, Koichiro. *Practical Japanese Cooking*. Kodansha America, 1986.
Tulloh, Jojo. *East End Paradise*. Vintage, 2011.
Unknown author, *The Vegetarian Messenger (1851)*. Forgotten Books, 2019.
Updike, John. *Rabbit at Rest*. Alfred A. Knopt, 1990.
Vongerichten, Jean-Georges. *Asian Flavors of Jean-Georges*. Broadway Books, 2007.
Warner, Charles Dudley. *My Summer in a Garden*. James R. Osgood, 1870.
Waters, Alice. *Recipes and Lessons from a Delicious Cooking Revolution*. Penguin, 2011.
Weygandt, Cornelius. *Philadelphia Folk*. D. Appleton, 1938.
Whaite, John. *A Flash in the Pan*. Hatchette, 2019.
White, Florence. *Good Things in England*. Jonathan Cape, 1932.
Wilk, Richard and Barbosa, Livia. *Rice and Beans*. Bloomsbury, 2011.
Willis, Virginia. *Okra*. University North Carolina Press. 2014.
Wolfert, Paula. *The Food of Morocco*. Bloomsbury, 2012.
Wong, James. *Homegrown Revolution*. Orion, 2012.
Woodroof, Jasper. *Commerical Fruit Processing*. Springer NL, 2012.
Wright, John. *The Forager's Calendar*. Profile, 2020.
Wright, John. *River Cottage Handbook No 12: Booze*. Bloomsbury, 2013.
Wright, John. *River Cottage Handbook No 5: Edible Seashore*. Bloomsbury, 2010.
Young, Grace. *The Wisdom of the Chinese Kitchen*. Simon & Schuster, 1999.
Ziegler, Herta. *Flavourings: Production, Composition, Applications, Regulations*. Wiley-VCH, 2007.

기사

Buist, Henry. Abstract of Dr Robert H Schomburgk's report of an expedition into the interior of British Guiana. *The Naturalist* 4, October 1838–June 1839, pp. 247–55.
Gray, Vaughn S. 'A Brief History of Jamaican Jerk'. *The Smithsonian Magazine*, December 2020.
Griffn, L. E.; Dean, L. L.; and Drake, M. A. 'The development of a lexicon for cashew nuts'.
Journal of Sensory Studies 32 (1), February 2017.
Hansen, Eric. 'Looking for the Khalasar'. *Saudi Aramco World*, July/August 2004.
Koul, B. and Singh, J. 'Lychee Biology and Biotechnology', in *The Lychee Biotechnology*. Springer, 2017, pp. 137–92.
Kummer, Corby. 'Tyranny – It's What's For Dinner'. *Vanity Fair*, February 2013.
Loebenstein, Gad and Thottappilly, George, eds. *The Sweetpotato*. Springer, 2009.

Long, Lucy M. 'Green Bean Casserole and Midwestern Identity: A Regional Foodways Aesthetic and Ethos'. *Midwestern Folklore* 33 (1), 2007, pp. 29–44.

Mitter, Siddhartha. 'Free Okra'. *The Oxford American* 49, Spring 2005.

Motamayor J. C.; Lachenaud P.; da Silva e Mota J. W.; Loor R.; Kuhn D. N.; Brown J. S., et al. 'Geographic and Genetic Population Differentiation of the Amazonian Chocolate Tree (*Theobroma cacao L*)', 2008. PLoS ONE 3 (10): e3311. https://doi.org/10.1371/jour nal.pone.0003 311

Nilhan, Aras. 'Sarma and Dolma: The rolled and stuffed in the Anatolian Kitchen' in *Wrapped and Stuffed: Proceedings of the Oxford Symposium on Cookery*. Prospect Books, 2013.

Nishinari, K.; Hayakawa, F.; Xia, Chong-Fei; and Huang, L. 'Comparative study of texture terms: English, French, Japanese and Chinese'. *Journal of Texture Studies* 39 (5), pp. 530–68.

Ranck, D. H., 'Scotch Oatmeal Cookery'. *Milling* 3, June-November 1893.

Sweley, Jess C.; Rose, Devin J.; and Jackson, David J. 'Composition and sensory evaluation of popcorn flake polymorphisms for a select butterfly-type hybrid'. *Cereal Chemistry* 88 (3), pp. 223–332.

Tran, T.; James, M. N.; Chambers, D.; Koppel, K.; and Chambers IV, E. 'Lexicon development for the sensory description of rye bread'. *Journal of Sensory Studies* 34 (1), February 2019.

The Garden magazine. Royal Horticultural Society, 1994.

The Journal of the Society of Arts 39, November 1990–1.

The Magazine of Domestic Economy 5. W S Orr, 1840.

The North Lonsdale Magazine and Lake District Miscellany, 1867.

웹사이트

Africacooks.com

Alton Brown, altonbrown.com

America's Test Kitchen, americastestkitchen.com

Azcentral.com

Ballymaloe Cookery School, ballymaloecookeryschool.ie

Bateel, bateel.com

Bois de Jasmin, boisdejasmin.com

Chicago Tribune, chicagotribune.com

Difford's Guide for Discerning Drinkers, diffordsguide.com

L'express, lexpress.mu

Firmenich, firmenich.com

Fragrantica, fragrantica.com

Fuss Free Flavours: Affordable Eats, Occasional Treats, fussfreeflavours.com

Gernot Katzer's Spice Pages, gernot-katzers-spice-pages.com

Great Italian Chefs, greatitalianchefs.com

The Guardian, theguardian.com

Heghineh Cooking Show, heghineh.com

Hunter Angler Gardener Cook, honest-food.net (Hank Shaw)

Howtocookgreatethiopian.com

The Independent, independent.co.uk

Eater Los Angeles, la.eater.com

Main Street Trees, Napa California, mainstreettrees.com

Mara Seaweed, maraseaweed.com

Matching food & wine, matchingfoodandwine.com

In my Iraqi Kitchen, nawalcooking.blogspot.com

The New York Times, nytimes.com

The New Yorker, newyorker.com

Phys.org

World of Pomegranates, pomegranates.org

Pom, pomwonderful.com

Punch, punchdrink.com

Baker Creek Heirloom Seeds, rareseeds.com

Rare Tea Co., rareteacompany.com

Mauritius Restaurant Guide, restaurants.mu

Rogue Creamery, roguecreamery.com

The Spice House, spicehouse.com

kitchn, thekitchn.com

The Times, thetimes.co.uk

Tina's Table: Exploring and Celebrating Italian Cuisine, tinastable.com

Torrazzetta Agriturismo, torrazzetta.com

Vegan Richa, veganricha.com

The Wall Street Journal, wsj.com

Williams Bros. Brewing Co., williamsbrosbrew.com

Recipe Index

레시피 색인

General Index

일반 색인

Pairing Index

조합 색인

Acknowledgments
감사의 말

남편 냇에게, 활발한 토론과 격려, 시음 노트, 여행(잣과 사과, 시금치와 건포도 등 참조)까지 모든 것에 감사합니다. 수많은 제안과 더 나은 방안들을 제시해준 것도요. 당신 없이는 해낼 수 없었을 거예요.

제가 정말 중요한 일에 집중할 수 있도록 도와주고 지지해준 에이전트 조 왈디에게도 큰 빚을 졌다고 말하고 싶습니다.

이 책을 의뢰해주고, 첫 번째 책에서도 귀중한 역할을 해준 리처드 앳킨슨에게도 영원한 감사를 전합니다. 로언 야프와 그의 블룸스버리 UK 동료인 로런 와이브로, 엘리자베스 데니슨, 벤 치스널, 조엘 아르칸조, 카르멘 발릿, 그 외의 여러 분께도 그 모든 훌륭한 작업에 감사의 마음을 전합니다.

그레이드 디자인의 피터 도슨과 다이애나 라일리, 샘 페인, 엠마 피니건은 이 책을 아름답게 만들어 세상에 내놓는 멋진 일을 해냈습니다. 또한 미국판을 준비하며 지칠 줄 모르고 노력해준 블룸스버리 USA의 모건 존스, 로라 필립, 마리 쿨먼, 어맨다 디신저, 로런 모즐리에게도 감사를 드립니다.

그리고 앨리스 카원이 다시 교정을 맡아줘서 기뻤습니다. 참으로 함께 일하기 즐거운 분입니다.

버몬트의 마블 하우스 프로젝트에서 보낸 시간은 더할 나위 없는 이 프로젝트의 시작점이었습니다. 그보다 아름다우면서 정신을 확장시키는 예술가 레지던시, 또 대니엘 엡스타인, 디나 샤피로, 티나 코헨만 한 호스트는 상상하기 어려울 것입니다. 농장과 농작물, 정돈된 정원, 동료 입주자, 대리석 수영장, 우리가 글을 쓰는 동안 블루베리를 따러 간 아이들까지. 천국이 따로 없었어요.

릴리언 히슬롭은 위스콘신-매디슨 대학의 식물 육종 및 식물 유전학 프로그램에서 일하는 대학원 연구 조교입니다. 릴리언의 옥수수 연구는 저도 무언가의 전문가가 되고 싶다는 생각을 하게 될 정도로 전문적입니다. 엘더플라워와 엘더베리에 대해 모르는 것이 없는 앨리스 존스 엔시도 마찬가지입니다. 아름다운 신선한 두부로 풍미를 구현해내는 방법과 본인이 가장 좋아하는 풍미 조합을 설명해준 런던 동부 클린 빈의 닐 매클레넌에게도 감사를 전합니다. 영국과 아일랜드의 치즈에 관한 훌륭한 책을 저술한 네드 파머는 어째서 치즈와 머스터드는 흔하게 찾아볼 수 없는 조합인지, 함께 내놓아야 하는지 말아야 하는지 등 치즈에 관한 제 질문들의 권위자였습니다. 세라 윈덤 루이스는 꿀에 대한 깊은 지식을 공유해주었을 뿐 아니라 꿀 서재를 자유롭게 훑어보게끔 해주었습니다. 또한 양자수학자에서 꿀벌 전문가로 변신한 에바 크레인의 귀중한 책을 빌려주었고, 동종 요법사조차도 내용물이 있기는 한 것인지 냄새를 킁킁 맡아볼 정도로 아주 조금밖에 남지 않은 (그럼에도 여태 냉장고에 보관하고 있었던) 친구의 엘더베리 잼 한 병도 주었습니다.

돌아가신 어머니 미셸의 방대한 음식책 컬렉션 중에서 무엇이든 골라보라고 흔쾌히 초대해준 친구 오필리아 필드에게도 특별한 감사를 표하고 싶습니다. 미셸의 책은 이제 제 음식 서재에서 특별한 공간을 차지하고 있으며, 이 책을 위한 연구에 없어서는 안 될 도움을 주었을 뿐만 아니라 책에서 수시로 떨어져 나오는 작은 쪽지와 스크랩이 주기적으로 저를 기쁘게 해주었습니다.

마지막으로 첫 번째 『풍미사전』과 관련해 많은 분들께 감사를 전하지 않으면 안 되겠죠. 자신만의 시음 노트를 답장으로 보내준 독자들, 공책 옆에 이미 낡아 헤진 책을 꽂아놓은 사진을 올려준 셰프, 칵테일 셰이커 옆에 책을 보관하는 칵테일 제조 기술자, 영감의 원천으로 활용하는 제빵사와 양조업자, 증류업자들, 고양이가 이 책 위에서 웅크리고 앉아 있는 걸 좋아한다고 말해준 놀랍도록 많은 집밥 요리사들, 이 책에 소개된 음식을 따라서 만들어볼 생각은 전혀 없지만 아주 긴 메뉴판이라고 생각하면서 읽는 것은 너무나 좋아한다고 말해주었던 어느 여성분에게 감사를 표합니다.

니키 세그니트

역자 후기

『풍미사전』을 번역한 것이 2018년의 일입니다. 예? 2018년이라고요? 제가 제일 놀랐습니다. 『풍미사전』은 음식 잡지를 나와서 프리랜서 요리 전문 번역가이자 푸드 에디터로 살아가기 위해 고군분투하던 시기에 만난 책이었습니다. 방대한 분량에 압도된 것도 잠시, 전혀 가볍지 않은 양의 정보를 짧은 호흡으로 가볍고 편하게 읽을 수 있게 풀어낸 저자의 글솜씨에 제일 먼저 푹 빠지고 말았던 기억이 선합니다. 그리고 수년이 흘러 그 속편을 손에 쥐게 된 2024년, 사람을 어디까지나 홀리는 맛있는 글솜씨와 경이로운 지식의 폭이 여전하다는 사실에 또다시 감탄하고 맙니다. 이토록 변함없는 맛에 대한 열정이라니요.

사실 『풍미사전』과 『풍미사전 2』 사이에는 수프에서 커스터드, 케이크, 견과류 등 전 세계에 퍼진 서양 요리의 개념과 레시피를 씨줄과 날줄을 엮듯이 비교하며 흐르듯이 분석하여 설명하는 『Lateral Cooking』이라는 저자의 저서가 한 권 더 존재합니다. 지금 저의 잠들기 전 동화책이죠. 저기서는 비율만 달리하면 커스터드가 푸딩이 되는 마법에 대해 눈을 빛내며 이야기하고, 여기서는 미소 된장에 바나나를 섞고 후추통에 올스파이스를 넣는 전 세계의 사람들이 재미있어서 견딜 수 없는 니키 세그니트. 마치 맛있는 꿈을 꾸도록 약속해주는 세헤라자데와 같습니다.

저는 이분의 머릿속이 마치 맛과 풍미, 아름다운 식재료와 향기로운 냄비로 가득한 놀이동산과 같을 거라고 생각합니다. 기억의 궁전이 아니라 기억의 부엌, 기억의 고메 식료품점이라고 할까요. 어떤 단어를 던져도 영국의 코미디와 영화, 소설에서 동서양의 문화적 교류, 파인 다이닝의 역사까지 신나게 한 보따리 풀어놓는 이 매력을 저와 함께 느껴 보시면 좋겠습니다. 그리고 무엇보다 첫째는 호기심, 둘째는 어떤 조합이든 편견 없이 접하고 경험하는 그 적극성을 우리도 함께 발휘할 수 있게 되기를 바랍니다. 우선 저부터요. 바나나에 미소와 꿀을 발라 먹어보는 것부터 시작해 볼까요?

정연주

풍미사전 *2*

1판 1쇄 인쇄 2024년 11월 28일
1판 1쇄 발행 2024년 12월 10일

지은이 니키 세그니트
옮긴이 정연주
펴낸이 김기옥

실용본부장 박재성
편집 실용2팀 이나리, 장윤선
마케터 이지수
지원 고광현, 김형식

디자인 형태와내용사이
인쇄 민언프린텍
제본 우성제본

펴낸곳 한스미디어(한즈미디어(주))
주소 121-839 서울시 마포구 양화로 11길 13(서교동, 강원빌딩 5층)
전화 02-707-0337 **팩스** 02-707-0198
홈페이지 www.hansmedia.com

출판신고번호 제313-2003-227호
신고일자 2003년 6월 25일
ISBN 979-11-93712-65-8 (13590)